全国建筑装饰装修行业培训系列教材

建筑装饰识图与构造

中国建筑装饰协会培训中心组织编写
闫立红　主编

中国建筑工业出版社

图书在版编目（CIP）数据

建筑装饰识图与构造/中国建筑装饰协会培训中心组织编写.
北京：中国建筑工业出版社，2004
（全国建筑装饰装修行业培训系列教材）
ISBN 978-7-112-06984-2

Ⅰ. 建… Ⅱ. 中… Ⅲ. ①建筑装饰—建筑制图—识图法—技术培训—教材②工程装修—技术培训—教材
Ⅳ. ①TU204②TU767

中国版本图书馆 CIP 数据核字(2004)第 115190 号

全国建筑装饰装修行业培训系列教材
建筑装饰识图与构造
中国建筑装饰协会培训中心组织编写
闫立红 主编
*
中国建筑工业出版社出版、发行（北京西郊百万庄）
各地新华书店、建筑书店经销
廊坊市海涛印刷有限公司印刷
*
开本：787×1092毫米 1/16 印张：$22\frac{1}{2}$ 字数：546千字
2004年12月第一版 2017年9月第九次印刷
定价：**35.00**元
ISBN 978-7-112-06984-2
(12938)

本书作为“全国建筑装饰装修行业培训系列教材”之一，系统地介绍了建筑装饰设计中的识图与构造的相关内容。全书共分15章，内容包括建筑装饰概论、建筑装饰识图的基本理论、识图基本知识及国家标准、建筑装饰专业图的阅读、建筑结构施工图的阅读、设备电气施工图的阅读、民用建筑构造概论、基础与地下室、墙与柱、室内楼地面装修、庭院地面装修、庭院其他设施、顶棚装修、楼梯电梯装修、屋顶、门窗等。

本书内容简明扼要，书中配有大量示意图，针对性和实操性较强。本书可作为建筑装饰装修行业的培训教材，也适用于大学本科、专科、高职、中等职业技术学校的教师和学生使用，同时可供从事装饰装修行业的设计、施工、管理等技术人员在工作中参考使用。

* * *

责任编辑：王 梅 刘 江
责任设计：孙 梅
责任校对：李志瑛 张 虹

全国建筑装饰装修行业培训系列教材
编写委员会

前　言

随着建筑装饰装修行业的迅猛发展，对从事建筑装饰装修行业人员的素质也提出了更高的要求。在这种形势下，中国建筑装饰协会培训中心组织有关专家、教学和施工第一线的人员编写了“全国建筑装饰装修行业培训系列教材”，本书是其中的一册，它包括建筑装饰识图及建筑构造与建筑装饰构造两大部分，内容全面。

本书作为“建筑装饰识图与构造”课程的教材，力求使学员在掌握国家标准、识图的基本理论知识和建筑构造的基础上，再重点学习建筑装饰设计中的识图与构造的相关内容。在编写过程中，作者参阅了大量的建筑装饰方面的资料，注重理论与实践的结合，针对性和实操性较强。

本书主编为北京市建设职工大学的闫立红。北京市建设职工大学的李准参写了第五章的第二节，杨幼平参写了第六章。

北京市建设职工大学的高级讲师陈一山审稿。

由于我国建筑装饰事业发展很快，且编写者的水平也有限，书中难免有诸多不当之处，退请读者批评指正。

本书编写过程中得到了北京市建设职工大学校长沈祖尧、副校长王大喆、建筑工程系主任张福成的大力支持和帮助，谨此表示感谢。

编　者

2003 年 7 月

目　录

上篇　建筑装饰识图

下篇　建筑构造与建筑装饰构造

上 篇

建 筑 装 饰 识 图

第一章 建筑装饰概论

第一节 建筑装饰的目的与任务

人们的生产与生活离不开建筑，建筑是一座空间形体，需要使用建筑材料构成主体骨架，还需要使用装饰材料、对建筑全部内外表面进行装修。装饰，包括在主体构件上的装修，室内家具、陈设、灯饰、设备、盆景、绿化、织物、字画、艺术小品等的布置，以及对装饰材料、设备作出的色彩搭配。装饰时应考虑人体工程学尺度及心理学尺度，节省能源、光影照射、全部物品的摆放位置，以及这些物品的质感、触感、光泽等诸多因素，均包括在装饰范围之内，以形成室内外环境。图 1-1 是建筑装饰室内环境，图 1-2 是建筑装饰外部环境。由此可见，"装饰"二字的意义相当广泛，而且又都是表面上能触摸到的全部物质。

图 1-1 建筑装饰室内环境

图 1-2 建筑装饰外部环境

装饰具有多种含义，包括历史、文化、精神、文明、民族、宗教、完美造型、地方特色、环境艺术、趣味艺术，甚至表明理性与秩序、生动与有序的变化过程。装饰历史相当久远，翻看我国历史，各朝各代都很重视装饰，而且每一段历史都具有一定的特色。不但中国，世界各国都有自己光辉独特的装饰艺术。越是文明鼎盛时期，装饰艺术越是灿烂辉煌。

一、装饰的目的

装饰内容如此丰富，建筑造型如此繁多，使用功能又不尽相同，为了能科学、合理地组织好建筑形体内外空间，让业主及使用者感受到装饰布局合理，穿行其间便捷，内部空间层次分明，材料质感与色彩搭配赏心悦目的效果，只有请经验相当丰富的专业设计师通过精心设计，再加以实践，才能达到。装饰目的可归结为以下几点。

1. 满足功能需要

建造房屋的目的是使其具有使用功能。各种类型建筑，性质不同，使用目的不同，建筑装饰也就不同。居住建筑内部虽然是以居住为主，但房间包括卧室、客厅、餐厅、厨房、卫生间、书房或电脑室，还有对边角、黑暗部位的利用。公共建筑则更繁杂，包括医院、学校、剧场、展厅、商业建筑、体育场馆等。建筑内部又可分为许多不同性质的房间，装饰也由其功能不同而各具特色。

2. 协调内外环境

建筑外形和内部装饰，均可给人以直观感受，从使用功能讲，内部空间最重要，它能提供各种不同的用途。装饰这些空间，既应显示个性，又应表现共性，并应协调好局部和整体的关系。只有良好内部环境，没有外部优良环境，不是一个完整的协调环境。一座建筑是一个整体，又是一个良好的艺术品，不应给人以杂乱堆砌不伦不类的感受。装饰的各个部位，应该显示出重点，又要符合比例。屋顶类型、门窗式样、使用的装饰材料以及色彩搭配，是构成这座艺术品不能缺少的内容。建筑装饰本身是艺术与技术的结合，需要处理好实体空间与虚体空间的关系，协调好内部与外部艺术环境，是建筑装饰的重要表现内容之一。

3. 满足享受需求

建筑装饰是艺术与技术结合的产物。优良的、轻质高强的装饰材料，精湛的施工技术，是装饰效果的物质保证。良好的空间装饰，可以改变房间的物理性能，达到冬暖夏凉、防寒保温。色泽方面调配适度，有利身心健康，也可给人的工作、学习、生产、休闲、娱乐、制作产品等活动，提供专用的功能享受，产生高效率和高质量。

4. 陶冶人的情操

装饰需要物质，物质非常广泛而且品种繁多。各种装饰材料、家具、陈设、盆景、字画、绿化、匾额、工艺小品、各种设备和用具都是琳琅满目的物质，它们都具有鲜艳的色泽和合理的尺度，摆放位置调配适度，不但能给人带来精神享受，还可满足人的生理和心理尺度需求，产生美好愉悦的心情和环境艺术享受。

二、装饰的任务

装饰的任务应围绕装饰目的提出的各项要求进行装饰。装饰需要理论指导，不可异想天开随意装饰，必须经过装饰设计，而且是高级装饰设计师根据掌握的装饰理论，按照建筑功能、业主愿望进行全方位装饰设计，绘制出综合性的装饰设计图，要想使业主满意，甚至还要画出色彩效果图供参考及提出意见。

装饰设计图是装饰施工的法律依据，负责施工的指挥人员，必须会看装饰设计图，而且要有施工经验，懂业务，会指导熟练技术工人进行操作。施工质量应严格执行国家行业标准，不允许偷工减料、以次充好或简化工序。装饰效果应与图纸一致，这样才能取得业主的信任和满意。

第二节　建筑装饰的内容与注意事项

建筑有高、中、低档之分，装饰档次最好与建筑档次相适应，不浪费、不保守，让建筑寿命与装饰档次匹配。

一、装饰的内容

建筑功能不管多么复杂或是极为简单，装饰部位和内容都应一致。装饰可分为有界面围合的实体装饰和没有明显界面的虚体装饰两种。

1. 实体装饰

建筑是由实体构件墙、柱、梁、楼板、楼梯依次组合而成的，用界面进行区分，包括室内和室外两大部分。

(1) 外部装饰。主体部位是外墙面，上面有门、窗、外廊、门廊、雨篷、阳台、遮阳板、墙面分格装饰线、外窗台、窗套、檐口、有组织外排水装置及屋顶。此外还有外楼梯、坡道、台阶、平台、露台、散水、花池、栏杆、室外地面、周边道路、环境绿化、建筑小品等。

(2) 内部装饰。主体部位有地面、楼面和顶棚，它们是水平面。还有垂直内墙面。内墙面上有门、窗、墙裙、踢脚、内窗台、暖气罩、窗帘盒、壁柜、吊柜、壁龛、挂镜线等。此外还有内楼梯、地台或台阶、坡道、花池等细部装饰。

2. 虚体装饰

这是没有明显界面区分的装饰，包括家具、陈设、小品、绘画、灯饰、设备、盆景、绿化、织物、卫生器具、厨具、匾额等，它们都是没有固定位置的可移动实体，应依据业主意愿、喜好摆放安置。

装饰的风格、档次、流派、色调、材质选择、投资数额、装饰水平和装饰效果，应完全根据业主意愿决定。

二、装饰的注意事项

装饰都是表皮、表面的工作，有的需要装饰在墙体表面、楼板上皮或下皮，这就需要既不破坏结构，又要装饰牢固。没有固定位置的各种家具、陈设，也需要安放在地面、楼面上或挂在墙体表面。在这些内部空间装饰，有关注意事项，应引起重视。

(1) 建筑装饰应根据中华人民共和国行业标准《建筑装饰装修工程质量验收规范》(GB 50210—2001)，严格按施工程序和工艺顺序进行操作，不允许有删减过程和工艺层次的做法。

(2) 应选择轻质高强的优良装饰材料进行装饰，尽量不要在主体构件上增加过多重量，避免构件表面受损过大，造成破坏坍塌或装饰面层脱落。

(3) 承重构件是建筑骨架，不允许随意拆改承重构件，还应会区别承重构件与非承重构件。承重构件多为实体，尺寸较厚较大，非承重构件轻薄，尺寸较小或中空。

(4) 不允许超负荷用电，避免造成短路或引起火灾，对电路容量、安全用电应具有一定常识。

(5) 不允许破坏防水层，避免造成装饰以后有渗水、漏水现象。尤其对卫生间、淋浴间、实验室、厨房等有防水要求的房间。

(6) 装饰工程完工后，应清扫干净，主动提出请业主进行验收，直至主人满意，才可交付使用。

第三节　建筑装饰的色彩

一、色彩的作用

红色、黄色及橙色给人的感受是温暖、是热情、是太阳、是火焰、是爱情，即具有较强烈的刺激性和兴奋感。

蓝色、绿色、紫色、青色、蓝紫色和蓝青色给人的感受是没有疲劳、沉静、休闲、和谐，属于中性色弱刺激性感受。

茶色、雅红色可以使人增强食欲。

浅红色、假金色给人的感受是温暖与和谐。

粉红色、淡奶油色、银色能给人带来朝气、生动活泼之感。

白色、黑色，能给人以坚硬、有力之感。

白色、金色和银色给人带来高贵华丽、富有的感受。若在它们中间略加黑色，又能使人感到华丽、素雅和朴素。

若取中性色灰色，给人的感受是温柔、美丽、朴素、典雅和大方。

从上面所举事例可知，色彩对人、对环境能产生至关重要的影响。它既能调节人的情绪，体现气氛，树立不同建筑风格，表现民族或地方特色，烘托主题，转移或吸引人的视线，又能使建筑产生艺术效果，使空间和谐统一，对人体健康产生有利影响。可以这样说，没有色彩，也就没有了美好环境和五彩缤纷的世界。作为设计与施工人员，应准确掌握好色彩对人体、对周边环境产生的不同效果，特别是所需求的人员，通过装饰工作，能使他们感受到理想和满意，使他们感受到色彩是一种艺术享受。

二、色彩的应用

装饰材料的自身色彩能对人和环境产生良好效果，装饰在建筑的内外表面上能使建筑产生艺术魅力，使建筑空间形成不同风格，达到功能理想的环境。为使装饰色彩达到预期效果，既要靠实践、靠传统习惯，也需建筑装饰人员的不断钻研和创新总结，从而形成指导理论。

在建筑空间内部，通常选取一个单一色相作为室内装饰色彩的主色调，即单一色调。它能使房间内部产生安静、祥和的空间效果，再用室内各种家具、陈设作为良好背景，使原来的单一色调增加明度和彩度，形成另一种气氛。为了丰富主体，可适当增加一些加强反差、丰富视觉、增加对比的点滴黑色、白色或其他颜色，用来突出主色调。

建筑外形也应选用同样方法进行处理，但不是完全和室内色调一样，要使得内外和谐统一。建筑外观重点是处理好艺术欣赏价值，内部空间重点是处理好使用价值。

应引起注意的是，不同性质的房间，应采用不同色调进行处理。如背阴房间，俗称为南房(即坐南朝北)，宜采用暖色装饰材料处理房间内部；向阳房间，俗称为北房(即坐北朝南)，宜采用偏冷的中性色饰面装饰材料。整体装饰效果应达到功能合理，造型新颖，庄重典雅、美观大方。

建筑类型多种多样，档次有高低之分，业主喜爱风格各不相同，要因人而异，因建筑功能而异，因使用的主人性别、职业、爱好、民族、宗教信仰、地区差别而异，不可千篇一律，应该是一个房间一种品格，即使是楼上楼下、同一个位置、同是一样大小的房间组合，也能依靠不同的装饰材料，装饰成不同的风格和特色，使形体、质感、色彩、功能得到综合性体现。

装饰材料与色彩搭配需要装饰设计师的精心设计，并提供装饰设计图纸。施工人员拿到图纸后，要严肃认真地理解装饰设计图中的全部内容和装饰含义，并把图纸变为现实，将人造环境与自然环境结合统一，让业主满意，让客观人物对装饰效果给予良好评价。

第四节　建筑装饰的流派、风格、格调与档次

作为识图人员，应对装饰流派、风格、格调与档次加以认真理解，这些内容均体现在装饰施工图内和使用的装饰材料上。装饰含义比较广泛，掌握准确，把握好装饰质量，能使装饰产生良好的正面效果。

一、装饰的流派

我国是多民族国家，幅员辽阔，人口众多，目前已进入高速发展时期，生活水平日益提高，建筑装饰飞速发展，追求美好的环境与良好的视觉空间，已成为人们的普遍需求。由于人的职业、性格、爱好、性别、欣赏水平、装饰标准、要求不同，无形中就形成了各种流派。我国是文明古国，装饰工程独具匠心，到清朝末年已达到登峰造极的水平。纵览世界也是如此，生活水准越高，文明越发达，装饰水平也就越先进。装饰流派大约有下面几种：

1. 青年派

主张室内装饰造型简洁，注重细部处理，对于家具、陈设要求地方特色。内外造型注重艺术效果。

2. 现代派

追求时代感和固定美，喜欢把建筑结构、各种管道、装修质地暴露在外面，强调内部装饰尽量简洁，不要做多余虚假的壁柱或壁柜、地台、凹陷部位，喜欢实际内容。

3. 平淡派

注重表现室内外装饰材料的自身色彩及质感的应用，强调做室内外装修时要刻板沉寂、淡雅清新、协调统一。

4. 超现实派

主张在有限的空间范围内，采用各种手段，追求一个“无限空间”。强调精神位于物质之上，喜欢奇形怪状、难于捉摸的抽象空间。运用大量抽象图案，靠光影变换，达到五光十色的幻想意境。用独特的家具造型、树皮、兽皮，装点渲染的环境气氛。

5. 繁琐派

追求夸张，崇尚各种堆砌、矫揉造作、富于戏剧性的艺术装饰，喜欢多采用石材、玻璃、金属、木材等作为装饰材料，要求装饰效果达到色彩艳丽、光彩夺目、富丽豪华、高雅浪漫、新奇独特。

6. 怀旧派

强调古今并存，不拘一格，既有现代空调、陈设，又有古典壁炉、家具。既有新款装饰材料，又要表现古典柱式装饰，造成内外环境难于统一，但也不是不伦不类的生硬堆砌，而是中外古今装饰的混合体。

二、装饰的风格与格调

朗颂诗歌讲求要有格律和声调。装饰建筑要注意形成品格，而且一个时期有一个时期的特有风格与品格。风格是从最初开始到完善，一点一点发展形成的，最后成为追求的目标，并具有强烈的生命力。它不能只停留在某一个水平上，因为新型材料在不断出现，先进技术、先进工艺在不断翻新，所以设计方法也要随形势发展而变化。装饰与品格总是随形势向前发展，时代前景与内含，是装饰风格、样式变化的因素。现代装饰既具有古典传统风格，又有现代的表现形式。

世界上所有国家、所有民族都有自己的传统建筑风格和装饰风格，并且都在不断变化和发展。俄罗斯的华西里教堂和葱头顶的古典形式，在现代建筑中已不再建造。法兰西的凡尔赛皇宫、泰国王宫是传统古典民族风格，进入高科技时代，他们的建筑风格还有本民族特色，但已发展成智能大厦。美国的西尔斯大厦和流水别墅、加拿大蒙特利尔的市政厅、意大利米兰的派瑞斯大厦、东京的阳光大厦、西班牙的小型别墅、阿拉伯的民族建筑，都有独特风格、并随时代变化而变化。中国的古典传统风格是故宫、王府及民居四合院，档次上有很大差别，我国各民族建筑风格整体看相近，细致品察，各具特色，主要有江浙一带的苏杭风格，云南傣乡风格，桂林民俗风格，青藏民族风格，陕西窑洞风格，新疆、宁夏回族风格等。同是伊斯兰穆斯林，仍可看出风格差异。形势在发展，时代在前进，随着时间向前推移，古代的繁琐豪华，被现代的简洁明快所代替，豪华档次也被新形势下的多功能表现形式所代替，而且生活水准越高，追求的装饰风格和档次也越高。没有装饰风格，也就没有了五彩缤纷的世界，装饰风格给人们带来了情趣、艺术和技术，它是有无限生命力的无止境的环境艺术，具有无限魅力。

三、装饰的档次

装饰分为两大类：一类是环境改造，一类是结构装饰。

装饰靠物质与精神相结合，靠固定的表面装饰与可移动的家具、陈设相结合。内部装饰应达到实用、舒适、经济、安全、美观、视觉空间良好的效果。外部空间虚体装饰与建筑表面装饰应协调一致，达到具有观赏和审美的价值，装饰效果应体现出风格与档次。

建筑的使用价值是内部空间，建筑的审美价值靠外观，两者结合形成艺术风格。当艺术风格仅仅是初型或已显得陈旧过时，或不能适合形势需要时，应进行内外改造。

国内外建筑都很重视内外装饰，它能表现历史文化、民族风格、经济活力和艺术水平。

中国的湖石假山、蜿蜒迂回的甬路、布满松柏的周边绿化，金碧辉煌的宫殿映视于此种环境之中，显得异常和谐壮观，这种和谐是多种因素造成的。当金碧辉煌的宫殿处于年久失修、残垣断壁、陈旧荒芜的凄凉、惨淡的环境中时，又会感到时代没落，没有生气。

将其再进行重新装饰，恢复历史原貌，又会展现出当日的辉煌、发挥出艺术魅力与价值。山西平遥古城、浙江安昌风貌，都是很好的例证。艺术风格的表现，需要结构装饰与环境艺术装饰有机结合在一起。缺少哪一方都不能形成完整的装饰。装饰水平应用档次进行区分，通常可分为豪华、高档、普通、低档四种，差异的重点是装饰材料和技术水平。

1. 豪华装饰

在材料选择上，以高档国产装饰材料为主、进口为辅，要求材料纹理细致，能充分发挥材质性能，再配置精雕细刻的豪华家具、陈设、各种现代电脑设备、高档厨具与卫生器具，让室内空间产生金碧辉煌、富丽雅致效果。

2. 高级装饰

装饰材料仍以国产高档装饰材料为主、进口为辅，对全部房屋构件进行饰面处理，配套家具、陈设、各种设备、卫生器具和厨具，接近豪华水平。

3. 普通装饰

装饰材料以国产中、高档材料为主，增加部分设施更换或制作，某些部位做一般装修。

4. 低档装饰

装饰材料以国产普通装饰材料为主，包括全部构件上的表面装饰，地面或楼面、墙体表面、墙裙、踢脚、窗帘盒、暖气罩、卫生间与厨房的一般装饰，门窗材料更换等室内普通装饰。

第五节　装饰的原则与依据

一、装饰的原则

装饰队伍素质应该是精通业务，掌握装饰材料性能，技术熟练，会看装饰施工图纸，并能按装饰图内容、要求进行合格施工，还应知道国家政策规定中的各项条款，按照经济、实用、安全、美观的原则为业主装饰出满意的效果。

1. 经济

根据业主实有财力进行合理支出，不追加、不超支，还要保证装饰质量。

2. 实用

施工人员不但要能看懂装饰设计图纸，还要以过硬、熟练的装饰技术，把装饰材料固定在建筑构件上，而且要实用、耐用，不出现开裂、起鼓、裂缝、翘曲或脱落掉皮等问题，以至长久下去不会发生问题。

3. 美观

装饰效果不但应达到图纸内容要求，还应把装饰材料自身质感、光泽、色彩发挥到尽善、完美程度，让业主感到满意，找不出毛病。

4. 安全

施工过程中，不应出现偷工减料、以次充好、减少程序、减少工艺过程、造成装饰不牢的问题。尤其是顶棚、墙面、窗帘盒等较高部位的装饰，不但当时要不发生安全事故，不伤人或砸坏物品，长久下去也不应发生事故。

二、装饰的依据

前边已多次提到进行装饰需要有装饰设计图纸，它是法律依据。装饰设计图表现了业主的全部装饰愿望和意图。施工人员不但要会看图纸，还要百分之百照图施工，不管中途遇到什么问题，双方都应先协商，办理洽商记录，然后再继续施工。洽商是对原有装饰设计的完善和补充。

装饰从名称上看只需要提供平面布置设计图、立面布置设计图和节点施工详图(后面简称平面图、立面图、详图)。如装饰的是一座楼房，应提供这些图纸。

1. 平面图

应提供楼房的每一层、每一个房间的地面平面布置设计图，包括地面、楼面装饰平面图，家具、陈设、设备、盆景绿化等平面布置，吊顶棚装饰做法平面图及灯饰布置平面图。

2. 立面图

应提供建筑外形所有装饰立面图。室内每一个房间的装饰立面设计图包括凸出、凹入、墙裙、踢脚、壁柜、吊柜、壁龛、窗帘盒、挂镜线、墙面饰物、壁画、条幅、灯饰等。

3. 详图

详图是指所有应该作出最细致交待的部位，包括提供的放大图形、详细尺寸、高度位置、使用材料、钉、粘、贴等连接固定方法等。如楼梯，装饰的具体部位包括踏步的踢面、踏面材料、尺寸、粘贴方法；栏杆自身材料、规格、尺寸、下端与踏步固定方法；栏杆与扶手的连接；扶手材料、式样、表面处理方法等，在实际工作中要提供这些具体的施工详图。吊顶棚具体装饰包括吊杆材料、尺寸、上下连接固定方法，吊点与主次龙骨连接方法，次龙骨与面层装饰板固定方法，吊顶棚灯槽固定方法，吊顶棚上烟感器、喷淋器固定方法。大理石墙面装饰包括墙面按大理石饰面尺寸、甩出预留钢筋、焊牢钢筋网片、铜丝穿大理石上方斜孔拧牢在钢筋网片上。大理石与墙面之间灌水泥砂浆，大理石表面用水泥擦缝。木地板、木墙围、暖气罩、窗帘盒、挂镜线、露明管道外包装、壁柜、吊柜等每一项内容都要提供具体的施工详图，少则 3～4 个，多则 6～10 个。详图数量一般占到全部图纸总数量的 50%～60%。安装质量的主要依据就是施工详图，它提供了最全面、最具体的做法。

第二章　建筑装饰识图的基本理论

绪论中已提到，若想会看装饰设计图纸，必须先掌握看图原理。表示装饰设计图的基本理论是三面正投影图。表面上看三面正投影图很简单，它表现了一个物体，从正上方、正前方、正左方观看这个物体，将所观看到的全部外形，按一定顺序画在了一张图纸上。若将这个三面正投影图，比喻为一座房屋建筑，应先会看这个房屋的专业图，再会看房屋内外表面上作了哪些具体装饰。现在，先把装饰放一边，把房屋也放一边，抽象单一地讲一下投影理论。

第一节　投　影　概　念

我们所看的一切专业图纸，包括房屋建筑、道路桥梁、飞机、汽车、火车、轮船等所有需要用图表示的专业，都是按照三面正投影图或者说是按照正投影原理绘制成的专业图纸。

什么是投影？这是一种比喻，在有阳光或灯光的情况下，光线照射到某一个物体上，于是在墙面、地面或桌子面上，我们便看到了这个物体的影子，简单粗略比喻，这就是投影。实际上，需要用人的视线代替光线，用图纸代替墙面、地面、桌子表面。下面用图形简单介绍这个原理。

一、投影分类

用投影理论画出的投影图，有的与照片相同，有的只有立体感不像照片。而绝大部分没有立体感，也不像照片，这种没有立体感，也不像照片的图形就是三面正投影图。三面正投影图正是我们要阅读的装饰专业图的重要理论表现形式。上面谈的三种情况分述如下：

1. 中心投影

图 2-1(*a*)是光线照射物体，在地面上出现了物体的影子。图 2-1(*b*)是光线照射物体，在墙面上出现了物体的影子。

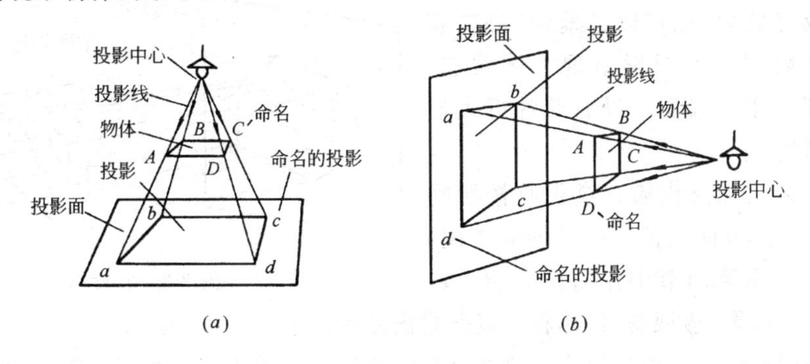

图 2-1　中心投影

(*a*)地面上的投影；(*b*)墙面上的投影

从这两个图中可以看出，不管物体怎样摆放，光源发出的射线将物体的影子照在了地面或墙面上，影子比实物都大。这种光线集中于一点(即电灯或太阳)的投影，叫中心投影。用这种原理画出的投影图，效果和照片一样，有近大、远小，符合视觉的感受。前边的图 1-1，图 1-2 都是中心投影。

中心投影图又叫透视图，本章第五节将介绍它的形成原理、分类与画法。后边在第五章还要接触到。

2. 平行投影

与中心投影的差别是：光线彼此平行，但与墙面或地面会产生两种交角，一种是垂直相交，叫做正投影，另一种是倾斜相交，叫做斜投影。下面分别介绍这两种投影：

(1) 正投影。图 2-2(*a*)是平行光线照射在两步台阶上，光线与地面呈 90°垂直状态，两步台阶的两个踏面投影到地面上，这个影的大小与两个踏面大小完全相同。

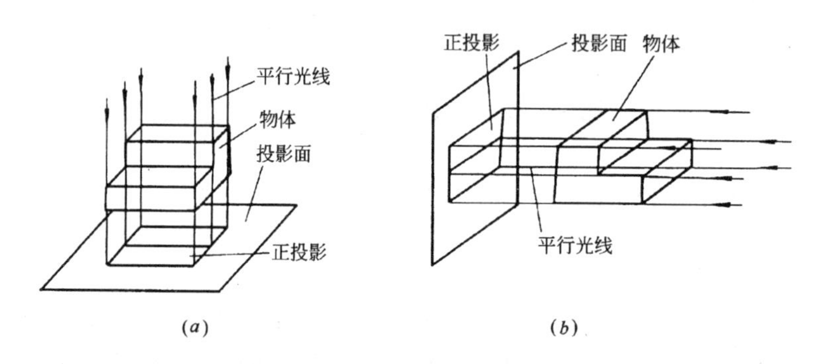

图 2-2　正投影图

(*a*)在地面上的正投影；(*b*)在墙面上的正投影

图 2-2(*b*)是平行光线照射在两步台阶的垂直踢面上，光线垂直于墙面，墙面上的投影与两个垂直踢面大小相同。

从图 2-2 中可以看出，因为用的是正投影原理，两个图形都没有立体感，一个只能表示台阶上表面，一个只能表现台阶的前表面，而且图形大小与实物相同，这是正投影的重要特点，学员应引起足够重视。后边要阅读的装饰专业图，完全是按照正投影原理绘制的。凡是没有照片效果、又没有立体感的图形，都是正投影图。

(2) 斜投影。从图 2-3 中可以看到，它是平行光线与墙面(也可以是地面)倾斜相交，物体在墙面上的投影呈现立体状态，但它又区别于中心投影，没有照片近大远小的视觉感受。

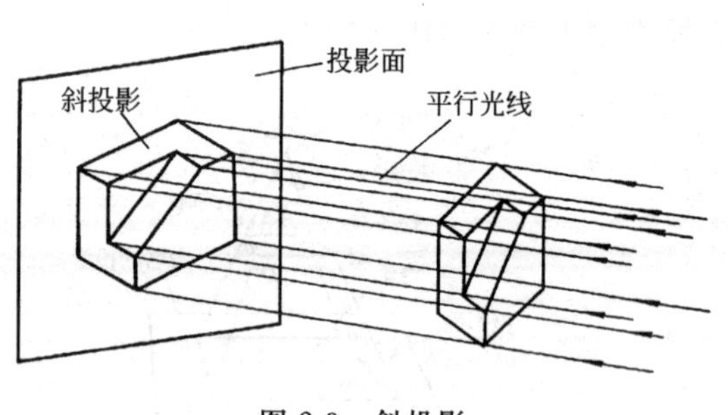

图 2-3　斜投影

斜投影又叫轴测投影，意思是按照物体的长、宽、高方向能读出尺寸的立体图，这种图将在本章第四节中作简单介绍。可以用它和中心投影(透视图)作比较，以便看出差别。

上面是用通俗、形象的语言，描述介绍的投影，便于入门和接受。正规叫法应是：光线叫投影线(即视线)，墙面、地面、桌子面统一叫投影面，投影面上的图形叫投影(或投影图)。本书重点是让学员学会阅读装饰专业图,而不是教会学员绘制专业图,绘比阅读难度大,设计难度更大。阅读应掌握理论,抓住重点。

二、正投影特性

组成图形的基本因素是点、线、面。掌握图形中各种点、线、面的表现形式与特点,是看懂装饰专业图的关键。在看装饰专业图时,一定要认识要害,抓住本质。会把复杂的图纸化简成基本要素点、线、面在图内的各种表现形式,只要抓住这个规律,图纸中的问题,便可迎刃而解。这里只提到正投影的特性,原因是装饰施工图都是按正投影绘制的点、线、面。这个点、线、面,还不只表现在一个图上,可能在两个图或三个图内同时出现,它们之间的关系一定要能联系起来,如图 2-2 所示的那样。为了抓住图中的点、线、面,图 2-4 中的十种状态,一定要认真领会,不可忽视。认为没有什么,一看就懂这是轻视的表现。当它们表现在两个或三个装饰图内,是否能用这十种特性去解释它?图2-4内的 10 种特性是解决能否把装饰图看懂的检验标准和要害,是看懂专业图不可忽视的规律和本质。

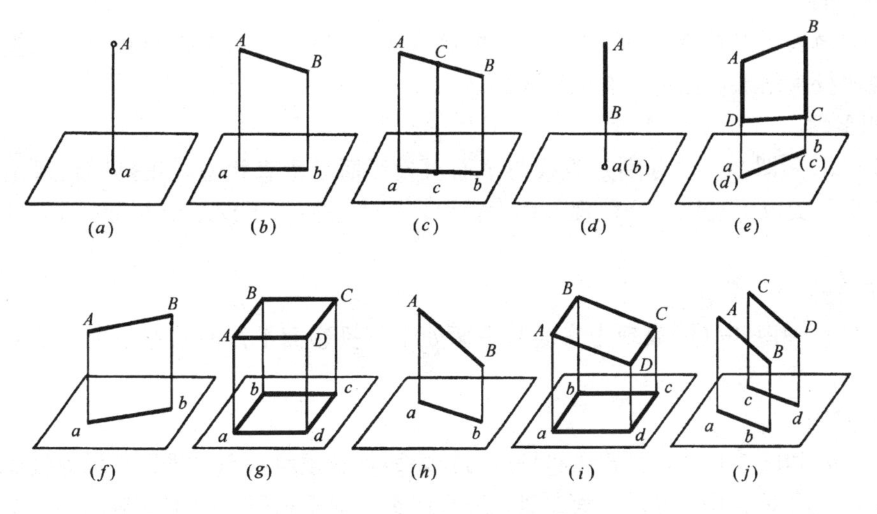

图 2-4　正投影的 10 种特性

此处说明一下,点、线、面,是从实物中抽象出来的物体,为了能区分实物和投影,实物一律用大写字母表示,投影用它的小写字母表示。

图 2-4(*a*)表示物体点 *A*,正投影是 *a*。

图 2-4(*b*)表示直线 *AB* 的正投影 *ab*,仍是直线。

图 2-4(*c*)表示直线 *AB* 上有一点 *C*,直线 *AB* 的正投影是 *ab*,因 *C* 在 *AB* 上,*C* 的正投影 *c*,必在 *ab* 上。

图 2-4(*d*)表示直线 *AB* 垂直于投影面,*A* 在上端,*B* 在下端,*AB* 的正投影成了一个点,但仍需写出两个小写字母,*a* 和(*b*),*b* 画括号表示在 *a* 的正下边,且被 *a* 挡住。

图 2-4(*e*)表示矩形面积 *ABCD* 的垂直投影面、投影成了一条直线 *a*(*d*)*c*(*b*)。与图 2-4(*d*)有着同样的道理。

图 2-4(*f*)是直线 *AB* 平行投影面,投影 *ab* 仍是直线,并且 *ab*=*AB*。

图 2-4(*g*)是矩形平面 *ABCD* 平行投影面,投影 *abcd* 的面积等于原矩形 *ABCD*。

图 2-4(h)表示直线 AB 倾斜于投影面，投影 ab 仍是直线，但不等于 AB 原长，而是变短。

图 2-4(i)是矩形平面 $ABCD$ 倾斜于投影面，投影 $abcd$ 比原矩形小，但仍是矩形。

图 2-4(j)表示空间有两条平行线，且与投影面呈倾斜状态，投影变短，但仍保持平行，即 $ab /\!/ cd$。

可以讲，装饰专业图中遇到的各种情况，出不去这 10 条范围，再重复一句，这 10 个图没有不能理解的，表现在专业图里边，特别是这个图与那个图之间的关系，是否还能正确认识它，在于对这 10 个图的正确理解和熟练应用。

为能把这 10 种特性理解和掌握，再强调一遍表现在专业图内的规律，将点、线、面的正投影总结归纳为 6 种，总结如下。

1. 同素性

图 2-4(a)和图 2-4(b)，一个是点，一个是直线，它们的正投影仍保持了原来的几何元素，即点的投影仍是点，直线在一般状态下，正投影仍是直线。

2. 从属性

图 2-4(c)表明点 C 在空间直线上(一个点或多个点)，点的正投影必定还在直线的投影上。说明投影结果仍保留原有从属关系。

3. 积聚性

图 2-4(d)和图 2-4(e)分别是直线与平面对投影面呈垂直状态，正投影结果是直线变成了点，平面变成了直线。这种现象称为积聚，因为它们与正投影线方向一致，才出现这种结果。

4. 可量性

图 2-4(f)和图 2-4(g)表现为直线与平面处于与投影面平行的状态。投影结果为直线是原长、平面是原形。

5. 类似性

图 2-4(h)和图 2-4(i)表明直线和平面与投影面均呈倾斜状态，投影结果为直线变短但仍是直线，平面变小但仍与原形状类似，属于同类，但不相等，也不相似。

6. 平行性

图 2-4(j)表明空中是两平行直线(或两条任意弯曲的平行线)，投影结果为仍保持平行关系。

归纳化简的 6 种特性在前面提到的三面正投影和斜投影(即轴测投影)中，均可看到这 6 种特性的表现形式。

第二节　三面正投影图

上面已提到，三面正投影图是阅读装饰专业图的重要指导理论，也就是说装饰设计图是按照标准的三面正投影原理绘制成的专业图。在讲基础理论时，举个例题把三面正投影之间的关系讲清楚即可，而专业图则必须把实际工程按照三面正投影绘制正确，内容方面要比简单的三面正投影例题复杂得多。因此，只有上一节中的表面介绍，是远远不够的，那样表现不了本质，必须从根源上作出完整、细致的交待，这样才能正确认识三面正投影的特性。下面作详细介绍。

一、三面正投影体系的建立

从图 2-5 中可以看出，要在上面画图的三个投影面，是相互垂直的关系，有如我们在一个长方形的房间内，正面墙、侧面墙和地面之间的关系。此关系称为第一分角。

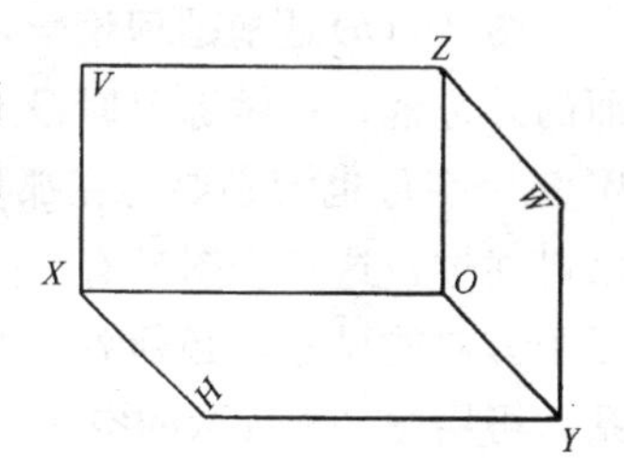

图 2-5　三个投影面的建立

图 2-5 中写了几个字母，其中：

V——表示直立投影面，简称立面；

H——表示水平投影面，简称平面；

W——表示侧立投影面，简称侧面；

OX——表示 *H* 面和 *V* 面的交线，称为 *OX* 轴，代表长度；

OY——表示 *H* 面和 *W* 面的交线，称为 *OY* 轴，代表宽度；

OZ——表示 *V* 面和 *W* 面的交线，称为 *OZ* 轴，代表高度；

O——表示 *OX*、*OY*、*OZ* 三轴的交点，称为原点。

二、投影图的形成

从图 2-6 中能看到，把两步台阶放在三面正投影体系中，按箭头方向，将物体对三个投影面分别作出正投影。

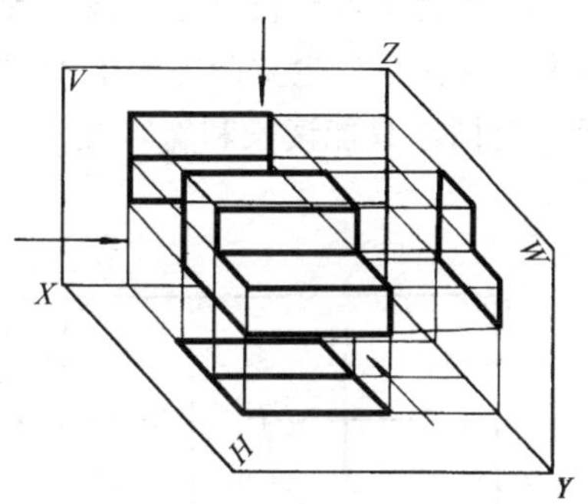

图 2-6　投影图的形成

在 *H* 面上得到的正投影图形，称为平面投影图，简称平面图或平面。

在 *V* 面上得到的正投影图形，称为立面投影图，简称立面图或立面。

在 *W* 面上得到的正投影图形，称为侧面投影图，简称侧面图或侧面。

三、三个投影面的展开

若将图 2-6 中的两步台阶，画成施工图纸，应按投影体系、分别画在不同方向、但又互相垂直的三个投影面上，这只能是理论上的原理状态。实际工作只能在桌面上摊平图纸进行画图。因此，国家标准规定，三个投影面应展开在一个平面内，展开规则是：*V* 面不动，*H* 面绕 *OX* 轴向下旋转 90°，与 *V* 面重合，*W* 面向右旋转 90°，与 *V* 面重合，使三个投影面完全处于一个平面内，见图 2-7 三个投影面的展开。

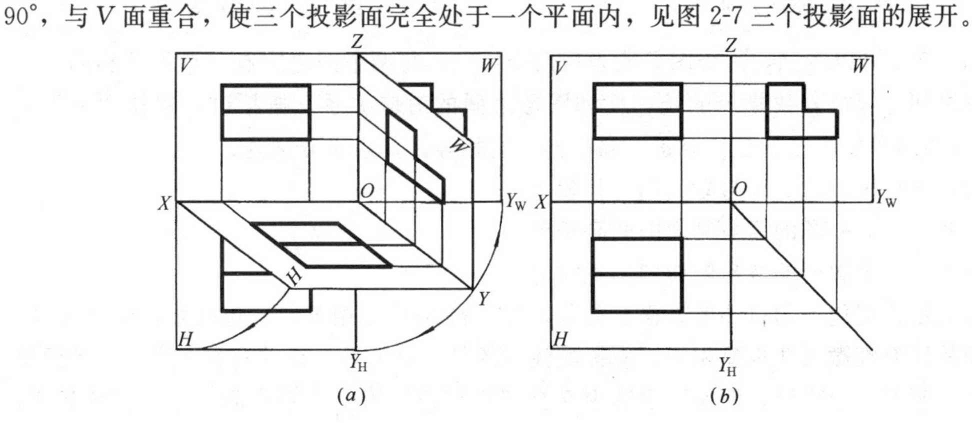

图 2-7　三个投影面的展开

(*a*)展开过程；(*b*)展开后的投影图

四、三面投影图之间的关系

图 2-7(*b*)是基础理论学习时，三面正投影图的严格表现形式。表示 *V* 面、*H* 面、*W* 面的外边框，在做练习时没有必要画出，只写出 *OX*、*OZ*、OY_H、OY_W 轴即可，*V*、*H*、*W* 三个字母也没必要写在那里。但是，三个投影图之间的对应关系一定不能搞错。前边已讲述过，这三个图没有一个有立体感，每个图只能表现出两个方向的尺寸，若想知道第三个方向的尺寸，必须到另外的两个图中的任一个中才能看到。为了进一步说清这种关系，可用图 2-8 所示的空间方向，展示这种关系。

一个物体用方位表示，可以叫出左右、上下、前后，图 2-8 中的 *OX* 与 *OZ* 范围内，只能表示出左右和上下，*OX* 与 OY_H 范围内，只能表示出左右和前后，*OZ* 与 OY_W 范围内只能表示出前后和上下。生活中谈到上下、左右、前后，不但熟知和习惯，而且不会发生任何问题。一旦转变成三面正投影体系，不管是在三面正投影阶段，还是阅读装饰设计图的过程中，这上下、左右、前后很多人都讲不清楚，如把平面图中的左右与前后，读成上下和左右，把侧面图中的上下和前后，读成上下和左右。此处作出提示，以引起注意。

一个物体若按长、宽、高去阅读它，在实物面前不会发生任何问题，在三面正投影体系中，往往会发生空间方向上的错误。如在 *OX* 与 *OZ* 范围内，只能读长和高，在 *OX* 与 OY_H 范围内只能读长和宽，在 *OZ* 与 OY_W 范围内只能读高和宽，见图 2-9。

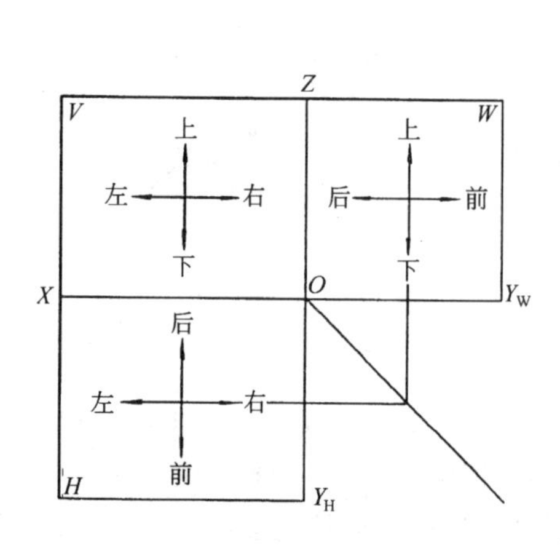

图 2-8　空间方向

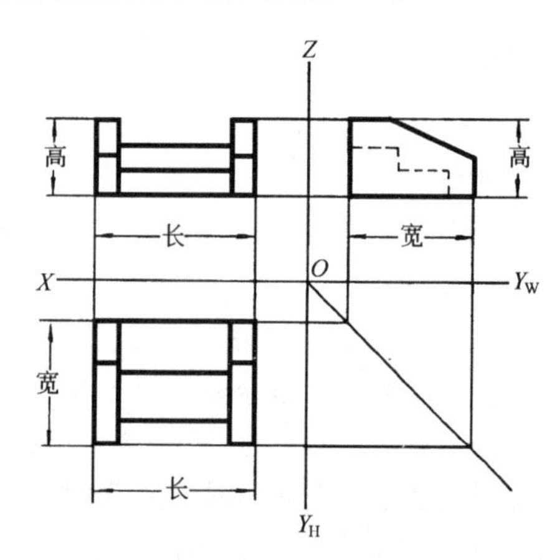

图 2-9　三等关系

从图 2-9 中可以看到，每个图只能表现两个尺寸，每两个图之间有一个尺寸相同，三个投影图之间，保持着数量上的统一性和图形之间的对应关系。概括讲，叫作“三等关系”，说成最简单的语言就是长对正、高平齐、宽相等。其意义分别为：

长对正——平面图的长与立面图的长相等；

高平齐——立面图的高与侧面图的高相等；

宽相等——平面图的宽与侧面图的宽相等。

三等关系不但包括物体外形方面总的长、宽、高尺寸要相等，还包括物体细部形状、变化部位的所有细微尺寸也要相等。应提醒注意的是，这三等关系共有九个字，一下便可背颂下来，甚至不会忘记，而实际看图中又会把它忘记，不会联系实际，不会正确运用。为加强对三面正投影的认识，对三等关系的运用，先举一个例题，学员可以仿照例题作法，自己练习一下，为以后阅读装饰专业图奠定基础。

五、三面正投影图的画法

1. 举例

【例 1】 量立体各部位尺寸，按指定方向画出三面正投影图(图 2-10)。

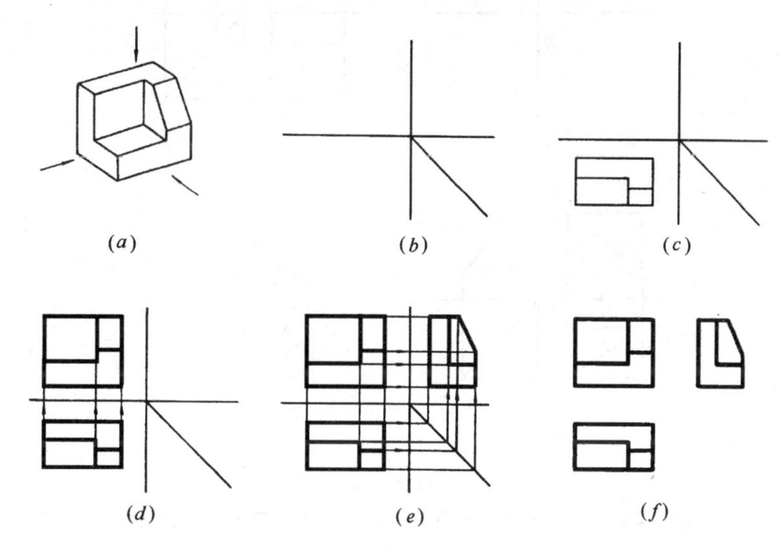

图 2-10　三面正投影图画法步骤

(*a*)已知条件；(*b*)画出投影及 45°斜线；(*c*)量长、宽尺寸画平面；(*d*)量高度尺寸画立面；(*e*)根据平面、立面画侧面；(*f*)最终结果

【例 2】 看立体图并量尺寸，把三面投影图中缺少的线条补画齐全(图 2-11)。

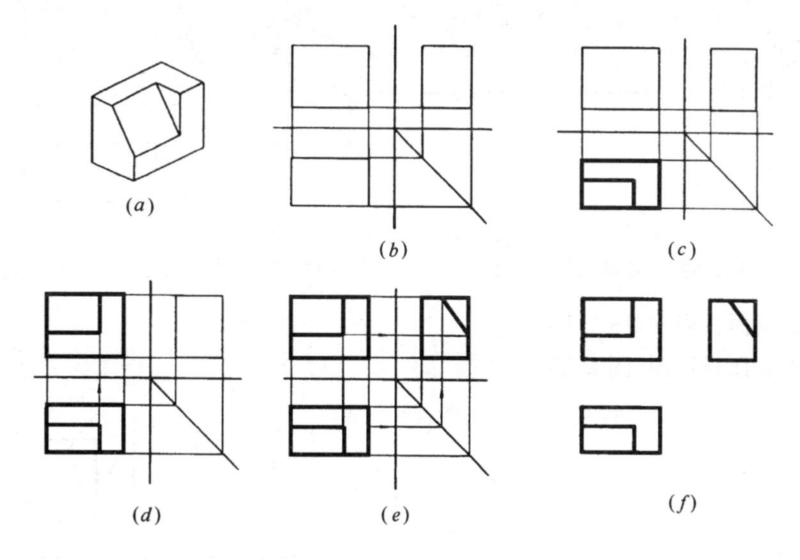

图 2-11　看立体图补线

(*a*)立体图；(*b*)已知条件；(*c*)量尺寸补画出平面缺线；(*d*)量尺寸画出立面缺线；(*e*)按对应关系补齐侧面缺线；(*f*)补全结果

【例 3】 根据两个投影图，画出第三个投影图(图 2-12)。

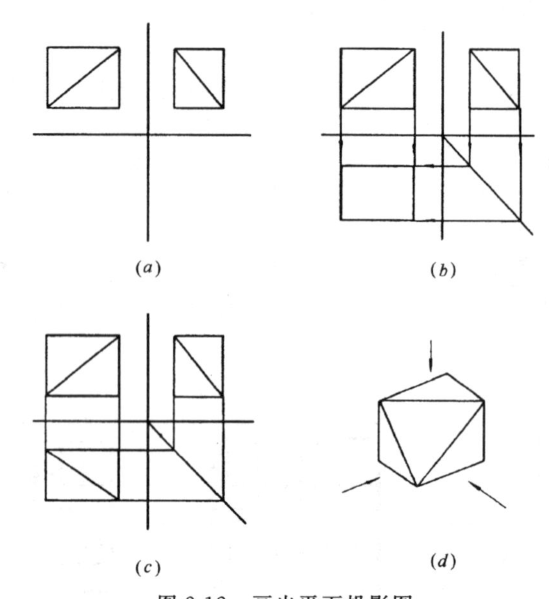

图 2-12　画出平面投影图

(a)已知条件；(b)画 45°线和平面外框；(c)得出结果；(d)验证结果

2. 练习

(1) 量立体图尺寸，按指定方向画出三面正投影图(图 2-13)。

(2) 看立体图并测量尺寸，补齐三面投影中的缺线(图 2-14)。

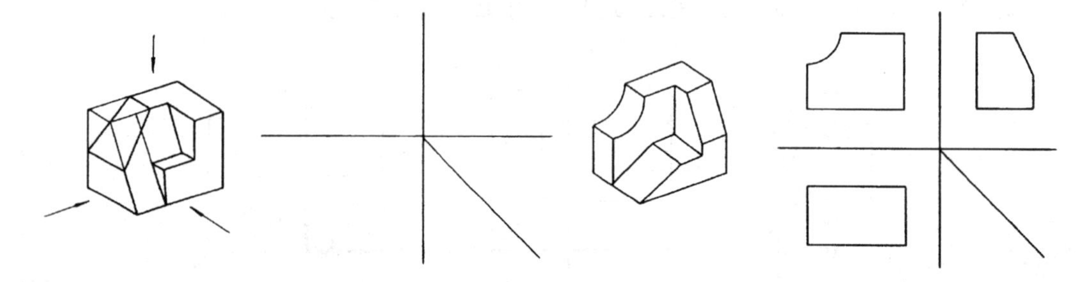

图 2-13　量立体图尺寸画三面正投影　　图 2-14　量立体图尺寸，补齐三面投影中缺线

(3) 画出侧面投影图(图 2-15)。

(4) 画出立面投影图(图 2-16)。

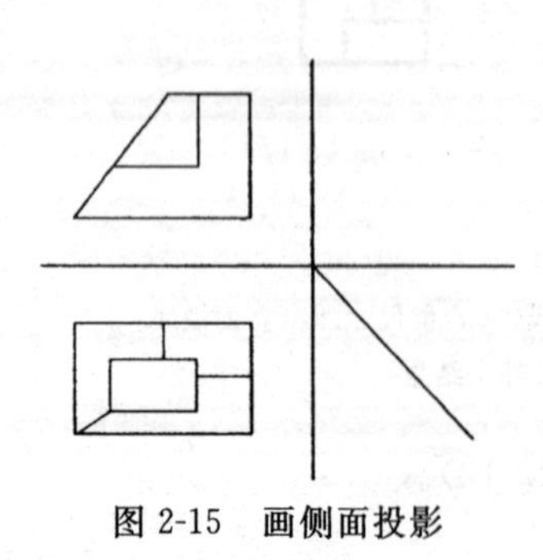

图 2-15　画侧面投影

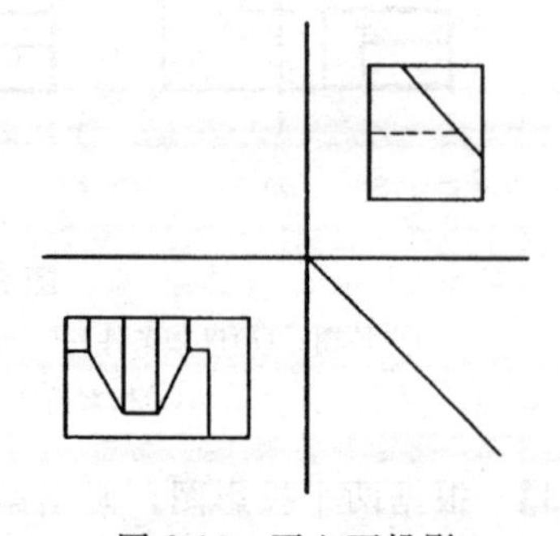

图 2-16　画立面投影

第三节 剖面图与断面图

建筑装饰虽然都是表面工程，有的需要表示房屋外观，有的需要表示房屋内部，最具体的是装饰材料的构造层次。内部结构与外观在表示方法上是有差别的，这就是常说的剖面图与断面图。

一、剖面图

1. 剖切概念与剖面图的形成

假想用一个剖切平面，在物体内部构造比较复杂的部位进行垂直剖切，将剖切平面前面被切去的部分物体移走，作剩留部分的全部正投影，所得到的投影图，叫作这个物体的剖面图，简称剖面。这个剖面图包括被剖切平面切到的部位和没有被切到的外形轮廓。并规定在物体被切到的部位，用不同的材料符号表示，所切到的构件轮廓用粗实线绘制，未被切到的外形轮廓用中实线表示，分别见图 2-17 和图 2-18。

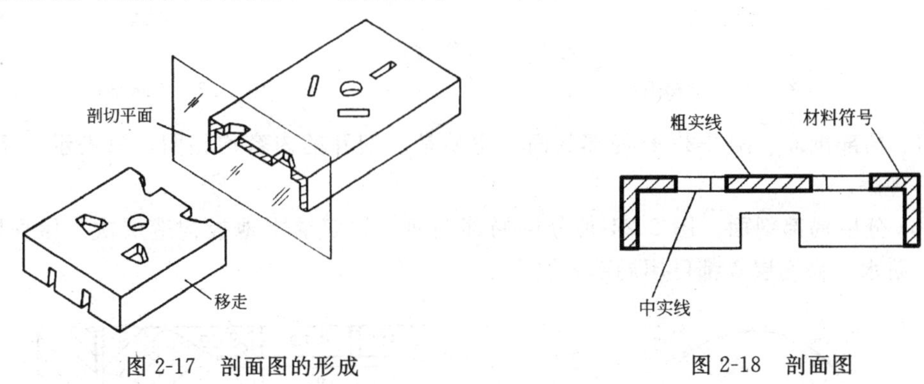

图 2-17 剖面图的形成　　图 2-18 剖面图

2. 剖面图种类

(1) 全剖面图。图 2-19 是全剖面图。从什么部位进行剖切的，应画出剖切符号，包括剖切位置线(用粗线)、投影方向线(用粗线)、剖面图名三项内容。图名应与所绘剖面对应。

(2) 半剖面图。图 2-20 是半剖面图，多用在对称部位的表示，但要加对称符号。

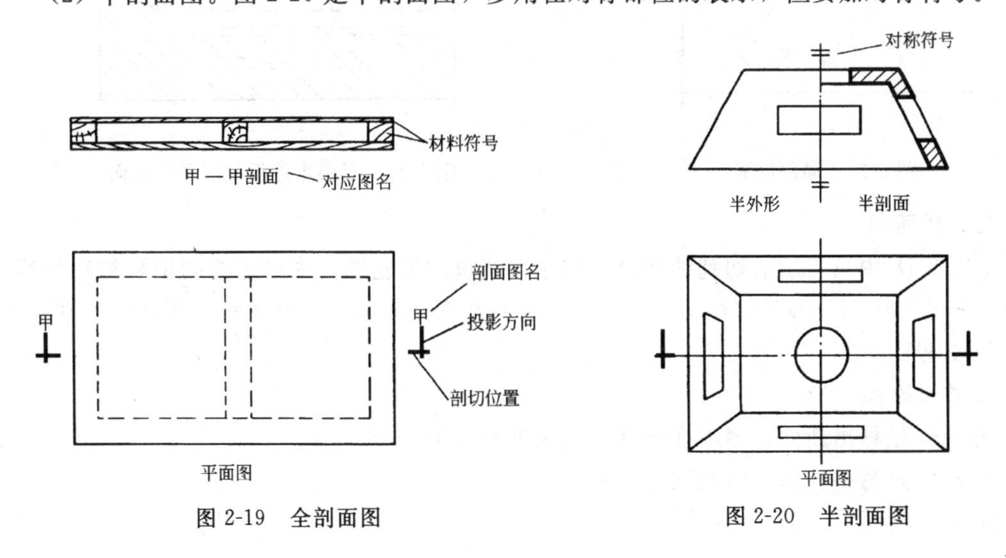

图 2-19 全剖面图　　图 2-20 半剖面图

(3) 阶梯剖面。图 2-21 是阶梯剖面。目的是为在同一个图内，多表示一些剖面内容。剖切符号仍包括三项内容，阶梯转角部位也要用短粗线画清楚。

(4) 旋转剖面。图 2-22 是旋转剖面。主要用在圆形物体，过圆心位置作转角表示。

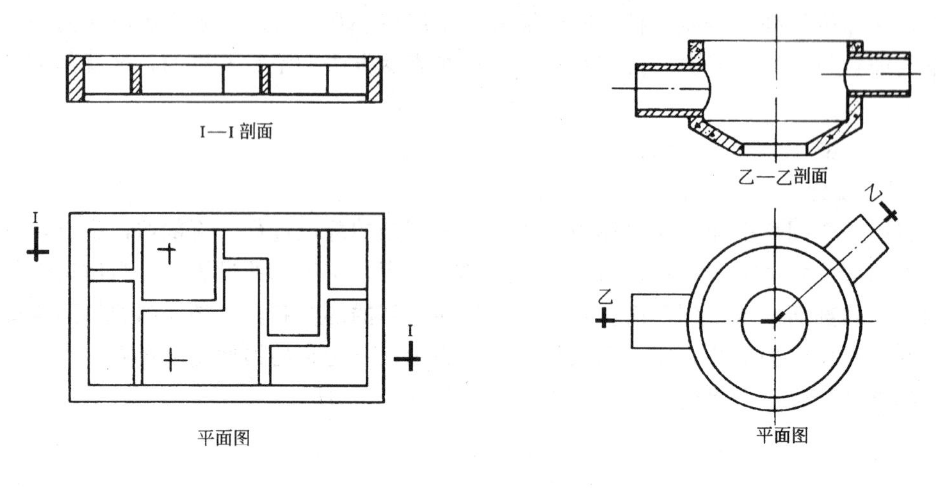

图 2-21 阶梯剖面　　图 2-22 旋转剖面

(5) 局部剖面。图 2-23 是局部剖面。主要是应剖开的内容均相同，只表示一个小局部即可理解。

(6) 分层局部剖面。图 2-24 是分层局部剖面。如双层木地板构造层次。屋面隔汽、保温、防水、做面层等都可用局部分层表示。

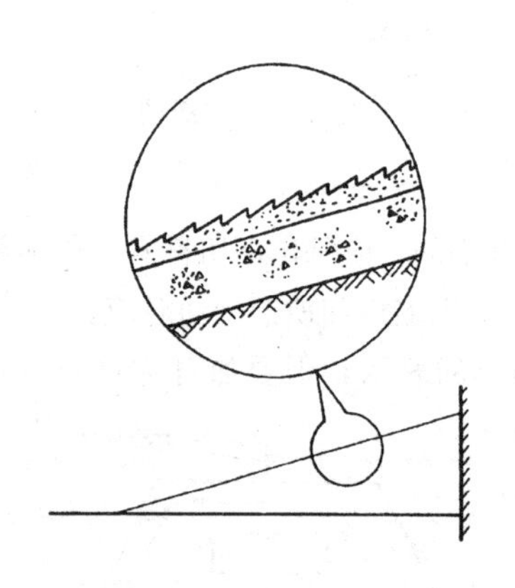

图 2-23 局部剖面

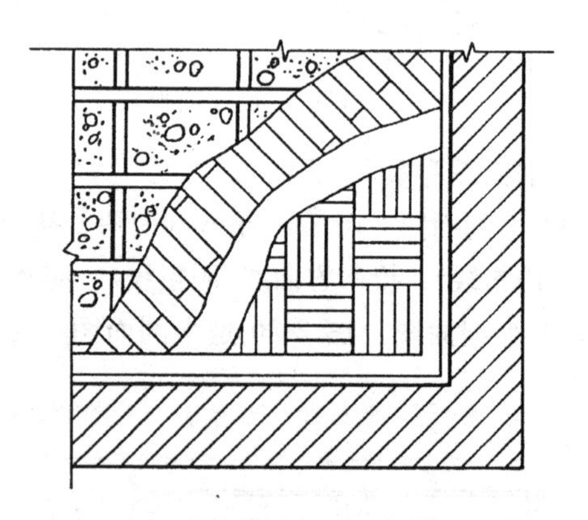

图 2-24 双层木地板分层局部剖面

二、断面图

如图 2-18 中只表示被切到的部分，即粗实线包围的轮廓，内部还要画出材料符号线，没被切到的用中实线画的部位不用画出，称为断面图或断面，也有人称它为截面。它有以下几种表现形式。

1. 移出断面

图 2-25 是移出断面，多用在细部构造装饰节点图上。

图 2-26 是另一种移出断面表现形式。

2. 重合断面

图 2-27 是房屋檐口部位装饰线。凹入与凸出的部分用重合断面表示，可以不用另提出画成断面。斜线表示内部，这样画既省事又快捷，一看便知。

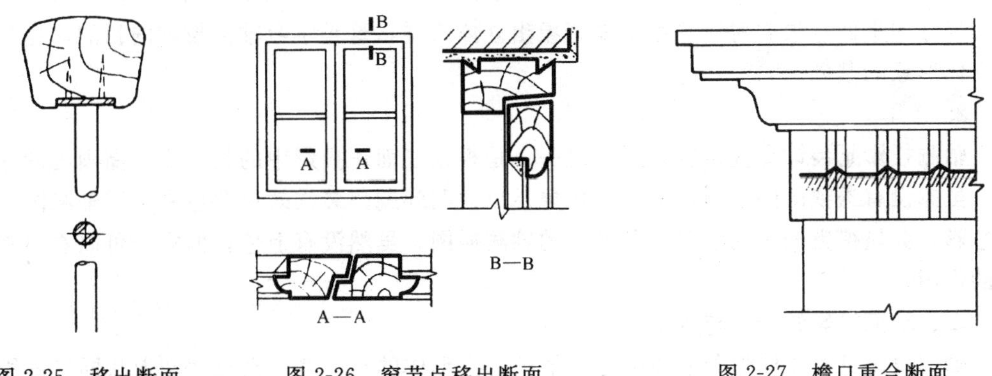

图 2-25　移出断面　　图 2-26　窗节点移出断面　　图 2-27　檐口重合断面

铝合金窗料、塑钢窗料是当前较时髦的装饰材料，组装时很迅速，有的原材料在构造上的确很复杂，下面举一个较简单的和一个较复杂的窗料，用重合断面进行表示，见图 2-28和图 2-29。图 2-30 是角钢、槽钢重合断面。

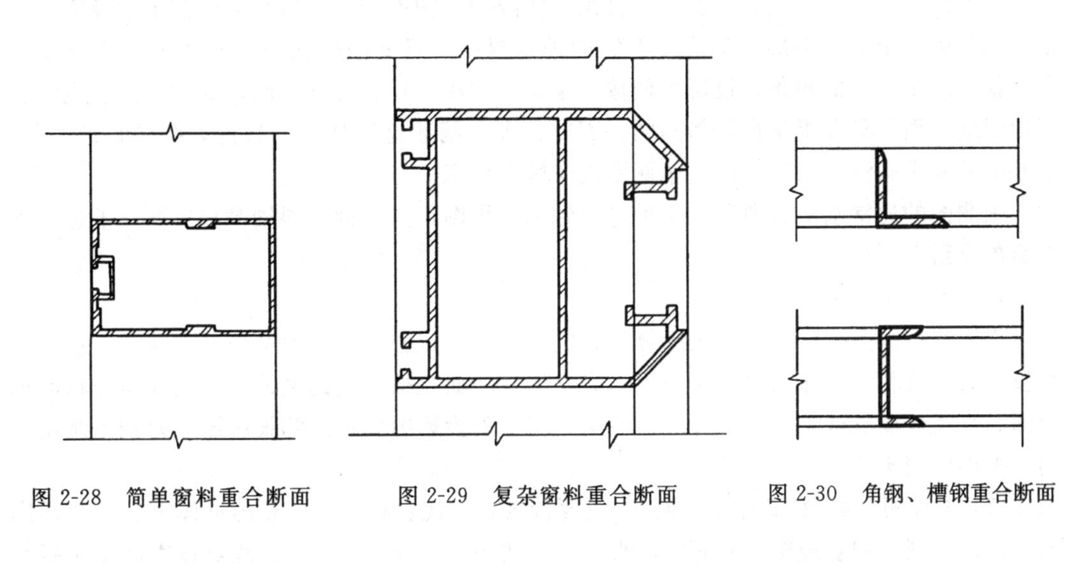

图 2-28　简单窗料重合断面　　图 2-29　复杂窗料重合断面　　图 2-30　角钢、槽钢重合断面

第四节　轴　测　投　影

前面的图 2-3 是斜投影形成原理，讲的是与投影面倾斜相交的平行光线。把物体放在此种条件下，物体实际与投影面呈倾斜状态，即光线与投影面倾斜，物体的长、宽、高三个方向与投影面是另一种倾斜状态，这样作出的投影，具有立体感，但比实物尺寸小。因此，被称为单平面的平行投影，也叫轴测投影。“轴”是长、宽、高简称，“测”是测量。合在一起的意思是，按照长、宽、高方向能测量到尺寸的立体图。

一、轴测投影的作用

1. 建立立体概念

轴测投影虽然没有照片那样近大远小的视觉效果，但它具有立体感，而且可以按轴向测量尺寸，不受远近限制。因此三面投影图中的长、宽、高尺寸，在这一个图内全可测量到，它是三面正投影图合在一起的立体形象。我们看完一组三面正投影图，就是要在头脑中形成它的立体状态。将来我们阅读装饰专业图时，也要建立立体概念。看的是只有两个方向尺寸的平面，根据对应关系要能想象出立体式样，这是学习轴测投影的目的，也是建立立体形象的基础。

2. 作用

轴测投影是装饰专业重要效果图之一，是根据三面正投影中的长、宽、高画出的立体图。虽然没有透视图的感受，但立体形象足以说明问题。装饰效果图也常采用轴测图，配上色彩，会显得更加生动活泼。前面用的轴测插图，虽然没有上色，但完全可以看出它所起的作用。

二、轴测投影的分类与画法

轴测投影具有立体形象的原因是，能把一个形体的长、宽、高尺寸和形状同时投影到一个投影面上，也叫做单平面的平行线斜投影。生活中，当我们用语言不容易把一个物体表达清楚时，往往会徒手勾画出一个立体图形，使其容易被人接受和理解，这就是不严谨的轴测图。不管是徒手勾画还是用仪器、尺子严格绘图，都能画出很多类型。只要控制好投影线彼此平行，并与投影面斜交，交角不作限制，便能产生出各种各样的轴测投影。严格讲，每画一个立体图形，都应该有它的理论根据，只要物体在空间对投影处于倾斜状态，就会产生一定的倾角，投影后便按一定比例缩小。作为装饰识图，要求学员重点学会阅读图纸，而不是要求学员严格画图。因此，理论阐述这里从略。只告诉结果和最简单、最基本的入手画法，用以加深对轴测图的了解和认识。

轴测图的通常画法有两种，一种是正轴测投影图，另一种是斜轴测投影图，下边分别作简单介绍。

1. 正轴测投影图

正轴测投影图指的是，代表形体长、宽、高的三根轴对投影面都成倾斜状态，投影线与投影面垂直相交，作出的投影图不但有立体感，而且按一定比例缩小，这就是正轴测投影图。它又分成三种情况，正等测投影图、正二测投影图和正三测投影图。差别是倾角不同，缩小比例不同。

(1) 正等测投影图(简称正等测)。主要特点是，代表长、宽、高的形体上三轴对投影面倾角都相同，如前边图 2-4 正投影的 10 种特性中的图(h)，空中直线对投影面是倾斜状态，投影长度比空中直线长度短。正等测中的三根轴，即属于这种状态。三根轴变短的情况相同，即由原来的 1，变成了 0.82，也就是说正等测图比实物缩小了 0.82 倍。既然三轴变短都是 0.82，为方便画图，均按原来的 1 画正等测图。

具体画法见图 2-31 正等测画法。

(2) 正二测投影图(简称正二测)。主要特点是，代表形体上长、宽、高的三根轴，其中有两个轴对投影面倾角相同，即由原来的 1，缩短为 0.94，另一个轴倾角不同，即由原来的 1，缩短为 0.47。缩短正好相当于 1 和 0.5。画图时，两个取 1，一个取 0.5。

具体画法见图 2-32 正二测画法。

(3) 正三测投影图(简称正三测)。主要特点是，代表物体上长、宽、高的三根轴，对投影面的倾角均不同，表现为一根轴缩短为 0.871，一根轴为 0.961，另一根轴为 0.554。

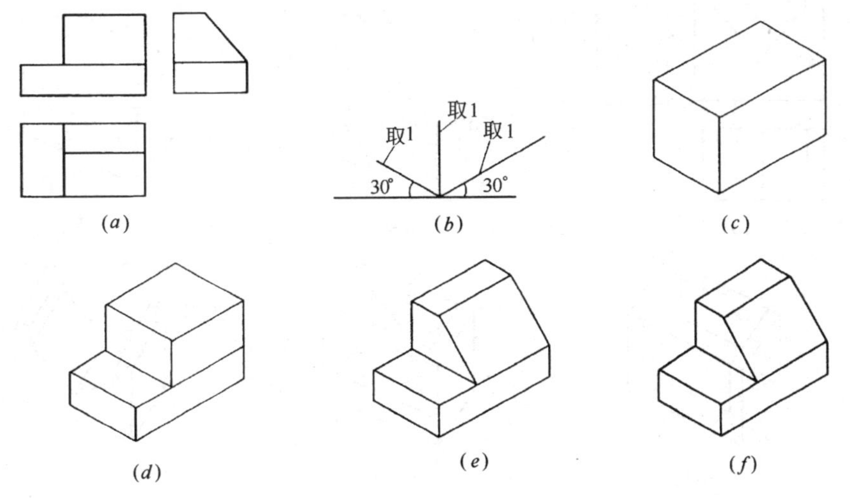

图 2-31　正等测画法

(*a*)已知条件；(*b*)画出投影轴；(*c*)画出外框；(*d*)分成两方块；(*e*)留下斜坡面；(*f*)最后加工

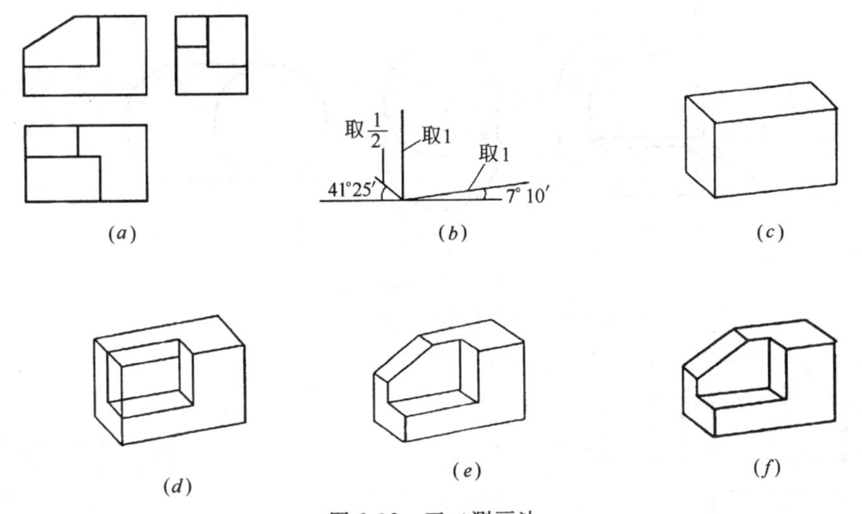

图 2-32　正二测画法

(*a*)已知条件；(*b*)画出三轴方向；(*c*)推平行线画外框；(*d*)分为两大块；(*e*)画出斜面部位；(*f*)进行加工

画图时化简为 0.9、1 和 0.6。

具体画法见图 2-33 正三测画法。

2. 斜轴测投影图(简称斜轴测)

主要特点是，在轴测图中有一个面保持原形，另外两个面产生变形。这种轴测图多用在有曲面的形体上，使曲面部位的曲线画成原形，减少作图繁琐。这种斜轴测图也分成三种情况，有正面斜轴测、水平斜轴测和侧面斜轴测。画图时，需要取哪种，要由曲面、曲线所在的部位决定。图 2-34 是斜轴测图。

画斜轴测图时，应尽量将正面保持原形，符合习惯。因为它有一个面可以保持原形，即按 1∶1 绘图，另一个轴向一般取 0.5 倍画图。斜轴测具体画法见图 2-35。

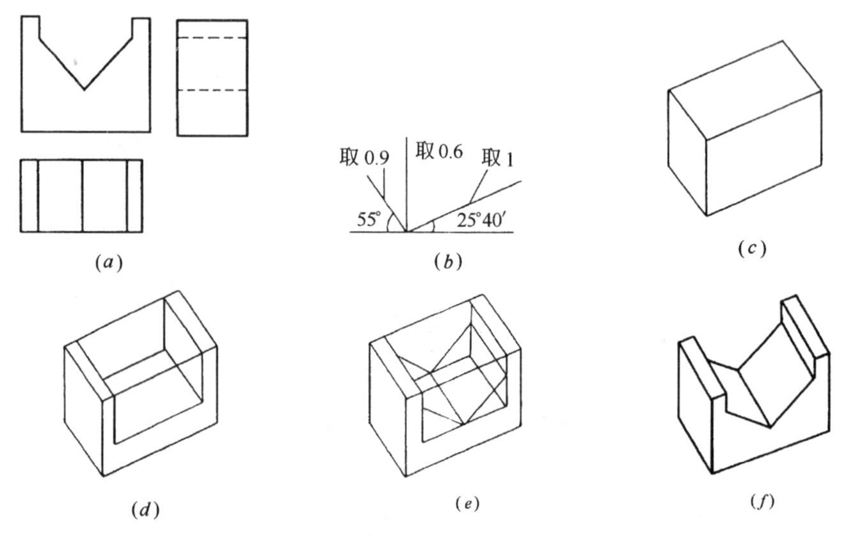

图 2-33　正三测画法

(a)已知条件；(b)按规定角度、系数画出三轴；(c)推平行线画出外框；
(d)画出分框线；(e)画各点位置并连线；(f)擦去多余线并加工

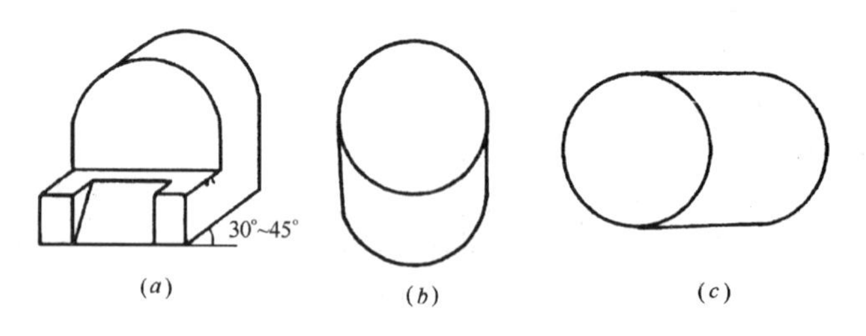

图 2-34　斜轴测图

(a)正面斜轴测；(b)水平斜轴测；(c)侧面斜轴测

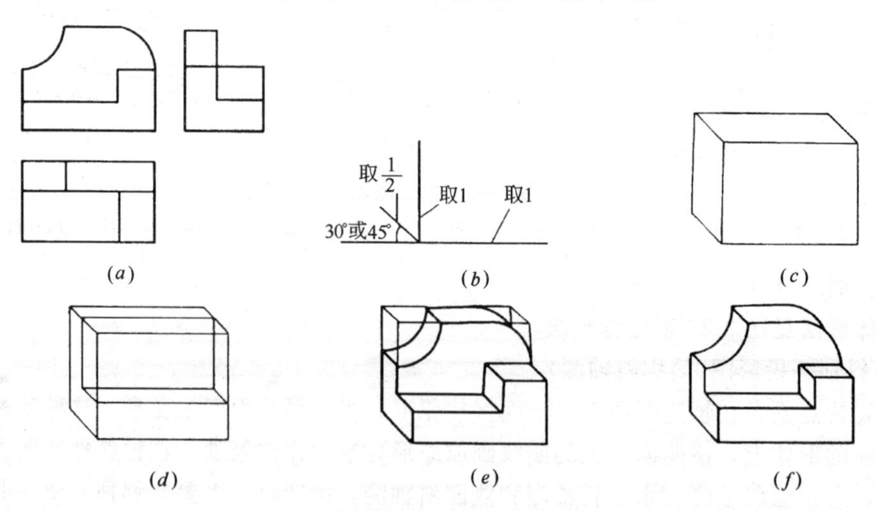

图 2-35　斜轴测画法

(a)已知条件；(b)确定角度、系数和三轴方向；(c)画出整体外框；(d)分成两大块；
(e)画出圆弧和长方块；(f)去掉多余线并加工

斜轴测图多用在小区规划或室内布置(见图 2-36)。

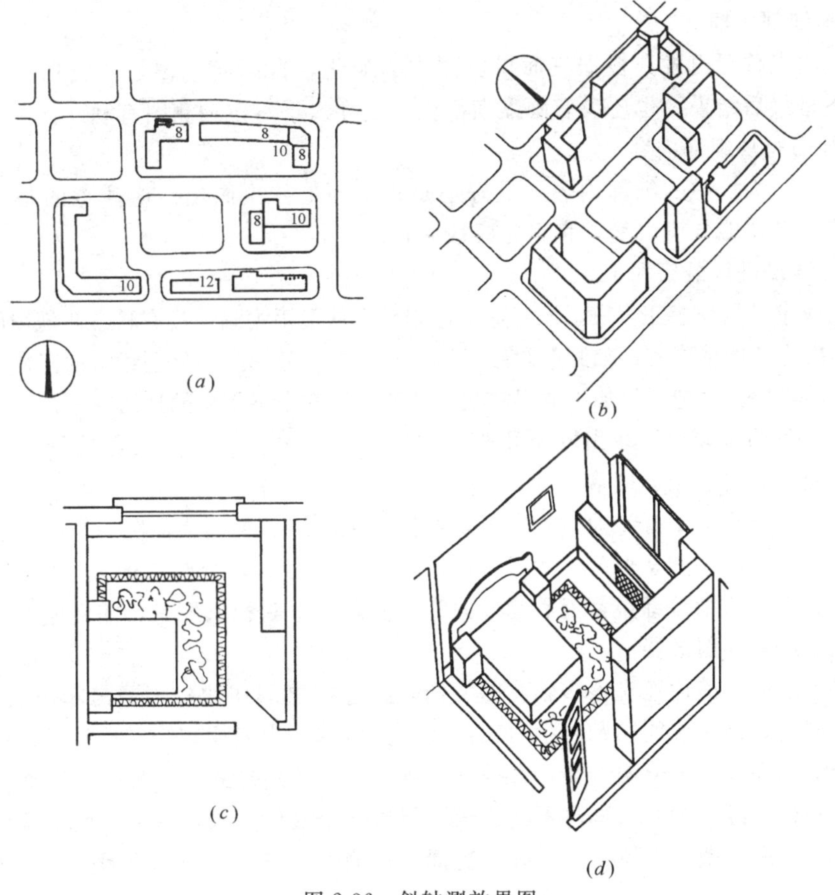

图 2-36 斜轴测效果图

(a)小区规划平面图(图内数字及小点代表建筑层数);(b)小区规划水平斜轴测图;

(c)卧室平面布置图;(d)卧室斜轴测图

三、轴测图画法步骤

从图 2-31 到图 2-36,在画法上可以说完全一致。从已知条件到完成轴测图,基本上都是六个过程。

1. 已知条件——三面正投影图

不管是大型小区规划,还是室内平面布置或是最简单的模型体三面投影,条件一定要齐备,并且能把三面投影各图之间的关系搞清楚,整体和细部尺寸看明白。

2. 确定好画图起点位置和三轴方向

轴测图具有立体形象,多数可以按原尺寸画图。它是立体状态,有六个面,一般能看到三个面,另三个面被遮挡住,画图起点位置最好取形体的左前下角或右前下角,以起点位置为准,画出长、宽、高三轴方向。高度方向通常取直上直下垂直状态,长、宽两向可参照插图举例中的正轴测、斜轴测确定的方向,任选一种。

3. 画出整体长、宽、高外框

若以左前下角当起点,可在左边倾斜(或水平)轴线上画宽,右边倾斜轴线上画长,垂直线上画总高。根据图 2-4 中的 10 种特性,推平行线,画出整体长、宽、高外框,不管内容多么复杂或简单，轴测图内容均应在此外框内部。

4. 画细部大框

仍从起点位置出发，根据三面投影图中的变化，自下而上、划分成几大块。画线要轻，这不是最后结果，也还没有画最细部位，这样入手对作轴测图有利。

5. 画出每块细部内容

画出每一大块中的细部内容，最好还是自下而上依次画出。应注意的是，起稿线要轻，被遮挡部位能分辨清楚，直到完成最后封顶。

6. 将结果进行最后加工

外框线中又划分成几大块，没有这个过程，无从下手去画，没有科学、规律的辅助作图线，画不出完整的轴测图。轴测图画好以后，起稿线、分块线、外框线有的已成多余，如果极轻可不动不擦，只把结果加工成粗实线，仿照上面 6 个举例中的最后一个进行整理加工。

以上只是简单概况，写出 6 条步骤。实际工作中要根据三面投影的复杂程度，多经历、多钻研，自己总结画图规律。

设计必须要根据掌握专业进行思考，绘图必须能对各种面临情况进行综合表达，不掌握方法和规律，就不知从何处入手。看图似乎比绘图容易，会画图的人一定能看懂图纸，会看图不见得所有细致部位都能看懂。只有在实践中不断积累经验，才能成熟。

四、轴测图类型选择

除本节之外，前边还有很多轴测图插图，在它们之间作比较，得出哪个表现得最好，哪个最为清楚、最能说明问题。学习轴测图是为应用，为表现装饰设计效果，为中标创造条件。轴测图在画法上分两大类，每类又可画出几个表现形式。一种效果不够理想时，可以改画另一种，经过细心筛选、不断比较，得出一个最佳效果，这最佳效果应该是内容全面、清晰，没有遮挡，立体感强，画法简捷。轴测图有多种画法，原因是这种遮挡多，效果不好，创造出了另一种画法，问题便解决了。对于画轴测图的人来讲，应高的部位放后边，低矮的部位放前边，显出层次，无法躲开的部位可通过透明方式(即相当于玻璃的后面)表现。此种画法学问很深，值得探讨。

五、练习

动手做，要比会看印象深刻，并能从理论上明白意义。留几个简单作业，作为提高认识的基础。

(1) 根据图 2-37 三面投影，在正轴测中任选一种，在图(*b*)中画出轴测图。

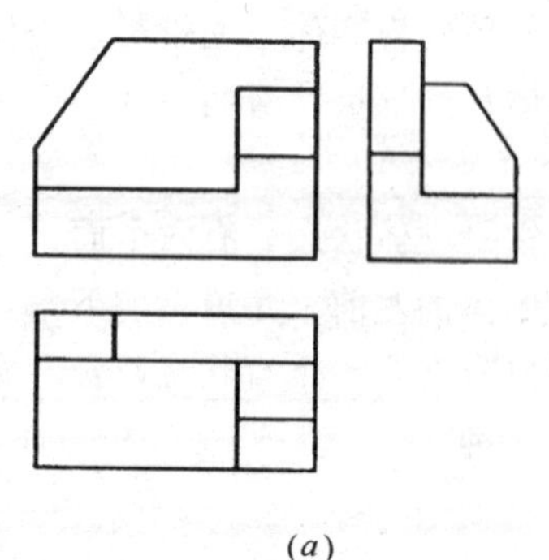

(*a*)　　　　　　　　　　　　(*b*)

图 2-37　画正轴测图

(*a*)已知三面投影；(*b*)任选一种画正等测图

（2）根据图 2-38 中三面投影，任选一种在图(*b*)中画成斜轴测图。

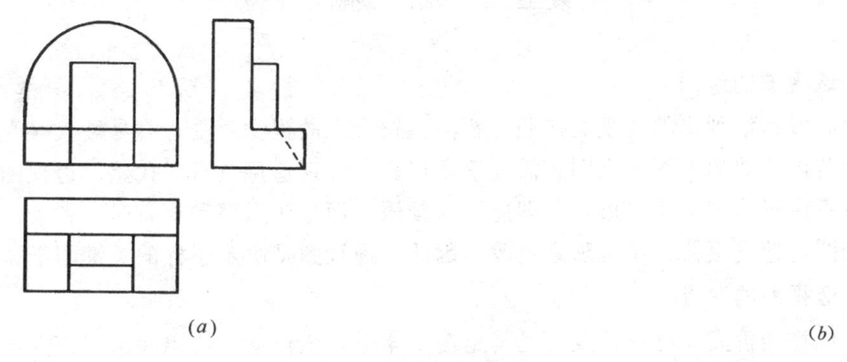

(*a*)　　(*b*)

图 2-38　画斜轴测图

(*a*)已知三面投影；(*b*)任选一种画斜轴测图

（3）根据图 2-39 平面内容，在图(*b*)中画出室内布置斜轴测图。

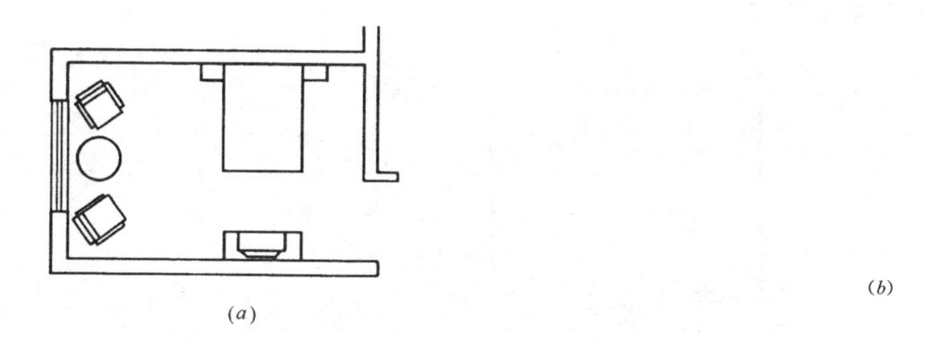

(*a*)　　(*b*)

图 2-39　画室内布置斜轴测图

(*a*)主卧室平面布置(家具：双人床、床头柜、电视、圆桌及沙发椅)；(*b*)画主卧室平面斜轴测图

（4）根据图 2-40(*a*)在图(*b*)中画小区斜轴测图。

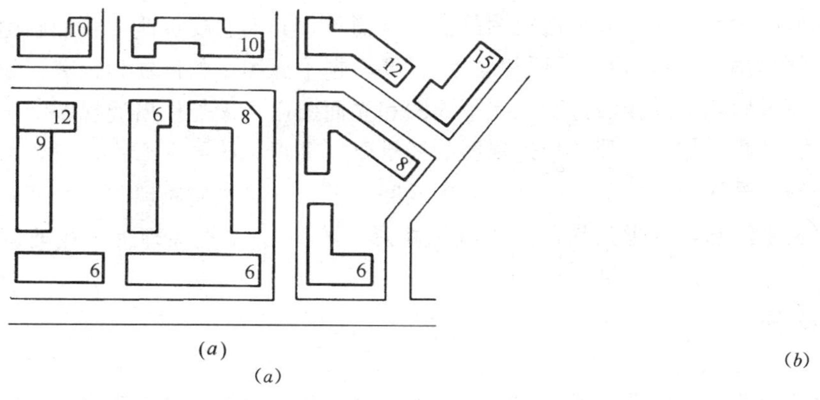

(*a*)　　(*b*)

(*a*)

图 2-40　画小区斜轴测图

(*a*)小区规划平面图(注：数字表示建筑层数)；(*b*)画小区平面斜轴测图

第五节　透　视　图

一、透视图的作用

用中心投影法画出的透视图与照片相同，符合人的视觉感受，容易被人接受。

作为装饰专业的方案表现图，需要形象逼真，表现造型具有时代感。透视图最有表现力，可以不用过多的语言去形容，即能被人领悟，而且比做模型要省时、省事，尤其是彩色电脑画图，速度更快，还可随意更改。因此，透视图是决定中标的关键图纸。

二、透视图的形成

照相机物美价廉，已很普及，尤其是傻瓜相机，全自动，使用起来非常方便，只要在景窗内选好景物或人像，握稳一按，便可成型。

透视原理与相机拍照景物极为相似，底板的后面有景物，底板的前面有人的眼睛，距离远近，依景窗黄框内的大小为效果距离。面对景物不理想，还可重新选择。

透视图原理见图 2-41。

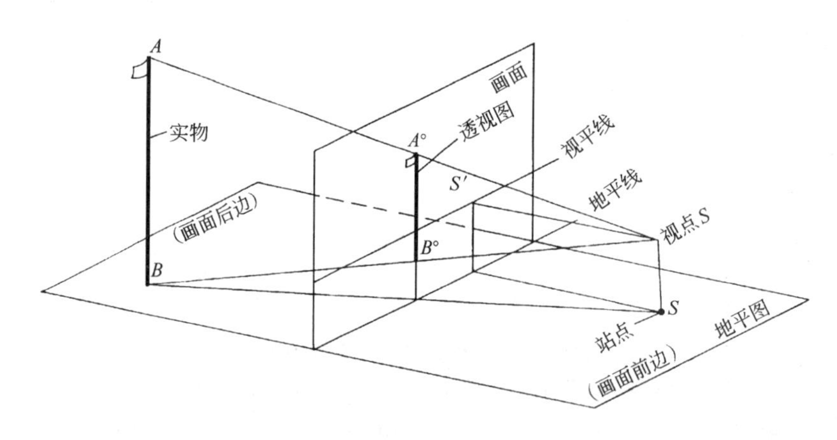

图 2-41　透视图的形成原理

从这个主体原理图中看上去，似乎透视图画法十分简单，其实它要拆改成我们画图的平面和立面(画透视图时称画面，相当于照片底板)，要根据平面图中的位置和距离，根据立面图中的高度，通过原理中的作法，变化在平面图和立面图内，才能作出透视图。千万不可忽视原理图，它是我们作出各种复杂透视图的最重要、最根本的表现形式，只要把它掌握灵活和准确，一切透视图的作法，应该说就不成问题了。凡是忽视原理或是最基础的作法，到后面都要发生问题，这里只是作出提醒和注意。图 2-42 是把原理拆改成要画透视图的准备工作，具体作法以后再讲。

三、透视图的分类

1. 一点透视

我们在证件上贴的照片，要求正规、庄重、严肃、也就是正面像，它就是我们这里讲的一点透视(图 2-43)。

前边的图 1-1、1-2 都是一点透视。从图中随意观察一条垂直线、全是原理图中的那条上下垂直线。若把一条真实高度上下垂直线掌握好，所有上下垂直线，全是这一种作法。若是与照片底板面平行的一排上下垂直线，在照片中它们还是同等高度，并且平行。可见原理图中的这一条上下垂直线是多么重要。

2. 两点透视

在风景、休闲、娱乐场合，人们喜欢自由、潇洒、随意，这种状态下进行拍照，追求的是艺术、活泼、轻松，显得洒脱。这样的照片就是这里讲的两点透视(图 2-44)。

它与一点透视不同，是另一种风格，也可以说它是侧面像照片。

3. 三点透视

我们对电视塔、纪念碑、摩天大厦照像，为了显示它的雄伟状丽、高耸入云，即这里要讲的三点透视。有时为了表示惊险场面，在直升飞机上对下面的超高层建筑拍照，拍出效果上大下小，也是三点透视的一种表现形式。图 2-45 即是这两种三点透视。

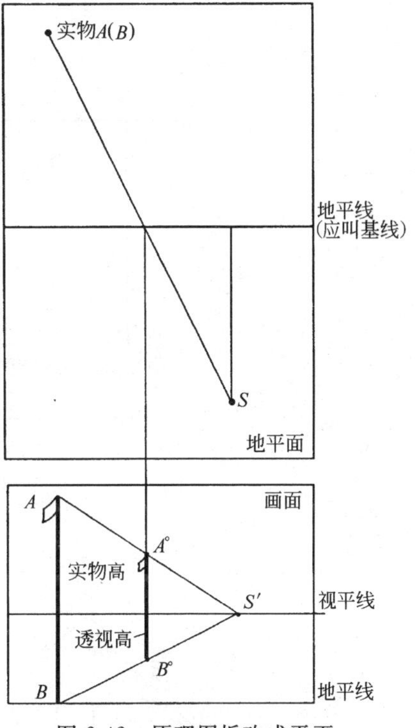

图 2-42　原理图拆改成平面和立面(即画面)

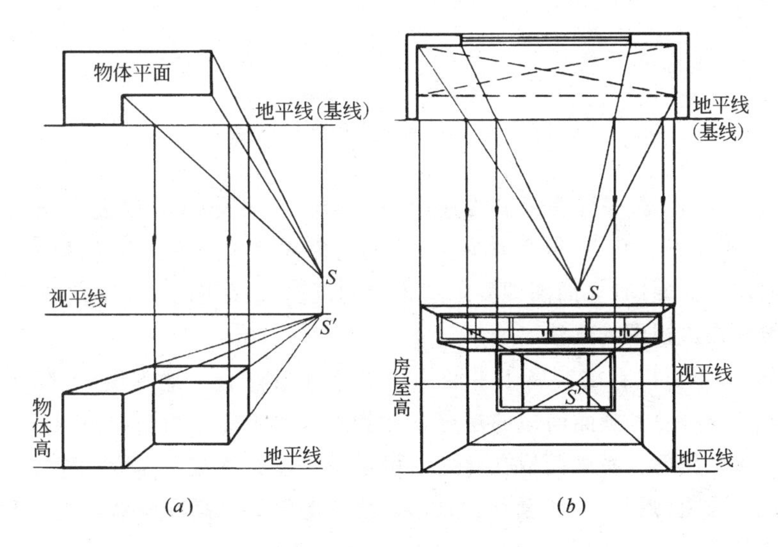

图 2-43　一点透视

(a)物体外形一点透视；(b)房屋内部一点透视

四、透视图的画法

一点透视、两点透视，还有前面的轴测图使用较多。三点透视作法比较繁琐，在此不作介绍。三点透视的内容，若调整好距离和角度，同样可以用两点透视表现。

1. 一点透视画法

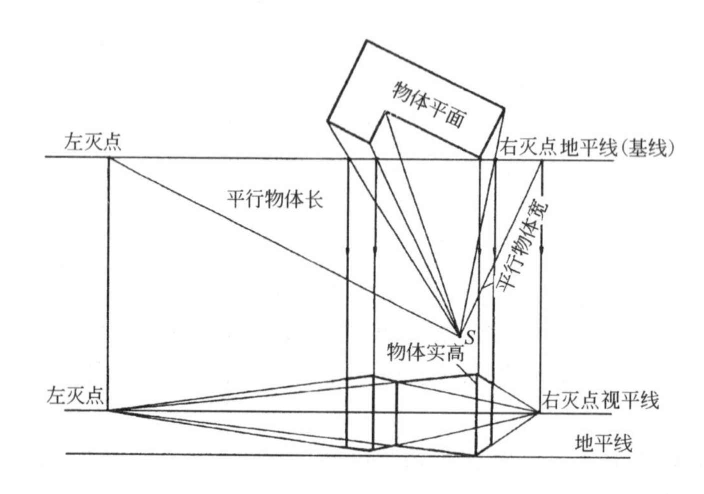

图 2-44　两点透视

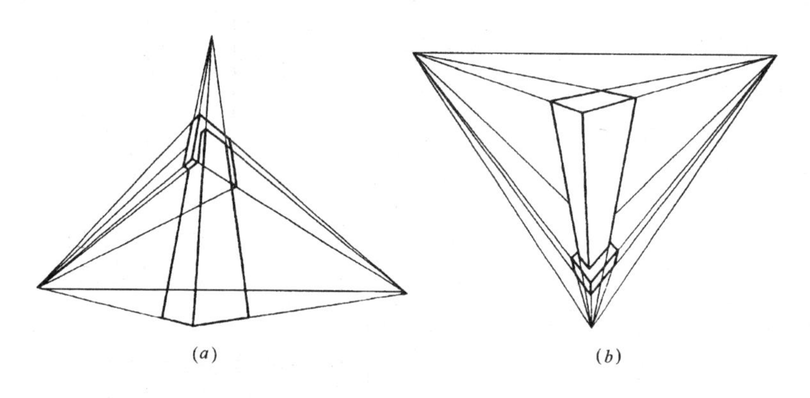

图 2-45　三点透视

(a)高耸雄伟透视；(b)惊险上下透视

如图 2-46 所示，是一个最简单的室内一点透视，可分四步完成，(a)为已知条件；(b)为作 AB 透视 $A^{\circ}B^{\circ}$；(c)为同理作右边；(d)为完成室内透视。前边的图 2-42 是将原理图拆开成平面图和立面图(立面图即要画透视图的画面)。而图 2-46 是把图 2-42 中的边框去掉，这是常规作透视图的画法。

从图 2-46(a)中可以看出，属于平面图中的已知条件有：地平线(实际是画面的垂直投影，联系 10 种特性)、画面前边的视点 S 和到画面的距离。画面后边的部分房屋平面注有房屋面宽、房屋深度。将画面取在此处，可说明房屋面的宽和高度，在画面上可以显现实形。因此在立面图(画面)上能看到长方形，表示房屋的净高和面宽，它要和平面图中的房屋面宽完全对齐。房屋净高从地平线算起，视平线取在房屋净高中间略偏上，视点 S' 与 S 完全对齐。

从图 2-46(b)中可以看到，平面图中注有 A(B)，这是为联系图 2-42，表明此处的真实高度，是立面图上写的 AB(立面图上写有，理解为 AB)，按套图 2-42 中的作法得到的是 $A^{\circ}B^{\circ}$，表明真实高是 AB，A(B)到画面的距离是房屋的深，照片状态的透视图是 $A^{\circ}B^{\circ}$。由此可以得到结论：画面上从地平线算起，既可表现真实高，又可表现真实面宽，在画面

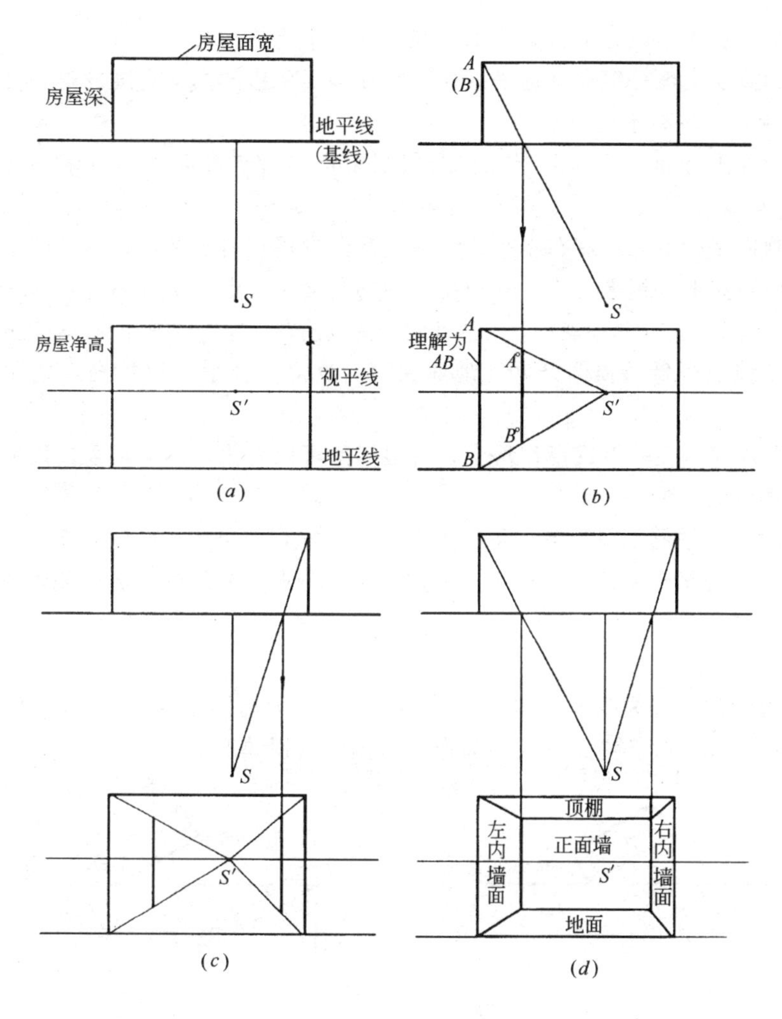

图 2-46　一点透视法

后边的真实高和面宽将变小。

图 2-46(c)作法与左边相同，等于重复图 2-42 的作法，可以发现作出的 $A^\circ B^\circ$，左右两个同高。与视点 S'偏左、偏右无关。上下两端还同在一条水平线上，这是因为房屋左右两个净高相同，且距画面后的距离相同。

图 2-46(d)是将 $A^\circ B^\circ$上下两端连起来，它与地平线、视平线、房屋面宽线平行。这个矩形内写有正面墙，表明距画面为房屋深处的墙面照片透视图已变小。将小长方形和大长方形的端点连起来，将出现四个梯形，左边写左内墙面，右边写右内墙面，上边写顶棚，下边写地面。这就是按已知条件应完成的室内一点透视。

若将一点透视总结一下，可以得出图 2-47中的规律。

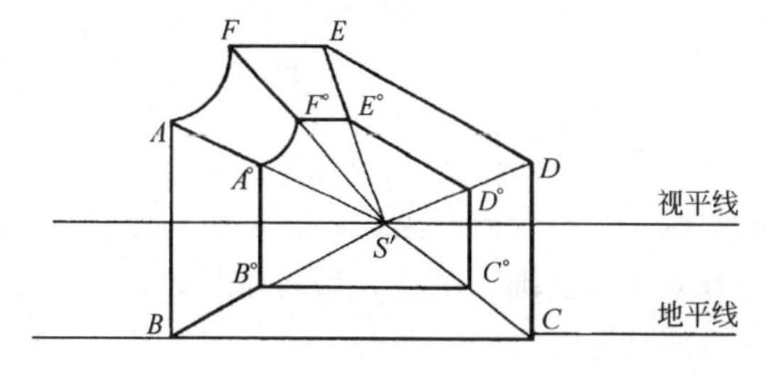

图 2-47　一点透视规律

(1) 已知条件中，线是平行关系的，在透视图中仍然平行。

(2) 线的真实高度一定要从地平线算起，在画面后边的真实高度的透视变短，上端低于真实高顶端，下端高于地平线。

(3) 与画面平行的一组真高线，在透视图中仍平行于真高线，但变短且同处一个高度上。

(4) 与画面平行的一组左右水平线，在透视图中仍左右水平，且变短但是一样长。

(5) 前后距离的一组平行线，在透视图中均会交于视点 S'，不等于实际前后距离。

(6) 视点偏左，左边透视狭窄，右边开阔。视点偏右，左边透视开阔，右边透视显狭窄。

(7) 视平线取得低，顶棚开阔、地面狭窄。反之，视平线取得高，地面开阔、顶棚狭窄。

(8) 根据规律，在一点透视作法中，有很多处可以简化，不必重复，以减少透视图中重复性的作图线。

当前入门时，举例都很简单，待进入专业图、配合效果透视图时，要比前面所举的例子复杂得多。不管怎样复杂，都离不开上述的基本分析、总结的内容。望学员自己在实践中一点点深入领会。

2. 两点透视画法

两点透视画法可分为四步，如图 2-48 所示，(*a*)为已知条件；(*b*)为作出灭点和左边透视高；(*c*)为作出右边透视高；(*d*)为作出形体全透视并加工。

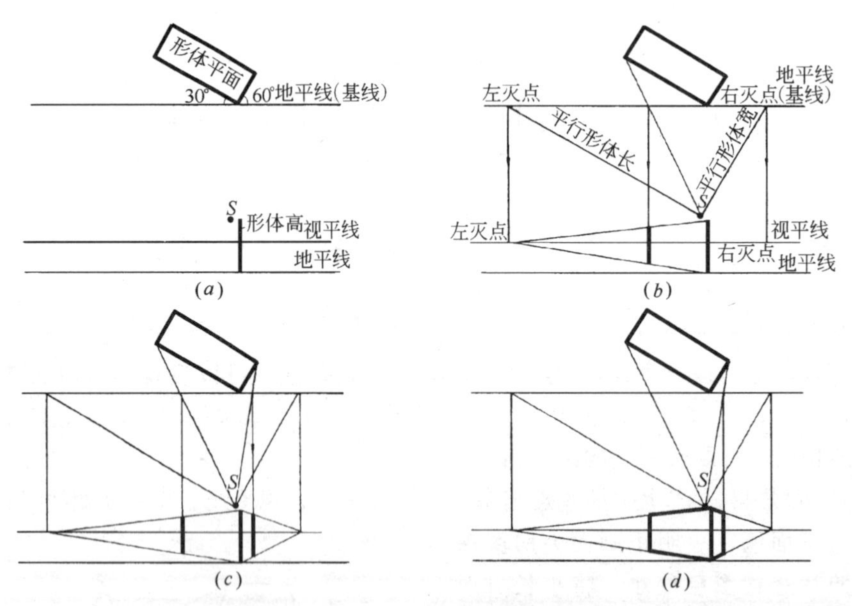

图 2-48 两点透视法

从图 2-48 两点透视画法中可以看出，与一点透视的差别是，画面后边的形体平面是倾斜状态，不管向左倾斜，还是向右倾斜，图内注写的 30°角和 60°角，是作出透视产生较好效果的基础。视点 S 到画面距离太近，透视图失真收缩太小。视点 S 与画面的倾斜、左右两端连线之间的夹角在 30°～40°之间，作出的效果图可处于最佳状态。图 2-48(*d*)是最终效果，基本适度。还有一点差别是，一点透视前后距离向画面中的视点 S' 汇集，两点透视需要先作出左右灭点，从视点 S 分别作形体长、宽平行线得到平面中的左右灭点，再垂直向下投到视平线上，形体长、宽便向左右灭点消失变小。

对图 2-48，这里不再作细致交待，相信学员通过(*a*)、(*b*)、(*c*)、(*d*)四步自己已能够看懂。然后也仿照图 2-47 那样，将图 2-48 总结归纳成几条，以备将来看两点透视效果图奠定基础。

五、作业练习

为使学员巩固对一点透视、两点透视的认识，留几个较简单的练习，内容比前边例题略增加些难度和变化，希望学员能够联系所讲规律，达到适应面宽广的要求。

(1) 按所给条件作图 2-49 形体外形的一点透视。

(2) 参阅图 2-43 作室内一点透视，条件按图 2-50 所给内容。

地平线
(基线)
S
视平线
S′
形体高
地平线

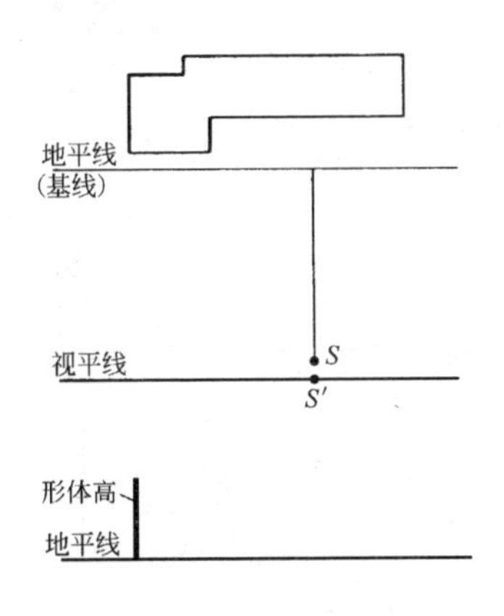

图 2-49　作形体外形一点透视

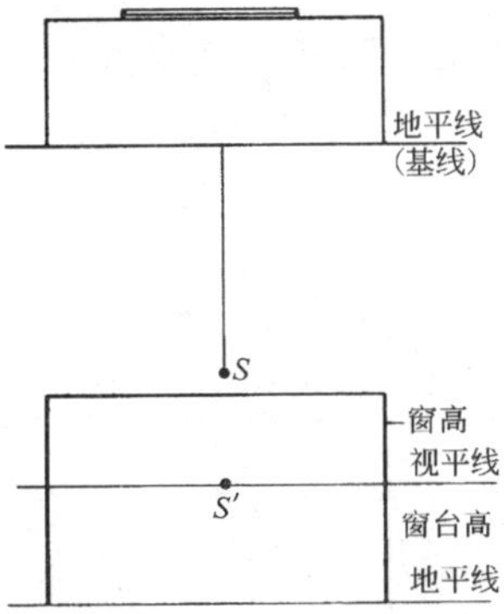

地平线
(基线)
S
窗高
视平线
S′
窗台高
地平线

图 2-50　作室内一点透视

(3) 按图 2-51 中所给形体高度数据，作一点透视。

(4) 按图 2-52 所给内容作一点透视。

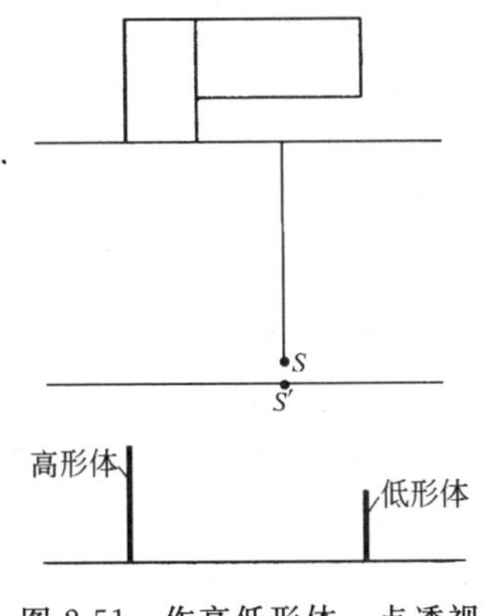

S
S′
高形体
低形体

图 2-51　作高低形体一点透视

S
S′
形体高

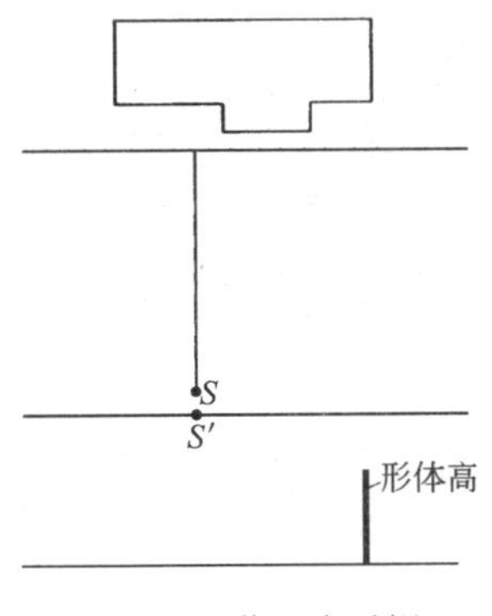

图 2-52　作一点透视

(5) 按图 2-53 条件作两点透视。

(6) 按图 2-54 条件作两坡屋顶建筑外形两点透视。

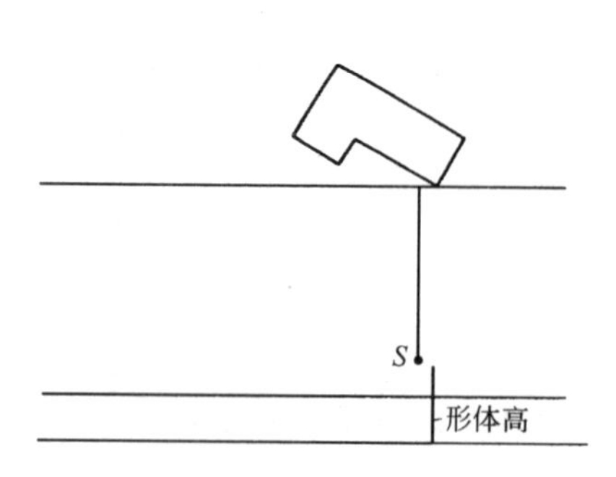

图 2-53 作两点透视

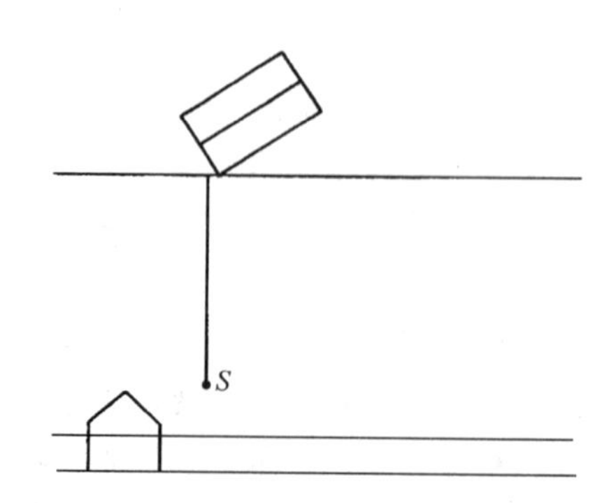

图 2-54 作两坡建筑外形两点透视

（7）按图 2-55 条件作两点透视。

（8）按图 2-56 条件作高低形体两点透视。

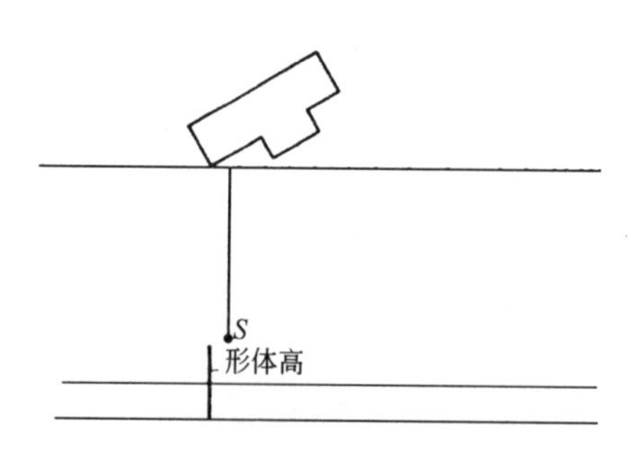

图 2-55 作两点透视

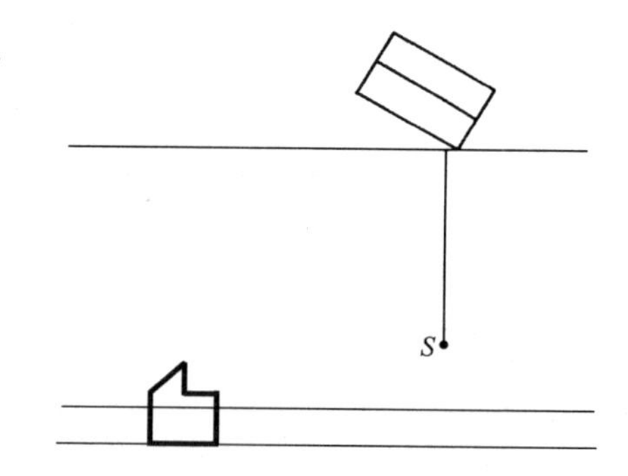

图 2-56 作高低形体两点透视

第三章　识图基本知识及国家标准

第一节　绘图工具仪器与用品

计算机绘图，在这里不做专门介绍，只讲述手工绘图使用的专用工具、仪器等。

一、常用的绘图工具和使用方法

常用的工具有：图板、丁字尺、三角板、比例尺、曲线板、绘图铅笔、擦图片、建筑模板等。

1. 图板

图板是固定图纸的专用工具。板面为矩形，要平整，边框为硬木制作，要求平直，四角是标准90°直角。固定图纸时，要图位适中，用丁字尺比齐，透明胶条贴于四角，保证画图方便。见图3-1图板、丁字尺与透明胶条贴图纸。

2. 丁字尺

丁字尺主要是画水平线的专用工具，因为尺头和尺身固定为标准90°角，配合三角板可以画垂直线和斜线。使用丁字尺时，尺头要紧靠左边框上下滑动，不允许将尺头靠在图板上、下、右边框使用。用法与操作见图3-2(*a*)、(*b*)。

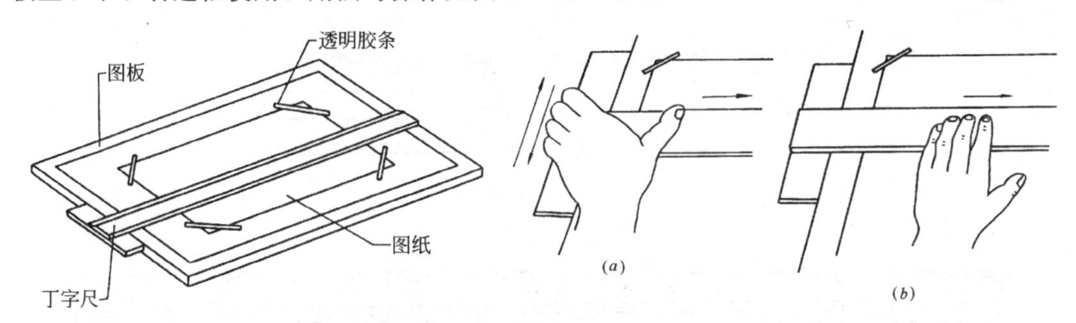

图3-1　图板、丁字尺、透明胶条贴图纸　　图3-2　丁字尺的用法与操作

用丁字尺配合图板画水平线顺序是，先画最上边，逐渐往下移，不管是用铅笔线还是墨线，都不会蹭脏。

3. 三角板

三角板的规格有大、有小，但总是一副。一块是30°、60°角的直角三角板，另一块是两个45°角的等腰直角三角板。利用三角板的特殊角度，配合丁字尺能画出30°、45°、60°、90°的斜线和垂直线。将两块三角板配合一起使用，还可以画15°和75°等斜线。不用丁字尺，两块三角板配合，能推画出任意方向平行线(图3-3、图3-4和图3-5)。

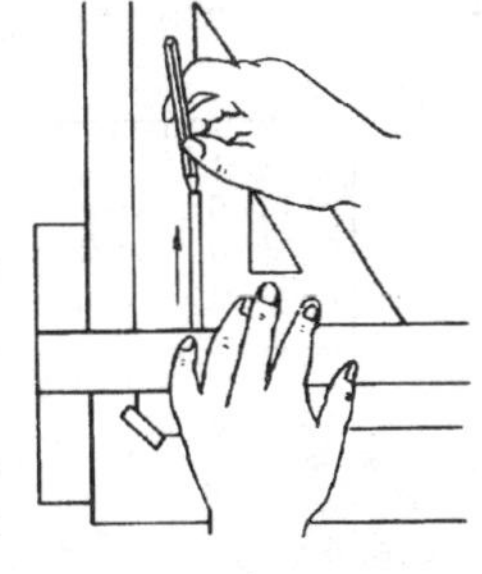

图3-3　用三角板配丁字尺画铅垂线

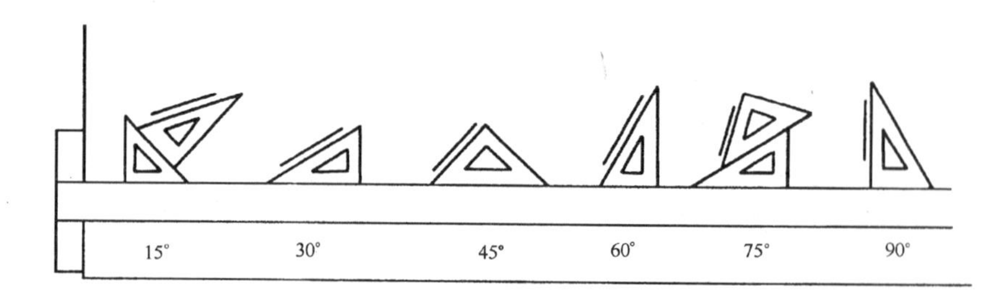

图 3-4　画 15°、30°、45°、60°、75°斜线

使用三角板和丁字尺之前，必须擦拭干净，避免图面不洁净。它们的使用要领是：三角板必须紧靠丁字尺上边，画垂直线时，要一个直角边紧靠在丁字尺上边，而且垂直方向的直角边放在左侧，自下而上画线，保证眼睛看到图线质量。画垂直方向的平行线时，三角板由左向右移动，画斜线时也是如此，保证眼睛永远看到图线质量，不要逆行反推。

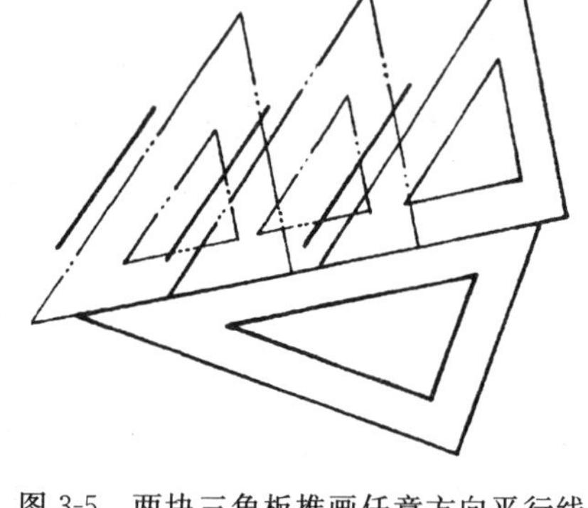

图 3-5　两块三角板推画任意方向平行线

4. 比例尺

比例尺是三棱状、有六种比例刻度的尺子，又叫三棱尺。六种刻度如 1∶100、1∶200、1∶300、1∶400、1∶500、1∶600。1∶100，表示图画 1，实物放大 100 倍。这种尺事先已按图与实物的倍数关系推算刻好，拿过来直接用即可，不用我们现去推算。比例尺见图 3-6。

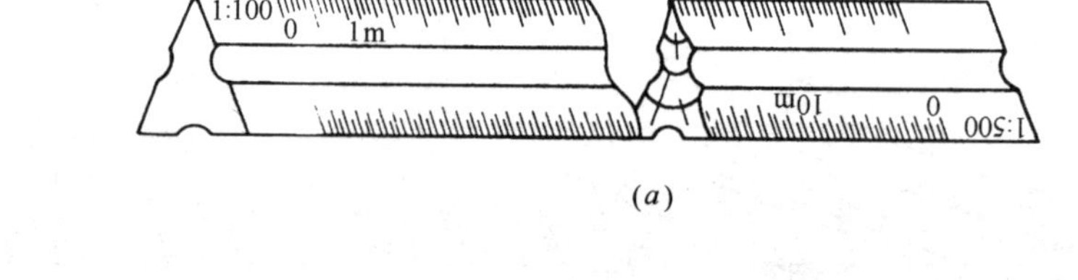

(*a*)

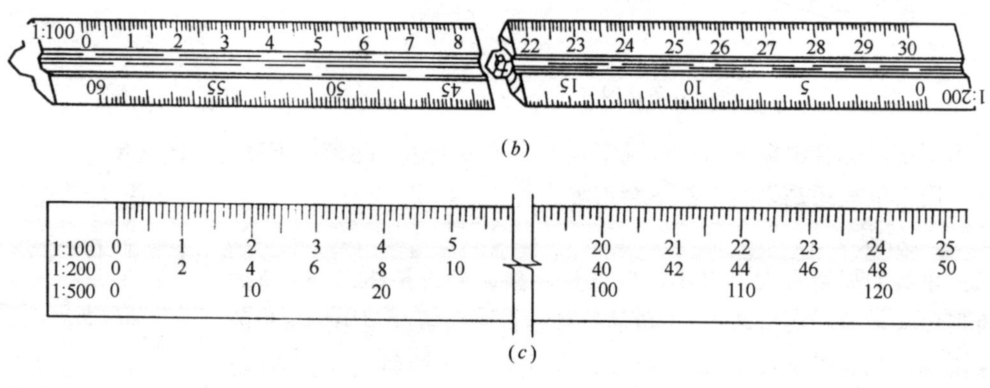

图 3-6　比例尺

(*a*)比例尺；(*b*)三棱尺；(*c*)比例直尺

5. 曲线板

曲线板是画非圆曲线的工具。多功能曲线板及使用方法见图 3-7。

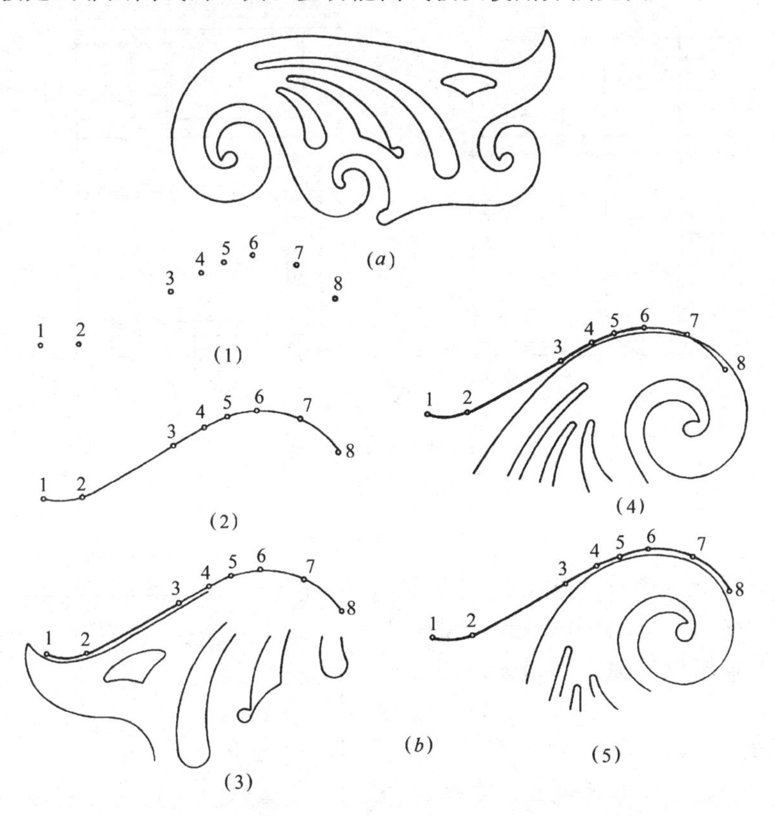

图 3-7 多功能曲线板及使用方法

(a)多功能曲线板；(b)曲线板的使用方法

也有把它分解成 12 块的曲线板，每块上面的曲线较为简单。另外还有一种曲线尺，它可随意弯曲形状。曲线板或曲线尺的使用方法是，先把非圆曲线画出一系列点，并用铅笔轻轻勾画出，均匀圆滑的起稿线，然后在曲线板上选取一段与起稿线重合的部分描绘下来，依此类推，将全部曲线接画成完整曲线，交接部位要均匀光滑，看不出痕迹。

6. 绘图铅笔

绘图铅笔是专门绘图用品之一。它的铅芯分软、硬两种："H" 表示硬铅芯，"B" 表示软铅芯。这个字母前面有数字，数越大表示越硬或越软。常用的绘图铅笔有 "2H"、"H"、"HB" 或 "B" 等，削铅笔时以图 3-8 尺寸为适度。

图 3-8 绘图铅笔

画图时，铅芯要随笔道转动，使铅芯均匀消耗磨损，所画图线要均匀一致。

画铅笔线条起稿时，要先用稍硬铅笔打底稿，然后用软铅笔加重线条，图 3-9 是铅笔底稿与加重线条。

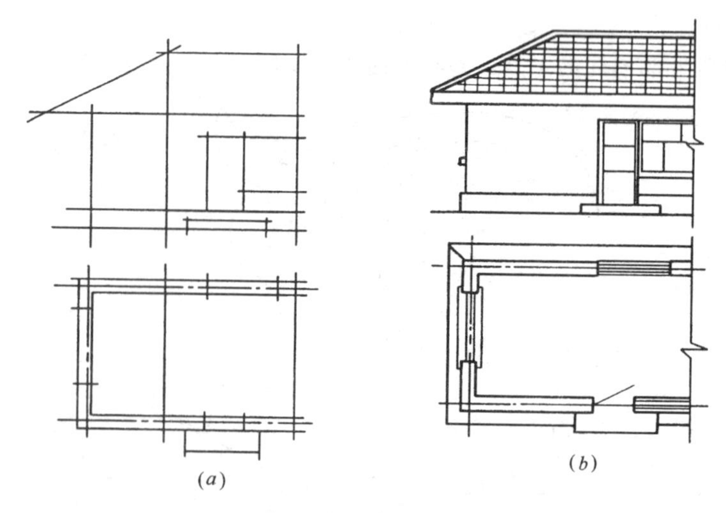

图 3-9 铅笔底稿与加重

(*a*)底稿；(*b*)加重

7. 擦图片

擦图片上有许多各种各样的小孔，图片又很薄，画图中多余的线、错误的线条，可使用擦图片任意小孔，用橡皮擦去线条。擦图片见图 3-10。

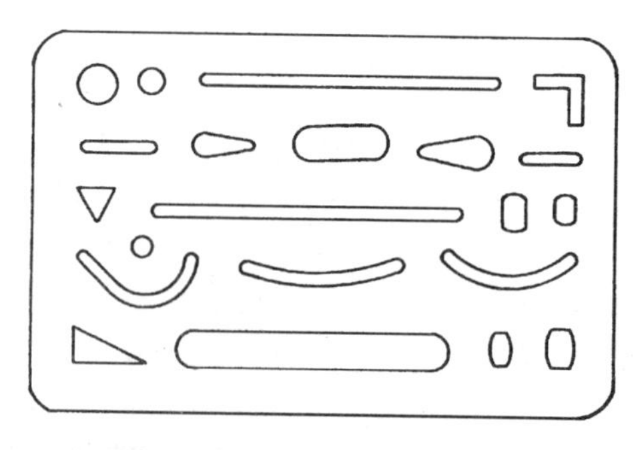

图 3-10 擦图片

8. 建筑模板

建筑模板功能很多，有比例尺、有各种角度、有大小不等的很多圆孔(椭圆孔、矩形、方形、其他形状孔洞)。绘图中按定位比准一画即成，省去很多时间。有的模板上还有大小不等的各种标准字体、字母。建筑模板见图 3-11。

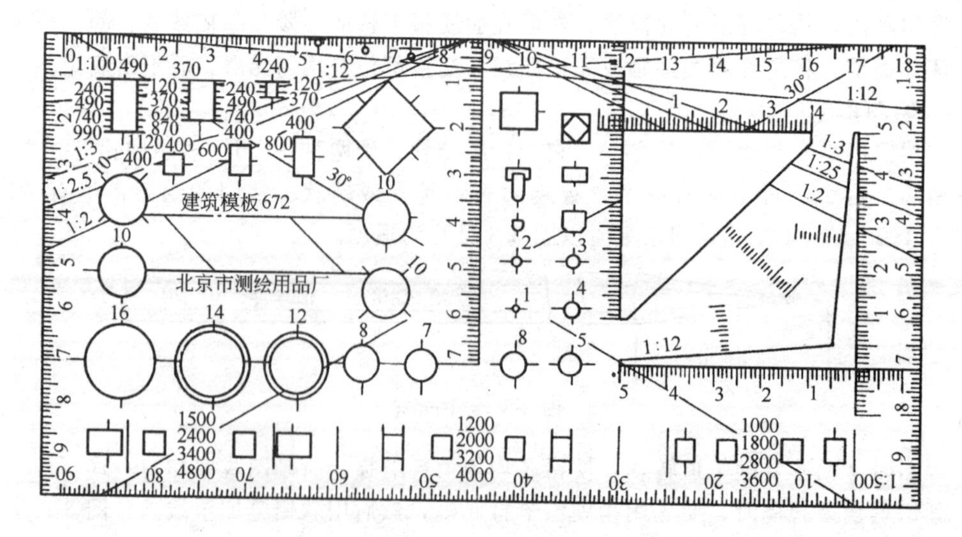

图 3-11 建筑模板

上面只介绍了几种绘图工具及使用方法。这是绘制标准图形必备的工具，此外还有软毛刷、专用橡皮、图纸等。装饰是表面工程，很多图必须细致表达，专用工具是画好专业图的物质基础。可从看出专业图的绘制不仅很繁琐、细腻、工整、美观，而且还要能正确指导施工。

二、绘图仪器及使用方法和用品

绘图只用铅笔图线，不易保存，且很容易蹭脏。要正规并能复制很多图纸，一般用仪器在硫酸纸上描绘铅笔底图，再用墨线画好，然后用硫酸纸去晒蓝图，需要多少份都可以。硫酸纸图是存档的重要依据，必须严肃、认真对待。下面介绍几种必备仪器。

1. 绘图仪器使用方法和用品

五件绘图仪器只是其中的一种，最少的是三件，也有比五件还多、功能更多的仪器。五件绘图仪器见图 3-12。

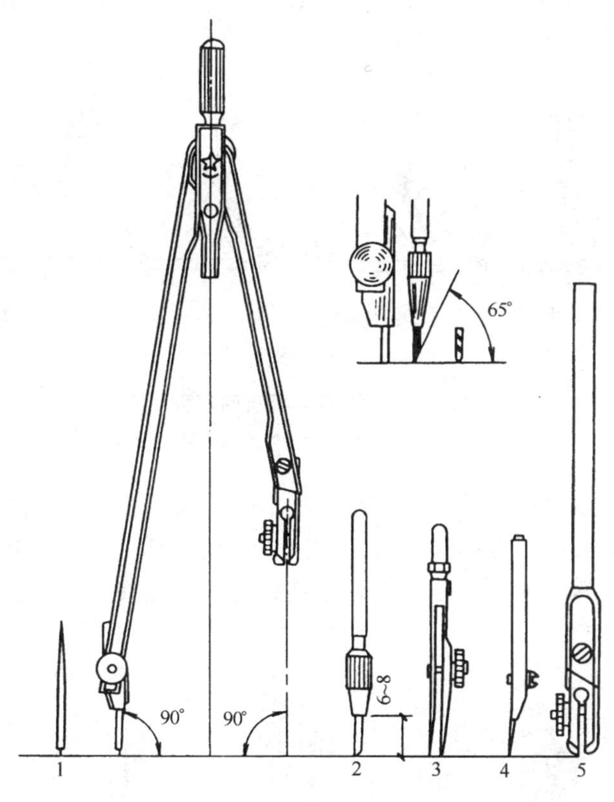

图 3-12　五件绘图仪器

1—钢针；2—铅笔插脚；3—直线笔插脚；4—钢针插脚；5—延长杆

五件绘图仪器包括直线笔、圆规、铅笔插脚、墨线笔插脚、钢针插脚及延长杆。它们的用途分别是：

(1) 直线笔(又叫鸭嘴笔)。是上墨描图画线工具。它由笔杆和笔头两部分组成。笔头有两个薄钢叶片，尖端呈椭圆形并有弹性。两叶片间装有螺钉，可以调整叶片间距，注入绘图墨汁后，能画出不同粗细的墨线。使用时笔尖外侧若有墨迹，应擦拭干净，避免墨线洇开。叶片间注入墨量要适中，多了易漏墨，墨量少时画线易中断、干湿不均匀。

用直线笔画线时，墨线宽度要对准铅笔起稿线，使铅笔线在墨线宽中央。用笔画线时，笔杆宜稍微向右倾斜，且不要前后俯仰，避免一个叶片在纸上，另一叶片抬起，造成墨线呈锯齿状或吃入尺下。运笔速度应均匀，交接处应看不到痕迹，画出的线型要均匀、光滑。墨线笔正确用法见图 3-13。

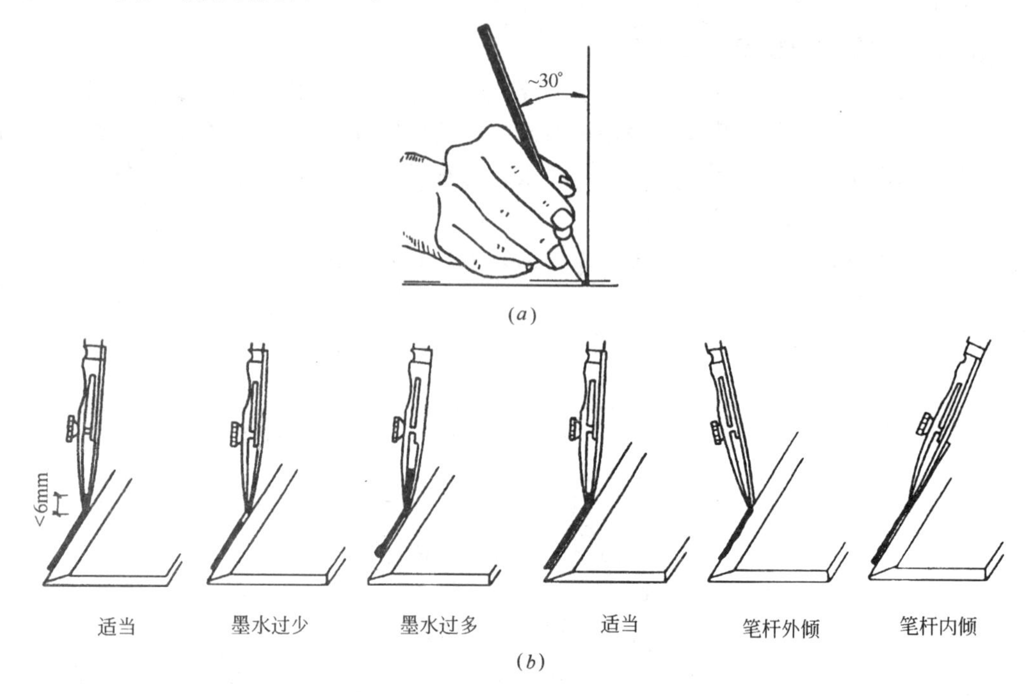

图 3-13　墨线笔正确用法

(a)正确握笔；(b)正确上墨

(2) 圆规。圆规是画圆仪器。画小圆用小圆规，画大圆可用延长杆将腿接长画大圆。画法是：先画好圆心，铅笔起稿，然后上墨线。画圆时，针尖与铅笔尖或鸭嘴笔尖都必须垂直纸面，这样才能不走形、不走样。铅笔线仍要在墨线宽中央。圆规使用方法见图 3-14。

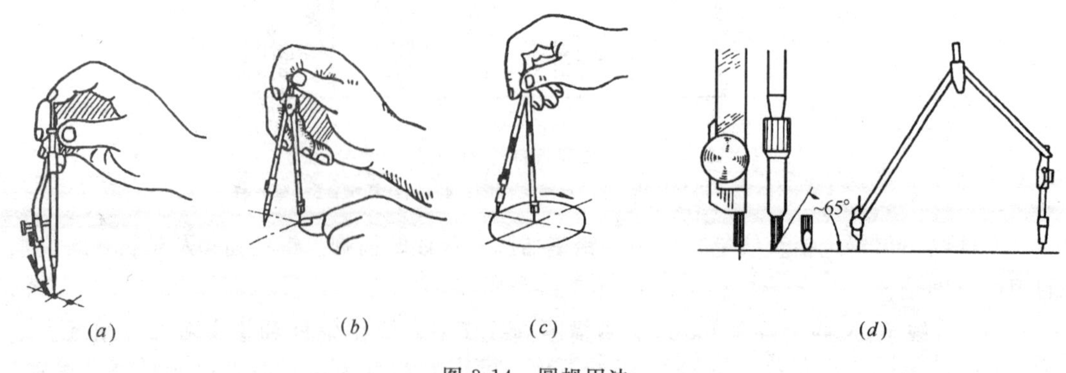

图 3-14　圆规用法

(3) 分规。将圆规的铅笔插腿或墨线插腿改为钢针插腿，即可当分规使用。它的用途主要是等分线段或截量尺寸。分规使用方法见图 3-15。

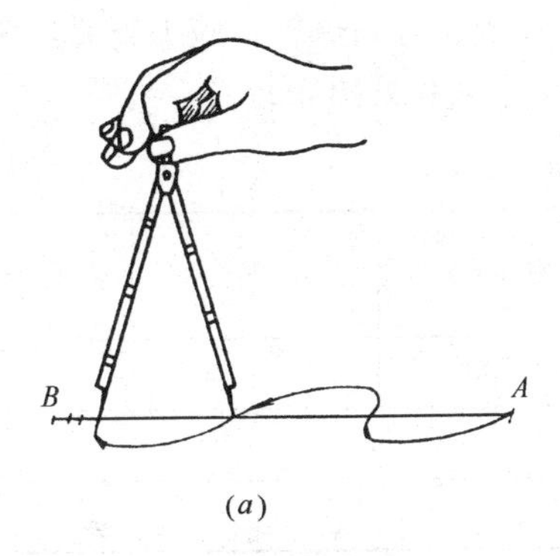

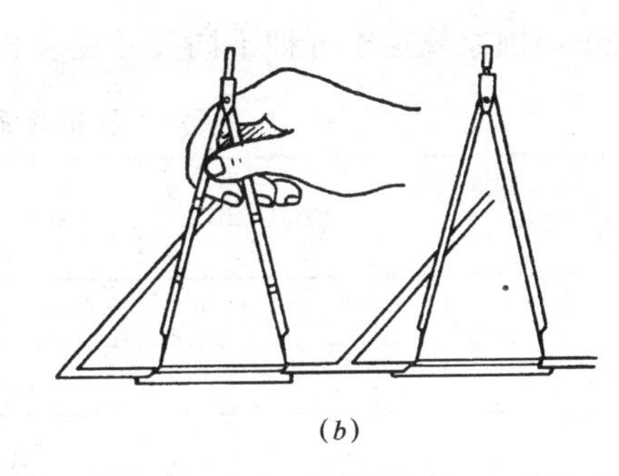

图 3-15　分规用法

2. 绘图用品

(1) 绘图纸。这是设计师用铅笔绘制设计起稿的专用纸，待方案确定、没有问题时，交给描图员，用硫酸纸描图。

(2) 描图纸(又叫硫酸纸)。描图纸是半透明(类似毛玻璃)描图专用图纸。把它蒙在铅笔设计图上，由描图员按国家规定标准描成严格、正规的墨线图纸，起照片底板作用，由专人保管。

(3) 晒图纸。晒图纸用途是复制图纸。用晒图机将晒图纸蒙在墨线硫酸图纸上，以强光照射一定时间，将晒的图纸取出，用强酸燻制，形成施工蓝图。蓝图相当于洗印出的照片。

(4) 绘图墨水。当前常用的专用绘图墨水有英雄墨水、北京碳素墨水。尤其碳素墨水，是绘图针管笔专用墨水，当针管笔吸完墨水后，应将表面擦拭干净，再进行绘图，用完宜用清水将针管笔冲洗干净，以备再用。

(5) 绘图笔(又叫针管笔)。外形像钢笔，笔杆内有胶囊可吸绘图墨汁，是专用描图笔。描线粗度有 0.2、0.3、0.4、0.5、0.6、0.8、0.9、1.2mm 等粗细不同规格。根据所绘图的大小对粗细进行选择。绘图笔见图 3-16。

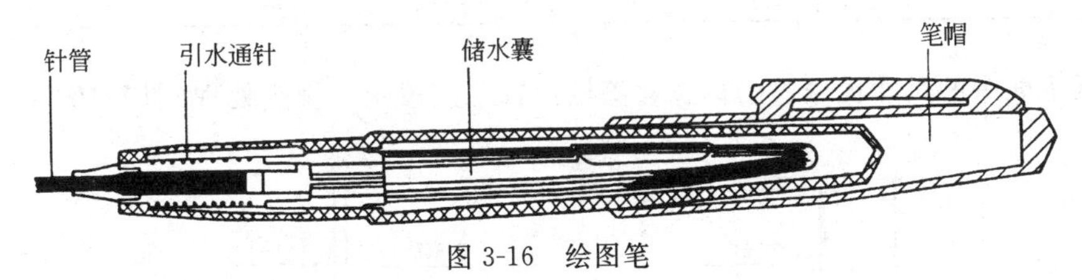

图 3-16　绘图笔

第二节　绘图国家标准

绘图需要使用精密仪器和专用工具，专业图应画成什么水平才合格？应统一按照国家标准规定画法进行绘图，画图质量才能达到国家标准。国家标准包括哪些内容，下面选择重点加以介绍。

一、图纸幅面、标题栏与会签栏

1. 图纸幅面及图框尺寸

一个装饰工程图纸数量很多，为了便于图纸装订成册、有利保管、施工查阅，对图纸幅面大小，国家规定了五种不同尺寸见表 3-1。五种尺寸关系见图 3-17。

图纸幅面及图框尺寸 **表 3-1**

尺寸代号＼幅面代号	A_0(mm)	A_1(mm)	A_2(mm)	A_3(mm)	A_4(mm)
$B \times L$	841×1189	594×841	420×594	297×420	210×297
c	10			5	
a	25				

2. 图纸边长加长尺寸规定

图纸短边尺寸不允许加长，长边尺寸可以加长，但应符合表 3-2 的规定。

用图纸短边作垂直边的称为横式。以短边作为水平边的称为竖式。一般从 A_0～A_3 图纸宜横式使用，必要时也可采用竖式。一个专业所用的图纸，不宜多于两种幅面。目录及表格所采用的 A_4 图纸不在此限。

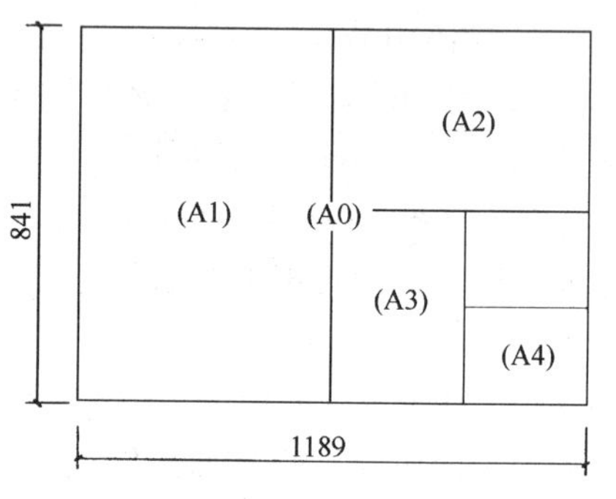

图 3-17 五种尺寸关系

3. 图标及会签栏

图纸长边加长尺寸规定 **表 3-2**

幅面代号	长边尺寸(mm)	长边加长以后的尺寸(mm)
A_0	1189	1338 1487 1635 1784 1932 2081 2230 2387
A_1	841	1051 1261 1472 1682 1892 2102
A_2	594	743 892 1041 1189 1338 1487 1635 1784 1932 2081
A_3	420	631 841 1051 1261 1472 1682 1892

图纸幅面中的尺寸代号、图标及会签栏位置，应按统一规定处理(图 3-18)。

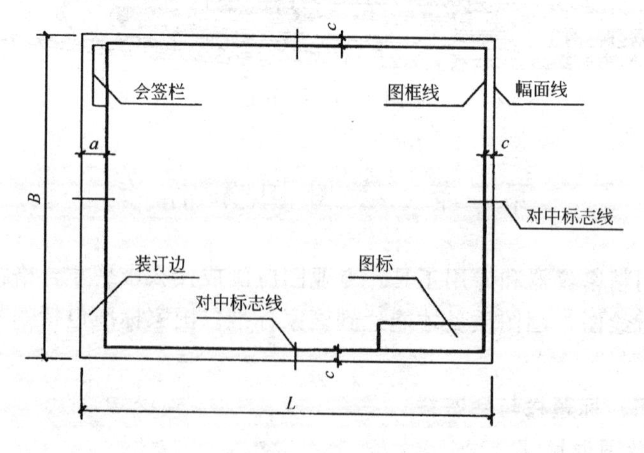

图 3-18 图纸幅面格式

图标是图纸中标题栏的简称。图标格式与尺寸见图 3-19。

会签栏格式见图 3-20。

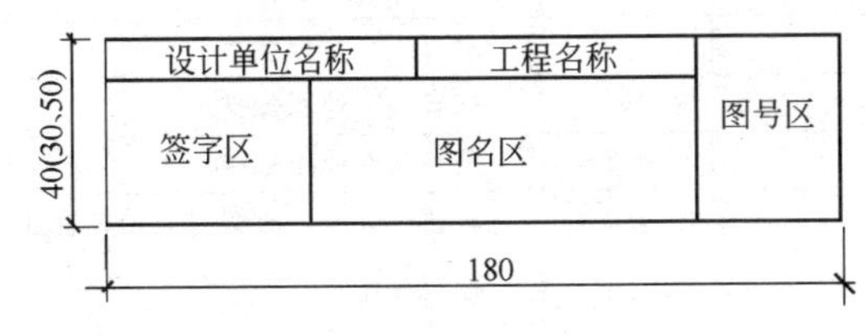

图 3-19 标题栏

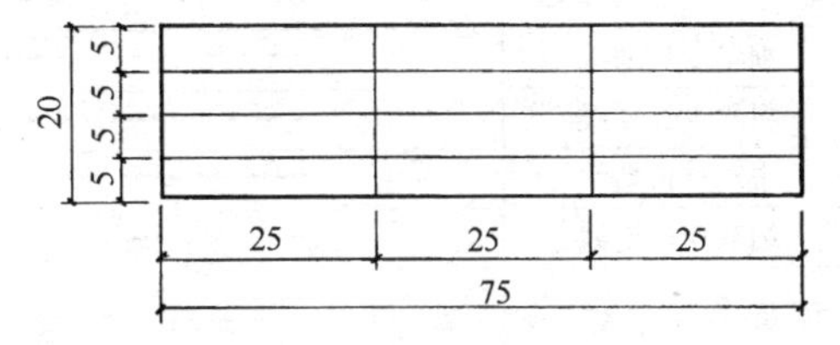

图 3-20 会签栏

由于图纸右下角位置是标题栏，占据了一块较大面积，影响图纸内容布局，很多设计单位已将标题栏改换成一瘦长形标题栏。并将会签栏全部纳入标题栏内。标题栏位置在图纸竖用时宜放在下边框处，横式图纸宜放在右边框处，见图3-21瘦长形标题栏位置和尺寸。

二、图线

1. 线型

图纸上要画的专业图形是由各种不同的粗细图线组成的。国家标准中规定有各种图线的名称、线型、线宽，并对它们的用途作出了明确的规定(表 3-3)。

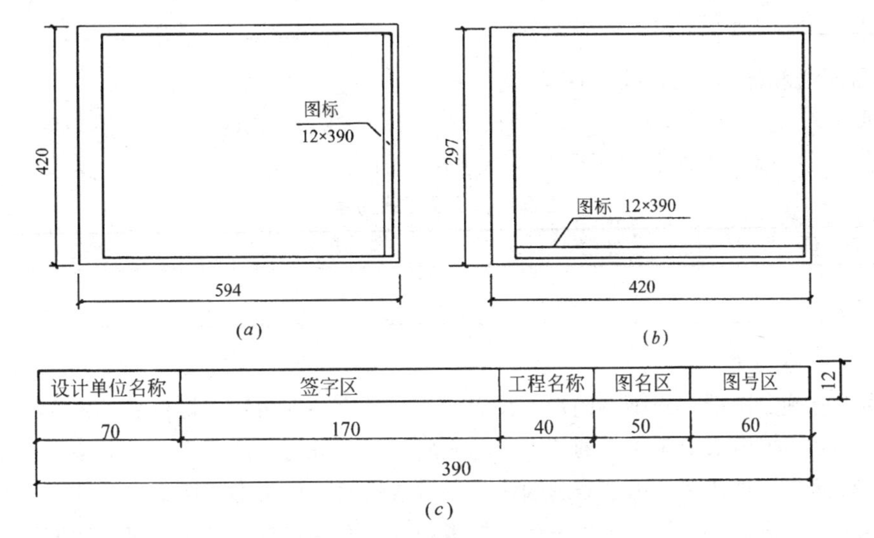

图 3-21 瘦长形标题栏位置和尺寸

(a)、(b)标题栏位置；(c)瘦长标题栏

线 型 表 **表 3-3**

名 称	线 型	线 宽	一 般 用 途
粗 实 线	———	b	主要可见轮廓线
中 实 线	———	$b/2$	可见轮廓线
细 实 线	———	$b/3$	可见轮廓线、图例线等
粗 虚 线	— — — —	b	见有关专业图标准
中 虚 线	— — — —	$b/2$	不可见轮廓线
细 虚 线	— — — —	$b/3$	不可见轮廓线、图例线等
粗单点长划线	— · — · —	b	见有关专业图标准

续表

名　　称	线　　型	线　宽	一　般　用　途
中单点长划线	—— - —— - ——	$b/2$	见有关专业图标准
细单点长划线	—— - —— - ——	$b/3$	中心线、对称线等
粗双点长划线	—— · · —— · · ——	b	见有关专业图标准
中双点长划线	—— · · —— · · ——	$b/2$	见有关专业图标准
细双点长划线	—— · · —— · · ——	$b/3$	假想轮廓线、成型前原始轮廓线
折　断　线	——⁄\\——	$b/3$	断开界线
波　浪　线	～～～	$b/3$	断开界线

注：现行国家标准将点划线改叫为单点长划线或双点长划线。

2. 线型宽度

每个专业图复杂程度不会相同，取多大比例绘制可以表现清楚？都是粗实线，图大应取粗一些，图小应取细一点，对粗、中、细三种线型粗度的规定见表 3-4。

线　　宽　　组　　　　**表 3-4**

线　宽　比	线　宽　组　(mm)					
b	2.0	1.4	1.0	0.7	0.5	0.35
$0.5b$	1.0	0.7	0.5	0.35	0.25	0.18
$0.35b$	0.7	0.5	0.35	0.25	0.18	

3. 图框线和标题栏线应取的线型宽

图纸有 A_0、A_1、A_2、A_3、A_4 五种尺寸，图框线与标题栏线不应使用同一种粗细。表 3-5 是对五种幅面图纸上的图框线、标题栏线的线宽作出的规定。

图框线、标题栏线的宽度　　　　**表 3-5**

幅　面　代　号	图框线(mm)	标题栏外框线(mm)	标题栏内分格线(mm)
A_0A_1	1.4	0.7	0.35
$A_2A_3A_3$	1.0	0.7	0.35

三、工程字体

作为专业施工图纸，只画有图形，没有文字或数字不能解决实际问题。文字可以填写标题栏内容，可以把施工中应注意的技术问题、质量标准等写成注意事项。数字用来标注施工尺寸、注写标高。拼音字母用来表示轴线、符号或代号。作为专业图纸，不管上面需要写出哪种字体，都应清楚、正确、排列整齐，显出功底。而且要按照国家规定的标准简化字、标准数字、标准字母进行书写，不出现图面字体质量问题和错误，以免造成工程事故。

制图标准中规定了工程字的严格标准及书写要领。下面分别介绍汉字、数字和字母写法。

1. 汉字

书写汉字要用长仿宋体，并应遵照国务院公布的《汉字简化方案》规定，书写长仿宋体的简化汉字。字体长宽比例为 3∶2，字高不应小于 3.5mm。

书写汉字时，应从左往右横排书写，字的间距取字高的 1/5，行与行间距取字高的 1/3。

标准仿宋字写法和常用字大小见图 3-22。

2. 数字和字母

阿拉伯数字和拼音字母，甚至个别时候遇到的罗马数字及拉丁字母，书写方法一般有直体和斜体两种。斜体字一般与水平线成 75°角。具体写法见图 3-23。

10 号

排列整齐字体端正笔画清晰注意起落

7 号

字体基本上是横平竖直结构匀称写字前先画好格子

5 号

阿拉伯数字拉丁字母罗马数字和汉字并列书写时它们的字高比汉字高小

3.5 号

大学系专业班级绘制描图审核校对序号名称材料件数备注比例重共第张工程种类设计负责人平立

剖侧切截断面轴测示意主俯仰前后左右视向东西南北中心内外高低顶底长宽厚尺寸分厘毫米矩方

图 3-22 仿宋字体

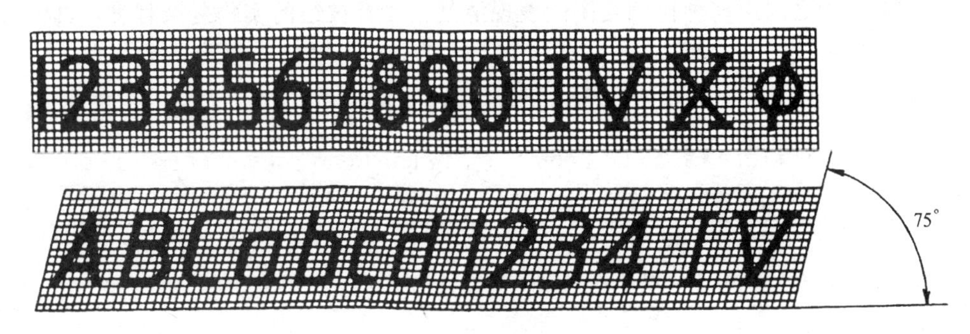

图 3-23 拼音字母、阿拉伯数字及罗马数字写法

四、比例

1. 比例

严格讲，图形与实物相对应的线性尺寸之比叫比例，也就是图与实物相差的倍数关系，如1∶1表示图形与实物大小相同。1∶50表明实际是50m，图纸上只画1m。它只是个比值，没有单位。1∶20与1∶50画出的图，两个比较，1∶20的图比1∶50的图要大。通常把比例写在图名右侧，字号要比图名字号小一号或两号。见图3-24。

2. 比例尺上的刻度

图3-24 图名和比例

一个比例尺，上面有6种刻度，刻度下面注写的长度，就代表了要量取的实物长度。如1∶100的比例尺上刻度下写1m，即代表了实长是1m，而在1∶100的图形内实际只画了10mm，也就是1cm，这就是用1∶100的比例尺画出的图形，仅是实物的1%。比例尺上的读法见图3-25。

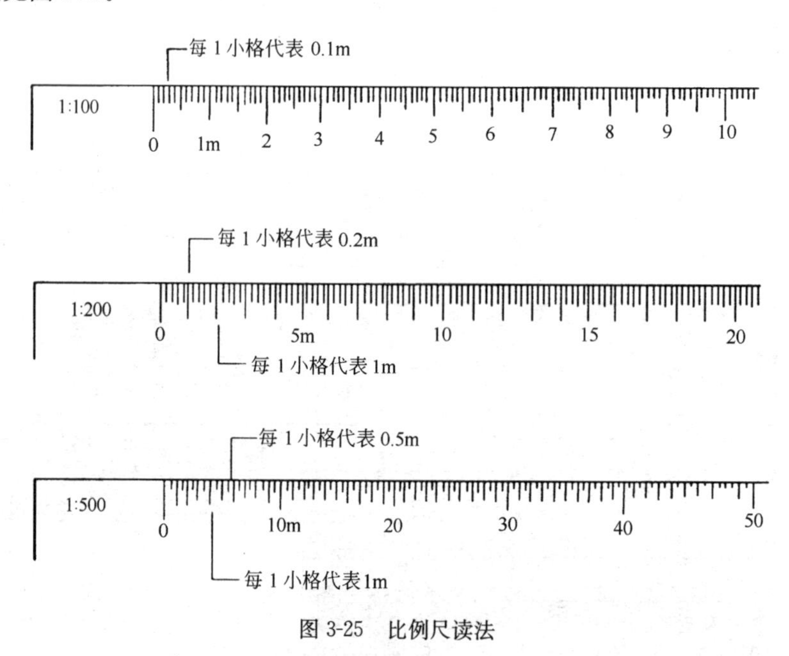

图3-25 比例尺读法

3. 绘图比例

图样与实物之间用何种比例绘图能表现清楚，要看被绘的实物复杂程度，具体方法见表3-6。

常用比例与可用比例 **表3-6**

常用比例	1∶1，1∶2，1∶5，1∶10，1∶20，1∶50，1∶100，1∶200，1∶500，1∶1000，1∶2000，1∶5000，1∶10000,1∶20000，1∶50000，1∶100000，1∶200000
可用比例	1∶3，1∶15，1∶25，1∶30，1∶40，1∶60，1∶150，1∶250，1∶300，1∶400，1∶600，1∶1500，1∶2500,1∶3000，1∶4000,1∶6000，1∶15000，1∶30000

一般情况下，一个图样应选用一种比例。特殊的专业图，如钢结构、铝合金、塑钢制品

等，材料本身较薄，截面较小，绘这种结构图，一个图样内可选用两种比例，如图 3-26 所示的钢结构图。

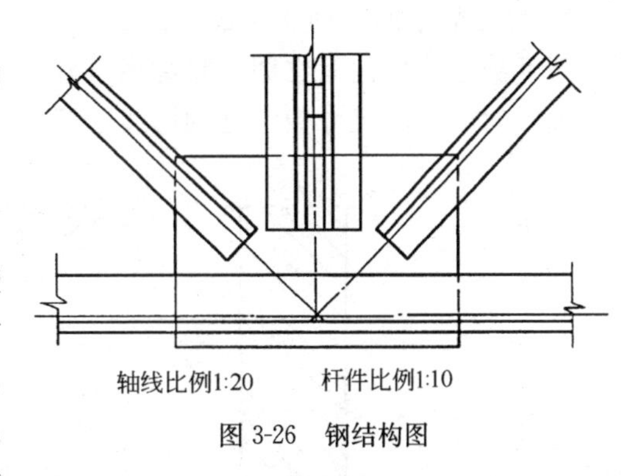

图 3-26 钢结构图

五、尺寸注法

1. 尺寸意义

图形只能表示物体形状，各部位有哪些变化、它们彼此之间的关系，必须用尺寸数字才能表示清楚。尺寸数字是图样组成的内容之一，不但要注写清楚，而且应完整、合理、清晰，否则将直接影响施工，甚至给生产造成损失或返工。图样上标注的尺寸数字，应表示物体真实形状大小，与所绘的图形大小无关。

2. 尺寸组成

装饰图样中规定，注写尺寸应包括 4 项内容：尺寸界线、尺寸线、起止符号和尺寸数字（图 3-27）。

（1）尺寸界线。国家标准规定尺寸界线用细实线，应与被注写的长度垂直，一端应离开被注图样轮廓线至少 2mm，另一端超过尺寸线 2～3mm。必要时，图样的轮廓线可当作尺寸界线（图 3-28）。

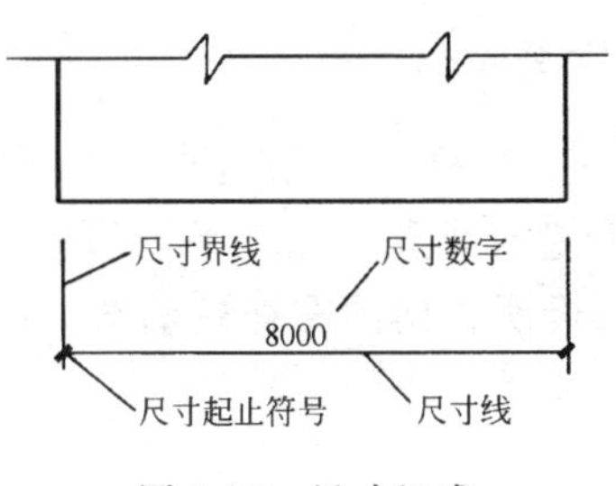

图 3-27 尺寸组成

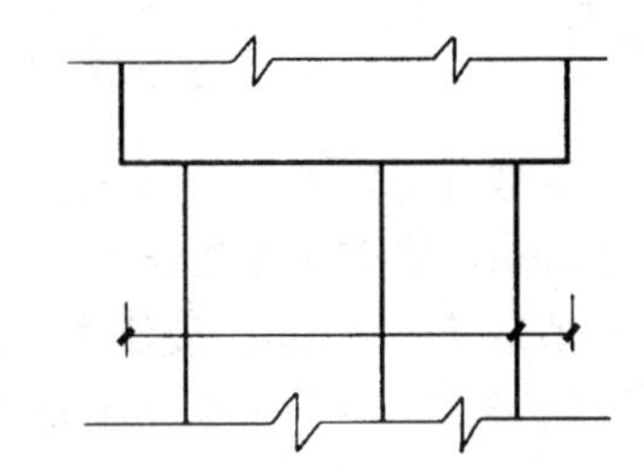
图 3-28 轮廓线作尺寸界线使用

（2）尺寸线。尺寸线也用细实线，应与被注长度方向平行，且不应超出尺寸界线。任何图形的轮廓线均不可以当作尺寸线。

（3）起止符号。通常用中粗斜短线绘制，倾斜方向与尺寸界线按顺时针成 45°角，长度约 2mm。

（4）尺寸数字。尺寸数字应用工程字书写。图样的尺寸应以标注的尺寸数字为准，不得从图上直接量取。装饰图上的尺寸单位，在总平面图上是米，其余图上都是毫米，并规定，在尺寸数字后面一律不注写单位。

尺寸数字的读数方向基本上是以字头向上或倾斜向上为准，不允许字头向右或向下标注，详细注法见图3-29。

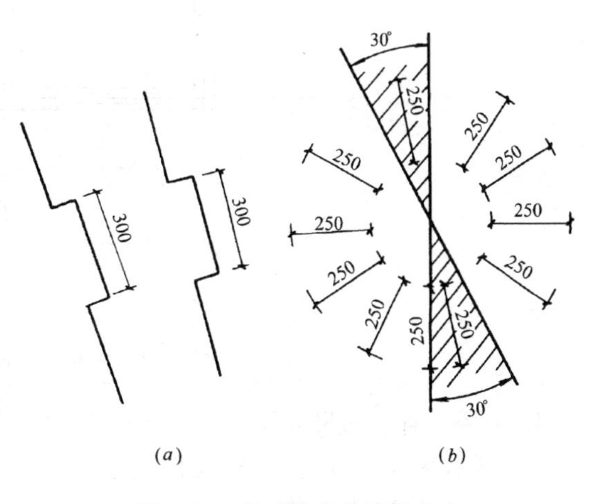

图 3-29 尺寸数字的读数方向

3. 尺寸数字的排列和布置

尺寸数字适宜注写在图样轮廓线以外，尽可能不与其他图线、文字和符号造成相交。必须通过时，可将尺寸数字处的图线断开(图 3-30)。

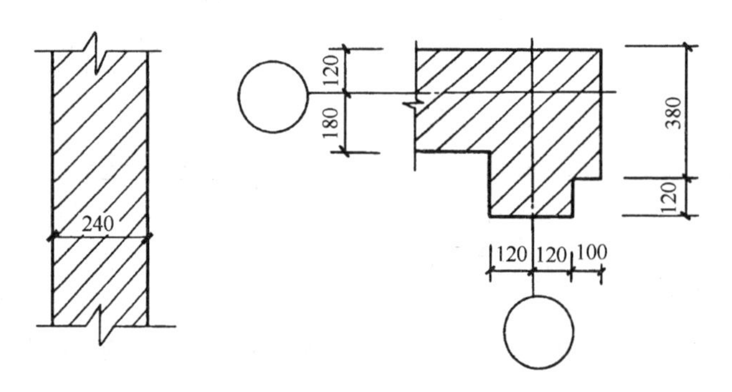

图 3-30 尺寸数字应注写在轮廓线或折断线外

尺寸数字应根据读数方向，注写在靠近尺寸线的中部上方，若没有足够的注写位置，可按图 3-31 间隔注写，排列整齐。

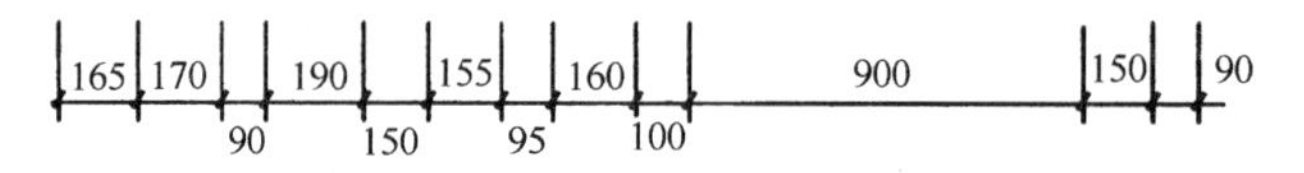

图 3-31 位置不够时尺寸数字排列方式

图样轮廓线外侧需要注写几道相互平行的尺寸数字时，小尺寸线应靠近图样轮廓线，距离 10～15mm，依次向外是较大尺寸线，最外是外包总尺寸线，相互平行的尺寸线间距应一致，一般取 7～10mm。最外边的尺寸界线，应靠近所指向的图样轮廓线，中间部位的尺寸界线可稍短，但一定要排列整齐，不要参差不齐(图 3-32)。

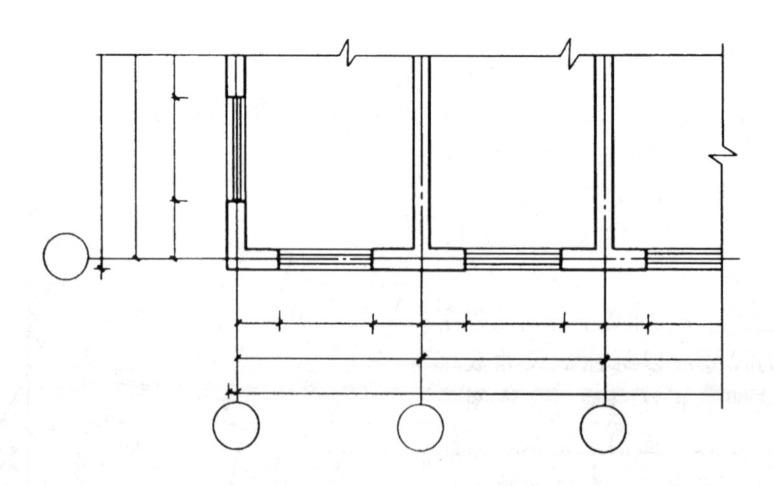

图 3-32 相互平行尺寸线的排列

4. 半径、直径的尺寸注法

(1) 半径的尺寸注法。半径的尺寸线，应从圆心开始，另一端指向圆弧，并在端部加画箭头，用半径符号“R”及半径数字注写清楚，具体注法见图 3-33。

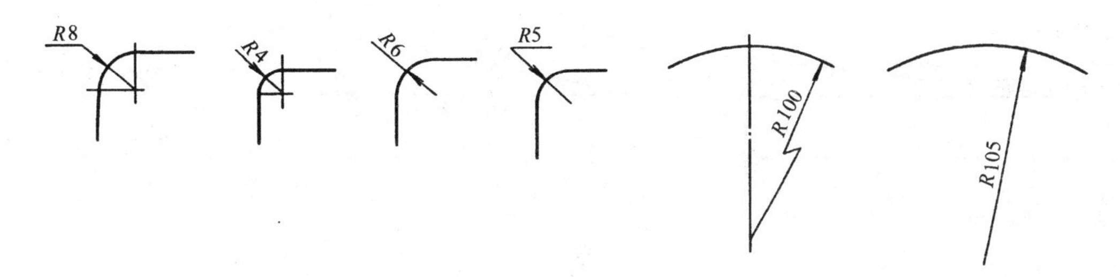

图 3-33　圆弧的半径注法

（2）直径的标注方法。圆较大，可用直径符号“ϕ”及数字注写在圆内。尺寸线要过圆心并在两端加箭头。也可将尺寸线提到圆外，画出尺寸界线标注。大圆直径注法见图3-34。

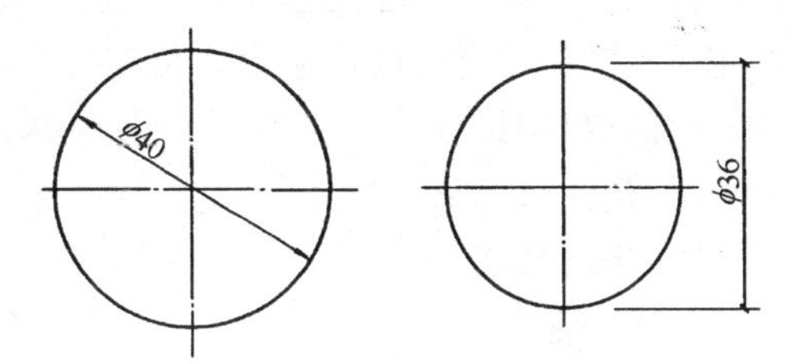

图 3-34　大圆直径注法

圆较小时，直径注法见图 3-35。

（3）球的半径或直径注法。球的半径注法，应在半径尺寸数字前加“R”。

球的直径注法，应在直径尺寸数字前加“ϕ”。

5. 角度和坡度的注法

（1）角度的注法。角度的尺寸线应使用圆弧线并在两端加箭头表示。弧线的圆心应是角度的顶点，角的两条边线即是尺寸界线，角度若太小，可用圆点代替箭头，角度数字应水平书写(图 3-36)。

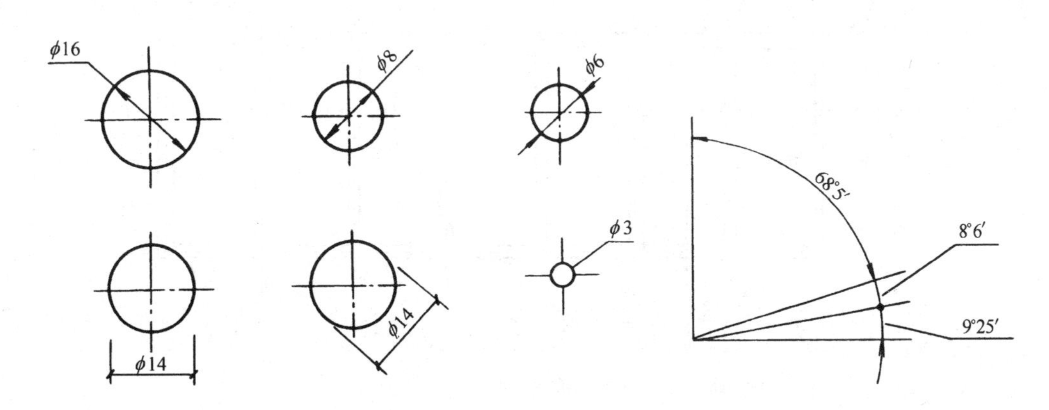

图 3-35　小圆直径注法

图 3-36　角度注写方法

（2）坡度的注法。坡度一般用直角三角形的垂直直角边与水平直角边的比值表示，也可将两个直角边的比值改换为百分数的形式进行表示。百分数表现形式，一般用在坡度很小的缓坡状态。除注写比值或百分数之外，还应自高向低方向画出箭头，以表示下坡方向，较大的坡度有时也用角度，即以倾斜面与水平面所成的夹角，如 30°、45°等(图3-37)。

6. 尺寸简化注法

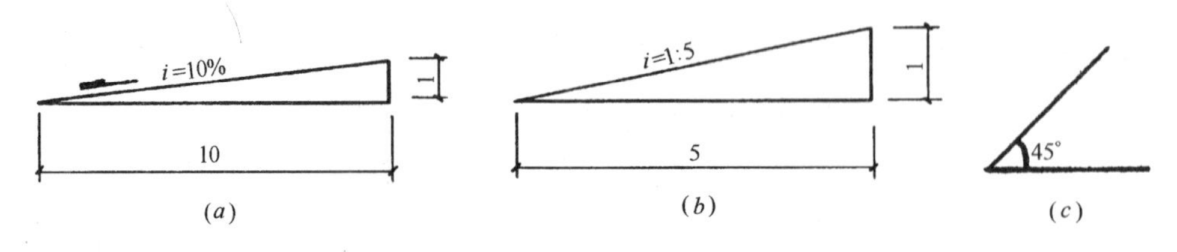

图 3-37　坡度表示方法

管线、钢筋、圆钢等，它们都有一定粗度，画在缩小的图纸上，已无法准确按比例绘制，常用一条同等粗度的线型表示，长度按交点中心线计算，粗细按标注规格统计。各种状态下的尺寸简化注法(图3-38)。

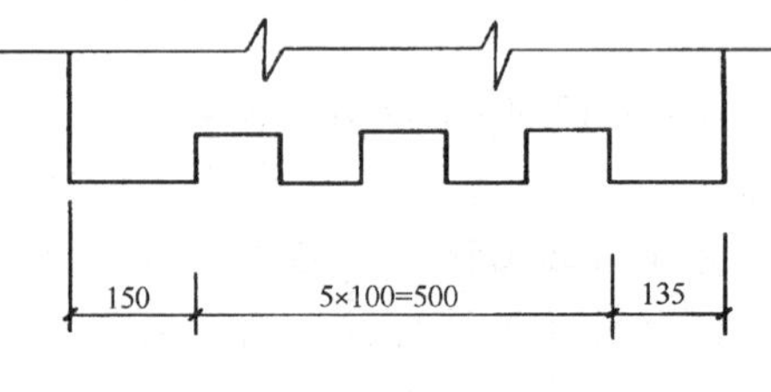

图 3-38　尺寸简化注法

六、定位轴线

1. 定位轴线

房屋的主要承重构件(墙、柱、梁等)，均用定位轴线确定基准位置。在图纸上用细点划线表示，并进行编号，以备设计或施工放线使用。

2. 平面图上定位轴线的表示方法

国家标准规定,平面图上的定位轴线,横向用阿拉伯数字表示,并且从左向右进行编号。纵向轴线用拼音字母表示,并且从下向上进行编号。数字或字母均应写在圆内,圆的直径用8mm,细实线画圆。详图上的圆用 10mm 直径细实线画。圆心应在一条直线上,轴线均指向圆心,并画到圆周上(图 3-39)。

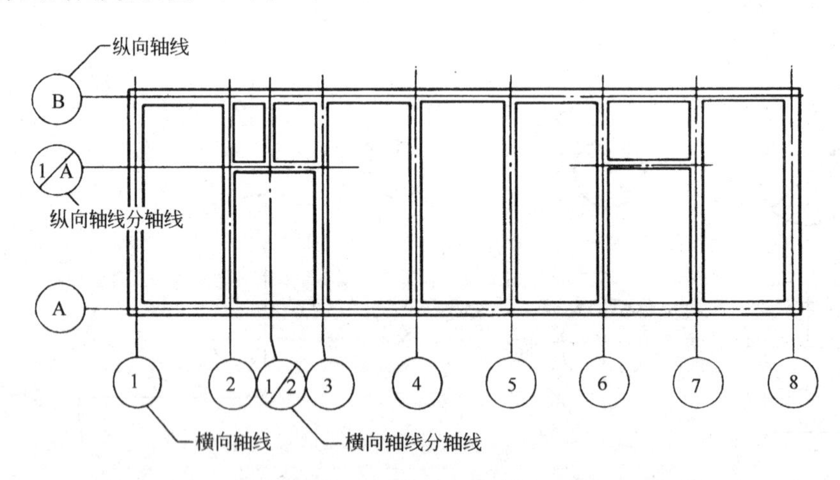

图 3-39　定位轴线编号顺序

拼音字母中的 I、O、Z 容易和数字中的 1、0、2 混淆，规定不得使用。如果字母数量不够用时，可采用双字母或单字母加数字进行表示，如 AA、BB 或 A1、B1。定位轴线还可采用分区编号(图 3-40)。

从图 3-40 中还可见到，(1-8)和(1-C)两条轴线在画法上，细点划线指到圆周处作了折角拐弯，这是因为(2-A)和(1-C)、(1-8)和(3-1)之间，两条轴线之间距离过近，两圆按正常画法会形成

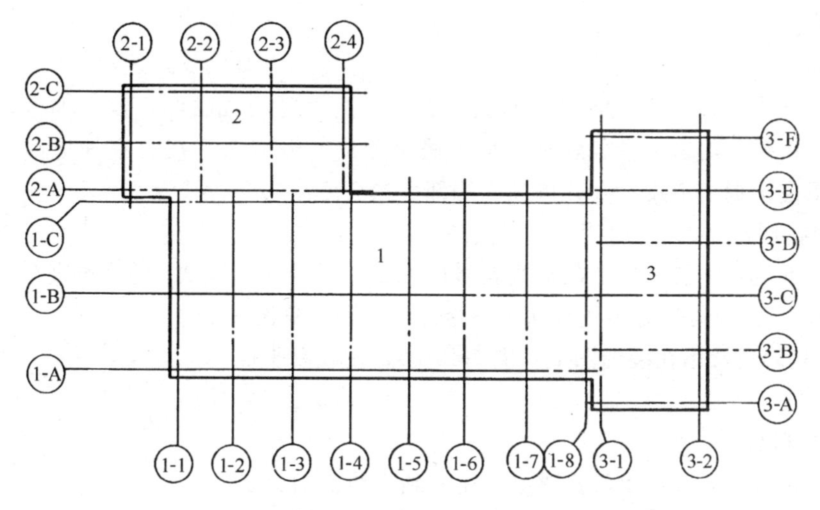

图 3-40　分区轴线编号

套环和压线，不易写轴线编号的特殊表示，细点划线还是指向圆心。(1-A)、(1-B)、(1-C)3 个圆心，还必须在一条直线上，以保证整体分区编号排列有序，不形成压线、套环，还保持了轴线的整齐、美观，这是遇到特殊情况时的处理方法。

3. 附加轴线的表示方法

这是在两条轴线之间，遇到较小局部变化时的一种特殊表示方法。它用分数形式表示，编写规定如下：

(1) 两条轴线之间的附加轴线，应以分母表示前一轴线的编号，分子表示附加轴线编号，并用阿拉伯数字顺序编号，如：

(1/5)表示横向 5 轴线后第一条附加轴线；(2/B)表示纵向 B 轴线后第二条附加轴线。

(2) 若在 1 号轴线或 A 号轴线前边设有附加轴线时，分母处应用 01 或 0A 表示，如：

(1/01)表示 1 号轴线前边附加的第一条轴线；(3/0A)表示 A 号轴线前边附加的第三条轴线。

4. 一个详图能适用于几条定位轴线的表示方法

图 3-41 表明一个详图在几条定位轴线处全适用的表示方法。

图 3-42 是通用详图定位轴线的表示方法，只画圆，圆内不写轴线编号。

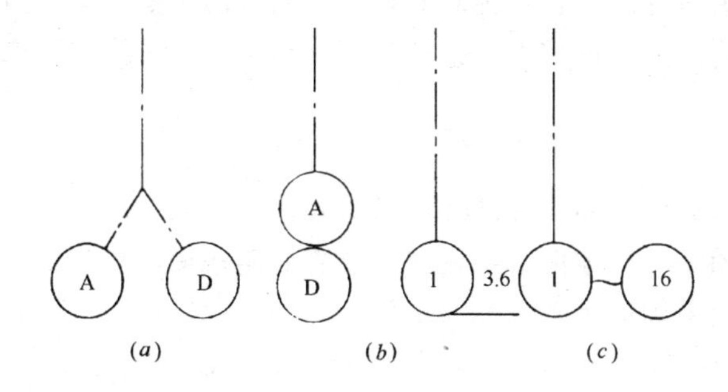

图 3-41　详图的适应轴线编号

(a)适用两条轴线；(b)适用三条轴线；(c)适用多条轴线

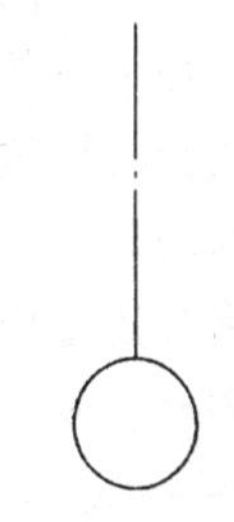

图 3-42　通用详图定位轴线

七、标高

1. 标高

建筑装饰中，各细致装饰部位的上下表面标注高度的方法叫标高。如室内地面、楼面、顶棚、窗台、门窗上沿、踢脚上皮、墙裙上皮、窗帘盒下皮、室外地面、台阶上表面、门廊下皮、檐口下皮、女儿墙顶面等部位的高度注法。

2. 标高符号

国家标准规定，装饰图上的标高符号应用细实线绘制，画成 45°等腰直角三角形，垂直高为 3mm。并分为带有尾线及涂黑不带尾线两种，见图 3-43。

图 3-43(*a*)通常用在装饰图上，图 3-43(*b*)常用在总平面图上。

(*a*)　　(*b*)

图 3-43　标高符号

3. 标高单位

标高单位均以米(m)计，装饰图上注写到小数点后第三位。总平面图上注写到小数点后第二位。

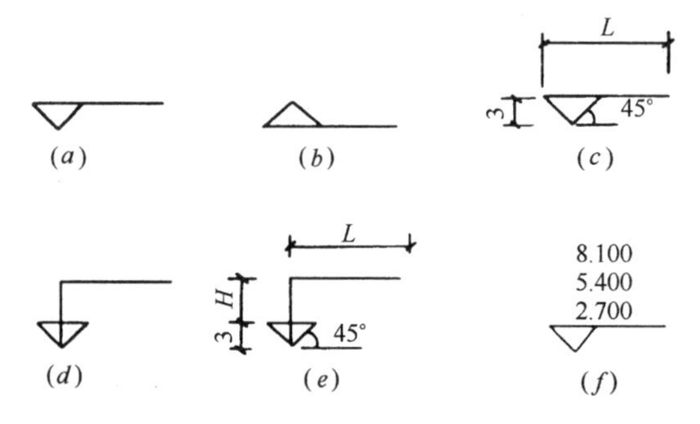

图 3-44　标高尾线长和各种注法

标高符号尾线长度 *L* 应能满足注写数字长度，并略有余量，不可过长或过短。当图纸中空白受到限制时，可将尾线提出绘制。标高符号的尖端，应指准被注写的高度表面，表面又分上皮或下皮，尖端可以向下，也可以向上。当楼房中多个部位均采用同一种做法时，标高符号上的数字可以依次落写成数个标高，见图 3-44。

4. 标高分类

装饰图上的标高，多数是以建筑首层地面作为零点，高于首层地面的高度均为正数，低于首层地面的高度均为负数，并在数字前面注写“－”，正数字前面不加“＋”。因为各种建筑中的首层地面不一定都处于同一个高度位置，这种标高，又叫相对标高。相对标高又可分为建筑标高和结构标高两种。只谈装饰完工后的表面高度，叫建筑标高(即装饰标高)；只谈结构梁、板上下表面的高度，叫结构标高。装饰工程虽然都是表面工程，但它也占据一定厚度，分清装饰表面与结构表面位置，是非常必要的，以防把数据读错。

从另一个角度讲，标高又可分为绝对标高和相对标高两种。相对标高总是以建筑首层地面作零点。绝对标高则是以黄海平均海平面作零点，也分为正数和负数，黄海平均海平面以下的标高均为负数。

八、指北针与风玫瑰

图纸上画的总平面图，不但应表示朝向，还应表现各向风力对该地区的影响。首层建筑装饰平面图旁边也应画出指北针，用来表示朝向。一座建筑总有背阴或向阳房间，它们所使用的装饰材料及色彩，会因为朝向不同而决定。

图 3-45 是指北针与风玫瑰图。

指北针画法简单，用 24mm 作直径画圆，内部过圆心并对称画一瘦长形箭头，箭头尾宽取直径的 1/8，即 3mm，圆用细实线绘制，箭头涂黑。通常只画在首层平面图旁边适

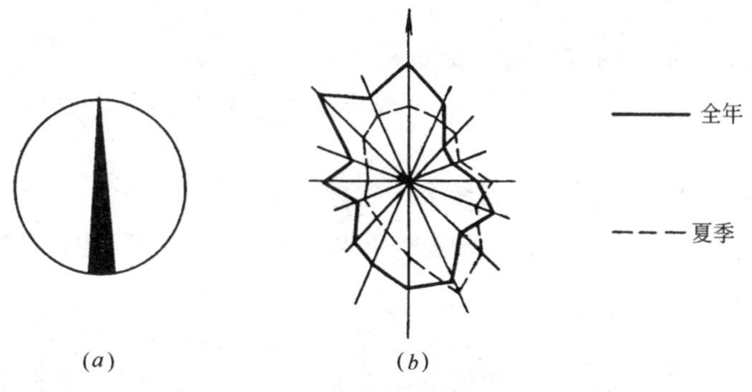

图 3-45 指北针与风玫瑰

当位置，简洁明确。二层以上因首层方位确定而不用再画。

风玫瑰是简称，全名是风向频率玫瑰图。画法是，用细实线画出十字，再画出东、南、西、北及东北、东南、西北、西南 16 个方向，自交叉点向各朝向细线上画出一定数值，表明该地区多年平均统计风吹次数的百分数，并用中实线将 16 个方向细线端点连成折线图形，称为该地区的常年风向频率玫瑰图。风向玫瑰图表示各风向的频率，频率最高，表示该方向上的吹风次数最多。风向玫瑰图上所表示的风的吹向是指从外面吹向地区中心。为区别于常年风向频率，还在 16 个方向细线上只表现夏季风向频率，将折线图形画成细虚线，叫做夏季风向频率玫瑰图。当然也可以画成其他季节的风向频率玫瑰图，以显示该地区对风力的利用。

16 个方向的风吹百分数，一定要按比例绘在指向中心的细实线上，箭头尖端为北方，写上“北”字。

九、索引符号与详图符号

一套完整的装饰施工图纸，需要从整体到详图画出许多图样，为了便于相互查找，国家标准规定应在图中使用方便查找的索引符号与详图符号。分述如下：

1. 索引符号

凡用整体表示的装饰图形，一般使用比例较小，无法把每一个细部表现清楚，这就要在图中加画索引符号，表示这部分需要放大，在其他处或另一张图纸上画出大比例详图。索引符号既要简单明确，又必须准确能将两个图形联系到一起。它可表现为以下几种情况：

(1) 详图索引符号。它又分为需要自己重新绘图的详图索引符号和自己不用画出详图，直接采用标准图册上的详图索引符号两种。

1)自己需要绘制详图的索引符号见图 3-46。从图 3-46 中可以看到，用在装饰施工图上的详图索引符号有两种表现形式。图 3-46(*a*)是指准某一个局部，需要把这部分放大画成详图的索引符号。图 3-46(*b*)是泛指这一方向全体，都需要画出详图的索引符号。图 3-46(*b*)多用在室内平面装饰图内，表现房间内某一立面的投影方向。

图 3-46 需要自己绘出详图的索引符号

详图索引符号的标准画法包括看图方向，图 3-46(*a*)中即细实线所指引的部位，图 3-46(*b*)是涂黑部位的等腰三角形直角尖端所指的方向，圆圈用 10mm 为直径细实线绘圆，分子部位不管写什么字，都称为详图代号，分母部位表示详图需要查找的页数。

详图索引符号，除了上面两种正常表现形式外，有时还会遇到图 3-47 中所表现的形式。

图 3-47(*a*)的意义是，详图 5 画在了本页图纸上。

图 3-47(*b*)的意义是，此处的详图去查看装 6 全张图纸(即详图内容复杂，需要画很多图样才能把它表现清楚)。

2)标准详图索引号。图 3-48(*a*)表示，详图 1 需要到 88J10 标准图上的第 40 页去查找。图 3-48(*b*)表示，这部位的详图需要去看 88JX1 标准图册第 22 页全页上的详图。

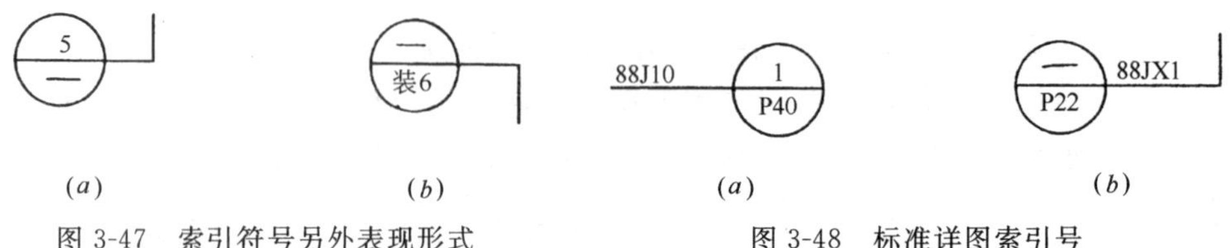

图 3-47　索引符号另外表现形式　　　　图 3-48　标准详图索引号

(2) 剖面详图索引符号。和详图索引号比较，多了剖切位置和投影方向，即粗实线为剖切位置，引出线为剖视方向。也分为能直接看到的剖面详图及需要在标准图册中查找的剖面详图两种。

1) 能直接在装饰图中看到的剖面详图索引符号有下面三种表现形式(见图 3-49)。

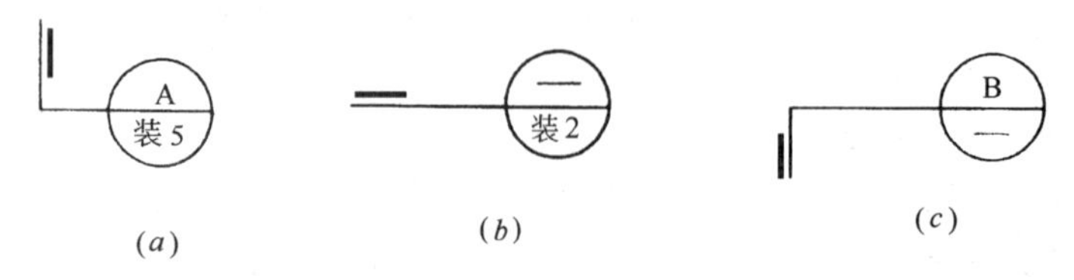

图 3-49　剖面详图索引号

图 3-49(*a*)表示按照投影方向，剖面详图 A 是向左边作出的剖面详图，且需要在装 5 图纸上去查看。

图 3-49(*b*)表示按照剖切位置，自上向下作出投影，此剖面投影内容较为复杂，需要看装 2 全张图纸。

图 3-49(*c*)表示按照剖切位置，需要向右作出投影，得到的剖面 B 详图，可以在本张图纸内看到。

2) 需要到标准图册中查找剖面详图的索引符号有以下两种表现形式(见图 3-50)。

图 3-50(*a*)表示需要剖切开向右作出投影的全部剖面详图，应查看 88JX1 标准图册上的第 15 页，全页上的所有图形。

图 3-50(*b*)表示剖切后需要向下作出投影的剖面详图，应查找 88J10 标准图册，翻看第 9 页上的 *K* 详图。

2. 详图符号

详图符号应根据详图位置或剖面详图位置的命名，采用同一个名称进行表示。详图符号按规定用直径为 14mm，粗实线画圆，圆内写出同一个名称(见图 3-51)。

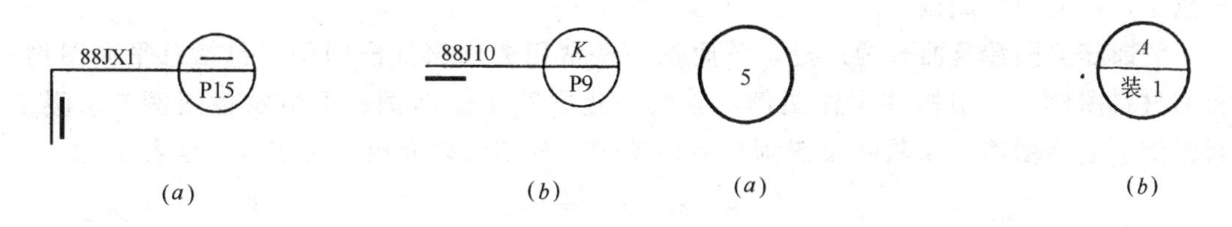

图 3-50　标准剖面详图索引号　　　　图 3-51　详图符号

图 3-51(*a*)表示，根据详图索引符号内容，详图 5 就画在本张图纸内，圆内只写详图编号 5。

图 3-51(*b*)也是详图符号，它表示详图 5 来源于装 1 图纸。不要把它误读成详图 5 到装 1 图纸上去查找。它与索引符号的差别是，圆内分数形式的水平线没有引出成指引线，索引符号用细实线画图，详图符号用粗实线画圆。这样的详图符号产生于前面的图3-46(*a*)或图 3-49(*a*)。因为索引符号与详图符号不在同一张图纸内，两者沟通困难，故采用图 3-51(*b*)的形式。

十、对称符号

一座楼房，如果它的外观和内部均为对称形，画出的平面图或是立面图，左右完全对称，可在对称部位画出一个对称符号，左边画成一层平面，右边画出标准层平面。立面图上画了对称符号，左边画出正立面，右边画出背立面，一个图解决两个问题，时间和工作量节约了一倍，问题也得到了圆满解决。

对称符号用细实线绘制，表示对称的分界线用细点划线，上下各画两条平行线，间距 2～3mm，平行线长度 6～10mm。具体画法见图 3-52。

图 3-52 对称符号

十一、连接符号

一幢楼房，底层和顶层不会相同，中间各层多数相同。楼房外墙，有代表性的部位只三处，最高、最低和中间任选一处即可。分段画图又要表示整体，国家标准规定，采用连接符号、连接符号之间的空白表示相同和连续。

连接符号用两条平行状态的折断线，端部加字母(图 3-53)。

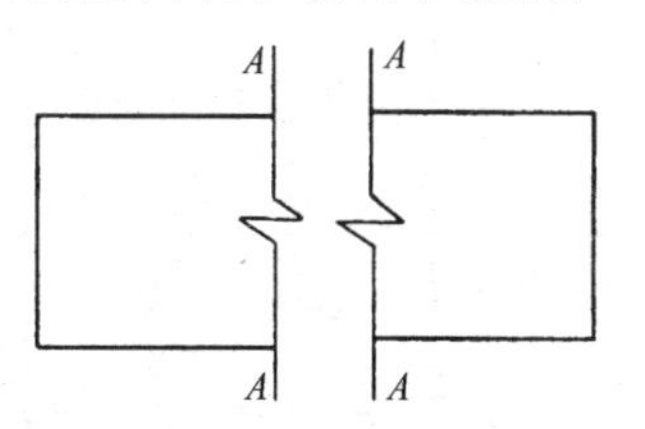

图 3-53　连接符号

十二、常用图例

专业图绘图比例多数是将实物缩小多少倍，也就是用小比例绘制图形。作为装饰施工图中的个别细小构造，如装饰线角贴脸、栏杆细部连接、采用 1∶1 比例绘图。而绝大部分装饰图使用比例在 1∶50～1∶10 之间，施工节点详图使用比例在 1∶10～1∶1 之间。特别是将实物缩小几十倍画图，尤其是细部节点，无法按真实形状表示，只能用示意性的符号来画。凡是国家标准规定的正规示意性符号，统称为图例，它们有的接近真实情况，有的相差悬殊，如门窗、楼梯、建筑外形，示意性符号接近真实情况容易理解。装饰材料符号，有的接近真实情况，如混凝土、水泥、玻璃、木材、毛石等。而土地、砖、金属、橡胶、石膏、塑料、纤维材料等则无法按真实情况表示。凡是国家批准的图例，均应统一遵守，按标准画法使用在装饰设计图中。个别新型材料还未纳入国家标准中，装饰设计师可以自己创造图例，但要在图纸中画出符号写出代表意义，以便对照阅读。

装饰施工图涉及面较为广泛，下面把一些常用的国家标准图例、包括总平面图例、装饰材料图例、常用构件配件图例、管线绿化庭院小品图例、卫生设备图例、采暖空调图例、电器图例、家具陈设图例和型钢图例等分别做以介绍，见表3-7至表3-12。

总　平　面　图　例　　　　**表3-7**

序　号	名　　称	图　　例	说　　明
1	新建房屋	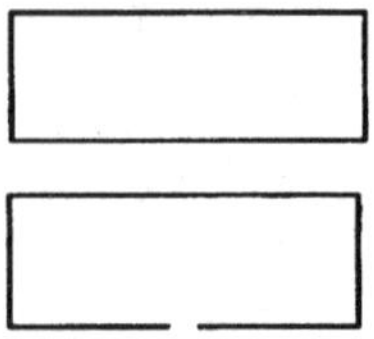	1. 上图为不画出入口图例 下图为画出入口图例 2. 需要时，可在图形内右上角以点数或数字(高层宜用数字)表示层数 3. 用粗实线表示
2	原有房屋	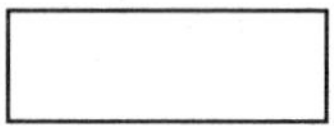	1. 应注明房屋名称 2. 用细实线表示
3	拟建房屋或预留地		用中虚线表示
4	应拆除的建筑	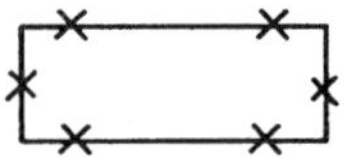	用细实线表示
5	铺砌场地	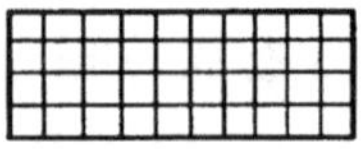	
6	新建地下建筑		用粗虚线表示
7	建筑物下面的通道	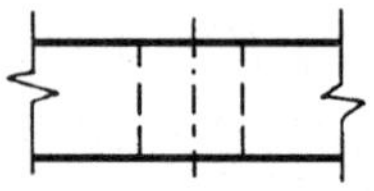	
8	水池或坑槽	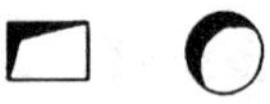	
9	台　　阶	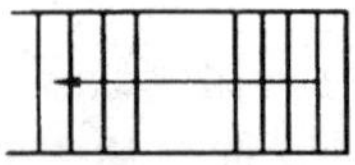	箭头指向表示向上前进
10	填挖边坡	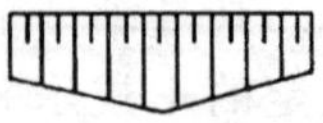	边坡较长时，可在图形中一端或两端表示此符号
11	围墙与大门	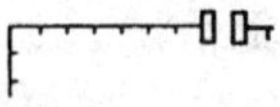	砖、石、混凝土或金属永远性围墙
		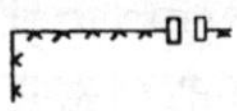	镀锌铁丝网、篱笆等围墙

续表

序号	名称	图例	说明
12	雨水井		
13	坐标	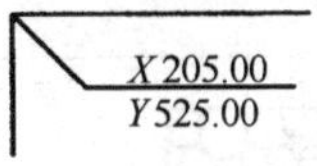 X205.00 Y525.00	测量坐标
		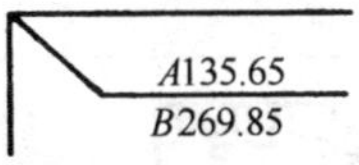 A135.65 B269.85	施工坐标
14	室内标高	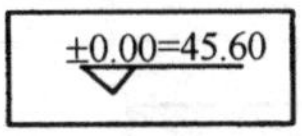 ±0.00=45.60	±0.00为首层地面相对标高，45.60为海拔绝对标高
15	室外整平标高	 156.75	室外场地绝对标高
16	新建道路	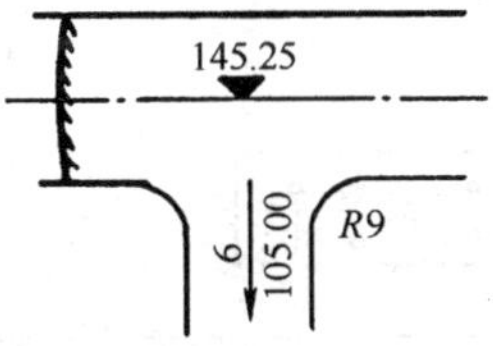 145.25 6 105.00 R9	1."R9"为道路半径 "145.25"为路面中心海拔标高 "6"为路面纵向坡度 "105.00"为变坡点距离 2. 斜线为路面断面示意
17	人行道	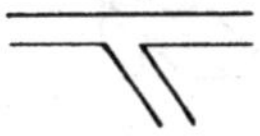	
18	小桥	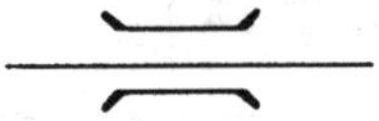	

装饰材料图例 表3-8

序号	名称	图例	说明
1	自然土壤	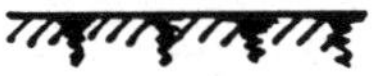	包括各种自然土壤
2	夯实土壤		
3	砂、灰土	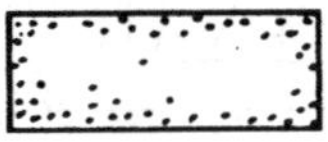	靠近轮廓线，点应密集
4	砂砾石、碎砖三合土	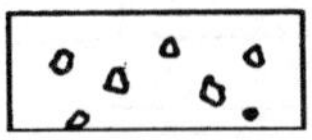	
5	天然石材	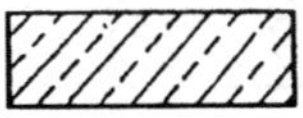	包括岩石砌体、铺地、贴面等

续表

序号	名称	图例	说明
6	毛石	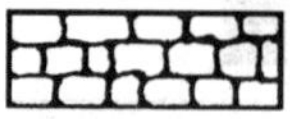	
7	浆砌块石	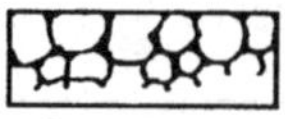	
8	水刷石		
9	空心砖	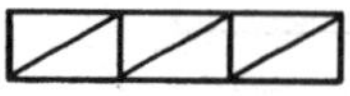	包括各种多孔砖
10	饰面砖		包括铺地砖、马赛克
11	混凝土	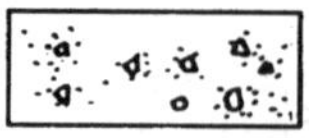	1. 图例仅适用于承重构件混凝土及钢筋混凝土 2. 包括各种标号、骨料、添加剂混凝土 3. 在剖面图内画出钢筋时，不画斜线 4. 断面很窄、不易画出斜线时，可涂黑
12	钢筋混凝土		
13	焦渣、矿渣	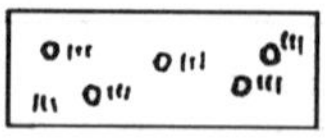	包括与水泥、石灰等混合而成的材料
14	石膏	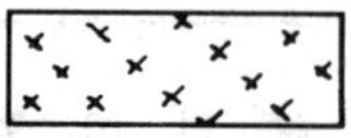	
15	纤维材料		包括麻丝、玻璃棉、矿渣棉、木丝板、纤维板等
16	松散材料	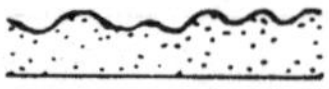	包括木屑、石灰木屑、稻壳等
17	木材		为垫木、木砖、木龙骨横断面
18	胶合板	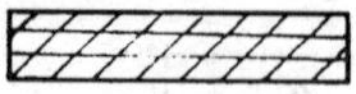	应注明层数
19	金属		1. 包括各种金属 2. 图形小时，可涂黑

续表

序　号	名　　称	图　　例	说　　明
20	塑　　料		包括各种软硬塑料及有机玻璃等
21	玻　　璃		包括平板玻璃、磨砂玻璃、夹丝玻璃、钢化玻璃等
22	橡　　胶		
23	粉　　刷	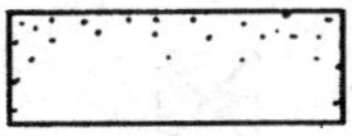	应用较稀小点绘图
24	防水材料		构造层次多或比较大时，采用上面图例
25	普　通　砖	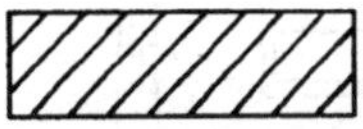	1. 包括砌体砌块 2. 断面很窄、不易画出图例时，可以涂红表示
26	耐　火　砖	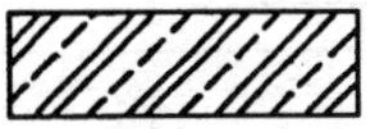	包括耐酸砖等
27	多孔材料		包括水泥珍珠岩、沥青珍珠岩、泡沫混凝土、不承重的加气混凝土、泡沫塑料、软木等
28	液　　体	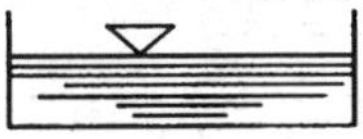	应注明液体名称

常用构件、配件图例　　　　**表 3-9**

序　号	名　　称	图　　例	说　　明
1	隔墙、隔断		1. 包括板条抹灰、木制、石膏板、金属材料隔墙与隔断 2. 适用于到顶与不到顶两种
2	楼　　梯	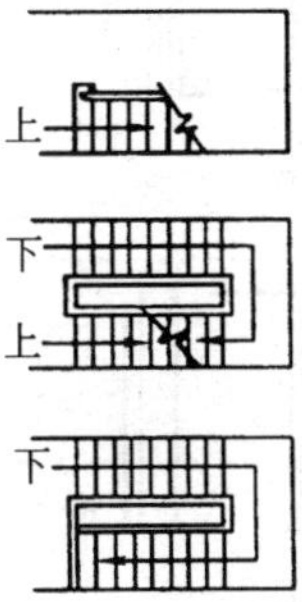 上 下 上 下	1. 自上而下依次为底层、中间层、顶层平面图 2. 楼梯形式与步数应按实际情况绘制

续表

序号	名称	图例	说明
3	栏杆		非金属扶手
			金属扶手
4	坡道	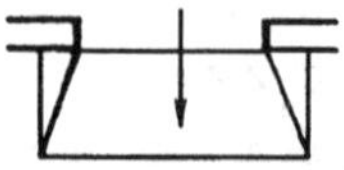	
5	检查孔		左图为可见检查孔 右图为不可见检查孔
6	墙和窗	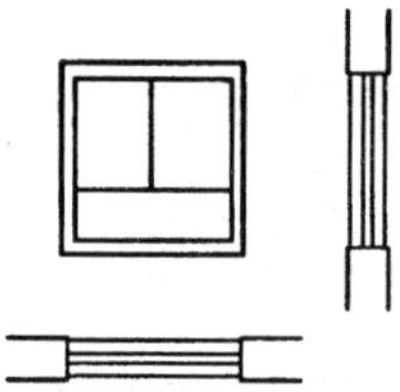	包括正面图例、平面图例、剖面图例
7	墙上窗洞口	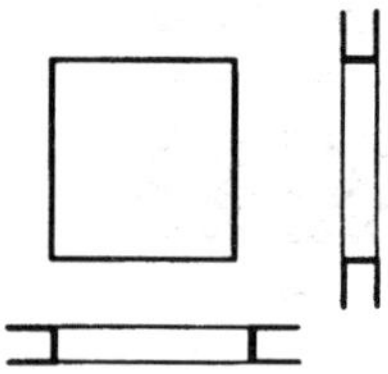	
8	空门洞	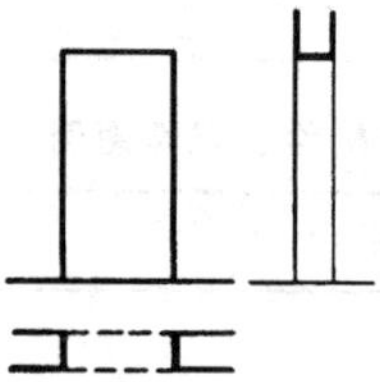	
9	单扇单向开门	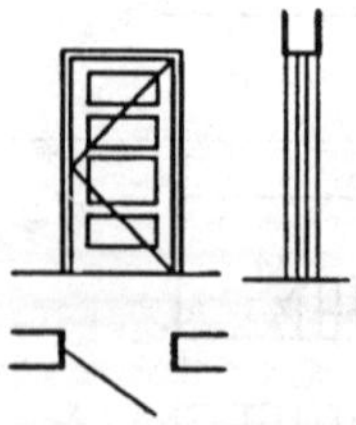	1. 门的代号用M 2. 立面图为正面外观，细线等腰三角形为外开门，内开用虚线三角形 3. 立面图应按实际情况绘图 4. 平面图表示外开方向，剖面只画门
10	墙外单扇推拉门	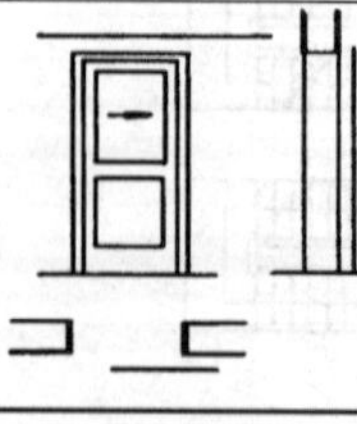	

续表

序号	名称	图例	说明
11	双扇内外开弹簧门	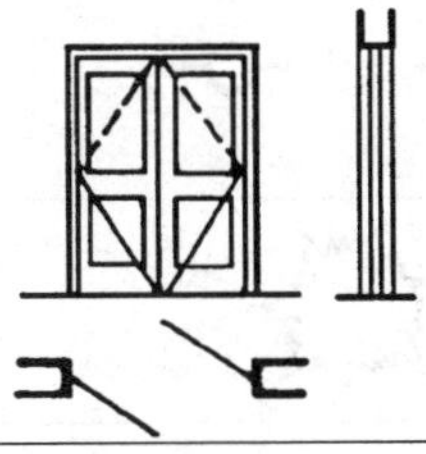	
12	双扇墙内推拉门	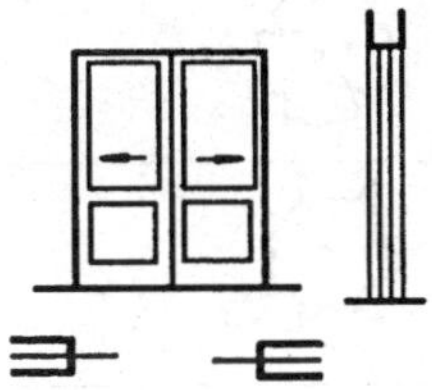	
13	双扇墙外推拉门	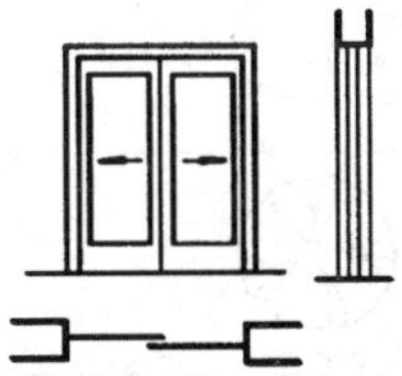	
14	转　门	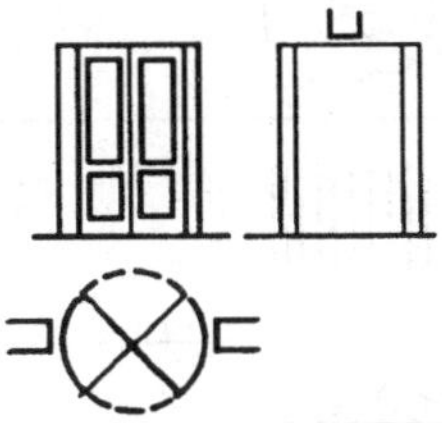	
15	墙外向上卷帘门	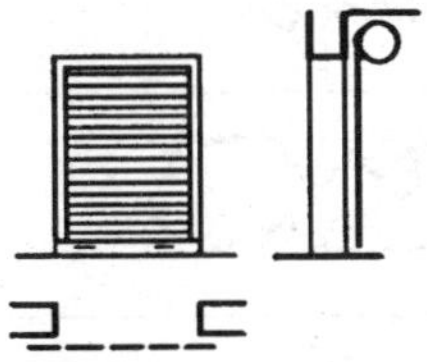	

管线、绿化、庭院小品图例　　　**表 3-10**

序号	名称	图例	说明
1	管　线	——代号——	各种管线代号按现行国家标准规定标注
2	地沟管线	 ——代号—— ——代号——	1. 上图用于比例较大时的图面下图用于比例较小时的图面 2. 各种管线代号按现行国家标准规定标注

续表

序　号	名　　称	图　　例	说　　明
3	架空电力、电信线	代号	1. “○”代表电杆 2. 代号按现行国家标准标注
4	针 叶 乔 木		
5	阔 叶 乔 木		
6	针 叶 灌 木		
7	阔 叶 灌 木		
8	洋　　槐		
9	垂　　柳		
10	苗　　圃		
11	果　　园		
12	树　　丛		
13	桂　　花		
14	竹　　林		
15	迎　　春		
16	圆形喷水池		

续表

序 号	名 称	图 例	说 明
17	花 架	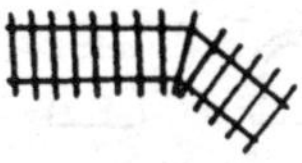	
18	亭 台	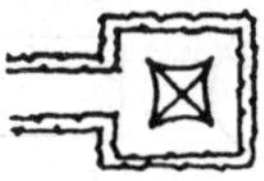	
19	园 椅	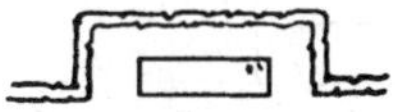	
20	草木花卉		
21	修剪的树篱		
22	草 地	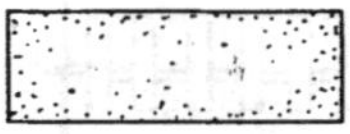	
23	花 坛	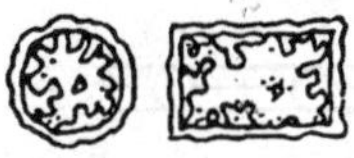	形状按实际情况绘制
24	曲 桥	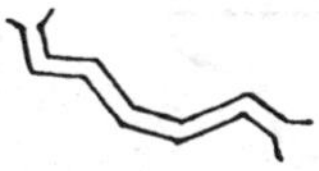	
25	莲叶汀步		
26	假 山		

家具陈设图例 **表 3-11**

序 号	名 称	图 例	说 明
1	双 人 床	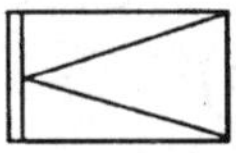	应按实际尺寸绘图
2	单 人 床	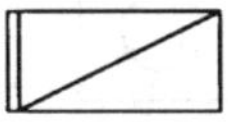	
3	沙 发	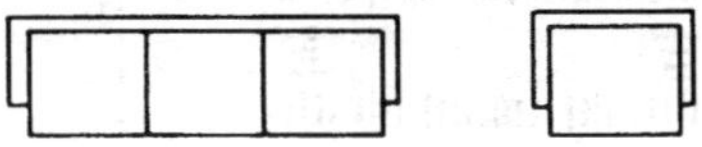	可按实际形状画图例

续表

序号	名称	图例	说明
4	坐椅、坐凳		
5	桌		应注尺寸与直径
6	柜		可按柜的实际形状绘图并注写柜名
7	吊柜		
8	壁橱		
9	装饰隔断		
10	玻璃拦板		
11	钢琴		
12	电视		
13	洗衣机	W	
14	微波炉		
15	热水器	WH	
16	灶具		
17	地毯		

续表

序　号	名　　称	图　　例	说　　明
18	盆　　景		可按实际形状画图例
19	盆　　花		
20	鱼　　缸	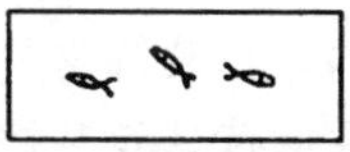	
21	花　　架		左图为平面，右图为立面
22	窗　帘　盒	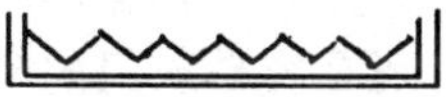	
23	画　　框		
24	加　湿　器		左图为平面，右图为立面

型　钢　图　例　　**表 3-12**

序　号	名　称	型钢截面	标　　注	说　明
1	等边角钢		∟$b\times d$	b 为肢宽 d 为肢厚
2	不等边角钢		∟$B\times b\times d$	B 为长肢，b 为短肢 d 为肢厚
3	工　字　钢		I_N，QI_N	轻型工字钢，前面加 Q 字
4	槽　　钢		I_N，QI_N	轻型槽钢，前面应加 Q 字
5	方　　钢	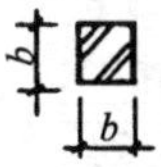 b b	□b	
6	扁　　钢	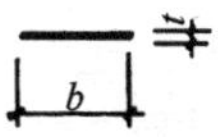 t b	$-b\times t$	
7	钢　　板		$-L\times B\times t$	L 为钢板长，B 为钢板宽，t 为钢板厚
8	圆　　钢		ϕd	d 为直径
9	钢　　管	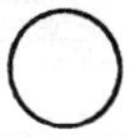	$\phi d\times t$	t 为钢管壁厚

第四章　建筑装饰专业图的阅读

建筑装饰专业施工图是在建筑施工图的基础上绘制的，从表面形式上看，是把第三章中的各种装饰图例应用在了建筑施工图内，如装饰材料、构件与配件、家具陈设、卫生设备、采暖空调、电器、绿化等。因此，在阅读建筑装饰施工图之前，应先学会看懂建筑施工图。因为建筑施工图重点表示的是建筑外形和内部一间间房屋，将它的原理、表示方法、涉及到的全部知识搞清楚了，再进一步看装饰内容，对初学者或自学者会有帮助。建筑装饰施工图，整体上贯穿了前边第一、二、三章全部内容，给人感受是内容繁杂、不易入手，若掌握了识图规律及专业知识，还是容易入门的。下面以一个小型别墅的全部装饰为例，从外到内，作出有代表性的介绍，以得出对装饰的完整认识。

第一节　总平面图的识读

建筑装饰总平面图重点表示的内容是，建筑外形及所涉及的周边环境。图 4-1 是一座

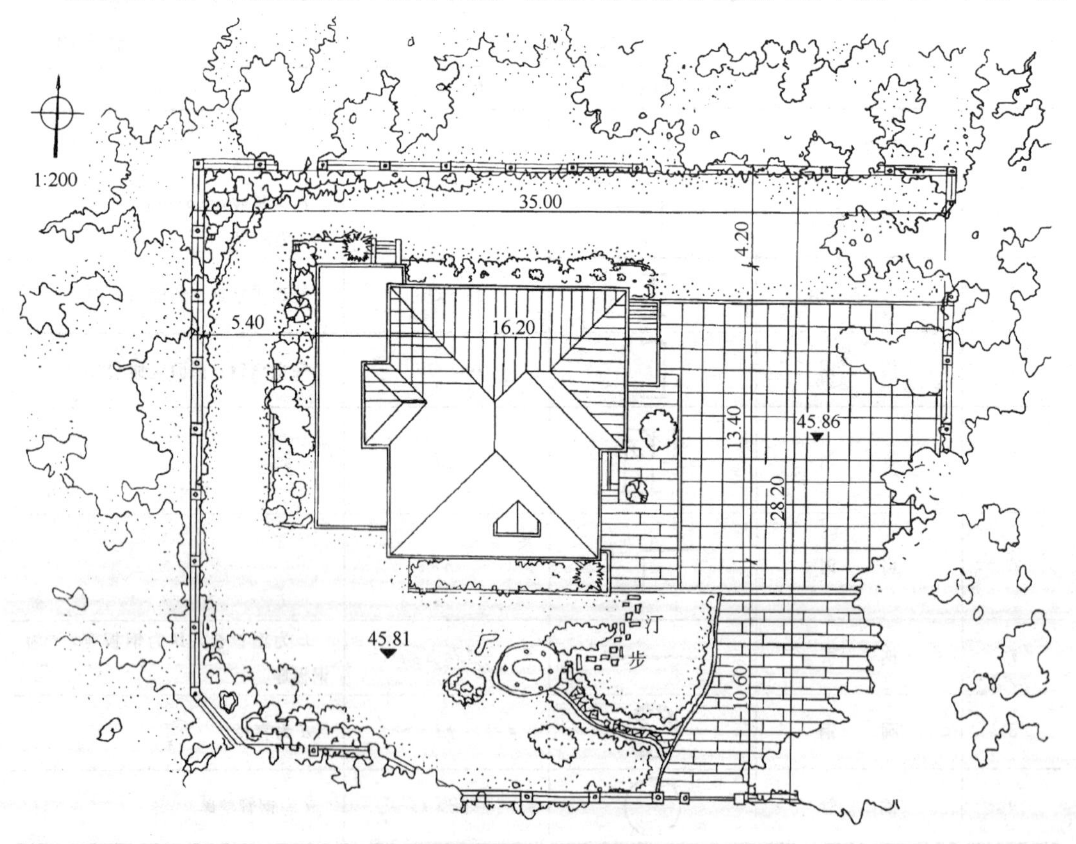

图 4-1　建筑装饰总平面图(1∶200)

小型别墅外形及周边环境装饰总平面图。

下面按用途、形成、内容、读图注意事项几方面作出介绍。

一、总平面图的用途

(1) 可以知道总平面的范围、应装饰房屋的平面形状、大小、具体位置以及绿化布置、原始地形和地物等情况。复杂一些的总平面图还包括管线、电缆走向及灯饰布置、围墙做法等。

(2) 根据总平面图上提供的数据、要求，可以作出具体定位、施工放线、填挖土方、环境施工等。

二、总平面图的形成

前面讲到了三面正投影图，总平面图只是三面正投影图中的平面正投影图，它是在高于房屋最高部位，用图例把向下所能看到的全部环境，按正投影画成能指导装饰施工的平面图。

三、总平面图的内容

1. 用图例表示

从图 4-1 中可以看出，总平面图上的全部装饰内容都是按照前边章节中的装饰图例绘制的。它包括房屋平面形状和屋顶挂瓦，方砖、石块、碎石和汀步铺砌场地，甬路、假山、花池、建筑小品，大面积绿化树丛及草坪，周边按示意表现的灯柱以及栏杆围墙和入口大门等。要想看懂图的内容，首先应熟悉图例。

2. 朝向

图 4-1 左上角画有指北针，它可提供房屋四面朝向。向阳、阴暗、东晒、西晒均可从指北针方向得到了解。

3. 围墙

这是别墅所在院落占地范围，包括灯柱、栏杆、大门位置。从整体上看院落的形状是长方形，东西略长、南北较短。灯柱间距 3m 一个，大门有经常出入的左边小门和供汽车出入的右边大门。

4. 别墅平面

别墅是总平面图中的主体，平面形状略呈方形，细看分为两部分。偏右大面积为四坡屋面，并有向南天窗，其余为单坡屋面，西部面积大，东北角单坡屋面较小，全部均为挂瓦屋面。

5. 周边场地

东边及南边是方砖铺砌场地及条石铺砌场地，南边休闲、娱乐范围有碎石铺砌甬路和石块汀步。

6. 环境绿化、园林景观

围墙范围外边，除南边大门入口附近以外都被大面积浓郁绿化、树丛、草坪覆盖，围墙以内的，西北角和西南角有假山及爬墙垂直绿化，东北角和东南角内外绿化，从覆盖看已连成片，其余墙面处仍是攀缘植物。围绕别墅建筑周边，北边、西边、南边是花池，有树丛、草坪、花卉、针叶灌木、阔叶灌木、洋槐、松柏等。东边是别墅主要入口及车库大门，只有两株小树。正南边是休闲娱乐场地，有园林建筑小品桌凳、小面积花池和花卉，此外全是绿草如茵。由此可见，别墅周边被绿化包围，再配以蓝天、飞鸟，是一处清新、美丽、宁静的休闲居住场所，景观宜人，没有污染。

7. 占地面积与高程

从图 4-1 中所注长宽总尺寸可以看到东西长 35m，南北宽 28.2m，总平面占地约 1000m^2。别墅平面占地是：长×宽＝16.20m×13.40m，约 200m^2。铺砌场地海拔标高 45.86m，院落草坪整平标高是 45.81m。

8. 比例

从图名旁边可以看到 1∶200，表明图的大小相当于 1，实际场地与别墅相当于是 200，即图与实物相差 200 倍。因此，这里看到的仅是总平面图的概貌。若用它去施工，只能控制总数和位置，具体施工要看详图。

四、总平面读图注意事项

(1) 一张总平面图，只能解决局部问题，不可能解决所有问题。图 4-1 只能解决别墅建筑具体位置和自身长宽占地面积，知道铺砌场地有几种情况，而具体使用什么材料、材料色彩搭配、具体尺寸等都无法在一个图内注写清楚。灯饰、栏杆、大门具体尺寸和做法、所有绿化、树种、草坪等都无法在一个图内表达清楚。

(2) 图 4-1 比例是 1∶200，就是图例，也不可能画得那样清楚。比例大，图例可接近真实情况，但也是示意符号。只有施工节点详图，才能反映真实情况。

(3) 图 4-1 包括别墅平面形状、铺砌场地、绿化、建筑小品、围墙大门、甬路、汀步等内容，它们都需要画出各自的平面图、剖面图和施工节点详图，这样才能进行具体施工。

(4) 画图是为指导施工，施工最重要的依据之一是总尺寸和具体尺寸，这些尺寸在一个总平面图内得不到解决，必须在各自的总平面图、剖面图、立面图或施工节点详图中才能读到。

(5) 图中画的都是概括性的图例，如铺砌场地，它们是石材、方砖还是混凝土块，仅有图例是不够的。拿石材来说，大致分有花岗石和大理石，它们产自各地，有上百种产品，图例都相同，只有写出具体名称及规格尺寸才能明确。因此，必须配有文字说明，图例才能具体化。绿化树种及草坪、花卉等也是如此，针叶树、阔叶树、草坪、花卉，不配上产地及具体名称，光有绿化图例不能解决具体问题。灯饰、栏杆等光画图例，真实状态得不到解决，必须具体化或写成文字。图 4-2 是绿化总平面图，并配有文字说明。

(6) 图中注有数字及标高。数字包括自身数字和相对距离，如房屋平面自身长宽尺寸，它的定位依据是相对距离到围墙边是多少米或到路边是几米，这是不可混淆的数字。平面上注标高，是为看出两块场地有高差，或是原来坑挖不平，整平后可形成一个统一高程。

(7) 凡是在总平面图中不能表现清楚的图例或尺寸，有的用一段文字能表现清楚，有的需要到另外的部位画出详图，这就需要使用剖切符号和详图索引号来联系两图之间的关系。解决问题有多种表现形式，应适应此种变化。

(8) 装饰图比建筑图复杂，而且图例繁多，表现细腻。画的、写的都是表面、表皮内容，注重效果。阅读装饰图时，既要重视整体，了解概况，又要注意细部，看清具体做法。要学会联系整体和细部，对准位置。

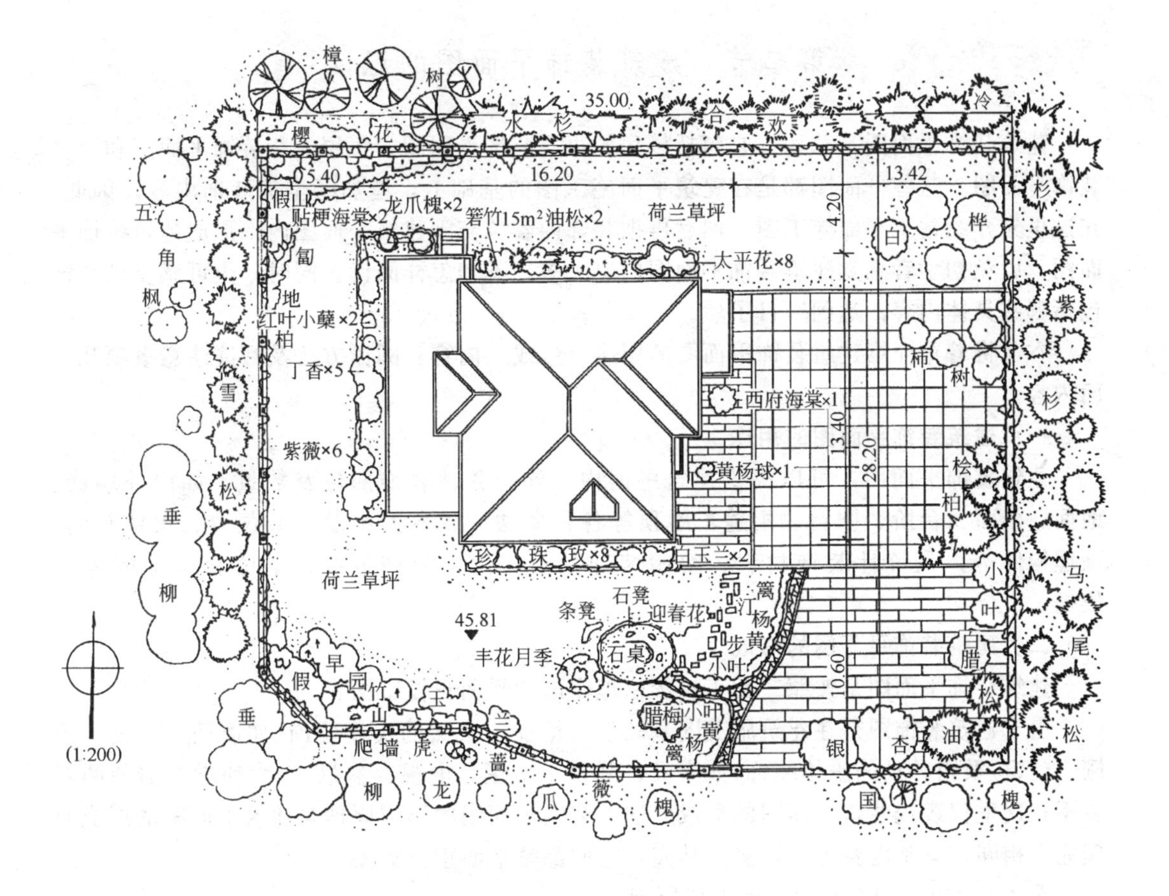

图 4-2　绿化树种总平面图

(9) 总平面图除标高符号能表示两处高程不同外，其他均看不出高低。例如房屋高度、台阶高度、栏杆高度、大门式样、树丛、树木高度等。若想看到高度变化，可以画出总平面按朝向表示的立面图，也可按剖切位置及朝向画出剖面图(图 4-3)。

图 4-3　别墅建筑环境南立面图(1：200)

(10) 总平面图内容繁多，画出来很美观、很好看，就是显不出整体形象效果。配上立面图或剖面图，也需要仔细阅读，才能想出立体形象。作为装饰识图，总平面也能画出它的整体装饰效果。从图 4-1 中可以看到别墅建筑环境色彩整体效果图。

第二节　建筑装饰平面图的识读

建筑装饰平面图是总称，它包括楼房的每层装饰平面图、每层天花装饰平面图和屋顶装饰平面图。这些平面图都是在建筑平面施工图的基础上，增加了全部装饰内容。因此，在这里先介绍建筑平面施工图，然后再把装饰内容填充到建筑平面图内，形成建筑装饰平面图，以免初学者感觉建筑装饰平面图内容太多，不知怎样阅读。同时，也可感受到装饰包括哪些具体内容，达到一目了然。

本节将着重介绍建筑装饰平面图的用途、形成、内容、阅读方法及阅读注意事项几方面内容。

一、建筑装饰平面图的用途

建筑装饰平面图，可以提供建筑平面内、外的各种装饰部位及数量，如内外墙面、地面、楼面、台阶、阳台、雨篷、屋顶等各种做法、门窗大小及安装位置、预留孔洞、预埋构件等，是统计装饰材料、编制装饰预算、指导装饰放线、定位和施工的重要依据。

二、建筑装饰平面图的形成

建筑装饰平面图是按照三面正投影原理作出的平面正投影图。

由于建筑装饰图是在建筑施工图基础上，增加了表面的实体装饰(如墙面、地面、顶棚、门窗)及可移动的虚体装饰(如家具、陈设、地毯、电视、盆景)，为使学员清楚两者关系，这里仅表现建筑平面图的形成原理。装饰平面图的形成原理与建筑平面图的形成原理完全相同，只是内容更加繁多。其实，它们都是平面正投影图。

图 4-4 是首层建筑平面图的形成原理。

从首层平面图的形成中可以看出，它是将建筑首层从窗台上边一点(而且在楼梯休息平台板下边，这样一段不大的高差范围内)将建筑作出假设水平剖切，把上边的建筑移走，作出剩余部分的全部水平投影。从本图中可以看到，能看到的部位包括室内外地面、台阶、部分楼梯、内外纵横外墙、内墙厚度、门窗大小和位置以及内部中心部位的一颗柱子。也就是说被切到的部位要重点画出来，如墙体厚度、门窗口宽度和位置、柱子位置和大小。其中墙体和柱子被切轮廓画粗线，门窗画细线(门只有门口宽、未画门)，没有被切到的三处台阶和部分楼梯也画细线，这是强调建筑物墙体是承重构件，没有墙体不能成为建筑主体，我们把这种图叫建筑平面图，实质是剖面图。不这样假设剖切，就看不到房屋内部，装饰平面图也是如此表示。把所有内部房间统统摆放好家具、陈设、可移物件、设备及盆景等，然后作出这些装饰内容在建筑平面图内的全部水平投影，即形成装饰平面图，这里不再画装饰平面图的形成过程。

图 4-5 是二层建筑平面图的形成原理。

它与首层平面图的形成有类似之处，只是水平剖切位置改变为在建筑物二层窗台上边一点、楼梯休息平台下边的这段高差范围内剖切，将上部建筑移走，从上向下看到首层剖切面以上的全部内容。如能看到没切到的室外一层屋顶、阳台、内部楼梯(本图只表现为二层楼房，没有向三层前进的楼梯和第二个休息平台)，全部被切到的外墙厚、内墙厚、门口及窗剖面。

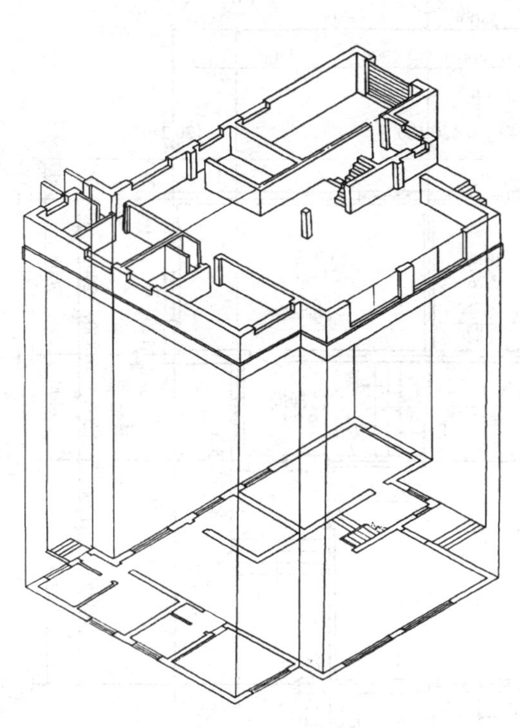

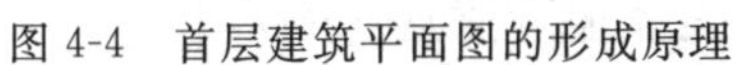

图 4-4　首层建筑平面图的形成原理

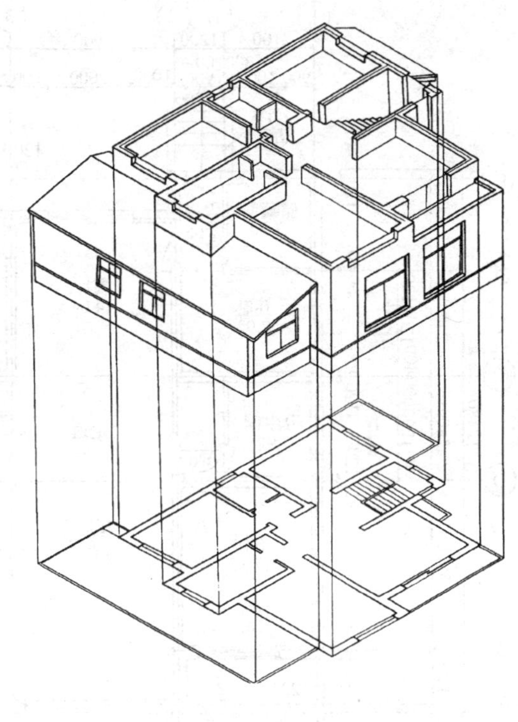

图 4-5　二层建筑平面图的形成原理

图 4-6 是屋顶平面图的形成原理。

它与上面两个平面图的形成原理完全相同，差别只是没作假想剖切，直接从屋顶上方向下作出檐四坡屋面及一层单坡屋面的水平投影，即形成坡屋顶平面图。因只是表现屋顶形状和屋面分水线，下边的台阶、墙体、门窗等都没必要进行表示。

三、建筑装饰平面图应表示的内容

由于建筑装饰平面图是在建筑平面图内增加了装饰图例，这里先表示建筑平面图，然后再表示建筑装饰平面图。

1. 建筑平面图应表示的内容

图 4-7 是首层建筑平面图。

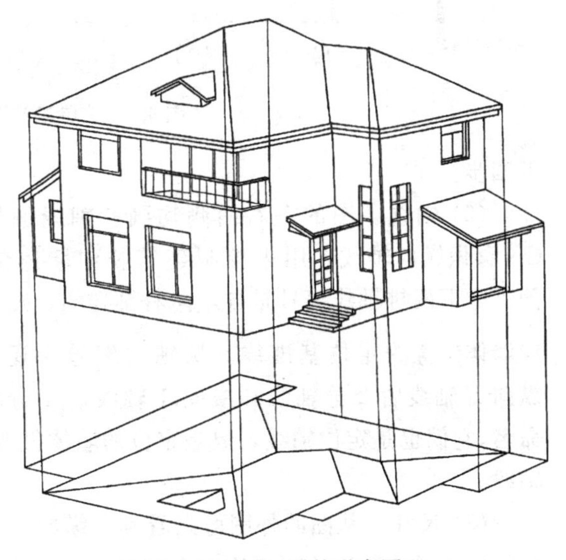

图 4-6　屋顶平面图的形成原理

(1) 图例。前边第三章中介绍了各种图例，建筑首层平面图中表示的都是建筑图例，包括内、外墙上面画的大小门窗平面图例，其中门都是向一侧开启，多数是单扇门，只有⑤轴线墙体上的入口大门，是向内开的双扇门。写有汽车库的房间，入口门在室内一侧，表示卷帘门。外围周边墙体较厚、内部墙体又分厚薄两种。最薄的表示不承受重量的隔墙。楼梯也是按图例标准表示的，步数多的表示上楼，只有三条线的一侧表示下三步台阶。室外有两个台阶，均画有四条线，表示

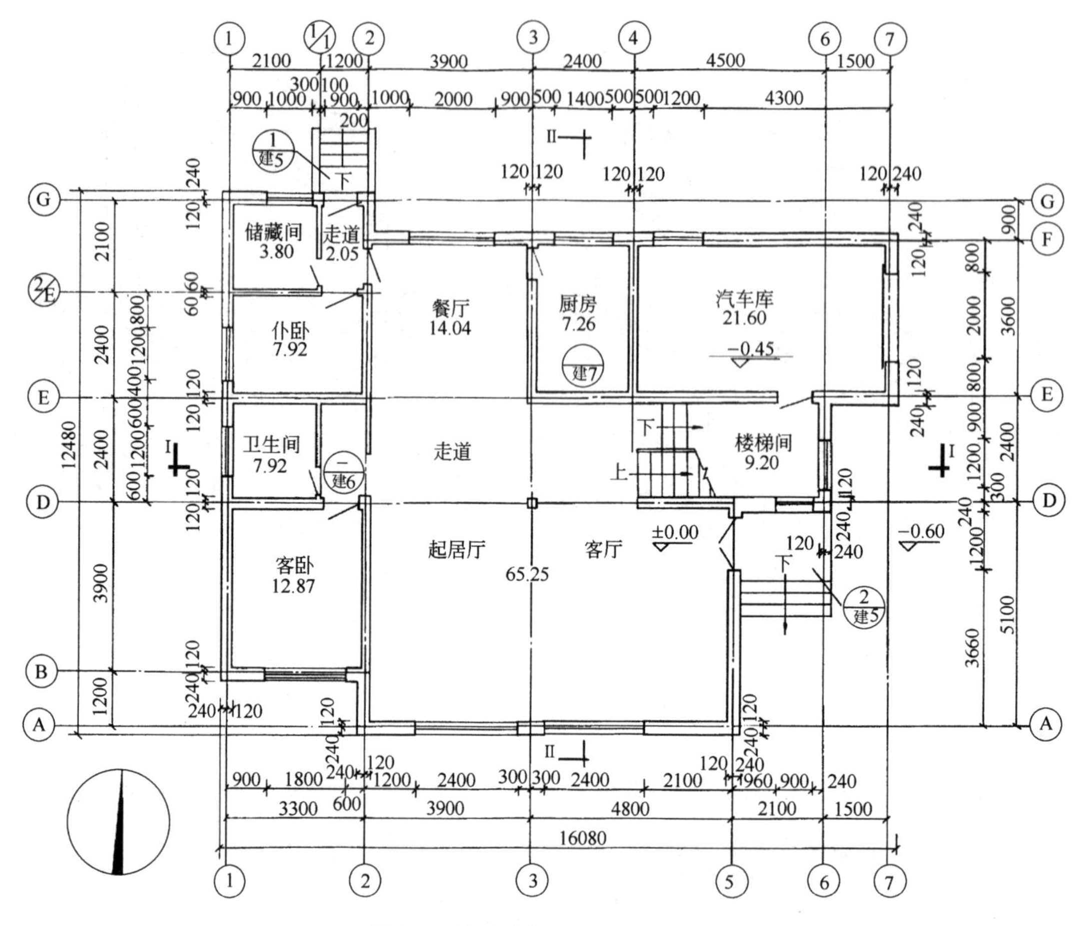

图 4-7　首层建筑平面图(1∶100)

下四步。

(2) 轴线。图的左右两侧均画有轴线编号，且是自下向上排列，圆内写有 A、B、C…称做纵向轴线，用来控制建筑长向墙体位置，它可以位于墙体中央，也可偏向一侧。上下两排轴线编号是自左向右排列的，圆内写有 1、2、3…称作横向轴线，是控制横向墙体位置的定位基准线。从轴线编号中还可看到2/E和1/1两种情况，它们分别叫做纵向 E 轴线后 2 分轴线和横向 1 轴线后 1 分轴线。分轴线编号必须随前边的主轴线号命名，它们也是定位轴线，但是定位的墙体很薄或不承重，或是较少量的承重构件才用分轴线。

(3) 尺寸。从图的外围可以看到，纵向、横向均有字头向左或向上注写的尺寸数字，这是标准尺寸数字注写方法。它表示了建筑外皮到外皮的纵、横总尺寸，可用来计算外围占地面积。往里一层是纵、横轴线或分轴线之间的尺寸数字，用来确定房间位置和大小。再有是内外细致尺寸，用来确定墙体厚度、门窗口宽度和一段一段的墙体尺寸。

(4) 标高。图中的 ±0.00 叫相对标高。规定建筑一层地面水平高度叫±0.00,单位是米。室外地面比它低，是－0.60m。汽车库内地面标高是－0.45m。同时还可发现，有高差的部位，两边均注有标高数字，而且之间画有线条。有三条线表示三个高差，有四条线表示四个高差。因此，平面图上画了一条线，两边高度不会相同，具体差多少，要读标高数字。

（5）房间名称。建筑平面图画的是整个房屋和内部一间一间的房间。每个房间从设计角度讲，有它的安排位置和房间大小，它们应根据朝向进行专用分配。因此，要写出每个房间的用途，如客厅、餐厅、客人卧室、厨房、卫生间、走道、汽车库等，这样可使人一目了然，不用猜想这小房间用途是什么，那个大房间有何用途。从图内房间名称还可看出，好的朝向安排为重要房间，次要房间如厨房、汽车库，安排在不好朝向。凡是人们活动时间较长的房间，都应占据较好的位置。房间名称是建筑平面图中的重要内容之一。

（6）房间净面积。从图中能看到客厅净面积是 65.25m^2，餐厅净面积是 14.04m^2、客卧 12.87m^2、仆卧 7.92m^2、厨房 7.26m^2、卫生间 7.92m^2、储藏间 3.80m^2、走道 2.05m^2、汽车库 21.6m^2、楼梯间 9.20m^2。净面积即使用面积，也代表地面及天花板净面积，它们是工程量法定面积，又可根据这个房间性质、位置、净面积多少进行某种特殊装饰。注写房间净面积，再配合房间名称，是决定这个房间使用什么装饰材料和颜色深浅的重要因素。

（7）门窗代号。门窗是建筑的重要装饰之一，又是采光、通风、眺望、交通的重要工具。位置及大小不会完全相同，使用材料、颜色也不会相同。有木制、钢制、塑钢制品等。如果采用标准宽×高尺寸，都有各自的标准代号，如 65C 代表洞口宽 1800mm，洞口高 1500mm，木制平开窗；42GC 代表洞口宽 1200mm，洞口高 600mm，平开空腹钢窗；41M2 代表洞口宽 1200mm，洞口高 1960mm，平开玻璃木门；□38G12 代表有小窗口，洞口宽 900mm，洞口宽 2400mm，1 为木制或纤维板门，2 表示没进入该房间时，面对此门为右开门。塑钢门窗当前普遍采用，制做成标准尺寸，也有它们的代号。门和窗，有的采用双层玻璃，有的采用一层窗纱，一层玻璃内外开或单向开启，还有外加护栏，这些变化都会在代号上表现出来。如果不采用标准尺寸，也可列出门窗表，备注说明使用的材料、宽×高尺寸并写清楚质量标准、现场制做。门窗是建筑图纸中不可缺少的重要项目。

（8）剖切符号。图中有⌊Ⅰ Ⅰ⌋、⌊Ⅱ Ⅱ⌋符号，并且很醒目，叫做剖切符号。它们多数表现在建筑首层平面图内，代表从这个位置假设将楼房整体切开，移走人与被剖开之间的部分，作出剩余部分的全部投影，要能观看到楼房内部分层及所能表现出的被切开部位使用的材料、门窗高度、楼梯踏步上下方向、室内家具、陈设等所涉及到的全部内容，特别是高度变化。只有平面图，即使注有标高，也不如画出图形象。前边的第二章、第三章对剖面及使用的符号均有介绍，此处从略。

（9）索引符号。前边章节介绍有各种索引符号，此图中是它们的具体应用，如——(2/建5)代表这个台阶此处虽然画有图形，可具体尺寸、层次做法等这个图形不能表现清楚，需要在另外图纸上画成大比例图形，将它完整、细致的表示清楚。读法是这个台阶命名为“2”，需要到第 5 张建筑图内去查找。此外还有(—/建7)和(—/建6)，这个差别是，厨房与卫生间都有设备，要想完整、细致看懂它们，需要翻阅建筑图第 7 张和第 6 张的全张图纸，才能把它们完整表现清楚。索引符号是图的组成部分，一张图内不可能把所有部位都表现清楚，这就需要在别的图纸上去表现它的放大形象。一个图内可能会出现前边章节中介绍的各种索引符号，要学会按符号意义去查找到应看的详图，并将两个图联系起来，这里只要求会用、会查找、明确意义。

（10）指北针。一座楼房，画出它的平面图，不管在地面上怎样安排位置和方位，都应在首层平面图上画出指北针，以表示朝向。指北针朝向应与总平面图上朝向一致，二层以上的平面图可不用画指北针。因首层方位确定，二层以上方位都和首层一致，不用重复。根据指北针即可读出楼房内部和每个房间的朝向，再根据房间性质、大小，确定选用的装饰材料与色彩轻重。

（11）比例。每个图下面，都应注写绘图比例。建筑平面图通常采用 1∶100 绘制，因为只表现房屋平面布局，总体概况已基本清楚。若想表现更多的装饰内容，可采用 1∶50 比例或更大一些的比例，以便把装饰内容表现得更清楚。

（12）图的名称。图的名称，虽然只有几个字，但一定要写在图的下方，以使阅读者清楚自己阅读的是什么图纸。都叫平面图，可以包括地下室车库、地下室超市、地下防空洞，甚至地下一层平面、二层平面、地下三层平面、地上首层平面、标准层平面、顶层平面、屋顶平面等。阅读者必须清楚自己阅读的是什么工程，是哪一层平面，图名不可忽视。

（13）文字说明。图纸上除了上述各项内容，较复杂的平面图，还要配有文字说明。有一些统一标准做法，可以不用画在图纸上，到指定的标准图册上能够查到。按标准图册施工时，应提供标准图册代号、页数、甚至是哪一个图，并在说明中列成一条。有的装饰材料，档次有高低之分，颜色有深浅，施工蓝图上画不出来时，应列成一条文字说明。施工质量标准，如拼缝、接缝，横平竖直允许偏差很小，在图纸上画不出来。砂浆配比及强度、水泥和混凝土强度、各种砖的强度、砌筑质量，都是用图无法表示的内容。再如水压力、煤气或天然气压力，也是无法用图表示的内容。如此等等，必须在图纸上写成几条说明，说明是图的组成部分，不可轻视图内或图旁边写的几行文字。

（14）图中的其他问题。图上画的都是图例，距离真实状态相差较大，初学者不易看懂。如楼梯旁画了距离很近的两条细线，表示栏杆扶手；楼梯踏步处画有方向箭头，且注有“上”、“下”二字，上楼梯处画有折断线斜放符号，平面图的表现位置，图上这儿画有一条细线，那里为什么就没画，类似这样的疑问，个人看图时会产生很多疑问，它们都有解释，只要多看实物、多实践，再配合听课，问题就会迎刃而解。当然也有些是国家标准规定的表示方法，也有的内容属于规范规定。总之，图上看不懂的部位，在一个较小比例的图纸上，对初学者产生的问号，是正常现象，它会在以后的实践中不断积累并得到解决。

图 4-8 是二层建筑平面图。

这里不再对它进行细致描述，学员可参考对首层建筑平面图的 14 条归纳，再结合图 4-5 成图原理，一点一点仿效阅读，通过实践看图，使自己的读图能力得到进一步提高。

图 4-9 是屋顶平面图。

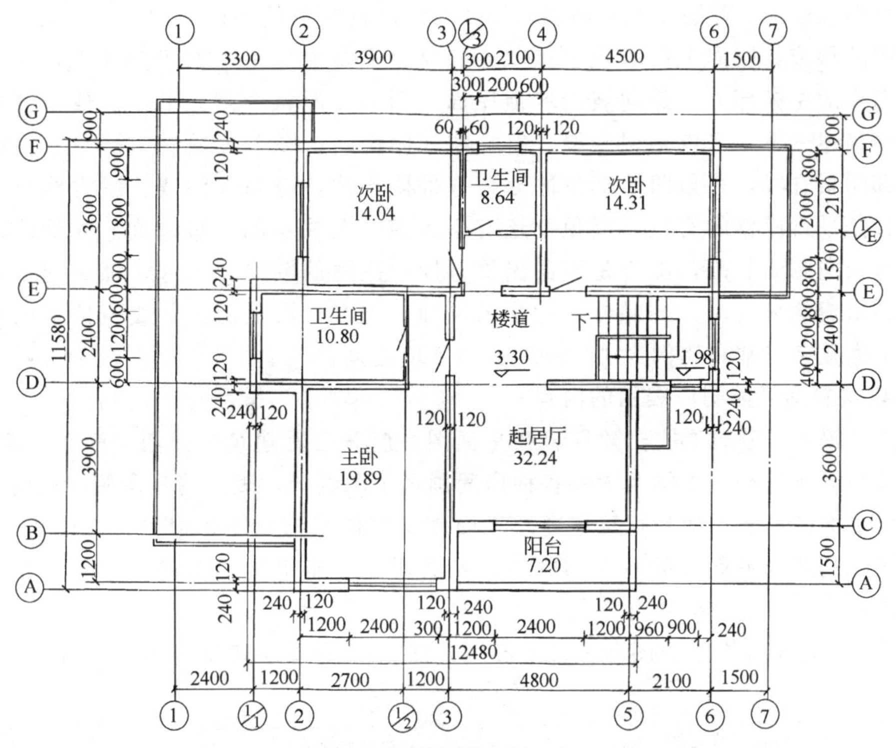

图 4-8　二层建筑平面图(1：100)

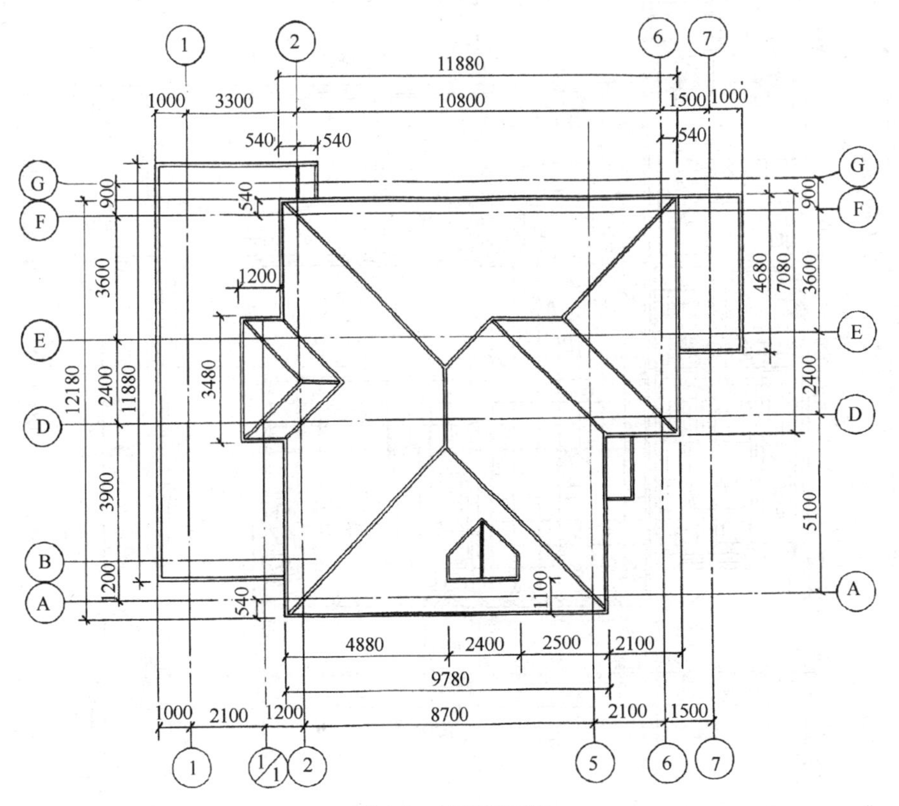

图 4-9　屋顶平面图

这个图较图 4-7 首层建筑平面图、图 4-8 二层建筑平面图简单多了，配合图 4-6 屋顶平面图的形成，屋面上的坡顶立体状态，这里完全变成了平面投影状态，立体感没有了。图中的主体部分，是同坡四坡顶屋面，因平面形状不是矩形，形成了图中的状态。简单描述一下，它包括屋脊线、斜脊线和阴沟线。图上凡是直角凸角部位的角平分线，都叫斜脊线，直角凹角部位的分角线即阴沟线，也叫天沟线。屋脊线位于房屋中央、且是平行屋檐的直线。屋顶上还有个天窗，形成小的两坡屋面。如遇降水，雨水会从屋顶向四面分配，由于是四面出檐，周边注写的轴线和尺寸，都是变化部位的轴线和到出檐两端的尺寸。此外还有单坡屋面，均在首层上面。一般屋顶平面图内容较少，不太复杂，常用比例为 1∶200 至 1∶400 之间。

2. 建筑装饰平面图应表示的内容

前边已提到，若想看明白建筑装饰平面图，应先会看建筑平面图。简单形容一下，建筑平面图等于把楼房主体及内部各种房间画在了图纸上，表现内容参照归纳的 14 条。建筑装饰平面图，表现的是把房屋内外表面作了主体装饰，还要把家具、设备、陈设、盆景等填充到建筑平面中的每个房间内。两者对比，能明显看出建筑与建筑装饰的不同。建筑是前提，装饰必须有建筑。

(1) 首层建筑装饰平面图和顶棚平面图。图 4-10 是首层建筑装饰平面图。

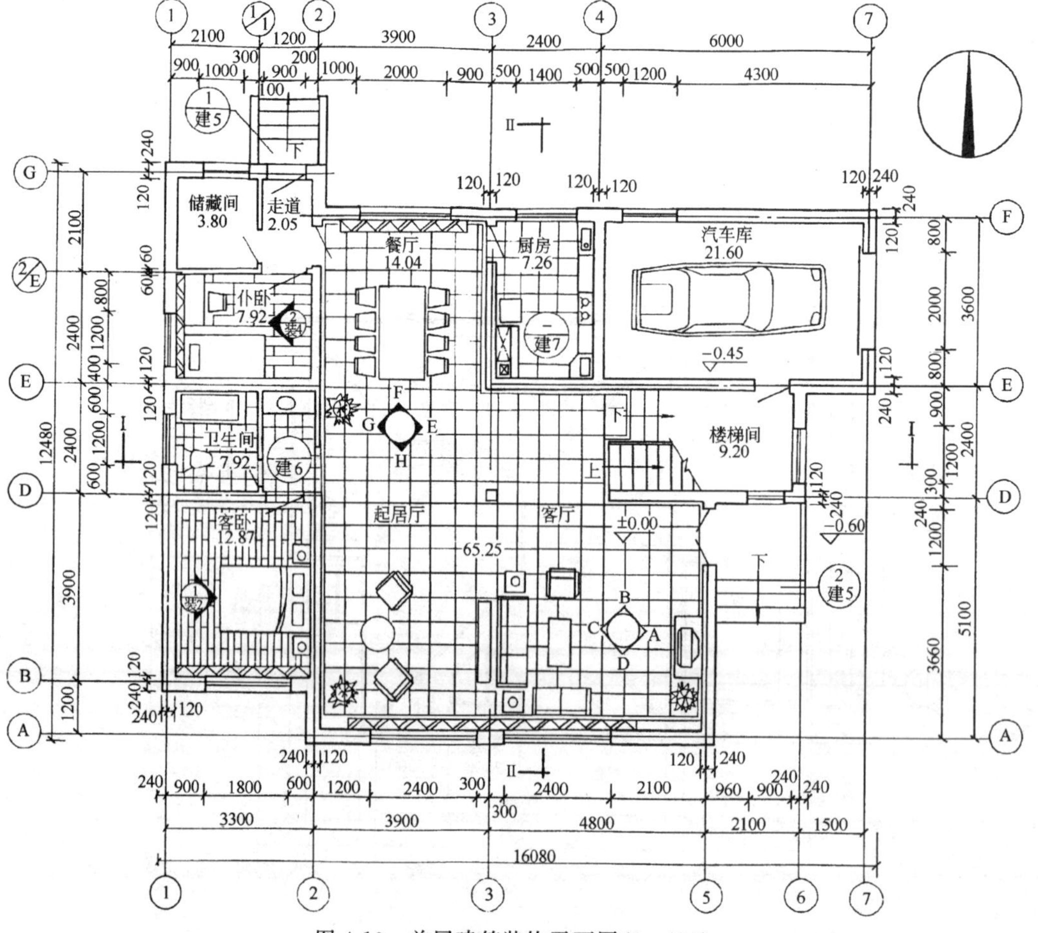

图 4-10 首层建筑装饰平面图(1∶100)

从图 4-10 中可以看出，每个空白房间内增添了许多平面装饰图例，它们都是示意符号，有的接近真实状态，有的相差较为悬殊。

汽车库内画了一辆小卧车平面图例，车头朝向大门，也就是倒退进入车库，地面为普通混凝土地面。

厨房右边靠墙一排图例，有洗菜池、主副食条案、煤气灶、调料台、烘烤箱，左边靠墙一排有冰箱、冰柜、碗厨柜等，地面为防滑地砖。

餐厅与客厅、起居厅连在一起，但可区分。餐厅内有一张餐桌，八把坐椅。客厅、起居厅分在左右两部分，右边是客厅主体，靠墙边有电视和电视柜，茶几周边是面向电视的三人沙发、两个有台灯角桌，再有是面对面的单人沙发和双人沙发。左边起居厅共四件家具，三人沙发背后是组合柜，还有一个圆桌和两把沙发椅，两个采光窗内有窗帘盒。地面均为彩色方砖。此外还有两个分别朝向四个内墙面的详图索引号，立面详图名称为“A”、“B”、“C”、“D”和“E”、“F”、“G”、“H”。

走道与储藏间为普通水泥地面，没有陈设。

仆人卧室中有单人床一张、桌椅一套，靠窗有窗帘盒，地面为木地板。室内还有一个面向窗的立面详图索引号，需另看立面详图“2”。

卫生间内有浴盆、坐便器、靠外小间内有梳妆台和洗脸盆，地面均为防滑地砖。

客人卧室内有双人床一张、床头柜两个及台灯，靠窗设有窗帘盒，室内地面为木地板。还有一个面向双人床方向的立面详图索引号，立面详图叫“1”。

图 4-11 是首层顶棚平面图(镜像)。

在图名旁边的括号内写有镜像二字，意思是这个天花平面图是按镜像投影法绘制的。因为天花本应按仰视图绘制，若按仰视图排列位置，它应调转 180°绘图，正好和平面图处于对称状态，相当于前边的内容画向后边，原来在后边的内容画在前边，看起图来还总得想到形成原因，不如把天花投影到假设在地面的镜子内，按镜子内的图形去画，又方便、又不用将图形调转 180°，与看其他平面图在表示方法上一致。

由于是用镜像投影法绘图，镜像中的图形是天花下表面、窗口、门口上部过梁下表面，窗扇只按原位置画一条细虚线，门不画开启方向，只表现为洞口。天花下皮应注写标高，标高符号中的 45°等腰直角三角形的尖端应向上绘制，尾线下边注写相对标高，如 $\dfrac{\triangle}{2.90}$ 。天花的造型只能显示平面形状和区分线，灯具种类、规格、式样应按比例细实线绘制外形轮廓，力求简洁，并加文字说明。

阅读首层顶棚平面图(图 4-11)时，仍从汽车库位置开始。

汽车库顶棚只刷白色乳胶漆，装有两盏吸顶灯，之间距离前后左右是按对称布置的，施工时依据尺寸数字，顶棚下皮标高为 $\dfrac{\triangle}{3.00}$ 。

厨房为轻钢龙骨吊顶，顶棚为铝型防火装饰板，下皮标高为 $\dfrac{\triangle}{2.80}$ ，根据所注尺寸数字，按对称形装饰吸顶灯两盏。

餐厅与客厅可分为三部分。餐厅靠窗为窗帘盒，轻钢龙骨吊顶，纸面石膏板饰面并刷白色乳胶漆。顶面标高分别为 $\dfrac{\triangle}{2.80}$ 和 $\dfrac{\triangle}{2.90}$ 。餐桌上方有侧面送风口 4 个，对称

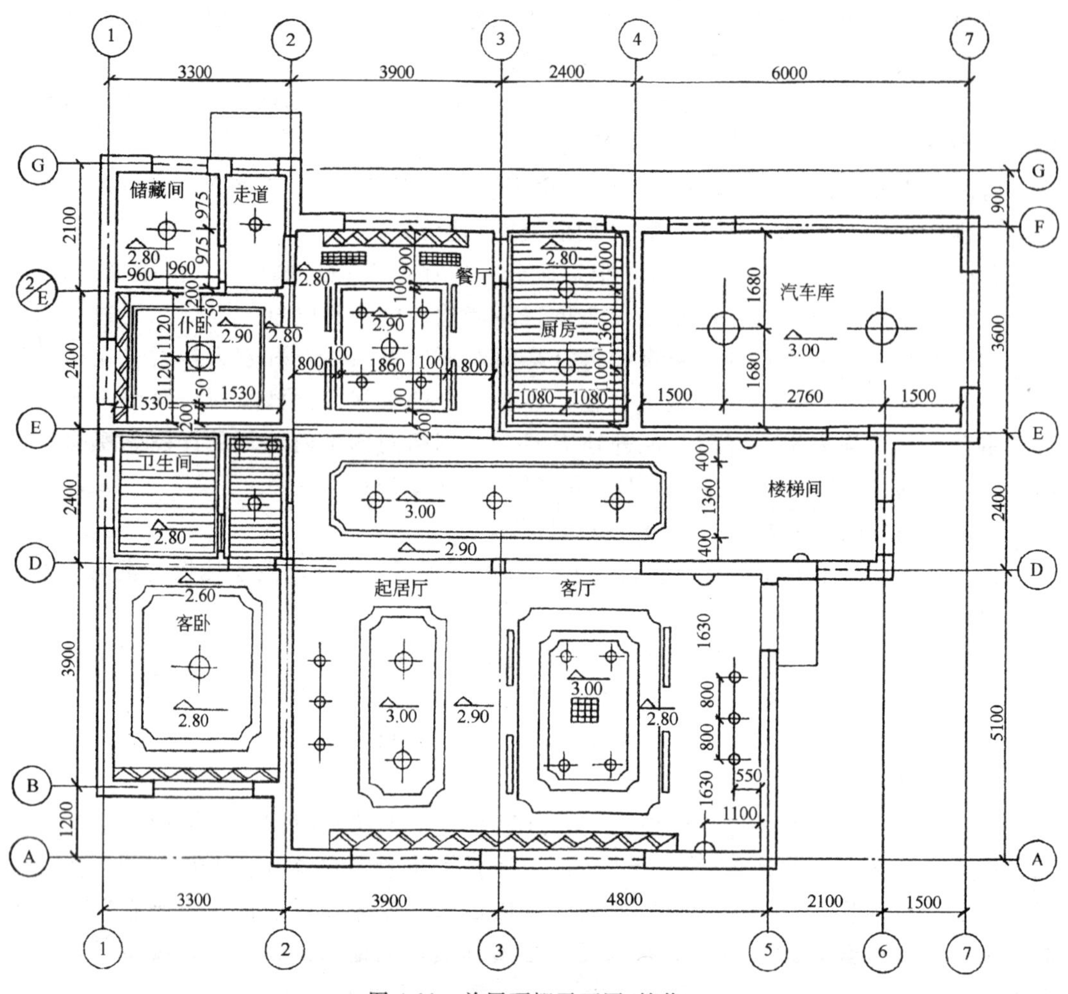

图 4-11 首层顶棚平面图(镜像)

安装。标高为 2.90 部位顶棚处，安装有 4 个小吸顶灯，中心一个大吸顶灯，位置依据所注尺寸数字。靠窗部位标高 2.80 顶棚处，安装两支格栅管灯。楼梯间走道部位按对称形布置，做轻钢龙骨纸面石膏板吊顶，白色乳胶漆饰面，顶棚分别标为 2.90 和 3.00 ，内部安装有 3 个吸顶灯。顶棚平面造型轮廓按图示标注尺寸。客厅分左右两大部分，右边为主体部分，包括顶棚造型轮廓、灯饰位置与布置、有吸顶灯和壁灯共 10 个。顶棚平面造型两侧有 4 个侧面送风口。左边辅助部分包括顶棚平面造型、顶面标高 2.90 和 3.00 及吸顶灯 2 个，有吊灯三个，尺寸见平面间距位置。靠窗部位有统长窗帘盒一个。

储藏间与走道用轻钢龙骨纸面石膏板吊顶，表面刷白色乳胶漆饰面，顶棚下皮标高 2.80 。

仆人卧室包括窗帘盒、两级顶棚轻钢龙骨纸面石膏板吊顶。表面刷白色乳胶漆饰面，顶棚标高为 △2.80 和 △2.90 。中央装饰吸顶灯 1 个，装饰位置依据标注尺寸数字。

卫生间及小间顶棚均为 PVC 防火、防水装饰板、表皮标高 △2.80 ，灯饰共计 4 个。

客人卧室装饰包括窗帘盒、两级顶棚轻钢龙骨纸面石膏板吊顶刷白色乳胶漆饰面，两级表面标高分别为 △2.60 和 △2.80 ，中央有吸顶灯一个，顶棚平面外形轮廓见图4-11。

(2) 二层建筑装饰平面图和顶棚平面图。二层建筑装饰平面图和顶棚平面图，除了表现高度为二层，其余一切表现形式和内容均同于首层。因此，不再按首层那样细致描述，学员可自己进行阅读和总结。

图 4-12 是二层建筑装饰平面图。

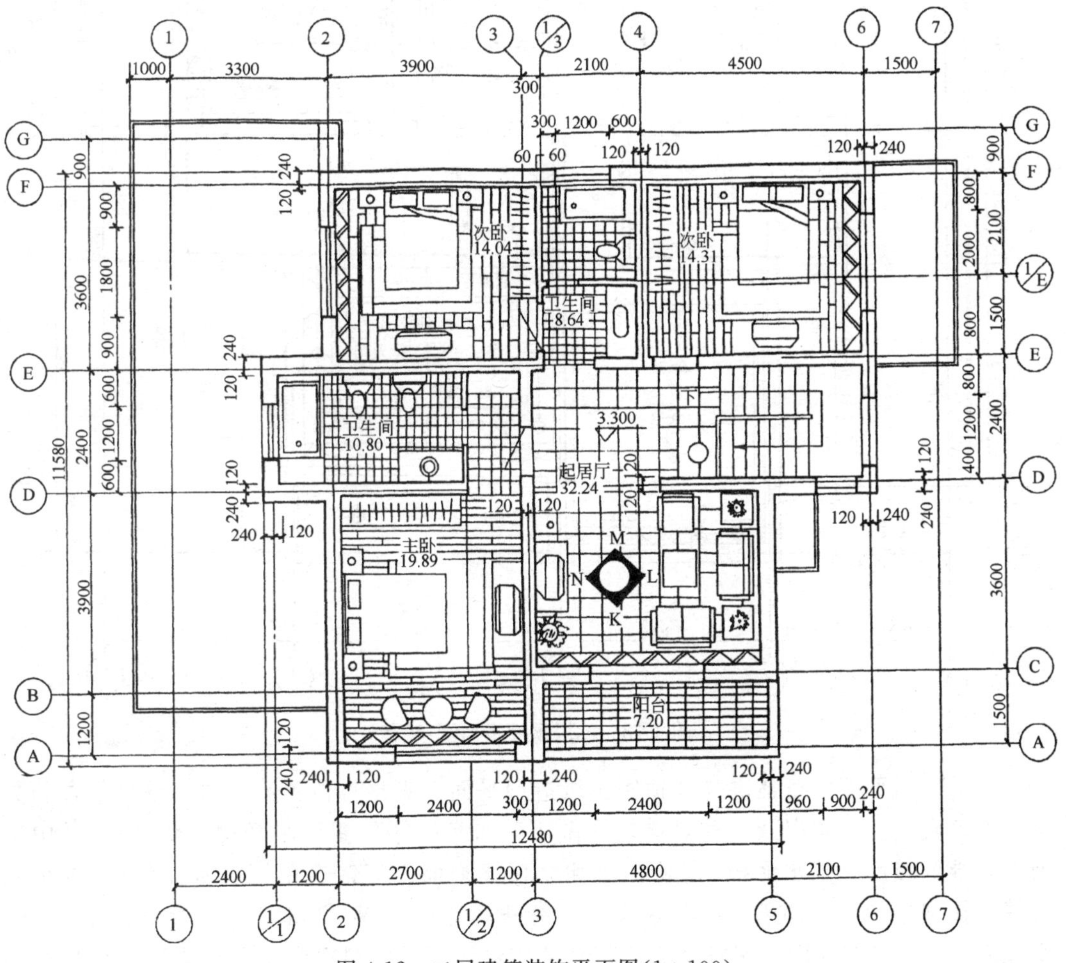

图 4-12　二层建筑装饰平面图(1∶100)

从图中可以看到，二层装饰平面和首层装饰平面作比较，二层面积小了，房间数量少了。按照所在纵、横轴线编号位置也可看出，Ⓑ轴线到Ⓖ轴线、①轴线和②轴线之间，只有(1/1)和Ⓓ轴线到Ⓔ轴线之间保留了一点，其余全是单坡屋面，不再是房间。③轴线到⑤轴线和Ⓐ轴线到Ⓒ轴线之间，由原来的房间面积改成了阳台。⑥轴线与⑦轴线之间和Ⓔ轴线与Ⓕ轴线之间面积改为单坡屋面，而不是房间。从房间名称看有起居厅、楼梯间、一个主卧室、两个次卧室、两个卫生间和一个阳台。除与首层装饰平面图有相同的装饰图例外，不相同的地方是在三个卧室中增加了地毯和大衣柜，主卧室中还增添了一个圆桌和两个圆背沙发椅。阳台部位是长条小块地面面砖。

图 4-13 是二层顶棚平面图(镜像)。

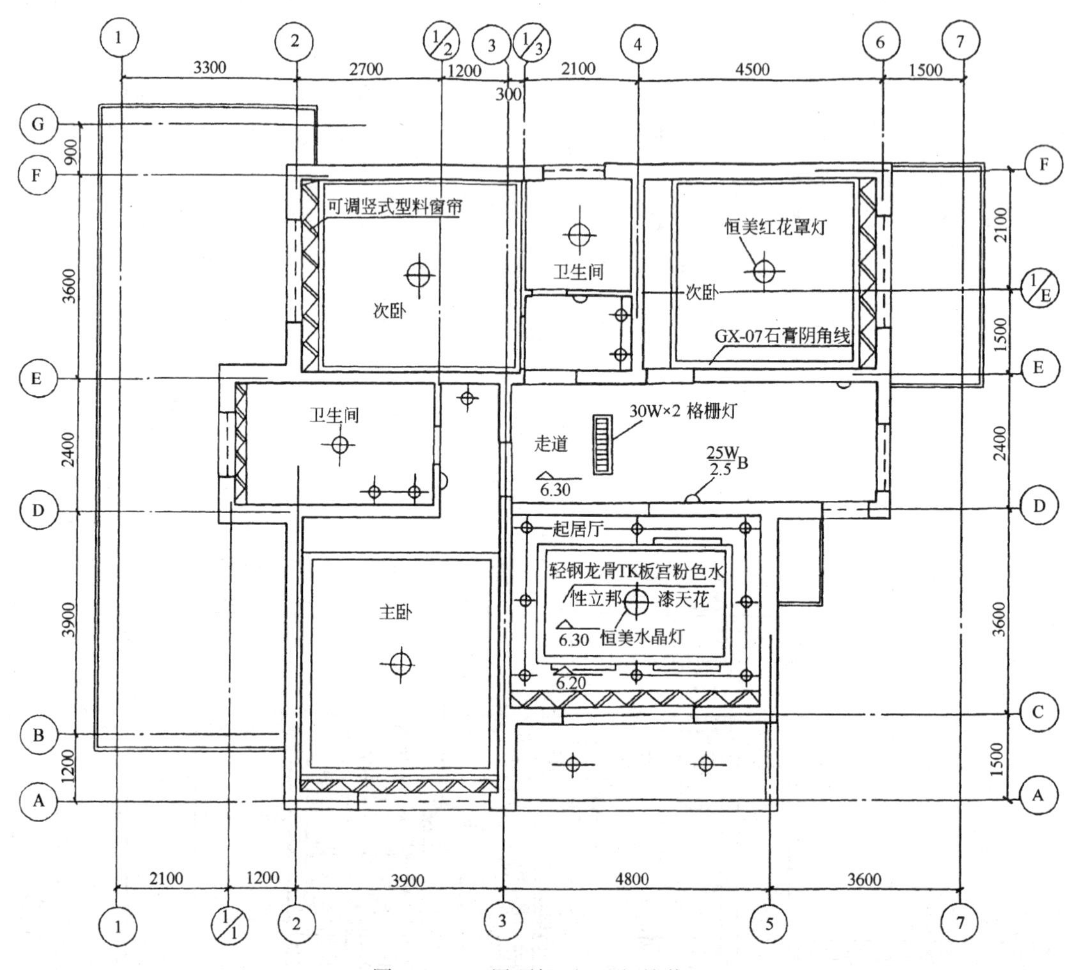

图 4-13　二层顶棚平面图(镜像)

二层顶棚平面，概括讲包括顶棚选级造型平面、吸顶灯位置和数量、壁灯位置和数量、窗帘盒安装位置以及一些具体装饰做法，如起居厅顶棚采用轻钢龙骨 TK 板(中碱玻璃纤维低碱度石棉水泥板)宫粉色水性立邦漆饰面。灯饰选用恒美水晶灯(根据个人爱好选择型号如 A-255 型)。走道部位的格栅灯选择 30W 管灯 2 根，壁灯选用 25W，距地面 2.5m 安装高度。次卧室中窗帘盒选用可调竖式塑料窗帘，顶棚周边装饰代号为 GX-07 的石膏阴角线，吸顶灯选用恒美红花罩灯。

(3) 屋面装饰平面图。图 4-14 是屋面装饰平面图。

配合前边的图 4-6 屋顶形成原理、图 4-9 屋顶平面图，可以看到图 4-14 只是在图 4-9基础上，增加了屋面瓦示意，还应看文字说明。文字说明强调应选用材质优良的红

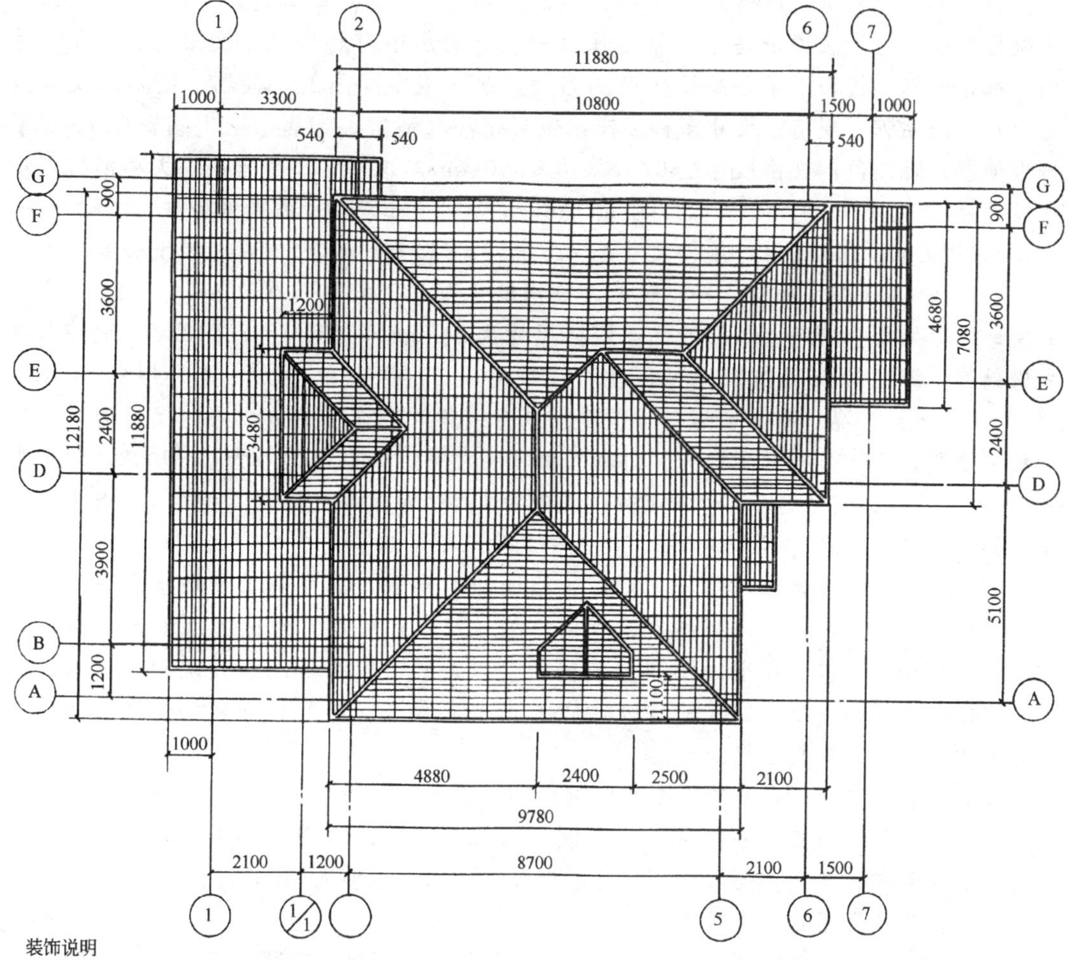

装饰说明

(1) 选择质量优良、经过认证的红色水泥防水机瓦。(2) 屋脊、斜脊处选择质量相同、经过认证的红色机瓦扣瓦。

(3) 排水天沟处选取相匹配的质量认证的排水、防水板。(4) 机瓦须钻孔，并用ϕ1.2铜丝与∟20×2挂瓦条拧牢。

(5) 外露钢筋与角钢刷防锈漆两道。

图 4-14　屋面装饰平面图

色防水机瓦，屋脊和斜脊处采用同质量的脊瓦扣瓦，排水斜沟选用匹配的防水排水板，保证装饰质量。机瓦背面应做钻孔，并用ϕ1.2 铜丝与 20×2 角钢挂瓦条拴牢，外露钢筋或角钢刷防锈漆两道。

坡顶屋面只有平面图和文字说明还不够，必须配有屋顶立面图和节点施工详图，才能完成全部屋面装饰施工。作为读图应把图上全部意义搞清楚，看清楚尺寸和使用的材料，知道与之配合的其他图纸。

(4) 建筑装饰平面图中的文字说明。建筑装饰平面图和顶棚平面图画在图纸上的内容有建筑图例、家具、陈设、灯饰和各种装饰图例。图例很多表现不了真实状态，必须配上文字说明，才能表明它们的正式名称、代号、规格、质量等。如地面上画有方格，它的代号是 2501，规格是 305×305×20(mm)深绿色彩色水磨石板。只有在图纸上写清楚，才能照图施工。如规格是 400×400×10(mm)的黑白花纹玉质砖；外贸代号为 308 青岛崂山青花岗石板材，规格为 600×300×20(mm)；出口代号为 503 广西桂林产紫英红大理石板材，规格为 610×610×20(mm)。不这样写清楚，就是画成放大图、比例很准确，也无法说清楚这方格是什么材料。厨房中有燃气灶、洗菜池、冰箱、冰柜，都是图例，代表不了是某厂生产的名牌产品。卫生间内的坐便器、浴盆和洗脸盆等，它们的品牌、规格、尺寸多种多样，也必须注写清楚。如唐山卫生陶瓷厂 7901 编号坐便器，乳白色，规格尺寸是 670×350×390(mm)。F183 型号有扶手大型浴缸，规格尺寸是 1830×860×420(mm)，质量 186kg，容水量 250L 铸铁搪瓷浴缸。洗脸盆(洗面器)采用 CMB-105 型号，规格尺寸是 718×527×787(mm)立式人造板洗脸盆。大同云岗瓷厂产 7301 型洗面器，粉釉色调，规格尺寸为 635×510×200(mm)。如卧室内画一块地毯，采用上海地毯总厂产品，规格尺寸为 244cm×305cm=7.442m^2，地毯名称为松鹤牌。湖北沙市无纺织地毯厂生产，编号 205，深灰色，长×宽×厚为 3600×2400×6(mm),产品名称为金蝶牌。顶棚上画有线角与灯饰，如角线采用代号为 GX-02 石膏顶纹线、GX-07 石膏阴角线。灯饰品种不胜枚举，如采用编号为 CH9002，规格为 8L 的 8 头转灯；编号为 CH8050 E27，规格为 1×60W 的银色射灯；编号为 RS-185 的角型旋转彩灯；编号为 CH8065 E27，规格为 1×40W 的金边内乌黑筒灯；此外还有多层枝形吊灯、反射灯、幽浮灯、太阳灯、格栅照明皇冠水晶吊灯、蜡烛水晶吊灯、台灯、立灯、壁灯等，它们都有各自的规格、编号及生产单位。顶棚吊顶如果只有几种类型，做法相同，也可在平面图内每个房间给以编号，按编号注写成说明，以减少图内文字过多，显得重复，如Ⓐ硬质塑料 PVC 板扣板吊顶，Ⓑ轻钢龙骨钙塑泡沫装饰吸声板吊顶，Ⓒ白色乳胶漆饰面。

装饰平面图内容很多，如果图的比例很小，很多内容将难于用文字写清楚，宜采用简化方式，在另外地方去写说明，只画图不写说明不行，图内写不下不写不行，必须创造能解决问题、又不把图面注写很乱的标注方法，不至使人理不出头绪。

四、装饰平面图的阅读方法

(1) 装饰平面图表现内容最多，不管多么复杂，它们都是按照三面正投影中的平面正投影图原理画成的装饰平面图。对于基础理论三面正投影，一定要领会深刻，并会运用。

(2) 建筑平面图的形成原理也不可忽视，它是循序渐近的。应把学员先带进房屋建筑平面中来，使其学会看建筑平面图，知道它应表现多少内容，然后再把它充实、增添装饰内容，渐次进入到装饰平面图中。凡是原理表示，都是感性认识，是为进入更深层次、本质性的理性认识作好准备。因为立体状态容易接受和理解，而本质状态是没有立体感的平面形式，不清楚原理，直接接触本质，一般不经过培训，理解不了。

(3) 应先学会看建筑平面图，再看装饰平面图、顶棚平面图和屋面装饰图，还应了解什么是镜像投影法。

(4) 熟悉各种图例，掌握和了解它，是读懂装饰专业图的本质。图例本来是个简单示意符号，与真实状态有距离。图例最好能联系实际，看见真东西什么样，对学习专业图纸有好处。不要死板背诵，要想办法加深记意。

(5) 尺寸、标高、定位轴线，是看图纸、解决施工问题的数据依据。也是计算装饰材料、看懂装饰内容和工程量的重要依据。

(6) 了解比例在图中起的作用。用小比例画图，一定拥挤，很多处无法表示清楚，注写内容也不会完整。用大比例画图，图面上清楚了，可是表现的只是一个局部。两者之间的矛盾，可以通过采用详图索引号把两个图联系起来加以解决，但是，这种方法只能在装饰平面图后边解决。

(7) 装饰专业平面图表现内容最多，应是最先接触的图纸。应熟悉它上面的每一项具体内容，谁主要、谁次要，谁是必须有的、但属于外围知识，以及它们的用途。如剖切符号、索引符号、指北针、轴线位置、各种尺寸及标高等。

(8) 文字说明一定要看，明确它们的重要性。它们能起画龙点睛、保证质量不出问题的作用。

五、阅读装饰平面图注意事项

(1) 看图应按顺序，知道自己应从哪里看起，不要走马观花、没有边际。不管是看整体、还是看局部，都是先从平面看起，根据图上涉及范围，用联系符号依次追查。

(2) 看图一定要抓重点，这个重点不是由别人去指定，而是自己要看的重点是什么，应该知道从哪儿去看。

(3) 阅读一张装饰平面图，应知道它能表现出多少内容，能解决哪些具体施工问题，自己应心中有数，而不是靠死背几条，或是到了施工现场，才发现这儿缺条件，那儿没表示或是缺数据。一张平面图画的、注写的再齐全，它也只能解决局部问题，因为高度变化方面的很多内容是画不出来的，靠注写标高也表达不清楚。

(4) 在平面装饰图中表现不出来的内容，应到何处去看图？之间关系怎样联系？

(5) 比例在平面图中起什么作用？它的意义是什么？它能把图画到何种完备程度？阅读者应明确和知道。

(6) 装饰平面图、顶棚平面图上都注写标高，标高与图怎样联系？怎样理解标高位置的装饰？

(7) 一张装饰平面图、顶棚平面图或屋面装饰平面图，都能解决哪些具体部位的装饰？使用多少装饰材料？具体数量应怎样从图纸中得到？

(8) 地面上画有方砖，顶棚上画有线角和灯饰，它们在图上只是简单图例，它们的数量、质量、安装位置、规格尺寸，在平面图上应怎样解决？

(9) 平面装饰图内肯定配有文字说明，有了图为什么还要配上文字？文字都能解决哪些问题？

第三节　建筑装饰剖面图的识读

建筑装饰剖面图可以提供两方面内容，一个是整体楼房的横剖面图或纵剖面图，它包括的范围较大，能显示出楼房各层及所涉及的房间。另一个是提供一个具体房间的室内立面，范围较小。它们都是能够指导施工的整体性图纸，可以用它计算装饰材料工程量。

一、建筑装饰剖面图的用途

采用建筑装饰剖面图，重点是为提供楼房内部结构形式(如框架结构、砖混结构、钢结构等)、分层数量、高度尺寸、局部内外装饰部位、名称、数量和具体做法。配合装饰平面图及节点详图，可计算整体或单个房间的全部装饰材料工程量，并可指导装饰施工、安装设备、进行实体、虚体空间的定位项目。装饰剖面图是重要的装饰施工图之一。

二、建筑装饰剖面图的形成

与前边的装饰平面图形成原理相同，都需要用平面假设将楼房切开，移走观察者与剖切平面之间的部分，可作剩留部分的全部投影。被剖切到的部位作重点表示，未被切到的外形部分按次重点、用不同粗细的线型进行表示。图 4-15 是建筑纵剖面图的形成原理，从图中可以看到，用剖切平面假设将二层楼房纵向切开，对剩留部分作出全部投影，切到的房屋墙体用粗线画出轮廓，未被切到的部位用中粗线画出外形，以示差别。

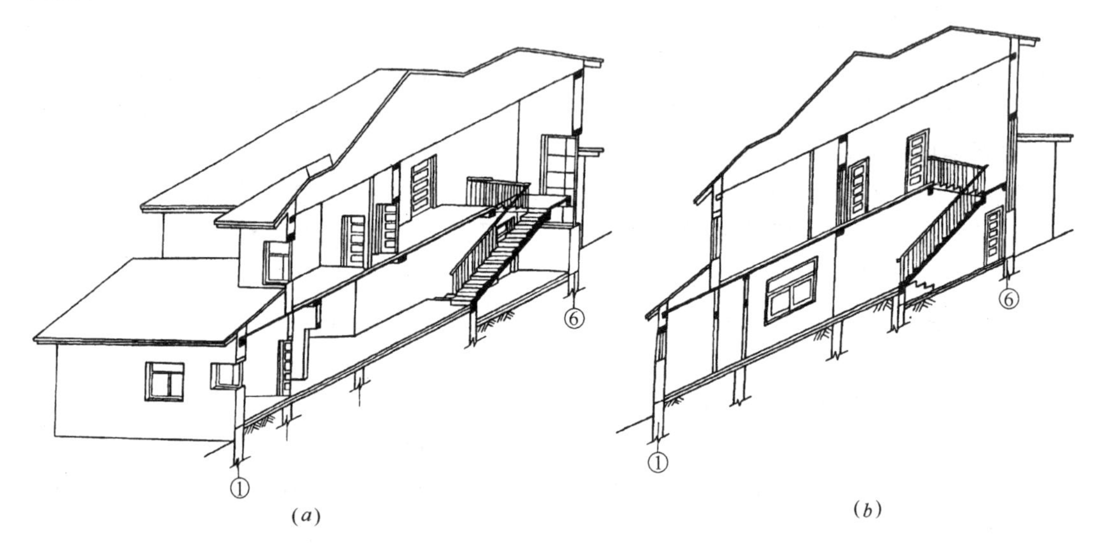

图 4-15 建筑纵剖面图的形成原理

(*a*)二层楼房纵剖面图；(*b*)被纵向剖切的二层楼房

建筑纵剖面图形成原理具体剖切位置是根据图 4-7 首层建筑平面图中的Ⅰ-Ⅰ剖切符号与投影方向进行表示的。根据这个剖切位置假设将二层楼房切开，可以看到二层小楼上下两层被切到的房间，包括地面、楼面、顶棚、屋顶外形，内外墙体、承重墙与不承重墙、被剖到的门、窗、楼梯，以及未被剖到的台阶、楼梯段、门和窗等。坡顶内部承重构件未作表示，以免内容繁多，抓不住重点。建筑装饰表现的全部内容都在表面，初学者应先学会看建筑剖面图，之后再渐次进入装饰剖面图，以比较装饰与只表现建筑时多出哪些内容。

如果没有形成原理中的被剖立体楼房(图 4-15*a*)，直接去看图 4-15(*b*)，可能会有困难，分不清谁距离远，谁距离近，哪条线是什么意思。只看立体剖切图，也会存在一些问题，有的部位被挡住看不到。因此，还要结合平面图，按照剖切位置与投影方向，两者对照加深理解。纵剖面图被剖墙体所在的轴线编号，从图上能看到都是横轴编号，因为按纵向剖切，被切断的全部是横墙，不要搞错。

图 4-16 是建筑横剖面图的形成原理。

从图 4-7 中能看到，它是按照③轴线右侧的Ⅱ-Ⅱ剖切符号与投影方向绘制出的剖面立体图，再按照投影方向画出的Ⅱ-Ⅱ横剖面图。同样，也要根据平面图内的Ⅱ-Ⅱ剖

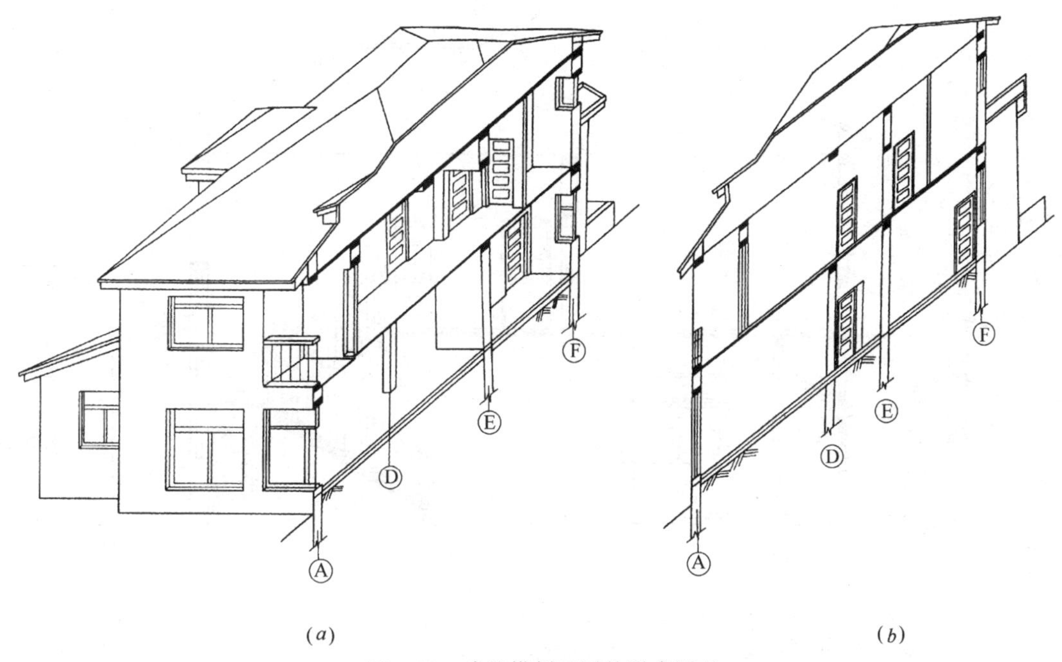

图 4-16　建筑横剖面图的形成原理

(a)被横剖的二层楼层；(b)二层楼房横剖面图

切符号与朝向，配合剖面立体图，两者合在一起，阅读横剖面图中的对应关系。立体图上被剖到的部位均可表现出来，未被剖到、距离较远的部位，立体图上由于被遮挡，无法看到。如首层Ⓓ轴线与Ⓔ轴线之间有一扇门，右侧又多出一块空白，这只能通过图 4-7 才能看到，是②轴线上的墙体门洞和(1/1)轴线墙体上的门。剖面立体图Ⓓ轴线部位的柱子，因为它在平面图中处于③轴线上，所以不在外边。看明白形成原理图，再看横剖面图，才能理解。横剖面图上处于一个平面内的全部内容，在剖面立体图上，就不见得处于同一个平面上。从图 4-16 中还可看到，将立体横向切开，墙或柱子所在轴线都是纵向轴线编号。剖面立体图中能清楚看到楼房内部分层、墙体厚度、柱子位置、楼板、门窗、楼板下边的梁、窗被剖切的形式、门被剖切的形式、未被剖切到的、处于纵向或横向门的完整形式等，在外观上这些内容无法看到。通过语言形容，也不如把它画成剖切开的立体图表现得清楚。由此可以看出剖面图的重要性和帮助理解的剖面立体图的重要性。要想把复杂的房屋内部表现清楚，只有画出剖面图。剖面图的形成原理，要通过剖面立体图作出表现，并应知道剖切位置和投影方向，合在一起互相对照，才能理解清楚剖面图应表现出的内容。

三、建筑装饰剖面图应包括的内容

这里还是先介绍建筑剖面图，然后再介绍建筑装饰剖面图，以看出装饰需要依附在建筑主体上。简单形容，建筑剖面图表现的是房屋内部分层和骨架部分。装饰则指骨架上的各个部位做了哪些表面处理。

1. 建筑剖面图包括的内容

图 4-17 是建筑纵剖面图。

图 4-17 来源于图 4-7 中的Ⅰ-Ⅰ剖切符号和朝向，它的形成可看图 4-15。图 4-17 表

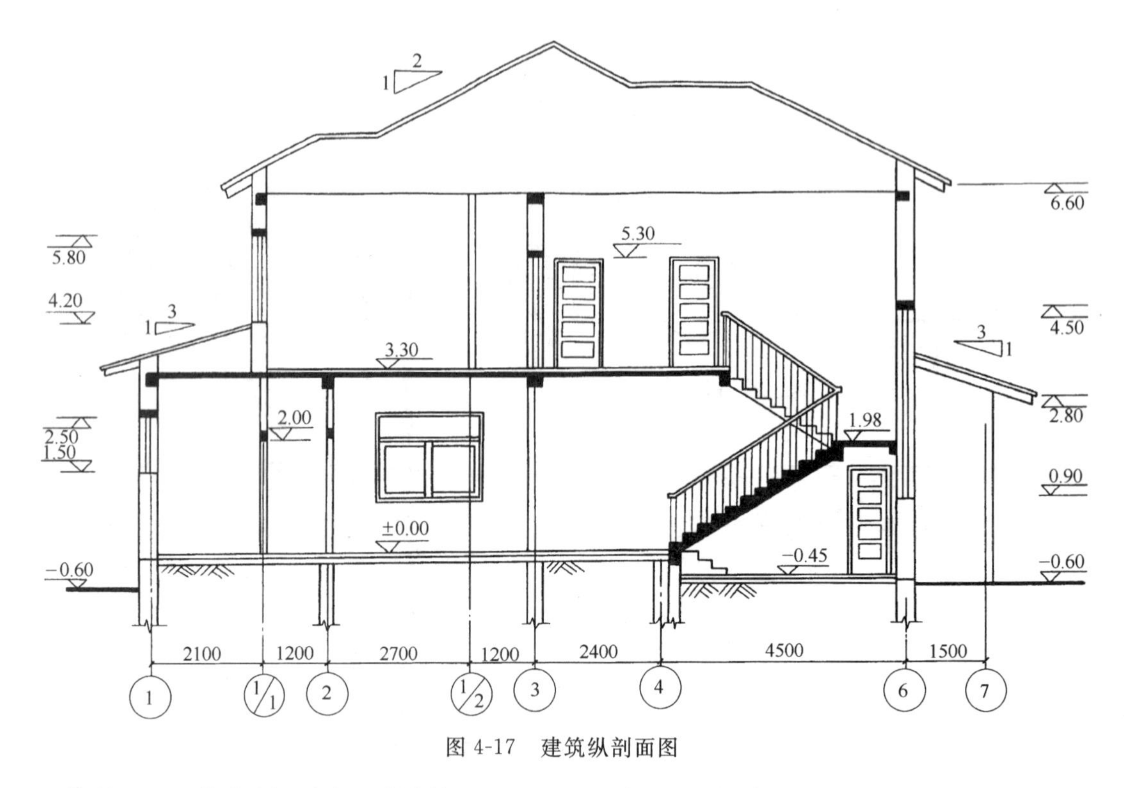

图 4-17　建筑纵剖面图

现的是Ⅰ-Ⅰ纵向剖面图，图是按照 1∶100 比例画成的建筑剖面图，它的内容概括如下：

（1）按照剖切位置，表现出墙体所在轴线编号。介绍图 4-7 首层建筑平面图时，已讲到剖切符号仅画在首层平面图上，首层平面图上面的楼层，都要受到这一剖切符号的管辖。阅读Ⅰ-Ⅰ剖面图时，不但表现了首层，还有二层及坡屋顶。对照剖切位置，可以看到被剖到的墙体轴线涉及有横轴线①、(1/1)、②、(1/2)、③、④、⑥，没有被剖到的横轴线号是⑦，根据投影方向，它虽然是外形，但因为是剖面图，也应该画出。这个轴线号，不但要表现首层墙体位置，还要表现二层墙体位置。如轴线，墙体只二层有，首层并没有。

（2）表现轴线之间的尺寸数字。从①轴线到⑦轴线之间，可以看到 2100、1200、2700、1200、2400、4500、1500 这些轴线之间的数字，它们要和图 4-7、图 4-8，首层、二层平面图中被剖到的墙体轴线号之间的数字完全相同。因为尺寸数字是画图的生命，是建造的生命，是各种项目施工的依据。它们虽然只是轴线之间的尺寸数字，若查阅其他细致部位的尺寸数字，可通过轴线号，在图 4-7 或图 4-8 中找到相应墙体厚度尺寸。因为一个图有一个图的表示重点，不可能把所有数据集中在一个图内。

（3）表现各部位标高。平面图中虽然也注有标高，但肯定不完整、也不能把所有标高准确到位。而剖面图正是解决楼房内部分层，表现各部位高度的施工图纸，各部位的相对高度，不但能画出来，而且可以清楚注写出来，它们可以概括为室内一层地面标高 ±0.00▽，两个层高 3.30▽ 和 6.60▽，还有楼梯以下地面标高 −0.45▽ 和休息平台标高 1.98▽，室外地面标高 −0.60▽，再有是一层和二层窗台标高和窗口上皮标高、门洞上皮标高及门高、屋檐高等。

（4）表现屋面坡度。图中有两种屋面坡度表现形式，一个是四坡屋面处的符号 2◁1，代表屋面斜坡处理，水平方向取“2”，垂直方向取“1”，斜坡面叫做 1∶2，同样在①和⑦轴线两端，还有两处单坡屋面，屋面坡度按 1∶3 处理。

（5）表现被剖切到的构件和配件。楼房承重构件有墙体、柱子、梁和楼板、楼梯、平台等，不承重的配件有隔墙、门、窗、屋面等。本图中被剖切到的承重构件有粗轮廓线画的承重墙体、楼板和楼梯，以及首层、二层不同位置的梁，它们在图内均涂为黑色。还有①、(1/1)、③、⑥轴线处墙体上的门和窗，均为剖面形式。结合图 4-15 剖面立体图更容易理解。

（6）表现未被剖到的构件和配件。配合图 4-15 剖面立体图可以清楚看到，室内墙体、第二段楼梯和全部栏杆、完整式样的门窗、楼梯下边的三步台阶等是没被切到的部位，也要画出。剖面图就是被剖到的部位，要重点表示。没被剖到的部位，也要表示。看剖面图要分清楚谁被剖、谁没被剖的关系。

（7）表示图名和比例。图名一定要和产生的位置命名相同，以能读出这个位置应表现出的剖面内容。比例应注写在图名的旁边，它可决定图与实物相差的倍数，确定图能详细到何种程度。

（8）其他。剖面图的重点是被剖到的部位。被剖到的部位与未被剖到的部位，应该有差别。被剖到的部位应表现材料是被切开了，如木材、砖墙、钢筋混凝土楼梯、梁和楼板，以及土地、墙体内部的防潮层、门窗过梁、地面、楼面各层次做法，它们都应按材料剖面图例进行表示。未被剖到的部位只画出它的外形。大比例画的图形与小比例画的图形，在剖面图例画法上也有区别。装饰剖面图重点，应表现室内各个装饰部位，如墙面、顶棚、楼面、室内家具与陈设、灯饰等。房屋结构不是重点，但是没有结构，装饰便成了无本之木，没法装饰。如墙与柱子，下面一定有基础，基础只要求坚固，不用装饰。在剖面图中的室内地面下，墙或柱子则被折断线断去，可以不去管它。又如坡屋顶内，肯定有承重山尖墙体，或是坡顶屋架，甚至还要有桁条、檩条、屋面板、防水层、挂瓦条等，如果把它们都画在图内，不但不易看懂、还冲淡了装饰表达。因此，屋顶内部的承重构件均未表示，只显示了坡顶表面坡形。

图 4-18 是建筑横剖面图。

图 4-18 是根据图 4-7 中的Ⅱ-Ⅱ剖切符号与朝向画出的横剖面图，它的成图原理可看图 4-16。它应包括的内容，这里不再讲述，可由学员仿照图 4-17 概括的内容，自己进行阅读，并配合图 4-16 成图原理，对照各个部位，一点点识读完整。

2. 建筑装饰剖面图应表示的内容

图 4-19 是建筑装饰纵剖面图。

从图中可以看出，它是在图 4-17 的基础上，增加了在建筑主体构件上画出的实体装饰，包括吊顶棚、踢脚线及窗内侧顶部的窗帘盒等。装饰部位的具体高度见所注标高(如首层部位的 △2.60 和 △2.90 ，二层部位的 △6.10 和 △6.50 ，它们分别与图 4-11 首层天花平面图、图 4-13 二层顶棚平面图中相应部位的下皮标高一致)。此外标注了这个剖面涉及到的室内外全部装饰材料做法简称，室外包括屋52，外墙115和外墙136。内

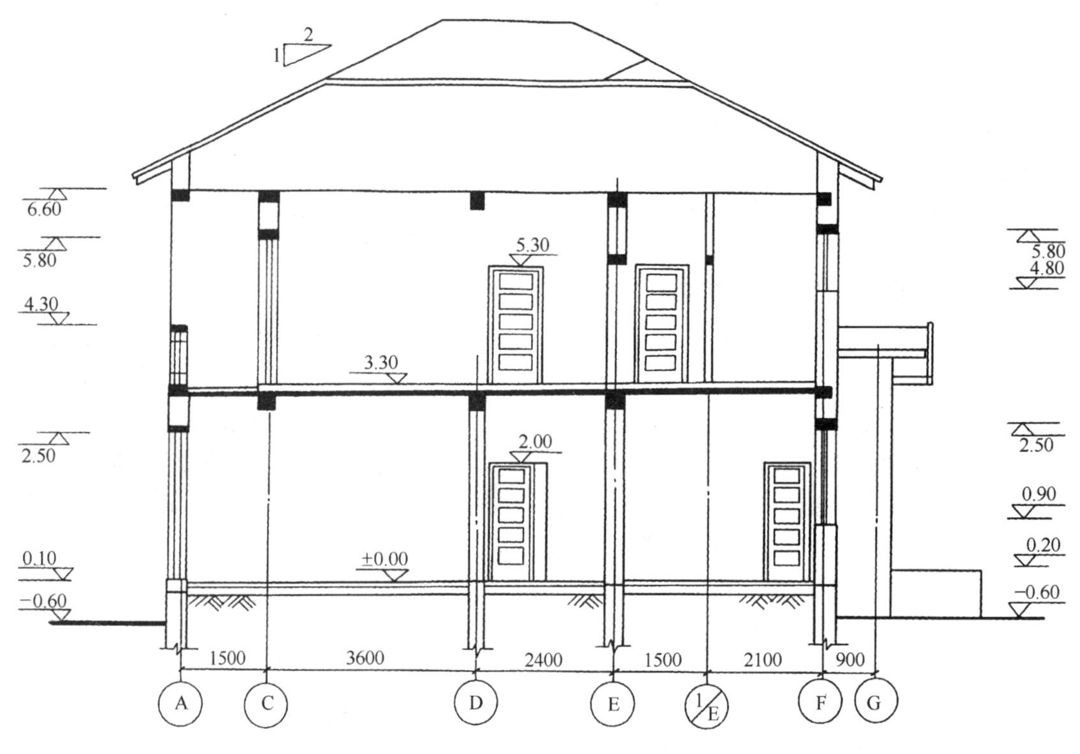

图 4-18　建筑横剖面图

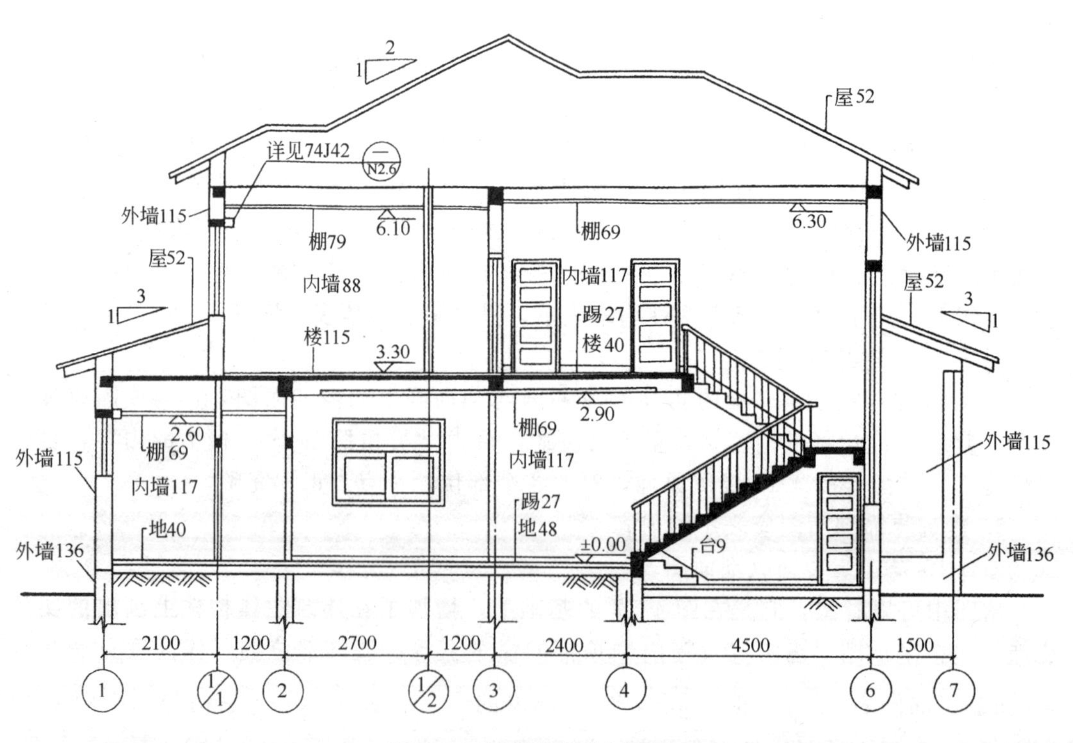

图 4-19　建筑装饰纵剖面图

部从首层到二层包括台 9、地 40、地 48、踢 27、内墙 117、内墙 88、楼 40、楼 115、棚 69 和棚 79。还有从窗帘盒作出的指引线 74J42 (—/N2-6)。

这些表面装饰做法简称具体内容是：

屋 52——代表屋面第 52 种做法，表现为坡屋顶表面将水泥瓦(或红陶瓦)挂在挂瓦条上，下面做好防水层及保温隔热层。

外墙 115(外墙第 115 种材料做法)——在外墙表面用水泥石膏砂浆粘贴 12mm 厚的彩色釉面砖，尺寸按设计或选用标准尺寸 60×230(mm)，釉面砖之间缝隙，用白水泥掺色砂浆进行勾缝。

外墙 136(外墙面第 136 种做法)——按设计可采用凹凸粗面或粗毛麻面花岗石贴挂在墙体表面上。

台 9(台阶第 9 种材料做法)——干水泥擦缝，铺 10mm 厚缸砖地面，颜色为浅灰色。

地 40(地面第 40 种材料做法)——干水泥擦缝，铺 10mm 厚防滑通体砖地面。

地 48(地面第 48 种材料做法)——铺 20mm 厚，规格 500×500(mm) 水泥花砖地面，镶 5mm 宽铜嵌条。

踢 27(踢脚第 27 种材料做法)——踢脚高 100mm，贴 10mm 厚铺地砖踢脚线。

内墙 88(内墙面第 88 种材料做法)——贴 5mm 厚釉面砖，规格 150×200(mm)，并做白水泥擦缝。

内墙 117(内墙面第 117 种材料做法)——喷(辊)多彩面层涂料墙面。

楼 40(楼面第 40 种材料做法)——贴规格为 500×500×20(mm) 粉红色花岗石楼面。镶 2mm 宽铜嵌条。

楼 115(楼面第 115 种材料做法)——铺 10mm 厚规格 200×200(mm) 彩色防滑釉面地砖，干水泥擦缝。

棚 69(顶棚第 69 种材料做法)——铝合金轻钢龙骨的规格 600×600×9.5(mm)，印刷石膏装饰板吊顶棚。

棚 79(顶棚第 79 种材料做法)——500×500×6(mm) 铝型板吊顶棚。

74J42 (—/N2-6)——窗帘盒详细做法，应查阅标准图册 74J42，内装修第 2～6 页详图。

图 4-20 是建筑装饰横剖面图。

图 4-20 是在图 4-18 基础上增加的全部实体装饰内容。全部装饰材料做法除地 147 之外，和图 4-19 上做法完全相同。地 147(地面第 147 种材料做法)代表在此房间(厨房)地面做法，用 10mm 厚，规格为 150×150(mm) 彩色防滑地砖铺砌，并用干水泥擦缝。

从上面的两个装饰剖面图中可以看出，它所表现的虽然是楼房中某几个局部房间，若将每个房间都作出表示，也还是这些内容，包括吊顶棚、楼面、地面、内墙面、踢脚线(高度在 900～1800mm 之间的做法称为墙裙，或称墙围)，还有门和窗的式样及使用材料，以及窗帘盒等细致做法。至于选择哪种材料、颜色、规格尺寸，要由此房间的性质、用途及主人爱好决定。其他装饰包括台阶、门廊、坡道、外墙面及屋顶表面、雨落管等，具体做法与上述表达类似。不过，这些表示，均属大面积的、整体性的表示。如吊顶棚上凹部位、顶棚与墙面交接部位线角、灯饰、墙面上的其他装饰物品等，

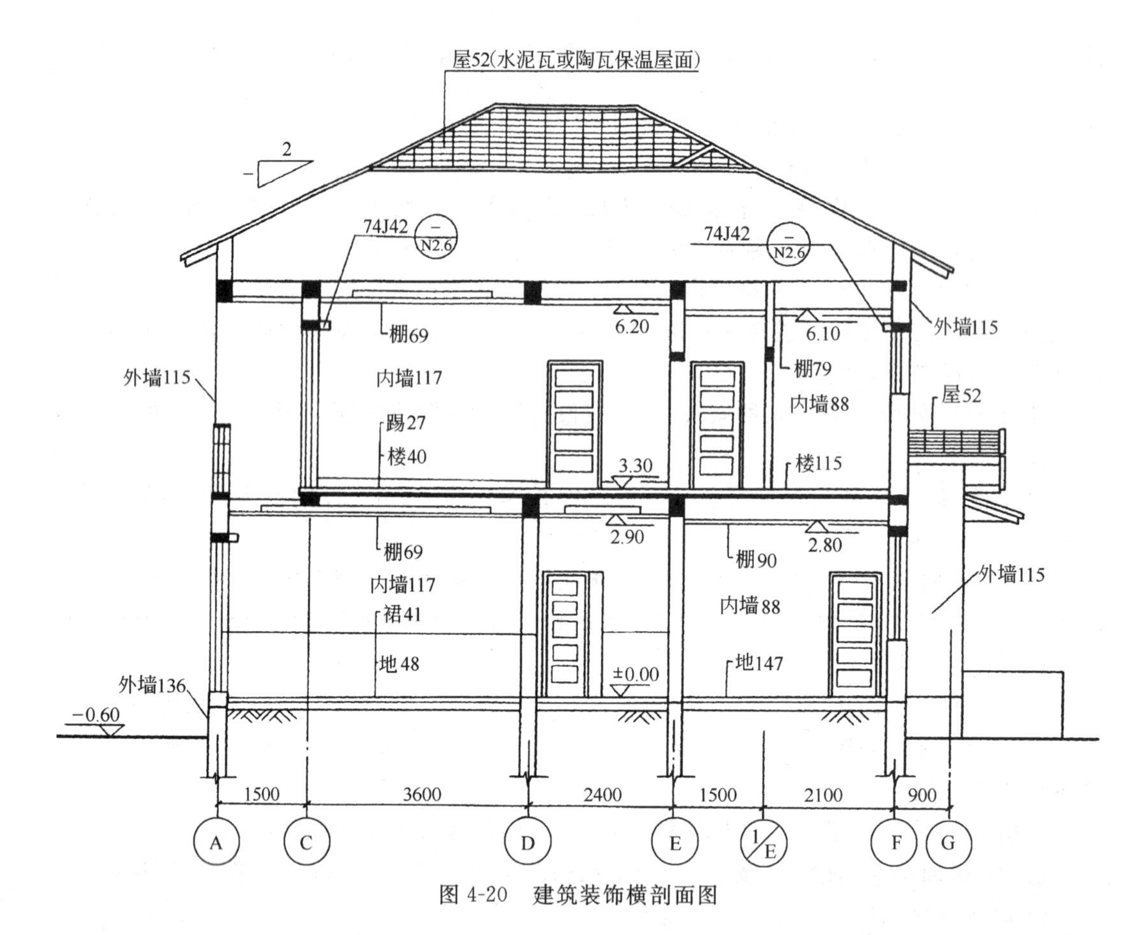

图 4-20　建筑装饰横剖面图

有的需要用联系符号画出详图，若能用文字表述完整，可以写成文字说明。下面再根据图 4-10 首层装饰平面图和图 4-12 二层装饰平面图中的装饰索引符号，作出一些具体表示。

3. 室内装饰立面图应表示的内容

室内装饰立面图，也叫室内立面展开图。房间若为长方形状，它将有四个室内立面，将这四个立面按一定顺序排列在一起，或按纵横轴线定位，或用索引符号命名联系，以能使读者清楚知道表现的是哪个房间的室内立面。它也有剖面含义在里边，因为它表现的主要内容是室内一个房间的一个立面或全部立面。

图 4-10 首层建筑装饰平面图中有 B C◆A D 、F G◆E H 、(2/装4)、(1/装2)。图 4-12 二层建筑装饰平面图中有 M N◆L K 。按照这些符号周边或内部，可以表现出“A”、“B”、“C”、“D”、“E”、“F”、“G”、“H”、“L”、“M”、“N”、“K”，以及“1”和“2”朝向。下边分别对室内各向立面图作出表示。

图 4-21 到图 4-34，是这些室内装饰立面图应表现出的全部具体内容。

阅读图 4-21，一定要和图 4-10 首层建筑装饰平面图(1∶100)、图 4-11 首层顶棚平面图(镜像)进行联系。图 4-21 即根据图 4-10 中的室内装饰详图索引号(1/装2)及朝向绘制的①号装饰立面图。它所表现的房间位置在两条纵向轴线Ⓑ和Ⓓ，两条横向轴线①和

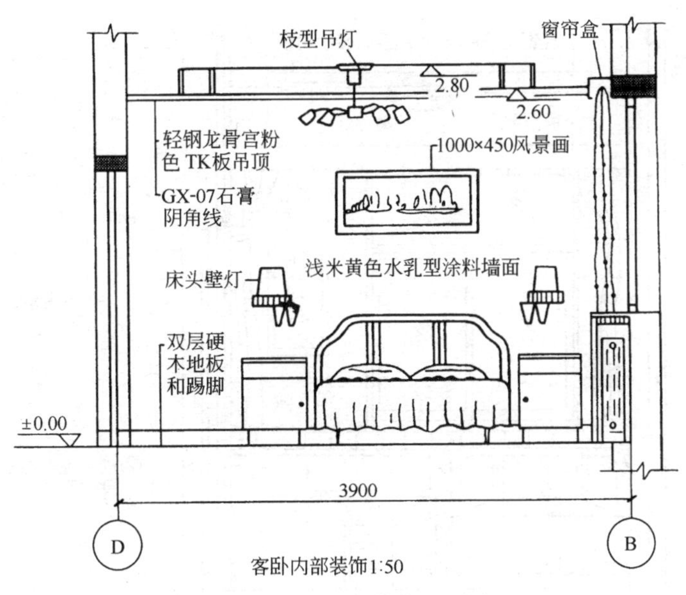

图 4-21　①方向装饰立面图

②之间这个房间是客人卧室，室内净面积是 12.87m²，内容主要包括Ⓓ轴线墙体上被剖到的门剖面和Ⓑ轴线墙体上被剖到的窗剖面，其余可自下向上依次阅读。室内地面是双层硬木地板和墙边踢脚，双人床及床头是立面式样，床上有床罩和两个枕头。床两边是床头柜立面，床头柜上边墙体上是两个床头壁灯，床头上边墙体上装饰有一个 1000×450(mm) 的风景画。靠Ⓑ轴线墙内侧下边是暖气罩，上边是窗帘及窗帘盒。墙面全部用浅米黄色水乳型墙面涂料。顶棚用轻钢龙骨吊顶，表面采用 TK 板装饰固定，TK 板表面为宫粉色。TK 板用中碱度玻璃纤维和低碱度石棉水泥制做。顶棚与墙面之间用型号为 GX-07 石膏阴角线粘贴。吊顶棚下皮标高为 2.60，上凹部位标高是 2.80，中间部位是枝型吊灯。

图 4-22②方向装饰立面图是根据图 4-10 首层建筑装饰平面图中 1/装4 及图 4-11 首层顶棚平面图(镜像)相同位置绘制出的②方向装饰立面图。这个房间是仆人卧室，室内净面积是 7.92m²。从平面布置图中可以看到，靠窗部位是统长窗帘盒，室内有一张单人床，床上有床罩及一个枕头，旁边有一张桌子和一个凳子，地面是木地板。该房间顶棚为吊顶棚，平面形状较客人卧室略为简单，也是两个吊顶下皮标高及灯饰位置。

阅读仆人卧室立面内容时，应根据索引符号中的朝向进行阅读。它的平面位置在纵向Ⓔ和2/E轴线之间，横向在①和②轴线之间。入口门在2/E轴线墙体上，但靠近②轴线部位。图 4-22 仆卧内部装饰 1∶30，是朝窗方向画出的装饰立面图，它只表现出Ⓔ和2/E两个墙体之间的全部内容。这个房间的轴线之间尺寸是 2400，Ⓔ轴线墙体因是承重墙，厚度较厚。墙上没有开窗和开门，2/E轴线墙体是不承重隔墙，厚度较薄，墙上有门剖面图例。其余内容自下往上进行阅读，并配合右边文字说明。室内地面仍为硬木地板，与墙体交接周边做硬木踢脚线。单人床靠Ⓔ轴线墙体，立面式样包括床头、枕头和床罩。一头沉桌和凳靠2/E线墙体，窗下边还看得到部分暖气罩。窗的上面是窗帘盒，窗两侧是窗帘。

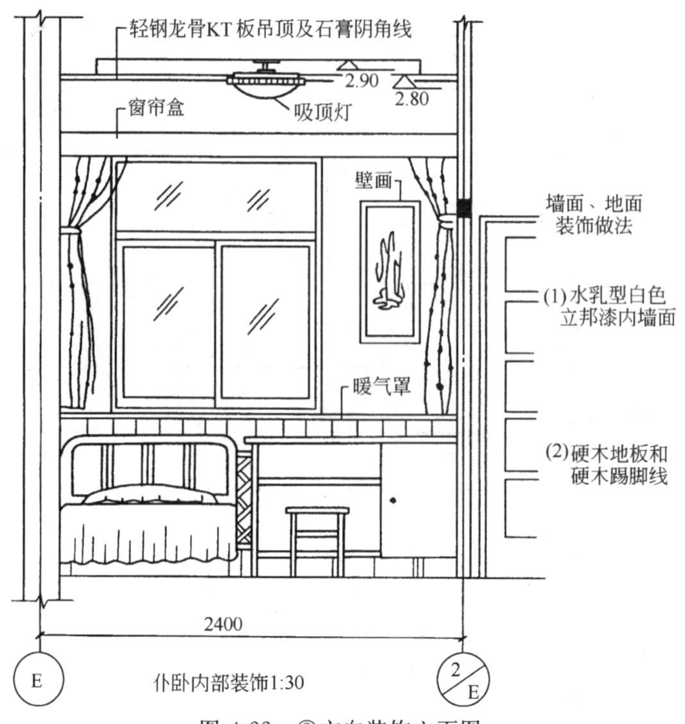

图 4-22 ②方向装饰立面图

因窗靠左，右边墙体较宽，所以可在右边墙体处挂一个竖向壁画。墙体装饰按右边说明中第 1 条，做水乳型白色立邦漆墙面。吊顶棚做法同图 4-21，做轻钢龙骨吊顶，装 TK 板饰面。顶棚与墙体周边作石膏阴角线。吊顶棚中央装饰吸顶灯。

图 4-23 客厅Ⓐ方向装饰立面图(1∶30)，是根据图 4-10 和图 4-11 绘制而成的装饰立

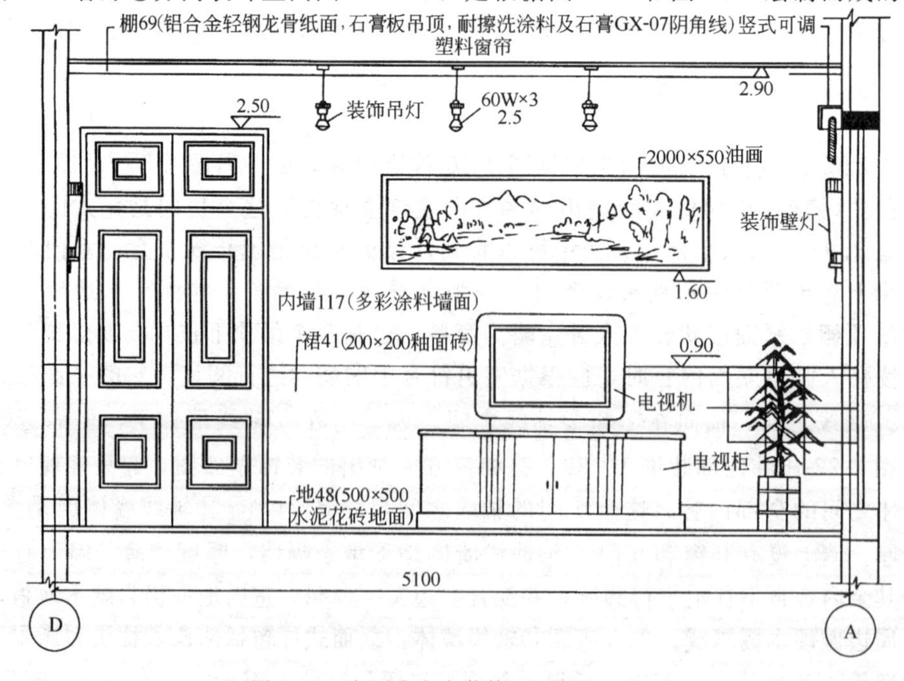

图 4-23 客厅Ⓐ方向装饰立面图(1∶30)

面图。从图 4-10 中可以看到，这个位置在Ⓐ轴线与Ⓓ轴线之间，面向⑤轴线墙体。平面内容包括地面方砖与 ±0.00 标高和靠Ⓐ轴线一侧的双扇内开门。中间部分是电视柜和电视，靠近Ⓐ轴线一侧是绿化盆景和墙边窗帘盒，Ⓐ轴线墙体上有窗图例。再看图 4-11 平面图，客厅部分、吊顶棚处增加了四个送风口，中心部分增加了四个筒灯，Ⓐ轴线内墙皮、Ⓓ轴线内墙皮上各增加了一个壁灯，顶棚上增加了三个装饰吊灯，其余与图 4-21、图 4-22 类似。按照地面上的布置及顶棚、墙壁上的装饰，根据索引符号朝向，可画出图 4-23。内容包括Ⓓ轴线墙体及装饰壁灯、Ⓐ轴线墙体和落地窗剖面、内墙面装饰壁灯、窗口上部的可调竖式塑料窗帘。其余可自地面向上依次阅读，地面按地 48 种材料做法，用 500×500(mm) 水泥花砖铺砌地面及踢脚。靠近Ⓓ轴线正面墙上有入口户门两扇及亮子(即上部采光窗)，上皮标高是 2.50 。中间部分有电视柜立面及电视立面，墙面上有裙 41 材料做法，内容是用 200×200(mm) 釉面砖、高 0.90 贴在墙面上。内墙面自墙裙向上 1.60 标高为起点底线，挂 2000×500(mm) 油画。顶棚处有三个装饰吊灯，每个吊灯为 60W，下皮高距地面为 2.5m。顶棚按棚 69 做铝合金轻钢龙骨纸面石膏板吊顶棚，墙面与顶棚下皮交接处做型号为 GX－07 石膏阴角线。内墙面均采用内墙第 117 种材料做法，做多彩涂料墙面。电视柜右边和Ⓐ轴线墙体左边地面上有一个盆景绿化。ⒹⒶ纵向轴线之间的尺寸是 5100。从图 4-23 全部内容可以得知，有的在平面图内不易表现出来的，特别是高度方向的内容和尺寸变化，如壁画门的立面花饰、灯饰高度花样、墙裙高度、顶棚最低、最高底面高度、灯饰底面高度等，只有画出室内立面图，才能真正看出来，由此可见立面图的重要作用。

图 4-24 客厅Ⓑ方向装饰立面图是根据图 4-10 和图 4-11 绘制而成的。从图 4-10 中的“B”朝向可以看到，③轴线和⑤轴线之间、面向Ⓓ轴线墙体和Ⓔ轴线墙体未被遮挡的部

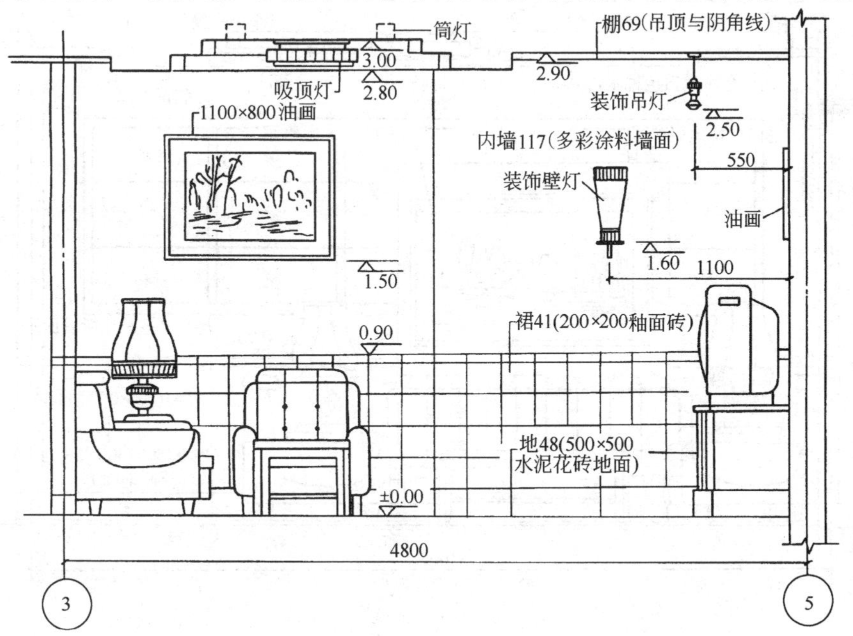

图 4-24　客厅Ⓑ方向装饰立面图(1∶30)

位，可以表现出电视柜及电视侧面、茶几、单人沙发正面、三人沙发侧面及一个角柜上表面的灯饰。在图 4-11 时，应先明确从图中可以看到相应部位的吊顶棚及灯饰。之后可再看图 4-24。

图 4-24 中③轴线处，表现的是Ⓓ轴线与③轴线相交部位的立柱。⑤轴线处表现的是电视机旁边的实心墙体剖面。从平面讲，这个位置没有包括Ⓐ轴线墙体和窗、窗帘盒、盆景绿化、双人沙发及角桌和台灯。剩下的部位作了全部投影，特别是Ⓓ轴线和Ⓔ轴线墙面上的壁灯和油画，在平面图中是无法表现清楚的。图 4-24 中的具体内容有，地面做法用地 48，做 500×500(mm)水泥花砖地面。墙裙按裙 41 材料做法用 200×200(mm)釉面砖进行贴面，这里看墙裙像是一个整体，实际表现的是Ⓓ轴线墙体上的墙裙和Ⓔ轴线墙体上的墙裙。从地面标高 ±0.00 算起，墙裙上皮标高是 1.00 。墙面做法按内墙 117，即多彩涂料墙面。吊顶棚做法按棚 69，即轻钢龙骨吊顶，表面装饰纸面石膏板并用耐擦洗涂料饰面，顶棚与内墙交接处做型号为 GX-07 的石膏阴角线。靠③轴线一侧吊顶棚灯池上凹两个台阶，自下皮向上，标高分别为 2.80 、 2.90 和 3.00 。中央装有吸顶灯和它的外观式样，两侧画有虚线线框代表筒灯，右边靠⑤轴线一侧，吊顶棚上是装饰吊灯。还有墙面上的 1100×800mm 油画，下皮距地标高是 1.50 ，装饰壁灯下皮距地面标高是 1.60 和相对距离 1100mm。地面上的沙发、角桌、台灯、茶几、电视柜及电视，不但能表现出自动面 ±0.00 往上的高度，还可看到它们的外观式样。阅读这个图时，一定要把平面布置图与顶棚平面图摆放在旁边，它虽然能表现出高度和左右位置，但前后距离又难于从本图中看到，只有把平面图与装饰立面图合在一起，才能想象出它们的完整立体状态、布局及装饰做法。

图 4-25 是客厅Ⓒ方向的装饰立面图，它是根据图 4-10 和图 4-11 平面布置与天花平面

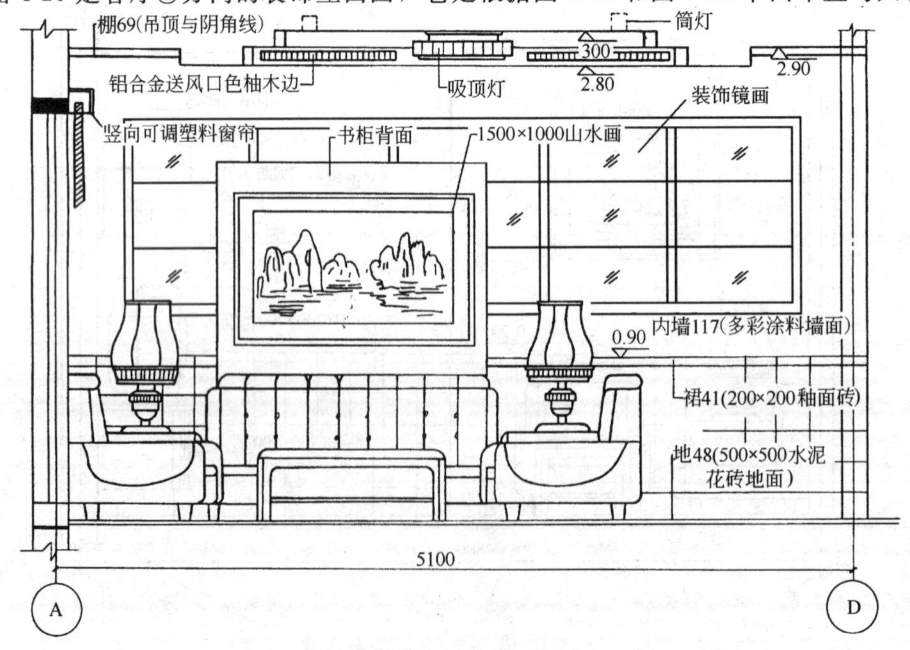

图 4-25 客厅Ⓒ方向装饰立面图(1∶30)

绘制成的Ⓒ向装饰立面图。从图 4-10 中可以看到这个平面位于Ⓐ和Ⓓ轴线之间，并面向③轴线方向作全部投影，也就是把平面布置内容，增加为向上的高度，然后再表现出内容式样。特别是那些平面图上表现不出来的，没有多少厚度的内容，如墙画在平面图上仅表现为一条直线，在立面图上才能表现为一张画。还有图 4-11，平面图上画有灯池造型、灯的位置、平面图例外形以及高度变化，如 $\frac{\triangle}{2.80}$ 和 $\frac{\triangle}{3.00}$ ，而立起来什么样，只有画出来才能理解。

图 4-25 表现出的具体内容依次阅读如下：

左边是Ⓐ轴线剖面墙体，墙体上有落地窗剖面，窗口上皮的室内墙面上是竖向可调塑料窗帘和窗帘盒。右边是Ⓓ轴线室内立柱。自下向上阅读，地面上的家具陈设有，正面茶几和三人沙发，沙发后边是书柜背面，上面挂有一个 1500×1000(mm) 的山水画，茶几左边是双人沙发侧面，台灯下面是角桌，角桌被双人沙发挡住，只能看到一点上皮，茶几右边是单人沙发侧面、被遮挡的角桌上表皮及上面台灯。室内地面做法是地 48，用 500×500(mm) 水泥花砖铺砌。墙裙上皮高为 $\frac{0.90}{\bigtriangledown}$ ，用裙 41 做法，贴 200×200(mm) 釉面砖。内墙面按内墙 117 做法，用多彩涂料粉刷墙面，墙面、墙裙色彩应满足房屋主人要求。吊顶棚灯池表面共有三个标高，最高处是 $\frac{\triangle}{3.00}$ ，最低处是 $\frac{\triangle}{2.80}$ ，还有中间部位 $\frac{\triangle}{2.90}$ 。若仅从平面图上表示，不易理解成图示中的上凸下凹状态。这里可以看到，从平面图内灯池外侧画有四个矩形长条，在灯内侧有用铝合金制做，并包柚木边框的空调送风口。顶棚做法是棚 69，用轻钢龙骨做吊顶骨架，用 TK 板做装饰饰面，并用石膏阴角线做顶棚与墙面装饰线。灯池中央做装饰吸顶灯，还有 $\frac{\triangle}{3.00}$ 标高顶棚上藏筒灯。看过图 4-25，应引起注意的是，重点范围表现在何处？深层次的装饰在何处？一定要把平面图与立面图结合起来，知道它们之间前后是有距离的，不能认为它们都在一个平面内。

图 4-26 是客厅Ⓓ方向的装饰立面图，结合图 4-10 和图 4-11，能看出这个位置在⑤轴线与③轴线之间，面向Ⓐ轴线墙体，表现家具陈设装饰、地面、墙面、顶棚及窗帘、窗、窗帘盒和灯饰等。

图 4-26 表示的具体内容有⑤轴线实心墙体、③轴线处的书柜侧面与柜背面的装饰画侧面、电视柜及电视侧面、单人沙发背面、双人沙发正面(但被单人沙发挡住大部分)、茶几(只能看到下边的一点桌腿)、角桌与台灯、被角桌挡住的三人沙发侧面、Ⓐ轴线墙体上安装的窗帘盒、可调塑料窗帘、正面落地窗、墙面上的装饰壁灯、吸顶灯及筒灯位置、吊灯位置和式样。地面材料做法为地 48，用 500×500(mm) 水泥花砖铺地。墙裙标高为 $\frac{0.90}{\bigtriangledown}$ ，用裙 41 做法，采用 200×200(mm) 釉面砖贴面。墙面用内墙 117 做法，采用多彩涂料粉刷墙面。吊顶棚用棚 69，铝合金轻钢龙骨吊顶棚，饰面用 TK 板，表面刷宫粉色。顶棚与墙面交接处贴型号为 GX-07 石膏阴角线。

图 4-27 表示的为餐厅Ⓔ方向的装饰立面，它需要结合图 4-10 和图 4-11 进行阅读。它的平面表示位置在Ⓕ轴线与Ⓔ轴线之间，可面向③轴线墙体阅读。从平面布置图中能看到地面方格、八人餐桌椅、靠Ⓕ轴线墙的窗帘盒和墙体上的窗平面图例，还可看到餐厅面积是 14.04m^2。结合顶棚平面图，可以看到窗、窗帘盒、两个格栅灯、灯池平面图例、灯饰

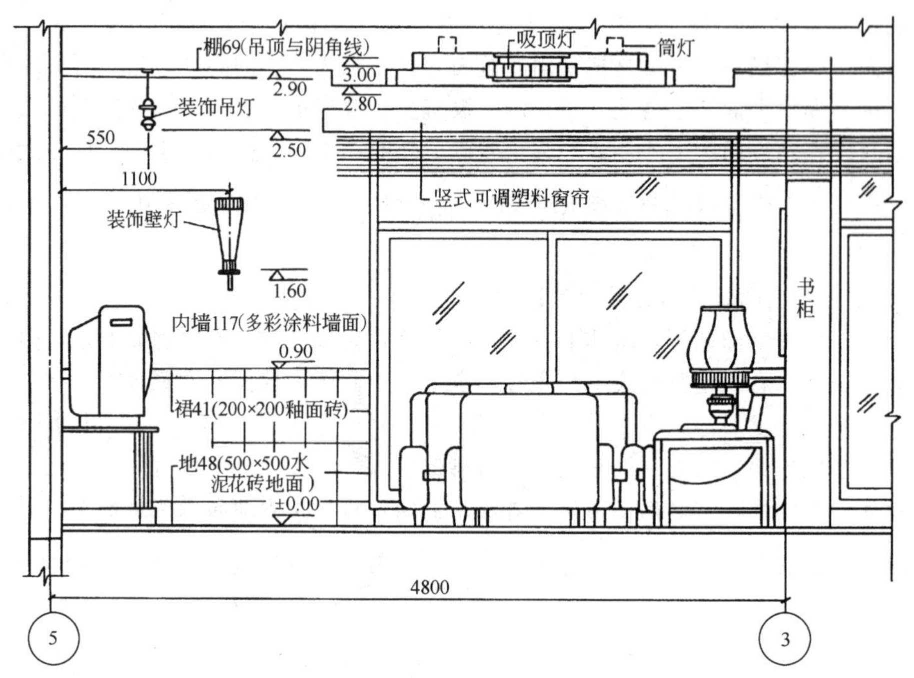

图 4-26　客厅Ⓓ方向装饰立面图(1∶30)

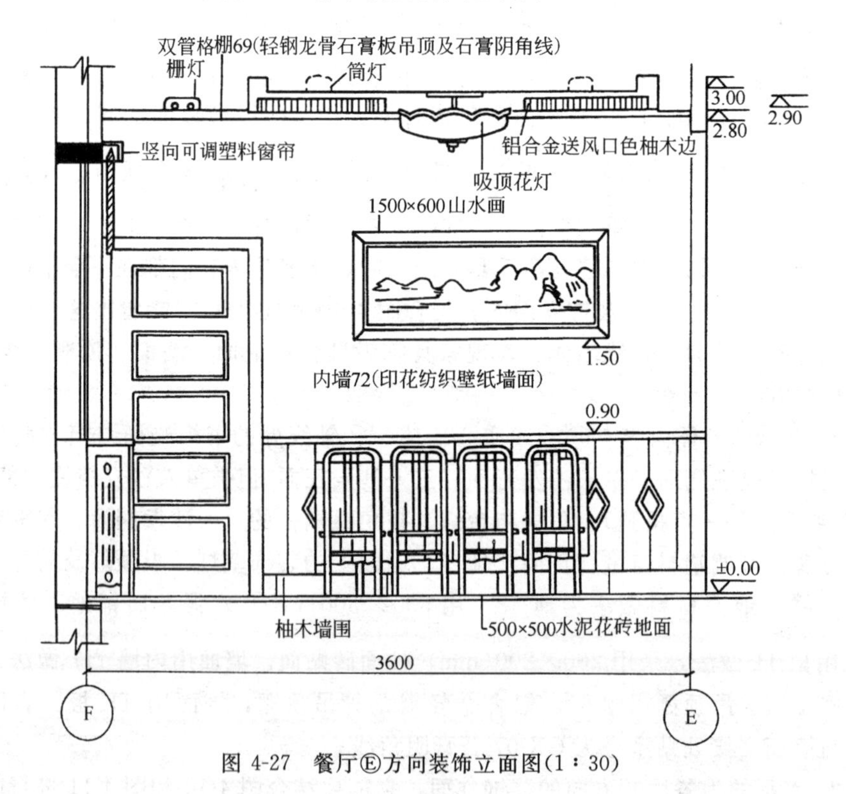

图 4-27　餐厅Ⓔ方向装饰立面图(1∶30)

位置、灯池外测四个矩形长条空调送风口平面图例、灯饰安装位置尺寸以及顶棚下皮标高 2.80 和 2.90 。

根据索引符号与朝向Ⓔ，阅读图 4-27，其具体内容有：Ⓕ轴线墙体、墙内侧暖气立面、外包暖气罩、窗剖面和窗口上边的内墙面上的竖向可调塑料窗帘。因餐厅与客厅交接处是开敞式，没有墙和门，只有墙的外形转角，因此Ⓔ轴线处只有右侧一条自下而上的竖线。根据朝向可看到③轴线墙体上的门的正面式样，花饰柚木墙围高 0.90。内墙面按内墙 72 材料做法，贴印花纺织壁纸墙面。地面做 500×500(mm) 水泥花砖地面。吊顶棚按棚 69 做轻钢龙骨石膏板吊顶棚。按内墙面交接处顶棚 5 做石膏阴角线。吊顶棚的下皮标高共三个层次，分别是 2.80、2.90、3.00，中央处是吸顶花灯、两侧上方有筒灯，靠窗部位标高在 2.80 的中部，向上装饰有双管格栅灯。在吸顶花灯两侧，标高在 2.80 与 2.90 之间是铝合金框，包柚木边的空调送风口。墙面上标高为 1.50，往上装饰有 1500×600(mm) 的山水画。平面图上的八人餐桌椅，这里只能看到四把椅子的背面式样和餐桌被挡住及没被挡住的外观，餐桌上还铺有桌布。与看前边的各向装饰立面图的方法相同，首先知道它表现的平面部位在哪里，从什么部位进行观看投影，它与别的装饰立面图在做法上或部位上有哪些微小差别，它应解决的问题是什么，要抓住重点和要害。

图 4-28 是餐厅Ⓕ方向的装饰立面图，它的产生根源是图 4-10 和图 4-11。平面中的位置在②轴线和③轴线之间，面向Ⓕ墙面作出的全部装饰投影。站点位置相当于餐桌端头，餐椅位于餐桌两侧，放在方格地面上，朝向窗帘盒及窗。顶棚平面图站点也相当于这个位置。

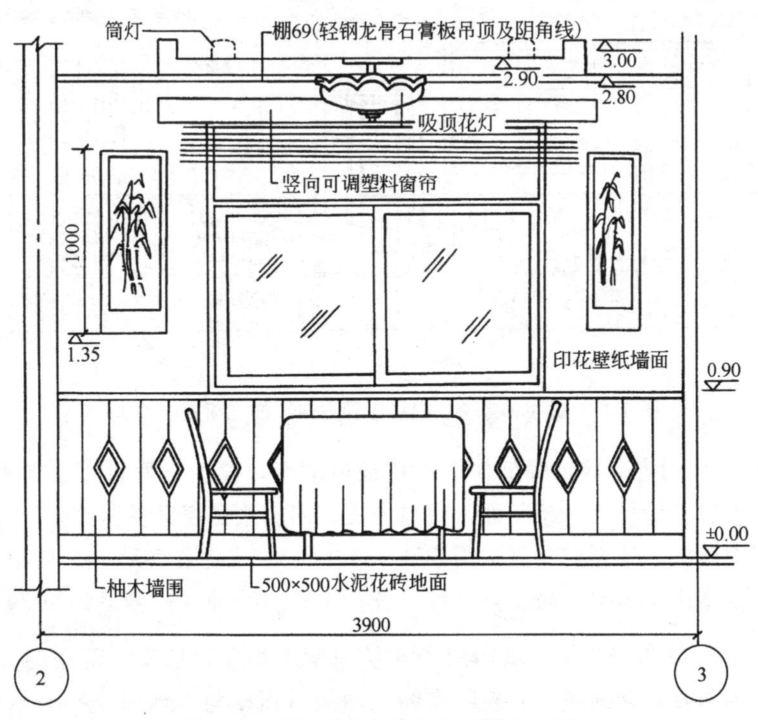

图 4-28　餐厅Ⓕ方向装饰立面图(1∶30)

图 4-28 的具体内容包括②轴线实心墙体、③轴线转角墙体、轴线之间尺寸(3900，与平面图上的 3900 完全相同)，地面上放置的餐桌端部，上面放有桌布，餐桌两侧是坐椅。地面材料做法是 500×500(mm) 水泥花砖，木墙裙上皮标高是 ▽0.90，墙裙上做图案花饰，材料用柚木制做。墙面用印花壁纸粘贴。正面墙体上有推拉窗，顶端做竖向可调式塑料窗帘及窗帘盒。窗的两侧各挂高 1000 的墨竹国画，画框下皮标高为 △1.35。吊顶棚按棚 69 施工，用轻钢龙骨石膏板吊顶棚。并将顶棚与内墙面交接处粘贴石膏线角。顶棚中央做吸顶花灯，两侧上部还有筒灯。顶棚下皮标高有三个分别为 △2.80、△2.90、△3.00。当然，这样的装饰立面图，只能解决整体情况下的装饰，若想知道细部装饰，就要看节点施工详图。

图 4-29 是餐厅、走道、起居厅Ⓖ方向装饰立面图。它是根据图 4-10 和图 4-11 绘制而成的。从平面布置图中可以看出，该位置在Ⓐ轴线与Ⓕ轴线之间，并涉及Ⓓ轴线与Ⓔ轴线位置，是面向②轴线及部分内容的(1/1)轴线。平面布置内容包括Ⓐ轴线墙体上的窗及墙内侧窗帘盒、地面上的方格，地面上陈设的绿化盆景(两个)、起居厅内休闲型放置的沙发椅(两把)、小圆桌(一个)、餐厅部位的餐桌及餐椅(八把)、Ⓕ轴线墙体上的窗、内侧墙面上的窗帘盒、面向②轴线墙体上的门洞(一个)，单扇门(一个)和门洞内可看到的卫生间窄门。

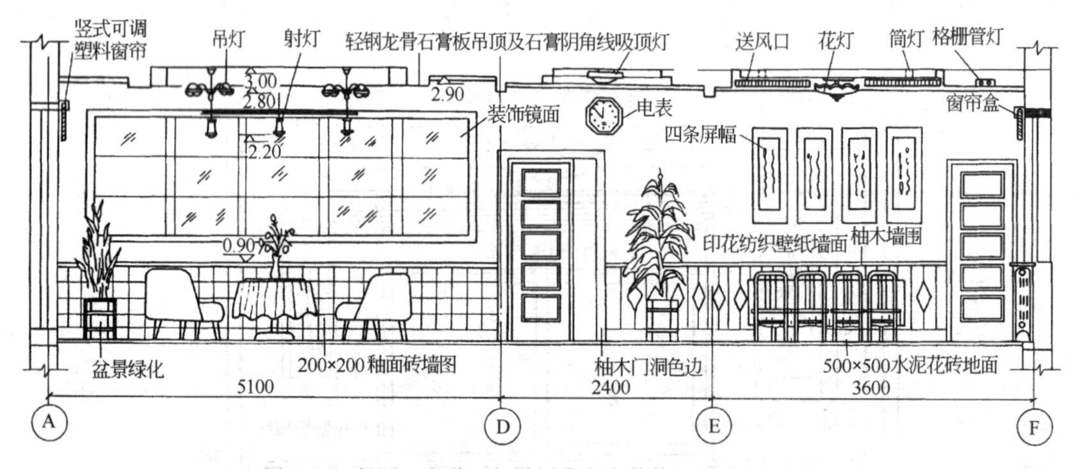

图 4-29　餐厅、走道、起居厅Ⓖ方向装饰立面图(1∶50)

图 4-29 是具体内容。Ⓐ轴线墙体上有落地窗剖面，窗上口内墙边是竖式可调塑料窗帘与窗帘盒，Ⓕ轴线墙体上有窗剖面，窗口上皮靠内墙边是窗帘及窗帘盒，窗台平齐处是暖气罩，内藏有暖气。地面材料做法用 500×500(mm) 水泥花砖铺砌。墙裙有两种：Ⓔ、Ⓕ轴线一侧用柚木制做墙裙，高度与窗台平齐；靠Ⓐ、Ⓓ轴线一侧墙裙用 200×200(mm) 釉面砖粘贴，上皮高是 ▽0.90。墙面用印花纺织壁纸粘贴。顶棚全部用铝合金轻钢龙骨做骨架，用纸面石膏板做饰面，并粉刷宫粉色油漆。顶棚与内墙面交接处粘贴石膏线角。地面上的陈设有靠Ⓐ轴线边的盆景绿化和靠Ⓔ轴线边的盆景绿化。Ⓐ轴线与Ⓓ轴线之间的休闲沙发侧背面两个，小圆桌一个，上有桌布及花瓶。靠Ⓔ轴线与Ⓕ轴线地面上有四个用

餐坐椅背面和被坐椅挡住的餐桌与桌布。靠近Ⓕ轴线一侧有②轴线墙体上的餐厅入口门和包口门套。靠近Ⓓ轴线处是门洞及洞口门套包边，它在②轴线墙体上，里边的窄门是平面图中(1/1)轴线上的卫生间门，即门洞在外边、卫生间门在里边。其余装饰有Ⓐ轴线与Ⓓ轴线间的大型墙面装饰镜画，顶棚中央对称布置的两个装饰花型吊灯，靠近墙面布置的三个固定射灯，其顶棚标高是 2.80 、 2.90 和 3.00 ，射灯下皮高是 2.20 。位于Ⓓ轴线和Ⓔ轴线之间墙面上有八边形电表一个，顶棚中央有吸顶灯一个。位于Ⓔ轴线和Ⓕ轴线之间墙面上有四个题字条幅，顶棚中央有花型吸顶灯一个、筒灯两个、空调送风口两个、双管格栅灯一个（靠近Ⓕ轴线墙体）。上面已讲述过，这个图场面较大，内容较多，大部装饰物在一个墙面，有的退入，有的在墙体前边，灯饰位置好像均在一个平面上。实质上需要配合图 4-11，才能看清楚。

图 4-30 是起居厅Ⓗ方向的装饰立面图，它是按 1∶40 比例绘制而成的。它的画图根据是图 4-10 和图 4-11。从图 4-10 和图 4-11 中可以看出，此图位置在②轴线与③轴线之间，面向Ⓐ轴线墙体，地面上有方格，陈设有书柜、圆桌和两个沙发椅及墙角绿化盆景。顶棚上有灯池及装饰灯具两个，靠②轴线墙体有装饰灯三个。

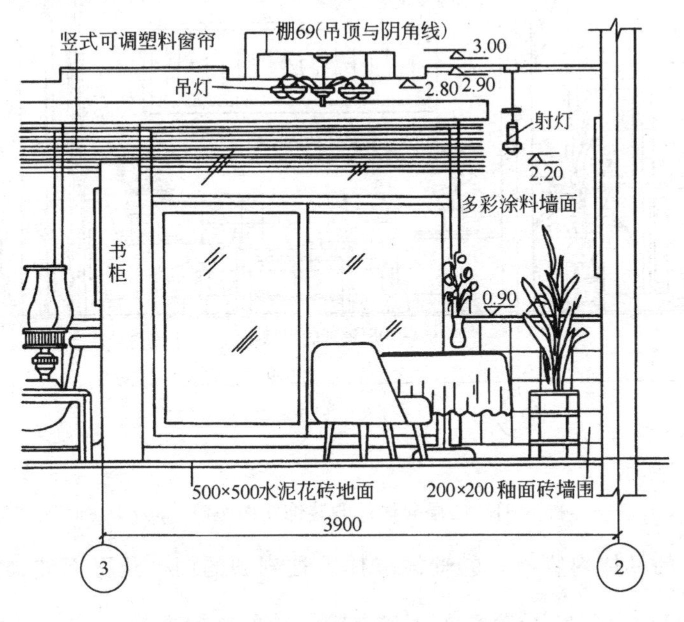

图 4-30　起居厅Ⓗ方向装饰立面图(1∶40)

图 4-30 的重点装饰内容是起居厅，上面已知道它的位置和所涉及的范围，下面分述这些具体内容。自下而上阅读，地面材料做法用 500×500(mm) 水泥花砖铺砌，墙裙做法用 200×200(mm) 釉面砖粘贴，墙裙上皮标高 0.90 ，墙面用多彩涂料粉刷。顶棚用棚 69 轻钢龙骨吊顶，纸面石膏板饰面，表面刷宫粉色油漆，顶棚与墙面交接处用石膏线角粘贴。吊顶棚上有吊顶花灯，靠②轴线墙体顶棚上有吊顶射灯，下皮标高为 2.20 。顶棚下皮标高有三个，分别为 2.80 、 2.90 和 3.00 。面对墙面上的装饰是落地窗、窗帘盒及竖式可调塑料窗帘。地面上有沙发椅侧背面，被部分遮挡的圆桌，桌面上有桌布

及玻璃板和瓶花。靠②轴线墙体内侧地面上有绿化盆花，靠近③轴线是书柜。本图中的全部装饰内容应注意与平面布置图和天花灯饰图对照阅读，如沙发坐椅为什么画成背侧面？为什么处于落地窗这样的位置？它们都应与平面布置相一致，不可随意移动，虽然它们都是可移动的陈设，但画图时一定要一致。灯饰位置也同样要与顶棚灯饰平面位置相一致，不可随意进行改动。阅读装饰专业图时，这些对应关系一定要清楚，否则会引起不必要的猜测。

图 4-31 是二层起居厅Ⓛ方向的装饰立面图，图与实物之间相差倍数是 30，即比例是 1∶30。这个图的绘制依据是图 4-12 二层建筑装饰平面图和图 4-13 二层顶棚平面图(镜像)。阅读图 4-31 时，首先应明确它所表现的平面位置、范围与朝向。它所涉及的轴线编号和墙体是Ⓐ轴线、Ⓒ轴线、Ⓓ轴线和Ⓔ轴线。朝向是⑤轴线墙体和⑥轴线墙体，而且包括平面布置和顶棚灯饰布置。

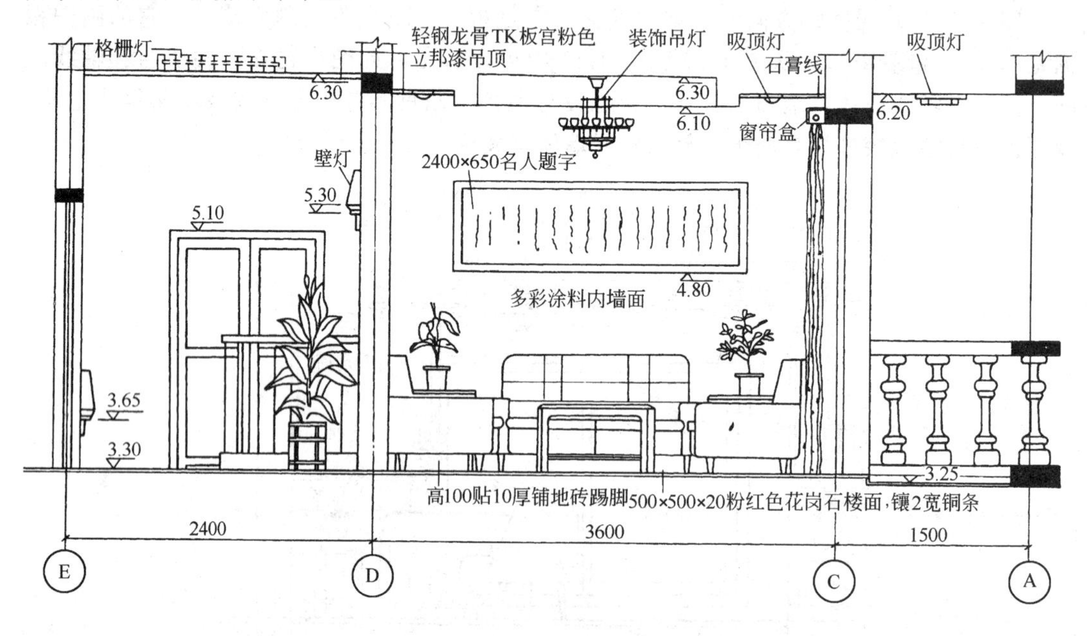

图 4-31　二层起居厅Ⓛ装饰立面图(1∶30)

图 4-31 包括的具体内容有，Ⓔ轴线墙体上被剖到的门，从平面装饰图中可以知道，它是次卧室的入口门，门的下端墙面上有个壁灯，下皮标高是 $\overset{3.65}{\triangledown}$ ，此处为楼梯间休息平台侧墙面上的装饰壁灯。Ⓓ轴线墙体虽然画的是双线，上面涂黑部分是被剖到的梁，但此处的墙是外形正面，可以从平面装饰图中得到答案。Ⓓ轴线和Ⓔ轴线之间正好是楼梯所在位置，由图 4-12 可知，这里有一个盆景绿化和楼梯封挡至墙体Ⓓ的栏杆。还有上皮标高为 $\overset{5.10}{\triangledown}$ 的⑥轴线墙体上的窗。再有是Ⓓ轴线墙体上标有下皮标高为 $\overset{5.30}{\triangledown}$ 的壁灯，这个灯应看图 4-13 二层顶棚平面图，写有$\frac{25W}{2.5}$B 的壁灯，从标高看，楼面标高是 $\overset{3.30}{\triangledown}$，壁灯下皮高度是 2m，加在一起下皮标高写 $\overset{5.30}{\triangledown}$ 。楼梯间的顶棚下皮标高是 $\underset{6.30}{\triangle}$ ，顶棚做法见指引线可以知道，是用轻钢龙骨做骨架，表示装饰 TK 板饰面，再用宫粉色立邦

漆涂刷顶棚，顶棚与墙面之间做阴角石膏线，顶棚下皮保持平齐，装有 30W×2 格栅灯，此内容可翻阅图 4-13。再看Ⓓ轴线墙体与Ⓒ轴线墙体之间的内容，此处仍要和图4-12对照阅读，平面布置，这里布置的有茶几、单人沙发一个、双人沙发两个、角柜及上面盆花，还有窗帘盒与推拉门，知道有这些内容，再按朝向阅读Ⓛ朝向立面，便可知道为什么画成这种布置。自 ▽3.30 楼面标高向上阅读，楼面做法是 500×500(mm)粉红色花岗石铺砌楼板表面 500 与 500 方格之间缝隙镶 2mm 厚铜条，墙面上做高度 100，贴 10 厚铺地砖踢脚，墙面用多彩涂料粉刷内墙面。顶棚用轻钢龙骨吊顶，表面做 TK 板饰面，TK 板表面刷宫粉色立邦漆涂料。顶棚与墙面交接处粘贴石膏阴角线。装饰物有地面上的茶几、单人和双人沙发侧面(双人沙发被茶几遮挡正面)、双人沙发与单人沙发后面的角桌及装饰桌面盆花、墙面上下皮标高为 △4.80 的 2400×650 名人题字、顶棚中央部位的装饰吊灯和两边的吸顶灯。此处的吊顶棚下皮标高共三个，分别为 △6.10 、 △6.20 和 △6.30 ，装饰吊灯位于标高 △6.30 处，吸顶灯位于 △6.20 处。Ⓒ轴线墙体内有推拉门，上边涂黑部位是门口过梁，过梁内侧是窗帘盒并装有落地窗帘。Ⓒ轴线和Ⓐ轴线之间是二层阳台，对照图 4-12 和图 4-13，可以看出它是不封装阳台。此处看来内容不多，但应引起注意，阳台表面标高是 ▽3.25 ，比楼面 ▽3.30 低 0.05，因为雨水可能漂入阳台，为使雨水不进入楼面，阳台表面从平面图内可以看出装饰了小块条砖，阳台在Ⓐ轴线处，表现上下是被切剖面、涂有黑色，栏杆做成花饰，从后边立面图中可知，栏杆材料为汉白玉，栏杆具体花饰尺寸应查阅详图，见图 4-38 (5/装6)。阳台顶棚装饰有吸顶灯一个，顶棚下皮标高为 △6.20 。

图 4-31 的阅读内容和方法与前边略有差别，它是配合平面图对照阅读的。不管采取哪种形式读图，全可以。立面图中的前后层次，如茶几与沙发、沙发与角桌，虽然能看出前边的物体挡住了后边的物体，但挡住距离一定要通过平面图才可看出。阳台部分虽然没有讲细，但它必须在详图中才能看清楚具体尺寸、形状和加工精确度等。

图 4-32 是二层起居厅Ⓜ方向的装饰立面图，它是根据图 4-12 和图 4-13 中的“M”朝向画出的装饰立面图。它的平面位置在③轴线与⑤轴线之间，面向Ⓓ轴线和Ⓔ轴线以及(1/E)轴线墙体上的内容投影而成。它在平面上涉及的内容，包括起居厅中的地面方格、电视柜及电视、以茶几外观及双人沙发侧面为基线向“M”方向作投影、单人沙发正面和角桌桌面上的盆花、Ⓓ轴线上墙体洞口、Ⓔ轴线上墙体洞口、(1/E)轴线墙体上的卫生间正门和该部位的顶棚及灯饰图。

表现在图 4-32 上的全部内容是，③轴线实体墙，⑤轴线实体墙，楼面做法用 500×500(mm) 粉红色花岗石铺砌，500 之间缝隙用 2mm 宽铜条镶嵌。踢脚高度 100，贴 10 厚铺地砖。内墙面用多彩涂料粉刷。顶棚用轻钢龙骨 TK 板饰面，表面刷宫粉色立邦漆。顶棚与墙面交接处粘贴石膏阴角线。顶棚灯池内侧面装有空调送风口两个，中央顶部装有水晶装饰吊灯，靠近③轴线顶棚及靠近⑤轴线顶棚，还装有两个吸顶灯，装饰底面标高分别是 △6.30 和 △6.20 ，顶棚最低处标高是 △6.10 。配合平面图中的Ⓓ轴线墙面上按尺寸数字及标高粘贴有碎拼大理石。Ⓔ轴线墙体上装有一面穿衣镜和一个洞口门套。(1/E)轴线墙体上是卫生间入口门。地面上陈设有电视柜及电视侧面、茶几和单人沙发正面、双人沙

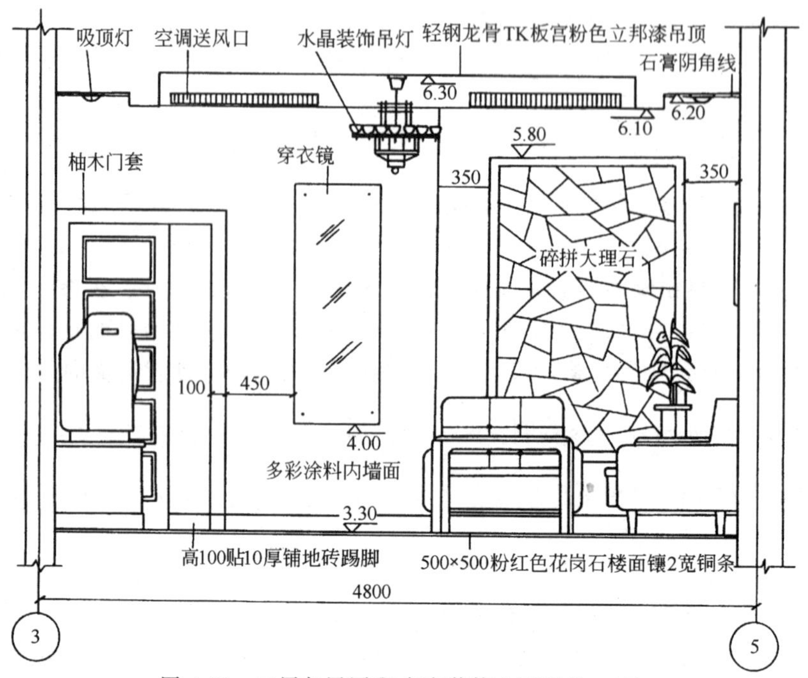

图 4-32　二层起居厅Ⓜ方向装饰立面图(1∶30)

发侧面和被双人沙发挡住的角桌及盆景绿化。这个图由于涉及三个面向墙体，且都有装饰物品在墙面上，读图时不要忽视三个墙面之间是有距离的，不要误认为它们是在一个墙面上。另外还有，正面看是一面镜子或是一张画，侧面看仅是一条线，或是长条矩形，如⑤轴线墙体侧面上的瘦长条矩形，即是图 4-31 中的 2400×650(mm)名人题字。这些问题均不要搞错或是误解为其他形式的表面装饰。

图 4-33 是二层起居厅Ⓝ方向的装饰立面图，图与实物之间相差 30 倍，即比例为 1∶30。它所在的平面位置包括Ⓐ轴线、Ⓒ轴线、Ⓓ轴线、Ⓔ轴线和面对③轴线墙体作出的

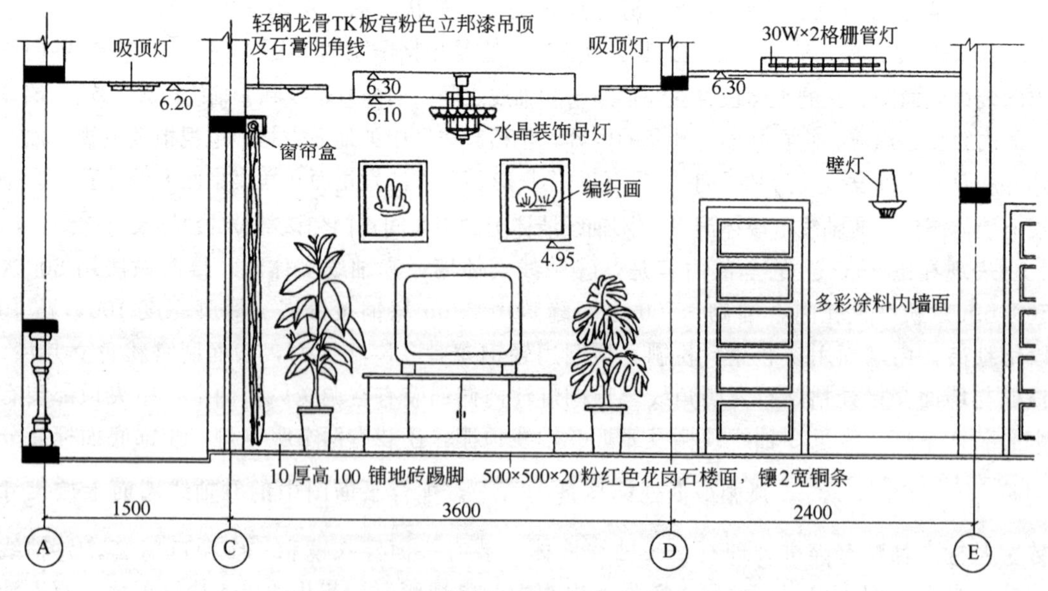

图 4-33　二层起居厅Ⓝ方向装饰立面图(1∶30)

室内立面投影。平面装饰图中包括阳台、Ⓒ轴线墙体、落地窗、墙内皮窗帘盒、地面上盆景、电视柜及电视、③轴线墙体上的门及地面方格和二层天花上的灯池、灯饰、送风口等，这些内容是绘制“N”向立面图的基础。

图 4-33 上的具体内容表述如下：

Ⓐ轴线与Ⓒ轴线之间是阳台，它与图 4-31 位置正好相反，上部有吸顶灯，下部是脚踩阳台表面，这个表面低于室内楼面，以防雨水进入楼面。阳台栏杆式样与图 4-31 相同。Ⓒ轴线与Ⓓ轴线之间是起居厅，Ⓒ轴线墙体上是落地窗剖面，墙皮内侧窗口上皮有窗帘盒及窗帘，楼面上的陈设有电视柜正面，上面有电视机。电视柜两侧有盆景绿化，电视框后边的墙面上有编织画两个，下皮标高为 $\frac{\triangle}{4.95}$。楼面材料做法为 500×500×20(mm) 粉红色花岗石铺砌楼面，500 间隙用 2mm 厚铜条镶嵌。踢脚线高度 100，用 10 厚铺地砖粘贴。墙面用多彩涂料粉刷。顶棚用轻钢龙骨做骨架，在骨架下皮固定 TK 板，表面涂刷宫粉色立邦漆，顶棚与内墙面交接处粘贴石膏阴角线。顶棚下皮标高共三个，分别为 $\frac{\triangle}{6.10}$、$\frac{\triangle}{6.20}$ 和 $\frac{\triangle}{6.30}$，顶面中央装有水晶装饰吊灯标高为 $\frac{\triangle}{6.30}$，表面装饰有对称式吸顶灯两个，标高为 $\frac{\triangle}{6.20}$。Ⓓ轴线与Ⓔ轴线之间是楼梯间走道，楼面、踢脚、墙面、顶棚做法同起居厅。顶棚下皮标高为 $\frac{\triangle}{6.30}$，装饰有 30W×2 格栅管灯。面对③轴线墙体上有装饰门套及门正面式样，门右侧墙面上装有壁灯一个。这个图内容较为简单，没有什么层次变化，材料做法多为相同。

图 4-34 是二层起居厅Ⓚ方向装饰立面图，图与实物之间相差 30 倍，比例是 1∶30。

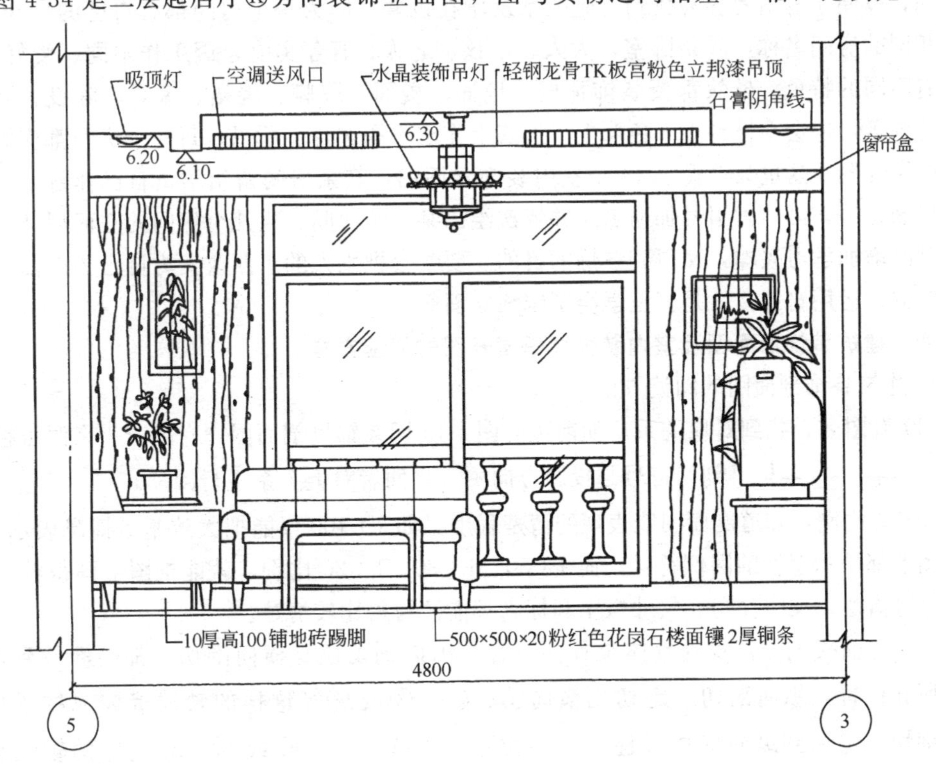

图 4-34　二层起居厅Ⓚ方向装饰立面图(1∶30)

它所在的平面位置应看图 4-12 和图 4-13。表现位置在电视柜侧面、茶几侧面和以双人沙发侧面为基准向窗帘盒与落地窗方向作的投影，吊顶棚及灯饰也相当于在此基准线内。立面图中的前后画不出来，但是可以看出前面的内容画的是整体形状，后面的物体只画被遮挡以外的内容，这是读图前应明确的范围。

图 4-34 应表示的具体内容包括：

⑤轴线是实体墙剖面，③轴线是实体墙剖面，轴线之间尺寸是 4800，与平面相符。地面上的陈设有：靠⑤轴线墙内皮的双人沙发侧面和被沙发挡住的角桌及桌面上的盆花，茶几正面及茶几挡住的双人沙发正面，靠③轴线内墙面的电视柜侧面及电视侧面，以及电视遮挡住的地面盆景绿化，正面墙上的落地窗及窗外的部分阳台栏杆，窗上部的统长窗帘盒及落地窗帘分在两侧，窗帘遮挡的左右墙面上各挂有一个小型墙画。楼面材料做法用 500×500×20（mm）粉红色花岗石铺砌，500 之间缝隙用 2 厚铜条镶嵌。踢脚线高 100，用 10 厚铺地砖粘贴。内墙被窗帘挡住(仍是多彩涂料粉刷墙面)。顶棚用轻钢龙骨做骨架，TK 板做饰面，固定在骨架上，表面刷宫粉色立邦漆。顶棚与内墙面交接处用石膏阴角线粘贴。顶棚表面标高共三个，△6.10、△6.20 和 △6.30。在 △6.20 标高顶面两侧各有吸顶灯一个，在 △6.30 标高顶面中央有水晶装饰吊灯一个，在 △6.10 标高上皮往上、水晶花灯两侧各有一个空调送风口。

以上是 14 个室内装饰立面图，它们所用的比例及应表示的全部装饰内容都是按一定顺序排列的，又叫室内立面展开图。为了明确排列次序，采用了索引号加命名形式，并把轴线号标明，以便于看图者容易找到对应关系及所在位置。因为每个房间都有自己的特殊用途，就是相同的房间名称，同是卧室，大人、小孩、老人、青年男女，因工作不同、爱好不同，就应有不同的特色。虽然都要装饰顶棚、地面、楼面、踢脚、墙裙、家具、陈设、墙面饰物、灯饰等，但会在材料上，色彩上、形式上作出不同选择。所以，每一个房间都应画出有特色的展开图。这里只选择了 14 个室内装饰立面图，其余房间留给学员自己作练习，仿照上面绘制方法，画出索引号加命名，并依次绘出某一个房间、某几个房间的立面展开图，从而达到既增加学习兴趣，又得到锻炼的目的。要学会把别人的东西改变为自己的东西，做到灵活掌握、运用自如，才是真正学会了装饰立面图。

四、建筑装饰剖面图及室内装饰立面展开图的阅读方法

1. 建筑装饰剖面图的阅读方法

(1) 看图名，找到对应关系。如前边的图 4-19 I-I装饰纵剖面图，它的产生来源可在图 4-10 中的I┼　┤I剖切符号与投影方向中，将两者对上关系进行阅读。

(2) 看比例，知道剖面图能表现的清楚程度。如 1∶100 仅能把大致基本情况表示清楚，多数图形都是示意性的图例符号。而 1∶50、1∶30、1∶20 比例，就能把图形画得较大，内容较全且清楚，文字注写、尺寸数字和标高都能注写得比较清楚。

(3) 看轴线编号，找到具体位置。不管是纵向剖切还是横向剖切，都会涉及到墙体、柱子所在位置，纵向剖切一定切到横向①、②、③或(1/5)等这样的轴线墙体或柱子位置。横向剖切一定切到纵向墙体或柱子所在位置，如Ⓐ、Ⓑ、Ⓒ或(1/B)、(1/E)这样的轴线编号。轴线编号是确定建筑主体结构构件或配件的基准线，当主体内容确定准确之后，细部内容都在主体内容之中或之上。如墙面上有装修，也有表面装饰画、窗帘盒、装饰镜、电表、装饰线等。地面或楼面应先进行装饰面层，然后摆放家具、陈设、盆景、鱼缸、小品、落地灯、屏风等。

（4）会区别承重构件与非承重构件。承重墙一般较厚，柱子与梁尺寸较大，不承重的隔墙则很薄，一座房屋离不开墙、柱、梁、楼板、楼梯等，它们是实体装饰对象。如楼板上表面要装饰楼面，下表面要装饰顶棚、灯饰、吊杆等，没有构件或配件，装饰无从谈起。

（5）应会看出被切到的内容与没被切到的内容。剖面图包括被切到的物体断面和没有被切到的物体外形，两者在图内的表现形式是有差别的，被切到的物体轮廓线应粗，轮廓线内应画出材料符号，外形不被剖开，只画外观式样。

（6）应学会看出前后关系。剖面图分不出前后，只能表示上下方向和左右方向，但是前边的物体能挡住后边的物体，前边的要画完整外形，后边的物体有被遮挡部分，从剖面图中只能看到这种关系，但是之间距离多少，剖面图中是看不出来的，只有配合平面图才能看到具体距离。有的甚至是几个层次的距离，如教室或剧场的座位，前后有很多排，前边的必然是整个外形，后边的只能表现不被遮挡的部分。

（7）应会看出实体装饰和虚体装饰。实体装饰如地面、台阶、楼面、顶棚、墙面、墙裙、踢脚等，都需要做在主体构件上，小图仅有示意符号或画一条细线，大图形能分出层次，图形上有的注写装饰材料简称，有的只写表层材料做法。实际哪种做法也不是一个层次，都需要从构件表皮，依次做到最外层的装饰表面，如抹灰墙面、双层木地板、吊顶棚等。

虚体装饰主要指能移动的物体，如桌、椅、床、沙发、茶几、书柜、电视柜、盆景、装饰画等家具、陈设，它们也是主要的装饰内容。只有装修豪华的房屋，没有家具，陈设，这房屋不能形成具体用途。房屋仅能给人提供一个好的空间环境，而家具、陈设与房屋空间，能构成一个完整的装饰实体，为人提供使用条件。装饰专业图纸中这两大方面内容都有，而且配有尺寸数字、标高、文字说明等。看装饰专业图要会区分实体装饰和虚体装饰，并配合平面图讲出它们的具体位置、做法、物体名称、遮挡问题等。

（8）知道详图索引号意义，并会查找详图。大比例图形，虽然图形大了，但看完图形是否能把物体完整的制作出来，还是个重要问题。有能达到目的的，有不能达到目的的，特别是不能达到目的的，这个部位一定有索引符号，如图 4-20 中的 74J42 (—/N2-6) 或是类似这样的符号，只有明白这个符号的全部含义，找到这个放大详图，才能做出完整的工程，否则这里是个空白，问题将得不到解决。

（9）会阅读尺寸与标高。只按比例画的图形，解决不了实际问题，必须配有尺寸数字，才能做出完整工程。尺寸数字有的表示自身尺寸，有的表示间隔距离，应会区分。大型物体或墙面上某一高度、吊灯下皮高度以及在图纸上遇到的标高符号，应看出它们指的是下皮标高，还是上皮标高，如窗台、暖气罩上皮标高符号尖端向下（0.90▽），顶棚下皮、灯饰下皮标高符号尖端应向上（△1.60、△2.80、△2.50）。

（10）会看图例。装饰施工图上所画内容绝大多数都无法按真实情况绘制，而是用图例表示，各种各样的图例均表现在第三章中的表 3-7 至表 3-15 中。阅读装饰专业图时，若有不知什么意思或不好辨认的图例，可翻阅一下上述表格。

（11）知道和了解绘图原理。我们所看的一切施工图纸，包括所有专业，其中也包括装饰专业图纸，都是按照三面正投影图原理绘制的。正投影原理已在第二章中作了阐述，这是一定要明确和会按照正投影，特别是三面正投影原理阅读的装饰专业图。一个立体具有长、宽、高三度尺寸，而在正投影图中，只能表现出两个尺寸，若想知道另一个尺寸，必须在三个正投影图中的另外两个图形中查找，否则了解不到主体是什么形状。

2. 室内装饰立面图(又叫展开图)的阅读方法

上面讲述的是装饰剖面图，它是针对楼房的整体剖切而绘制的剖面图，涉及楼上、楼下各种房间，也可以说它是室内立面图，概括地讲，它表示楼房分层、内部结构、以及室内外各部位装饰与装修，图形一般画得较小。

室内装饰立面图，又叫室内立面展开图，重点表示楼房中具体一个房间的各个立面如何装饰。因读的是室内，必然涉及墙体被剖切，所以室内装饰立面图，本质上仍是剖面图，只是把一个房间的室内全部立面，按一定顺序排列整齐而已。它不画剖切符号，而是使用专用索引符号把立面朝向与索引符号联系在一起，在表达深度层次上有一些灵活性，装饰与装修均表现在里边。

（1）看装饰立面图名称，知道来自平面位置。室内装饰立面图的产生根源，是装饰平面图中的索引符号，如◀Ⓐ或甲乙◆丁丙，它是按符号中的命名“甲”或“A”决定立面朝向的，前面的图 4-21 至图 4-34，均是按此索引符号绘制成的室内装饰立面图，它较剖切符号灵活一些，层次可多可少。学员应学会对照符号进行阅读，或学会按此种符号绘制室内装饰立面图。

（2）看绘图比例，知道图与实物相差倍数。比例既能决定图形大小，又可决定图形是否清楚、全面。大比例图形肯定清楚、细致，近似真实状态，而且尺寸齐全、标高和文字说明完整，能具体指导施工。小比例图形则相反。

（3）根据轴线编号去找平面位置和朝向。任何图都应画出轴线，不管是纵向、横向，还是附加轴线，都是确定建筑结构构件或配件位置的基准线，它可以确定一个房间具体位置，也可确定一个大型或小型局部的具体位置，还可根据轴线排列顺序确定方位和朝向。轴线编号是看装饰图不可忽视的重要因素。

（4）看图中的尺寸数字、标高与文字说明。图中的尺寸数字是施工的依据，它不见得都注写在一个图内，尤其是前后尺寸距离，立面图中是无法注写出来的，这就需要配合平面图中的细致尺寸或轴线尺寸来确定。立面图的重点是表明高度变化中的内容和尺寸，平面图中的尺寸与相对距离，在此只是重复，起辅助明确作用。

立面图中的重点是看标高数字，不管是物体下皮或上皮标高，只要有一个即可推断出全部位置和尺寸。

文字说明是任何专业图都要有的重要组成部分，没有文字说明，只有示意图形，不能解决具体问题，而且也不知道示意图形是什么内容。例如楼板下皮画了几条线，意思能猜测到是顶棚，但怎么做，有什么要求却不是很清楚。若有文字解释，写出是轻钢龙骨做骨架，用 TK 板做饰面板，表面刷宫粉色立邦漆，再用型号为 GX-07 石膏阴角线进行装饰，示意图形就可表达清楚。假如没有这些文字说明，谁也不清楚是做轻钢龙骨吊顶棚。同样，地面或楼面也只是画几条水平线，必须写清楚是水曲柳双层木地板或是铺 500×500×20(mm) 红底黑花晚霞品牌、重庆产品大理石地面、镶 5 厚铜条。类似这样的具体做法说明，图纸中一定要写清楚。

(5) 会区别剖面中的断面和外形表示。室内装饰立面图，实际是剖面图。一个房间必须假设切开，才能看到内部。楼板、墙体、窗或门有可能被假设切开，被切到的部分一定涉及使用材料，如墙体使用的是砖石，过梁使用的是钢筋混凝土，门的材料是柚木。被剖切的材料轮廓应画粗线，使用什么材料应画材料符号，前边第三章中的表 3-8 是装饰材料图例，可参照阅读。房屋被切到的部位画成断面、内部画材料图例，而没被切到的部位要画外形，如桌、椅、床、正面的窗或门、墙上字画、壁灯、吊灯、窗帘等。室内装饰立面图肯定会遇到这些内容，阅读时应加以区别。

(6) 室内装饰立面图中的前后应会阅读。一个房间内部的家具、陈设之间一定存在距离，前边的物体要挡住后边的物体，在室内装饰立面图中会遇到这样的问题。前边的物体能画出整个外形，而被遮挡的物体只能画出外露部分。近处的桌、椅、远处的窗和暖气罩、墙上字画等，凡是能画出整个外形的物体，都是没被切到的较远的物体，这种远近物体的存在，在装饰立面图中，它们似乎都在一个平面内，要想知道之间的距离，必须找到产生装饰立面图的平面位置，在平面图中看到前后物体的位置和大小。

(7) 应学会看出实体装饰和虚体装饰。实体装饰指在房屋建筑构件上做出的装饰，如墙体、柱子、梁、楼板、楼梯，凡在它们表面上做出的装饰，统称为实体装饰。房屋内部空间摆放在地面上的桌、椅、电视柜、沙发、茶几、盆景，墙面上的字画、壁灯、窗帘盒和窗帘，顶棚上的吊灯，这些可移动、可更换的物体，它们又具备各种颜色，统称为虚体装饰。构成各种用途的房间的室内空间，肯定需要实体装饰和虚体装饰。它们在室内装饰立面图中，才能构成装饰整体，才能形成室内各方向丰富多采的立面图。见图 4-21 至图 4-34，会领悟到它们的共同点和不同点。

(8) 应学会发现室内装饰图中的问题。图 4-21 至图 4-34，看起来已很丰富并眼花缭乱，细看又能发现各种问题，如窗帘盒，只这样写绝对不够，它是什么材料做的，怎样装饰到窗口上边，表面是什么颜色，这些具体问题，不会得到解决。若想解决这个问题，只有将窗帘盒再画成三面投影图，并把所有疑问都用尺寸数字、材料符号、文字说明、质量标准以及用什么方法固定在窗口上边写清楚，这些都要从窗帘盒的全部设计图中才能得到解决。通过这个小小例子，可以看到所有室内装饰立面图中，凡是产生疑问、解决不了具体问题的图形，只有一个名称写在那里，都与窗帘盒问题类似，必须另画详图。

图中也有一个示意图示加一段文字能解决问题的表示，如墙裙高 0.90▽，用 200×200 釉面砖粘贴。内墙面装修用多彩涂料粉刷。地面做法用 500×500(mm) 水泥花砖铺砌。

(9) 会区别承重构件与非承重构件。建造房屋需要使用砖、瓦、灰、砂、石、钢材、水泥、木材等，它们能形成房屋主体构件和配件。没有主体构件不能形成房屋骨架。凡是承受力量的骨架，如柱、梁、楼板、楼梯、墙体等，尺寸都较大。凡不承受力量的骨架，尺寸都较小、较薄，如隔墙、假的壁柱或梁。

凡是承受力量的骨架，都不可随意拆改，它们的表面上要做出固定装饰。凡是不承受力量的骨架，都可拆改。这样的内容，在装饰立面图中，看到的只是墙较厚或较薄。当然也可从所在轴线编号上看出，承重构件占据的都是整轴线号，如Ⓐ、Ⓑ、Ⓒ纵向轴线，或①、②、③横向轴线；而不承重的构件占据的都是附加分轴线号，如1/B、2/3这样的轴线多。图纸上画的都是线条，可线条有粗有细，有间距宽的和间距窄的，怎样去理解这些含意，只有丰富经验的人才能细致讲出全部意义，学员阅读时，应增强识别能力。

(10) 固定与质量标准。门窗是主要建筑装饰，吊灯可以采光，更是豪华装饰。楼梯拉杆既是图案又是围护装饰，从小比例装饰图上，只看到图形画的很漂亮、很美观，然而怎样施工和固定在哪里，做出的质量如何，只画图是解决不了问题的，必须配有索引符号，查阅详图，按照国家标准进行施工，施工完了，还要有验收标准。全面的装饰专业图，应有完善的交代，只看一两个图形，可能不会得到解决，因为重要的质量标准，通常在全部图纸的首页中进行统一说明，一张两张室内装饰立面图，不可能都写。固定位置和做法，有的也只在说明中写一句话或指出需要查阅的手册。

以上是装饰剖面图和室内装饰立面图的阅读。从本质上讲这两个图都是剖面图，前者是讲整个楼房的剖面，画图比例较小，没有将整个装饰内容都表现出来，后者是针对楼房内的某一房间，画出它的室内装饰立面，画图比例较大，装饰内容表现得比较齐全。由于它们都是表现的室内立面，本质上都是剖面图，从装饰角度讲，习惯上把大型的数量取得较少的室内立面叫剖面图。一个房间的小型立面图，称为装饰立面图。由于一个房间不能只表现一个室内立面，不管其余的室内立面，而要把所有的立面、按一定次序排列起来，形成展开图，又要区别于室外立面图，所以在叫法上要加上室内装饰立面图，这也只是习惯叫法。建筑外观是一个整体，应画的外立面图数量较少。室内房间，从功能用途方面讲数量很多，室内装饰必须一间一间去做，画的图也非常多，它可为不同用途房间提供各种各样装饰，达到使用要求。室内装饰立面，是重点装饰之一，图的数量最多。

五、装饰剖面图与室内装饰立面图阅读注意事项

1. 建筑装饰剖面图和室内装饰立面图本质相同

建筑装饰剖面图和室内装饰立面图，名称上似乎有差别，但本质上都是一个，全是室内剖面图，一个是大范围，一个是具体小范围。

2. 图名和比例是不可忽视的重要前提

若想把图看明白，需要知道这个图表现的是哪个房间的哪个部位，只有图名能把两个图联系到一起，也只有把两个图联系到一起，才能看清楚这个房间的长、宽、高尺寸，才能看到地面上摆放了什么陈设、家具，墙面上有什么，顶棚上有什么，剖切位置在哪里，或索引符号朝向在哪里。看图一定要有目的，准备了解什么问题，看懂了没有，收获是什么。不能随便拿过一张图纸，看了一遍，就认为都知道了，这样不会有多少收获。图名旁边都写有比例，要明白比例的意义，它代表图和实物之间相差的倍数关系，1∶100或1∶200画出的图只能达到示意程度，1∶10、1∶20画出的图，就会大许多，不但图形大、尺寸清楚、材料图例清楚，而且线条也有粗细之分、文字注解也非常齐全和明确。这些内容都与这个图的图名和比例有密切关系。

3. 轴线编号是不能忽视的重要问题

一个能够指导施工的装饰专业图，包括图形在内，至少需要十项或更多的内容，才能达到施工水平，其中一项便是轴线。入手画图一般先定轴线，纵向轴线是确定建筑长度方向的基准线，横向轴线是确定建筑宽度方向的基准线，纵横相交，形成一间一间房屋的定位线。若房间内还要分割，可用纵横轴线分轴线确定位置。看图一定先要从轴线入手，先找准位置，才能明确下一步要看的重点内容。

4. 图例是看图重点

我们所看的一切专业图，也包括装饰专业图，都要按图例绘图。图例有的接近真实状态，有的只是示意符号，前边第三章中的表 3-7 至表 3-15，很多各式图例都会在装饰图中用到，用图例组合成为装饰施工图。阅读装饰专业图，一定要先熟悉专用图例，每一个图例都代表一个具体内容，如圆桌、沙发、茶几、坐椅、电视、单人床、绿化盆景、煤气灶、烟风道、洗菜池、水箱，这些生活中常见物品，在图纸上只画一个示意符号，而且平面图上是一种状态，它是从上方向下作出的投影，再画同一个图例的立面状态或侧面状态，就会形成另一种状态。还有门窗图例，它们与真实情况，可以说相差很悬殊，看不懂的地方一定要看表 3-7 至表 3-15。

5. 建筑装饰剖面图上的尺寸与标高

装饰图应按比例绘图，图上仍要标注尺寸与标高，尺寸数字是绘图与建造的生命，没有尺寸数字无法施工。而尺寸数字有的是表明自身长、宽、高尺寸，有的则是表明这个物体与那个物体之间的距离，如窗的宽、高尺寸都一样，两窗之间的距离不见得一样。装饰剖面图中的重点是表明高度方向的尺寸，如墙面上的踢脚高度、墙裙高度、吊灯下皮高度、墙面上一个装饰画的上皮或下皮高度、家具、陈设的表面高度，它们不但要考虑使用要求，还应满足人体工程学要求和心理要求。若尺寸和标高在图纸中注写的不齐全，会影响施工进度。尺寸或标高注写错误，可能会给工程造成损失或返工。当然尺寸数字和标高在一个图内可能不会把所有应提供数据的部位都得到圆满解决，还需配合平面图或其他立面图、详图才能查到应有的数据。图与图之间的关系，也是我们查找数据的重要依据，一个物体只画一个图是解决不了问题的，只有多个图才能把一个复杂物体的尺寸，从各方面表示清楚。可见，尺寸数字与标高在图中的重要作用，没有尺寸数字和标高，装饰工程是无法进行的。

6. 建筑装饰剖面图及室内装饰立面图是表示整体概括性的图纸

建筑装饰剖面图及室内装饰立面图，它们不属于详图范围，只是表示整体概括性的图纸。它们必须配合施工节点详图，才能把一个局部图纸看懂、看明白。整体性的图纸，提供的内容只能解决整体性尺寸、概括性问题或是一个局部性问题。如地面方格是 500×500 一个，整个地面用多少块一定要进行计算，木地板及木墙裙，或是面砖墙裙的具体数量只能先从整体性图纸中读到长乘高或宽乘高的总尺寸，然后根据总尺寸再计算出具体用量或块数。

7. 实体装饰与虚体装饰的差别

实体装饰在装饰图中表现为做在墙体上，楼板上下皮，楼板上表面的楼面和楼板下皮的吊顶棚，它们都固定在主体构件上。而虚体装饰都是可移动的装饰，如桌、椅、茶几、沙发、盆景、字画、窗帘、台灯等。装饰专业图表现的就是这两方面的内容，看图时应会进行区分。

8. 装饰专业图中表现内容的差别

阅读装饰专业同时，数量画得很少的内容，工程量反而是很多的，数量完整的内容，反而是最少的。如地面和顶棚只画两条水平线，工程量则是整个房屋面积；窗帘盒的侧面只是一个小矩形，实际它是很大的一个矩形；墙体上挂有一张画，尺寸是 2000×550(mm)，而它的侧面仅是一条线。

9. 剖切符号与索引号的差别

剖切符号表现为三项内容，即切的位置、投影方向和剖面图名，画出的图是固定没有灵活性的装饰图(见图 4-19)。而Ⓐ的装饰立面索引号只表现朝向，尤其是地面上的家具、陈设表现多一点、少一点都可以，具有一定的灵活性(图 4-24)。

10. 前后层次关系

装饰剖面图或立面图表现出的内容，就像是在一个平面内，实质上它们是有前后距离的，如前边的物体挡住了后边的物体，前面的物体要画完整外形，而被遮挡住的后边的物体，只能画出露着的部分。平面形状是刀把形的房间，墙体有前边和后边之分，在装饰图中会产生一条竖直线条(图 4-24、图 4-31 和图 4-32)。

11. 装饰剖面图与立面图多数不突出主体构件

图 4-19 和图 4-20 是两个实体剖面图，能看出部分实体构件，如墙、柱、楼板。在它上面有注写的实体装饰名称，如地 48、裙 41、内墙 117、棚 69、外墙 115、屋 52 等。图 4-21 到图4-34是室内装饰立面图，上面突出主体构件的却很少，有墙体上的门窗剖面，而绝大部分没有画楼板或坡顶内部承重构件，只注有地 48(500mm×500mm 水泥花砖地面)、棚 69(吊顶棚及石膏阴角线)。

12. 文字说明的重要性

在装饰剖面图和室内装饰立面图中，只用图例画图，没有数字、标高和文字说明，是不能发挥任何作用的。数字和标高前面已强调了重要性，若没有文字说明，装饰将无法实现。如柚木地板和踢脚线、白色立邦漆水乳型内墙面、轻钢龙骨铝合金吊顶骨架、吊装 TK 板、表面做宫粉色装饰面层等，这样的文字说明如不进行注解，将很难知道图纸上的两条细线是什么意义。

读图注意事项，只是强调学员在自学过程中，应学会怎样阅读装饰剖面图和室内装饰立面图。它虽然与阅读方法有些相似，但全是为增加学员自己如何学会看图、怎样入手、怎样看懂像是一个平面上的、但又具有层次感的、前后有距离的、各种方向的装饰立面、剖面图。

第四节　建筑装饰立面图的识读

建筑装饰立面图指的是建筑外观应做哪些装饰，有的包括室外场地和散水。本节只强调建筑自身表面装饰，包括台阶、勒脚、外墙面、阳台栏杆、檐口、门窗和屋面。下面将从五个方面：用途、成图原理、内容、阅读方法、注意事项讲述本节内容。

一、建筑装饰立面图的用途

提供建筑外观艺术造型和特征，表现外装修效果，按照所给数据、标高、装饰做法名称，会进行阅读，并为以后从事建筑外观装饰工作奠定理论基础。

二、建筑装饰立面图的成图原理

图 4-35 是别墅建筑全部外观的纵向和横向成图原理。从图中可以看到，它是按照第

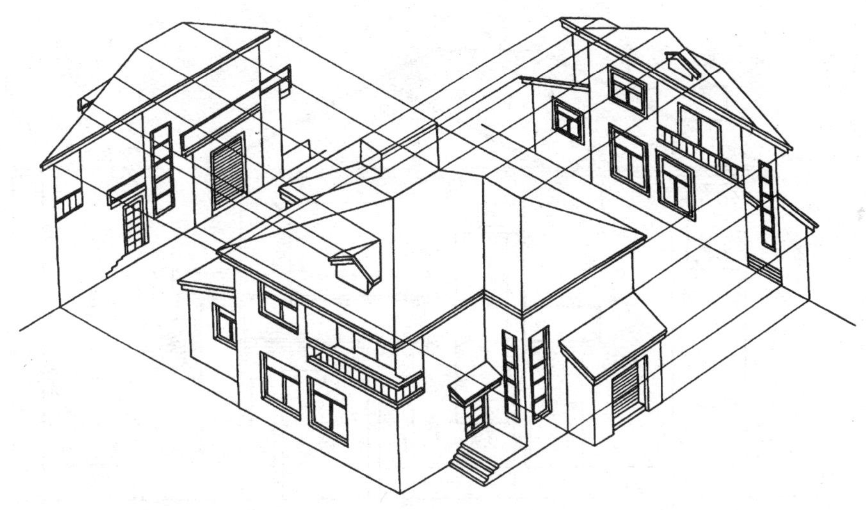

图 4-35　纵横立面成图原理

二章中三面正投影图的形成原理绘制的房屋建筑正投影图。这个图中只表现了纵向和横向两个建筑外观的形成原理，还有另外两个外观表面的成图原理，学员可依照本图以此类推，将房屋建筑掉头 180°，成为现图状态，再作出另外两个立面的成图原理。

从成图原理中可以看出，建筑本身是二层楼房、坡顶屋面并有天窗，下大上小，并有一层二层之分，造型有突出后退，二层还有阳台，一层低矮部分都是单坡屋面。

三、建筑装饰立面图的内容

建筑装饰立面图可以表现出建筑造型、建筑风格、建筑特征，具有艺术魅力，它是一个艺术品。它的外观全部装饰做法更能体现出它的艺术价值。图 4-36 是建筑立面图，在图中可表现出下面这些内容。

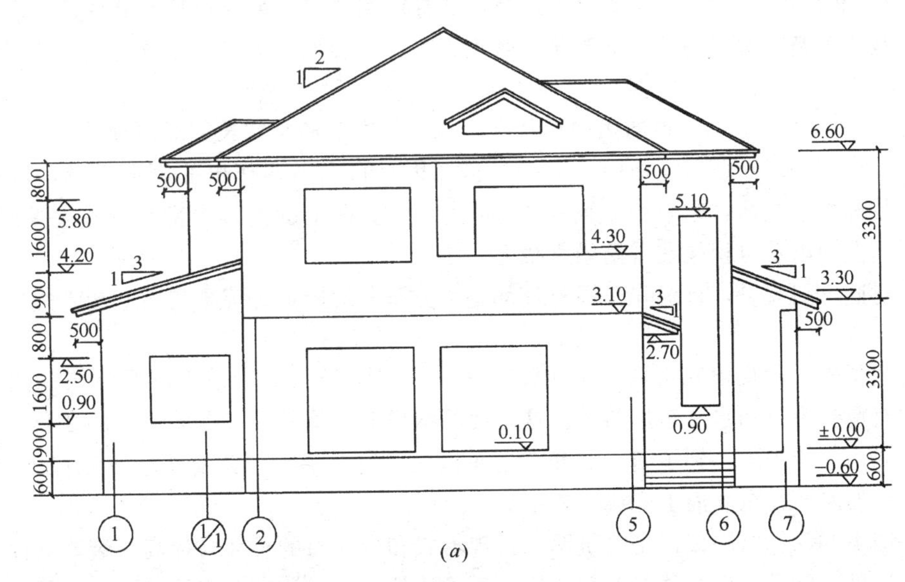

图 4-36　建筑立面图（一）

(a)南立面图(1∶100)

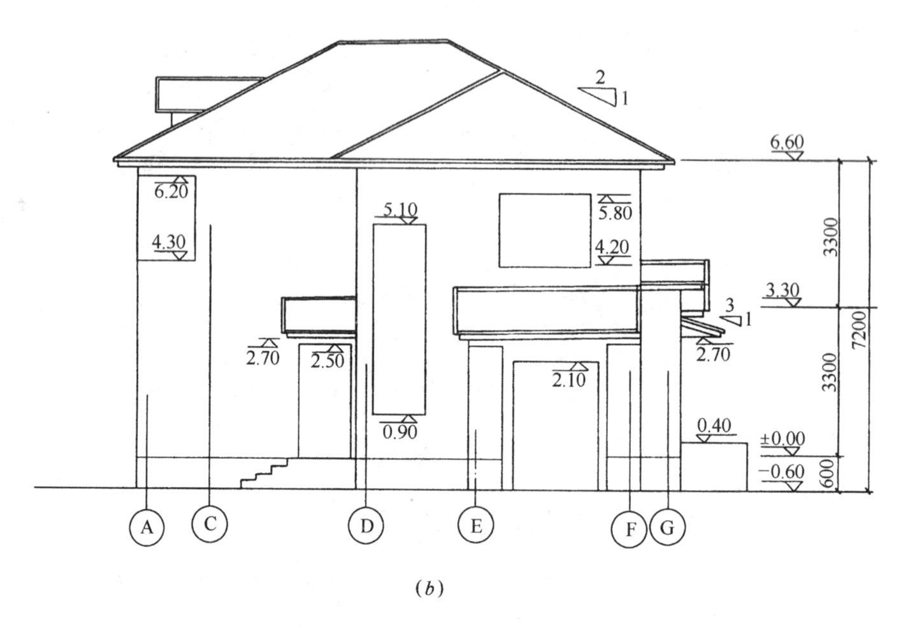

(*b*)

图 4-36　建筑立面图（二）

(*b*)东立面图(1∶100)

1. 建筑立面图应表示的内容

(1) 外观造型。从图 4-35 中可以看到建筑立体造型，它是一座别墅式二层建筑，平面形状是多边形，到二层收缩变小，四坡屋面有天窗。从投影图的形成中能看出只画了正立面(即南立面)和侧立面(即东立面)，且全部是直线条和斜线条。

(2) 立面形状。

1) 图 4-36(*a*)是南立面图(1∶100)，其首层和二层外观形状基本上是长方形和直角梯形，从屋顶及单坡屋面看，有等腰三角形、平行四边形，天窗正面是五边形。屋面坡度分别是 1◸(2) 和 1◸(3)。窗的正面形状有扁长状长方形和竖式长方形两种。

2) 图 4-36(*b*)是东立面(1∶100)，该图因是自东向西作出的侧面投影，房屋该面朝东，故称为东立面，它与南立面相差 90°角。南立面上的内容全部积聚在左侧铅直线上，北立面上的内容也积聚在右侧铅直线上。

对照本图观看，首层和二层外观都是长方形，坡屋顶有等腰三角形和六边形，天窗侧面是直角梯形和直角三角形。屋面坡度是 (2)◹1 和 (3)◹1。台阶形状是锯齿多边形。门窗形状有瘦长矩形和水平矩形两种。这里要特殊说明一下的是，屋面形状的变化，从图4-35上的立体图能理解，到了南立面和东立面积聚成这个形状，就要从形成原理中找到答案；还有单坡屋面在东立面上变成了矩形。

图 4-36(*a*)和(*b*)仅仅是建筑图的表现形式和应注写的尺寸与标高，装饰立面图后边再讲。这里主要是先把立体状态和投影关系搞清楚，因为施工图都画成这个样子。

(3) 图内应注写的内容。南立面图和东立面图投影作法相同，注写内容相同，当然也有些差异。南立面图上的轴线号，自左而右是①、(1/A)、②、⑤、⑥和⑦，而东立面图上的轴线号，自左往右看是纵向轴线号Ⓐ、Ⓒ、Ⓓ、Ⓔ、Ⓕ、Ⓖ。由此可见，注写了轴线号，我们讲的一些内容，就要以它为标准。两个图尺寸数字与标高，有的相同、有的地方有差异，原因是相同的部位、相同的高度、尺寸数字与标高会相同，不在同一个墙面上，纵墙与横墙是不相同的。

2. 建筑装饰立面图应表示的内容

建筑装饰立面图是在建筑立面图上增加了装饰图例和材料做法。它的表现形式有两种，一种是用材料做法简称注写在图内，另一种是直接写出用什么材料进行装饰。

(1) 用材料做法简称注写在图内。图 4-37 是建筑装饰立面图，但它是按材料做法简

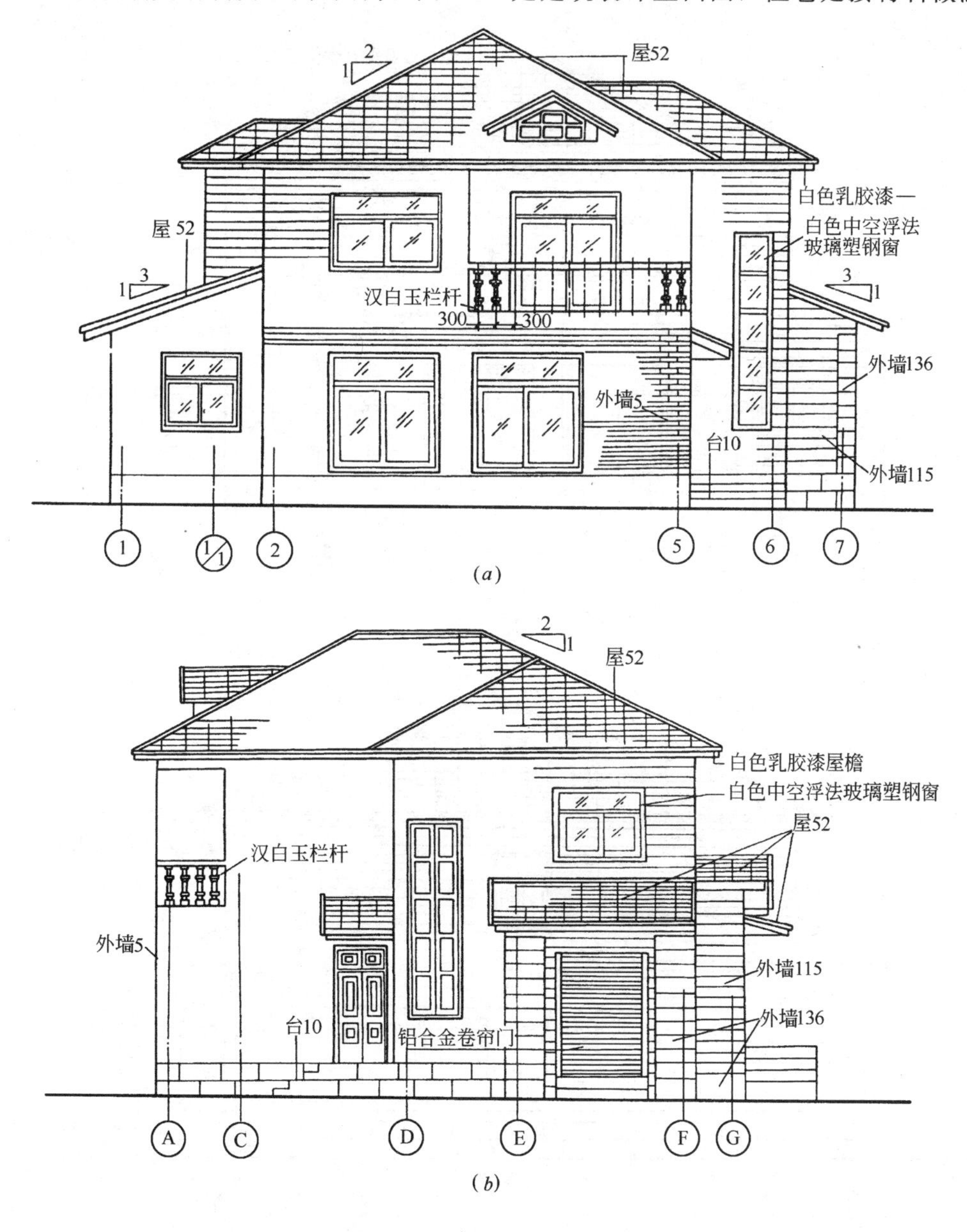

图 4-37 建筑装饰立面图

(a)南装饰立面代号注法(1∶100)；(b)东装饰立面代号注法(1∶100)

称写法注写在图内的。这里的材料做法简称有：台 10、外墙 5、外墙 115、外墙 136、屋 52。其余有汉白玉栏杆、白色乳胶漆、白色中空浮法玻璃塑钢窗和铝合金卷帘门。

图中还画有外观装饰线及分界，可用图 4-37 对照图 4-36，比较出建筑装饰立面图与建筑立面图的差别。

(2) 写出具体材料做法名称的装饰立面图。图 4-37 中有五个材料做法简称，若想知道它们具体怎样做法，需要先查阅国家标准 88J1 工程做法通用图册和 88JX1 综合本通用图集。在通用图集中查到这些简称，再按规定顺序层次进行施工。

图 4-38 到图 4-41 是写出具体表面层装饰名称的四个装饰立面图。

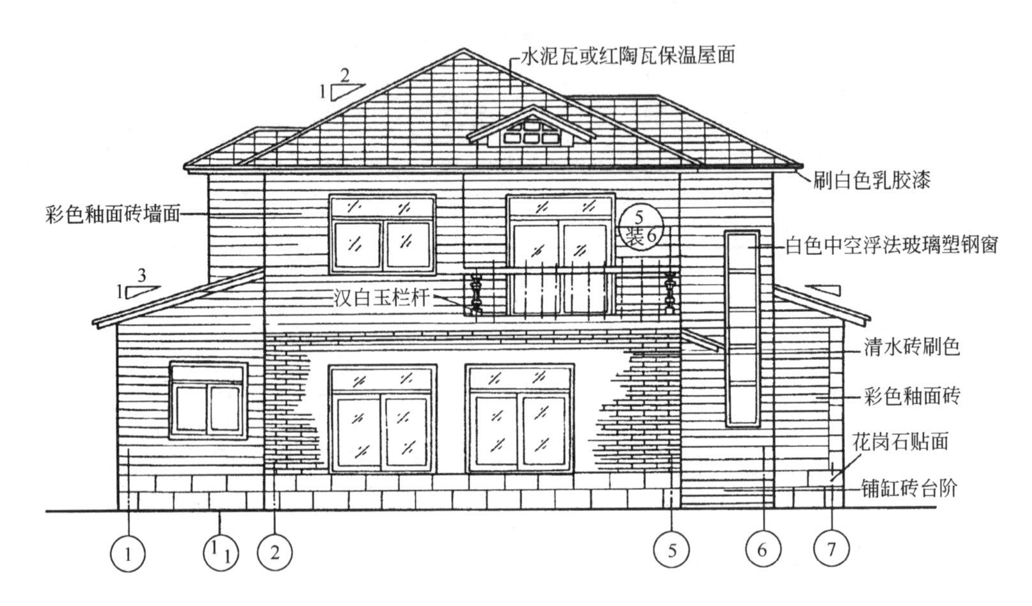

图 4-38　装饰南立面图(1∶100)

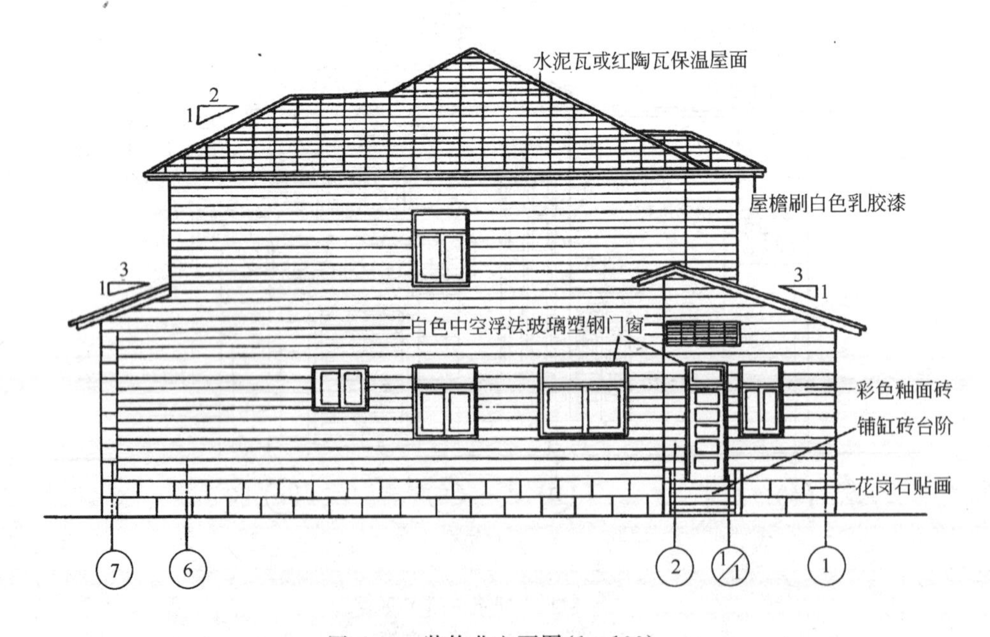

图 4-39　装饰北立面图(1∶100)

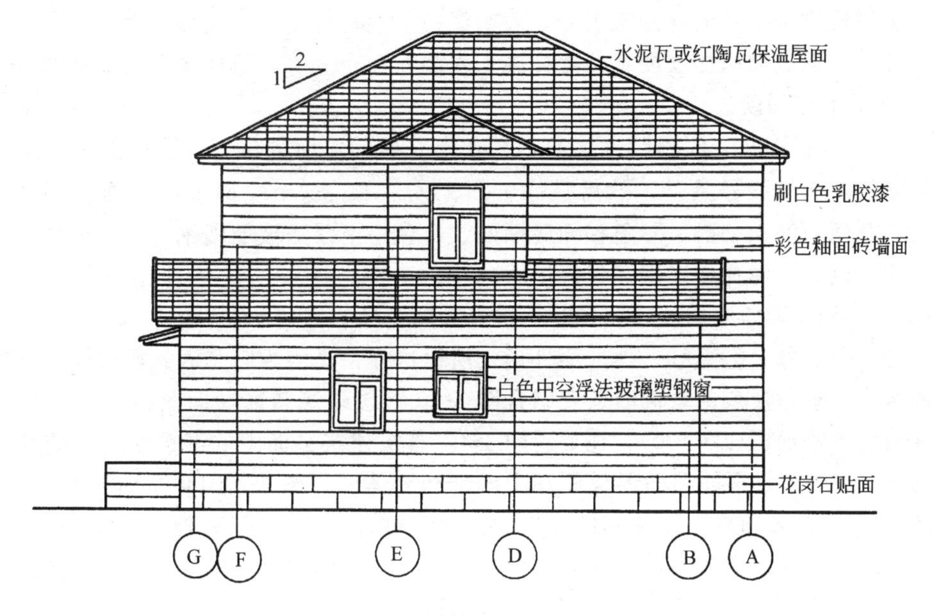

图 4-40 装饰西立面图(1∶100)

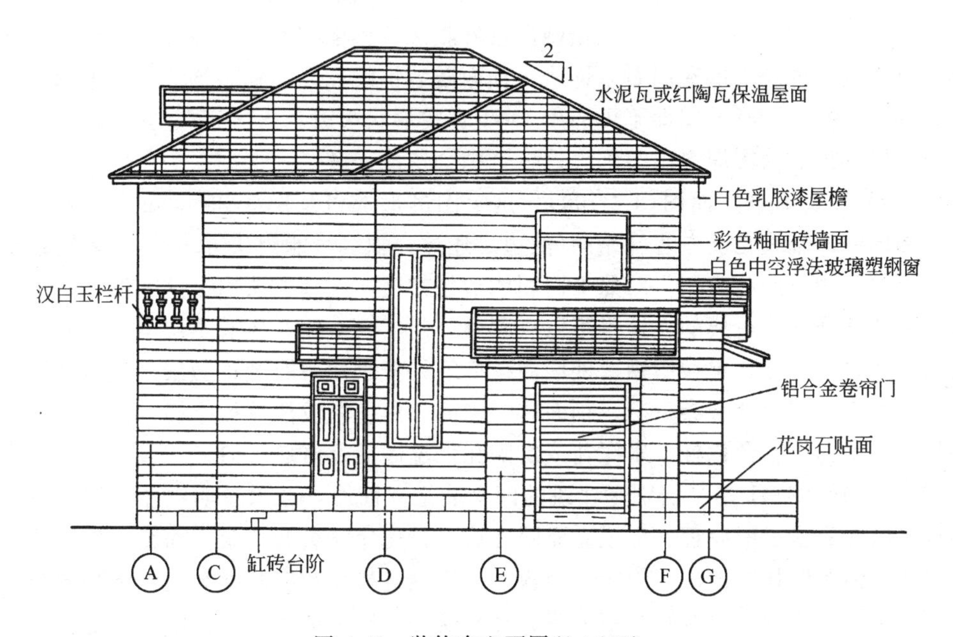

图 4-41 装饰东立面图(1∶100)

从图 4-38 装饰南立面图(1∶100)中可以看到它与图 4-36 和图 4-37 的不同，这里不但画出了南立面各部位的分界线，还画出了使用装饰材料的图例符号，再通过指引线写出不同分界面内的表层装饰材料做法，看图者明确，施工人员也可一目了然。如原来写的台 10 表明台阶表层装饰材料做法是铺缸砖面层，外墙 5 是清水砖墙刷色浆，外墙 115 是彩色釉面砖墙面，外墙 136 是花岗石贴面墙面，屋 52 是水泥瓦或红陶瓦保温屋面。其余和图 4-37 中已注写了材料做法名称的相同。这个图上还有一个特殊符号，$\frac{5}{装6}$ 写在了指引在汉白玉栏杆中轴线处的详图索引号，表明汉白玉栏杆需要画出具体放大样详图⑤，并注具体尺寸，写明表面粗糙度要求，怎样施工安装在阳台上等质量要求。而且详图⑤，要到“装 6”图纸上去阅读。

图 4-39 是装饰北立面图(1∶100)，它在南立面的对面部位。从下面的轴线编号也可看出，它的左起轴线号是⑦，然后是⑥、②、1/1、①。这个立面上的装饰做法有：铺缸砖台阶、花岗石贴面勒脚、彩色釉面砖墙面、白色中空浮法玻璃塑钢门窗、屋檐底檐用白色乳胶漆涂刷、水泥瓦或红陶瓦保温屋面。

图 4-40 是装饰西立面图(1∶100)，首先看轴线号的排列，Ⓐ纵向轴线是从右边开始，依次是Ⓑ、Ⓓ、Ⓔ、Ⓕ、Ⓖ。西立面外形之所以这样，是因为它是人站西边向东面对二层别墅建筑作正投影形成的，同时还要结合图 4-10 首层建筑装饰平面图(1∶100)和图 4-12 二层建筑装饰平面图(1∶100)，还要看图 4-4，首层建筑平面图的形成原理中的剖切立体图和图 4-5 二层建筑平面图的形成原理中的剖切立体图，图 4-6 屋顶平面图的形成原理，以及图 4-19 建筑装饰纵剖面图和图 4-20 建筑装饰横剖面图，只有把这些图综合到一起，才能在头脑中形成二层别墅建筑的立体形象。有了立体形象，它的外观各个立面便能清楚知道，而且立面图上每一条线画在何处都应知道。

图 4-40 上的外观装饰有勒脚用花岗石贴面，外墙面用彩色釉面砖贴面，外窗用白色中空浮法玻璃塑钢窗装饰，屋檐底檐刷白色乳胶漆，屋面用水泥瓦或红陶瓦保温屋面。从图上还可看到，外观上的花岗石装饰线、釉面砖装饰线和屋面瓦装饰线，仅管它与真实状态有距离(因为 1∶100 的图面不可能用 1∶1 真实形状去表示)，但看起来还是很形象。通过比较可以知道装饰图应突出装饰表达，否则会造成误解。

图 4-41 是装饰东立面图(1∶100)，这个图的形成可从图 4-35 中知道。从轴线位置看，它的纵向Ⓐ轴线是从左边开始的(前边讲述过，轴线号能辨认方向)。从粗线地平线往上看，建筑外观有凹凸变化，对照平面图能清楚知道，屋顶之所以是这个形状，也是由于下边房屋的凹凸变化造成的。这里可以看到两个门、两个窗，还有二层阳台侧面、北立面门的入口及台阶挡墙、单坡屋檐。外墙面装饰线处分别注写有装饰做法，包括勒脚用花岗石贴面、汽车库用铝合金卷帘门、釉面砖外墙面、白色乳胶漆屋檐下檐、白色中空浮法玻璃塑钢窗、汉白玉阳台栏杆、水泥瓦或红陶瓦保温屋面及缸砖台阶。

图 4-38 至图 4-41 是二层别墅建筑的四个装饰立面图，若想看明白并会把每一个细部讲出来，应先看懂成图原理。形成立面图之后，首先应学会看建筑立面图，然后再加上装饰图例和具体装饰材料做法。为能达到施工，应检查尺寸数字及标高是否注写齐全。不完整的部分是否有详图索引号及文字说明。凡是能够指导装饰施工的图纸，一定在表达上是完整无缺的，若有一些不可避免的缺欠，也应知道从何处弥补回来。四坡屋面的形状，是一个有难度的正投影图，要能对它讲出为什么是这种形状，怎样装饰挂瓦，全部装饰材料的工程量是多少。看图不能走马观花，要仔细把每一项装饰内容讲准确、讲到位，真正把装饰立面图看懂。

四、装饰立面图的阅读方法

1. 看图名

阅读图纸，首先应看图名，知道阅读的建筑名称(二层别墅建筑)，知道是哪个朝向(南立面还是北立面)。

2. 看比例

知道图与实物相差的倍数，以确定图纸的详细程度和清楚程度。

3. 看轴线号

图纸轴线号如果是以Ⓐ、Ⓑ、Ⓒ命名的，则表示东立面；若是以Ⓖ、Ⓕ、Ⓔ、Ⓓ命名的，则表示西立面；若是以①、②、③命名的，则表示南立面；若是以⑥、⑤、④命名的，则表示北立面。而且，如轴线号之间有缺位不连续的轴线号，其中间部位是平整的外墙；若中间两个轴线号连续，则表示这里有凸出或凹入变化。分别见图 4-38 至图 4-41，不管是一层，还是二层，均可看到上述情况。轴线号有纵横之分，可变别方向。

4. 看表面装饰

如果是简称写法，台 10、外墙 5、外墙 115、外墙 136、屋 52 这样的写法，还要查阅标准图册，看简称到底是哪种具体材料做法名称和构造层次。若是直接写出表层材料做法，如缸砖台阶、花岗石贴面、釉面砖墙面、清水砖墙表面刷色浆墙面、红陶瓦保温屋面、白色乳胶漆屋檐、汉白玉栏杆、白色中空浮法玻璃塑钢窗、铝合金卷帘门等这样的具体名称，也应注意构造层次和质量标准。

5. 看具体尺寸和标高

只有表面材料做法还不够，应做多大面积，高度做到何处，需要看建筑立面图上的尺寸数字和标高，只有提供数字才能算出具体工程量。

6. 看文字说明或提供的国家标准及质量验收标准

装饰图可用尺子、仪器帮助画成图形，一般都很形象美观，但这只是纸面上的标准。工程做好后，能达到什么标准、允许多少误差，这就要执行国家标准和完工后的验收标准，以此来检验是否能达到客户要求。

五、建筑装饰立面图读图注意事项

建筑外观装饰图，虽面积较大，但比室内各立面图要简单一些，它在图面上、完工后都能给人以直观感受。阅读时应真正读懂，要把图纸为什么画成这个样子讲出来，特别是表面上的做法名称、装饰后的颜色搭配等各种各样的问题，都应引起注意，现总结如下：

(1) 装饰立面图只能表现长乘高或宽乘高两个尺寸，凸出、凹入部位只能靠线条来区分，一般用粗实线来表示。某一局部整个形状若被粗实线框起来，则不是凸出，便是凹入。凸出凹入多少尺寸，只有结合平面图阅读才能知道。因为立面图是根据平面图画成的，阅读立面图时，头脑中必须有它的平面位置形象，这样才能知道这里为什么这样画。因此，阅读装饰立面图时，不能孤零零地阅读，一定要找到平面图中的相应位置，这样才能读出对应关系。

(2) 装饰立面图中的轴线，可以表现出装饰立面图的朝向。平面布置图上的轴线安排是有规定的，横向轴线定为自左开始向右排列，左边第一条轴线为①，向右依次为②、③、④、⑤…，两个主轴线之间若有插入的分轴线号，要以前边一条轴线为主命名，如②、③轴线之间插入一条分轴线，命名为(1/2)，不要命名为(1/3)；若⑤、⑥轴线之间插入一条分轴线，命名为(1/5)。纵向轴线在平面布置图上的排列要自下向上，即按Ⓐ、Ⓑ、Ⓒ排列，若有两条主轴线中间需要插入分轴线，仍然要以前一条轴线为主命名，如Ⓑ、Ⓒ轴线中间插入两个分轴线，要依次命名为(1/B)和(2/B)。从前边的插图中可以感受到轴线号的排列和作用，见图 4-36 至图 4-41。它们不但占据了四个朝向，而且轴线号也随之变化。

(3) 装饰立面图上的比例多为 1∶100，表面的装饰线均可示意画出，能给人以不同效果的感受。但是也有不能全部表示清楚的部位，如图 4-38 中的二层阳台，汉白玉栏杆外观式样，绝对不符合施工要求，也没办法去做，必须再根据详图索引号 $\frac{5}{装6}$，在装 6 图纸上查阅到详图 5，看清楚汉白玉栏杆的具体形状和尺寸，以及对表面的加工质量要求、中心线距离和上下怎样连接等。类似这样的问题，如天窗单坡雨篷挑出尺寸、雨篷宽度尺寸，凡是无法施工下去的部位，都说明存在问题，假如没有提供局部详图，这便是不完整、不到位的装饰图。不要只看图画得不错，还清楚，就算明白了，一定要看它能否作为指导装饰施工的标准。作为课本，一般只把类似不完整的部位举出一两个示例即可，不可能把一套完整的装饰施工图拿来。

(4) 装饰立面图画出来是为指导施工，施工依据是它的完整性，这里边是从图 4-36 到图 4-41 分别表示的，若把它们都充满到一个图上，这个图可能就看不清楚了。因此，阅读者要把各图之间应该互相补充的内容，集中到一个图内，这个图才是完整的，但实际看图时都是要互相补充的，一个图不可能解决所有问题。

(5) 画出装饰立面图，是为了将装饰材料装修在建筑表面上，表面上共有几种装饰做法，每种做法的面积是多大，它们分界在哪里，应该看清楚。图 4-36 至图 4-41 各方向装饰立面图上共有九种做法，包括屋面装饰红陶瓦、屋檐下皮周边刷白色乳胶漆、清水砖墙刷色浆墙面和釉面砖墙面、花岗石贴面勒脚、铺缸砖台阶、汉白玉栏杆、白色中空浮法玻璃塑钢门窗、铝合金卷帘门等。如屋面上装饰红陶瓦，它的面积是全部四坡屋面和单坡屋面，也包括天窗上表面，由于它是坡顶，需要把坡顶每块实形面积计算出来，全部加在一起才是总面积，若将四个立面图上的屋顶面积加在一起肯定算少了许多。学员可自己把九种实形面积计算一下，把数量算对了，也代表把图看懂了。

(6) 尺寸和标高是计算工程量的重要依据。第五条中提到的各种材料做法，若都计算出面积，只看按比例画的图形不能当作计算依据，必须根据图旁边注写的尺寸数字和标高才能计算准确，尤其屋面还要考虑到屋面采用坡度 $\overset{2}{◺}1$ 和 $\overset{3}{◺}1$，就是把全部面积计算准确了，也还要根据每平米需用几块瓦，再计算出红陶瓦总块数才算完。同样，墙面上贴釉面砖，也同样应先计算出总面积，之后再计算出釉面砖总数量才算计算完毕。由此可知，看图目的有多种含义，应先学会看图，再学会计算工程量。若是施工人员，他需要指挥工人把房屋建造起来，还要把表面装饰起来。若是材料员，主要工作是看图计算出全部工程量，按时买来足够施工的全部材料。若是会计员，要会根据工程量，按照市场价格，计算出需要花出多少资金才能买回全部装饰材料，此外还要计算出工人数量是多少，多少天完成这些装饰工程，给他们开出的工资是多少。学员可以想想，看图含义有多少，自己是从事哪种工作的人员，应该从哪个角度去看图，最终达到自己的目的。

以上 6 条，仅仅是从图面上提示到的注意事项，实际工作中恐怕还有许多意想不到的注意事项，这就要在实践中不断探索、积累和总结。由此可以看出，装饰图包含着十分丰富的内容，是一项非常复杂的工作。在实践中，经常会遇到的大工程、复杂的施工图，只有从学会看图入手，强制自己一点点深入，最终才能完成自己要达到的工作目的。

第五节　建筑装饰施工详图的识读

本章中的前四节介绍了装饰总平面图及绿化布置图、建筑装饰平面布置图及天花平面图、建筑装饰剖面图、室内立面展开图和建筑装饰立面图。这些图拿去施工，只能解决整体性尺寸，环境范围涉及的大方面问题，用它们去作定位，控制整体尺寸，确定局部面积内要解决的问题，是能够办到的；若用它们作最细微的具体施工，则办不到。原因是它们的比例均较小，图形多数是按图例示意性符号绘制的，而尺寸数字及标高、材料做法层次等均注写不到最细微的程度。要解决全方位、完整的装饰施工问题，上面四节各项图纸是非常必要的，也是不可缺少的，再配合上能解决具体施工的详图，便可形成全面的、完整的、能解决一切问题的装饰施工图纸，如楼梯详图、厨房和卫生间详图、隔断隔墙详图、吊顶棚、楼地面、台阶、窗帘盒、挂镜线详图等。这些将在以后的建筑装饰构造中做详细的介绍。本节只对楼梯详图的识读做介绍。

一、楼梯间装饰图

楼梯在整个楼房内占据一个房间，称为楼梯间，它自身就是完整的一套内容，需要绘制的装饰图包括平面图、剖面图和节点详图。这里先讲楼梯建筑图，再讲楼梯装饰图，之后再扩大一下范围，讲楼梯的各种形式和一些具体细节表达方式。

1. 楼梯建筑图

图 4-42 是楼梯建筑图，它表现的仅是楼梯主体构件，涉及主要尺寸、标高、材料剖面图例等。下面先分述一下楼梯建筑图的内容。

(1) 首层平面图。本图是从图 4-7 中，把属于楼梯间的这个部分提取出来画成的放大图，以便把应表现详细的内容，画得更清楚。

1) 轴线平面位置。楼梯间在图 4-7 中的平面位置是，占据的纵向墙体轴线编号是Ⓓ和Ⓔ，横向墙体轴线编号是④和⑥，按照这个位置只把楼梯间平面提出来，并用折断线把不属于楼梯间的墙体断去。

2) 画出梯段和台阶平面位置。原第一梯段靠近Ⓓ轴线墙体一侧，台阶在Ⓔ轴线墙体一侧，与图 4-7 中平面位置完全相同，只是图形大了清楚了，折断线仍画在原位置，第一段踏步数是按全部数量绘制的，以折断线为分界，起步一侧为实线，另一侧为虚线总数量是 12 条，表示第一段共上 12 步。台阶一侧，第一个起步台阶与梯段第 3 级重合，即由这里开始下 3 步台阶。

3) 注写前进方向。梯段处画有一个箭头，并在末端写有“上”，表示站在地面上向平台前进向上走。台阶部位画有一个箭头，并在末端写有“下”，表示站在地面上，向下方前进只下 3 步台阶。

4) 注写踏步尺寸。平面图内纵向轴线Ⓓ和Ⓔ之间的尺寸写有 2400，横向轴线④、⑥之间的尺寸是 4500。踏步尺寸从墙内皮之间算起，墙内皮距轴线均为 120，中间写的 1100，表示踏步板宽是 1100，旁边的 1160，是台阶长度尺寸。在横向轴线④和⑤之间，自左向右分别写有 100，100，11×280=3080，1100 和 120，第一个 100 表示Ⓓ轴线墙表面到④轴线之间留有 100 净距离。第二个 100 表示梯段踏步起步位置距墙面是 100。接续的 11×280=3080，11 是间距数量，也表示踏步脚踩面宽是 11 个，每个面宽是 280，11 个面宽共 3080。

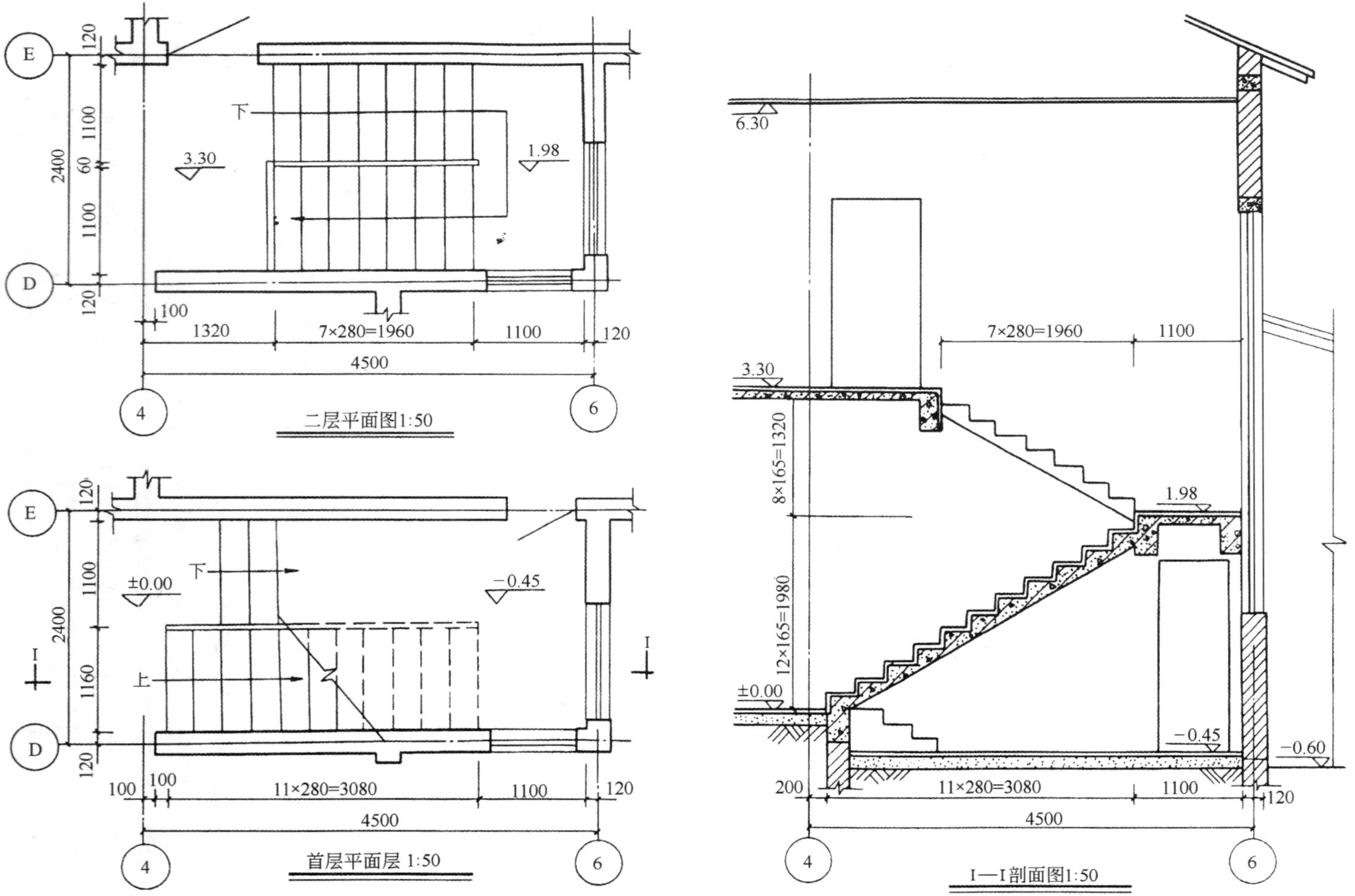

二层平面图1:50

首层平面层 1:50

I—I剖面图1:50

图 4-42　楼梯建筑图

1100是休息平台宽度尺寸。120是墙内皮距⑥轴线尺寸。这里应指明11×280=3080中，11是间距数，而线条数量是12，即上12个踏步，才能走到休息平台表面。

5）注写标高。从平面图上看，共有±0.00、−0.45两个标高。±0.00是首层地面为零点的相对标高。−0.45是以±0.00为标准，由于下3步台阶，这里的地表面标高是−0.45。

6）表示剖切符号。第一梯段两端画出的Ⅰ ┼— —┼ Ⅰ，叫作剖切符号，表示将第一梯段假设纵向切开，然后向3步台阶方向看图，这个剖面图名叫Ⅰ-Ⅰ。

7）次要内容。靠近⑥轴线墙体的Ⓔ轴线墙体上开有一扇右向内开门，从图4-7中可以看出，它是通向汽车库的内开门。⑥轴线墙体上和Ⓓ轴线墙体上，各有平开窗一个，它们的宽度尺寸见图4-7，分别是1200和900。

（2）二层平面图。图4-42楼梯建筑图中的二层平面图，表示站在二层表面以上向下作的楼梯二层平面图，它的重点是表示两段楼梯踏步数量及楼层和休息平台标高、踏步具体尺寸等。内容具体如下：

1）轴线平面位置。因为是在首层平面上边，故纵横轴线与首层完全相同，对应一致。

2）梯段与平台。站在二层楼面上向下看，看到的内容包括二层楼面、休息平台、两段楼梯及踏步数量、梯段与平台和楼面之间的搭接关系。它与首层有明显差别，踏步数量减少，而且两边数量均是8条线，7个间距。

3）前进方向。二层的前进方向上，只有一个带拐弯的箭头前进指引线，并在末端写有“下”，表示站在这里，是向平台和首层方向前进，并且是向下走。

4）踏步尺寸。二层平面轴线之间的尺寸，纵向、横向均与首层相同，踏步起步位置与首层有明显差别。从④轴线方向看起，有1320、7×280=1960、1100和120四个连续数字。1320表示这段距离是二层长方形楼面。7×280=1960表示从长方形楼面按箭头指引线向下走8步到1100长方形休息平台，然后再按箭头指引线接续向下走，到一层地面±0.00，看起来似乎是走8步便终止了，实际不是，这要首层、二层并在一起阅读，它们从④轴线起步位置的±0.00处看起，首层第一段楼梯踏步共有12步，被二层楼板挡住4步，待到Ⅰ-Ⅰ剖面图时，便可看到这种关系。和休息平台1100接续的120是内墙皮到⑥轴线之间的距离。这里一定要清楚首层平面是从什么位置表示的，二层平面是从什么位置表示的，它们相差一个楼层平面高度，这是要明确的。人在楼梯间踏步板上下行走，一定很顺利，看图纸，要一层一层进行表示，因为每层之间会有差别。看图纸要联系实际，不能死记硬背。楼梯式样很多，画出的图纸，有相同表示，也有不同差异，后边将把各式各样的楼梯以及局部情况，简单作些介绍，以开阔眼界。

以上是④轴线到⑥轴线之间的细致尺寸，Ⓓ和Ⓔ轴线之间的细致尺寸，可自Ⓓ和Ⓔ方向阅读，分别为120、1100、60、1100和120。两个120表示内墙皮到Ⓓ和Ⓔ之间的尺寸，中间的60表示两段楼梯之间有60空隙，1100分别是上下两段楼梯段宽度尺寸。

5）表示标高。二层平面上有两个标高，3.30表示二层楼面标高，1.98表示平台表面标高，从1.98上到3.30共有8步，若看间距是7个280，意义前边已多次提到。

6）其他内容。自首层向上延续的Ⓓ轴线墙体和⑥轴线墙体上的两个窗，表示在同样位置，Ⓔ轴线墙体上开有一个单扇门且靠近④轴线一侧，它是在 $\underset{\triangledown}{3.30}$ 楼面上开设的一个左外开单扇门。这个楼梯间称为是开敞式的楼梯间，因为④轴线没画墙体封住。

（3）Ⅰ-Ⅰ剖面图。Ⅰ-Ⅰ剖面图是根据首层平面图上第一段楼梯中间纵向表示的 Ⅰ ┼ ┤ Ⅰ 剖切符号，按投影看图方向画出的剖面图。第一段楼梯是被切到的剖面，第二段楼梯和首层部位下行的 3 步台阶均画的是外形，此外还有Ⓔ轴线墙体上、首层位置靠⑥轴线一侧墙体上的门正面、二层Ⓔ轴线墙体靠近④轴线一侧墙体上的门正面，它们都属于看到但未被切到的内容，顶棚和坡顶这里只画了下皮和斜坡，它们也属于剖面，这是概括形容本图，具体表示如下：

1）轴线。剖切位置正好切到④和⑥轴线上，因楼梯间是开敞式，④轴线没剖到墙体，而⑥轴线切到了窗和墙体。④和⑥轴线与首层平面及二层平面轴线号完全一致。

2）剖面与外形。Ⅰ-Ⅰ剖面图重点表示的是被剖到的第一段 12 步楼梯、休息平台、二层楼板、梯段上下两端搭接的横梁、一层地面、第一段楼梯下边降低的地面、⑥轴线墙体及窗剖面、窗上边的过梁、圈梁剖面、顶棚剖面和坡顶剖面。

未被剖到的首层地面到降低地面衔接的 3 步台阶，首层靠近⑥轴线墙体的门正面，第二个梯段外形的 8 个踏步以及二层楼面靠近④轴线的门正面，这些内容均应对照首层及二层平面进行阅读。

3）材料图例。图中第一段楼梯踏步板、休息平台、二层楼板及梯段搭接横梁内画的均是钢筋混凝土图例，⑥轴线墙体窗剖面顶部的过梁及圈梁也是钢筋混凝土图例，⑥轴线墙体是砖墙剖面图例，下端在降低地面下边一点墙上有一条黑线表示防潮层，第一梯段起步横梁下端也是砖墙剖面图例，两个不同高差地面均为面层地砖，粘结砂浆和 3：7 灰土及夯实土壤图例。顶棚及坡顶因涉及层次较多，只是示意性表示的剖面。

4）尺寸数字。图内重点数字应是两个梯段长度及踏步数量和宽高尺寸，水平段下端有 11×280＝3080，上端有 7×280＝1960，这是脚踩踏步面宽尺寸，表示每上一个梯级脚踩面宽是 280。上下两个 1100 均是平台宽度尺寸，其余的 200 和 120 是以轴线为准的相对距离。每个踏步高度尺寸见④轴线左边的 12×165＝1980 和 8×165＝1320，表明第一段楼梯共 12 步，第二段梯段共 8 步，一层到二层共上 20 个踏步，每个踏步高均是 165。④到⑥轴线尺寸是 4500。

5）标高。这里重点是首层地面标高 $\underset{\triangledown}{\pm 0.00}$、休息平台标高 $\underset{\triangledown}{1.98}$ 和二层楼面标高 $\underset{\triangledown}{3.30}$。其余有首层降低地面标高 $\underset{\triangledown}{-0.45}$、二层顶棚标高 $\underset{\triangledown}{6.00}$ 和⑥轴线墙体外侧室外地面标高 $\underset{\triangledown}{-0.60}$。

以上是图 4-42 楼梯建筑图，若想把它了解清楚，必须阅读首层、二层平面图，它表现了不同高度的两层平面长、宽两向尺寸，虽然图中也有标高，但不易理解清楚和准确，可根据Ⅰ-Ⅰ剖切符号，画出Ⅰ-Ⅰ剖面图，三个图互相对照阅读。应明确各部位整体及细部的内容和尺寸以及对应标高表现位置、楼梯剖面使用的材料。

2. 楼梯装饰图

楼梯装饰图是在楼梯建筑图的基础上，增加了装饰图例，并注写了必要的尺寸和详图索引号，以区别楼梯装饰图和楼梯建筑图的不同，明确楼梯装饰图要比楼梯建筑图掌握更多的内容，通过对比看出两图差异。

图 4-43 是楼梯装饰图。

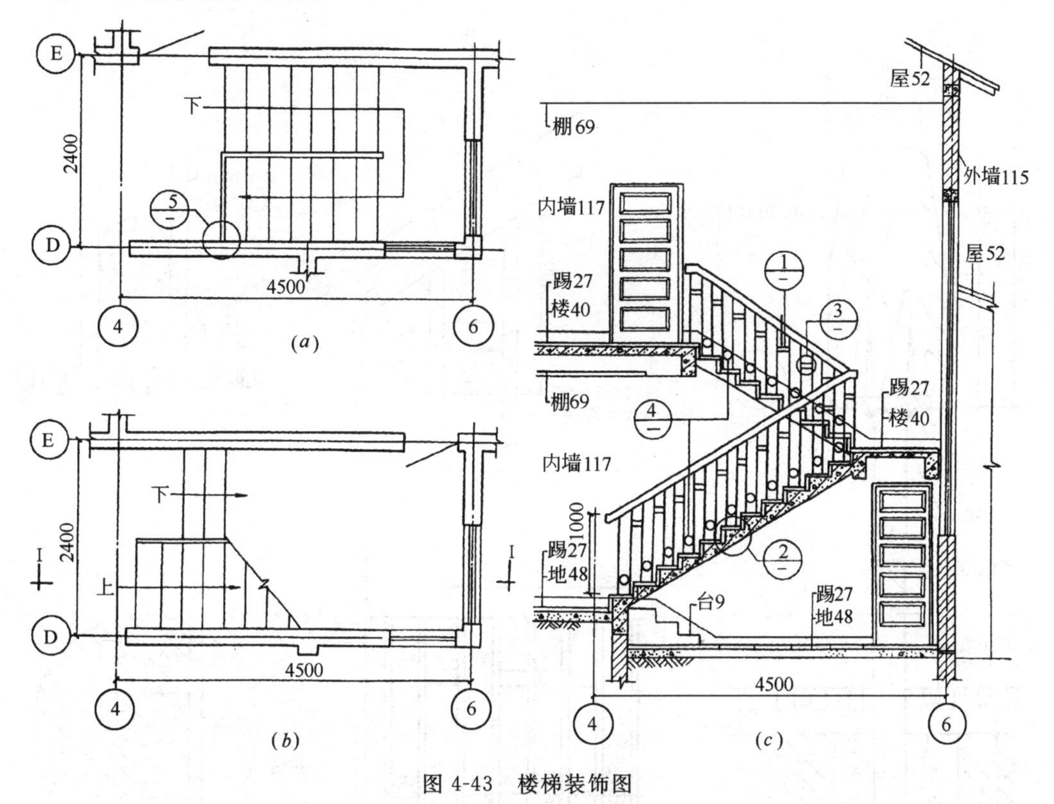

图 4-43　楼梯装饰图

(a)三层平面图(1∶50)；(b) 首层平面图(1∶50)；(c) Ⅰ-Ⅰ剖面图(1∶50)

图 4-43 不但要把图 4-42 中的全部内容用上(为了清楚，没有把图 4-42 全部内容抄上，阅读时先读图 4-42，然后再读图 4-43 中增加的部分，以突出楼梯在建筑基础上增加的装饰)，重读一遍，而且要突出阅读装饰部分，以形成重点。下面只读增加的装饰内容。

(1) 楼梯平面图。楼梯首层平面图与二层平面图和图 4-42 中的两个平面图完全相同，可照图 4-42 阅读这两个图。但在二层平面图中看到一个详图索引号 ⑤，表示这个位置需要查找详图“5”，才能清楚这里要表达的详细内容。

(2) Ⅰ-Ⅰ剖面图。这个图除了按照图 4-42 阅读清楚它的主体构件，两个踏步板、楼梯梁、休息平台和楼板外，还要记住它的详细尺寸与标高，之后再看图 4-43 中的Ⅰ-Ⅰ剖面图，这里增加的内容较多，下面分述这些内容。

1) 已将原图 4-19 中的全部装饰做法简称全部注写在这里，如首层的台 9、地 48、踢 27、内墙 117、棚 69，平台与二层中的楼 40、踢 27、内墙 117、棚 69、外墙 115、屋 52。然后再按前面讲述的简称具体内容，去装饰这些部位。

2) 踏步板上增加了全部栏杆图案及扶手和前进走向，同时还可看到踏步板上有三个详图索引号 ②、③和 ④，一个剖面详图索引号 ①，表示这四个都需要另外查找详图 ②、

③、④和剖面详图①。另外还可看到从地面起步的第一个踏步表面到扶手上皮的高度是1000。

（3）楼梯装饰节点详图。图4-44是楼梯装饰节点详图，图内共有五个节点。

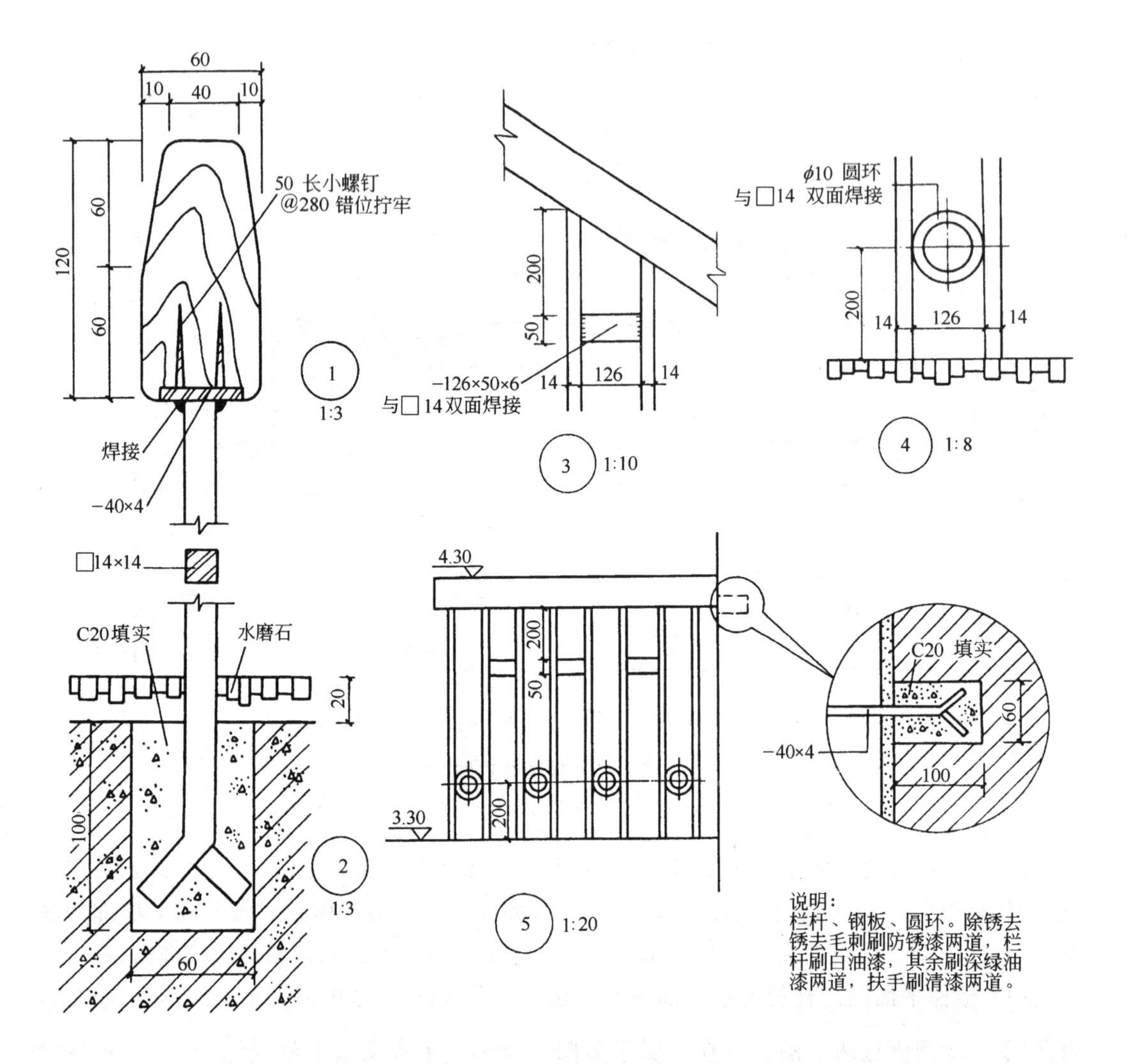

图4-44　楼梯装饰节点详图

1）剖面详图①。从图4-43Ⅰ-Ⅰ剖面图中看到，在第二段楼梯栏杆扶手上有剖面详图索引号①，这里阅读的即是该部位剖切向左看的①号剖面详图，它包括以下内容：①扶手的截面形状和外包尺寸及细致尺寸。外包尺寸高120、宽60。细致尺寸高度是两个60、宽向分别是10、40、10。②扶手下边的栏杆是□14×14，表示方钢每边是14。③方钢与扶手的关系有两项，一个是方钢与40×4扁铁焊接，另一个是扁铁卡入木扶手凹槽内，用50长木螺钉按ⓓ中心线间距280错位拧牢在木扶手上。

2）节点详图②。在图4-43中的Ⅰ-Ⅰ剖面图内，被剖切到的第一梯段上有一个②详图索引号，表现的是这个踏步上的一个栏杆怎样与踏步连在一起，具体内容如下：□14×14 的方钢栏杆，底下端部锯开做成燕尾式，插入钢筋混凝土踏步的深 100、60 见方的预留洞内，并用豆石混凝土将洞填实，即做成了连接。踏步板表面做 20 厚水磨石。

3）节点详图③。在图 4-43 的Ⅰ-Ⅰ剖面图内，第二段楼梯上有一个 ③ 详图索引号，指引线到两根栏杆的圆圈上，表示这个部位应作放大交待，内容如下：③号详图是将扶手、两根栏杆、还有两根栏杆之间的小四边形放大，并注写了尺寸与做法。具体内容包括，两根□14×14 方钢栏杆之间净距离是 126，中间的小四边形尺寸是宽乘高 126×50，小四边形上皮距扶手下皮尺寸是 200，通过文字说明可以看出小四边形是钢板，尺寸是宽乘高乘厚为－126×50×6，并与方钢栏杆□14×14 双面焊接在一起。焊接符号即小四边形与栏杆之间画的一排细短划线。

4）节点详图④。从图 4-43 的Ⅰ-Ⅰ剖面图内可以看到详图索引号 ④ ，指引线指到第一段楼梯和第二段楼梯栏杆中间的小圆圈，表示应将此部位放大进行特殊交待。内容表示为，自踏步水磨石表面伸出的两根□14×14 方钢栏杆之间，定位为 200，取对称交点画同心圆两个，大圆直径是栏杆净距 126，看文字说明，同心圆是光圆钢筋，直径 10mm，做成圆环，圆环按定位 200 左右两端焊接在方钢栏杆上。

5）节点详图⑤。从图 4-43 中的二层平面图内可以看到 ⑤，表示这个部位应画成放大图作细致交待。这个部位表示栏杆扶手与墙面之间的连接状况。详图⑤是将这个封到墙面的栏杆，先画成立面图（栏杆式样同踏步斜放栏杆之间内容做法），并将扶手与墙面之间的关系，做出局部放大剖面。具体描述如下：

封墙栏杆、扶手立面图上，可以看到画有 8 根栏杆，栏杆之间的钢板与下边圆环的规格尺寸、间距等做法，可分别见详图①、②、③、④。此处不重复叙述。这一段水平尺寸是图 4-42 平面图上的 1100＋60＝1160。二层楼面标高是 3.30，扶手上皮高是 4.30，之间差数正好是 1000，与Ⅰ-Ⅰ剖面图中的 1000 完全相同。

封墙局部放大图，表明将扶手下边的扁钢－40×4 末端锯开做成燕尾式，插入墙体预留洞内，洞深 100，60 见方。洞内用 C20 豆石混凝土填实，连接后即告完成，此处的墙皮表面可按规定内墙 117 进行粉刷处理。

上面是五个节点详图，有剖面形式，也有外观形式，它们的质量标准应看说明。说明中提到，栏杆、钢板、圆环应先进行表面除锈，去掉毛刺，先刷防锈漆两道，然后再分别刷表面油漆，栏杆上刷白色油漆两道，钢板与圆环刷深绿色油刷两道，扶手上刷清漆两道，以显示花纹。

3. 各种形式楼梯、栏杆、扶手、踏步节点详图

上面讲述的楼梯是很普通、简单的楼梯，不是很豪华的楼梯。若从装饰角度讲，眼界开阔得越大越好，楼梯式样知道得越多越丰富越好。楼梯形式变化，关键因素在于平面形状的变化，一个设计师，可以根据任意一块占地面积，只要能满足上下行走需求，他就可以设计出形式多变的楼梯，这块占地面积可以是长条矩形，也可以是一般矩形或长方形，或是三角形、五边形、八边形、弧形、圆形等任意形状。图 4-45 是各种形式的楼梯。

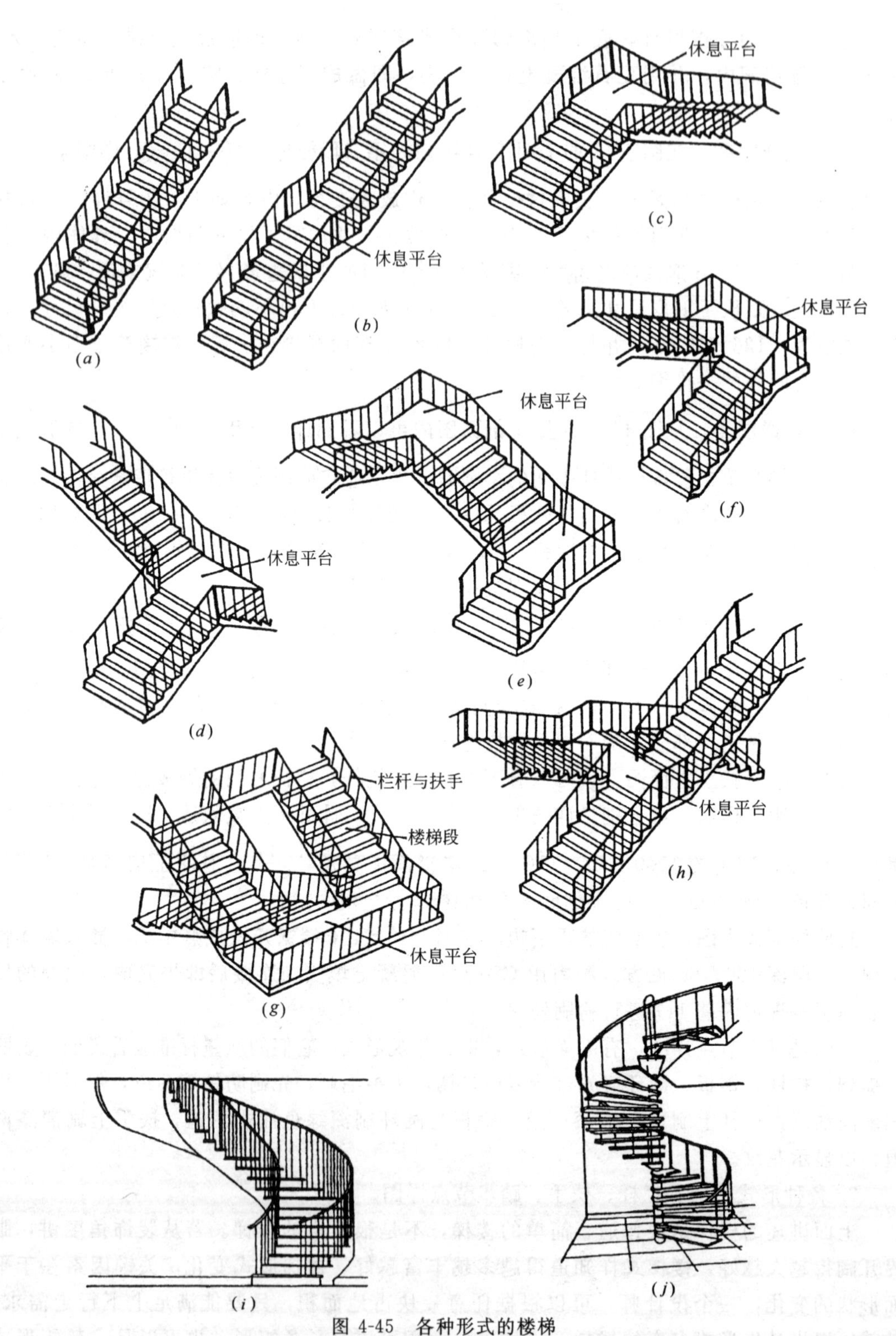

图 4-45 各种形式的楼梯

(*a*)直跑楼梯(单跑)；(*b*)直跑楼梯(双跑)；(*c*)折角楼梯；
(*d*)双分析角楼梯；(*e*)三跑楼梯；(*f*)双跑楼梯；(*g*)双分平行楼梯；
(*h*)剪刀楼梯；(*i*)圆形楼梯；(*j*)螺旋楼梯

从图中可以看出，它的占地形状具有上述提到的类似形状，楼梯名称可从插图中读到，不管它们怎样因地制宜进行变化，楼梯组成不会改变，一定是梯段、梯梁、平台、栏杆或栏板及扶手等，它们的连接方式也大致相同，扶手与栏杆连接、栏杆与踏步连接、梯段与梯梁连接、栏杆与扶手和墙面连接，豪华方面在于对材料的选择，栏杆或栏板图案式样以及踏步面层的处理。下面的几个插图可以分别显示这些内容。

图 4-46 是栏杆扶手与踏步的连接，有外观侧面图及详图索引号索引出的节点详图。而且在节点详图的表现形式上还有变化，如节点详图 Ⓐ 和 Ⓑ 上的栏杆，是按半外形半剖面表示的，使用的材料也比较高级。

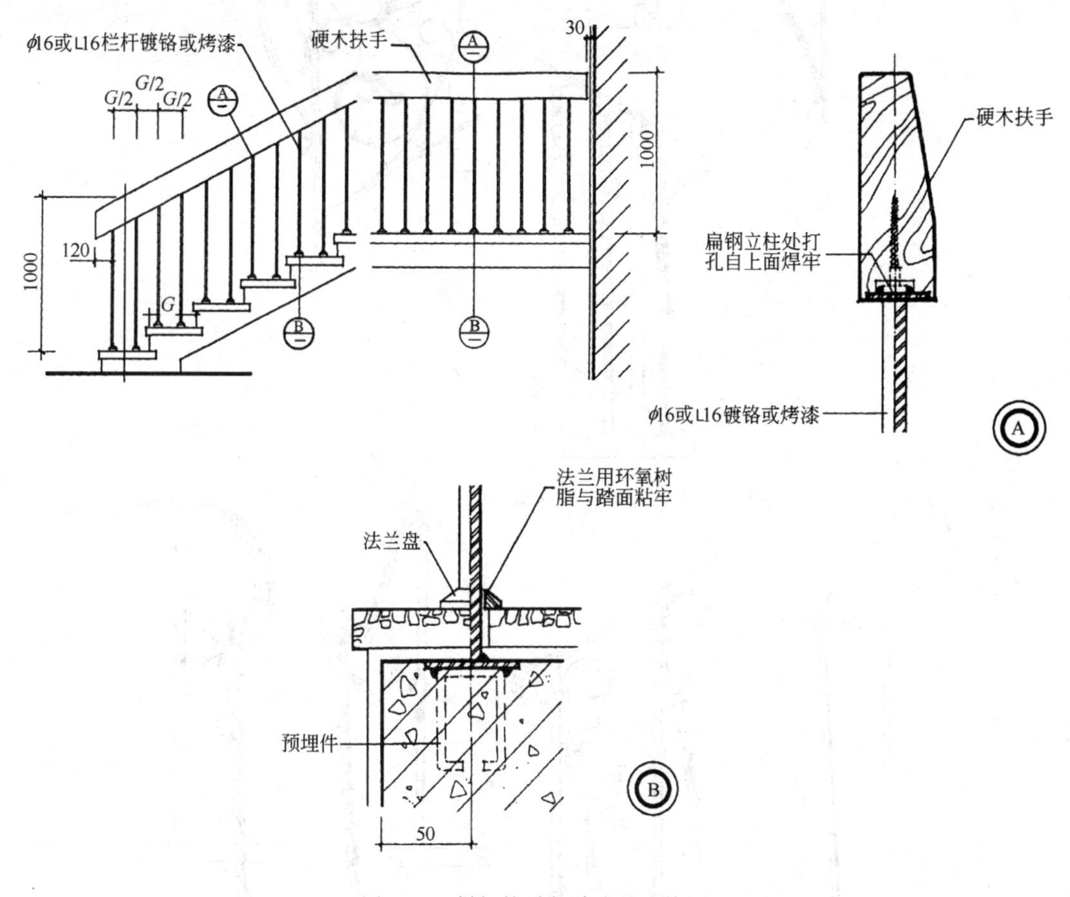

图 4-46　栏杆扶手与踏步的连接图

图 4-47 是各种图案表现的栏杆，它可显示豪华外观，也表现使用的是新款材料以及在材料上下的功夫。栏杆式样与造型完全靠装饰设计师的丰富想象力及表达能力，以及所进行的选材和花饰创造。

图 4-48 是踏步踏面与踢面的选材及高级防滑做法示例，从图示中可以看出，踏面与踢面可以做现制材料，也可用预制材料贴面，有出边不出边之分。防滑条材料也多种多样，可根据个人爱好选取不同材料，但应注意耐磨、耐用，注意牢固、防止脱落。

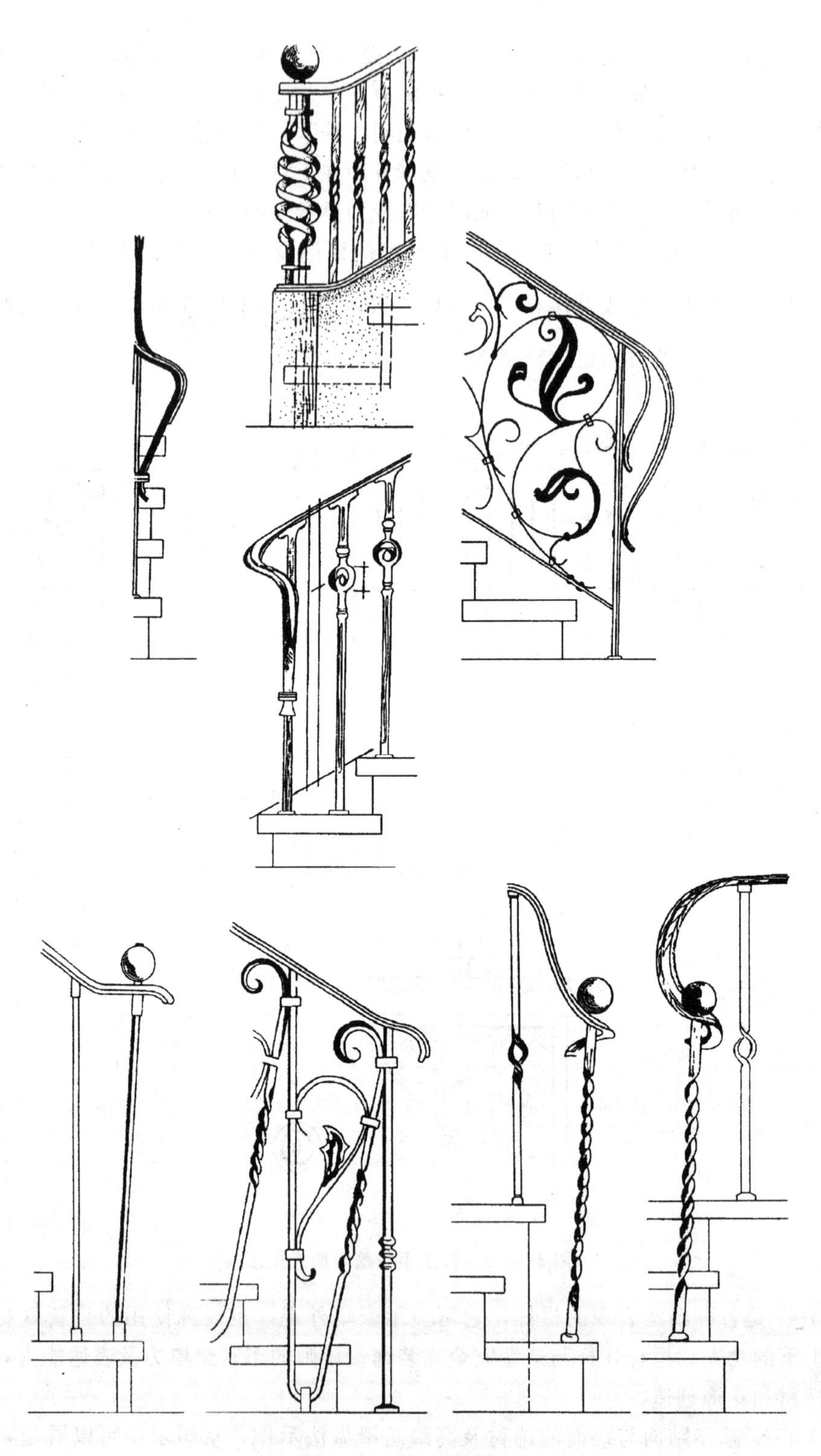

图 4-47　各种图案栏杆

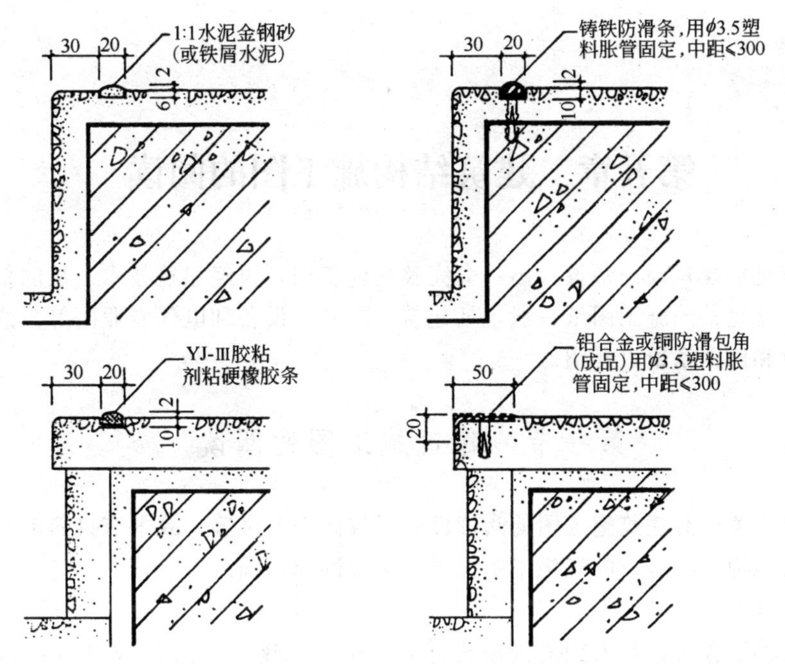

图 4-48　踏步面层、防滑条做法

第五章　建筑结构施工图的阅读

一幢建筑是由建筑设计师设计出一套完整的施工图，再经建筑技术人员的精心施工才得以完成。一套完整的施工图纸一般包括建筑、结构、设备和电气专业图等。这些专业图的阅读在本章和第六章给以介绍。

第一节　建筑施工图的阅读

在前面第四章中对建筑施工图的阅读已做了较详细的讲解，故本节只简单介绍建筑施工图，以便对结构、设备、电气施工图提供一个阅读的基础。

一、工程概况

本工程为某综合楼，其为钢筋混凝土框架结构。总建筑面积为 1681.4m²，其中地下建筑面积为 465.5m²，地上为 1215.9m²。地下一层层高为 4.2m，首层层高为 3.6m，二、三层层高为 3.3m。室内外高差 0.45m，檐高 10.8m。建筑耐火等级为二级，抗震设防裂度为 8 度。

地下室防水采用防水混凝土结构自防水，外包防水卷材，聚苯(容重 16 公斤/m³) 保护。地下部分的外墙材料为钢筋混凝土，厚 250 mm、内墙厚 200 mm。雨水管均为 ϕ100PVC 管。

二、建筑施工图的阅读

（一）地下室平面图

见图 5-1。从图中可知地下室平面图中表达出以下几个内容：

1. 表明地下室的平面形状及房间的内部布局。如图中的库房、楼梯间和采光井等(Ⓕ轴以北的①～⑦轴、⑧轴以东的Ⓒ～Ⓓ轴、Ⓒ轴以南的①～②轴和④～⑤轴处均为采光井)。

2. 表明结构形式。从图中可看出是框架结构即是以柱、梁、板为承重体系，墙体只是起围护与分隔空间的作用，不起承重作用。

3. 表明平面的尺寸及标高。平面图中的尺寸一般需标注出三道。最外面的一道尺寸是外包尺寸，表示建筑的总长与总宽。中间的一道尺寸是轴线尺寸，表示建筑的柱距与跨度。如①～②轴为柱距 3300 mm、Ⓒ～Ⓓ轴为跨度 5400 mm。最里面的尺寸是细部尺寸，表示门窗洞口宽、墙垛尺寸、墙厚等。地下室地面的标高为－4.200。

4. 表明门窗编号、门的开启方向及洞口尺寸等。如在⑥轴与Ⓒ～Ⓓ轴的交接处，是一个 1200 mm宽的空门洞。

（二）首层平面图

图 5-2 表明了以下几个内容：

1. 表明建筑的平面形状及房间的内部布局。如药房、诊室、门厅等。

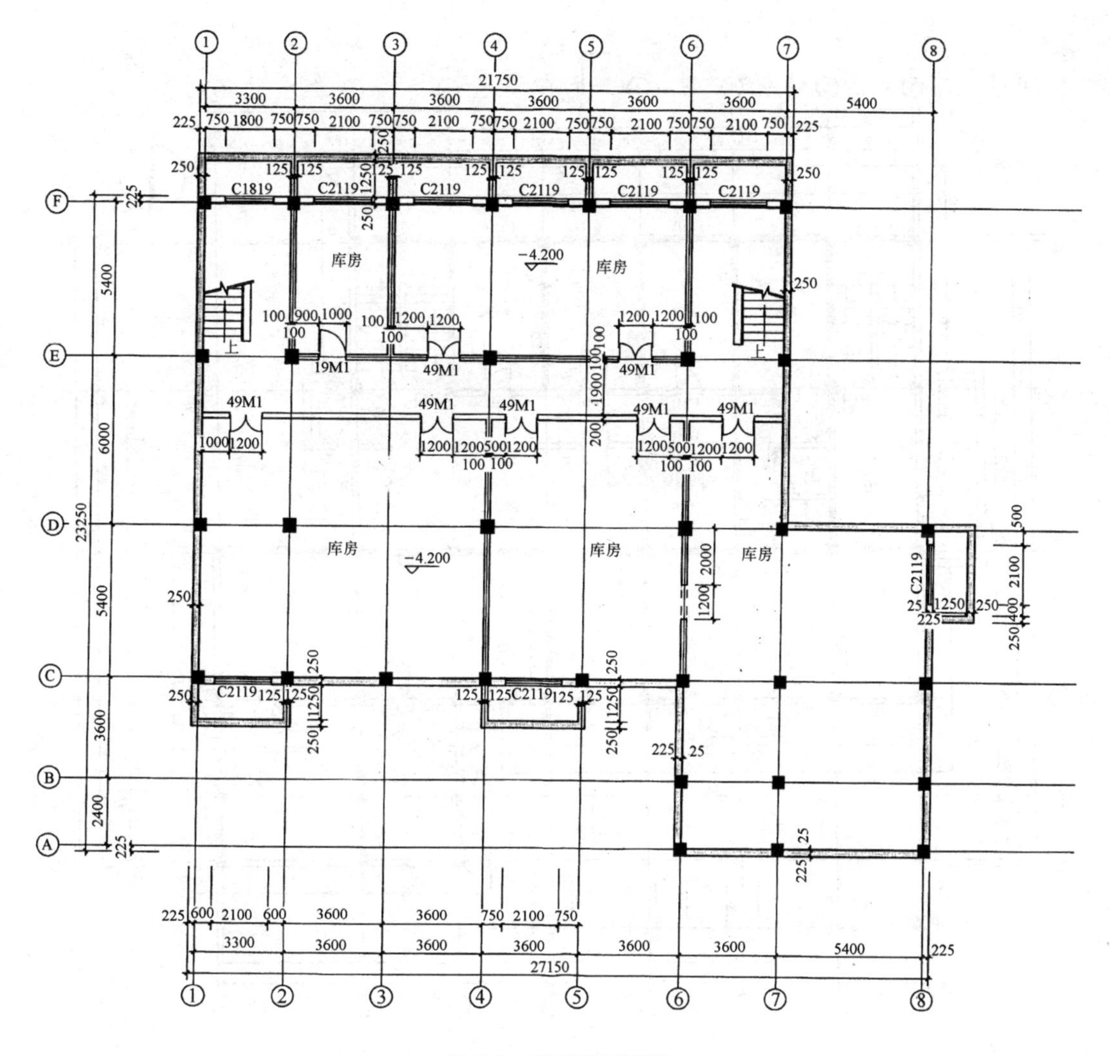

图 5-1　地下室平面图

2. 表明结构形式为框架结构。

3. 表明三道尺寸及标高。室外标高为－0.450、首层室内标高为±0.000。

4. 表明门窗编号。图中男女淋浴和男女更衣室由于设在首层，为防止室外人的视线看到室内，故窗户设计的位置较高，形成高侧窗。见Ⓒ轴上用虚线表示的高窗。图中 LM 表示铝合金门、M 表示木门、ML 表示门连窗、FM 表示防火门、C 表示窗(在门窗表中注明本图的窗为铝合金窗)。

5. 表明室外台阶、散水与采光井上面的阳光板(遮雨板、盖板）等。图中沿建筑物的四周有一圈散水，以防雨水渗入到地下影响基础的稳定性。如Ⓐ轴以南的宽 1000mm 的细线即为散水外缘线，因其设有一定的坡度，故在转角处有一交接的斜线。外墙设有大门处为便于人们的出入，都设有三步台阶。为防止雨水进入到地下室的采光井内，也便于采光井的采光，在其上还设置了阳光板。

6. 表明房间内的设备。如淋浴室中的喷头与洗手盆；男卫生间中的蹲坑与隔断、小便池、洗水盆与污水池；诊室中的洗手盆；理发室中的两上圆座椅、前方的平台和洗手

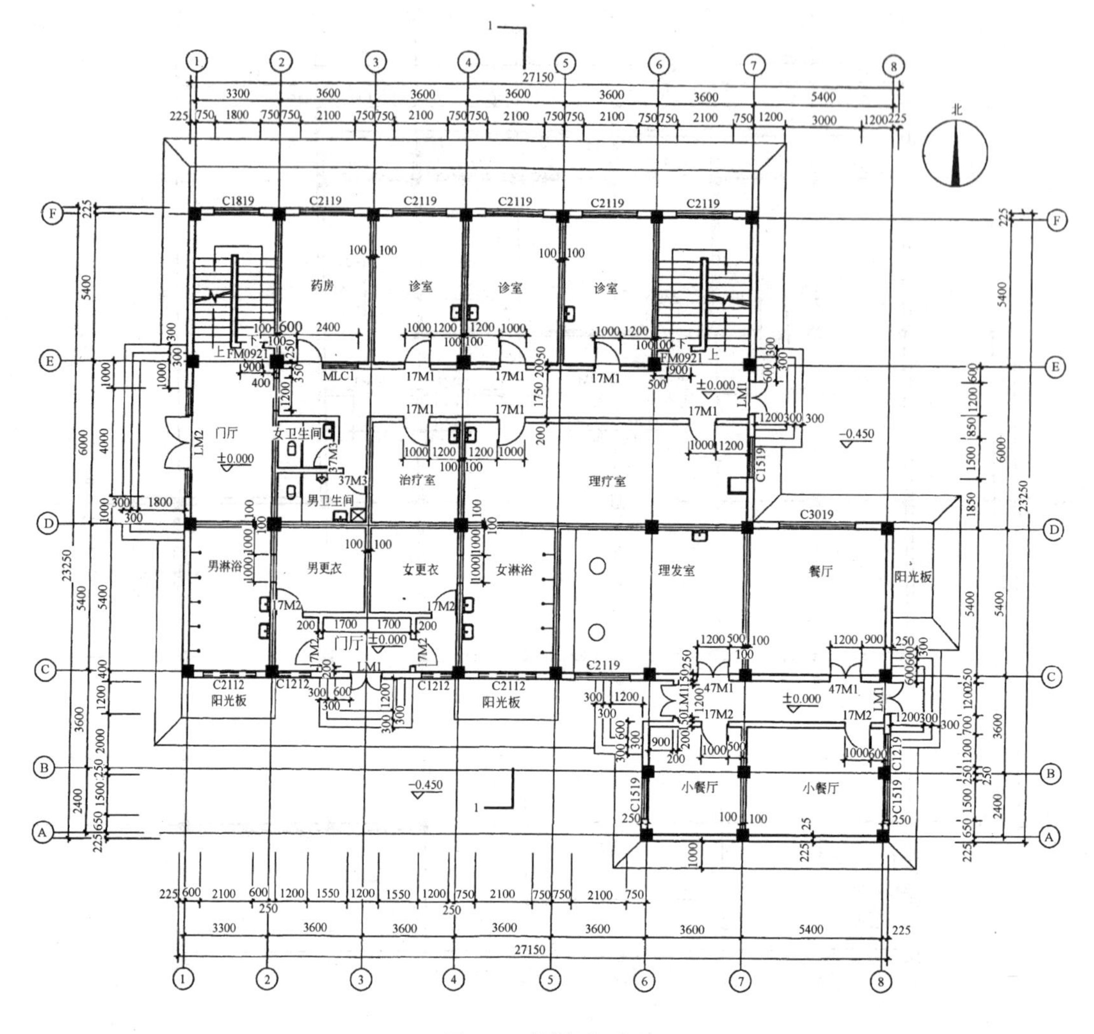

图 5-2　首层平面图

盆等。

7. 表明剖面图的剖切位置与代号。如在④～⑤轴之间有一个贯穿南北的剖切符号 1┐ 1┘，用它来表示后面的 1-1 剖面图的剖切位置。

8. 首层画出指北针，以表明建筑物的朝向。

（三）二、三层平面图

图 5-3 与首层平面图的不同之处有：

1. 房间的内部布局不同。主要是带卫生间的客房。如②～④轴的北侧的套间客房。在进门处设了一个衣柜，在里面的客房中有一个卫生间，其中设有坐便器、浴盆、洗漱台，洗漱台靠近Ⓔ轴处有一个像“日”字的东西是卫生间的通风道。卫生间内的各种管道藏于它的管井内，为便于维修管道，又向中间的走廊设有小门，如代号为 $07M_1$ 改。改的含义是指此处的门与标准的门差不多，只是有尺寸上的变动等。如本图的改是改动门宽

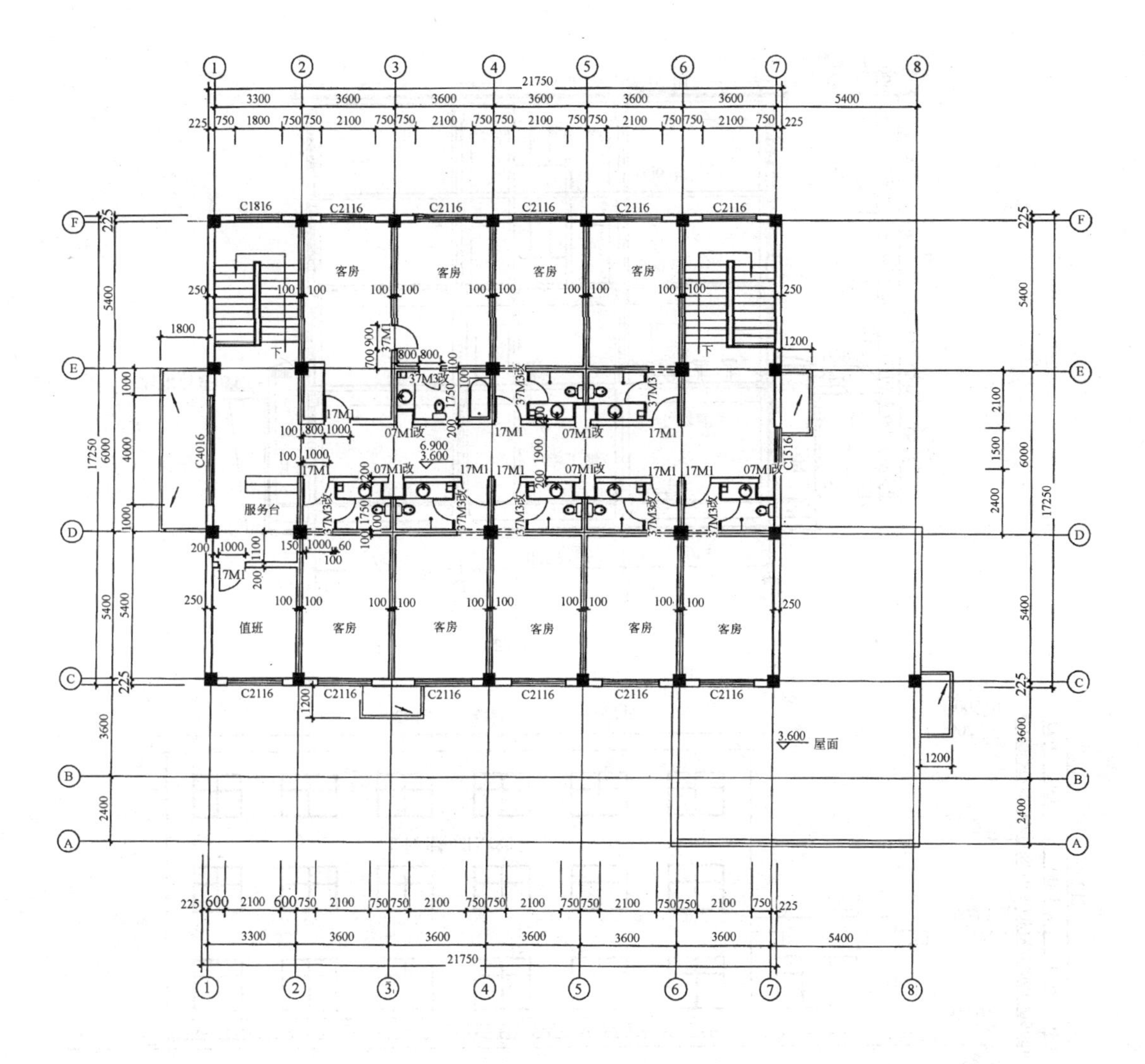

图 5-3　二、三层平面图

尺寸。

2. 雨罩与屋面。为了保护大门和便于人们的出入，凡是在首层平面图中有室外台阶处即设有大门处，其在二层平面图中必须画出大门上的雨罩，而其他平面图就不用画了。这在前面讲过平面图的形成。由于首层平面图中的餐厅只有一层，故在二层平面图中只能看到它的屋顶。

3. 楼梯。本图画的是三层即顶层的楼梯平面图。详见前面的楼梯图的阅读。

（四）北立面与 1-1 剖面图

北立面图反映了建筑物的外形与外装修，建筑物的总高度、层高、室内外高差和细部高度尺寸，还表明了各处的标高。北立面图的首尾轴线号是⑧和①，它与平面图对应，反映出建筑高度上的内容。如窗门的外形、室外台阶和雨罩等(图 5-4)。

1-1 剖面图反映了内部的上下分层及屋顶的形式，梁、板、柱、墙之间的关系等。它反映的是首层平面图中剖切符号所在处的剖面形式。

（五）外墙详图

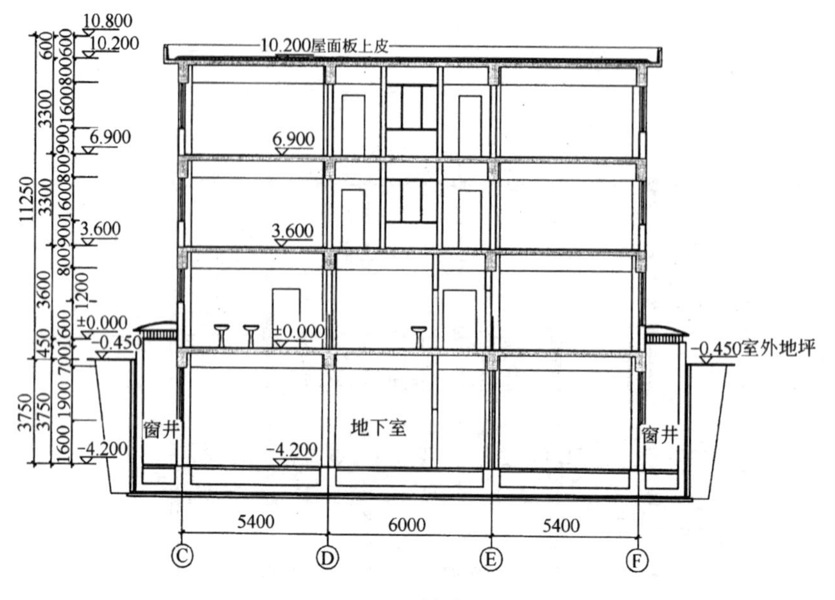

1-1剖面

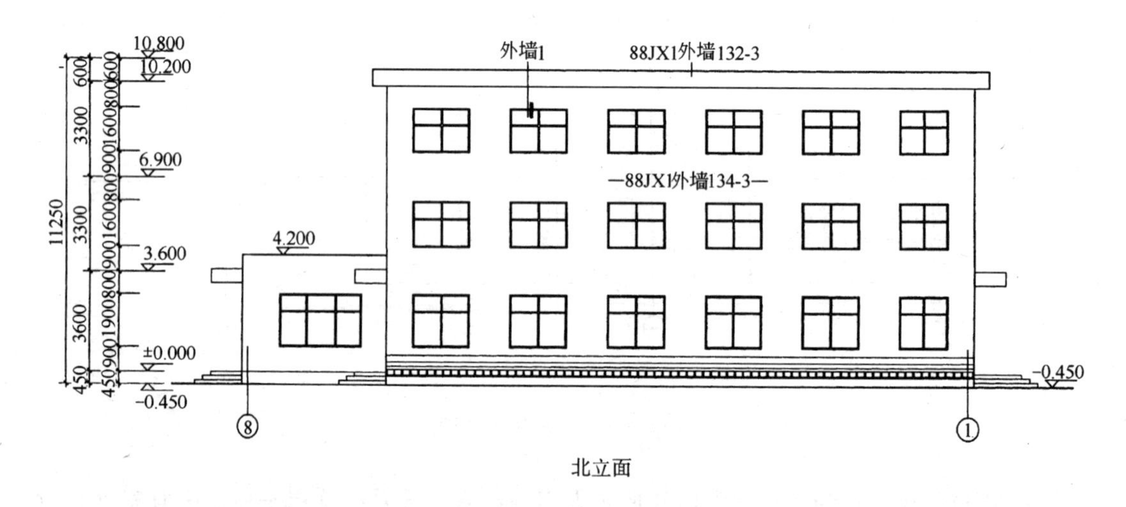

北立面

图 5-4　北立面与 1-1 剖面图

图 5-5 反映了以下几个内容：

1. 表明外墙详图的轴线号。外墙详图要与平面图和立面图上的剖切位置上的内容一致。

2. 表明尺寸与标高。三道尺寸及各处的标高要表示清楚，尤其是墙厚与定位轴线的关系和挑出部分的挑出长度。

3. 表明三大节点构造。

（1）表明室内、外地坪处的外墙节点构造，如基础墙厚，室内外标高，散水、明沟或采光井，台阶或坡道，暖气管沟、暖气槽，踢脚、墙裙，首层室内外窗台，室外勒脚等做法。本图反映了地下室地面与采光井的构造做法，尤其是反映了地下室的外包防水层，采

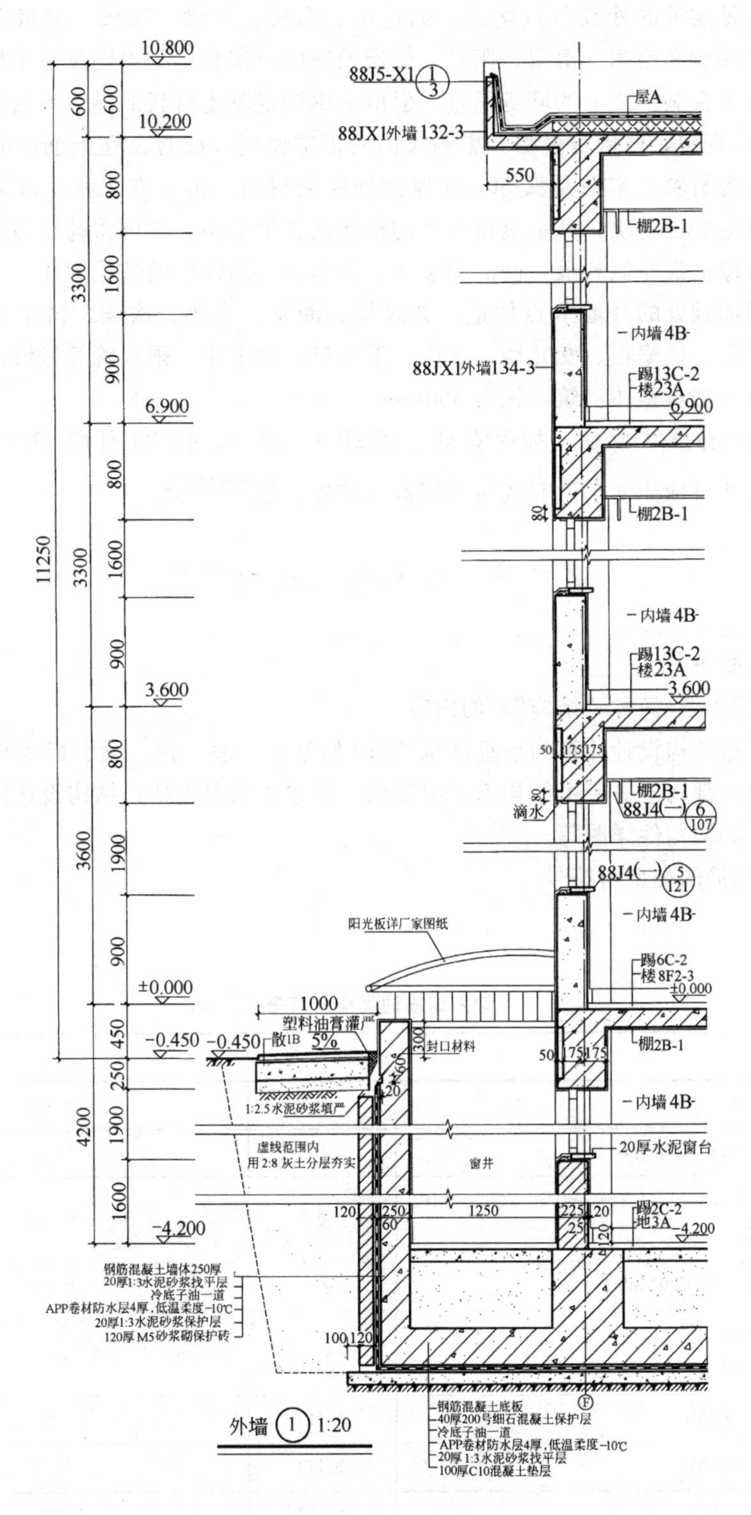

图 5-5　外墙①详图

光井上的阳光板做法及采光井外侧的散水做法。

（2）表明楼层处的外墙节点构造。如过梁、圈梁、主梁、次梁、窗帘盒、顶棚、楼板、楼地面、踢脚和墙裙、雨罩、阳台、楼层的室内外窗台等。本图反映了楼板与主梁整体浇筑，承担了窗洞口之上的墙身重量。但由于钢筋混凝土材料的导热系数较大，易出现冷桥(或热桥）现象，使墙身受损，影响人们的正常使用，故常需在钢筋混凝土外墙的外侧或内侧做保温材料。本图是做50mm厚的外保温材料。由于本工程是框架结构，故窗台墙采用陶粒混凝土砌块，其重量由其下的楼板及主梁承担，梁再将荷载传递给其下的框架柱。Ⓕ轴墙厚的最左侧和最右侧的细竖线，就是看到的柱子的外轮廓线。

（3）表明屋顶处的外墙节点构造。如过梁、圈梁、主梁、次梁、窗帘盒、顶棚、楼板、屋面、雨罩、挑檐板、女儿墙、天沟、下水口、雨水斗、雨水管等做法。本图反映的是挑檐板与屋顶楼板整体浇筑，挑出550mm。

4. 表明各处的材料做法。如内墙4B、棚2B-1、屋A、88JX1外墙132-3等。对不易表达的细部做法可标注文字说明或用详图索引符号。如88J5-X1$\frac{1}{3}$。

第二节 结构施工图的阅读

一、基本知识

1. 结构施工图(简称“结施”）的内容

凡需要经过结构设计计算的承重结构构件(如基础、墙、柱、梁、板等）其材料、形状、大小以及内部构造等皆由结构施工图表明。其主要内容包括：结构设计说明书、结构平面布置图、结构构件详图等。

2. 常用钢筋的类型与符号

见表5-1。

常用钢筋的类型与符号 **表5-1**

序号	种类	符号	d(mm)
1	热轧 HPB(Q235)	Φ	8～20
2	热轧 HRB335(20MnSi)	Φ	6～50
3	热轧 HRB400（20MnSiV、20MnSiMB、20MnTi)	Φ	6～50
4	热轧 RRB400(K20MnSi)	Φ^{R}	8～40
5	钢绞线 1×3 1×7	Φ^{S}	8.6、10.8、9.5、11.1、12.7、15.2
6	热处理 40Si2Mn	Φ HT	6
7	热处理 48Si2Mn	Φ HT	8.2
8	热处理 45Si2Cr	Φ HT	10

3. 常用构件代号

见表 5-2。

常用构件代号 **表 5-2**

序号	名称	代号	序号	名称	代号
1	板	B	21	檩条	LT
2	屋面板	WB	22	屋架	WJ
3	空心板	KB	23	托架	TJ
4	槽形板	CB	24	天窗架	CJ
5	折板	ZB	25	钢架	GJ
6	密勒板	MB	26	框架	KJ
7	楼梯板	TB	27	支架	ZJ
8	盖板或沟盖板	GB	28	柱	Z
9	檐口板	YB	29	基础	J
10	吊车安全走道板	DB	30	设备基础	SJ
11	墙板	QB	31	桩	ZH
12	天沟板	TGB	32	柱间支撑	ZC
13	梁	L	33	垂直支撑	CC
14	屋面梁	WL	34	水平支撑	SC
15	吊车梁	DL	35	梯	T
16	圈梁	QL	36	雨篷	YP
17	过梁	GL	37	阳台	YT
18	连系梁	LL	38	梁垫	LD
19	基础梁	GL	39	预埋件	M
20	楼梯梁	TL			

4. 保护层

为了防止钢筋的腐蚀和加强混凝土和钢筋的粘结力，在构件外皮到钢筋外皮的一段间隔尺寸，称作保护层。受力钢筋的混凝土保护层最小厚度见表 5-3。

混凝土保护层最小厚度 **表 5-3**

环境条件	构件类别	混凝土强度等级		
		≤C20	C25 及 C30	＞C35
室内正常环境下最小厚度(mm)	板、墙	15		
	梁	25		
	柱	30		
露天或室内高湿度环境下最小厚度(mm)	板、墙	35	25	15
	梁	45	35	25
	柱	45	35	30

5. 常用钢筋图例

见表 5-4。

钢筋相等中心间距用@表示，如∅6@200，即圆 6（直径为 6mm）钢筋，间距为 200mm。

常用钢筋图例　　表 5-4

名　　称	图　　例
带半圆形弯钩的钢筋端部	
带半圆形弯钩的钢筋搭接	
无弯钩的钢筋端部	
无弯钩的钢筋搭接	

二、结构施工图的阅读

结构施工图表明结构设计的内容和各工种（建筑、给排水、暖通、电气）对结构的要求。主要用做放线、刨槽、支模板、绑钢筋、浇灌混凝土，安装梁、板、柱，编制预算和施工进度计划的依据。

本节以框架结构为例进行介绍。

阅读一个工程的结构施工图时，首先要看有多少张图，每张图的内容是什么，建立一个总的概念。

（一）结构设计总说明

这张图以文字为主，其内容是带全局性的(图 5-6)。

主要内容为：

1. 主要设计依据，如地质勘察报告等。

2. 自然条件，如风、雪荷载，地下水位，冰冻线等，地震区应说明地震设防烈度及抗震措施。

3. 材料符号及要求。

4. 施工要求。

5. 标准图的使用。

6. 统一的构造做法等。

（二）结构平面布置图

目前我国的建筑结构施工图采用平面整体设计法(平法)，平法的表达形式概括来说，是把结构构件的尺寸和配筋等，按照平法制图规则，整体直接地表达在各类构件的平面布置图上，再与标准构造详图相配合，即构成一套新型的结构设计。改变了传统的那种将构件从结构平面布置图中索引出来，再逐个绘制配筋图的繁琐方法。

1. 基础图

（1）用途：基础及管沟图是相对标高±0.00 以下的结构图，主要为放线、刨槽、做垫层、砌基础及管构墙用。

（2）形成

假想用水平面在地面与基础之间剖切，移去剖切以上的部分，将遗留部分去掉泥土作水平投影，所得的说平剖面图，就称为基础平面图。

（3）基本内容

图 5-7 为基础底板配筋图。本图为筏板基础，包括基础板配筋图、基础梁配筋图(平法表示，后详叙)、框架柱锚固详图及承重墙基础详图等。其中基础底板配筋平面图包括：比例、纵横定位轴线及其编号；基础平面布置，即基础墙、柱以及基础底板底形状、大小

结构设计说明

(一)结构设计说明

一、工程概况

1. 建筑物层数：地上3层，地下一层
2. 结构型式：框架结构
3. 基础类型：筏板基础，基础埋深−5.36m
4. 抗震设防烈度：8度
5. 结构抗震等级：二级

二、工程地质情况

1. 勘察报告编制单位：中国人民解放军总后勤部建筑设计院.
2. 勘察报告编号：9928
3. ±0.00相应于绝对标高49.02m，基底绝对标高43.66m.
4. 地下水位标高：36.00m，地下水无腐蚀性.
5. 持力层土质：粉质黏土②，地基承载力标准值f_{ko}=140kPa，地基挖至设计标高后，要进行钎探，并通知勘察、设计单位验槽.
6. 场地类别：Ⅱ类

三、结构设计依据

1. 规范及规程

《建筑结构荷载规范》(GB50009−2001)
《混凝土结构设计规范》(GB50010−2002)
《冷轧带肋钢筋混凝土结构设计规程》(JGJ95−95)
《建筑抗震设计规范》(GB50011−2001)
《北京地区建筑地基基础勘察设计规范》(DBJ01−501−92)
《混凝土结构施工图平面整体表示方法制图规则和构造详图》(03G101−1)
《钢筋机械连接通用技术规程》(JGJ107−96)
《钢筋混凝土图集》(京92G21)
《沟盖板图集》(京92G15)

2. 建筑场地地区基本数据

基本雪压值：S_0=0.3kN/m²
基本风压值：W_0=0.35kN/m²
标准冻深：Z_0=0.8m

四、材料

1. 混凝土强度等级

结构部位/构件	基础	地下室	首~三层	备注
筏板及脂梁	C30	−	−	抗渗等级P8
墙体及窗井墙	C30	C30	−	抗渗等级P8
框架柱	C35	C35	C30	−
框架梁	−	C30	C30	−
楼板、楼梯	−	C25	C25	−
垫层	C10	−	−	−

2. 钢筋：Φ为HPB235，Φ为HRB335.
   Φ^r为冷轧带肋钢筋550级.(Φ^r550级最小锚固长度同HRB335)
3. 焊条：E43型用于HPB235，E50型用于HRB335，冷轧带肋钢筋严禁焊接.

五、施工注意事项

1. 结构图中预留洞口应与建筑、设备、电气等有关专业仔细核对尺寸及位置，不得后凿.
2. 本工程结构施工尚应符合与本工程有关的国家现行施工验收规范及规程.

(二)结构构造做法

一、受力钢筋的混凝土保护层厚度

结构构件	梁、柱、地下室外墙及窗井墙	板
保护层厚度(mm)	25	15

备注：1. 受力钢筋的混凝土保护层厚度(从钢筋外皮起)且不应小于受力钢筋的直径.
2. 梁、柱中箍筋和构造钢筋的保护层厚度不得小于15mm.
3. 墙、板中分布钢筋的保护层厚度不得小于10mm.

二、纵向受拉钢筋的锚固与搭接长度：

纵向受拉钢筋的锚固长度L_{aE}

混凝土强度等级/钢筋种类与直径		C25	C30	C35
HPB235		31d	27d	25d
HRB335	d≤25	38d	34d	31d
	d>25	42d	37d	34d

纵向受拉钢筋的搭接长度$L_{lE}=\zeta L_{aE}$

纵向受拉钢筋搭接长度修正系数ζ			
纵向钢筋搭接接头面积百分率(%)	≤25	50	100
ζ	1.2	1.4	1.6

三、框架柱与填充墙拉结

1. 框架柱与填充墙拉结做法见《框架结构填充空心砌块构造图集》(京94SJ19)《框架结构粘土空心砖填充墙构造图集》(京97SJ25)
2. 填充墙顶部与框架连接做法详图集(京94SJ19)第四十一页.

四、楼板开洞时配筋

1. 圆形洞直径d≤300mm，矩形洞宽及高b≤300mm，受力钢筋可绕洞而过，不另设洞边附加钢筋，见图1.
2. 矩形洞宽300mm<b≤1000mm时，洞边附加钢筋详见结构顶板留洞图.
3. 板上预留小孔或预埋管时，孔边或管壁至板边缘净距不少于40mm.

五、防雷引下线

利用框架柱主筋或剪力墙暗柱主筋做为防雷引下线，其钢筋接头应优先采用焊接接头，当为搭接接头时，搭接处应焊接10d. 做为防雷引下线的钢筋应插入基础底板并与底板内钢筋焊接构成电气通路.

六、抗震结构梁、柱的箍筋及拉筋弯钩构造见图2.

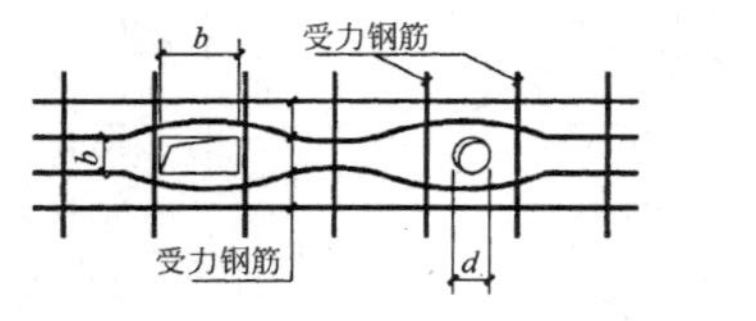

图1

135°
10d/75mm中较大值
10d/75mm中较大值
10d/75mm中较大值
d
钢筋搭接
拉筋
拉筋
拉筋紧拿纵向钢筋并勾住箍筋
10d
焊接封闭箍构造

图2

图 5-6 结构设计总说明

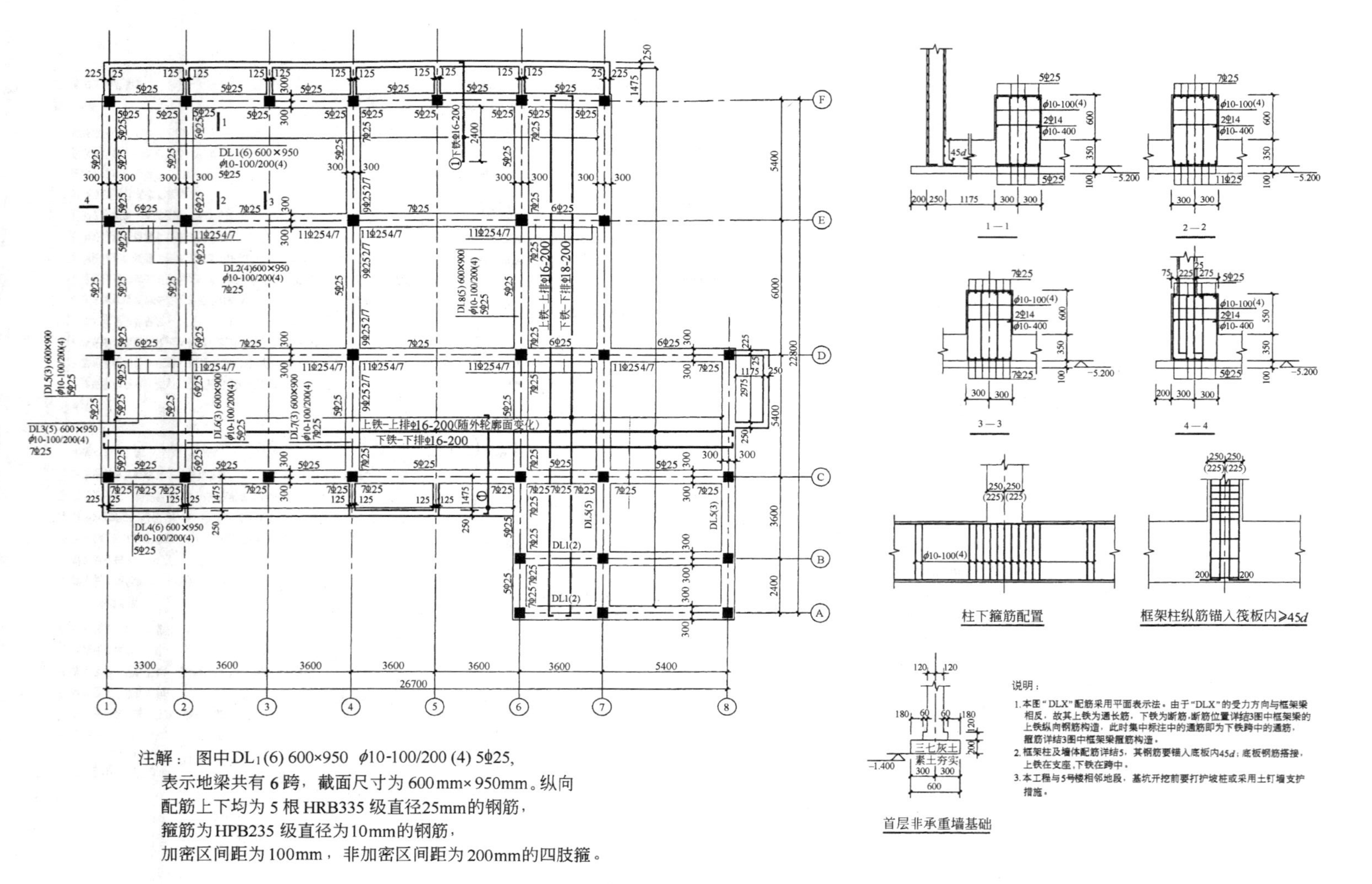

注解：图中DL_1(6) 600×950 φ10-100/200 (4) 5φ25，
表示地梁共有6跨，截面尺寸为600mm×950mm。纵向配筋上下均为5根HRB335级直径25mm的钢筋，
箍筋为HPB235级直径为10mm的钢筋，
加密区间距为100mm，非加密区间距为200mm的四肢箍。

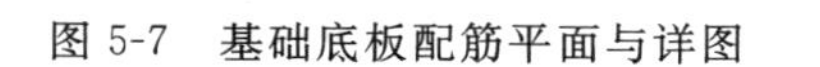
图 5-7　基础底板配筋平面与详图

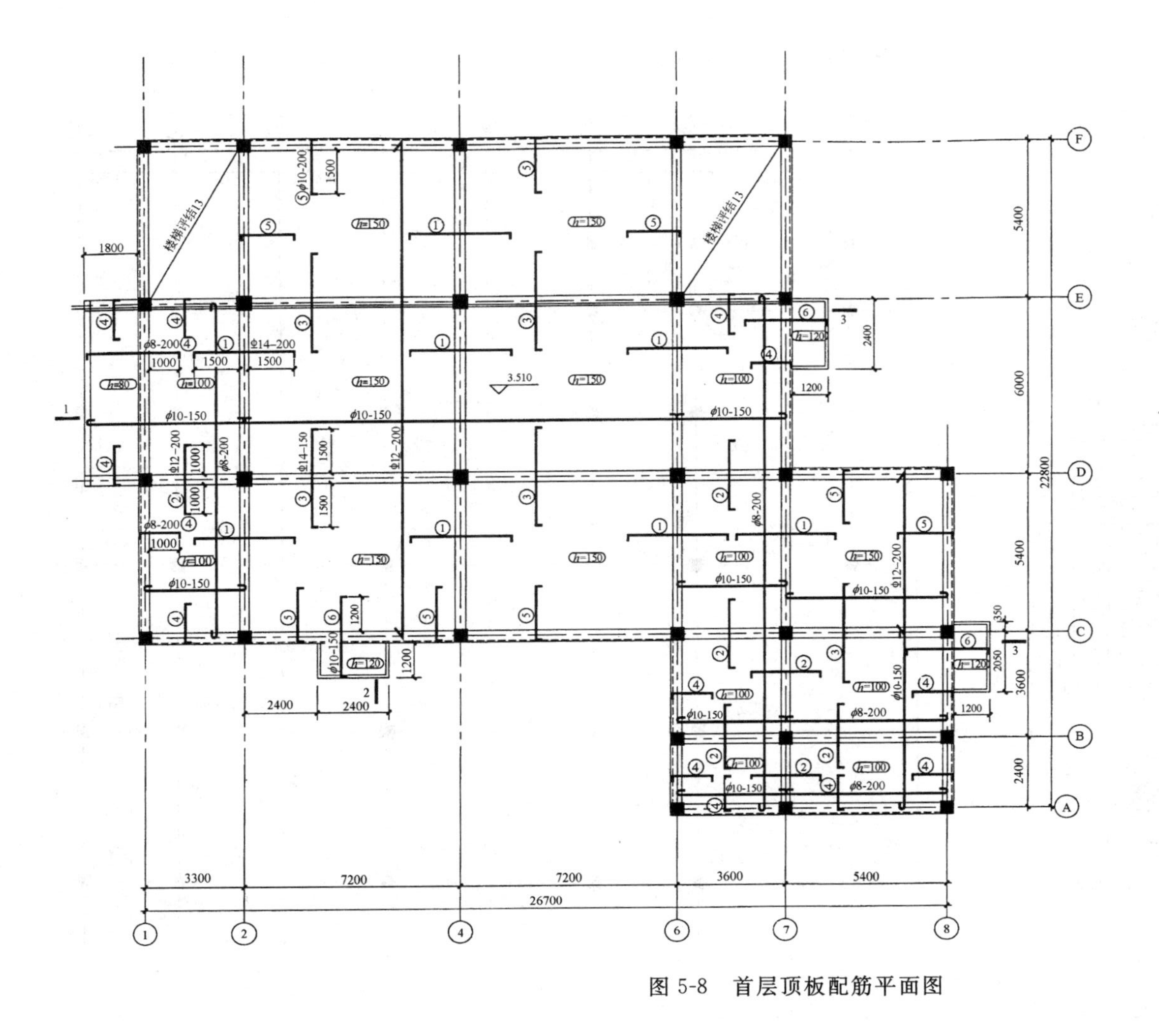

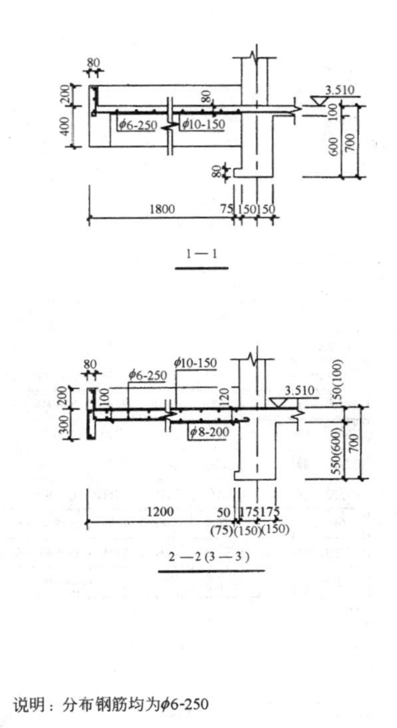

说明：分布钢筋均为ϕ6-250

图 5-8 首层顶板配筋平面图

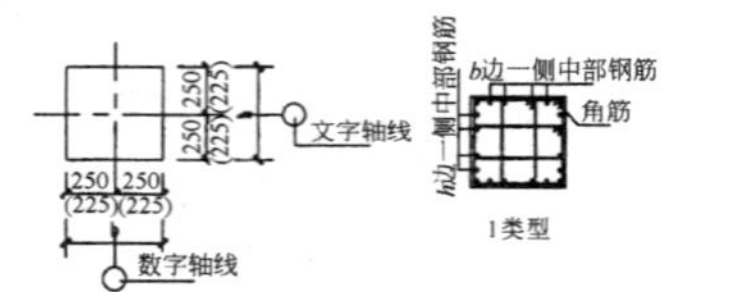

（一）框架柱配筋表：

	柱号	标高(m)	$b \times h$(mm)	角筋	b边一侧中部钢筋	h边一侧中部钢筋	箍筋类型号	箍筋
首层	KZ1	−0.090~3.510	450x450	4Φ25	4Φ25	4Φ25	1	φ8-100/200
	KZ1-1	−0.090~3.510	450x450	4Φ25	4Φ25	4Φ25	1	φ8-100
	KZ2	−0.090~3.510	450x450	4Φ25	4Φ22	4Φ22	1	φ8-100/200
	KZ2-1	−0.090~3.510	450X450	4Φ25	4Φ22	4Φ22	1	φ8-100/200
	KZ3	−0.090~3.510	500X500	4Φ25	4Φ22	4Φ22	1	φ10-100/200
二～三层	KZ1	3.510~10.200	450x450	4Φ22	4Φ20	4Φ20	1	φ8-100/200
	KZ1-1	3.510~10.200	450x450	4Φ22	4Φ20	4Φ20	1	φ8-100
	KZ2	3.510~10.200	450X450	4Φ22	4Φ18	4Φ18	1	φ8-100/200
	KZ3	3.510~10.200	500X500	4Φ20	4Φ18	4Φ18	1	φ10-100/200

图 5-9　首层～三层框架柱配筋图

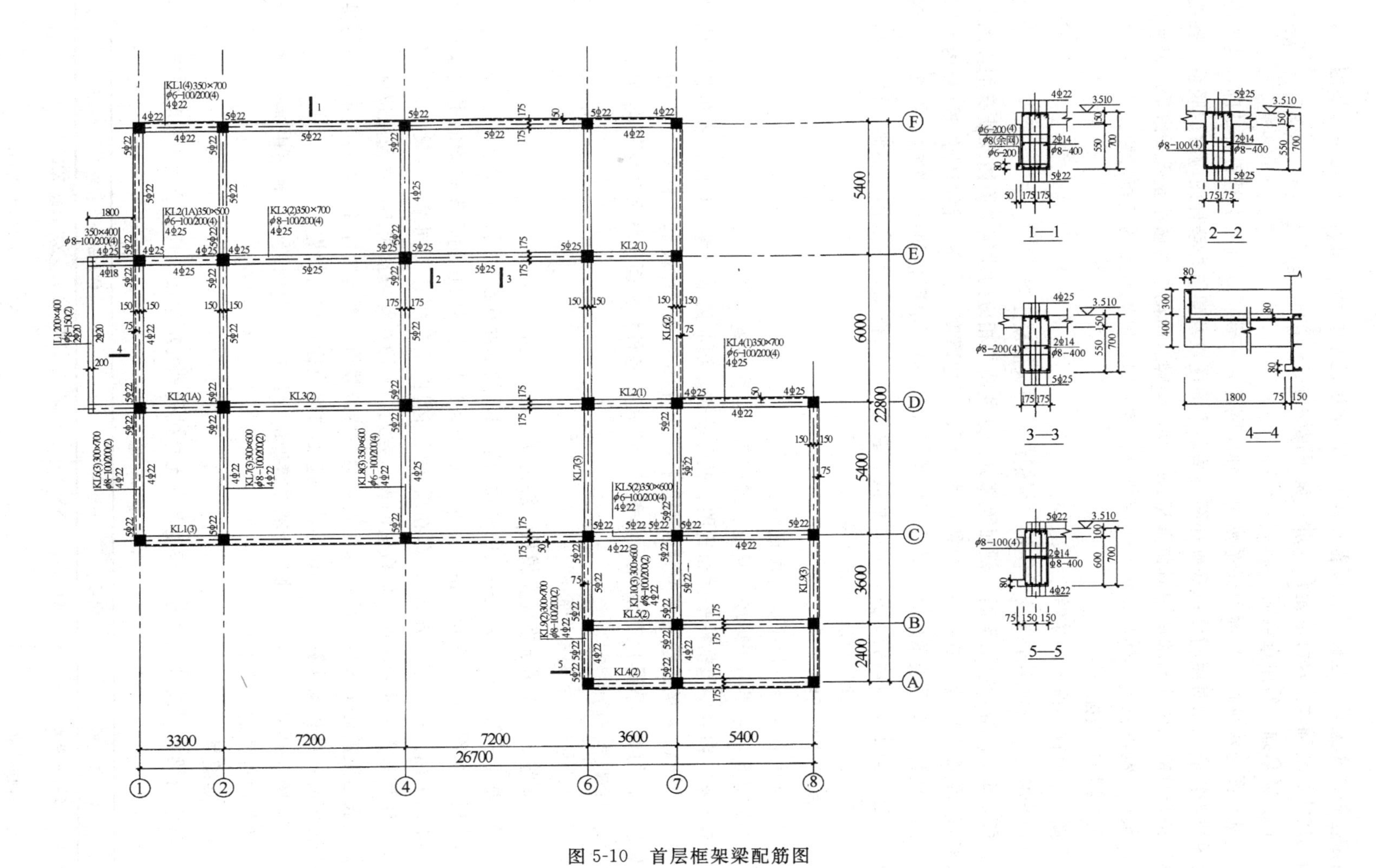

图 5-10 首层框架梁配筋图

与定位轴线底关系；基础梁底位置和代号；断面图的剖切线及其编号(或注写基础代号)；轴线尺寸、基础大小尺寸和定位尺寸；施工说明等。

(4) 读基础图的注意事项

基础图与建筑首层平面图关系密切，轴线网是否一致，承重墙下是否有基础，墙厚有无矛盾等，应互相对照阅读；基础详图与基础平面图以及建筑外墙详图应对照联系，轴线编号是否对应，轴线与墙的相对位置是否一致，勒脚、防潮层的做法是否一致等；基础图中，预留孔洞的位置、标高、尺寸等应与设备专业图、电气专业图互相对照。

2. 楼层顶板配筋图

图 5-8 为首层顶板配筋图。

(1) 用途：主要用于现场支模板、绑钢筋、浇筑混凝土等。

(2) 基本内容：包括平面、剖面等部分。这些图与相应的建筑平面图及墙身剖面图关系密切，应配合阅读。具体内容包括：轴线网；板的厚度、标高；钢筋的位置(板内不同位置的钢筋都用编号表示出来，并注明定位尺寸)；说明中所指的是分布钢筋而非受力钢筋，它起着固定受力钢筋、分布荷载和抵抗温度应力的作用，一般图中不画；剖切位置；剖面大样(表明板与墙、柱、梁的关系)。

3. 框架柱配筋图

图 5-9 为首层～三层框架柱配筋图。

(1) 用途：主要用于现场支模板、绑钢筋、浇注混凝土等。

(2) 基本内容：包括柱平面布置图、柱配筋表、箍筋类型图等。具体内容包括：柱网尺寸；柱类型；柱的配筋表中按柱类型选择一个注明柱号、柱段起止标高、几何尺寸(含柱轴线对柱的偏心情况)与配筋的具体数值，并配以各种柱截面形状及其箍筋类型图。

4. 框架梁配筋图

图 5-10 为首层框架梁配筋图。

(1) 用途：主要用于现场支模板、绑钢筋、浇注混凝土等。

(2) 基本内容：它主要包括梁的平面布置图、梁剖面详图。具体内容包括：按梁的不同结构层，全部梁和与其相关的柱、墙、板一起采用适当的比例表现在梁的平面布置图上。本例采用“平面注写方式”。即在梁平面布置图上分别在不同编号的梁中选一根梁，在其上注写截面尺寸和配筋具体数值的表达方式。平面注写包括集中标注与原位标注。集中标注表达梁的通用数值；原位标注表达梁的特殊数值。当集中标注某项数值不适用与梁的某部位时，则将该项数值用原位标注。施工时原位标注取值优先。

例：图 5-10 中，7 轴～8 轴与Ⓓ轴交接处的 KL4(1)，是对梁的一种集中标注。

梁集中标注的内容有：

(*a*) 梁编号

其中由梁类型代号、序号、跨度及有无悬挑代号几项组成，应符合表 5-5 的规定。

梁　编　号　　表 5-5

梁类型	代号	序号	跨数及是否带有悬挑
楼层框架梁	KL	XX	(XX)、(XXA)或(XXB)
屋面框架梁	WKL	XX	(XX)、(XXA)或(XXB)

续表

梁 类 型	代号	序号	跨数及是否带有悬挑
框 支 梁	KZL	XX	(XX)、(XXA)或(XXB)
非框架梁	L	XX	(XX)、(XXA)或(XXB)
悬 挑 梁	XL	XX	(XX)、(XXA)或(XXB)

注：(XXA)为一端有悬挑，(XXB)为两端有悬挑，悬挑不计入跨数。

例：KL7(5A)表示第7号框架梁，5跨，一端有悬挑；

L9(7B)表示第9号非框架梁，7跨，两端有悬挑。

(*b*) 梁的尺寸标注

用 $b \times h$ 表示。

(*c*) 梁箍筋

包括钢筋的级别、直径、加密区与非加密区间距及肢数，该项为必注值。钢筋加密区与非加密区的不同间距及肢数用“/”分隔；当梁箍筋为同一种间距及肢数时，则不需用斜线；当加密区与非加密区的箍筋肢数相同时，则将肢数注写一次；箍筋肢数应写在括号内。加密区范围见相应抗震级别的标准构造详图。例：∅6/100/200(4)，表示箍筋为Ⅰ级，直径为∅6，加密区间距为100，非加密区间距为200，均为四肢箍。

梁剖面详图中注明的梁与板、柱的连接，标高及箍筋、腰筋的配置情况应与平面布置图对应识读。

注：本节仅以框架结构为例说明结构施工图的识读，不同结构类型的结构施工图有不同形式，详细内容请参照有关图集和规范。

第六章　设备电气施工图的阅读

本章主要学习给水排水施工图供暖施工图和电气施工图，在学习本章内容之前，我们先学习一下管线和管件的表示方法，为专业图阅读打下基础。

第一节　管线与管件的表示方法

管线和管件的图示理论是三面正投影，如图 6-1 所示管线三面正投影。但考虑管线和管件的特点细长而又中空，在设备施工图中用缩小的比例绘制时，其壁厚和半径的绘制很困难，故管线和管件在设备施工图中略去壁厚或半径，采用双线图或单线图绘制。

图 6-1　管线的正投影图

一、双线图与单线图

1. 双线图

在大比例的图样中(如安装详图中)，管段的表示是只画管子的外轮廓线，不画壁厚的虚线，如图 6-2 所示。

图 6-2　双线图

2. 单线图

在小比例的图样(如 1∶100 的平面图)中，管段的一个投影沿管线方向画一条线，另一投影与管线方向垂直为一个点。但为看图时醒目，画成一个小圆圈或小圆圈中加一个点。如图 6-3 所示。

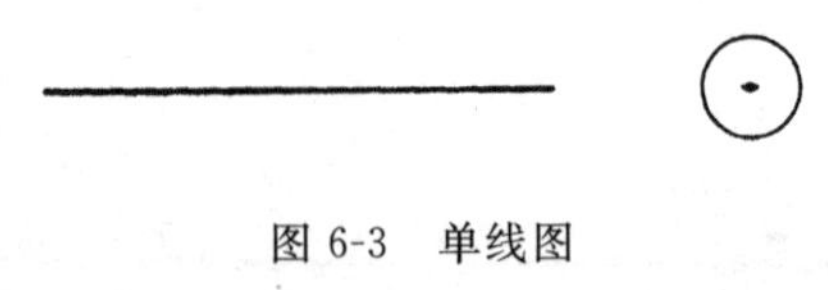

图 6-3　单线图

二、常用管件的单双线图

1. 弯头

为两个方向管。其单双线图如图 6-4 所示

2. 来回弯与摆头弯

来回弯和摆头弯都是三根管，但来回弯三根管两个方向，摆头弯三根管三个方向，其

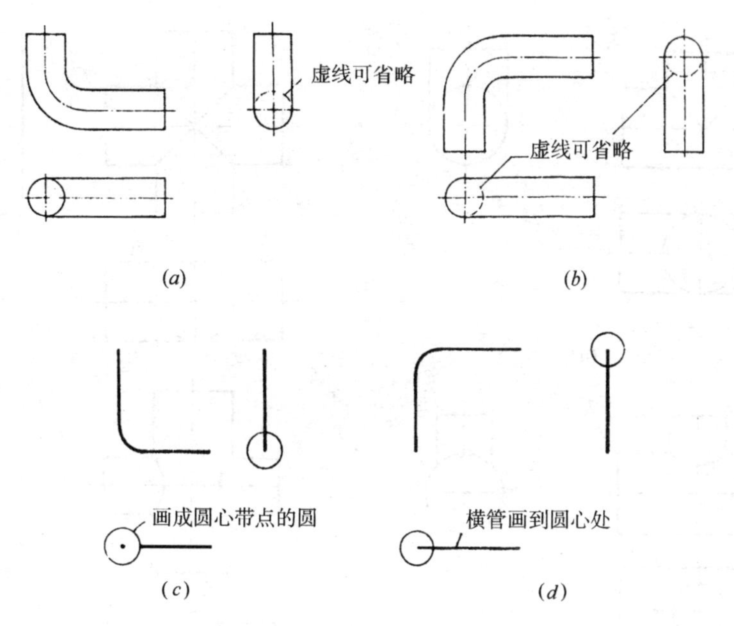

图 6-4　90°煨弯弯头的双线图、单线图

(a)立管管口向上双线图；(b)立管管口向下双线图；(c)立管管口向上单线图；(d)立管管口向下单线图

单双线图如图 6-5。

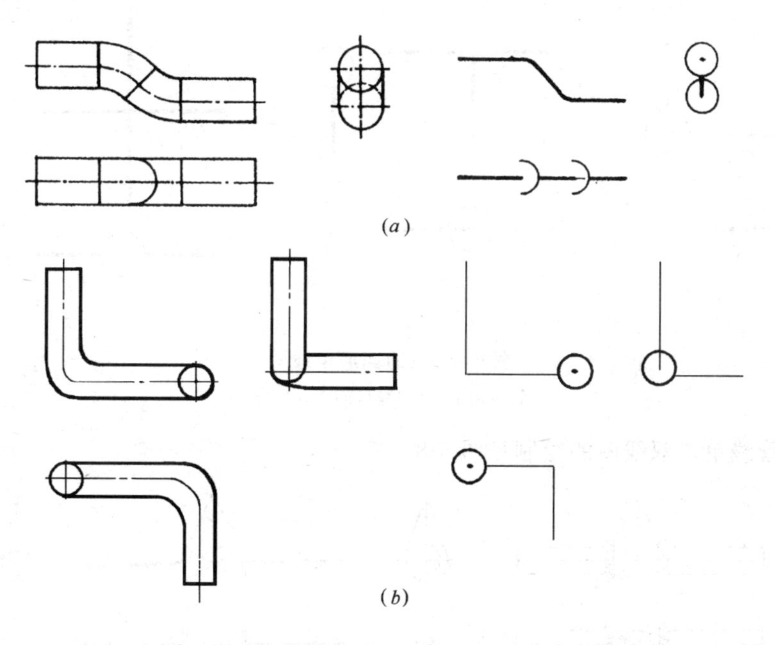

图 6-5　来回弯和摆头弯单、双线图

(a)来回弯；(b)摆头弯

3. 三通与四通

其单双线图见图 6-6 和图 6-7。

4. 阀门

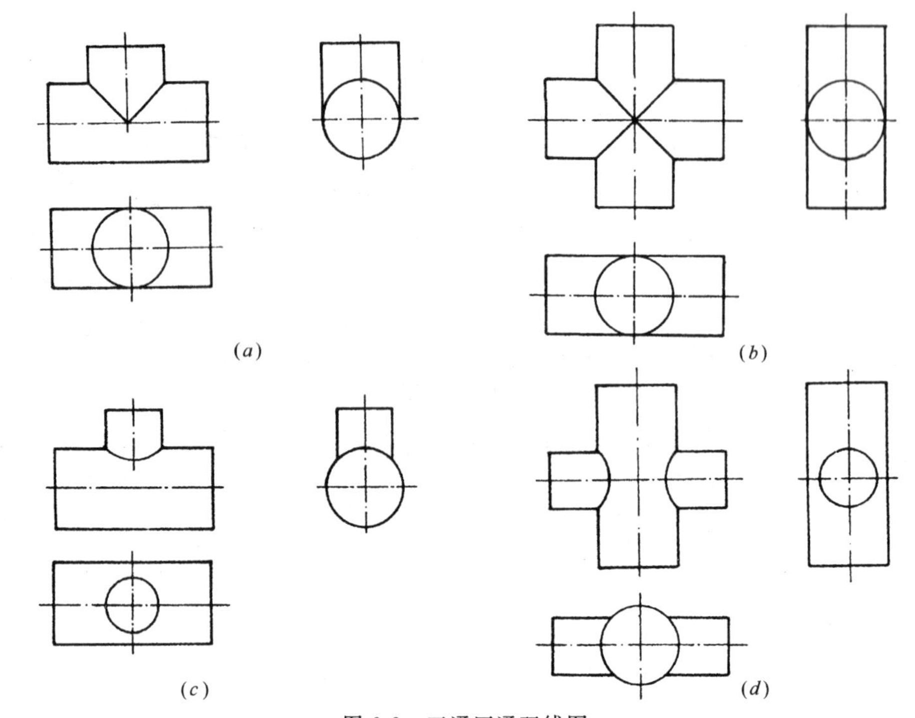

图 6-6　三通四通双线图

(*a*)等径三通；(*b*)等径四通；(*c*)异径三通；(*d*)异径四通

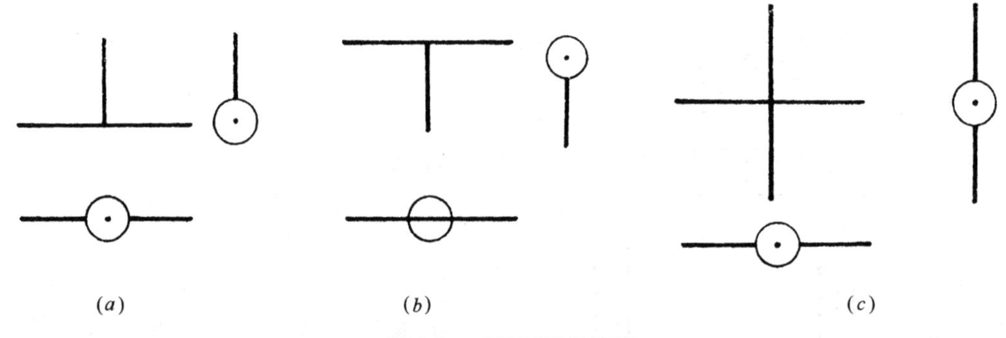

图 6-7　三通四通单线图

(*a*)管口向上；(*b*)管口向下；(*c*)四通

阀门在管线单、双线图的绘制见图 6-8。

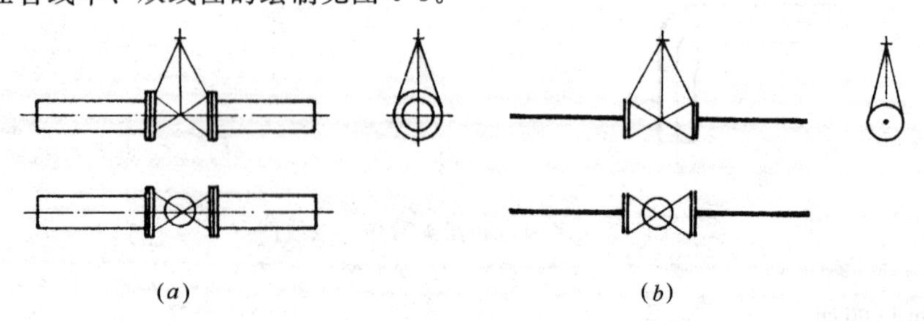

图 6-8　阀门的单双线图

(*a*)双线图；(*b*)单线图

5. 变径管

变径管在管线单、双线图中的绘制见图 6-9。

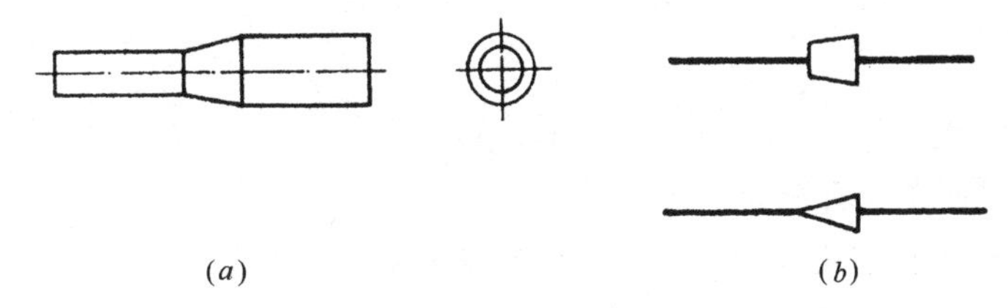

图 6-9 变径管的单双线图

(a) 双线图；(b)单线图

三、管线在空间交叉或重叠的表示方法

1. 交叉管线

交叉管线就是管线在空间即不平行也不相交，但为了表示出管线之间上下，或前后或左右的关系，规定了交叉管线在四种情况下的绘制方法，见图 6-10。

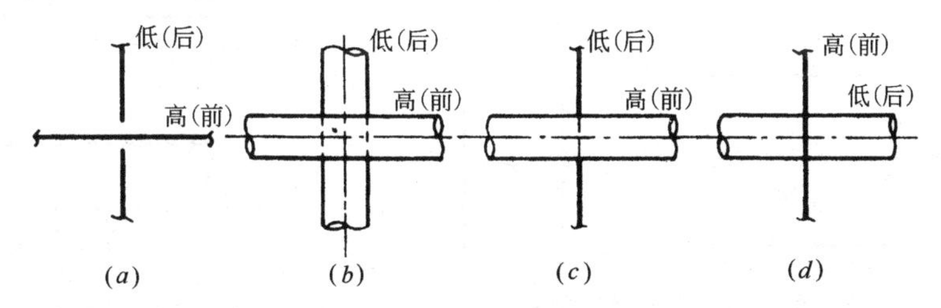

图 6-10 管线交叉的表示方法

2. 重叠管线

重叠管线是指两条以上的管线在向某一投影面投影时，其投影重合为一条线，见图 6-11(*a*)。为了清楚地表明管线的具体位置和管线的根数，可采用逐层断开的画法，见图 6-11(*b*)。也可以分别标注出管线的标高，见图 6-12。

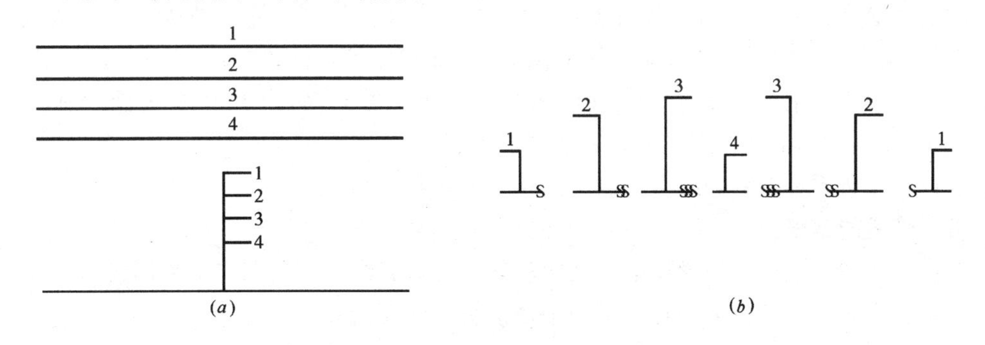

图 6-11 管线重叠画法(一)

四、管线正投影图的阅读

1. 读图要领

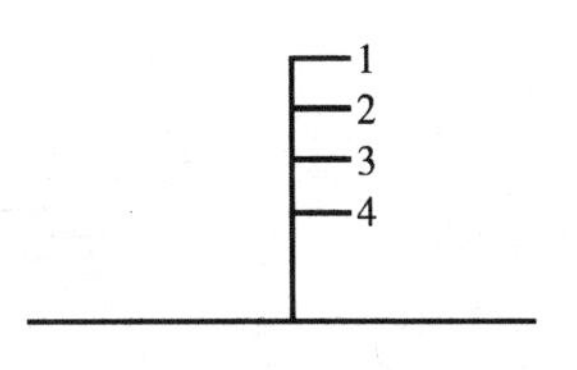

图 6-12 管线重叠画法(二)

(1) 熟练掌握三面正投影图的对应规律，弄清各投影面上下、左右、前后的空间位置关系。

(2) 熟练掌握管线和管件的单、双线图的表示，管线在空间的交叉重叠关系。

(3) 能够将三面正投影图联系起来读图，各投影图互相对照，互相补充，提高空间思维和想像能力。

2. 举例

(1) 识读 6-13 图

观察平面、立面图，管线为单线表示

a. 从平面图中可以看出管段的前后和左右关系，共五根管

左边三根 1、2、3 为左右方向，右边二根 4、5 为前后方向。

b. 对照立面图可以看出五根管段在同一水平面上 1、2、3 管左

右方向投影为一条直线，前后管 4、5 投影分别积聚为一点。

(2) 识读 6-14 图

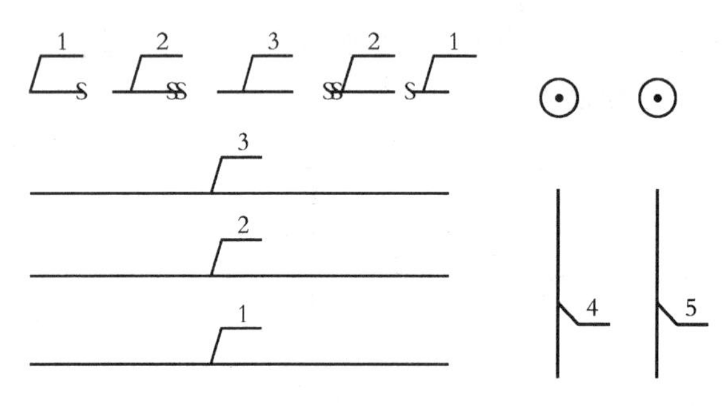

图 6-13　管线的平面、立面对应关系

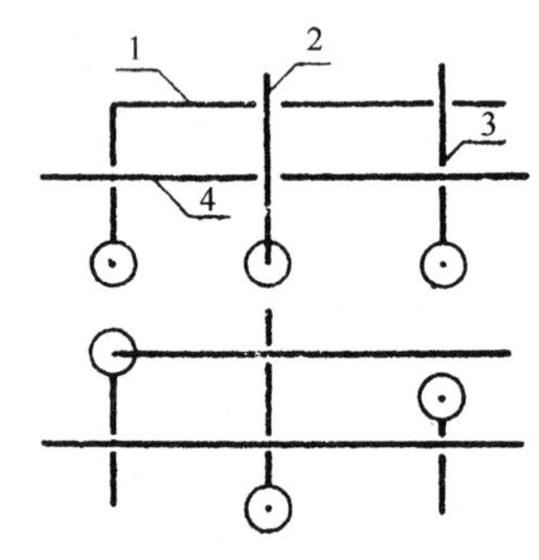

图 6-14　管线在空间的交叉重叠关系

a. 从立面图管段的图线及其编号可以看出，共有 1、2、3、4 四组管子。

b. 四组管子的空间走向：第 1 组是由横管、立管和前后管(向前)三段直管的来回弯组成，其转向处是 90°弯头；第 2 组是由立管，前后管(向后)两段管组成；第 3 组是由立管，前后管(向前)两段管组成，第 4 组是一段横管。

c. 四组管子在空间的相对位置关系，立管部分的左右位置关系是从左至右依次是 1 组、2 组、3 组。其前后位置关系由平面图显示，2 组立管最前，3 组立管稍后，1 组立管最后，横管部分的上下位置关系，立面图显示 1 组横管最高，4 组横管较低，前后管部分，1 组、2 组和 3 组处在底层的同一个水平面上。

从以上分析不难想象四组管线的空间相对位置和走向。

五、管线的剖面图

管线剖面图原理绘制与形体的剖面图相同。针对管线的剖面图有两种形式，一种是剖切平面在管线之间剖开，另一种是剖切平面沿管线断面剖开。

举例 1 管线之间剖切的剖面图绘制见图 6-15。

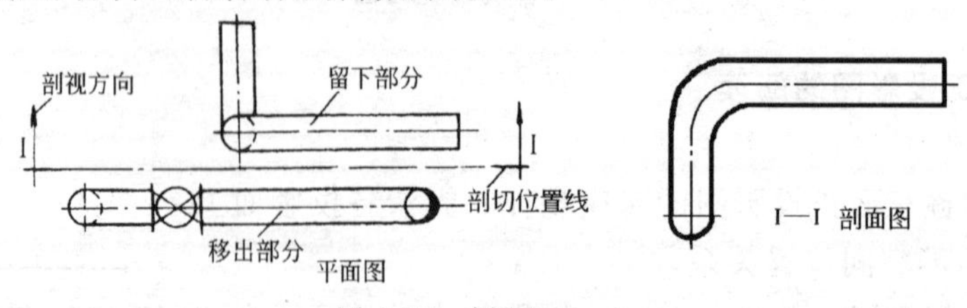

图 6-15　剖面图(一)

举例 2 管线断面剖切的剖面图绘制如图 6-16 所示。

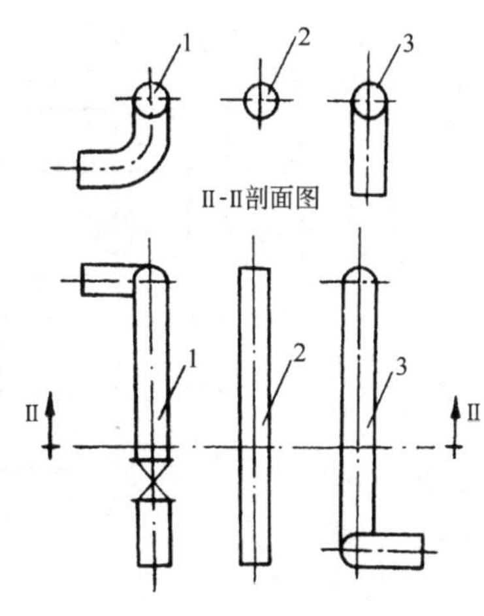

图 6-16　剖面图(二)

六、管线轴测图

管线三面正投影和剖面图，表达了管线的位置、大小尺寸，但本身缺乏立体感。管线轴测图立体感强，管线的空间走向表达直观，所以在设备施工图中都包括了管线系统轴测图

1. 常用的轴测图

(1) 正等轴测图，见图 6-17，三根轴的轴间角互成 120°，三根坐标轴(X、Y、Z)变形系数均为 0.82(约等于1)。

(2) 正面斜轴测图，如图 6-18 所示，三根轴的轴向角分别为 135°，135°，90°，三根坐标轴(X、Y、Z)变形系数分别为 1，0.5，1(约为 1)。

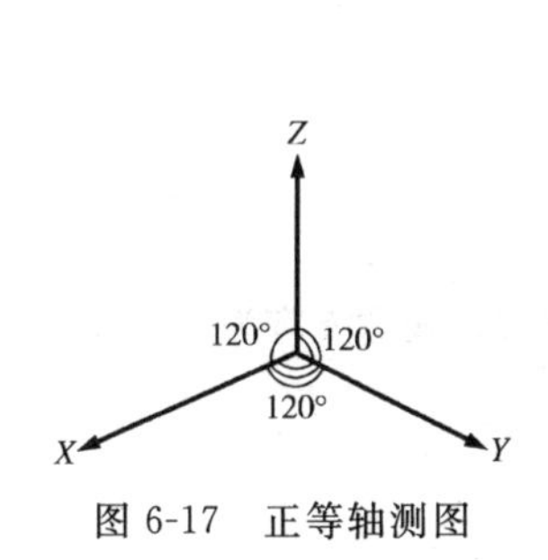

图 6-17　正等轴测图

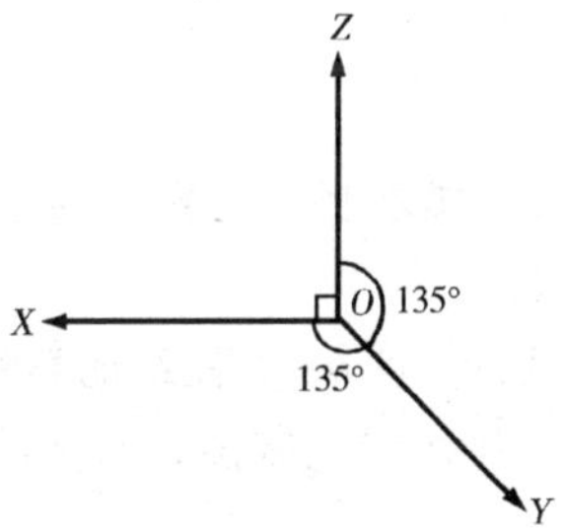

图 6-18　正面斜轴测图

2. 举例

(1) 将图 6-19 管段正投影图绘制成正面斜轴测图。

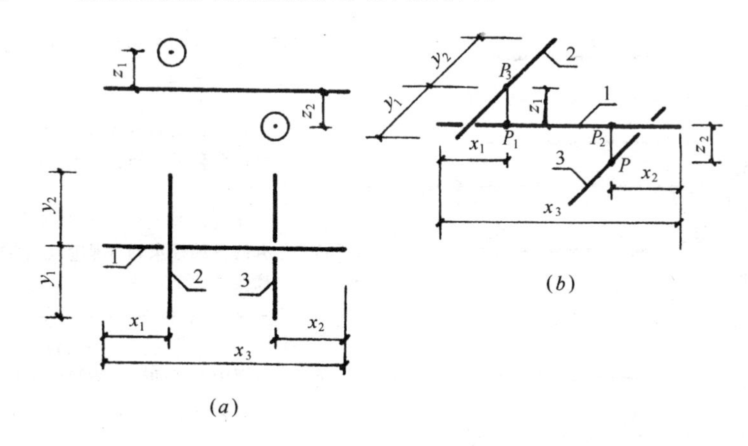

图 6-19　将管段正投影图绘制成正面斜轴测图示例一

(a)正投影图；(b)正面斜轴测图

(2) 将图 6-20 管段正投影图绘制成正面斜轴测图

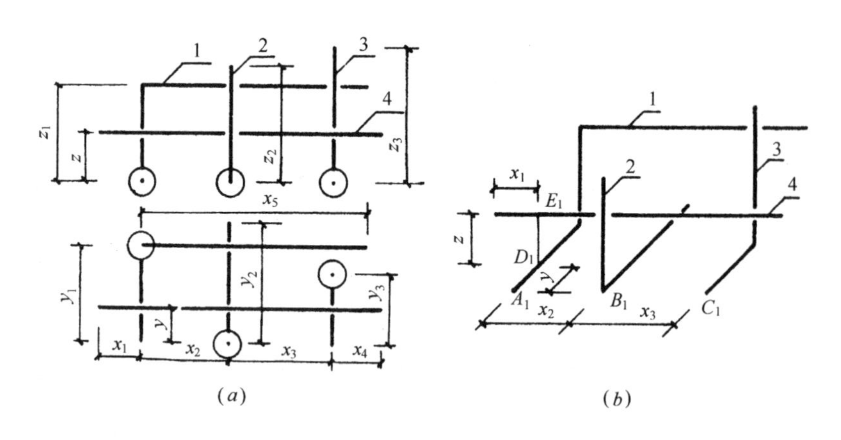

图 6-20　将管段正投影图绘制成正面斜轴测图示例二

(a)正投影图；(b)正面斜轴测图

第二节　室内给水排水施工图

一、给水排水制图国家标准

(一) 线型

1. 图线的宽度 b，与图纸的类别、比例和复杂程度有关。线宽 b 宜为 0.7 或 1.0mm。

2. 给水排水专业制图，常用线型见表 6-1。

线　　型　　　　**表 6-1**

名　　称	线　　型	线　宽	用　　途
粗 实 线	━━━━━━	b	新设计的各种排水和其他重力流管线
粗 虚 线	━━ ━━ ━━	b	新设计的各种排水和其他重力流管线的不可见轮廓线
中粗实线	━━━━━━	0.75b	新设计的各种给水和其他压力流管线；原有的各种排水和其他重力流管线
中粗虚线	━━ ━━ ━━	0.75b	新设计的各种给水和其他压力流管线及原有的各种排水和其他重力流管线的不可见轮廓线
中　实　线	──────	0.50b	给水排水设备、零(附)件的可见轮廓线；总图中新建的建筑物和构筑物的可见轮廓线；原有的各种给水和其他压力流管线
中　虚　线	── ── ──	0.50b	给水排水设备、零(附)件的不可见轮廓线；总图中新建的建筑物和构筑物的不可见轮廓线；原有的各种给水和其他压力流管线的不可见轮廓线
细　实　线	──────	0.25b	建筑的可见轮廓线；总图中原有的建筑物和构筑物的可见轮廓线；制图中的各种标注线

续表

名　称	线　型	线　宽	用　途
细　虚　线	—— —— ——	0.25b	建筑的不可见轮廓线；总图中原有的建筑物和构筑物的不可见轮廓线
单点长画线	——·————·——	0.25b	中心线、定位轴线
折　断　线	————⌇————	0.25b	断开界线
波　浪　线	〜〜〜〜〜	0.25b	平面图中水面线；局部构造层次范围线；保温范围示意线等

(二) 比例

给水排水专业制图常用比例，见表6-2。

给水排水专业制图比例　　表6-2

名　称	比　例	备　注
区域规划图 区域位置图	1∶50000、1∶25000、1∶10000 1∶5000、1∶2000	宜与总图专业一致
总平面图	1∶1000、1∶500、1∶300	宜与总图专业一致
管道纵断面图	纵总：1∶200、1∶100、1∶50 横向：1∶1000、1∶500、1∶300	
水处理厂(站)平面图	1∶500、1∶200、1∶100	
水处理构筑物、设备间、卫生间、泵房平、剖面图	1∶100、1∶50、1∶40、1∶30	
建筑给排水平面图	1∶200、1∶150、1∶100	宜与建筑专业一致
建筑给排水轴测图	1∶150、1∶100、1∶50	宜与相应图纸一致
详图	1∶50、1∶30、1∶20、1∶10、1∶5、1∶2、1∶1、2∶1	

(三) 标高的标注

1. 平面图中，管道标高的标注见图6-21。

图6-21　平面图中管道标高标注法

2. 平面图中，沟渠标高应按图 6-22 的方式标注。

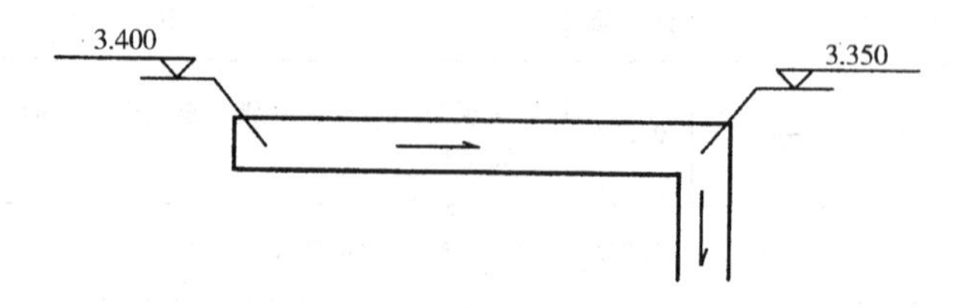

图 6-22　平面图中沟渠标高标注法

3. 剖面图中，管道及水位的标高的标注见图 6-23。

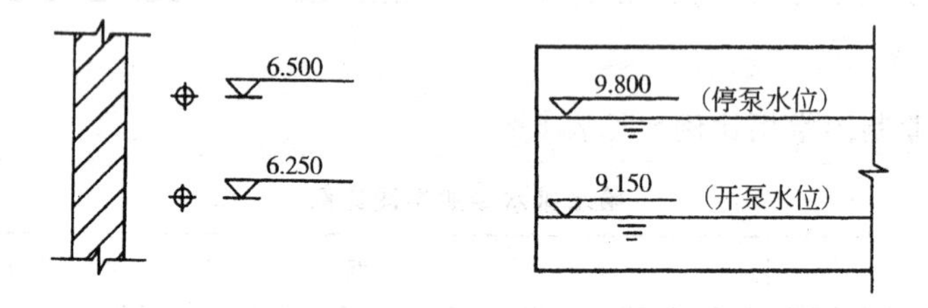

图 6-23　剖面图中管道及水位标高标注法

4. 轴测图中，管道标高的标注见图 6-24。

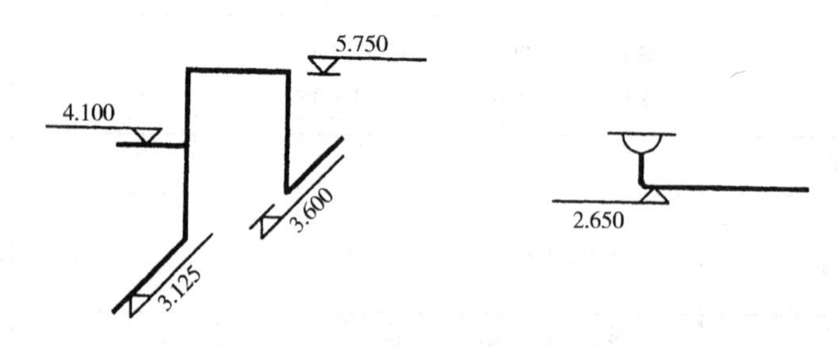

图 6-24　轴测图中管道标高标注法

5. 在建筑工程中，管道也可注相对本层建筑地面的标高，标注方法为 h+×.×××，h 表示本层建筑地面标高(如 h+0.250)。

(四) 管径

1. 管径应以 mm 为单位。

2. 管径的表达方式应符合下列规定：

(1) 水煤气输送钢管(镀锌或非镀锌)、铸铁管等管材，管径宜以公称直径 *DN* 表示(如 *DN*15、*DN*50)；

(2) 无缝钢管、焊接钢管(直缝或螺旋缝)、铜管、不锈钢管等管材，管径宜以外径 *D*×壁厚表示(如 *D*108×4、*D*159×4.5 等)；

(3) 钢筋混凝土(或混凝土)管、陶土管、耐酸陶瓷管、缸瓦管等管材，管径宜以内径 *d* 表示(如 *d*230、*d*380 等)；

(4) 塑料管材，管径宜按产品标准的方法表示；

(5) 当设计均用公称直径 *DN* 表示管径时，应有公称直径 *DN* 与相应产品规格对照表。

3. 管径的标注方法应符合下列规定：

（1）单根管道时，管径的标注(图 6-25)。

（2）多根管道时，管径的标注(图 6-26)。

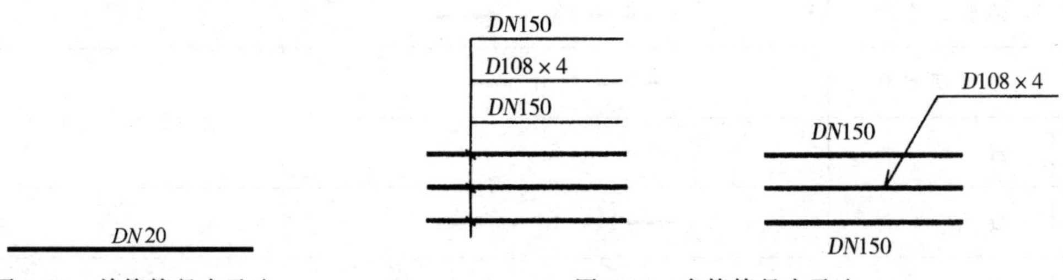

图 6-25　单管管径表示法　　　　图 6-26　多管管径表示法

（五）编号

1. 当建筑物的给水引入管或排水排出管的数量超过1根时，宜进行编号，编号的表示方法见图6-27。

2. 建筑物内穿越楼层的立管，其数量超过 1 根时宜进行编号，编号的方法表示见图 6-28。

（六）图例

1. 管道类别应以汉语拼音字母表示，见表 6-3。

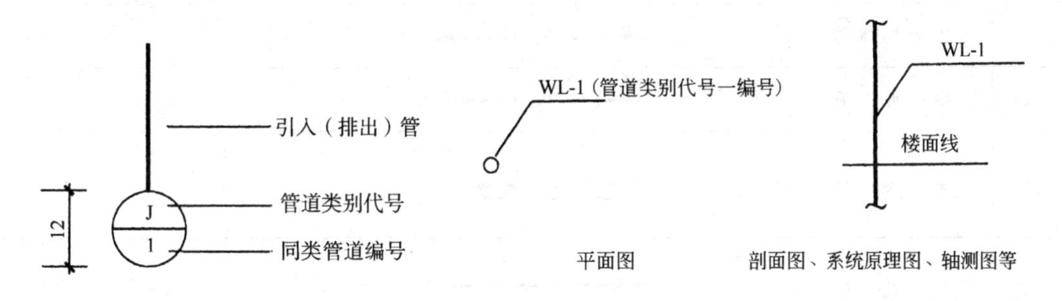

图 6-27　给水引入(排水排出)管编号表示法　　　　图 6-28　立管编号表示法

管道图例　　　　**表 6-3**

序号	名　称	图　例	备　注
1	生活给水管	—— J ——	
2	热水给水管	—— RJ ——	
3	热水回水管	—— RH ——	
4	中水给水管	—— ZJ ——	
5	循环给水管	—— XJ ——	

续表

序号	名　称	图　例	备　注
6	循环回水管	—— Xh ——	
7	热媒给水管	—— RM ——	
8	热媒回水管	—— RMH ——	
9	蒸　汽　管	—— Z ——	
10	凝结水管	—— N ——	
11	废　水　管	—— F ——	可与中水源水管合用
12	压力废水管	—— YF ——	
13	通　气　管	—— T ——	
14	污　水　管	—— W ——	
15	压力污水管	—— YW ——	
16	雨　水　管	—— Y ——	
17	压力雨水管	—— YY ——	
18	膨　胀　管	—— PZ ——	
19	保　温　管		
20	多　孔　管		
21	地　沟　管		
22	防护套管		
23	管道立管	XL-I 平面　XL-I 系统	X：管道类别 L：立管 I：编号
24	伴　热　管		
25	空调凝结水管	—— KN ——	

续表

序号	名　称	图　例	备　注
26	排 水 明 沟	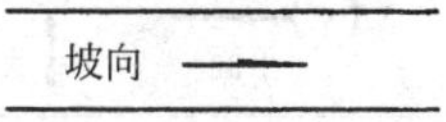 坡向	
27	排 水 暗 沟	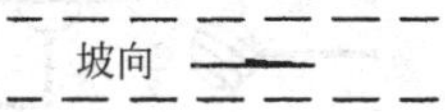 坡向	

注：分区管道用加注角标方式表示：如 J_1、J_2、RJ_1、RJ_2……。

2. 管道附件的图例(表 6-4)

管　道　附　件　　　　**表 6-4**

序　号	名　称	图　例	备　注
1	套管补偿器		
2	方形补偿器	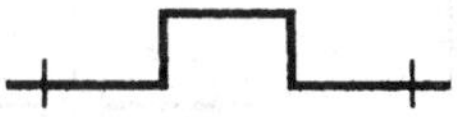	
3	刚性防水套管	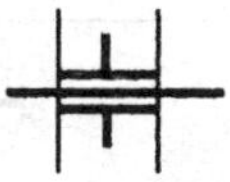	
4	柔性防水套管	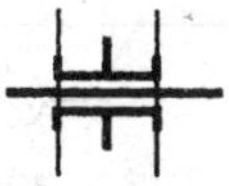	
5	波　纹　管		
6	可曲挠橡胶接头		
7	管道固定支架		
8	管道滑动支架		
9	立管检查口		
10	清　扫　口	 平面　系统	
11	通　气　帽	 成品　铅丝球	
12	雨　水　斗	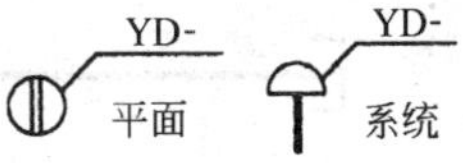 YD- 平面　YD- 系统	

续表

序　号	名　称	图　　例	备　　注
13	排水漏斗	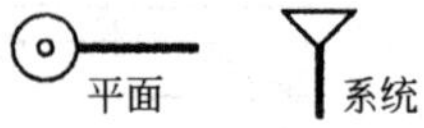 平面　系统	
14	圆形地漏		通用。如为无水封，地漏应加存水弯
15	方形地漏		
16	自动冲洗水箱		
17	挡　墩		
18	减压孔板	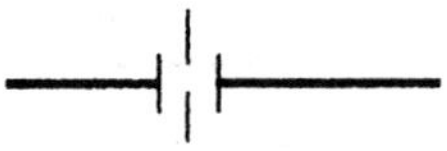	
19	Y形除污器		
20	毛发聚集器	 平面　系统	
21	防回流污染止回阀		
22	吸　气　阀		

3. 管道连接的图例(表6-5)

管　道　连　接　　**表6-5**

序　号	名　　称	图　　例	备　　注
1	法兰连接	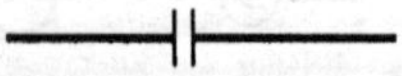	
2	承插连接		
3	活　接　头	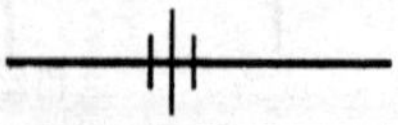	
4	管　　堵		

续表

序　号	名　称	图　例	备　注
5	法兰堵盖		
6	弯折管		表示管道向后及向下弯转 90°
7	三通连接		
8	四通连接	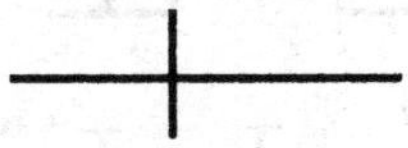	
9	盲　板		
10	管道丁字上接	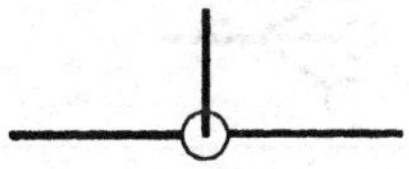	
11	管道丁字下接	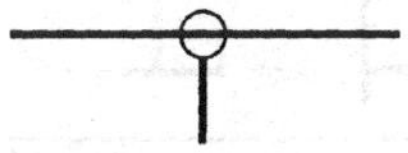	
12	管道交叉	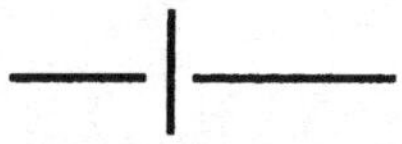	在下方和后面的管道应断开

4. 管件的图例(表 6-6)

管　件　　**表 6-6**

序　号	名　称	图　例	备　注
1	偏心异径管		
2	异径管		
3	乙字管		
4	喇叭口	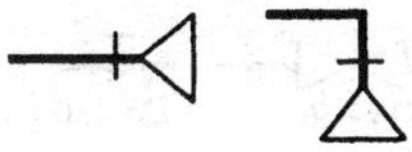	
5	转动接头		
6	短　管		
7	存水弯	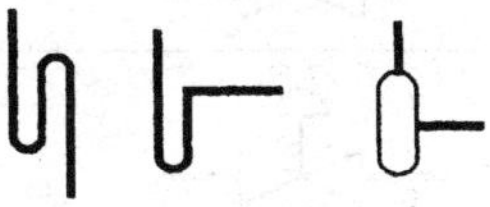	

续表

序号	名称	图例	备注
8	弯头		
9	正三通		
10	斜三通		
11	正四通		
12	斜四通	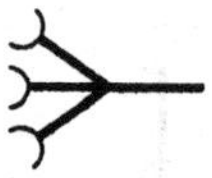	
13	浴盆排水件	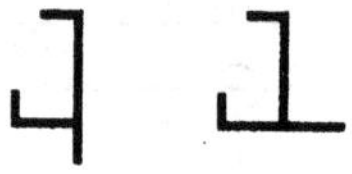	

5. 阀门的图例(表 6-7)

阀门　　表 6-7

序号	名称	图例	备注
1	闸阀		
2	角阀	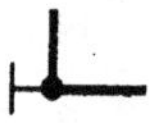	
3	三通阀		
4	四通阀	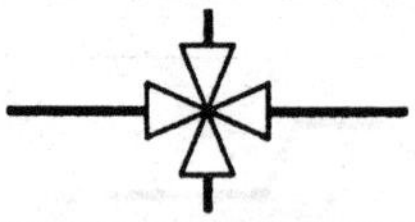	
5	截止阀	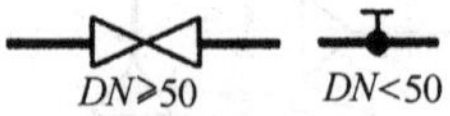 *DN*≥50　*DN*<50	
6	电动阀	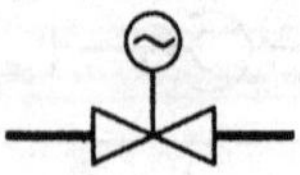	
7	液动阀	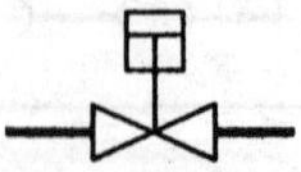	
8	气动阀		

续表

序号	名称	图例	备注
9	减压阀	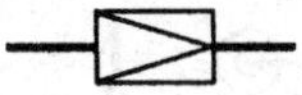	左侧为高压端
10	旋塞阀	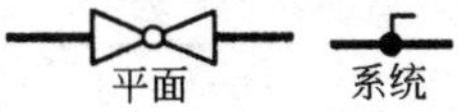 平面　系统	
11	底阀		
12	球阀		
13	隔膜阀		
14	气开隔膜阀	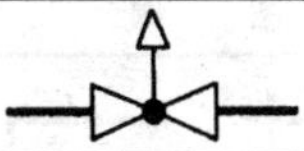	
15	气闭隔膜阀		
16	温度调节阀	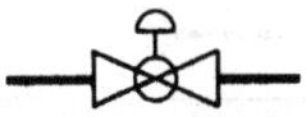	
17	压力调节阀		
18	电磁阀	 M	
19	止回阀		
20	消声止回阀		
21	蝶阀	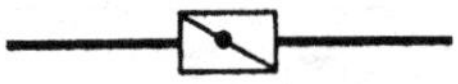	
22	弹簧安全阀	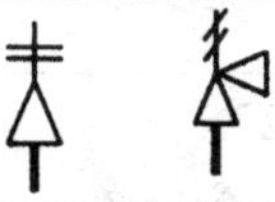	左为通用
23	平衡锤安全阀		
24	自动排气阀	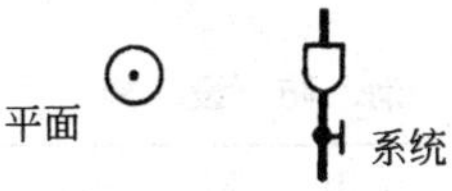 平面　系统	
25	浮球阀	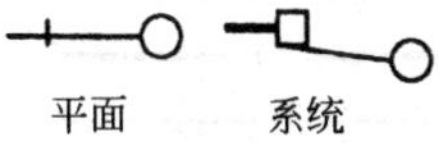 平面　系统	
26	延时自闭冲洗阀		

续表

序号	名称	图例	备注
27	吸水喇叭口	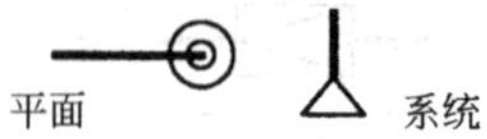 平面 系统	
28	疏水器		

6. 给水配件的图例(表 6-8)

给水配件 **表 6-8**

序号	名称	图例	备注
1	放水龙头		左侧为平面，右侧为系统
2	皮带龙头		左侧为平面，右侧为系统
3	洒水(栓)龙头		
4	化验龙头	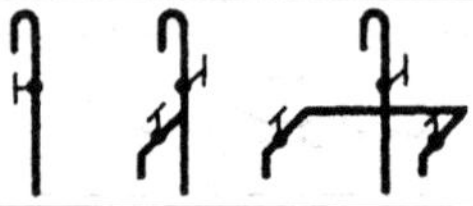	
5	肘式龙头	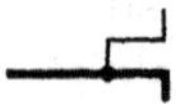	
6	脚踏开关	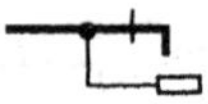	
7	混合水龙头	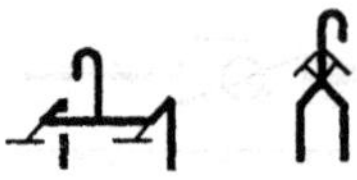	
8	旋转水龙头		
9	浴盆带喷头混合水龙头		

7. 消防设施的图例(表 6-9)

消防设施 **表 6-9**

序号	名称	图例	备注
1	消火栓给水管	XH	
2	自动喷水灭火给水管	ZP	
3	室外消火栓		

续表

序 号	名 称	图 例	备 注
4	室内消火栓(单口)	平面 系统	白色为开启面
5	室内消火栓(双口)	平面 系统	
6	水泵接合器		
7	自动喷洒头(开式)	平面 系统	
8	自动喷洒头(闭式)	平面 系统	下 喷
9	自动喷洒头(闭式)	平面 系统	上 喷
10	自动喷洒头(闭式)	平面 系统	上 下 喷
11	侧墙式自动喷洒头	平面 系统	
12	侧喷式喷洒头	平面 系统	
13	雨淋灭火给水管	YL	
14	水幕灭水给水管	SM	
15	水炮灭火给水管	SP	
16	干式报警阀	平面 系统	
17	水 炮		

续表

序 号	名 称	图 例	备 注
18	湿式报警阀	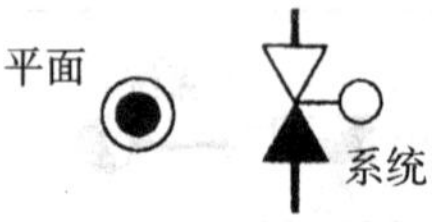 平面 系统	
19	预作用报警阀	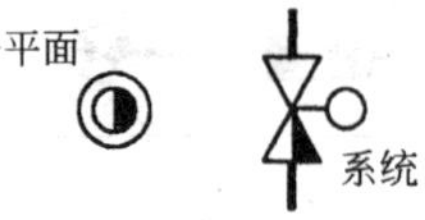 平面 系统	
20	遥控信号阀		
21	水流指示器		
22	水 力 警 铃		
23	雨 淋 阀	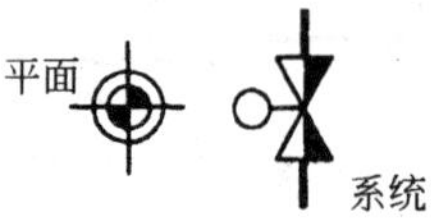 平面 系统	
24	末端测试阀	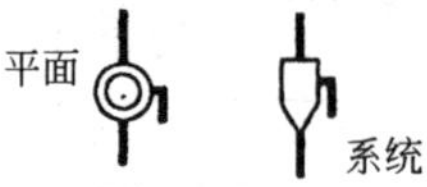 平面 系统	
25	手提式灭火器		
26	推车式灭火器		

注：分区管道用加注角标方式表示：如 XH_1、XH_2、ZP_1、ZP_2……。

8. 卫生设备及水池的图例(表 6-10)

卫生设备及水池 **表 6-10**

序 号	名 称	图 例	备 注
1	立式洗脸盆		
2	台式洗脸盆	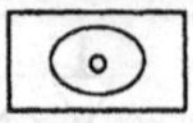	
3	挂式洗脸盆	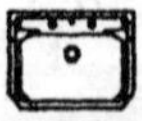	
4	浴 盆	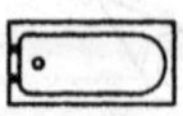	

续表

序号	名称	图例	备注
5	化验盆、洗涤盆	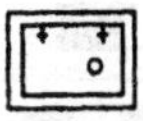	
6	带沥水板洗涤盆		不锈钢制品
7	盥洗槽	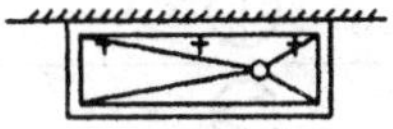	
8	污水池		
9	妇女卫生盆		
10	立式小便器		
11	壁挂式小便器		
12	蹲式大便器	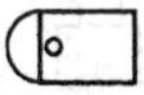	
13	坐式大便器	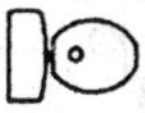	
14	小便槽		
15	淋浴喷头		

9. 小型给水排水构筑物的图例(表 6-11)

小型给水排水构筑物 **表 6-11**

序号	名称	图例	备注
1	矩形化粪池	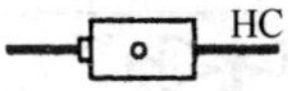 HC	HC 为化粪池代号
2	圆形化粪池	 HC	
3	隔油池	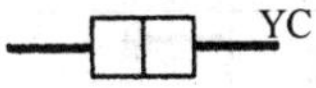 YC	YC 为除油池代号
4	沉淀池	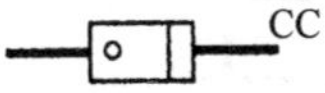 CC	CC 为沉淀池代号
5	降温池	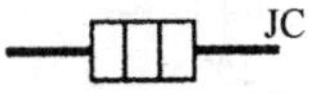 JC	JC 为降温池代号
6	中和池	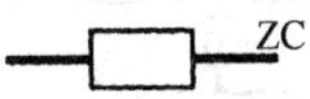 ZC	ZC 为中和池代号

续表

序号	名称	图例	备注
7	雨水口		单口
			双口
8	阀门井、检查井		
9	水封井		
10	跌水井		
11	水表井		

10. 给水排水设备的图例(表6-12)

给水排水设备 **表6-12**

序号	名称	图例	备注
1	水泵	 平面 系统	
2	潜水泵	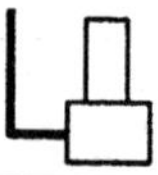	
3	定量泵		
4	管道泵		
5	卧式热交换器	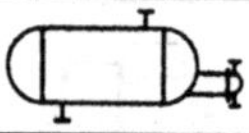	
6	立式热交换器	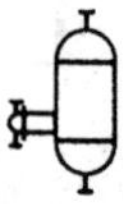	
7	快速管式热交换器		
8	开水器		
9	喷射器		小三角为进水端
10	除垢器		
11	水锤消除器	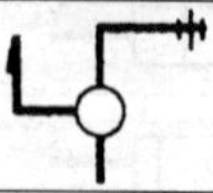	
12	浮球液位器	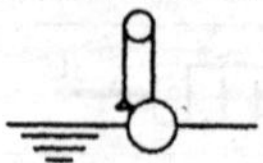	
13	搅拌器	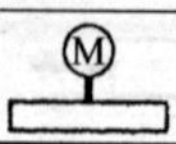 M	

11. 给水排水专业所用仪表的图例（表 6-13）

仪　　表　　**表 6-13**

序　号	名　　称	图　　例	备　　注
1	温　度　计		
2	压　力　表		
3	自动记录压力表		
4	压力控制器		
5	水　　表		
6	自动记录流量计	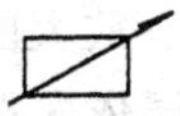	
7	转子流量计		
8	真　空　表		
9	温度传感器	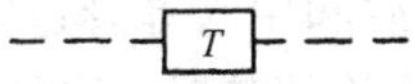 T	
10	压力传感器	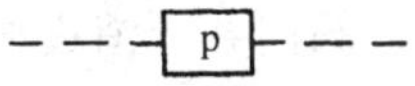 p	
11	pH 值传感器	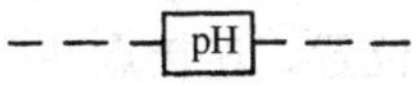 pH	
12	酸传感器	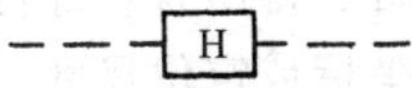 H	
13	碱传感器	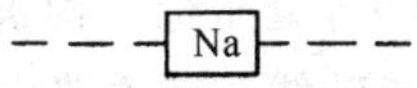 Na	
14	余氯传感器	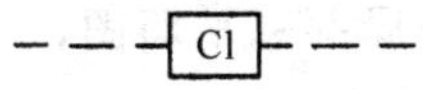 Cl	

（七）图样画法

1. 一般规定

(1) 设计应以图样表示，不得以文字代替绘图。如必须对某部分进行说明时，说明文字应通俗易懂、简明清晰。有关全工程项目的问题应在首页说明，局部问题应注写在本张图纸内。

（2）工程设计中，本专业的图纸应单独绘制。

（3）在同一个工程项目的设计图纸中，图例、术语、绘图表示方法应一致。

（4）在同一个工程子项的设计图纸中，图纸规格应一致。如有困难时，不宜超过2种规格。

（5）图纸编号应遵守下列规定：

1）规划设计采用水规-XX。

2）初步设计采用水初-XX，水扩初-XX。

3）施工图采用水施-XX。

（6）图纸的排列应符合下列要求：

1）初步设计的图纸目录应以工程项目为单位进行编写；施工图的图纸目录应以工程单体项目为单位进行编写。

2）工程项目的图纸目录、使用标准图目录、图例、主要设备器材表、设计说明等，如一张图纸幅面不够使用时，可采用2张图纸编排。

3）图纸图号应按下列规定编排：

a. 系统原理图在前，平面图、剖面图、放大图、轴测图、详图依次在后；

b. 平面图中应地下各层在前，地上各层依次在后；

c. 水净化(处理)流程图在前，平面图、剖面图、放大图、详图依次在后；

d. 总平面图在前，管道节点图、阀门井示意图、管道纵断面图或管道高程表、详图依次在后。

2. 图样画法

（1）总平面图的画法应符合下列规定：

1）建筑物、构筑物、道路的形状、编号、坐标、标高等应与总图专业图纸相一致。

2）给水、排水、雨水、热水、消防和中水等管道宜绘制在一张图纸上。如管道种类较多、地形复杂，在同一张图纸上表示不清楚时，可按不同管道种类分别绘制。

3）应按规定的图例绘制各类管道、阀门井、消火栓井、洒水栓井、检查井、跌水井、水封井、雨水口、化粪池、隔油池、降温池、水表井等，并按规定进行编号。

4）绘出城市同类管道及连接点的位置、连接点井号、管径、标高、坐标及流水方向。

5）绘出各建筑物、构筑物的引入管、排出管，并标注出位置尺寸。

6）图上应注明各类管道的管径、坐标或定位尺寸。

a. 用坐标时，标注管道弯转点(井)等处坐标，构筑物标注中心或两对角处坐标；

b. 用控制尺寸时，以建筑物外墙或轴线、或道路中心线为定位起始基线。

7）仅有本专业管道的单体建筑物局部总平面图，可从阀门井、检查井绘引出线，线上标注井盖面标高；线下标注管底或管中心标高。

8）图画的右上角应绘制风玫瑰图，如无污染源时可绘制指北针。

（2）绘水管道节点图应按下列规定绘制：

1）管道节点位置、编号应与总平面图一致，但可不按比例示意绘制。

2）管道应注明管径、管长。

3）节点应绘制所包括的平面形状和大小、阀门、管件、连接方式、管径及定位尺寸。

4）必要时，阀门井节点应绘制剖面示意图。

（3）管道纵断面图应按下列规定绘制：

1）压力流管道用单粗实线绘制。

注：当管径大于400mm时，压力流管道可用双中粗实线绘制，但对应平面示意图用单中粗实线绘制。

2）重力流管道用双中粗实线绘制，全对应平面示意图用单中粗实线绘制。

3）设计地面线、阀门井或检查井、竖向定位线用细实线绘制，自然地面线用细虚线绘制。

4）绘制与本管道相交的道路、铁路、河谷及其他专业管道、管沟及电缆等的水平距离和标高。

（4）重力流管道不绘制管道纵断面图时，可采用管道高程表，管道高程表绘制（表6-14）。

管道高程表 **表6-14**

序号	管段编号		管长（m）	管径（mm）	坡度（%）	管底坡降（m）	管底跌落（m）	设计地面标高（m）		管内底标高（m）		埋深（m）		备注
	起点	终点						起点	终点	起点	终点	起点	终点	

（5）取水、水净化厂（站）宜按下列规定绘制高程图：

1）构筑物之间的管道以中粗实线绘制。

2）各种构筑物必要时按形状以单细实线绘制。

3）各种构筑物的水面、管道、构筑物的底和顶应注明标高。

4）构筑物下方应注明构筑物名称。

（6）各种净水和水处理系统宜按下列规定绘制水净化系统流程图：

1）水净化流程图可不按比例绘制。

2）水净化设备及附加设备按设备形状以细实线绘制。

3）水净化系统设备之间的管道以中粗实线绘制，辅助设备的管道以中实线绘制。

4）各种设备用编号表示，并附设备编号与名称对照说明。

5）初步设计说明中可用方框图表示水的净化流程图。

（7）建筑给水排水平面图应按下列规定绘制：

1）建筑物轮廓线、轴线号、房间名称、绘图比例等均应与建筑专业一致，并用细实线绘制。

2）各类管道、用水器具及设备、消火栓、喷洒头、雨水斗、阀门、附件、立管位置等应按图例以正投影法绘制在平面图上。

3）安装在下层空间或埋设在地面下而为本层使用的管道，可绘制于本层平面图上；如有地下层，排出管、引入管、汇集横干管可绘于地下层内。

4）各类管道应标注管径。生活热水管要示出伸缩装置及固定支架位置；立管应按管道类别和代号自左至右分别进行编号，且各楼层相一致；消火栓可按需要分层按顺序编号。

5）引入管、排出管应注明与建筑轴线的定位尺寸、穿建筑外墙标高、防水套管形式。

6）±0.000标高层平面图应在右上方绘制指北针。

（8）屋面雨水平面图按下列规定绘制：

1）屋面形状、伸缩缝位置、轴线号等应与建筑专业一致，不同层或标高的屋面应注明屋面标高。

2）绘制出雨水斗位置、汇水天沟或屋面坡向、每个雨水斗汇水范围、分水线位置等。

3）对雨水斗进行编号，并宜注明每个雨水斗汇水面积。

4）雨水管应注明管径、坡度，无剖面图时应在平面图上注明起始及终止点管道标高。

（9）系统原理图按下列规定绘制：

1）多层建筑、中高层建筑和高层建筑的管道以立管为主要表示对象，按管道类别分别绘制立管系统原理图。如绘制立管在某层偏置（不含乙字管）设置，该层偏置立管宜另行编号。

2）以平面图左端立管为起点，顺时针自左向右按编号依次顺序均匀排列，不按比例绘制。

3）横管以首根立管为起点，按平面图的连接顺序，水平方向在所在层与立管相连接，如水平呈环状管网，绘两条平行线并于两端封闭。

4）立管上的引出管在该层水平绘出。如支管上的用水或排水器具另有详图时，其支管可在分户水表后断掉，并注明详见图号。

5）楼地面线、层高相同时应等距离绘制，夹层、跃层、同层升降部分应以楼层线反映，在图纸的左端注明楼层层数和建筑标高。

6）管道阀门及附件（过滤器、除垢器、水泵接合器、检查口、通气帽、波纹管、固定支架等）、各种设备及构筑物（水池、水箱、增压水泵、气压罐、消毒器、冷却塔、水加热器、仪表等）均应示意绘出。

7）系统的引入管、排水管绘出穿墙轴线号。

8）立管、横管均应标注管径，排水立管上的检查口及通气帽注明距楼地面或屋面的高度。

（10）平面放大图按下列规定绘制：

1）管道类型较多，正常比例表示不清时，可绘制放大图。

2）比例等于和大于1：30时，设备和器具按原形用细实线绘制，管道用双线以中实线绘制。

3）比例小于1：30时，可按图例绘制。

4）应注明管径和设备、器具附件、预留管口的定位尺寸。

（11）剖面图按下列规定绘制：

1）设备、构筑物布置复杂，管道交叉多，轴测图不能表示清楚时，宜辅以剖面图。

2）表示清楚设备、构筑物、管道、阀门及附件位置、形式和相互关系。

3）注明管径、标高、设备及构筑物有关定位尺寸。

4）建筑、结构的轮廓线应与建筑及结构专业相一致。本专业有特殊要求时，应加注附注予以说明，线型用细实线。

5）比例等于和大于1∶30时，管道宜采用双线绘制。

（12）轴测图按下列规定绘制：

1）卫生间放大图应绘制管道轴测图。

2）轴测图宜按45°正面斜轴测投影法绘制。

3）管道布图方向应与平面图一致，并按比例绘制。局部管道按比例不易表示清楚时，该处可不按比例绘制。

4）楼地面线、管道上的阀门和附件应予以表示，管径、立管编号与平面一致。

5）管道应注明管径、标高(亦可标注距楼地面尺寸)，接出或接入管道上的设备、器具宜编号或注字表示。

6）重力流管道宜按坡度方向绘制。

（13）详图按下列规定绘制：

1）无标准设计图可供选用的设备、器具安装图及非标准设备制造图，宜绘制详图。

2）安装或制造总装图上，应对零部件进行编号。

3）零部件应按实际形状绘制，并标注各部尺寸、加工精度、材质要求和制造数量，编号应与总装图一致。

二、室内给水排水施工图的基本知识

室内给水是指由室外管网引入室内的生活用水和消防用水系统，室内排水是指将室内厨房、厕所、卫生间排出的污水、废水排到室外。

室内给水排水施工图包括：设计说明，平面图，系统图(管轴测图)和施工详图。下面分别介绍其基本知识。

（一）设计说明

主要包括：设计依据，工程概况，设备材料，图例等，见图6-29。

（二）平面图

给水和排水平面图是通过房屋门窗的高度所作的水平剖面图，它主要表达建筑物内给水和排水管道的平面布置和设备的位置，具体内容：

1. 给水进入管和污水排出管的位置及编号，以及与室外给排水管网的关系。

2. 管道附件如阀门，清扫口，检查口，地漏等平面位置。

3. 卫生设备洗脸盆，小便器，大便器，拖布池等的位置型号及安装等。

4. 干管、立管、支管的平面布置，管径尺寸及立管编号。

（三）系统图

系统图是将管线在空间的走向及各个部分上下、左右、前后的空间关系用轴测图表示出来，它能更加直观地表现管线系统的全貌。在施工图中，一般只是画出各主管所带支管的分布情况，所以也叫立管图。通常给水，排水和煤气的立管图是分开绘制的，表示的内容主要有：

设计说明

一、设计依据

1．国家现行的有关规范．

2．甲方提供的技术资料．

3．各工种所提技术资料．

二、工程概况

本工程建筑面积两万多平方米，地上三层，地下一层（地下一层为自行车库）．本设计包括：给水、排水、采暖及局部通风．本设计只包括室内部分的设计，外线及煤气设计由甲方另外委托设计．

三、给水系统

1．根据市政给水压力不小于0．18MPa．给水由市政自来水管网直接供水．设给水引入管一根，总表设在室外表井内．

2．吊顶内的给水管做防结露保温，采用阻燃型醋酸聚乙烯共聚发泡材料，$\delta=9$mm，外缠玻璃布带，刷两道白色调和漆．

3．敷设在无采暖房间、管井内的给水管做保温，采用离心玻璃棉壳，$\delta=30$mm，外缠玻璃布带，刷两道白色调和漆．

4．给水管试压：市政供水区0．6MPa．

四、热水系统

1．热水由市政换热站直接供应60℃热水．

2．热水系统采用上供下回的机械循环系统．由市政直接提供补充水及定压．

五、排水系统

本楼为多层民用建筑，首层单独排出，

六、采暖工程

1．采暖热源市政热力管网供应．

2．采暖热媒为95～70℃的热水．

3．热负荷：N-1系统：134．5kW

4．系统压力损失：50kPa．

5．采暖系统：

单管异程式采暖系统．采暖供水管道布置在顶层顶板下，采暖回水干管布置在地下一层顶板下．

6．采暖散热器：采用四柱745型散热器．工作压力：1．0MPa．散热器挂装，地距地120mm．

7．采暖系统入口装置设于室外，室外入口处的采暖回水干管上安装平衡阀，各分支处的回水干管上安装手动调节阀和闸阀．

8．没注明的采暖阀门均采用铜闸板阀．自动放风门采用ZP88-I型．

9．敷设于不采暖房间、吊顶、及管井内的采暖干管均做保温，材料采用离心玻璃棉管壳$\delta=30$mm厚，外缠玻璃丝布明露部分外刷两道白色调和漆．

10．暖气管采用焊接钢管，$DN\leqslant32$丝接，$DN\geqslant40$焊接．

七、管材及设备

1．管材：

1）给水管架空部分为镀锌钢管．埋地管<$DN75$采用镀锌钢管，$\geqslant DN75$采用给水铸铁管．

2）热水供回水管采用薄壁紫铜管．

3）污水管采用排水铸铁管．

2．阀件：

生活给水系统管径>$DN50$均采用蝶阀．所有管道管径<$DN50$时均采用截止阀．

3．卫生设备：

1）公共浴室、诊室、理疗室等采用立式洗脸盆；客房卫生间采用台式洗脸盆；公用厕所为普通洗脸盆．

2）除客房卫生间用带水箱坐便器外其余为延时自闭阀蹲式大便器．

八、其他

1．凡本说明或图纸中未及之处均按现行国家相关规范、国家标准图和华北标准图执行．

2．图纸所标尺寸单位：平面定位尺寸、管径尺寸均为毫米；标高为米，

3．管道标高：矩形风管为管底标高；给水管道为管中标高；排水管道为管底标高．

4．设备及材料应选用优质产品．安装及使用按产品说明书执行（厂家提供）．

5．凡管道穿过梁、板、墙的地方要求与土建专业在施工过程中密切配合同时施工，预留套管和空洞，避免事后剔凿．

6．本设计如与现行规范有矛盾均以规范为准．

图　　例

名　称	图　例	图　例	安装图集
给水管及立管	——	○ GL-n	
热水管及立管	——	○ RL-n	
热水回水管及立管	——	○ RL-n	
污水管及立管	——	○ WL-n	
暖气供水管	——		
暖气回水管	— — —		
洗脸盆		(洗)	
洗手盆		(手)	
淋浴间		(淋)	
污水池		(污)	
坐式大便器		(大)	
挂式小便器		(小)	
地漏			
清扫口			
自动排气阀			
止回阀			
截止阀			
防爆阀			
水流指示器			
透气帽			

主要设备材料表

序号	名　称	规格型号	单位	数量
1	自动排气阀	ZP88-1型	个	10
2	吊顶型排气扇	PQ-09型	个	18
3	轴流风机	CDZ No.2.5型	台	2

图 6-29　设计说明、图例、设备表

1. 立管和立管编号。

2. 支管的走向及其附件。

3. 各部分管的管径尺寸。

4. 管道的坡度和有关部位的标高。

(四) 施工详图

在管道工程图中，有些细部构造和安装尺寸，在平面图中不易表达清楚，需要局部放大详细具体地表示，这种放大比例的图样称作详图。有些安装尺寸，还需要查阅建设设备施工安装通用图集，卫生工程图集。

三、室内给水排水施工图的阅读

(一) 地下室给排水平面图，见图 6-30。包括冷水和热水，按下列次序阅读。

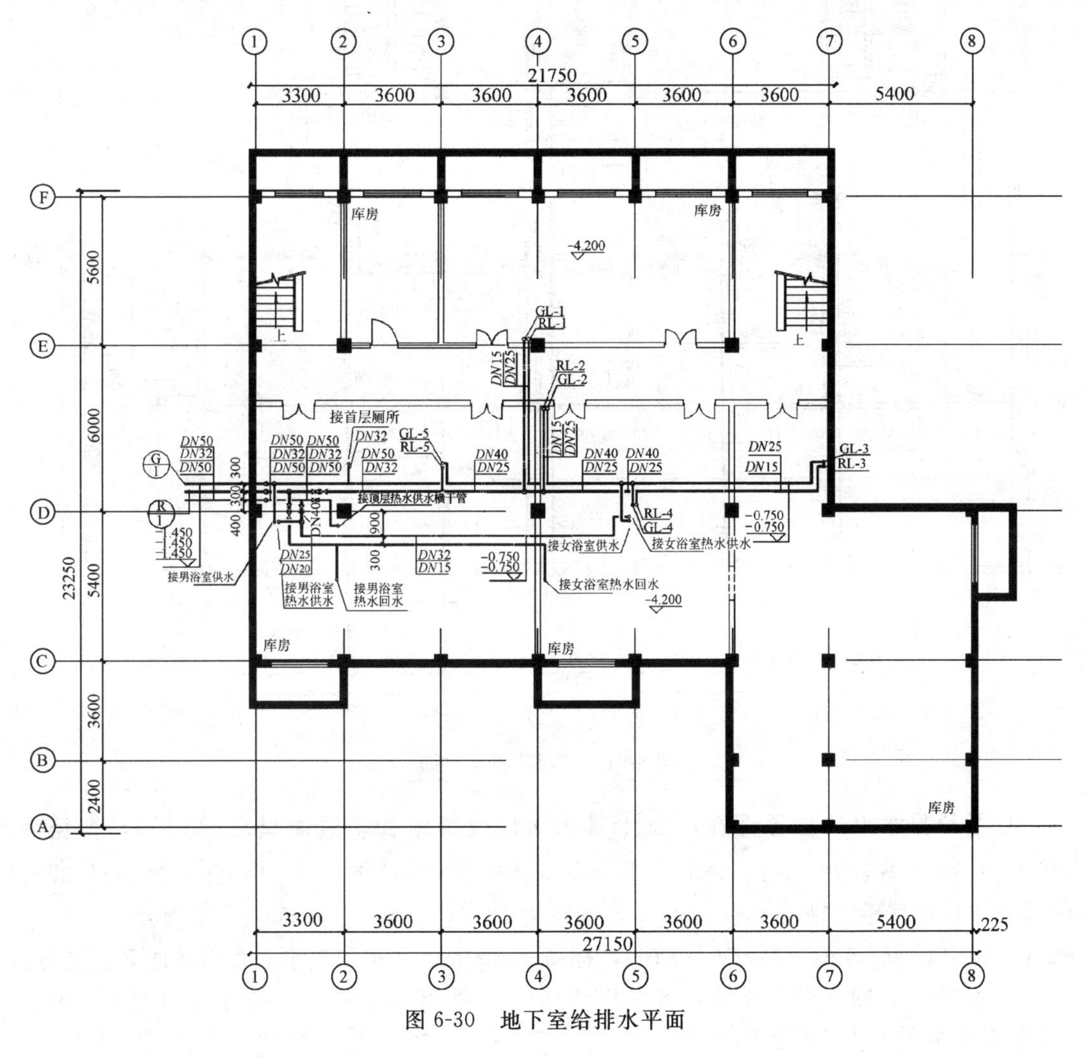

图 6-30 地下室给排水平面

1. 管道的进出口位置在西面，冷水给水进位置Ⓖ/①距Ⓓ轴 1000mm。管径为 *DN*50，标高-1.450m；热水给水进户位置Ⓡ/①距Ⓓ轴 400mm，管径 *DN*50，标高-1.450m；热水回水进户位置Ⓡ/①距Ⓓ轴 700mm，管径为 *DN*32，标高为-1.450m。

2. 沿着干管的方向找立管，可以找到给水立管是 GL-1 至 GL-5；热水给水立管是 RL-1至 RL-5。

3. 看清各立管和支管的关系及其走向。

（二）首层给排水平面图，见图 6-31。包括给水和排水，按下列次序阅读。

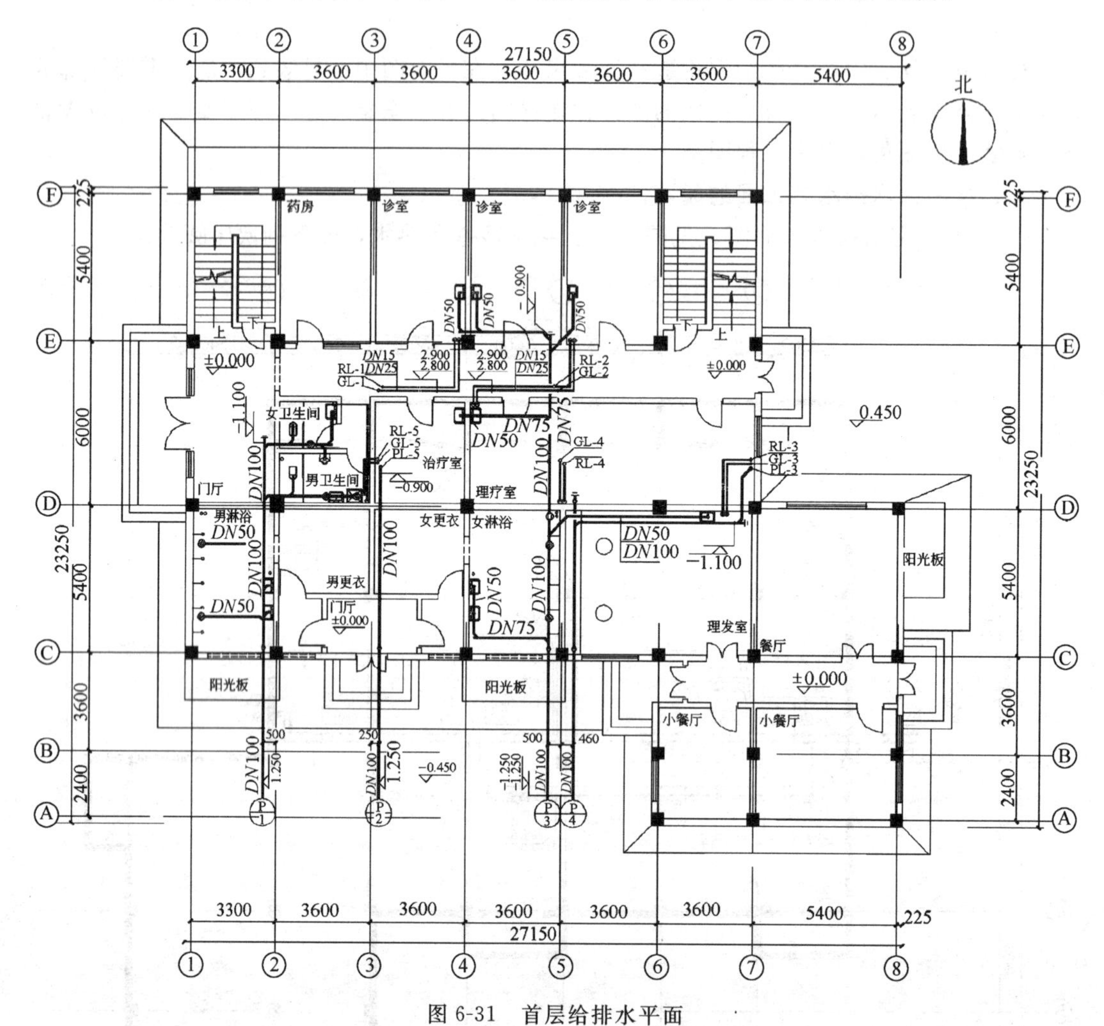

图 6-31　首层给排水平面

1. 管道排水口的位置都在南面 P/1 排水出口位置距②轴线墙里皮 500mm，管径为 *DN*100，标高-1.250m，P/2 排水出口位置距③轴 250mm，管径为 *DN*100，标高-1.250；P/3 排水出口位置距⑤轴墙中心 500mm，管径为 *DN*100，标高-1.250m；P/4 排水出口位置距⑤轴墙中心 460mm，管径为 *DN*100，标高-1.250m，冷水和热水立管均从地下室接出。

2. 沿着干管的方向找立管，可以找到排出立管 PL-3，PL-5，冷水立管是 GL-1 至 GL-5；热水立管是 RL-1 至 RL-5。

3. 看清各房间的用途，浴室和厕所设备的位置及尺寸，支管和干管的关系及其走向和标高。

4. 各管道附件如清扫口等的位置。

（三）卫生间给排水大样图，见图 6-32。按下列次序阅读。

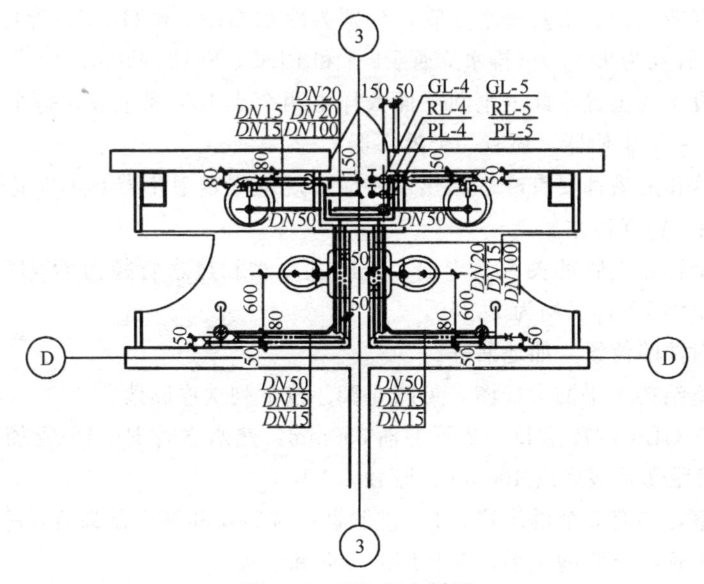

图 6-32　卫生间大样图

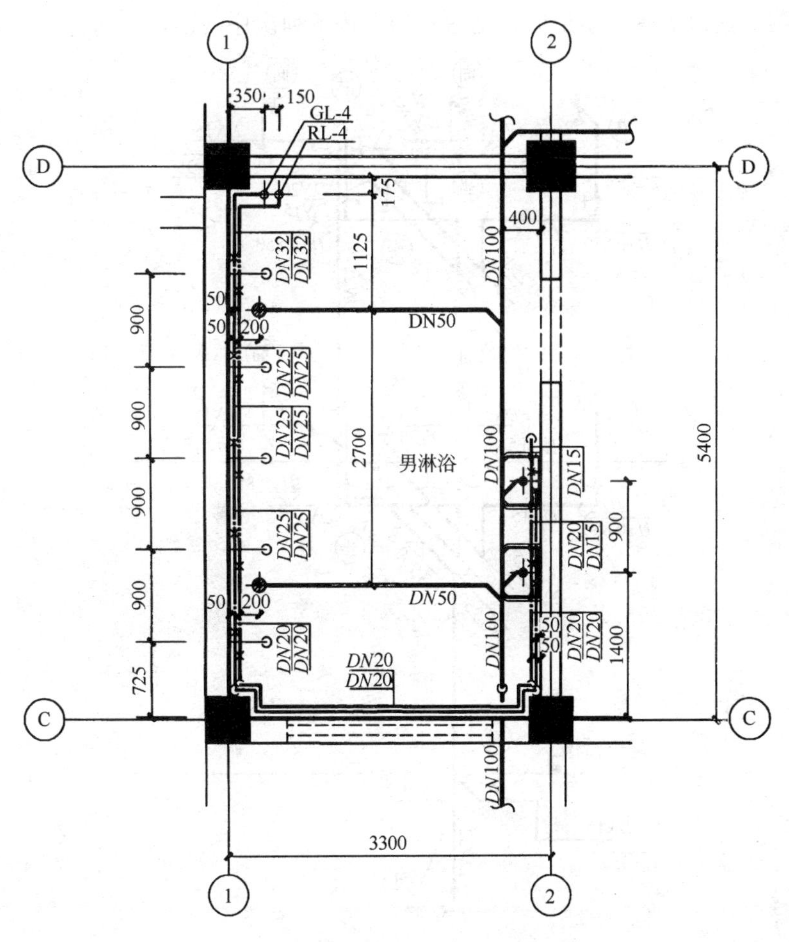

图 6-33　男浴室给排水平面大样图

1. 管井中有冷水、热水及排水立管，分别为冷水 GL-4 和 GL-5，管径 DN20，热水 RL-4 和 RL-5，管径为 DN20；排水立管 PL-4 和 PL-5，管径 DN50。

2. 看清各设备的位置，此卫生间平面大样由两个小卫生间组成，每个卫生间分别有一个洗脸盆，和一个坐便器，还有一个淋浴器。

3. 其中脸盆和淋浴都要有冷水和热水供应，规范规定卫生器具的左边为热水，右边为冷水，坐便器只需接冷水。

4. 看清各干管和支管的关系及走向，洗脸盆冷水和热水管径为 DN15，淋浴器冷水和热水管径为 DN15，排水均为 DN50。

5. 各管道附件的位置，如地漏等。

（四）男浴室给排水平面大样图，见图 6-33。按下列次序阅读。

1. 冷水立管 GL-4，管径 DN32 距①轴 350mm，热水立管 RL-4，管径 DN32 距①轴 500mm，排水管距②轴墙里皮 400mm，管径 DN100。

2. 此男浴室，共有 5 个淋浴器，2 个洗脸盆，洗脸盆和淋浴器都需要冷水和热水。

3. 看清各干管与支管的关系，及它们的走向和管径。

4. 管道附件如地漏等的位置。

（五）GE-5 给水立管及系统图，见图 6-34。按下列次序阅读。

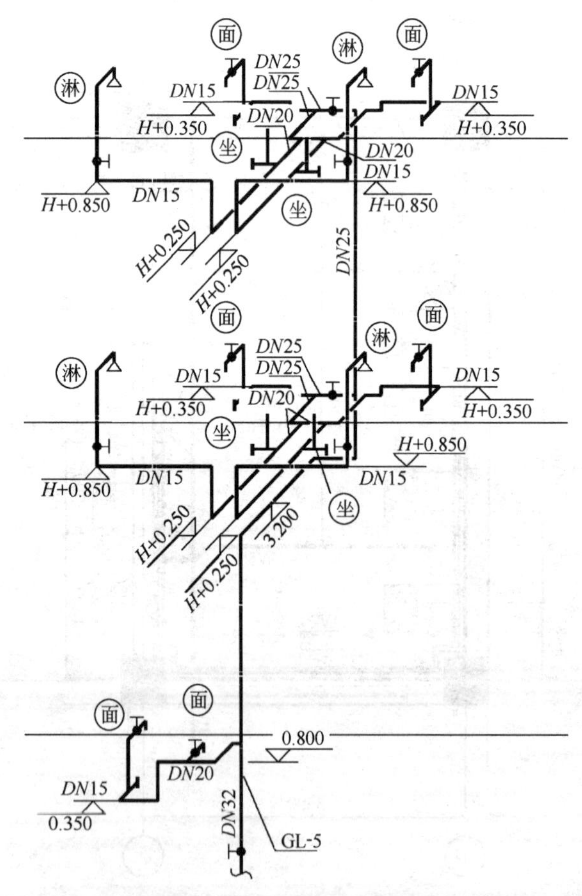

图 6-34　给水立管及系统图

1. 给水立管编号 GL-5。

2. 支管的走向，在一层接有 2 个洗脸盆，到了二层接有 2 个洗脸盆，2 个淋浴器和 2 个坐便器。在走到三层接有 2 个洗脸盆，2 个淋浴器和 2 个坐便器。

3. 各部分管的管径尺寸，接有 2 个洗脸盆管径为 $DN20$，1 个洗脸盆为 $DN15$，1 个淋浴器管径为 $DN15$，1 个坐便器管径为 $DN15$。

4. 管径的坡度和有关部位的标高，其中洗脸盆给水管标高为 0.350，淋浴器给水管标高为淋浴器高度加上 0.850。

（六）PL-5 的排水系统图，图 6-35 所示，按下列次序阅读。

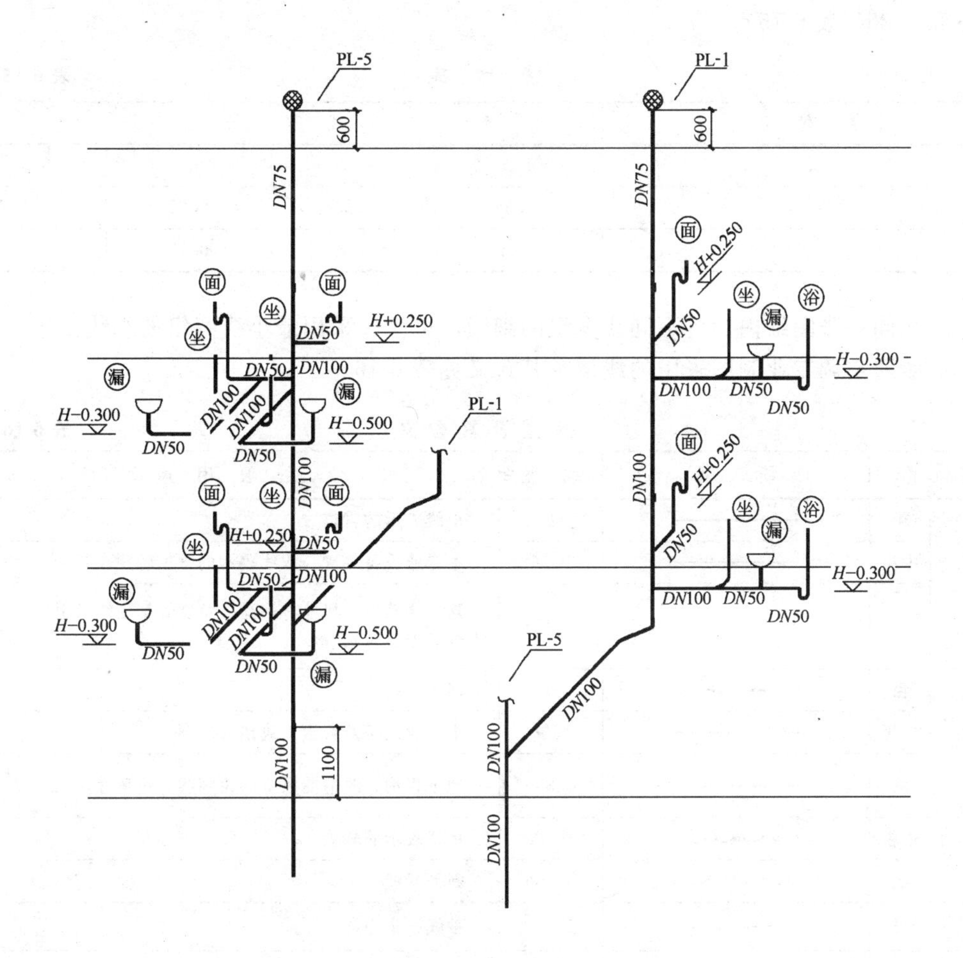

图 6-35 排水立管

1. 排水立管编号为 PL-5，管径为 $DN75$。

2. 各部分管的管径尺寸。接 2 个洗脸盆的，排水管径为 $DN100$ 和 $DN50$，接 2 个地漏的排水管径为 $DN100$ 和 $DN50$，坐便器的排水管径为 $DN100$。

3. 支管的走向。二层接有 2 个洗脸盆，2 个坐便器，2 个地漏；三层接有 2 个洗脸盆，2 个坐便器，2 个地漏。

4. 管道的坡度和标高，地漏的排水管标高 $H-0.500$，洗脸盆的排水管标高为 $H+0.250$。

第三节　室内供暖施工图

一、暖通空调制图标准

(一) 图线

1. 图线的基本宽度 b 和线宽组，应根据图样的比例、类别及使用方式确定。

2. 基本宽度 b 宜选用0.18、0.35、0.5、0.7、1.0mm。

3. 图样中仅使用两种线宽的情况，线宽组宜为 b 和 $0.25b$。三种线宽的线宽组宜为 b、$0.5b$ 和 $0.25b$(表6-15)。

线宽表　　**表6-15**

线宽组	线宽 (mm)			
b	1.0	0.7	0.5	0.35
$0.5b$	0.5	0.35	0.25	0.18
$0.25b$	0.25	0.18	(0.13)	—

4. 在同一张图纸内，各不同线宽组的细线，可统一采用最小线宽组的细线。

5. 暖通空调专业制图采用的线型及其含义见表6-16。

线型及其含义　　**表6-16**

名称		线型	线宽	一般用途
实线	粗	————	b	单线表示的管道
	中粗	————	$0.5b$	本专业设备轮廓、双线表示的管道轮廓
	细	————	$0.25b$	建筑物轮廓；尺寸、标高、角度等标注线及引出线；非本专业设备轮廓
虚线	粗	— — — —	b	回水管线
	中粗	— — — —	$0.5b$	本专业设备及管道被遮挡的轮廓
	细	— — — — —	$0.25b$	地下管沟、改造前风管的轮廓线；示意性连线
波浪线	中粗	～～～	$0.5b$	单线表示的软管
	细	～～～	$0.25b$	断开界线
单点长画线		—·——·—	$0.25b$	轴线、中心线
双点长画线		—··——··—	$0.25b$	假想或工艺设备轮廓线
折断线		——\/——	$0.25b$	断开界线

6. 图样中也可以使用自定义图线及含义，全应明确说明，且其含义不应与本标准相反。

(二) 比例

总平面图、平面图的比例，宜与工程项目设计的主导专业一致，其余可按表6-17选用。

比　　例　　　　　　**表 6-17**

图　　名	常　用　比　例	可　用　比　例
剖　面　图	1∶50、1∶100、1∶150、1∶200	1∶300
局部放大图、管沟断面图	1∶20、1∶50、1∶100	1∶30、1∶40、1∶50、1∶200
索引图、详图	1∶1、1∶2、1∶5、1∶10、1∶20	1∶3、1∶4、1∶15

（三）常用图例

1. 水、汽管道代号见表 6-18。

水、汽管道代号　　　　　　**表 6-18**

序　　号	代号	管　道　名　称	备　　注
1	R	（供暖、生活、工艺用）热水管	1. 用粗实线、粗虚线区分供水、回水时，可省略代号 2. 可附加阿拉伯数字 1、2 区分供水、回水 3. 可附加阿拉伯数字 1、2、3……表示一个代号、不同参数的多种管道
2	Z	蒸　汽　管	需要区分饱和、过热、自用蒸汽时，可在代号前分别附加 B、G、Z
3	N	凝结水管	
4	P	膨胀水管、排污管、排气管、旁通管	需要区分时，可在代号后附加一位小写拼音字母，即 Pz、Pw、Pq、Pt
5	G	补 给 水 管	
6	X	泄　水　管	
7	XH	循环管、信号管	循环管为粗实线，信号管为细虚线。不致引起误解时，循环管也可为“X”
8	Y	溢　排　管	
9	L	空调冷水管	
10	LR	空调冷/热水管	
11	LQ	空调冷却水管	
12	n	空调冷凝水管	
13	RH	软 化 水 管	
14	CY	除 氧 水 管	
15	YS	盐　液　管	
16	FQ	氟　汽　管	
17	FY	氟　液　管	

2. 自定义水、汽管道代号应避免与表 6-18 相矛盾，并应在相应图面说明。

3. 水、汽管道阀门和附件的图例见表 6-19。

水、汽管道阀门和附件　　表 6-19

序　号	名　　称	图　　例	附　　注
1	阀门(通用)、截止阀	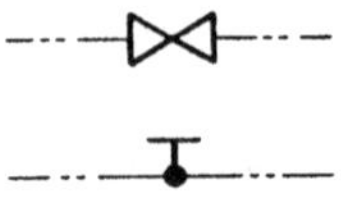	1. 没有说明时,表示螺纹连接 法兰连接时  焊接时  2. 轴测图画法 阀杆为垂直  阀杆为水平 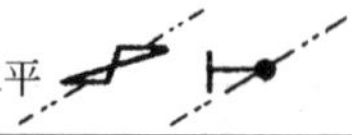
2	闸　阀		
3	手动调节阀		
4	球阀、转心阀		
5	蝶　阀	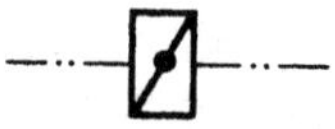	
6	角　阀	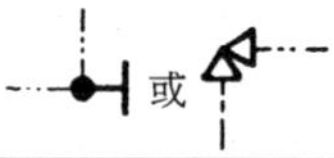 或	
7	平衡阀		
8	三通阀	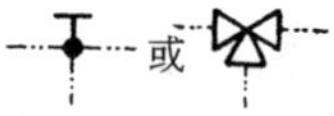 或	
9	四通阀		
10	节流阀		
11	膨胀阀	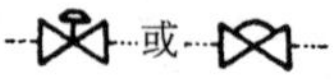 或	也称“隔膜阀”
12	旋　塞		
13	快放阀		也称“快速排污阀”
14	止回阀	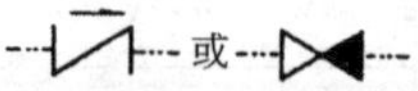 或	左图为通用，右图为升降式止回阀，流向同左。其余同阀门类推
15	减压阀	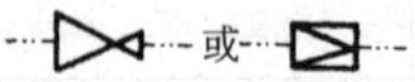 或	左图小三角为高压端，右图右侧为高压端。其余同阀门类推
16	安全阀		左图为通用，中为弹簧安全阀，右为重锤安全阀
17	疏水阀	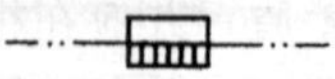	在不致引起误解时，也可用  表示　也称“疏水器”

续表

序号	名称	图例	附注
18	浮球阀	 或 	
19	集气罐、排水装置	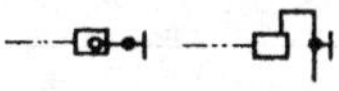	左图为平面图
20	自动排气阀		
21	除污器(过滤器)	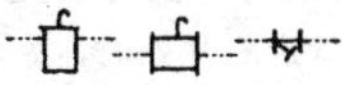	左为立式除污器，中为卧式除污器，右为 Y 型过滤器
22	节流孔板、减压孔板	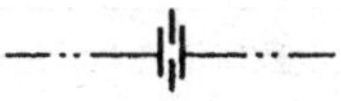	在不致引起误解时，也可用表示 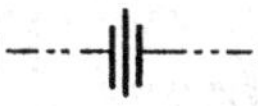
23	补偿器		也称“伸缩器”
24	矩形补偿器		
25	套管补偿器		
26	波纹管补偿器	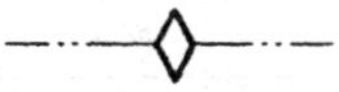	
27	弧形补偿器		
28	球形补偿器	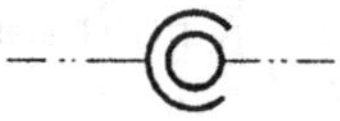	
29	变径管 异径管		左图为同心异径管，右图为偏心异径管
30	活接头	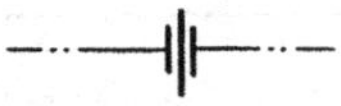	
31	法兰	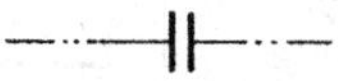	
32	法兰盖		
33	丝堵		也可表示为： 
34	可屈挠橡胶软接头		
35	金属软管		也可表示为： 

续表

序号	名称	图例	附注
36	绝热管		
37	保护套管	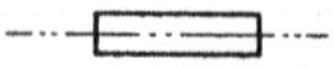	
38	伴热管	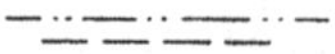	
39	固定支架	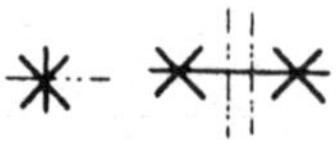	
40	介质流向	 或 	在管道断开处时，流向符号宜标注在管道中心线上，其余可同管径标注位置
41	坡度及坡向	i=0.003 或 i=0.003	坡度数值不宜与管道起、止点标高同时标注。标注位置同管径标注位置

4. 风道

(1) 风道代号见表 6-20。

风道代号 **表 6-20**

代号	风道名称	代号	风道名称
K	空调风管	H	回风管(一、二次回风可附加 1、2 区别)
S	送风管	P	排风管
X	新风管	PY	排烟管或排风、排烟共用管道

(2) 自定义风道代号应避免与表 6-20 相矛盾，并应在相应图面说明。

(3) 风道、阀门及附件的图例见表 6-21。

风道、阀门及附件图例 **表 6-21**

序号	名称	图例	附注
1	砌筑风、烟道	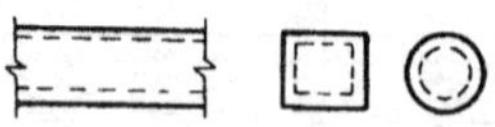	其余均为: 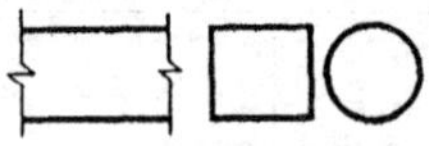
2	带导流片弯头		
3	消声器 消声弯管	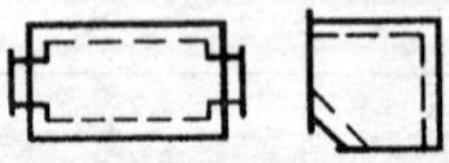	也可表示为: 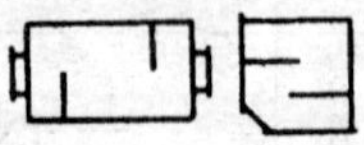

续表

序号	名称	图例	附注
4	插板阀	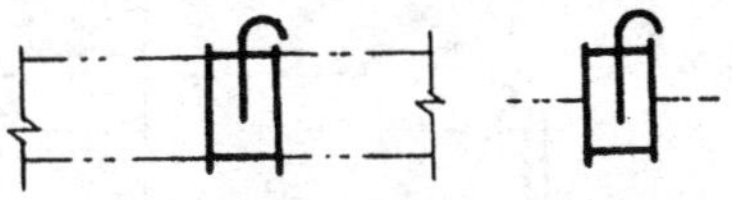	
5	天圆地方	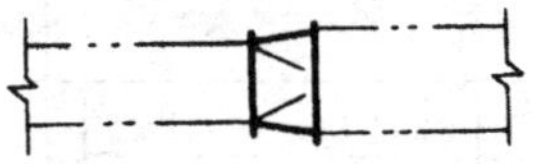	左接矩形风管，右接圆形风管
6	蝶阀	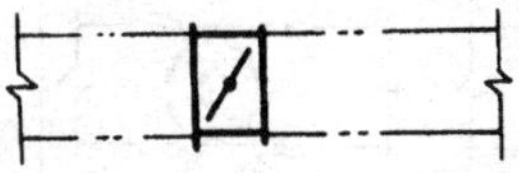	
7	对开多叶调节阀	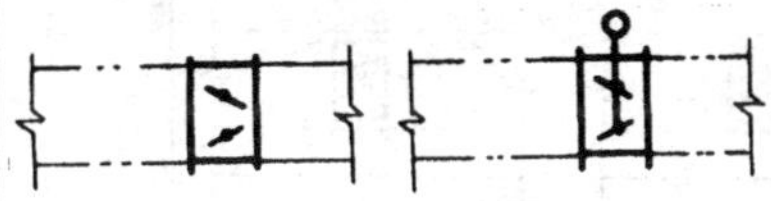	左为手动，右为电动
8	风管止回阀	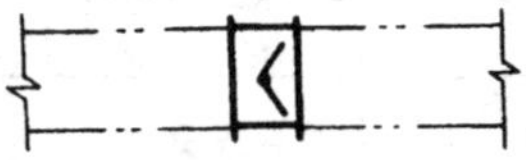	
9	三通调节阀	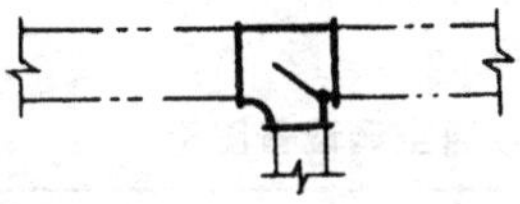	
10	防火阀	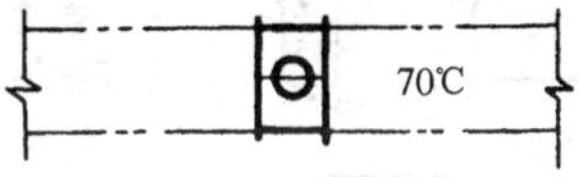 70℃	表示70℃动作的常开阀。若因图面小，可表示为：70℃，常开 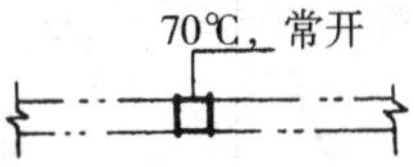
11	排烟阀	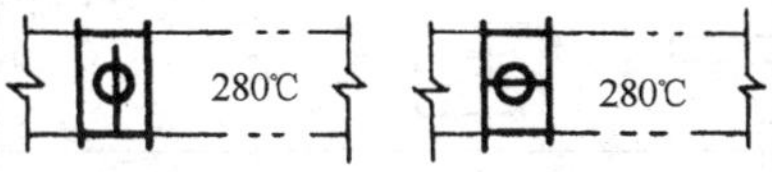 280℃ 280℃	左为280℃动作的常闭阀，右为常开阀。若因图面小，表示方法同上
12	软接头	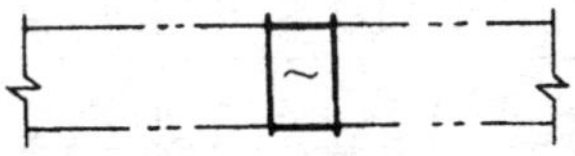 ~	也可表示为： 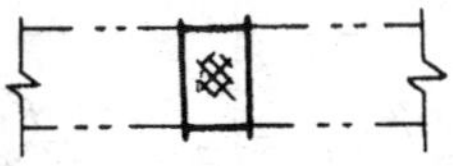
13	软管	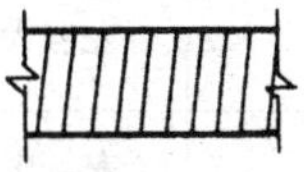 或光滑曲线(中粗)	
14	风口(通用)	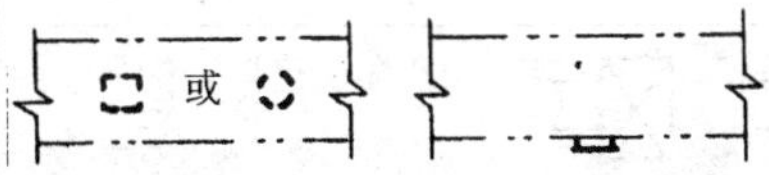 或	
15	气流方向		左为通用表示法，中表示送风，右表示回风

续表

序　号	名　　称	图　　例	附　　注
16	百　叶　窗		
17	散　流　器	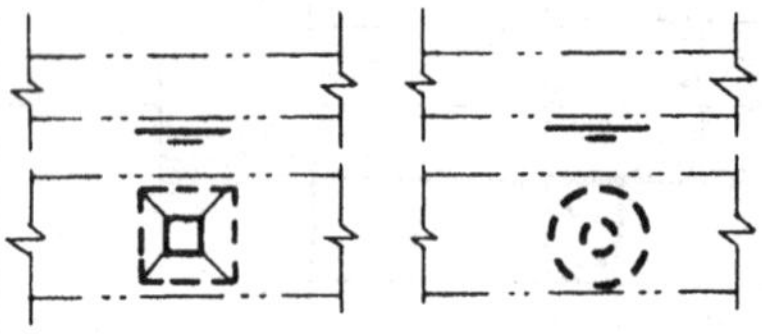	左为矩形散流器，右为圆形散流器。散流器为可见时，虚线改为实线
18	检查孔 测量孔	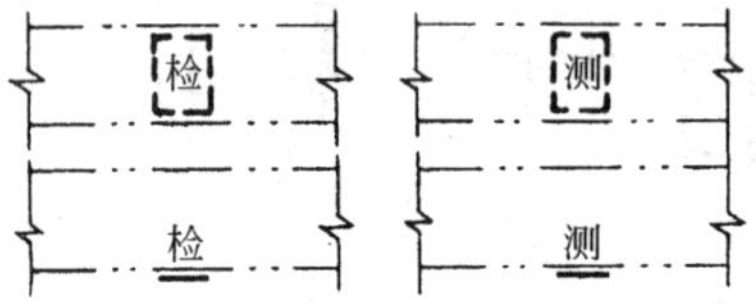 检　测 检　测	

5. 暖通空调设备

暖通空调设备的图例见表 6-22。

暖通空调设备图例　　　　**表 6-22**

序　号	名　　称	图　　例	附　　注
1	散热器及手动放气阀	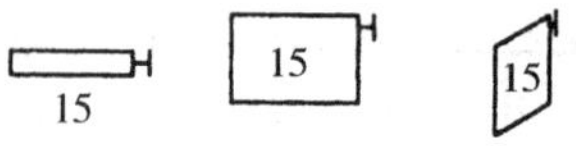 15　15　15	左为平面图画法，中为剖面图画法，右为系统图、Y 轴侧图画法
2	散热器及控制阀	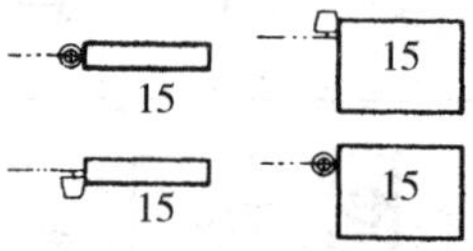 15　15 15　15	左为平面图画法，右为剖面图画法
3	轴流风机	 或 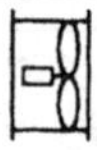	
4	离心风机		左为左式风机，右为右式风机
5	水泵		左侧为进水，右侧为出水
6	空气加热、冷却器		左、中分别为单加热、单冷却，右为双功能换热装置
7	板式换热器	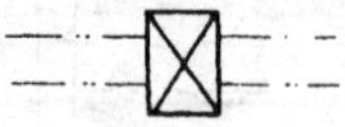	
8	空气过滤器	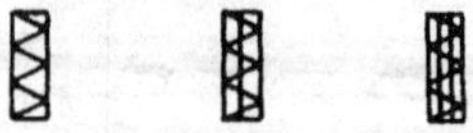	左为粗效，中为中效，右为高效

续表

序号	名称	图例	附注
9	电加热器		
10	加湿器		
11	挡水板		
12	窗式空调器	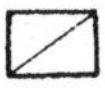	
13	分体空调器		
14	风机盘管		可标注型号；如：FP-5 
15	减振器	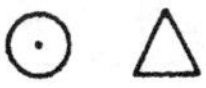	左为平面图画法，右为剖面图画法

6. 调控装置及仪表

调控装置及仪表的图例见表 6-23。

调控装置及仪表图例 **表 6-23**

序号	名称	图例	附注
1	温度传感器	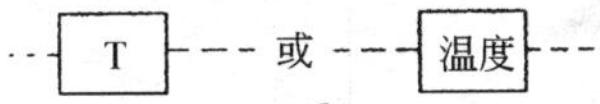 T 或 温度	
2	湿度传感器	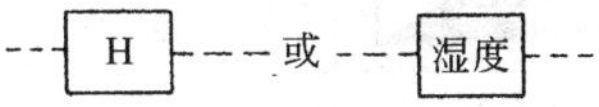 H 或 湿度	
3	压力传感器	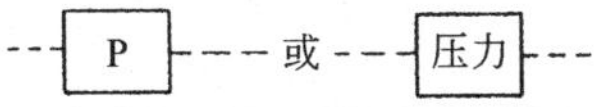 P 或 压力	
4	压差传感器	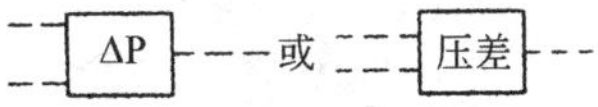 ΔP 或 压差	
5	弹簧执行机构		如：弹簧式安全阀 
6	重力执行机构	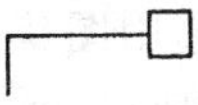	
7	浮力执行机构		如：浮球阀 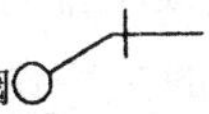
8	活塞执行机构		

续表

序　号	名　　称	图　　例	附　　注
9	膜片执行机构		
10	电动执行机构	或	如：电动调节阀
11	电磁（双位）执行机构	M 或	如：电磁阀 M
12	记 录 仪		
13	温 度 计	T 或	左为圆盘式温度表，右为管式温度计
14	压 力 表	或	
15	流 量 计	F.M. 或	
16	能 量 计	E.M. 或 T1 T2	
17	水流开关	F	

（四）图样画法

1. 一般规定

(1) 各工程、各阶段的设计图纸应满足相应的设计深度要求。

(2) 本专业设计图纸编号应独立。

(3) 在同一套工程设计图纸中，图样线宽组、图例、符号等应一致。

(4) 在工程设计中，宜依次表示图纸目录、选用图集(纸)目录、设计施工说明、图例、设备及主要材料表、总图、工艺图、系统图、平面图、剖面图、详图等。如单独成图时，其图纸编号应按所述顺序排列。

(5) 图样需用的文字说明，宜以“注:”、“附注:”或“说明:”的形式在图纸右下方、标题栏的上方书写，并用“1、2、3……”进行编号。

(6) 一张图幅内绘制平、剖面等多种图样时，宜按平面图、剖面图、安装详图，从上至下、从左至右的顺序排列；当一张图幅绘有多层平面图时，宜按建筑层次由低至高，由下至上顺序排列。

(7) 图纸中的设备或部件不便用文字标注时，可进行编号。图样中只注明编号，其名称宜以“注：”、“附注：”或“说明：”表示。如还需表明其型号(规格)、性能等内容时，宜用“明细栏”表示，示例见图 6-36。

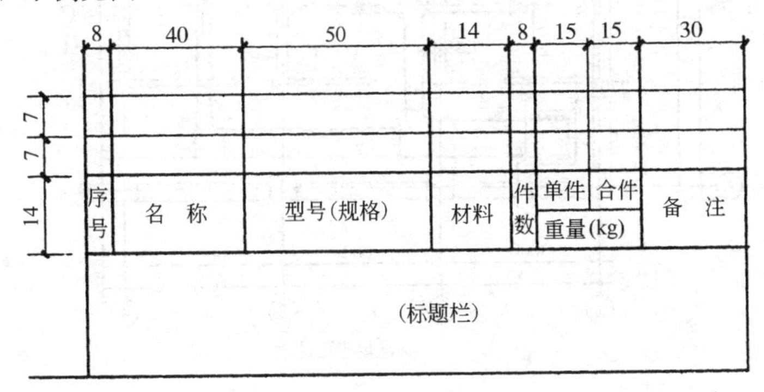

注：本示例适合于字高为 5、字宽为 0.8 的情况。

图 6-36 明细栏示例

(8) 初步设计和施工图设计的设备表至少应包括序号(或编号)、设备名称、技术要求、数量、备注栏；材料表至少应包括序号(或编号)、材料名称、规格或物理性能、数量、单位、备注栏。

2. 管道和设备布置平面图、剖面图及详图

(1) 管道和设备布置平面图、剖面图应以直接正投影法绘制。

(2) 用于暖通空调系统设计的建筑平面图、剖面图，应用细实线绘出建筑轮廓线和与暖通空调系统有关的门、窗、梁柱、平台等建筑构配件，并标明相应定位轴线编号、房间名称、平面标高。

(3) 管道和设备布置平面图应按假想除去上层板后俯视规则绘制，否则应在相应垂直剖面图中表示平剖面的剖切符号(见图 6-37)。

(4) 剖视的剖切符号应由剖切位置线、投射方向线及编号组成，剖切位置线和投射方向线均应以粗实线绘制。剖切位置线的长度宜为 6～10mm；投射方向线长度应短于剖切位置线，宜为 4～6mm；剖切位置线和投射方向线不应与其他图线相接触；编号宜用阿拉伯数字，标在投射方向线的端部；转折的剖切位置线，宜在转角的外顶角处加注相应编号。

(5) 断面的剖切符号用剖切位置线和编号表示。剖切位置线宜为长 6～10mm 的粗实线；编号可用阿拉伯数字、罗马数字或小写拉丁字母，标在剖切位置线的一侧，并表示投射方向。

(6) 平面图上应注出设备、管道定位(中心、外轮廓、地脚螺栓孔中心)线与建筑定位(墙边、柱边、柱中)线间的关系；剖面图上应注出设备、管道(中、底或顶)标高。必要时，还应注出距该层楼(地)板面的距离。

(7) 剖面图，应在平面图上尽可能选择反映系统全貌的部位垂直剖切后绘制。当剖切的投射方向为向下和向右，且不致引起误解时，可省略剖切方向线。

(8) 建筑平面图采用分区绘制时，暖通空调专业平面图也可分区绘制。但分区位应与建筑平面图一致，并应绘制分区组合示意图。

(9) 平面图、剖面图中的水、汽管道可用单线绘制，风管不宜用单线绘制(方案设计和初步设计除外)。

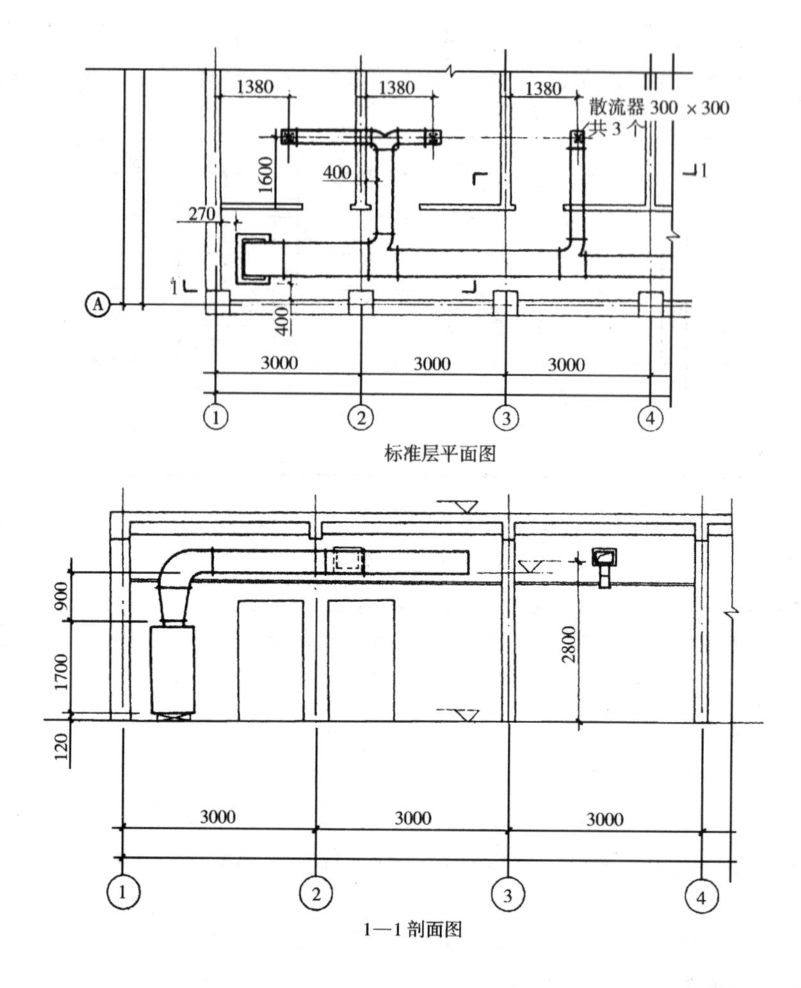

图 6-37　平剖面图示例

(10) 平面图、剖面图中的局部需另绘详图时，应在平、剖面图上标注索引符号。索引符号的画法见图 6-38；右图为引用标准图或通用图时的画法。

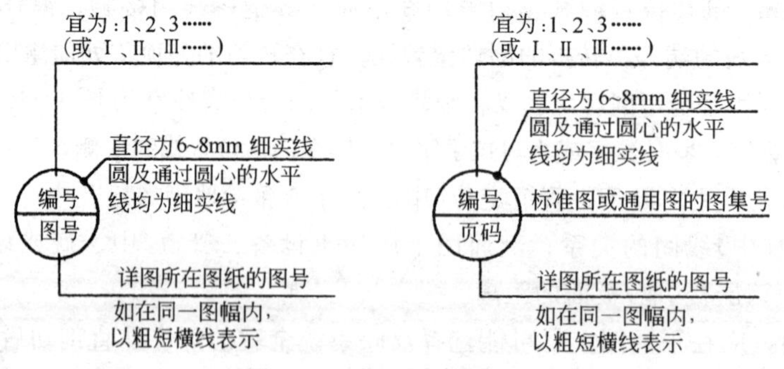

图 6-38　索引符号的画法

(11) 为表示某一(些)室内立面及其在平面图上的位置，应在平面图上标注内视符号。内视符号画法见图 6-39。

3. 管道系统图、原理图

(1) 管道系统图应能确认管径、标高及末端设备，可按系统编号分别绘制。

(2) 管道系统图如采用轴测投影法绘制，宜采用与相应的平面图一致的比例，按正等轴测或正面斜二轴测的投影规则绘制。

(3) 在不致引起误解时，管道系统图可不按轴测投影法绘制。

(4) 管道系统图的基本要素应与平、剖面图相对应。

(5) 水、汽管道及通风、空调管道系统图均可用单线绘制。

(6) 系统图中的管线重叠、密集处，可采用断开画法。断开处宜以相同的小写拉丁字母表示，也可用细虚线连接。

(7) 室外管网工程设计宜绘制管网总平面图和管网纵剖面图。画法应按国家现行标准《供热工程制图标准》(CJJ/T 78—97) 执行。

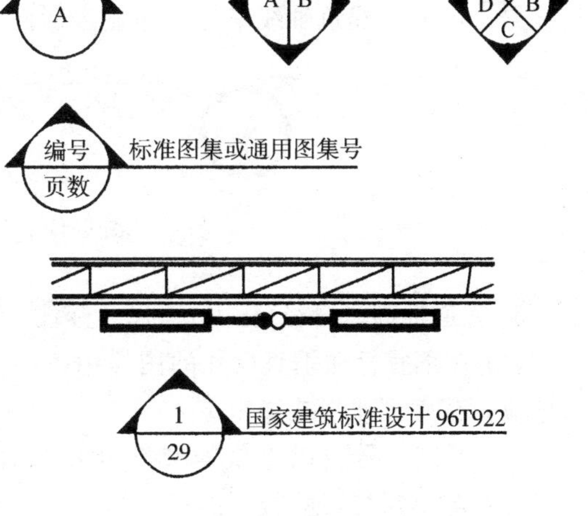

图 6-39 内视符号画法

(8) 原理图不按比例和投影规则绘制。

(9) 原理图基本要素应与平、剖面图及管道系统图相对应。

4. 系统编号

(1) 一个工程设计中同时有供暖、通风、空调等两个及以上的不同系统时，应进行系统编号。

(2) 暖通空调系统编号、入口编号，应由系统代号和顺序号组成。

(3) 系统代号由大写拉丁字母表示(表 6-24)，顺序号由阿拉伯数字表示(图6-40)。当一个系统出现分支时，可采用图 6-40(*b*)的画法。

系 统 代 号 **表 6-24**

序 号	字母代号	系 统 名 称	序 号	字母代号	系 统 名 称
1	N	(室内)供暖系统	9	X	新 风 系 统
2	L	制 冷 系 统	10	H	回 风 系 统
3	R	热 力 系 统	11	P	排 风 系 统
4	K	空 调 系 统	12	JS	加压送风系统
5	T	通 风 系 统	13	PY	排 烟 系 统
6	J	净 化 系 统	14	P(Y)	排风兼排烟系统
7	C	除 尘	15	RS	人防送风系统
8	S	送 风 系 统	16	RP	人防排风系统

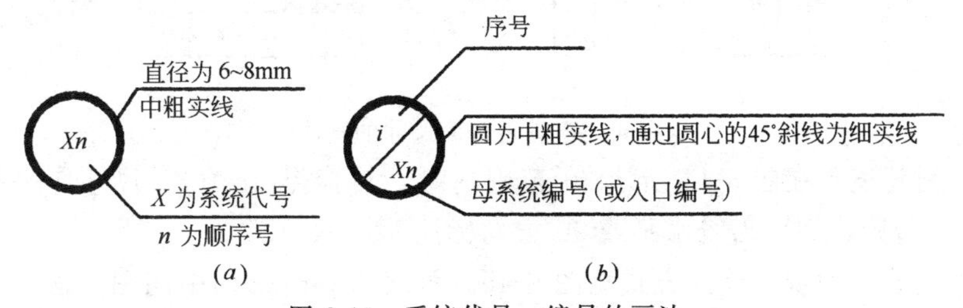

图 6-40 系统代号、编号的画法

(4) 系统编号宜标注在系统总管处。

(5) 竖向布置的垂直管道系统，应标注立管号(图 6-41)。在不致引起误解时，可只标注序号，但应与建筑轴线编号有明显区别。

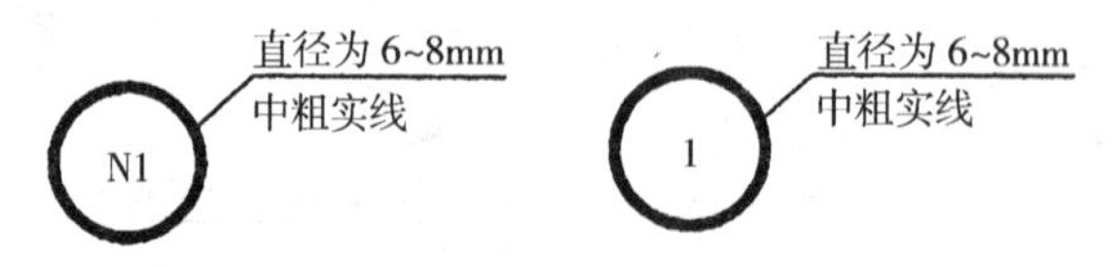

图 6-41 立管号的画法

5. 管道标高、管径(压力)、尺寸标注

(1) 在不宜标注垂直尺寸的图样中，应标注标高。标高以米为单位，精确到厘米或毫米。

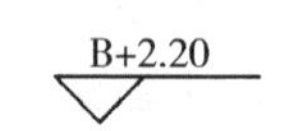

图 6-42 相对标高的画法

(2) 标高符号应以直角等腰三角形表示，当标准层较多时，可只标注与本层楼(地)板面的相对标高，如图 6-42 所示。

(3) 水、汽管道所注标高未予说明时，表示管中心标高。

(4) 水、汽管道标注管外底或顶标高时，应在数字前加“底”或“顶”字样。

(5) 矩形风管所注标高未予说明，表示管底标高；圆形风管所注标高未予说明时，表示管中心标高。

(6) 低压流体输送用焊接管道规格应标注公称通径或压力。公称通径的标记由字母“*DN*”后跟一个以毫米表示的数值组成，如 *DN*15、*DN*32；公称压力的代号为“*PN*”。

(7) 输送流体用无缝钢管、螺旋缝或直缝焊接钢管、铜管、不锈钢管，当需要注明外径和壁厚时，用“*D*(或*Φ*) 外径×壁厚”表示，如“*D*108×4”、“*Φ*108×4”。在不致引起误解时，也可采用公称通径表示。

(8) 金属或塑料管用“*d*”表示，如“*d*10”。

(9) 圆形风管的截面定型尺寸应以直径符号“*Φ*”后跟以毫米为单位的数值表示。

(10) 矩形风管(风道)的截面定型尺寸应以“$A \times B$”表示。“*A*”为该视图投影面的边长尺寸，“*B*”为另一边尺寸。*A*、*B* 单位均为 mm。

(11) 平面图中无坡度要求的管道标高可以标注在管道截面尺寸后的括号内，如“*DN*32(2.50)”、“200×200(3.10)”。必要时，应在标高数字前加“底”或“顶”的字样。

(12) 水平管道的规格宜标注在管道的上方；竖向管道的规格宜标在管道的左侧。双线表示的管道，其规格可标注在管道轮廓线内(图 6-43)。

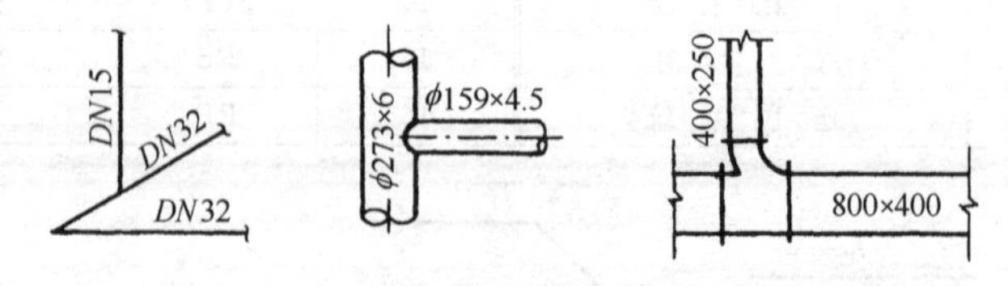

图 6-43 管道截面尺寸的画法

(13) 当斜管道不在图 6-44 所示 30°范围内时，其管径(压力)、尺寸应平行标注在管道的斜上方。否则，用引出线水平或 90°方向标注(图 6-44)。

(14) 多条管线的规格标注方式见图 6-45。管线密集时采用中间图画法，其中短斜线也可统一用圆点。

(15) 风口、散流器的规格、数量及风量的表示方法见图6-46。

(16) 图样中尺寸标注应按《房屋建筑制图统一标准》的10.1—10.7节执行。

(17) 平面图、剖面图上如需标注连续排列的设备或管道的定位尺寸或标高时，应至少有一个自由段(图6-47)。

(18) 挂墙安装的散热器应说明安装高度。

(19) 设备加工(制造)图的尺寸标注、焊缝符号可按现行国家标准《机械制图—尺寸注法》(GB 4458.4—84)、《技术制图—焊缝符号的尺寸、比例及简化表示法》(GB 12212—90)执行。

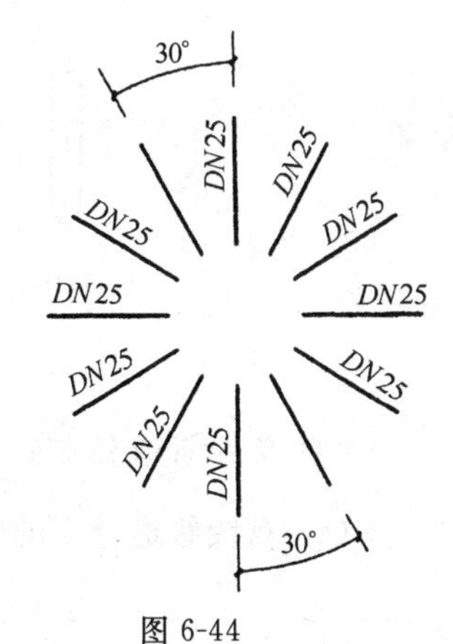

图6-44
管径(压力)的标注位置示例

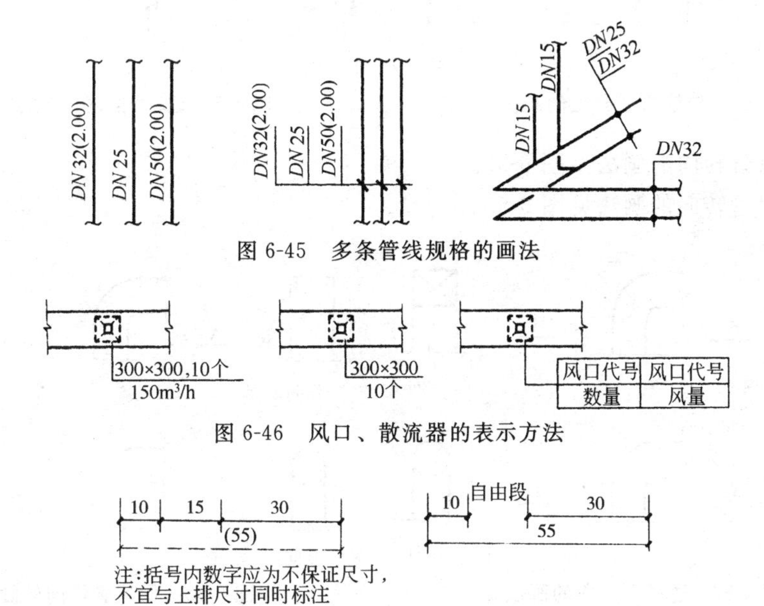

图6-45　多条管线规格的画法

图6-46　风口、散流器的表示方法

图6-47　定位尺寸的表示方式

6. 管道转向、分支、重叠及密集处的画法

(1) 单线管道转向的画法见图6-48。

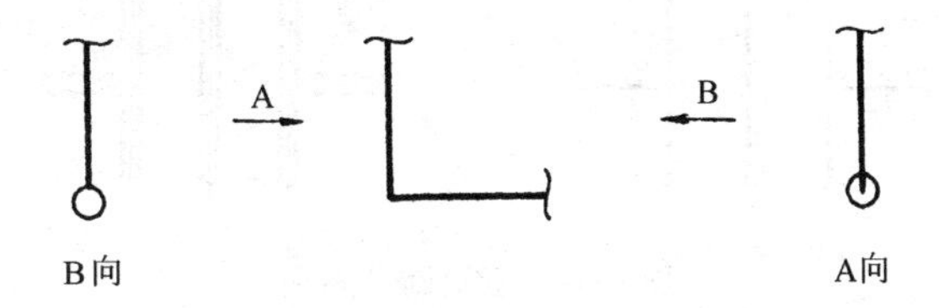

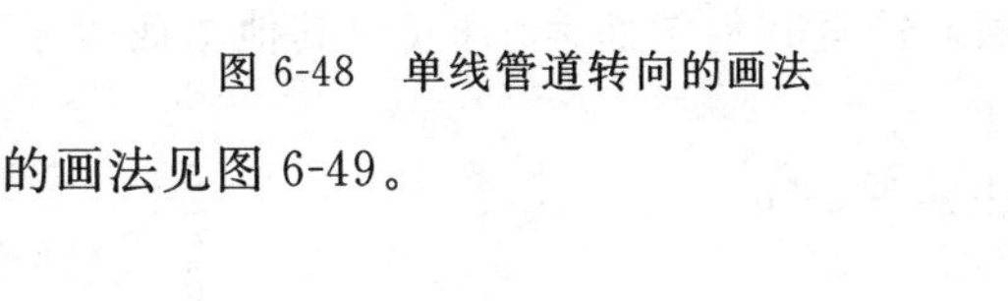

图6-48　单线管道转向的画法

(2) 双线管道转向的画法见图6-49。

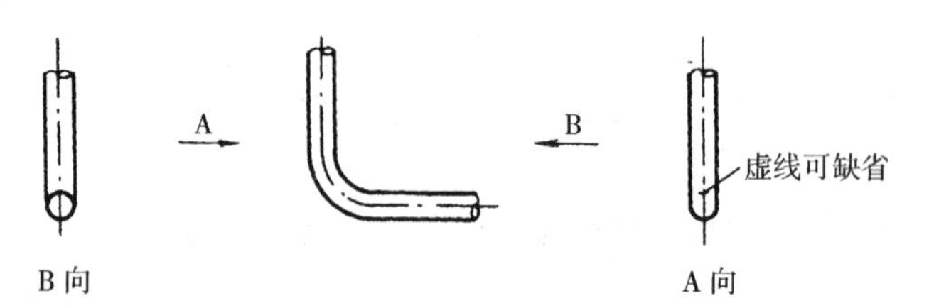

图 6-49　双线管道转向的画法

(3) 单线管道分支的画法见图 6-50。

(4) 双线管道分支的画法见图 6-51。

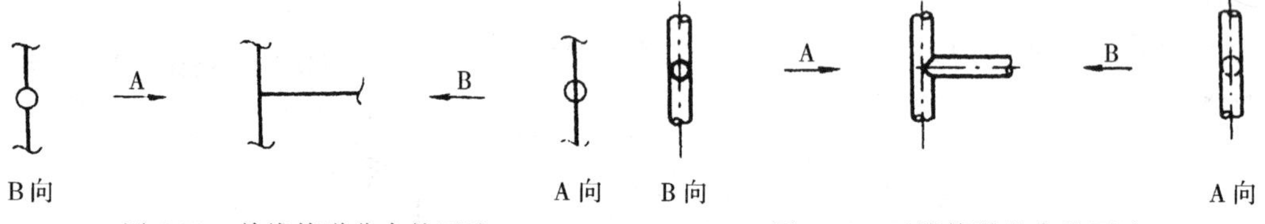

图 6-50　单线管道分支的画法　　　图 6-51　双线管道分支的画法

(5) 送风管转向的画法见图 6-52。

(6) 回风管转向的画法见图 6-53。

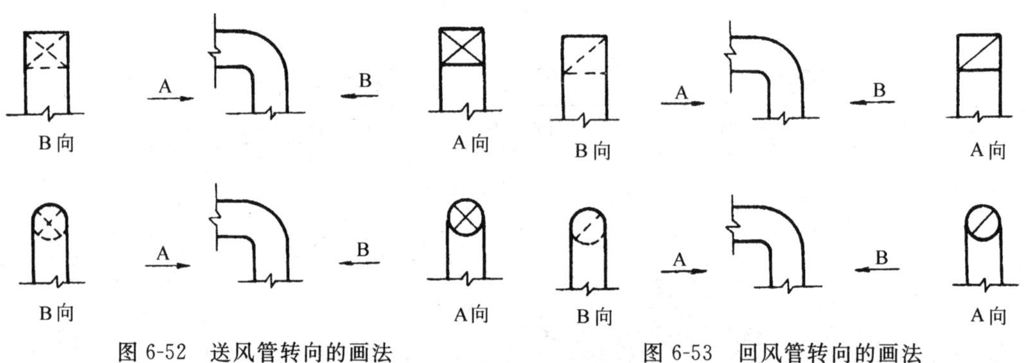

图 6-52　送风管转向的画法　　　图 6-53　回风管转向的画法

(7) 平面图、剖视图中管道因重叠、密集需断开时，应采用断开画法(图 6-54)。

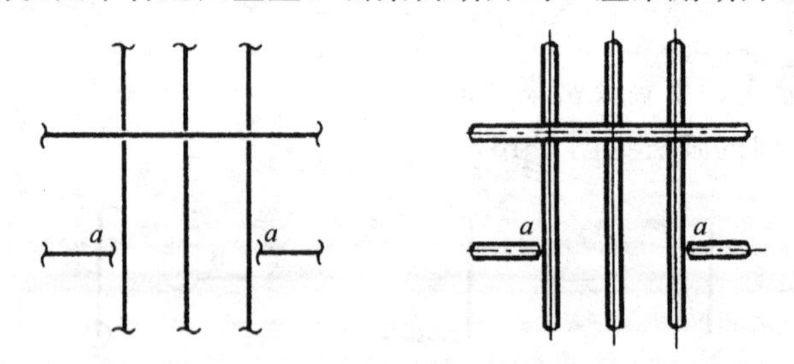

图 6-54　管道断开画法

(8) 管道在本图中断，转至其他图面表示(或由其他图面引来)时，应注明转至(或来自)的图纸编号(图 6-55)。

(9) 管道交叉的画法见图 6-56。

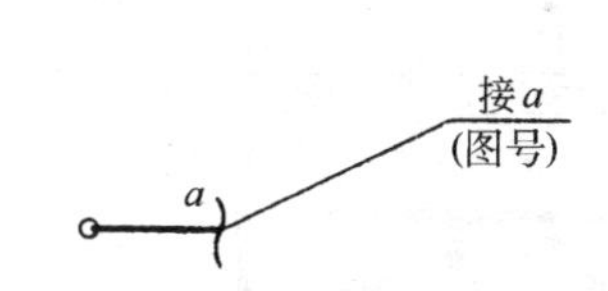

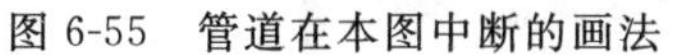

图 6-55　管道在本图中断的画法

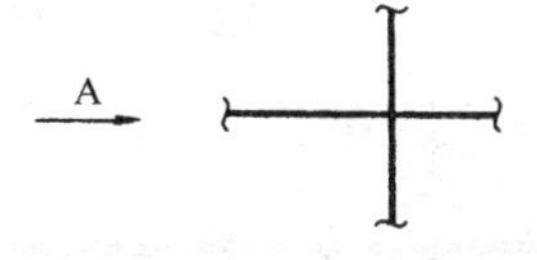

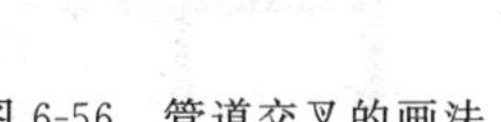

图 6-56　管道交叉的画法

(10) 管道跨越的画法如图 6-57 所示。

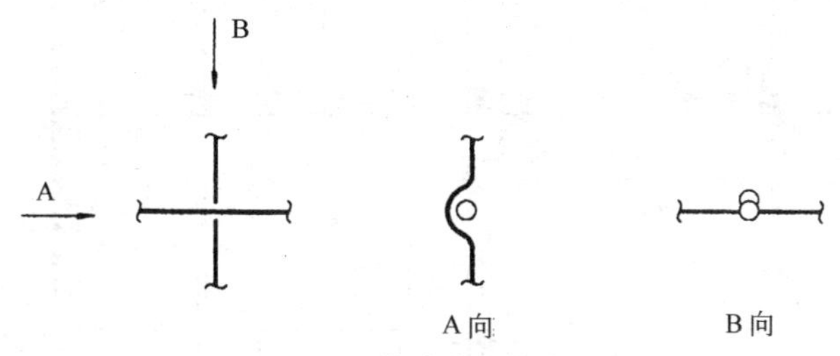

图 6-57　管道跨越的画法

二、室内供暖施工图的基本知识

供暖施工图分为室内和室外两部分，室内部分表示一栋建筑物的供暖工程，包括设计说明，供暖平面图，系统轴测图(在较简单工程中，有时用立管大样图代替)和详图。

(一) 设计说明

主要包括：设计说明、工程概况、采暖系统、设备材料、图例等(图 6-29)。

(二) 平面图

平面图的形成是通过房屋门窗高度所作的水平剖面图，主要表示管线的平面布置和有关设备的位置，具体内容如下：

1. 暖气入口的位置、管径和标高。
2. 水平干管(包括供水和回水干管)、支管的平面分布情况，并注明管径和标高。
3. 立管的位置及编号。
4. 散热器的位置、片数和安装方式(明装或暗装、半暗装)。
5. 阀门、固定支架、伸缩器的位置。
6. 热水供暖时须表明膨胀水箱，氧气罐等设备的位置。
7. 蒸气供暖时须表明疏水装置的位置。

(三) 系统图

表示建筑物整个供暖系统的空间关系，系统图与平面图配合说明供暖系统的全貌。

(四) 详图

详图是表示在平面图和系统图表示不清而又无标准图的节点和做法而用较大比例绘制的图样。

三、室内供暖施工图的阅读

(一) 阅读设计说明和图例见图 6-29 设计说明、图例、设备表

(二) 阅读供暖平面图

1. 地下室暖通平面图见图 6-58。具体内容如下：

(1) 供暖热水进户管⊕，从Ⓒ轴线外⑤⑥轴线之间由南向北进入室内，至Ⓒ轴线墙里

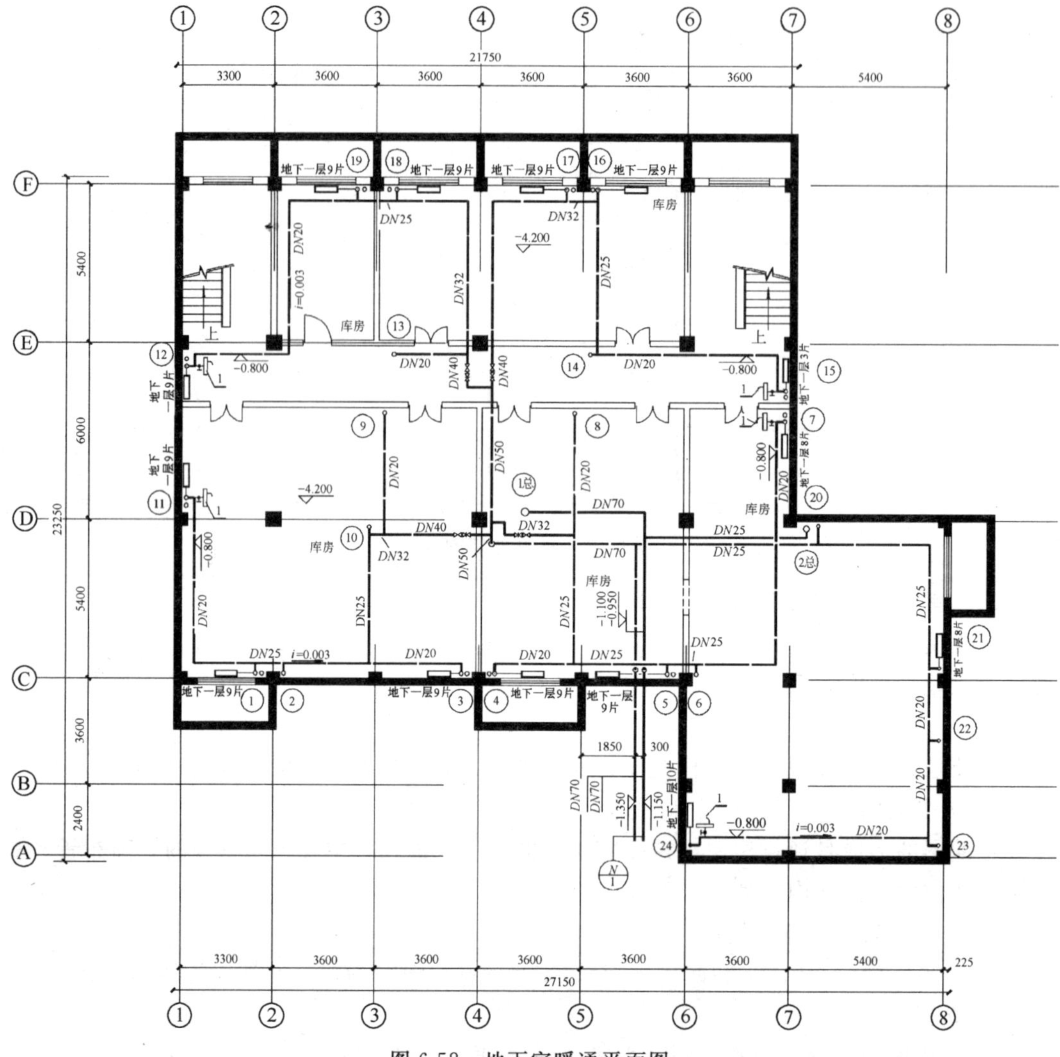

图 6-58 地下室暖通平面图

向上翻标高由－1.150 翻至－0.950，管径 *DN*70，继续由南向北然后分为两路，向西一路至①总立管，管径 *DN*70，向东一路至②总管径 *DN*25。

(2) 供暖立管共有①～㉔根，分别挂有散热器并与供暖回水干管连接，如①立管左挂 9 片的散热器③立管左挂 9 片的散热器。

(3) 回水干管可分为 5 路，末端安装有自动排气阀（ 1 ）端部连接有阀门，标高为－0.800，坡度为 $i=0.003$ 管径依次为 *DN*20，*DN*25，*DN*32，*DN*40 等，5 路最终汇交于一路管径为 *DN*70，标高变为－1.100，－1.350 后出室外。

2. 首层暖通平面图见图 6-59。具体内容如下：

(1) ②总立管连接供暖干管管径 *DN*25 至 *DN*20 与⑳～㉔立管连接，末端接有自动排气阀。

(2) ①～㉔立管挂散热器，散热器片数注其一侧。

(3) Ⓒ轴线墙上安装轴流风机（ 3 ）2 台。

(4) 男、女卫生间安装通风管引至Ⓒ轴线墙外。

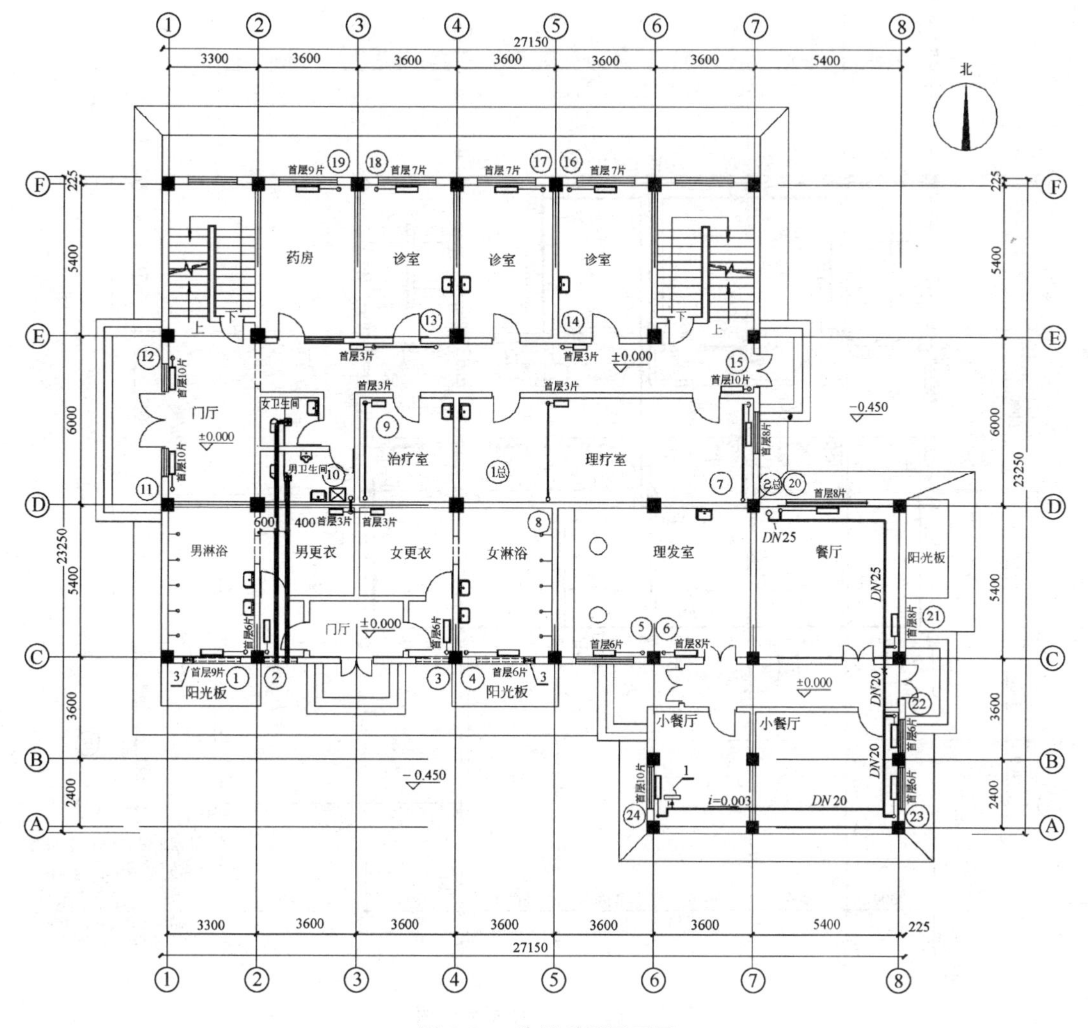

图 6-59　首层暖通平面图

3. 三层暖通平面图见图 6-60。具体内容如下：

(1) ①总立管分 4 路连接供暖干管，管径变化 DN40，DN32，DN25 和 DN20，干管的坡度为 $i=0.003$。4 路干管与 ①～⑲ 立管相连接，端部安装有阀门，末端安装有自动排气阀，中间有固定支架加固，标高为 $H+3.300$。

(2) 各立管挂有散热器，散热器的一侧注有散热器片数。

(3) 卫生间安装吊顶型排气扇（\2）与风道连接引至通风管道。

(三) 阅读供暖立管展开图见图 6-61。具体内容如下：

(1) 水平细实线表示各层地面线右端注有各层地面标高地下一层 $\underline{-4.200}$ ～地上三层 $\underline{10.200}$。

(2) ①～⑲立管从地下一层至地上三层⑳～㉔立管从地下一层至地上二层，立管在各层分别连有散热器▭，片数注其矩形内。

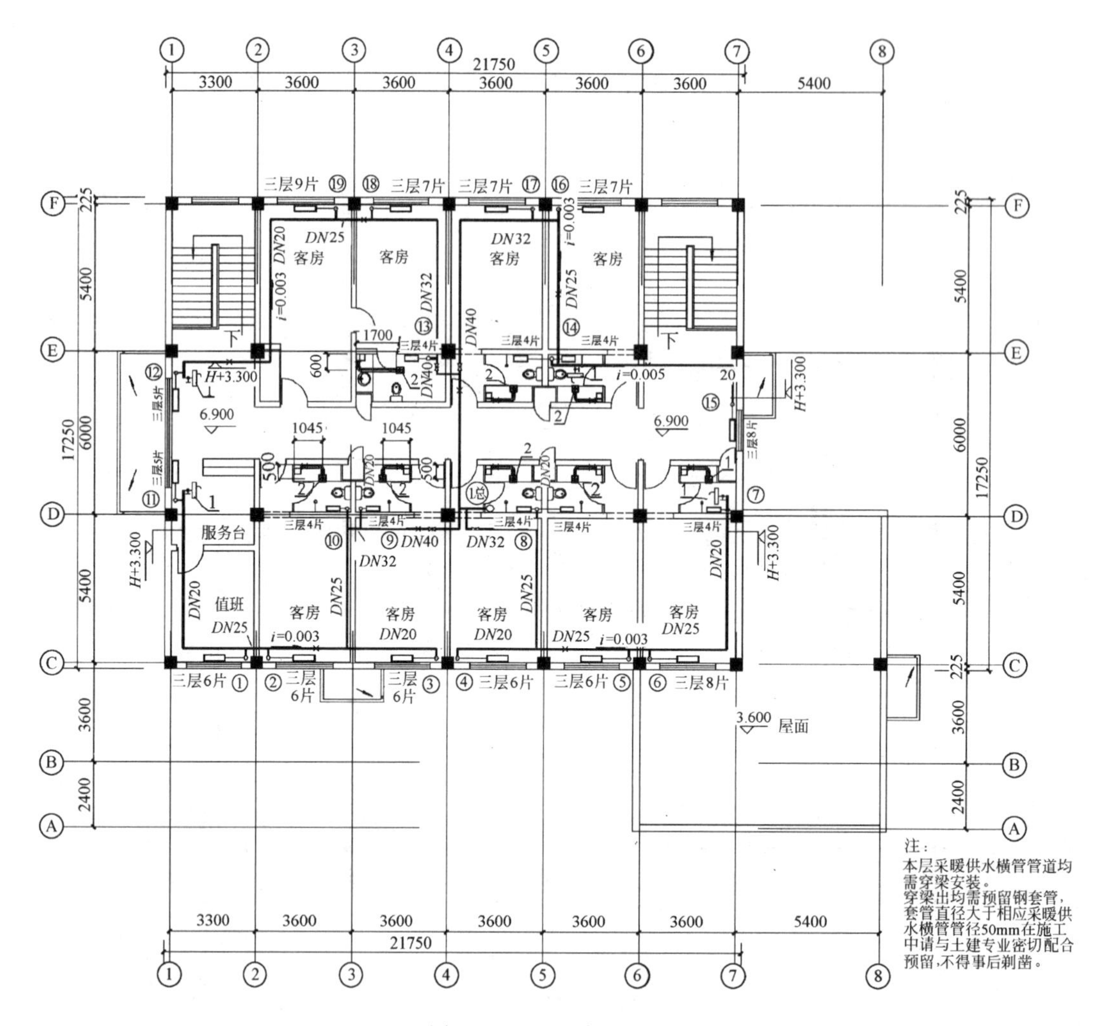

图 6-60　三层暖通平面图

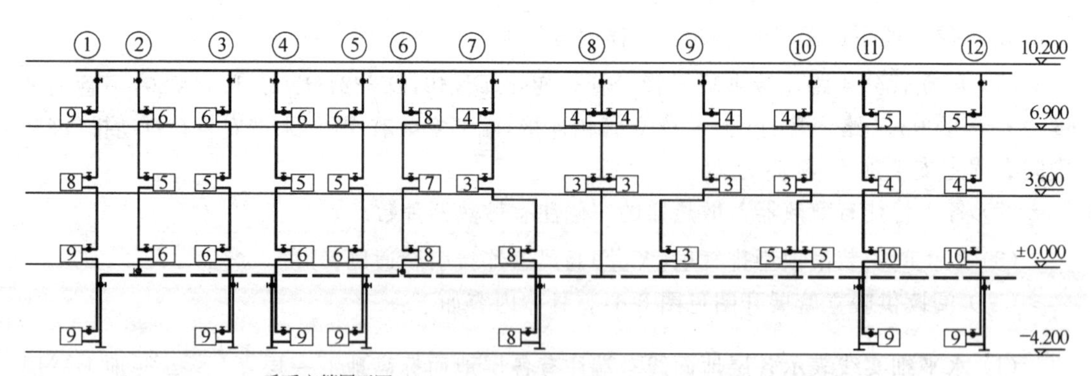

图 6-61　采暖立管展开图(一)

(3) 供暖干管设置在顶层顶板下面，回水干管设置在一层楼板下面即地下室顶板上面所以地下室各散热器的回水需设立管引至回水干管。

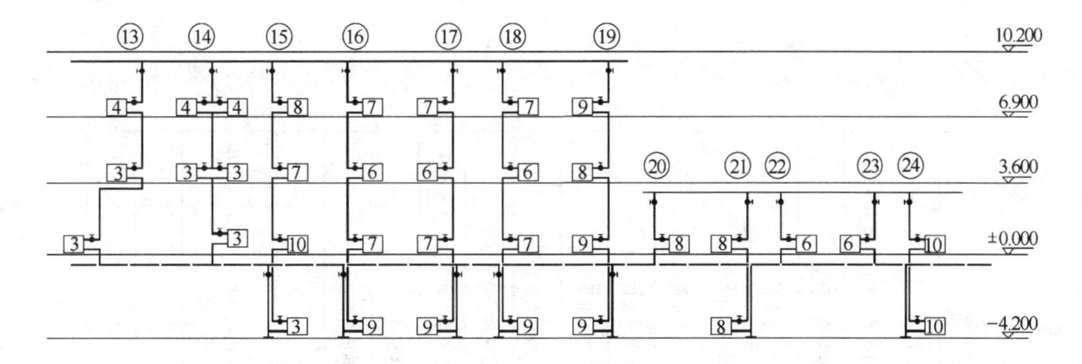

图 6-61　采暖立管展开图（二）

第四节　电气施工图的阅读

电气施工图是建筑施工图的一个组成部分，越是现代化的建筑，电气化程度越高。

一、电气施工图的基本知识

电气施工图包括：设计说明、电气平面图、电气系统图、安装详图和电器元件材料表。

（一）设计说明

设计说明见图 6-62。主要包括：土建概况、设计依据、设计范围、电气装置、线路敷设、电气安装、防雷设施及图例等。

（二）电气平面图

电气平面图表示电气设备的位置和线路的引入敷设情况。电气平面图包括变电室平面图，照明平面图，防雷平面图，电施天线平面图和电话线平面图等。

（三）电气系统图

也叫电气原理图。表示供电方式，导线规格型号与根数，电气设备规格型号，电器与导线连接方式，线路敷设方式，电气对土建的要求等，电气系统图又可分为照明系统图，电视天线系统图和电话线路系统图等。

（四）安装详图

对于有丰富施工经验的技术人员或工人可不用安装详图，而对于一般人员，特别是有高质量要求的，级别较高的电气装饰，必须按照安装详图进行施工。国家发行有“电器安装施工图册”，不但提供了安装详图，还配有施工说明与质量要求，是施工人员必备的和应遵守的标准，以确保安全和质量标准。

（五）电器元件材料表

电器元件材料表是将建筑内的所有电器设备累加起的一张表格，材料表中应写清电气设备的类型，安装高度，数量。通过电气材料表可以对工程中电气部分作概算。

说　明

一、土建概况：本工程为地上三层、地下一层建筑物，地下室层高4.2m，首层层高3.6m，二、三层层高3.3m，建筑面积1681.4 m^2

二、设计依据：民用建筑电气设计规范，建筑设计防火规范，甲方设计委托书，

三、设计范围：照明，事故照明，电话，有线电视

四、电气进线：1. 电源由室外直埋引入，三相四线 380/220V，引入处距地 -1.3m，用电负荷等级为第三级，

2. 电话由室外直埋引入，引入处距地 -1.3m。

3. 有线电视由室外直埋引入，引入处距地 -1.3m。

五、线路敷设：1. 照明干线详见系统图，

照明支路管线均为：BV-500V-2x2.5mm^2-SC15。

插座支路管线均为：BV-500V-3x2.5mm^2-SC15。

照明支路管内穿线超过 5 根时管径为：SC20。

2. 电话干线为：HYV-2x0.5，穿管详见系统图。

电话支线为：RVS-2x0.2-SC20-->F

3. 有线电视干线为：SYKV-75-9-SC25-->V

有线电视支线为：SYKV-75-5-SC20-->V

4. 管线均暗敷于地面、墙内、楼板内、吊顶内，吊顶内配管均为镀锌钢管

六、电气安装：1. 所有配电箱均为铁制暗装，安装高度配电箱底距地1.4m。

2. 走道、雨罩、厕所灯均为环形日光灯，壁灯为方形壁灯，更衣室、淋浴间灯均为防水防尘灯，所有荧光灯均加电容器补偿，所有应急及疏散指示灯应供电时间不小于90min。

3. 电话、电视插座距地0.3m，电源插座均为安全型，距地0.3m，空调插座距地2.0m安装。

七、防雷接地：本工程采用 TN-C-S 系统，其他详见电施10

八、未尽事宜：详92DQ 系列图集及《电气安装工程施工图册》增订本

目　录

序号	图号	图名
1	电施 1	说明、目录
2	电施 2	主要设备图例及材料做法表
3	电施 3	地下室照明平面图
4	电施 4	首层照明平面图
5	电施 5	二、三层照明平面图
6	电施 6	地下室电气平面图
7	电施 7	首层电气平面图
8	电施 8	二、三层电气平面图
9	电施 9	客房大样及其系统图
10	电施 10	屋顶防雷及接地平面图
11	电施 11	照明立管图，电话、天线系统图
12	电施 12	照明系统图（一）
13	电施 13	照明系统图（二）
14	电施 14	
15	电施 15	
16	电施 16	
17	电施 17	
18	电施 18	

图 6-62

二、电气施工图的阅读

（一）电气平面

1. 照明平面图

从图 6-63 可以看出，进户线由②轴沿墙体引向 AL-1-1 配电盘，从配电盘沿墙体分别向二层、三层、地下一层供电，同时还向本层 AL-1-2 供电。每个配电盘供不同的区域，如首层，AL-1-1 配电盘向 D 轴以北的用电设备，AL-1-1 配电盘向 D 轴以南的用电设备。在照明平面图上主要体现的是灯具、开关的位置，及出线回路。如：AL-1-1 配电盘，有四个照明线路，为 WL1-1、WL1-2、WL1-3、WL1-4。照明部分分为普通照明及应急照明，应急照明灯要求自带蓄电池。在潮湿场所的灯具，一般选用防水防尘型，如淋浴间使用的就是防水防尘型灯具。灯具一般是吸顶安装，或装在吊顶上，放在墙上的灯一般为壁灯，如楼梯间墙壁上的灯。应急照明由疏散指示和出口指示组成，疏散指示一般装在墙壁上，出口指示主要安装在建筑物的出口处。如门口上方和楼梯口上方。在②轴处有两根接地线接到室外。

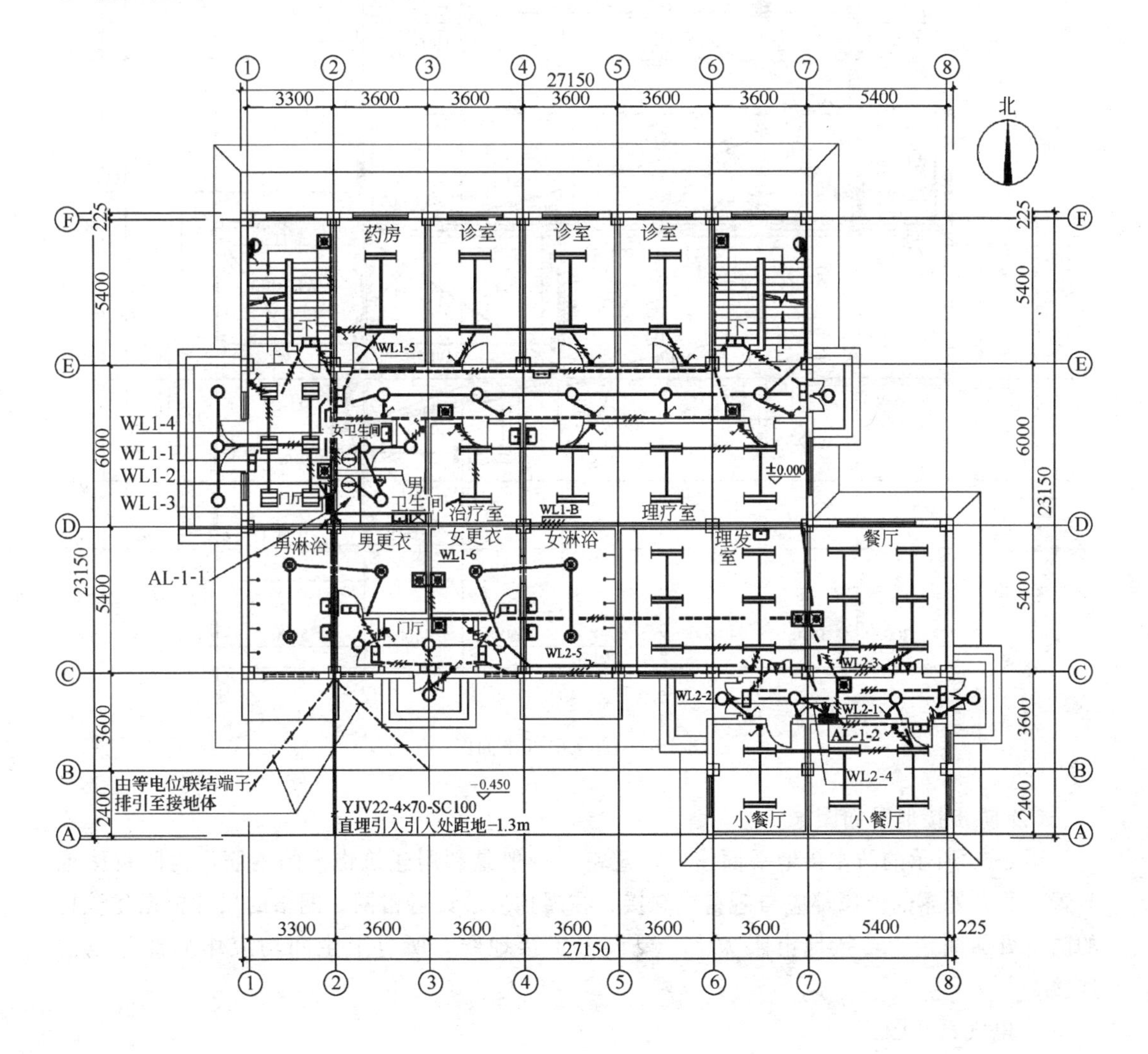

图 6-63　首层照明平面图

(1) 电气平面图

首层电气平面图 6-64 上主要由插座、风机、电话插孔、配电盘、电话接线箱组成。配电箱的编号、位置应与照明平面图相同。AL-1-1 有 9 个插座回路，WL1-7 至 WL1-15 回路，插座回路均为三根线。图中除插座外还有轴流风机，25W 指风机容量为 25W，引至风机的线路为四根线，风机为三相风机。图中带 TP 为电话插孔，线路从电话接线箱引来。

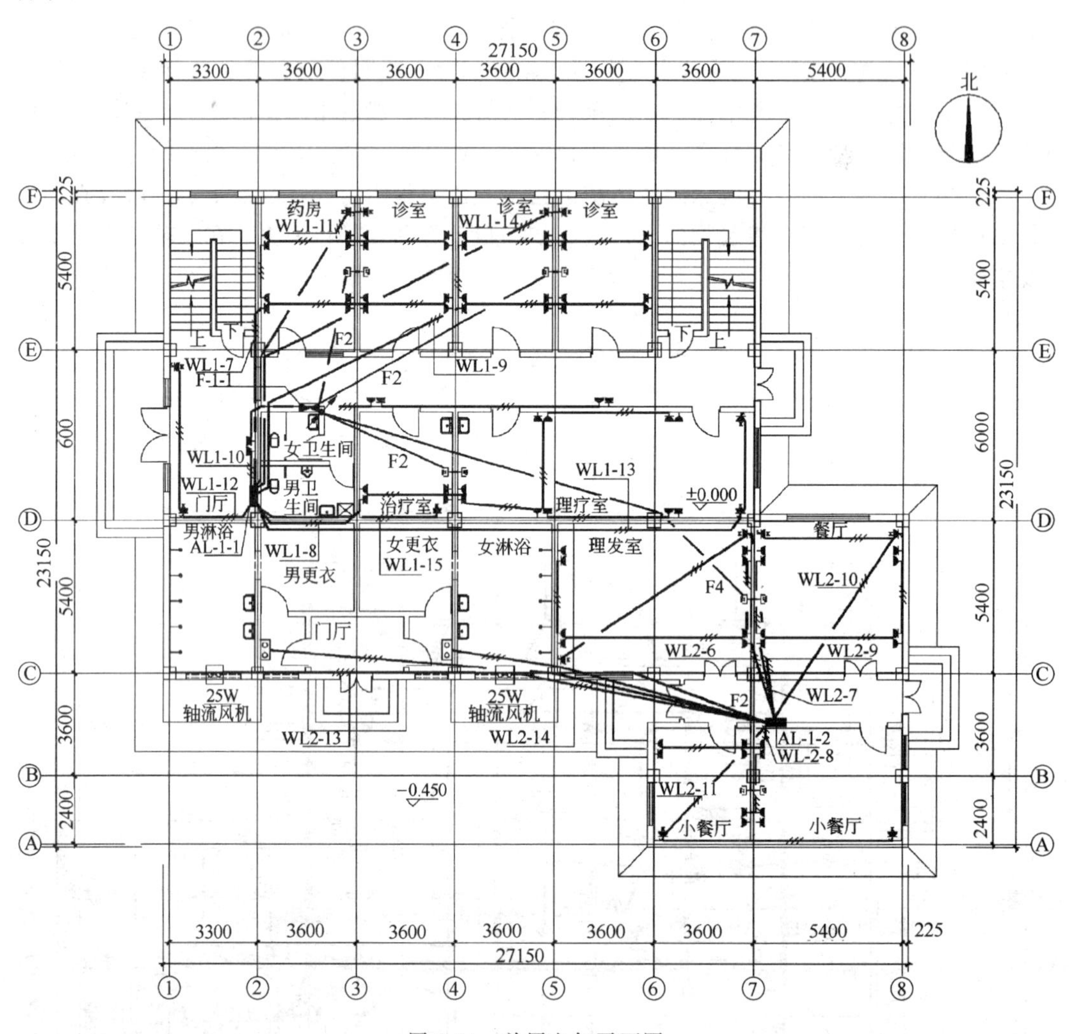

图 6-64 首层电气平面图

(2) 防雷接地平面图

图 6-65 所示的防雷接地平面图中，避雷线一般是利用建筑物内的钢筋作为防雷接地装置，所有外露的金属都应与避雷线焊接，在屋顶应装设避雷网，网格的尺寸根据建筑物的防雷级别而定。若接地电阻太大，要设人工接地线。所有卫生间均应作局部等电位连接。

2. 电气系统图

(1) 照明立管、天线系统、电话系统图。

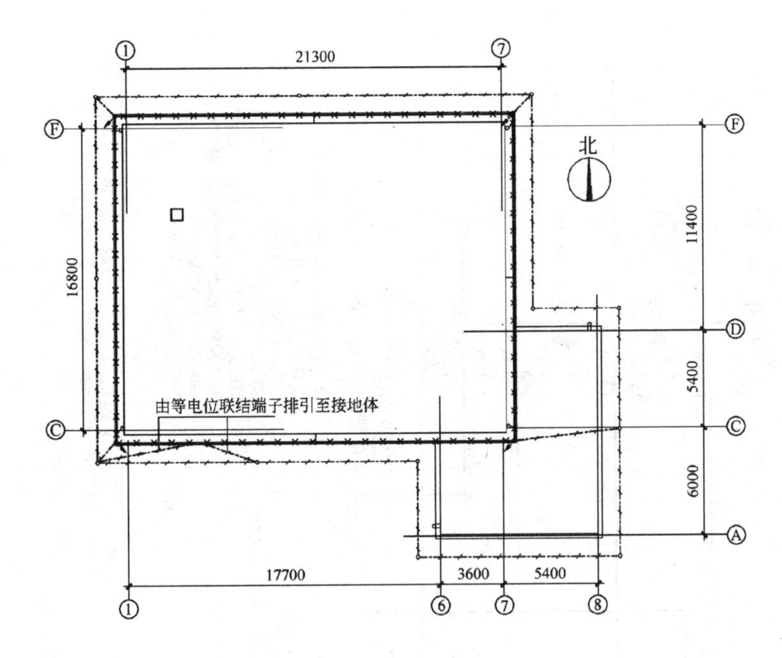

图 6-65 屋顶防雷及接地平面图

注：1. 屋顶避雷网沿建筑物女儿墙等屋顶四周布置。避雷网采用 ϕ10 镀锌圆钢，做法详 92DQ13-14。

2. 屋顶所有外露金属部分均与避雷带做可靠电气连接，做法详 92DQ13-12，13。

3. 引下线利用结构柱内对角两根主筋且结构主筋不小于 ϕ16，接地测试点位置设于建筑物四个楼角处，做法详 92DQ13-28，引下线位置详本图。

4. 所有引入引出本建筑物金属管线均做等电位连接，做法详 97SD567-6，7。

5. 利用基础底板钢筋做接地体同时在室外周围设接地体，接地体沿建筑物周围设置，距离建筑物不小于 1000mm。或利用建筑物周围护坡桩做接地极，本工程为联合接地，接地电阻 $R<1\Omega$，接地极镀锌圆钢 ϕ25，2500。接地连线镀锌扁钢 40×4，做法详 92DQ13-40。

6. 在首层 AL-1-1 箱内设总电位连接端子排，做法详 97SD567-6，7，从等电位连接端子排分别引两根接地连线至室外接地体，位置详本图。

7. 所有卫生间内均做等电位连接，做法详 97SD567-8，9。

8. 等电位连接端子排做法详 97SD567-12，13，14。

9. 共用电视天线系统防雷做法详 92DQ13-32，33。

10. 本工程为第三类防雷建筑物。

11. 未尽事宜详 97SD567，92DQ13。

在照明立管图中，可以看出电源进线由首层进入，先进入 AL-1-1 配电盘，在与其他几个配电盘环连。配电盘编号的下边是配电盘的容量，配电盘之间的线路标明线路的型号。

在天线系统图中可以看出，天线由二层引入通过一个放大器和二分配器接至天线的接线箱。

在电话系统图中可以看出，电缆通过手井由地下一层接入电话接线箱，再由地下一层向上引至各层电话接线箱。

(2) 照明系统图(图 6-66)。

照明系统图中体现了配电箱的进线及所有出线回路，如图 6-67 中 AL-1-1 配电箱系统，进线开关为 OETL630 负荷开关，开关设有指示灯、电流互感器，电压表，电流表。然后是断路器，型号为 S3N-250。从主开关分出四回路分别接至各配电盘，再由各配电盘接至各用电设备，图中要标明出线开关型号，线路规格，出线回路号，及用电设备容量(图 6-67)。

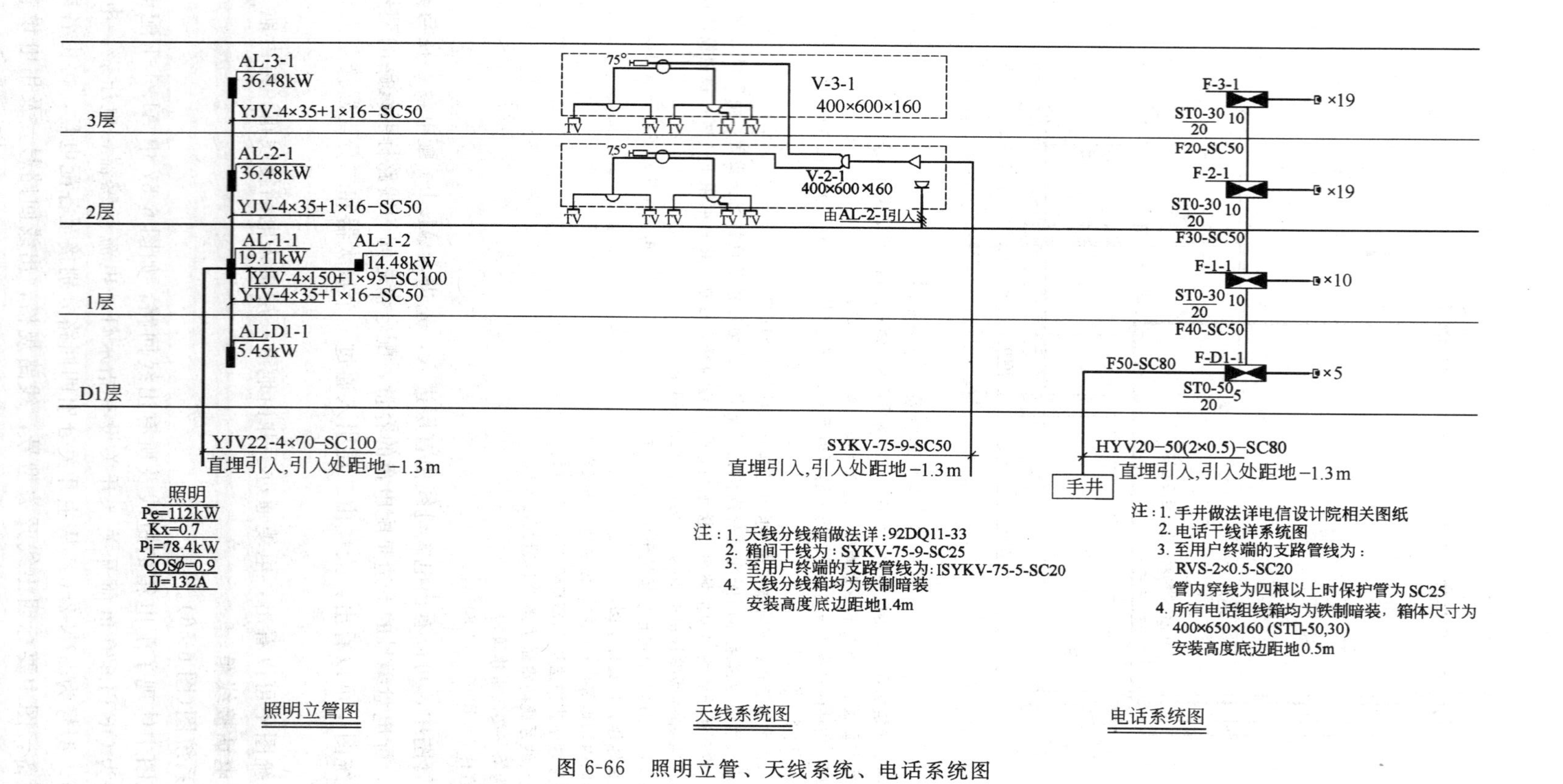

图 6-66　照明立管、天线系统、电话系统图

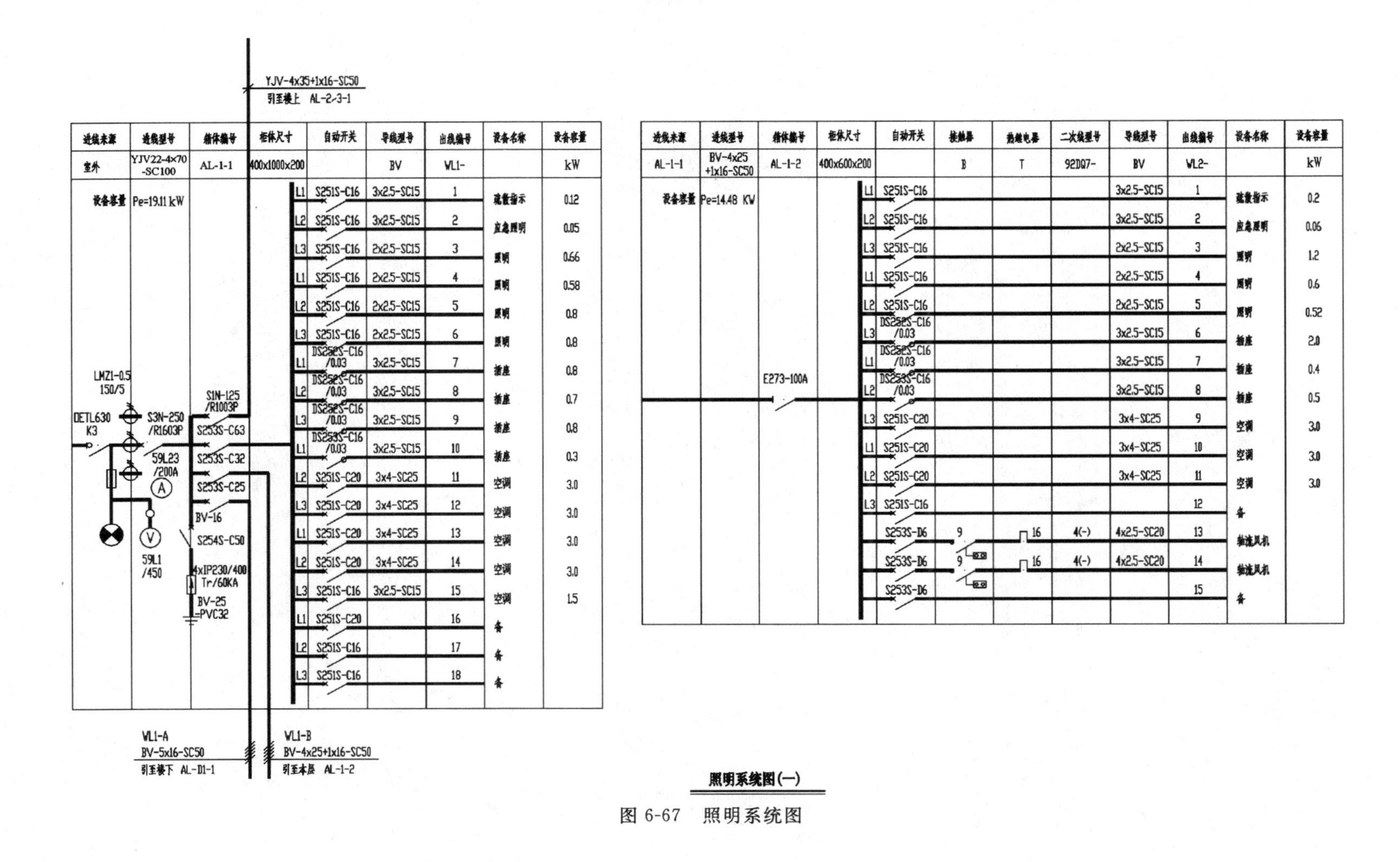

YJV-4x35+1x16-SC50
引至楼上 AL-2-3-1
进线来源
进线型号
箱体编号
柜体尺寸
自动开关
导线型号
出线编号
设备名称
设备容量
室外
YJV22-4×70 -SC100
AL-1-1
400x1000x200
BV
WL1-
kW
设备容量 Pe=19.11 kW
LMZ1-0.5 150/5
DETL630 K3
S3N-250 /R1603P
59L23 /200A
59L1 /450
S1N-125 /R1003P
S253S-C63
S253S-C32
S253S-C25
BV-16
S254S-C50
4xIP230/400 Tr/60KA
BV-25 PVC32
WL1-A
BV-5x16-SC50
引至楼下 AL-D1-1
WL1-B
BV-4x25+1x16-SC50
引至本层 AL-1-2
AL-1-1
BV-4x25 +1x16-SC50
AL-1-2
400x600x200
接触器
热继电器
二次线型号
B
T
92DQ7-
WL2-
设备容量 Pe=14.48 KW
E273-100A
照明系统图(一)

图 6-67 照明系统图

下　篇

建筑构造与建筑装饰构造

第七章　民用建筑构造概论

第一节　建筑的分类与分级

建筑即建筑物，是指供人们进行工作、生活和活动用的房屋及场所。

一、建筑的分类

（一）按建筑物的使用功能分类

1. 民用建筑

民用建筑又包括居住建筑和公共建筑。居住建筑是指提供家庭和集体生活起居用的建筑物，如住宅、宿舍、公寓等。

公共建筑是指提供人们进行各种社会活动的建筑物，其中包括：

(1) 行政办公建筑：机关、企事业单位的办公楼等。

(2) 文教建筑：学校、图书馆、文化馆等。

(3) 托教建筑：托儿所、幼儿园等。

(4) 科研建筑：研究所、科学实验楼等。

(5) 医疗建筑：医院、门诊部、疗养院等。

(6) 商业建筑：商店、商场、购物中心等。

(7) 观览建筑：电影院、剧院、音乐厅、杂技场等。

(8) 体育建筑：体育馆、体育场、健身房、游泳池等。

(9) 旅馆建筑：旅馆、宾馆、招待所等。

(10) 交通建筑：航空港、水路客运站、火车站、汽车站、地铁等。

(11) 通信广播建筑：电信楼、广播电视台、邮电局等。

(12) 园林建筑：公园、动物园、植物园、公园游廊、亭台楼榭等。

(13) 纪念性建筑：纪念堂、纪念碑、陵园等。

2. 工业建筑

为工业生产服务的各类建筑，如生产车间、辅助车间、动力用房、仓储建筑等。

3. 农业建筑

用于农业、牧业生产和加工用的建筑，如温室、畜禽饲养场、粮食与饲料加工站、农机修理站等。

（二）按建筑物的规模分类

1. 大量性建筑

单体建筑规模不大，但兴建数量多、分布面广的建筑，如住宅、学校、中小型办公楼、商店、医院等。

2. 大型性建筑

建筑规模大、耗资多、影响较大的建筑，如大型火车站、航空港、大型体育馆、博物馆、大会堂等。

（三）按建筑物的层数分

1. 低层建筑

1～2 层的建筑。

2. 多层建筑

3～6 层的建筑。

3. 中高层建筑

7～9 层的建筑。

4. 高层建筑

我国规定 10 层和超过 10 层以上的住宅或超过 24m 高的其他民用建筑为高层建筑。

5. 超高层建筑

层数在 40 层以上或高度超过 100m 的建筑。

（四）按主要承重结构的材料分类

1. 砖木结构建筑

砖(石)砌墙体，木楼板、木屋顶的建筑。

2. 砖混结构建筑

砖(石)砌墙体，钢筋混凝土楼板和屋顶的建筑。

3. 钢筋混凝土结构建筑

钢筋混凝土墙体、楼板、屋顶的建筑。

4. 钢结构建筑

建筑物的承重骨架如柱、梁、板全部用钢材的建筑。

5. 其他材料的建筑

生土建筑、充气建筑、塑料建筑等。

（五）按结构的承重方式分

1. 墙承重结构

墙作为建筑的主要承重构件，多用于低层和多层建筑。

2. 框架结构

框架结构是由楼板、梁、柱及基础作为承重构件的建筑。其平面布置灵活，可形成较大的空间。

3. 剪力墙结构

剪力墙结构是由建筑物的内、外墙体承受建筑物的竖向荷载和很大水平荷载。由于剪力墙的主要荷载为水平荷载，墙体受剪切(也受弯)，所以称为剪力墙。剪力墙一般为现浇的钢筋混凝土墙。

4. 框架-剪力墙结构

它是由框架结构与剪力墙结构组合形成的承重体系。剪力墙约承受 80%的水平荷载，框架约承担 20%的水平荷载。也就是说，框架主要承受竖向荷载，而剪力墙主要承受水平荷载。

5. 筒体结构

它是指由一个或几个筒体作竖向承重结构的体系。超高层建筑常用这种承重体系。

6. 大跨度空间结构

当建筑物需要大跨度的使用空间时，对屋盖系统就有了很高的要求，即重量轻，故其常做成网架结构、悬索结构、壳体结构等，以便获取大跨度的空间。

二、建筑的分级

（一）按建筑物的耐久年限分

主要分为四级，见表 7-1。

按主体结构确定的建筑耐久年限分级 **表 7-1**

级 别	耐久年限	适用于建筑物性质	级 别	耐久年限	适用于建筑物性质
一	100 年以上	适用于重要的建筑和高层建筑	三	25～50 年	适用于次要建筑
二	50～100 年	适用于一般性的建筑	四	15 年以上	适用于临时性的建筑

（二）按建筑物的耐火等级分

建筑物的耐火等级是由建筑物构件的燃烧性能和耐火极限两个方面决定的，共分为四级。各级建筑物所用构件的燃烧性能和耐火极限见表 7-2。

建筑物构件的燃烧性能和耐火极限 **表 7-2**

构件名称 \ 燃烧性能和耐火极限		耐火等级 一级	二级	三级	四级
墙	防火墙	非燃烧体 4.00	非燃烧体 4.00	非燃烧体 4.00	非燃烧体 4.00
墙	承重墙、楼梯间、电梯井的墙	非燃烧体 3.00	非燃烧体 2.50	非燃烧体 2.50	难燃烧体 0.50
墙	非承重外墙、疏散走道两侧的隔墙	非燃烧体 1.00	非燃烧体 1.00	非燃烧体 0.50	难燃烧体 0.25
墙	房间隔墙	非燃烧体 0.75	非燃烧体 0.50	难燃烧体 0.50	难燃烧体 0.25
柱	支承多层的柱	非燃烧体 3.00	非燃烧体 2.50	非燃烧体 2.50	难燃烧体 0.50
柱	支承单层的柱	非燃烧体 2.50	非燃烧体 2.00	非燃烧体 2.00	燃烧体
梁		非燃烧体 2.00	非燃烧体 1.50	非燃烧体 1.00	难燃烧体 0.50
楼板		非燃烧体 1.50	非燃烧体 1.00	非燃烧体 0.50	难燃烧体 0.25
屋顶承重构件		非燃烧体 1.50	非燃烧体 0.50	燃烧体	燃烧体
疏散楼梯		非燃烧体 1.50	非燃烧体 1.00	非燃烧体 1.00	燃烧体
吊顶(包括吊顶搁栅)		非燃烧体 0.25	难燃烧体 0.25	难燃烧体 0.15	燃烧体

注：引自《建筑设计防火规范》(GBJ 16—87)。

1. 构件的耐火极限

对任一建筑构件按时间-温度标准曲线进行耐火试验，从受到火的作用时起，到失去支持能力或完整性被破坏或失去隔火作用时为止的这段时间，称为耐火极限，用小时(h)表示。

2. 构件的燃烧性能

按建筑构件的空气中遇火时的不同反应将燃烧性能分为三类。

(1) 非燃烧体：用非燃烧材料制成的构件。此类材料在空气中受到火烧或高温作用时，不起火、不碳化、不微燃，如砖石材料、钢筋混凝土、金属等。

（2）难燃烧体：用难燃烧材料做成的构件，或用燃烧材料做成，而用非燃烧材料做保护层的构件。此类材料在空中受到火烧或高温作用时难燃烧、难碳化、离开火源后燃烧或微燃立即停止，如石膏板、水泥石棉板、板条抹灰等。

（3）燃烧体：用燃烧材料做成的构件。此类材料在空气中受到火烧或高温作用时立即起火或燃烧，离开火源继续燃烧或微燃，如木材、苇箔、纤维板、胶合板等。

第二节　建筑设计的内容与程序

建筑设计一般包括建筑专业设计、结构专业设计、设备专业设计和电气专业设计的内容。

建筑设计一般分为初步设计、技术设计和施工图设计三个阶段。其中初步设计要根据甲方的要求和上级下达的任务书，设计出建筑的平、立、剖面图。故初步设计也是方案设计，需要甲方同意和领导批准后进行下一个程序即技术设计阶段。它要在初步设计的基础上，扩大设计的范围，以更加明确的尺寸、建筑构造等为施工图设计做准备。施工图设计是最后的设计阶段，是设计单位交给建筑单位的用于施工的依据。

第三节　建筑设计的依据

一、空间尺度

人体尺度，家具、设备的尺寸及人体活动和人们使用家具、设备时所需的空间尺度是房间设计的依据(图 7-1、图 7-2)。

二、自然条件

建筑物常年处于大自然当中，受到太阳、雨雪和风的影响。设计师需考虑到这些因素，使建筑满足保温、隔热、通风和防风雨等要求。

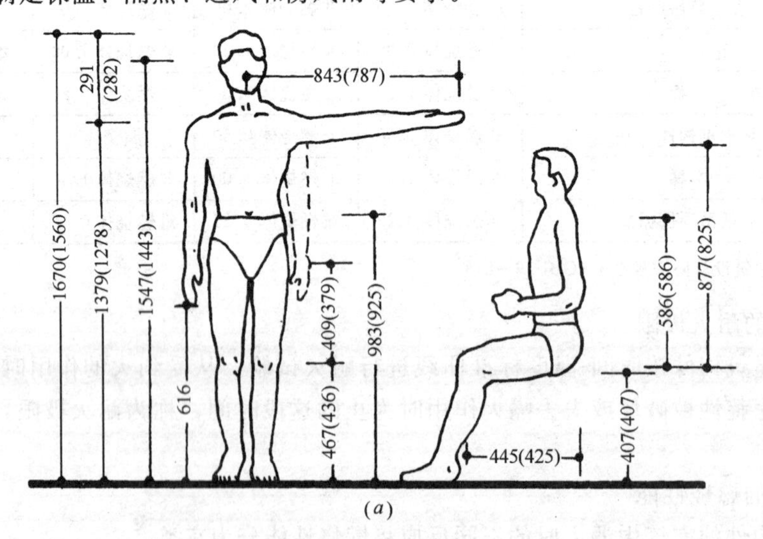

图 7-1　人体尺度和人体活动所需的空间尺度(一)

(a)人体尺度(括号内为女子人体尺度)

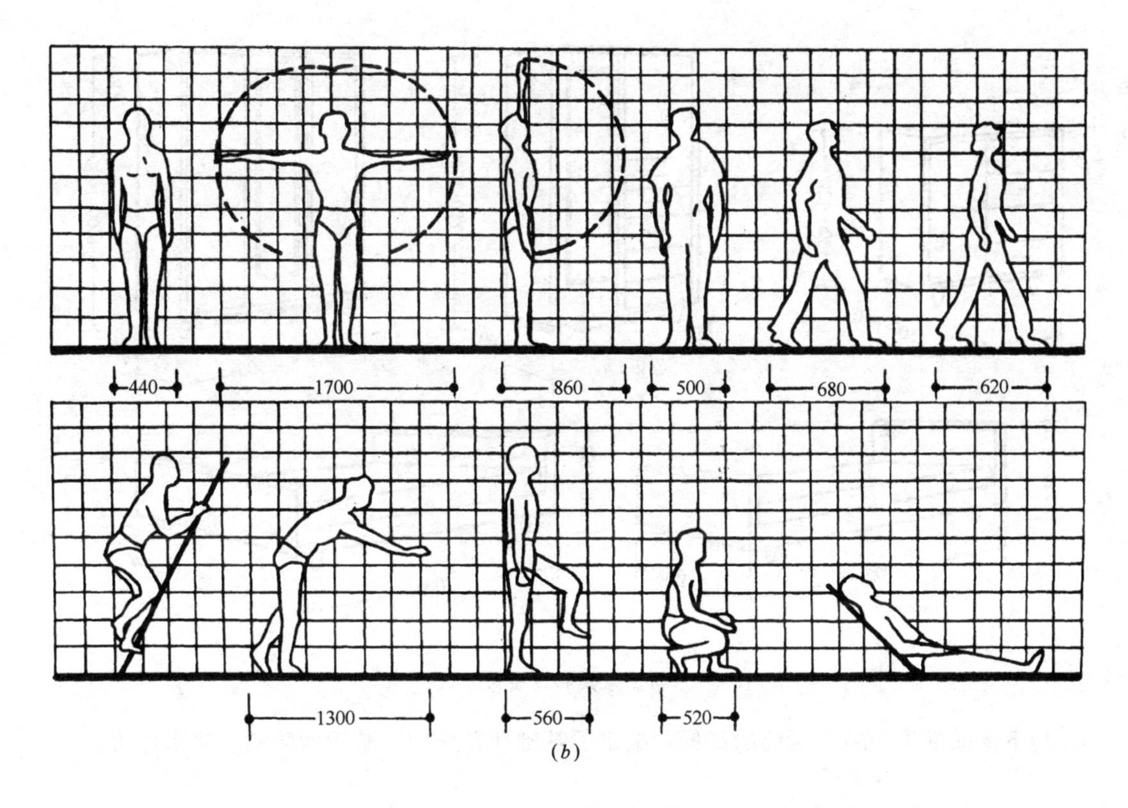

图 7-1　人体尺度和人体活动所需的空间尺度(二)

(b)人体活动所需空间尺度

三、地形、地质和水文

地形起伏的大小，对建筑物形体的设计、平面的设计有着很大的影响。

地质构成、地基土的承载力制约着建筑结构形成和基础的类型。

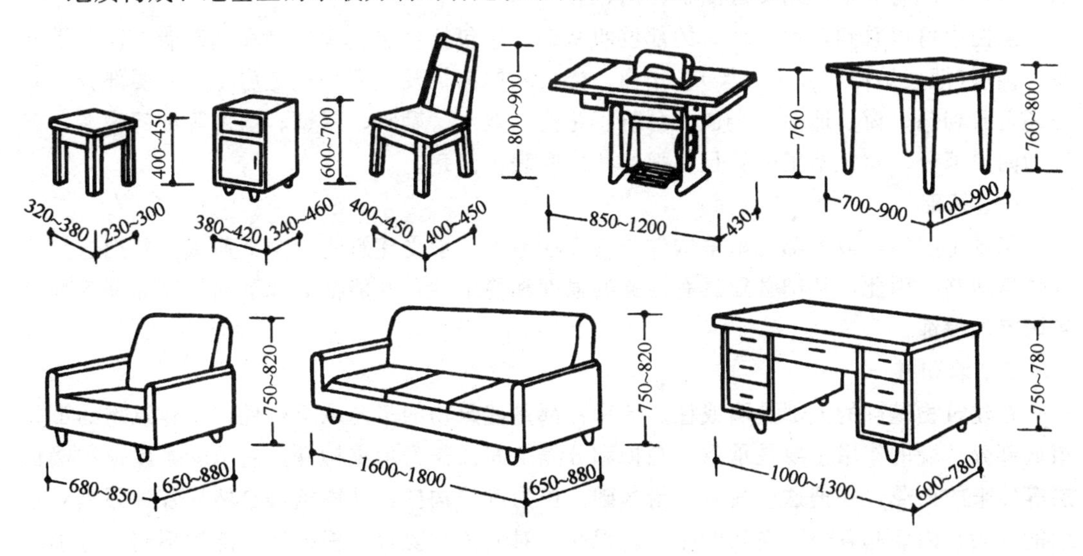

图 7-2　常见家具和设备尺寸(一)

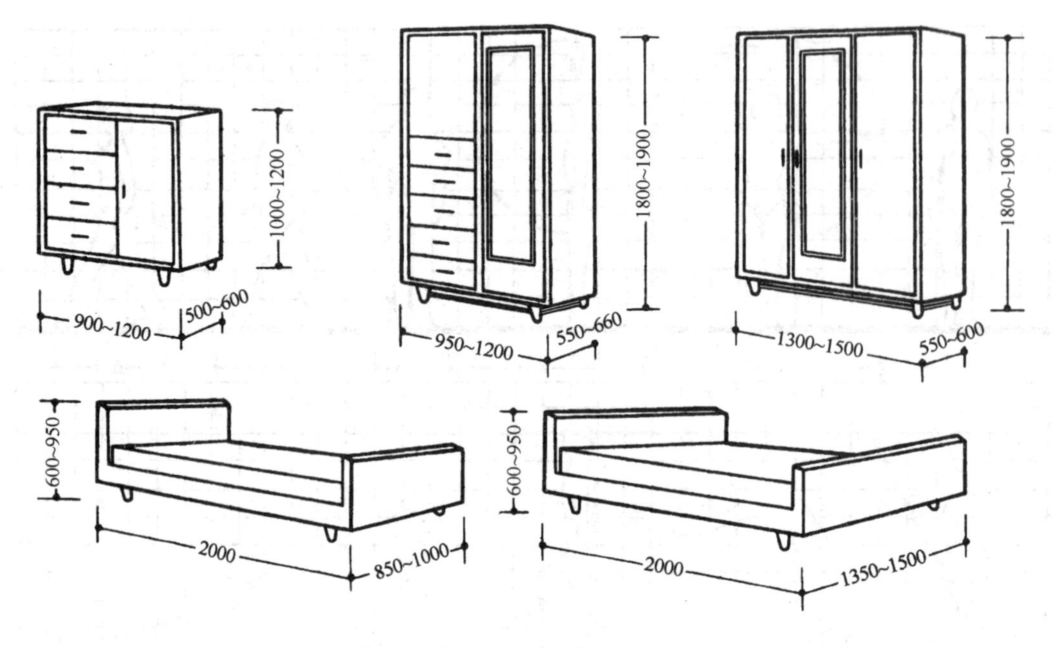

图 7-2 常见家具和设备尺寸(二)

地下水的性质和地下水位的高低，决定了基础埋置深度及基础的防潮、防水做法。

第四节 民用建筑的构造组成及作用

一幢建筑物一般由基础、墙和柱、楼层和地层、楼梯、屋顶、门窗等组成，这些组成部分在建筑上通常被称为构件或配件。它们处在不同的位置，有着不同的作用，其中有的起着承重作用，确保建筑物安全；有的起着围护作用，保证建筑物的正常使用和耐久性；而有些构件既有承重作用又有围护作用(图 7-3)。

从图中可以看到，地下埋着的部位叫基础，它包括垫层、大放脚和基础墙，往上是外墙、内墙(框架结构有柱子和梁)、楼梯、楼板和屋面板及屋面，这是房屋的主要部分。此外还可看到门、窗、地面、走道、台阶、花池、散水、勒脚、屋檐、雨篷等细部构造，被称为附属部分。建筑施工图就是要把这些内容表示清楚。

一、基础

基础是建筑物最下部的承重构件。它埋在地下，承受建筑物的全部荷载，并把这些荷载传给地基。因此，基础必须具有足够的强度和稳定性，并能抵御地下水、冰冻等各种有害因素的侵蚀。

二、墙和柱

在建筑物基础的上部是墙或柱。墙和柱都是建筑物的竖向承重构件，是建筑物的重要组成部分。墙的作用主要是承重、围护和分隔空间。作为承重构件，它承受着屋顶和楼板层等传来的荷载，并把这些荷载传给基础。作为围护构件，外墙抵御自然界各种因素对室内的侵袭，内墙起着分隔空间的作用。因此，对墙体的要求，根据其功能的不同，分别应具有足够的强度和稳定性，以及保温、隔热、隔声、防火、防水等能力。

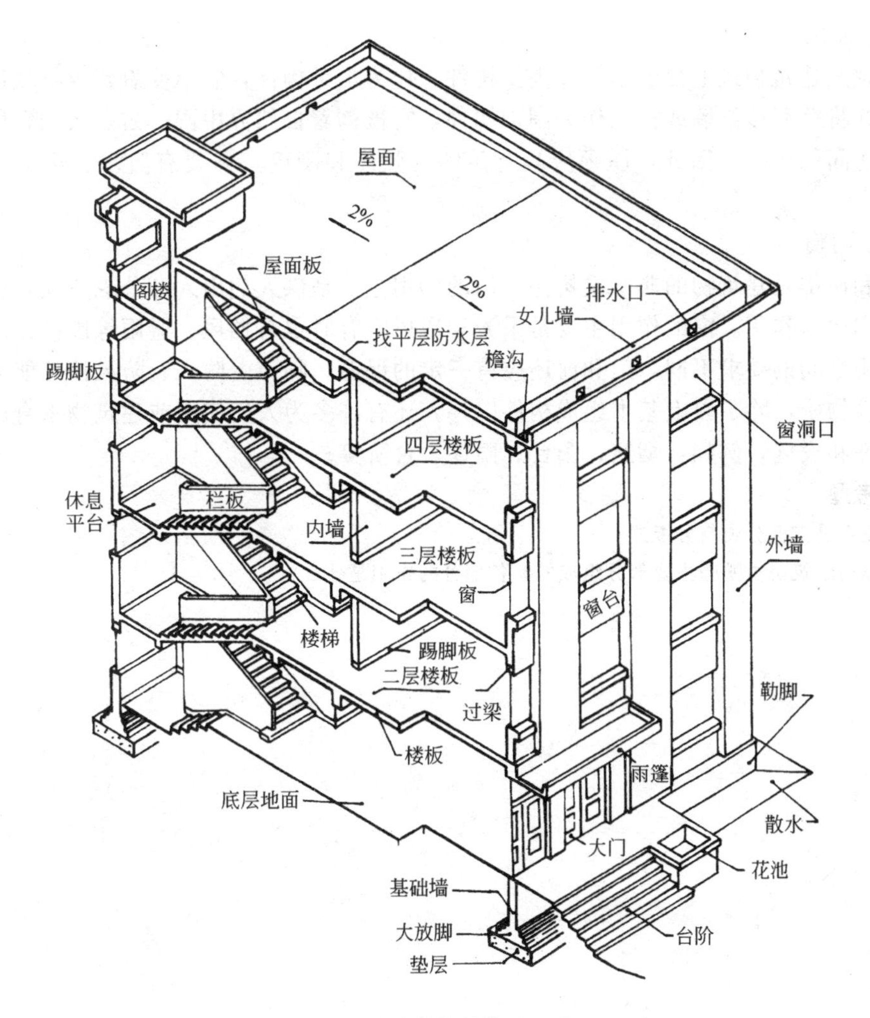

图 7-3　建筑物的构造组成

为了扩大建筑空间，提高空间的灵活性，以及结构的需要，有时用柱来代替墙体作为建筑物的竖向承重构件。因此，柱必须具有足够的强度和稳定性。

三、楼层和地层

在墙和柱上架梁、搁板即形成楼层。楼层即楼板层，它是楼房建筑中水平方向的承重构件，并在竖向将整幢建筑物按层高划分为若干部分。楼层承受家具、设备和人体等荷载以及本身的自重，并把这些荷载传给墙和柱。同时，楼层还对墙身起水平支撑作用，增强建筑的刚度和整体性。因此，楼板层必须具有足够的强度和刚度，以及隔声能力，对经常遇水的房间还应有防潮和防水的能力。

地层，又称地坪，它是底层空间与土壤之间的分隔构件，它承受底层房间的使用荷载。因此，作为地层应有一定的承载能力，还应具有防潮、防水和保温的能力。

四、楼梯

楼梯是楼房建筑中的垂直交通设施，供人和物上下楼层和紧急疏散之用。因此，楼梯应有适当的坡度、足够的通行宽度和疏散能力，同时还要满足防火、防滑等要求。

五、屋顶

屋顶是建筑物最上部的承重和围护构件。作为承重构件，它承受着建筑物顶部的各种荷载，并将荷载传给墙或柱。作为围护构件，它抵御着自然界中雨、雪、太阳辐射对建筑物顶层房间的影响。因此，屋顶应具有足够的强度和刚度，并要有防水、保温、隔热等能力。

六、门窗

门和窗都是建筑物的非承重构件。门的作用主要是供人们出入和分隔空间，有时也兼有采光和通风作用。窗的作用主要是采光和通风，有时也有挡风、避雨等围护作用。根据建筑使用空间的要求不同，门和窗还应有一定的保温、隔声、防火、防风沙等能力。

建筑物中，除了以上基本组成构件以外，还有许多为人们使用或建筑物本身所必需的其他构件和设施，例如：烟道、阳台、雨篷、台阶等。

思考题：

1. 建筑是如何分类与分级的？
2. 民用建筑是由哪些主要部分组成的？各部分的作用是什么？

第八章　基础与地下室

第一节　地基与基础的区别

基础与地基是两回事，但又有不可分割的关系。

基础是建筑物最下面、埋在土中的承重构件。是建筑物的组成部分。它承受建筑物的全部荷载，并将荷载传递给它下面的地基。

地基是承受建筑物荷载的土层。它不是建筑物的组成部分。它分为天然地基和人工地基两大类。天然地基是指不经人工处理就能承受建筑物全部荷载的地基。人工地基是指必须经过人工处理，提高其承载力后才能承受建筑物全部荷载的地基。

地基与基础见图 8-1。

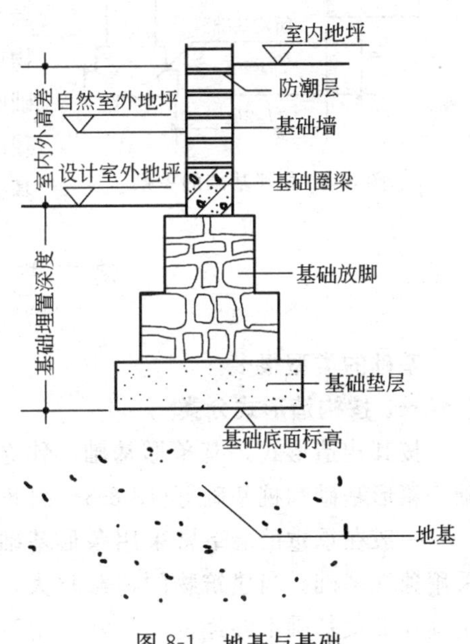

图 8-1　地基与基础

第二节　基础的埋置深度

基础的埋置深度是指设计室外地坪到基础底面的距离(图 8-1)。基础的深浅对建筑物的耐久性、造价、工期、材料消耗和施工技术措施等有很大影响，因此，是一个比较重要的问题。确定基础埋置深度要考虑以下因素：

(一) 房屋的使用情况

如有无地下室、设备基础和地下设施，基础的形式与构造等。

(二) 作用于地基上的荷载大小与性质

荷载有静荷载与动荷载之分，其中，静荷载引起的沉降最大，而动荷载引起的沉降往往较小，因此，当静荷载较大时，宜埋得深些。

(三) 工程地质与水文地质情况

在一般情况下，基础底面应设置在坚实的土层上，而不要设置在耕植土、淤泥等弱土层上。如果表面弱土层很厚，加深基础不经济，可改用人工地基或采取其他结构措施。在满足稳定和变形限度要求的前提下，基础应尽量埋得浅些，但不能小于 0.5m，因为，靠近地表的土层常被“扰动”。

基础应设在地下水位以上，以减少特殊的防水措施，有利于施工。如必须设在地下水位以下时，应采取有效措施，保证地基在施工时不被扰动。

(四) 地基土冻胀和融陷的影响

基础底面以下的土层如果冻胀，会使基础隆起；如果融陷，会使基础下沉，久而久之基础就被破坏，因此，笼统地说，基础的埋置深度必须大于冻结深度。但是，地基上的冻胀情况是相当复杂的，它不仅与气候条件有关，还与土壤的类别、天然含水率及冰冻期间地下水位的高低有关。一般说来，黏土类冻胀现象比较严重，砂类土冻胀现象比较轻微，而岩石类土甚至在饱和状态下也不冻胀，因此，在工程实践中，基础的埋置深度不一定都要大于冻结深度，而要根据地基土的冻胀情况作具体分析。有关这方面的情况，可查阅基础设计规范。

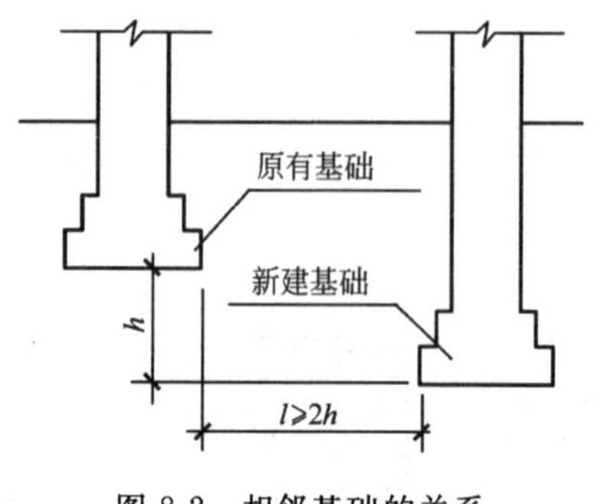

图 8-2　相邻基础的关系

（五）相邻建筑物和构筑物的基础埋深

为保证在施工期间相邻原有建筑物或构筑物的安全和正常使用，新建建筑物的基础不宜深于原有建筑物或构筑物的基础。当深于原有建筑物或构筑物的基础时，两基础间应保持一定距离。此距离的大小与荷载的大小和地基土的土质有关，一般情况下，可取两基础底面高差的1～2倍(图 8-2)。

第三节　基础的类型

基础的类型很多。

一、按构造形式分类

按其构造形式，有条形基础、独立基础、筏式基础、箱形基础和桩基础等(图 8-3～图 8-8)。

一般在承重的墙下常采用条形基础，承重的柱下采用独立基础。当建筑物的荷载较大，地质较差，采用其他形式基础不够经济时，常采用筏式基础，由于其布满整个建筑底部，又称满堂基础。

当建筑物的基础埋深很大，整个基础为了利用地下空间，故而常设有地下室，此时，又将这种基础做

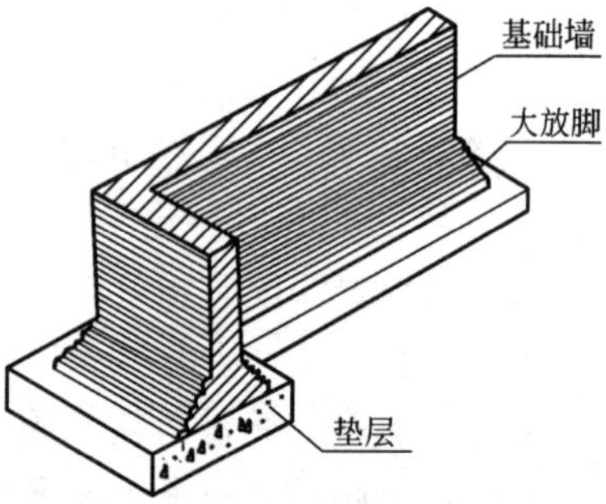

图 8-3　条形基础

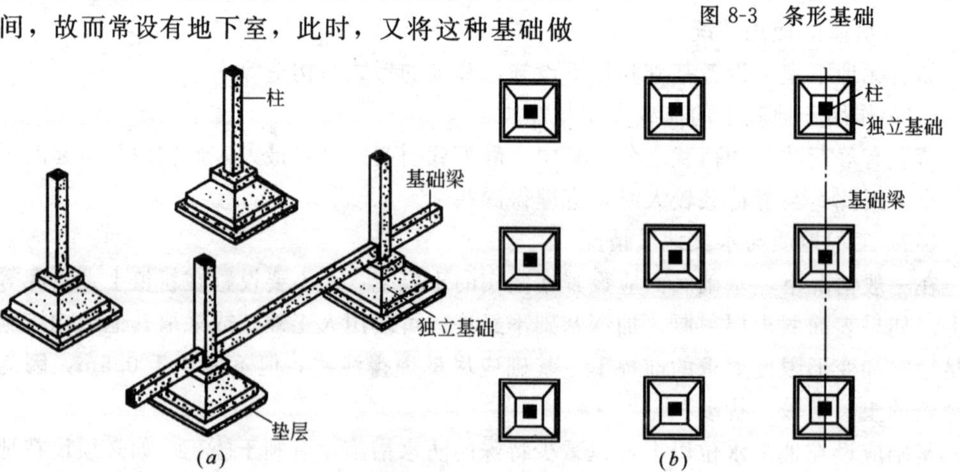

图 8-4　柱下独立基础

(a)示意；(b)平面

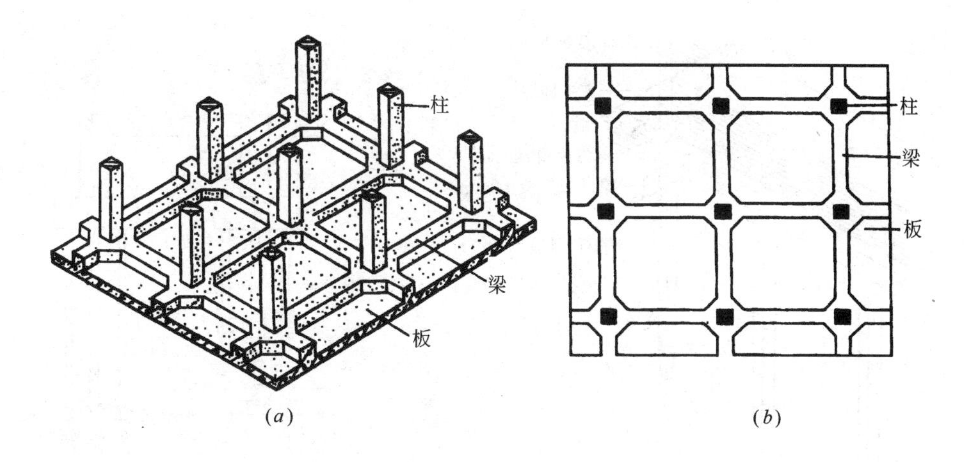

图 8-5　筏式基础

(a)示意；(b)平面

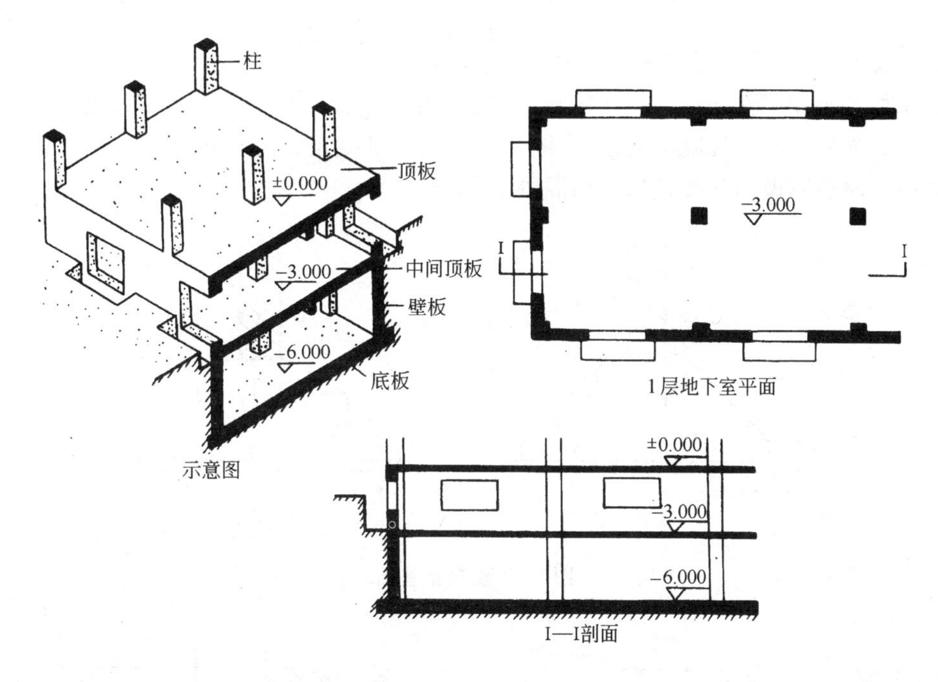

图 8-6　箱形基础

成箱形基础。当建筑物荷载较大，地基的软弱土层厚度在 5m 以上，基础不能埋在软弱土层内，或对软弱土层进行人工处理困难和不经济时，常采用桩基础。它根据受力性能不同，可分为端承桩和摩擦桩。

端承桩是将桩尖直接支承在岩石或硬土层上，用桩尖支承建筑物的总荷载并通过桩尖将荷载传给地基。这种桩使用于坚硬土层较浅、荷载较大的工程。

摩擦桩则是用桩挤实软弱土层，靠桩壁与土壤的摩擦力承担总荷载。这种桩适用于坚硬土层较深、总荷载较小的工程。

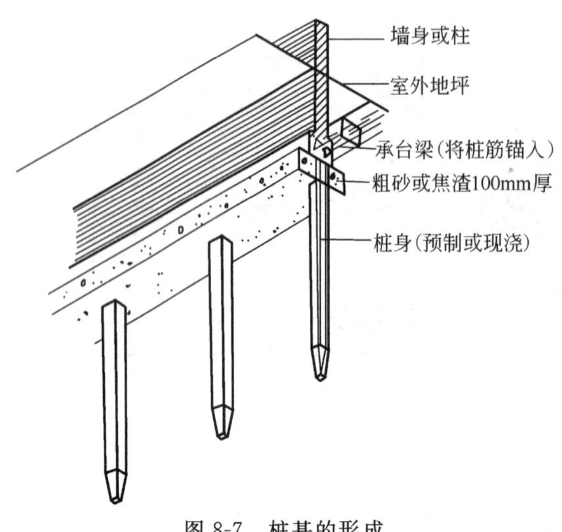

图 8-7　桩基的形成

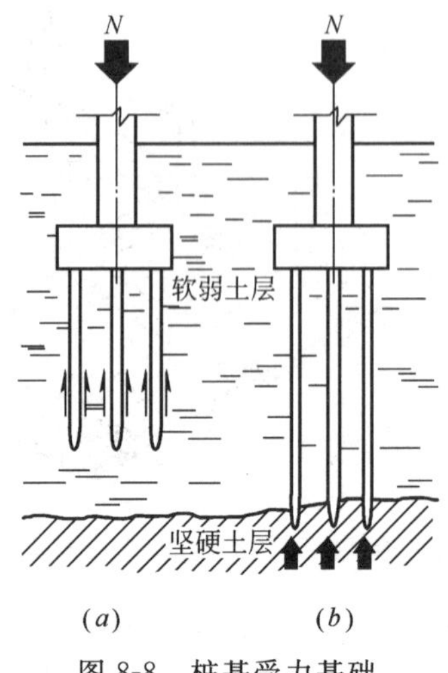

图 8-8　桩基受力基础

(a)摩擦桩；(b)端承桩

二、按所用材料及其受力特点分类

有刚性基础和柔性基础。刚性基础是指用抗压强度高，而抗拉、抗剪强度低的材料所做的基础。如砖、石、混凝土基础等(图 8-9)。柔性基础是指用抗压强度高，抗拉、抗剪强度也高的材料所做的基础，如钢筋混凝土(图 8-10)。

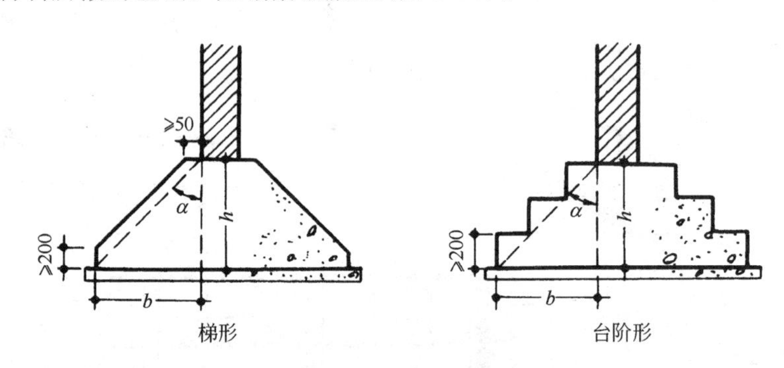

图 8-9　混凝土基础

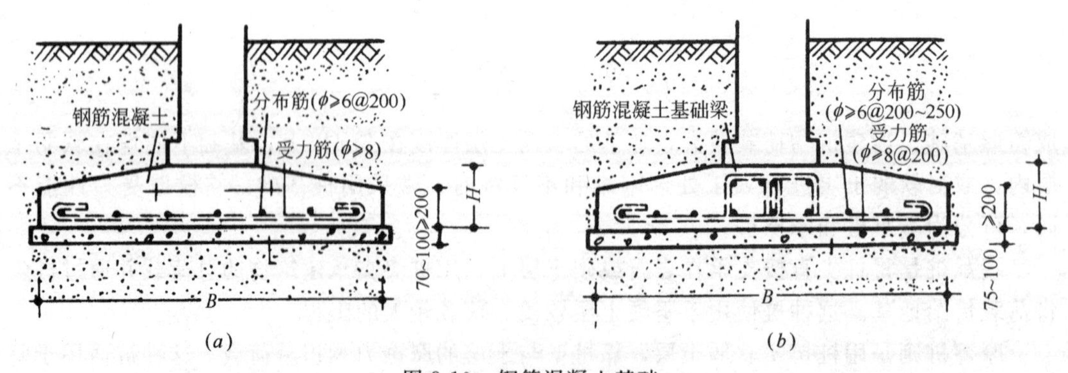

图 8-10　钢筋混凝土基础

(a)板式基础；(b)梁板式基础

第四节　地下室的防潮与防水

处在地下或半地下的房间称为地下室。

地下室按其功能可分为普通地下室和人防地下室两种。普通地下室主要用作仓库、采暖通风设备房、停车场、商店、办公室等；人防地下室是专门设置的战争期间人员隐蔽的工程。因此除要求坚固耐久外，还应具有一定的厚度和特殊构造，以防止冲击波、毒气和射线的侵袭。

地下室按构造形式可分为全地下室和半地下室两种类型，见图 8-11。地下室顶板的底面标高低于室外地坪时，称为全地下室。半地下室埋置较浅，其顶板底面标高高于室外地坪，可利用侧墙外的采光井解决采光和通风问题。

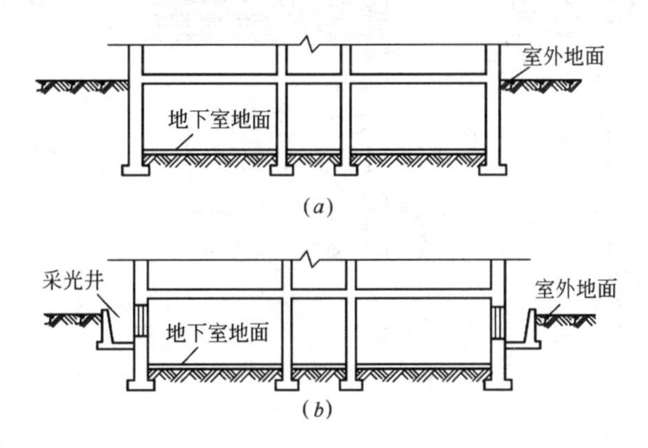

图 8-11　地下室剖面示意图
(a)全地下室；(b)半地下室

地下室一般由顶板、底板、侧墙、楼梯、门窗、采光井等组成。

地下室的墙和底板埋在地下，其外墙除承受垂直荷载外，还承受土、地下水、土冻结产生的侧压力；地下室的底板除承受垂直荷载外，有时还要承受地下水的浮力，因此，地下室必须具有足够的强度、刚度和防水能力。

采光井一般由采光井底板、侧墙和顶板组成，其构造见图 8-12。

一、地下室的防潮

当地下室地坪高于常年最高地下水位时，由于地下水不会直接侵入地下室，墙和底板仅受到土层中潮湿的影响，这时只需要做防潮处理，见图 8-13。防潮处理方法是在外墙外侧抹水泥砂浆，然后涂冷底子油一道、沥青两道。并在地下室顶板和底板处的侧墙内各设水平防潮层一道，以防止土中水分因毛细作用沿墙体上升。

防潮层外侧应回填透水性小的土，如黏土、2∶8 灰土等，并分层夯实，宽度不小于 500mm，称为隔水层。隔水层的作用不但能抑制地表水渗透对地下室的影响，而且可减少土对侧墙的压力。

二、地下室防水

当常年最高地下水位高于地下室地坪时，地下室的底板和部分外墙将浸在水中。此

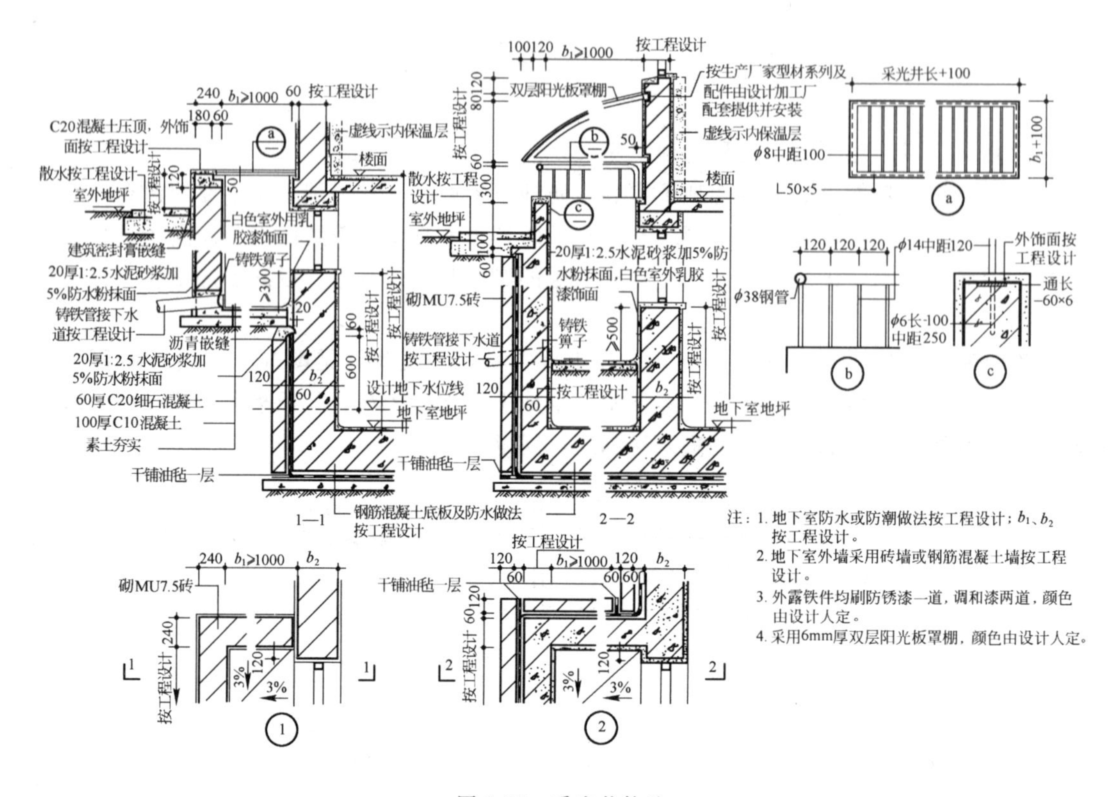

图 8-12　采光井构造

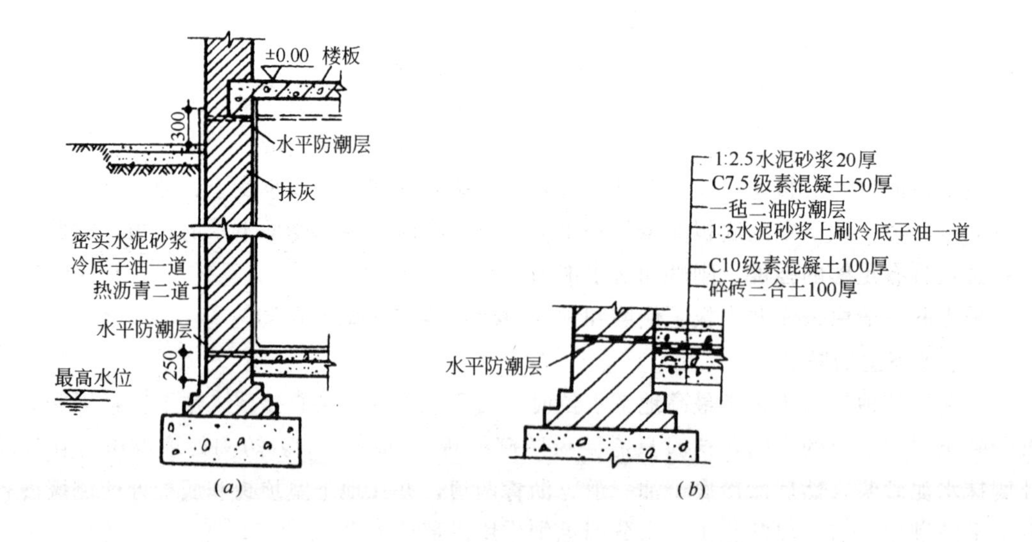

(*a*)　　(*b*)

图 8-13　地下室防潮处理

(*a*)墙身防潮；(*b*)地坪防潮

时，地下室应做防水处理。

目前采用的防水处理有卷材防水和防水混凝土防水两种(图 8-14、图 8-15)。

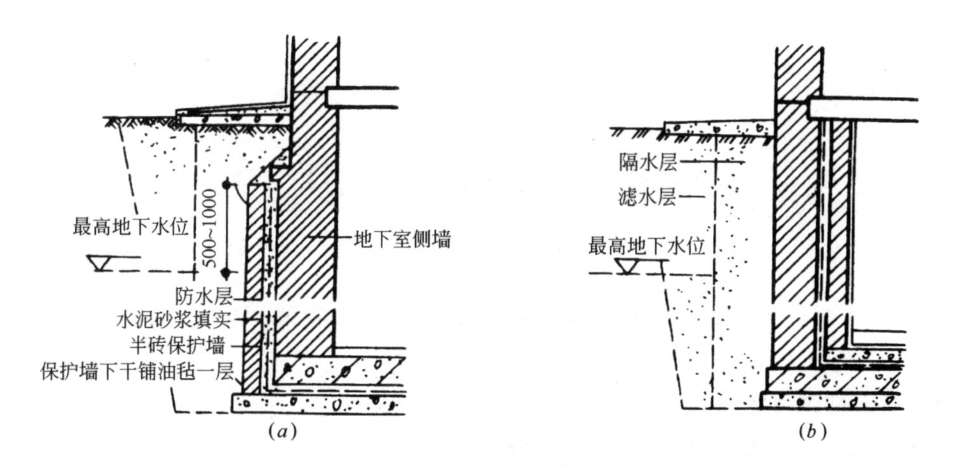

图 8-14　地下室卷材防水处理

(a)外包防水；(b)内包防水

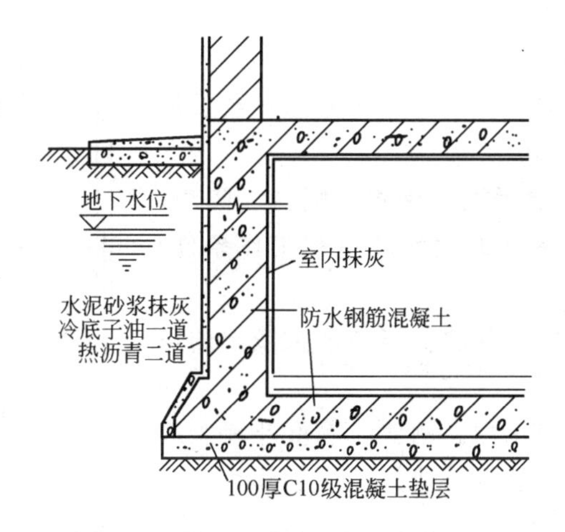

图 8-15　地下室防水混凝土防水处理

思考题：

1. 地基与基础的区别是什么？
2. 什么是基础的埋置深度？
3. 基础有哪些类型？
4. 地下室是由哪几部分组成的？
5. 地下室何时做防潮处理？何时做防水处理？

第九章　墙　与　柱

第一节　墙的种类及对它的要求

一、墙的种类与作用

墙的种类很多。按位置划分，有内墙与外墙；按受力情况划分，有承重墙与非承重墙。图 9-1 中 1 是纵向外墙，2 是纵向内墙，3 是横向内墙，4 是横向外墙，即山墙，5 则是不承重的隔墙。

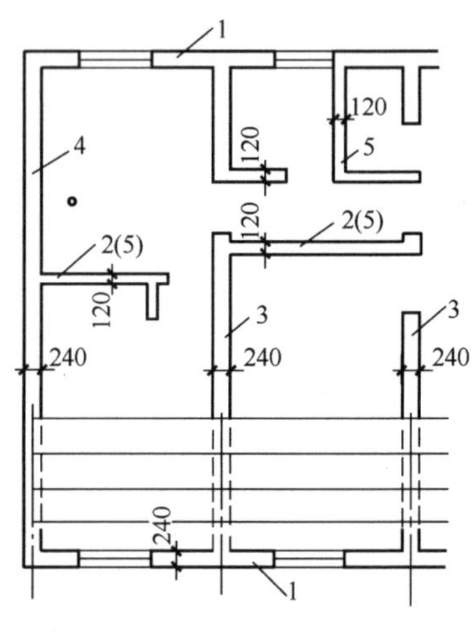

图 9-1　墙的种类

墙的作用主要有三点：

1. 承受屋顶、楼板等构件传下来的垂直荷载及风力和地震力，即起承重作用。

2. 防止风、雪、雨的侵袭，保温、隔热、隔声、防火，保证房间内具有良好的生活环境和工作条件，即起围护作用。

3. 按照使用要求，将建筑物分隔成或大或小的房间，即起分隔作用。

不同的墙具有不同的作用。例如，承重外墙兼起承重和围护两种作用，非承重外墙只起围护作用，承重内墙兼起承重和分隔两种作用，非承重内墙则只起分隔作用。

二、墙的要求

不同性质和位置的墙，即不同作用的墙，应分别满足或同时满足下列某项或某几项要求：

1. 所有的墙都应有足够的强度和稳定性，以保证建筑物坚固耐久。

2. 建筑物的外墙必须满足热工方面的要求，以保证房间内具有良好的气候条件和卫生条件。墙的热工要求要从两个方面研究：一是冬季热工，二是夏季热工。

冬季热工的主要对象是寒冷地区的采暖建筑。这些建筑的墙体，必须有足够的保暖能力，以减少热损失，避免室内过冷，并防止水蒸气在墙体内部或墙的内表面凝结。墙体内部和墙的内表面产生凝结水，将降低墙体的保温性能，恶化室内的卫生条件，甚至会引起结构的破坏。

夏季热工的主要任务是解决室内过热问题，为此，首先要使墙体本身具有足够的隔热能力，同时还要采取其他措施，如合理布置建筑群体，选择好的朝向；合理设计平、剖面，组织流畅的自然通风；绿化环境；采用必要的遮阳设施，防止或减少太阳的直接辐射等。

3. 要满足隔声方面的要求，避免室外或相邻房间的噪声影响。内墙特别是隔墙的隔声要求一般高于外墙。但在住宅中，户间隔墙与户内隔墙又可区别对待，前者要求较高，后者要求可较低。噪声在相邻房间之间的传递方式有两种：一种是空气传声，另一种是撞击传声。对内墙而言，主要是降低空气传声。常采用的方法是用带有空气间层或松散材料(如毛毡、矿棉等)夹层的复合墙。

4. 要满足防水要求。墙体材料的燃烧性能和耐火极限要符合防火规范的规定。在较大建筑中，还要按照防火规范的规定设置防火墙，将建筑分为若干段，以防火灾蔓延。

5. 要减轻自重，降低造价，不断采用新型材料和构造做法。

6. 对特殊房间还要有防潮、防水、防腐蚀、防射线等要求。

第二节　墙的细部构造

一、勒脚

外墙靠近室外地坪的部分叫勒脚。它容易受到地表水和外界各种碰撞的影响。因此，要求勒脚要牢固、防潮和防水。勒脚有以下几种做法(图 9-2)。

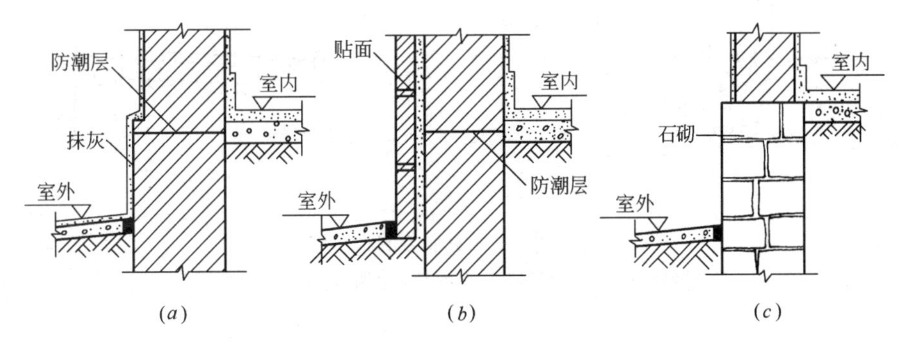

图 9-2　勒脚构造做法

(a)抹灰；(b)贴面；(c)石材砌筑

(1) 对一般建筑，可采用具有一定强度和防水性能的水泥砂浆抹面，如水刷石、斩假石等。

(2) 标准较高的建筑，可在外表面镶贴天然石材或人工石材，如花岗石、水磨石等。

(3) 整个墙脚用强度高，耐久性和防水性好的材料砌筑，如条石、混凝土等(上两种处理也可高至窗台)。

二、明沟与散水

为了防止屋顶落水或地表水侵入勒脚而危害基础，必须将建筑物周围的积水及时排离。其做法有两种，一是在建筑物四周设排水沟，将水有组织地导向集水井，然后流入排水系统，这种做法称为明沟。二是在建筑物外墙四周做坡度为 3%～5%的护坡，将积水排离建筑物，护坡宽度一般为 600～1000mm，并要比屋顶挑出檐口宽出 200mm 左右，这种做法称为散水。

明沟和散水可用混凝土现浇，或用砖石等材料铺砌而成。散水与外墙的交接处应设缝分开，并用有弹性的防水材料嵌缝，以防建筑物外墙下沉时将散水拉裂(图 9-3)。

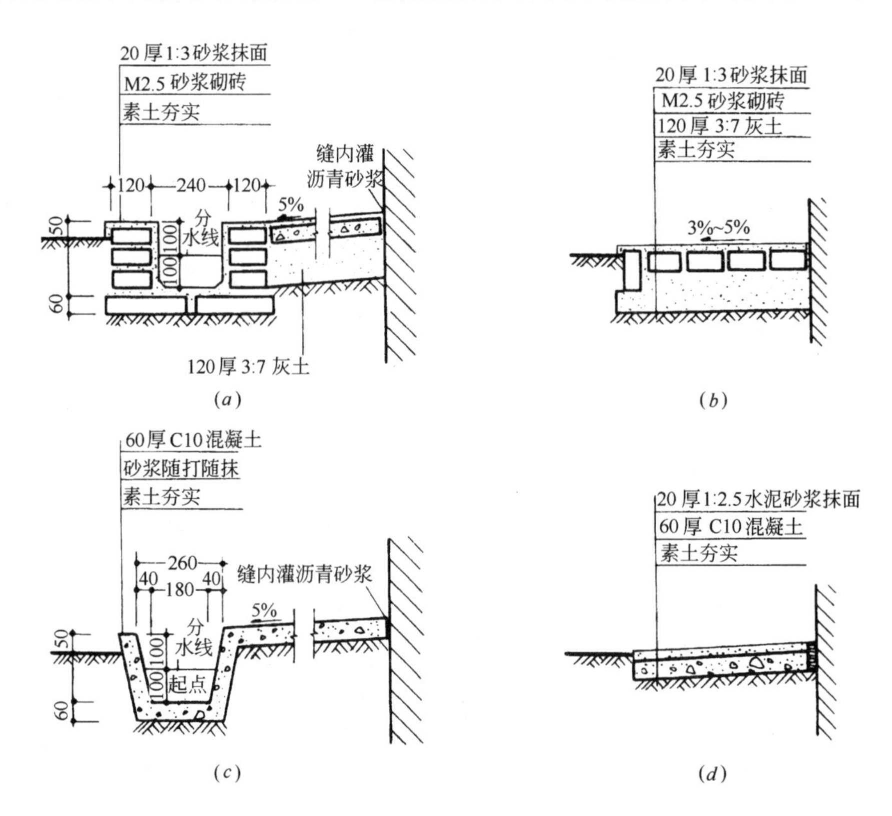

图 9-3 明沟与散水

(a)砖砌明沟；(b)砖铺散水；(c)混凝土明沟；(d)混凝土散水

三、窗台

窗洞下部应分别在墙外和墙内设置窗台，称外窗台与内窗台。外窗台可及时排除雨水。内窗台可防止该处被碰坏和便于清洗(图 9-4)。

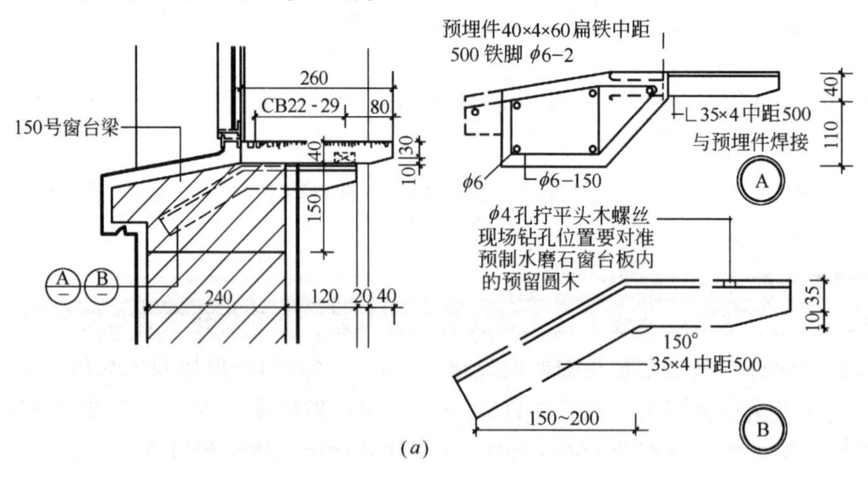

图 9-4 窗台的构造(一)

(a)预制水磨石窗台

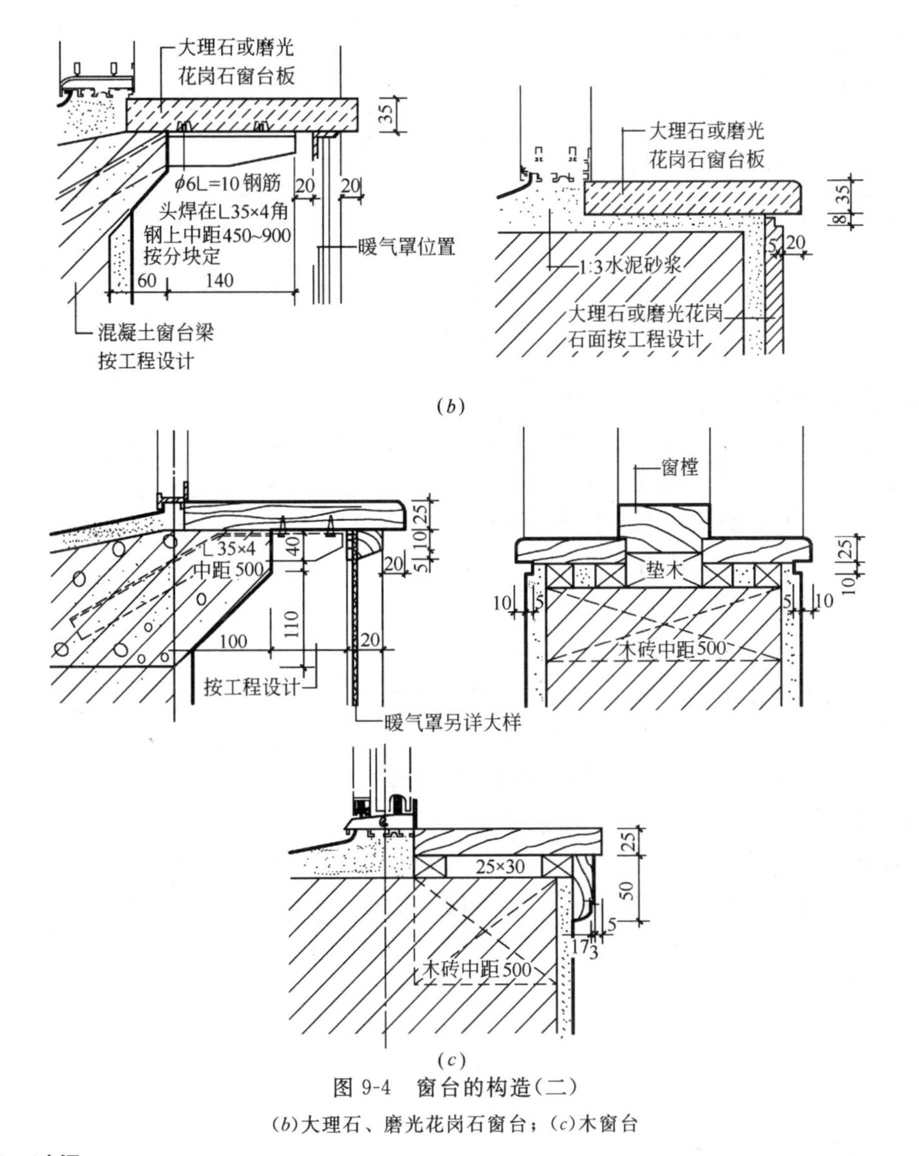

(b)

(c)

图 9-4　窗台的构造(二)

(b)大理石、磨光花岗石窗台；(c)木窗台

四、过梁

为承受门窗洞口上部的荷载并把它传到洞口两侧的墙上，门窗洞口之上须设置过梁。过梁的形式很多，有砖砌过梁、钢筋砖过梁和钢筋混凝土过梁等。现常用的是钢筋混凝土过梁。钢筋混凝土过梁按施工方法分为现浇和预制的过梁。

1. 预制的钢筋混凝土过梁

它主要用于砖混结构的门窗洞口之上或其他部位，如管沟转角处。其截面形状及尺寸见图 9-5。

预制钢筋混凝土过梁编号：

以 GL15・2 为例，说明其含义：

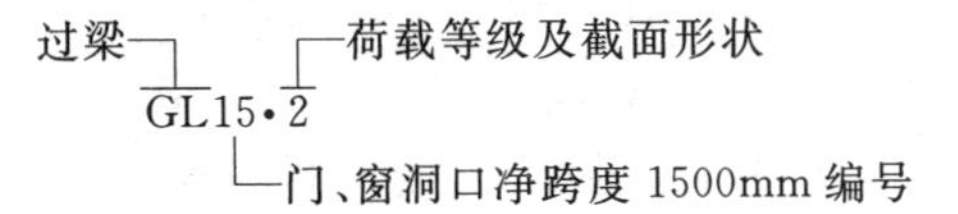

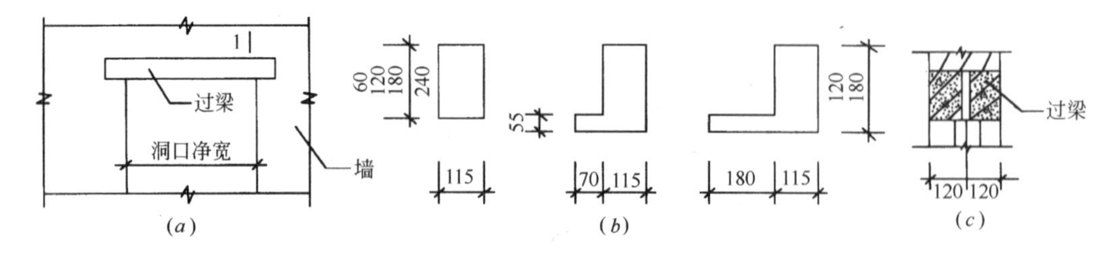

图 9-5　预制钢筋混凝土过梁

(a)过梁立面体；(b)过梁截面形状及尺寸；(c)墙内预制过梁

荷载等级及截面形状共 5 个编号：

(1) 表示一级荷载，截面形状为矩形；

(2) 表示二级荷载，截面形状为小挑口；

(3) 表示二级荷载，截面形状为大挑口；

(4) 表示二级荷载，截面形状为矩形；

(5) 表示三级荷载，截面形状为矩形。

2. 现浇钢筋混凝土过梁

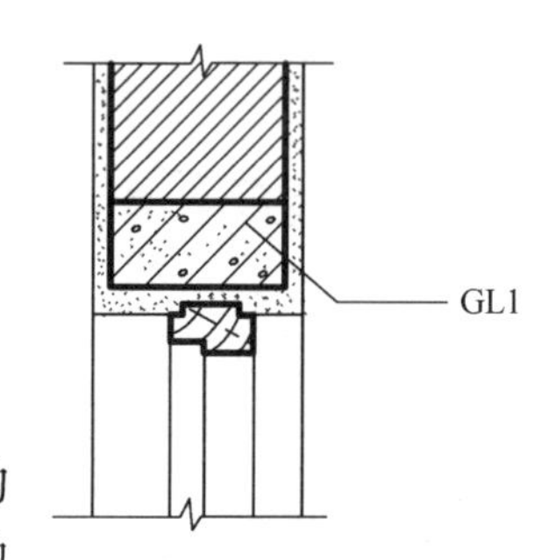

图 9-6　现浇钢筋混凝土过梁

现浇钢筋混凝土过梁的尺寸及截面形状不受限制，由结构设计来确定。在施工图上常用以下编号来表示，如 GL1。它的尺寸、形状及配筋要看它的结构节点详图(图 9-6)。

五、圈梁与构造柱

由于砖混结构的抗震性能较差，故需在墙内设置圈梁与构造柱。圈梁与构造柱在其内部形成了一个空间骨架，从而加强了房屋的整体性，提高了抗震能力(图 9-7)。

1. 圈梁

圈梁是水平方向连续封闭的梁。它常位于楼板处的内外墙内。它可减少因地基不均匀沉降而引起的墙体开裂。其常为现浇的钢筋混凝土梁，编号是 QL(图 9-8)。

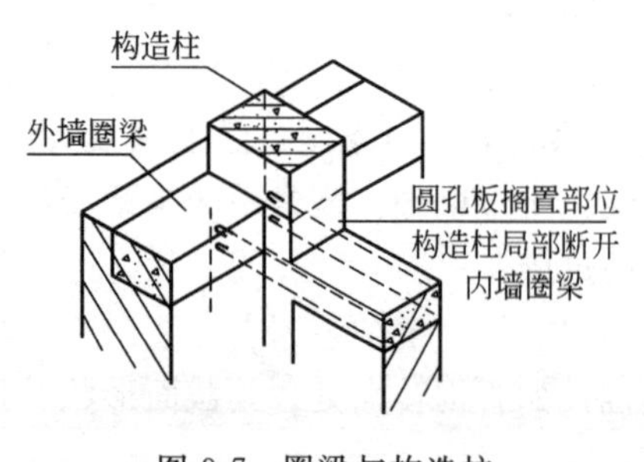

图 9-7　圈梁与构造柱

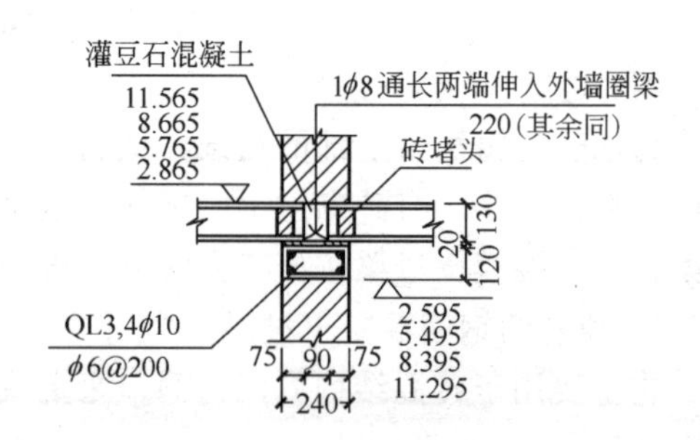

图 9-8　墙体内的圈梁

2. 构造柱

构造柱不同于框架结构中的承重柱。构造柱的设置不是考虑用它来承担垂直荷载，而是从构造的角度来考虑，有了构造柱和圈梁，就可形成空间骨架，使建筑物做到裂而不倒。它常设在建筑物的四角、内外墙交接处、楼梯间四角等。它常为现浇的钢筋混凝土，编号为 GZ(图 9-9)。

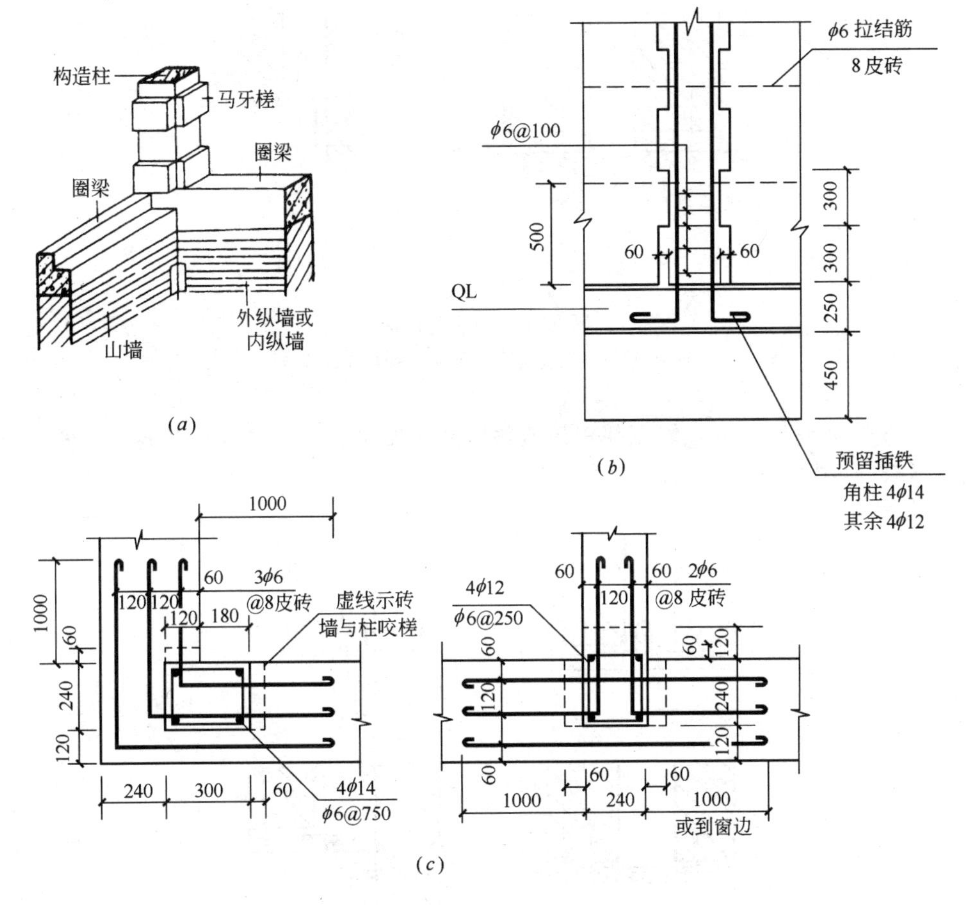

图 9-9 构造柱

(a)构造柱立体图；(b)构造柱剖面图；(c)构造柱平面图

六、防火墙

防火墙的作用是把建筑物的室内空间分隔成若干个防火区，限制燃烧范围，防止火势蔓延。根据防火规范规定，防火墙应选用非燃烧体，且耐火极限不低于 4.0h。

七、变形缝

变形缝是伸缩缝、沉降缝和防震缝的总称。

1. 伸缩缝

伸缩缝又叫温度缝。它是为了防止由于温度变化引起构件的开裂所设的缝。伸缩缝缝宽一般为 20～30mm。它要求墙体、楼板层、屋顶等地面以上的构件都断开，而由于地下温差变化不大，故基础可不断开(图 9-10)。

2. 沉降缝

沉降缝是为了防止由于地基不均匀沉降引起建筑物的破坏所设的缝。沉降缝缝宽一般在 30～120mm。它要求建筑物从基础到屋顶都要断开(图 9-11)。

3. 抗震缝

抗震缝是为了防止由于地震时造成相互撞击或断裂引起建筑物的破坏所设的缝。防震

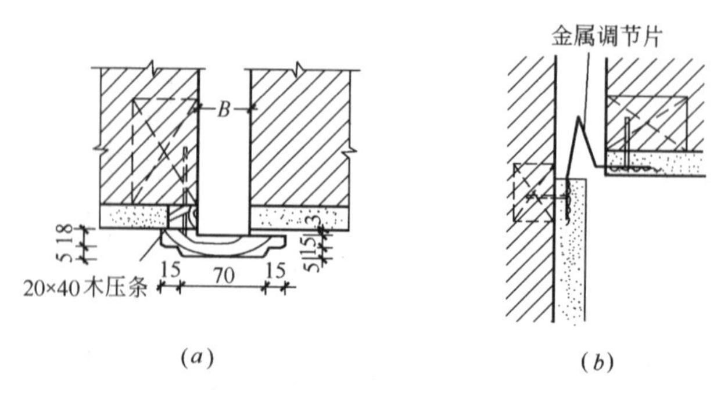

图 9-10 伸缩缝构造

(a)内墙面伸缩缝构造；(b)外墙面伸缩缝构造

缝缝宽一般在 50～120mm，缝宽随着建筑物增高而加大。它要求地面以上的构件都断开，基础可不断开(图 9-12)。

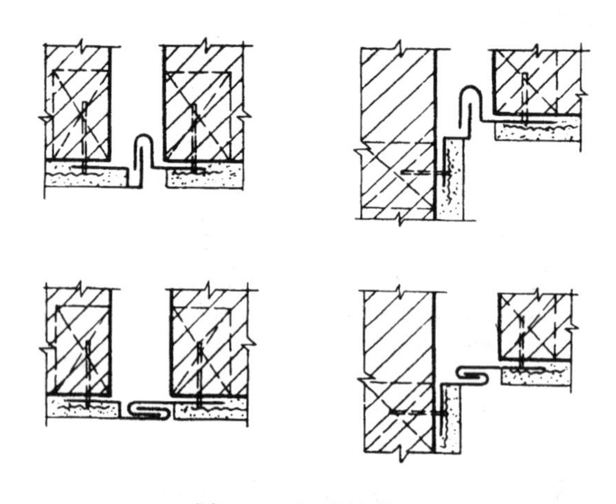

图 9-11 沉降缝构造

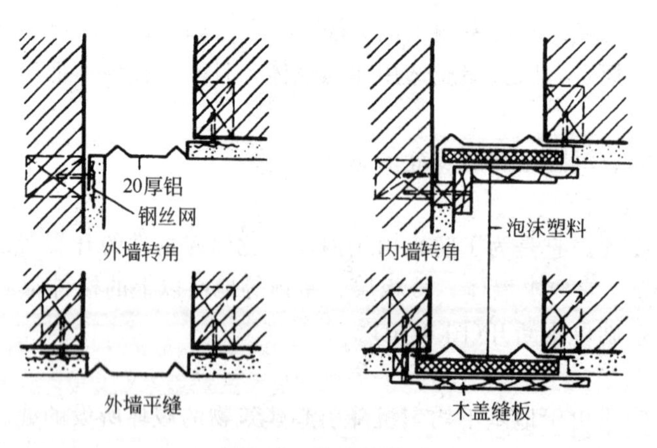

图 9-12 抗震缝构造

现从国家标准图集 88J4(一)中列举几个变形缝构造做法(图 9-13)。

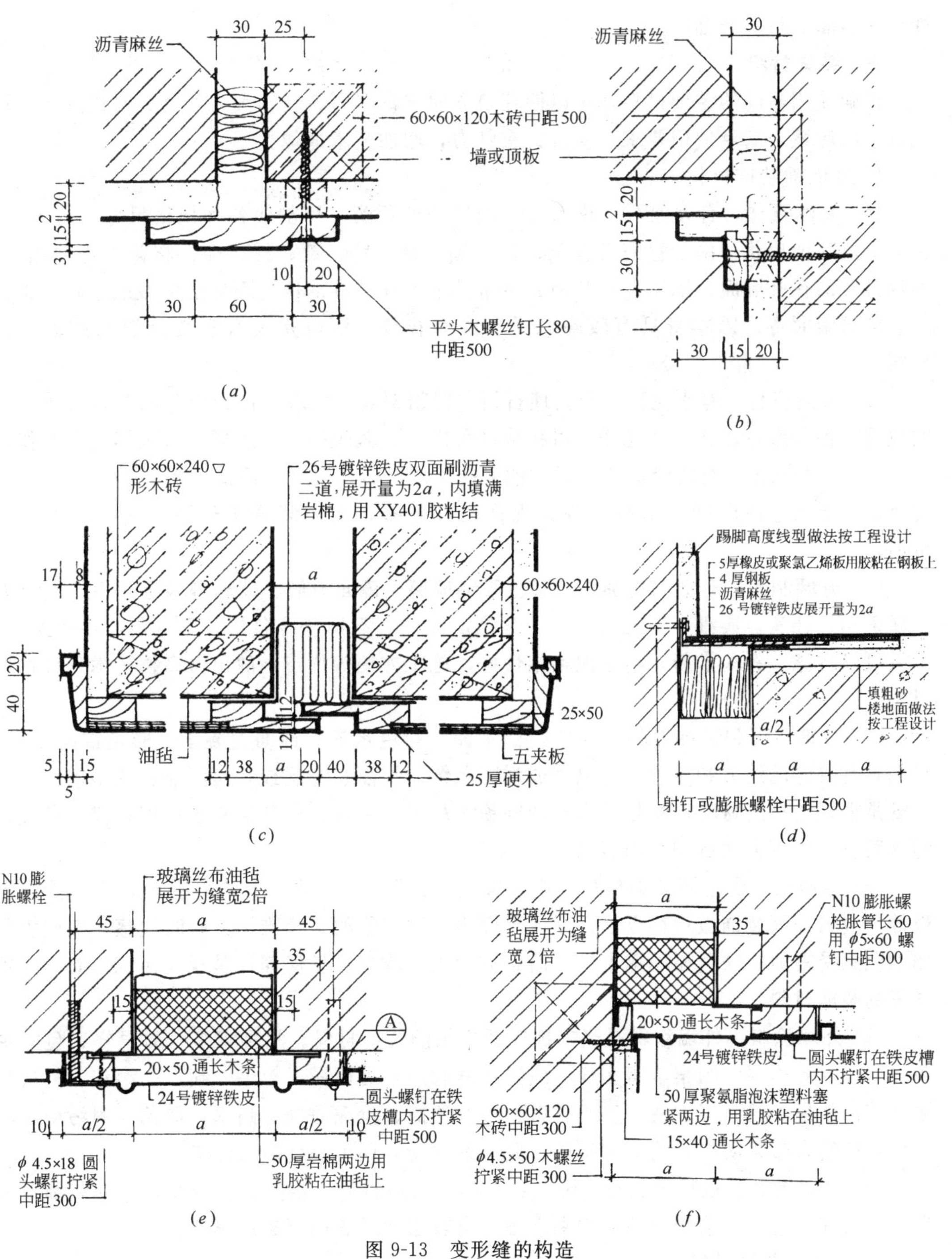

图 9-13 变形缝的构造

(a)墙面、顶棚；(b)墙面、顶棚与墙面；(c)墙面、顶棚；(d)墙与楼地面；(e)墙面、顶棚；(f)墙面、顶棚与墙面

第三节 墙面装修

墙面装修是指建筑主体施工完后，为了满足使用要求、保护墙体、提高建筑的艺术

性，在墙面进行的装饰层。

一、装饰材料

正确使用不同的装饰材料，可以使建筑立面丰富多彩、新颖大方并具有时代感。也可改善室内环境，满足使用要求，使其具有魅力，增加艺术情趣。

1. 外墙面装饰材料

(1) 天然石材。有大理石、花岗石，经过处理研磨、切割成各种规格尺寸，有方形、长方形及其他形状。由于它们具有灰、白、黑、绿、紫、黄、红、棕、彩花等各种颜色，不仅可装饰在外墙面、围墙、女儿墙、台阶及平台周边等部位，而且还可做成壁画、工艺品、碎拼墙面等。因本身具有较高光泽和固有花纹，所以是具有观赏价值的高级装饰材料。

(2) 人造石材。有水泥型人造大理石板、树脂型人造大理石板、彩色水磨石板等。它们也具有各种颜色、花纹和光泽，可拼成各种图案，其规格尺寸多样，可根据要求制作。

(3) 饰面瓷砖。有陶瓷锦砖、彩色铀面砖、图案砖、陶瓷壁画砖、劈离砖、陶瓷艺术砖等。由于其色泽明净、图案美观、规格品种繁多，故可装饰于外墙，具有艺术观赏价值。

(4) 玻璃制品。有玻璃马赛克、彩色吸热玻璃、镜面玻璃、玻璃幕墙等。由于其具有色泽柔和、朴实、典雅、美观大方、化学稳定性好，不怕急冷急热、不变色、不积灰尘、雨天可以自涤、经久常新，与水泥粘结性好、施工方便等优点，故可做高档艺术外墙饰面材料。

(5) 装饰水泥和装饰混凝土。包括白水泥、彩色水泥、饰面混凝土、彩色混凝土等，它们具有较好的线形和质感，可以做成浮雕花饰、饰面装饰层或几何图形、花格墙等。水泥既是很好的接缝材料，又是艺术性装饰粉刷材料。白色、彩色混凝土可以制成各种颜色的水磨石、仿制大理石和水刷石制品。

(6) 金属面材。包括装饰板材、铝合金板材、压型板、花纹板、穿孔板、彩色涂层钢板等。金属饰面装饰板材特点是色泽效果突出，比较华丽、幽雅、具有时代感，某些色彩如铜色感受古典、铁色显厚重古朴，而且韧性大、耐久、易保养，是现代建筑外墙面庄重华贵的装饰材料。

(7) 外墙涂料。外墙涂料是当前被广泛采用的装饰材料。品种繁多、质量轻、色泽艳丽多彩、附着力强、图案丰富多样、质感细腻有序，可以做成拉毛、喷点、滚花、复层喷涂等装饰效果，且施工方便、省工省料、维修便捷、价廉质好、耐水、保色、耐污染、耐老化，能给人带来明快、清新、富丽、典雅的感受，还可美化装饰环境。

(8) 石屑饰面。包括水刷石、干粘石、碎拼大理石等。根据工程需要，发挥装饰材料自身固有综合色泽，给装饰墙面带来活泼、富有层次或表面粗犷的感受。

2. 内墙面装饰材料

(1) 天然石材。有捞山青、莱州白、铁岭红、芝麻青、莱阳绿、彩化石、秋香玉、雪花白、玫瑰红、竹叶青、百浪花等各种品名和规格的板材，是内墙面高级装饰材料，能带来稳重大方、典雅、高贵的装饰效果。

(2) 人造石材。有彩色水磨石、人造大理石、花色板、白云紫、蛇皮花、鸳鸯玉、彩红霞、草原红 、白云红、贵妃红等各种品名和规格的板材。由于人造材料的花纹、图案、色泽等均可人为控制，且质量轻、强度高、耐腐蚀、耐污染、施工便利，装饰效果胜过天然石材。

（3）内墙涂料。有水性涂料、水泥系涂料、无机涂料、乳液涂料、溶剂涂料等。涂膜厚度和形状，可分为光滑平整、砂粒状、细波纹、拉毛形状、凹凸花纹、浮雕花纹、弹涂花纹及仿面砖形状等。用在内墙面上可提高室内自然亮度，具有隔声、吸声效果，可保持室内洁净，创造出美好的学习、工作环境，在硬度、耐干擦、湿擦方面有较好的稳定性。

（4）墙纸与壁布。墙纸有印花、压花、发泡等外观，可仿制成木纹、石纹、锦缎、瓷砖、黏土砖等各种织物图案，以达到以假乱真的效果。由于色泽丰富，图案多样，凹凸花纹富有弹性，既可吸声、装饰，又可防水、防火、防菌。

壁布有用棉、麻等天然纤维或涤纶、晴纶合成纤维无纺成型的无纺贴壁布，有用纯棉平布经处理、印花、涂层制作的装饰壁布，还有化纤混纺装饰壁布等。壁布色泽鲜艳、图案雅致、美观大方，是高级内墙装饰材料。

（5）玻璃制品。有平板玻璃、装饰玻璃、安全玻璃、新型装饰玻璃、玻璃砖等。除了采光、装饰外，还可以控制光线、节约能源、调节热量、控制噪声、减轻建筑重量、改善建筑环境、提高艺术功能等多项优点，它已成为具有特色的建筑装饰材料。

（6）织物类装饰。有窗帘、帷幔、挂毯、壁挂等。使用的材料有毛料、平绒、条绒、丝绒、花布、丝绸、乔其纱、尼龙纱、化纤织物、麻料编织等。它们可以丰富室内空间构图，增加室内艺术气氛，形成幽雅环境。它能吸声、隔热，并产生温暖、亲切的生活感受，是高雅美观的艺术品。织物类装饰能够达到青睐审美、精神情趣、安逸平和、环境美好的内部空间享受。

（7）浮雕艺术装饰板。我国青铜器的传统文化是铜雕艺术，它具有民族风格和较高的艺术价值。铜浮雕艺术装饰板是以铜板为模板，由铜箔与浸漆树脂层热压而成，它突出浮雕又保持原装饰板的耐热、耐磨、不怕气候变化的特点，多用于高级建筑内部装饰。

（8）微薄木贴面板。微薄木贴面板是一种高级新型装饰材料，取用珍贵柚木、水曲柳、柳桉木等树种，精密切刨成厚度仅0.2～0.5mm的微薄木，采用先进胶粘剂胶合在基材上，表面加以油饰处理，耐潮、耐水，由于花纹美观、立体感强，多用于高档内装修。

二、墙面装修的类型

墙面装修按位置分为外墙面装修和内墙面装修两大部分。按材料和施工方式分为抹灰类、贴面类、涂料类、裱糊类和铺钉类(表 9-1)。

饰面装修分类 **表 9-1**

类别	室外装修	室内装修
抹灰类	水泥砂浆、混合砂浆、聚合物水泥砂浆、拉毛、水刷石、干粘石、斩假石、假面砖、喷涂、滚涂等	纸筋灰、麻刀灰粉面、石膏粉面、膨胀珍珠岩灰浆、混合砂浆、拉毛、拉条等
贴面类	外墙面砖、马赛克、水磨石板、天然石板等	釉面砖、人造石板、天然石板等
涂料类	石灰浆、水泥浆、溶剂型涂料、乳液涂料、彩色胶砂涂料、彩色弹涂等	大白浆、石灰浆、油漆、乳胶漆、水溶性涂料、弹涂等
裱糊类		塑料墙纸、金属面墙纸、木纹壁纸、花纹壁纸、纤维布、纺织面墙纸及锦缎等
铺钉类	各种金属饰面板、石棉水泥板、玻璃	各种木夹板、木纤维板、石膏板及各种装饰面板等

三、墙面装饰构造

(一) 抹灰类

抹灰按部位可分为内墙面抹灰和外墙面抹灰。内墙面抹灰一般采用纸筋灰、麻刀灰等。外墙面抹灰一般采用水泥砂浆、斩假石、水刷石、干粘石等。

为保证抹灰层与基层(墙体)粘结牢固、表面均匀平整和防止出现裂缝，抹灰需分层进行，即底层灰、中层灰和面层灰(图 9-14)。

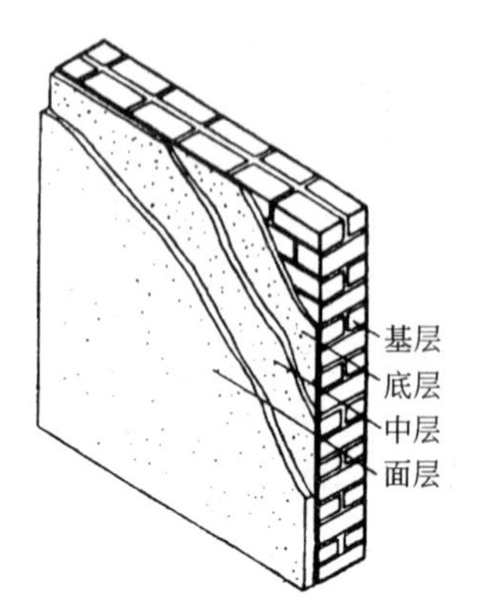

图 9-14 墙面抹灰分层构造

现说明几种常用的抹灰做法(表 9-2)。

此外，在室外抹灰中，由于抹灰面积大，为防止面层裂纹和便于操作，或立面处理的需要，常对抹灰面层做线脚分

常用抹灰做法说明 **表 9-2**

抹灰名称	做法说明	适用范围
纸筋灰墙面(一)	1. 喷内墙涂料 2. 2厚纸筋灰罩面 3. 8厚1∶3石灰砂浆 4. 13厚1∶3石灰砂浆打底	砖基层的内墙
纸筋灰墙面(二)	1. 喷内墙涂料 2. 2厚纸筋灰罩面 3. 8厚1∶3石灰砂浆 4. 6厚TG砂浆打底扫毛，配比：水泥∶砂∶TG胶∶水＝1∶6∶0.2∶适量 5. 涂刷TG胶浆一道，配比：TG胶∶水∶水泥＝1∶4∶1.5	加气混凝土基层的内墙
混合砂浆墙面	1. 喷内墙涂料 2. 5厚1∶0.3∶3水泥石灰混合砂浆面层 3. 15厚1∶1∶6水泥石灰混合砂浆打底找平	内墙
水泥砂浆墙面(一)	1. 6厚1∶2.5水泥砂浆罩面 2. 9厚1∶3水泥砂浆刮平扫毛 3. 10厚1∶3水泥砂浆打底扫毛或划出纹道	砖基层的外墙或有防水要求的内墙
水泥砂浆墙面(二)	1. 6厚1∶2.5水泥砂浆罩面 2. 6厚1∶1∶6水泥石灰砂浆刮平扫毛 3. 6厚2∶1∶8水泥石灰砂浆打底扫毛 4. 喷一道108胶水溶液配比：108胶∶水＝1∶4	加气混凝土基层的外墙
水刷石墙面(一)	1. 8厚1∶1.5水泥石子(小八厘)或10厚1∶1.25水泥石子(中八厘)罩面 2. 刷素水泥浆一道(内掺水重的3%～5% 108胶) 3. 12厚1∶3水泥砂浆打底扫毛	砖基层外墙
水刷石墙面(二)	1. 8厚1∶1.5水泥石子(小八厘) 2. 素水泥浆一道(内掺水重的3%～5% 108胶) 3. 6厚1∶1∶6水泥石灰砂浆刮平扫毛 4. 6厚2∶1∶8水泥石灰砂浆打底扫毛	加气混凝土基层的外墙

续表

抹灰名称	做 法 说 明	适 用 范 围
斩假石墙面（剁斧石）	1. 斧剁斩毛两遍成活 2. 10厚1∶1.25水泥石子（米粒石内掺30％石屑）罩面赶平压实 3. 刷素水泥一道（内掺水重的3％～5％ 108胶） 4. 12厚1∶3水泥砂浆打底扫毛或划出纹道	外墙
水磨石墙面	1. 10厚1∶1.25水泥石子罩面 2. 刷素水泥一道（内掺水重的3％～5％ 108胶） 3. 12厚1∶3水泥砂浆打底扫毛	墙裙、踢脚等处

隔处理。面层施工前，先做不同形式的木引条，待面层抹完后取出木引条，即形成线脚（图9-15）。

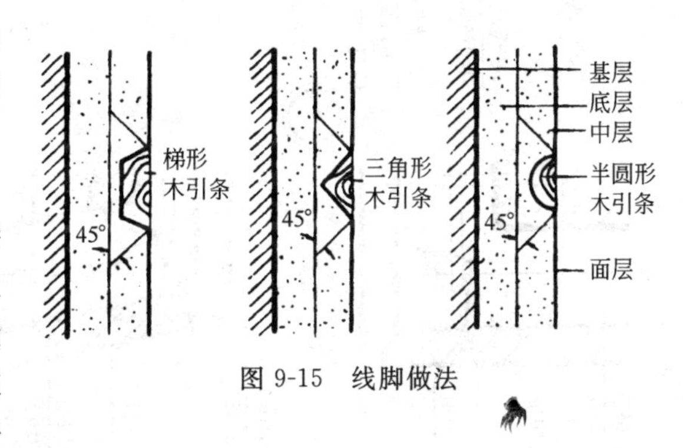

图9-15 线脚做法

（二）贴面类

贴面类通常是把各种块料面层直接粘贴到墙体表面或绑、挂在墙体表面上的一种装饰方法。常用的贴面材料有瓷砖、陶瓷锦砖、大理石、花岗石等。这类装修耐久、施工方便、易于清洗，并具有很强的装饰性，常被人们所选用（图9-16、图9-17）。

（三）涂料类

涂料类是指将各种涂料涂刷于墙体表面，利用形成的膜层，保护墙体并起到装饰效果的一种装饰方法。它是各种装饰做法中最简便、最经济、最便于维修更新的一种装饰方法。故得到了广泛的应用。

涂料按其成膜物的不同可分为无机涂料和有机涂料两大类。无机涂料包括石灰浆、大白浆、水泥浆及各种无机高分子涂料等。有机涂料依其稀释剂的不同，分溶剂型涂料、水

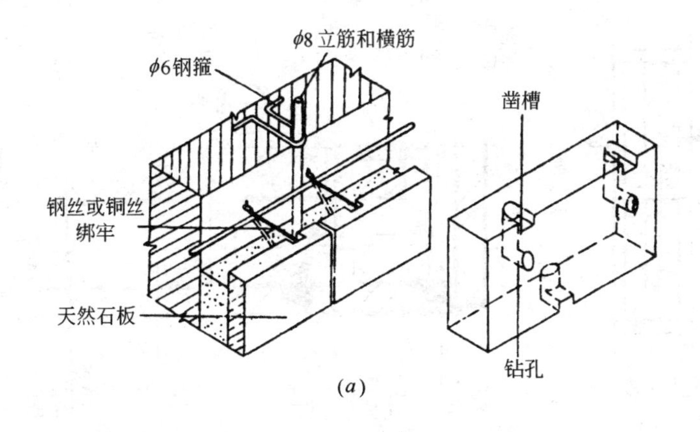

图9-16 镶挂做法（一）
（a）天然石板墙面装修

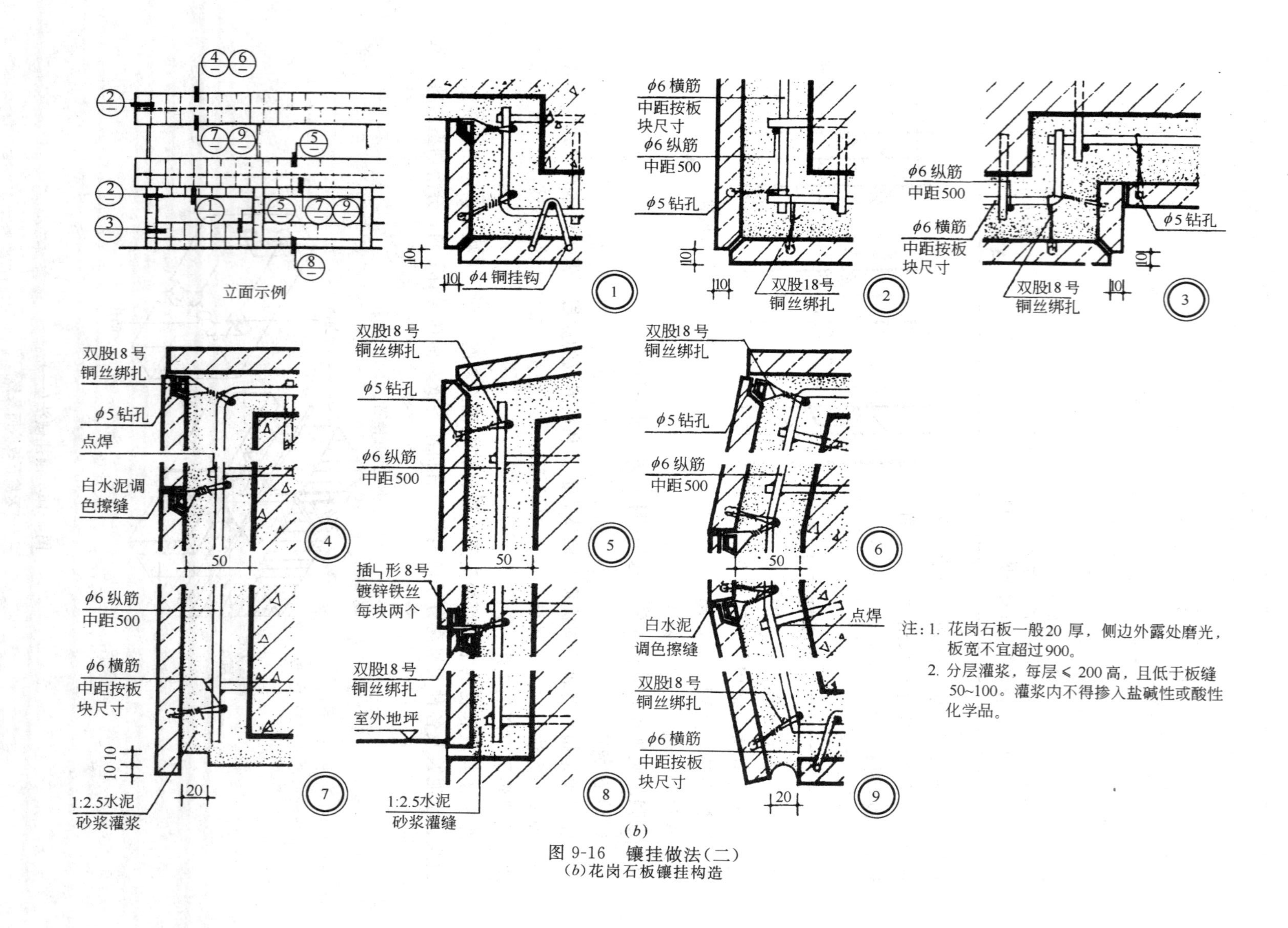

注：1. 花岗石板一般20厚，侧边外露处磨光，板宽不宜超过900。

2. 分层灌浆，每层≤200高，且低于板缝50~100。灌浆内不得掺入盐碱性或酸性化学品。

(b)

图 9-16 镶挂做法（二）

(b)花岗石板镶挂构造

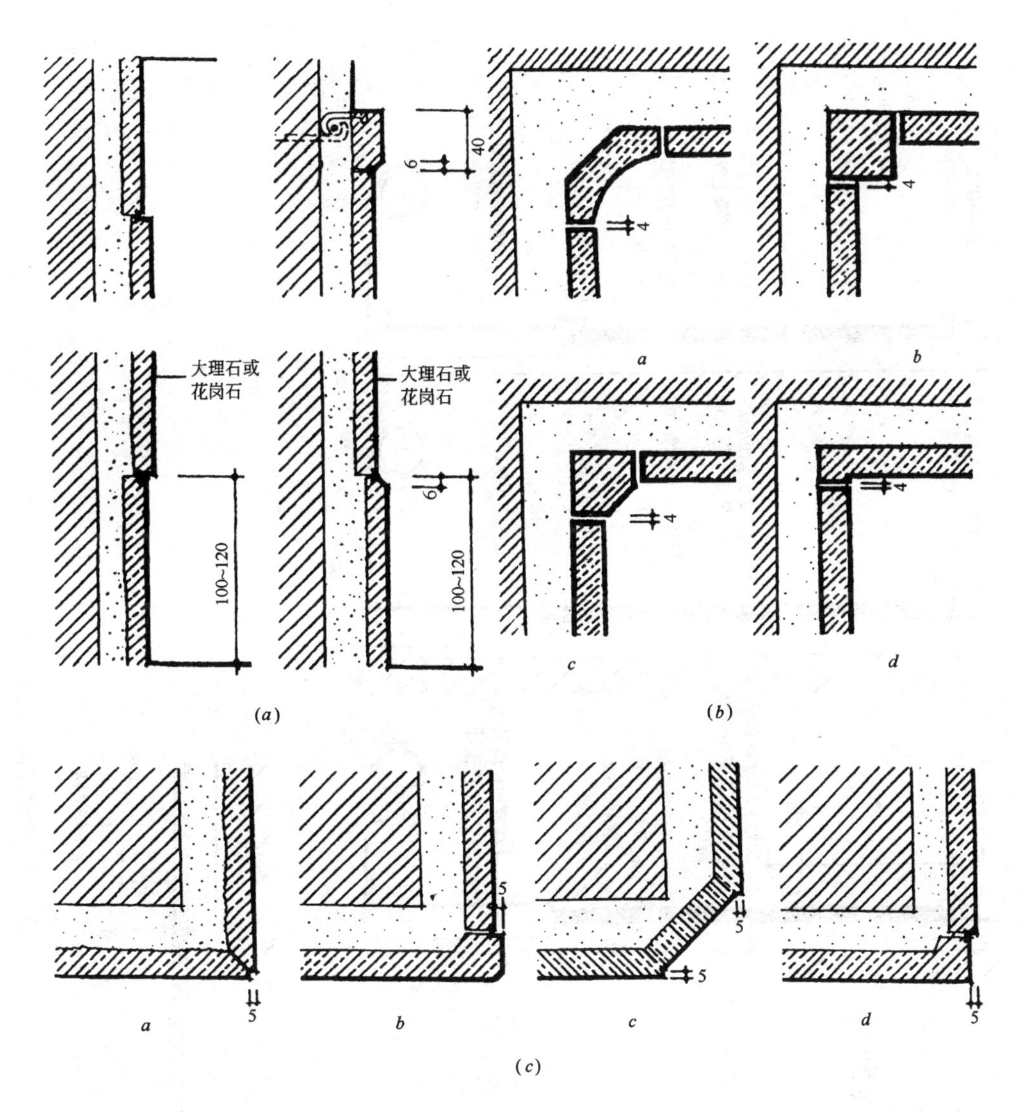

图 9-17　粘贴做法

(a)贴面做法；(b)阴角做法；(c)阳角做法

溶性涂料和乳胶涂料等。

（四）裱糊类

裱糊类装饰，是高级室内装饰最常用的一种。它是将壁纸、壁布、微薄木等裱糊在墙面上的一种装饰方法。

裱糊前，要求基层表面平整、干净、阴阳角顺直等(图 9-18)。

（五）铺钉类

铺钉类是指将天然板条或各种人造薄板钉在墙面和用胶粘贴在墙面上的一种高级装饰方法。它由骨架和面板两部分组成。

常见的铺钉类墙面的装饰构造，见图 9-19、图 9-20、图 9-21、图 9-22。

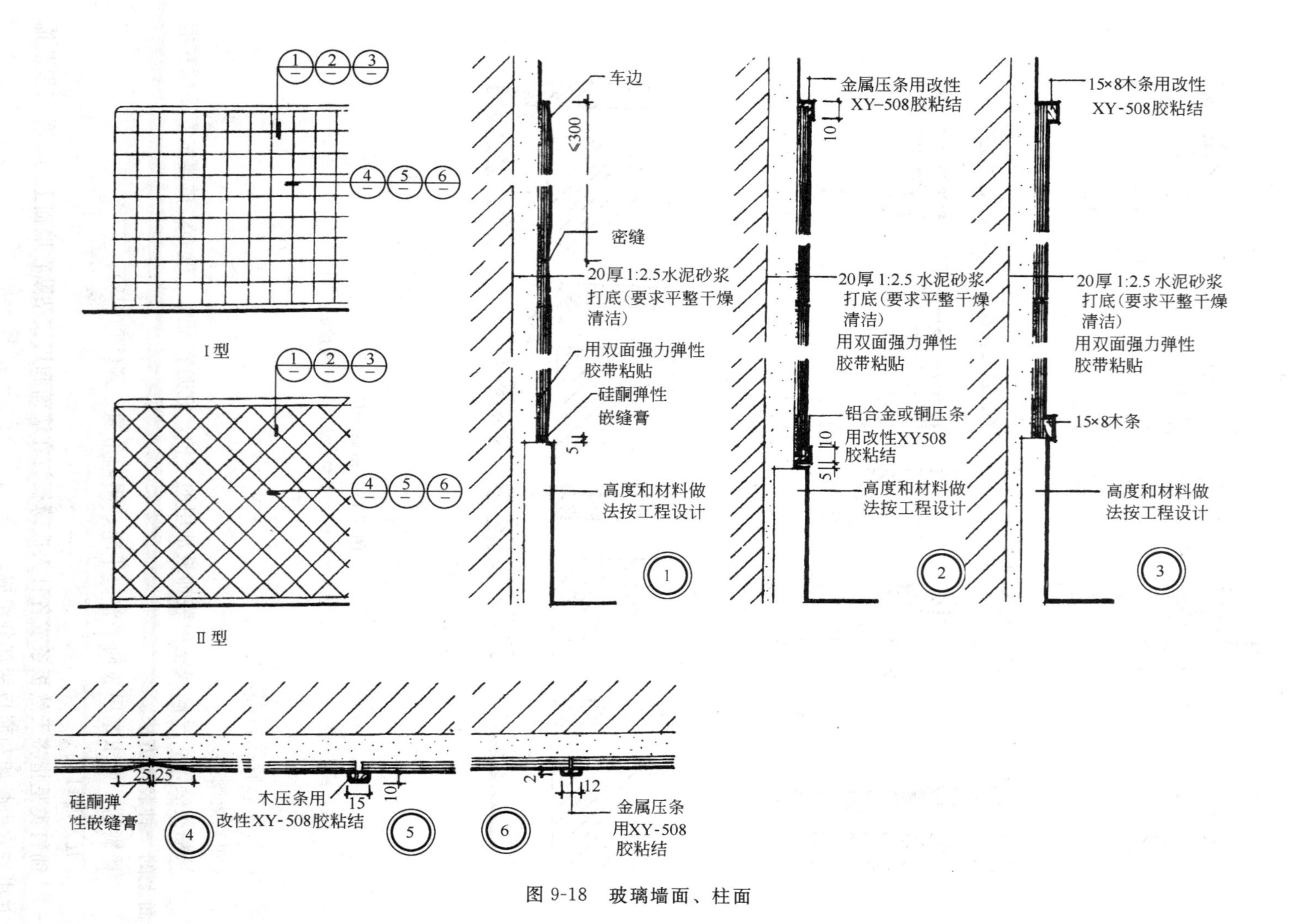
I型
II型
车边
≤300
密缝
20厚1:2.5水泥砂浆
打底(要求平整干燥
清洁)
用双面强力弹性
胶带粘贴
硅酮弹性
嵌缝膏
5
高度和材料做
法按工程设计
金属压条用改性
XY-508胶粘结
10
铝合金或铜压条
用改性XY508
胶粘结
15×8木条用改性
XY-508胶粘结
15×8木条
25 25
硅酮弹
性嵌缝膏
木压条用
改性XY-508胶粘结
15
2
12
金属压条
用XY-508
胶粘结

图 9-18　玻璃墙面、柱面

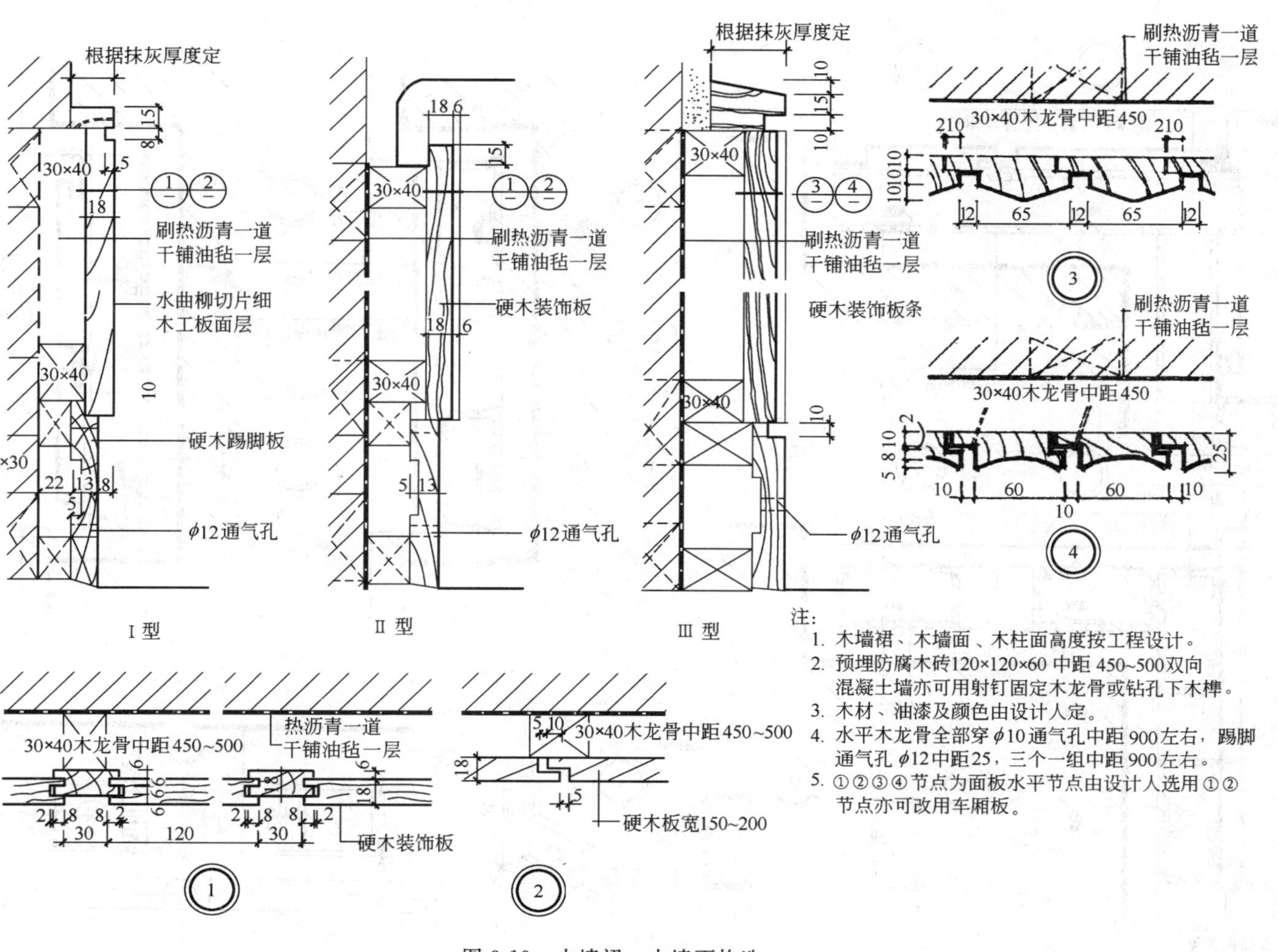

注：

1. 木墙裙、木墙面、木柱面高度按工程设计。
2. 预埋防腐木砖120×120×60 中距 450~500双向混凝土墙亦可用射钉固定木龙骨或钻孔下木榫。
3. 木材、油漆及颜色由设计人定。
4. 水平木龙骨全部穿 ϕ10 通气孔中距 900 左右，踢脚通气孔 ϕ12 中距25，三个一组中距 900 左右。
5. ①②③④节点为面板水平节点由设计人选用①②节点亦可改用车厢板。

图 9-19　木墙裙、木墙面构造

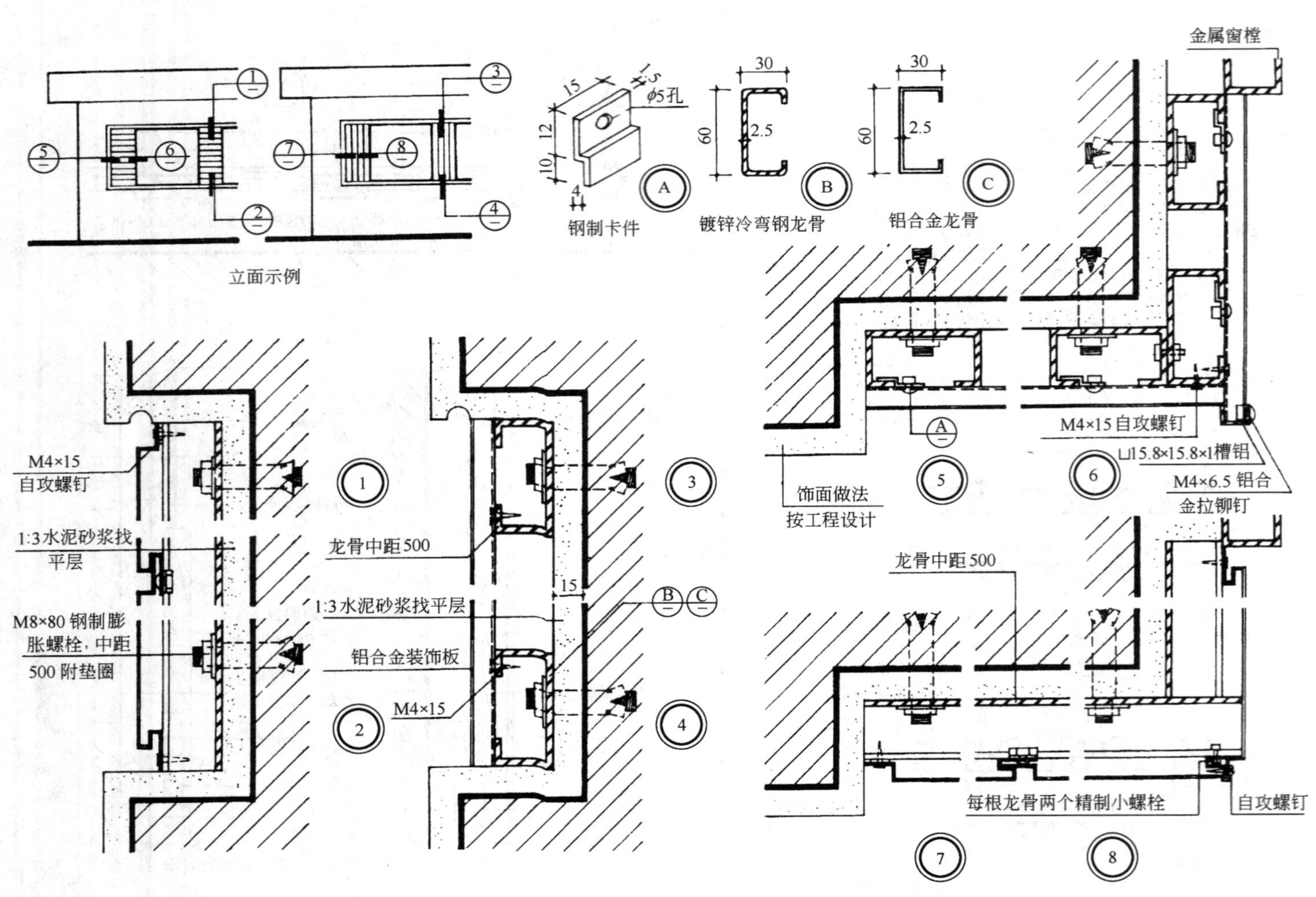

图 9-20　铝合金装饰板墙面构造

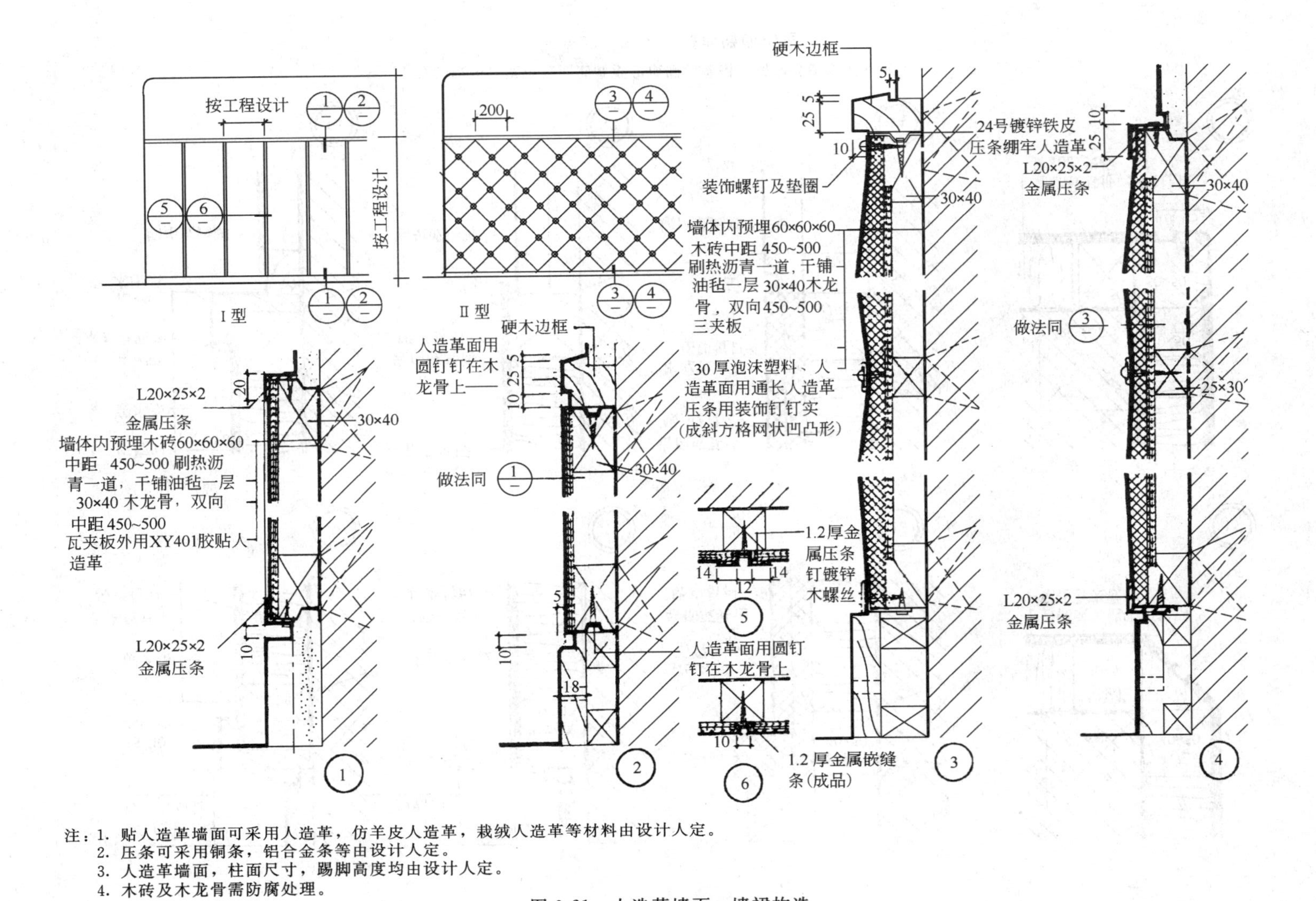

注：1. 贴人造革墙面可采用人造革，仿羊皮人造革，栽绒人造革等材料由设计人定。
2. 压条可采用铜条，铝合金条等由设计人定。
3. 人造革墙面，柱面尺寸，踢脚高度均由设计人定。
4. 木砖及木龙骨需防腐处理。

图 9-21　人造革墙面、墙裙构造

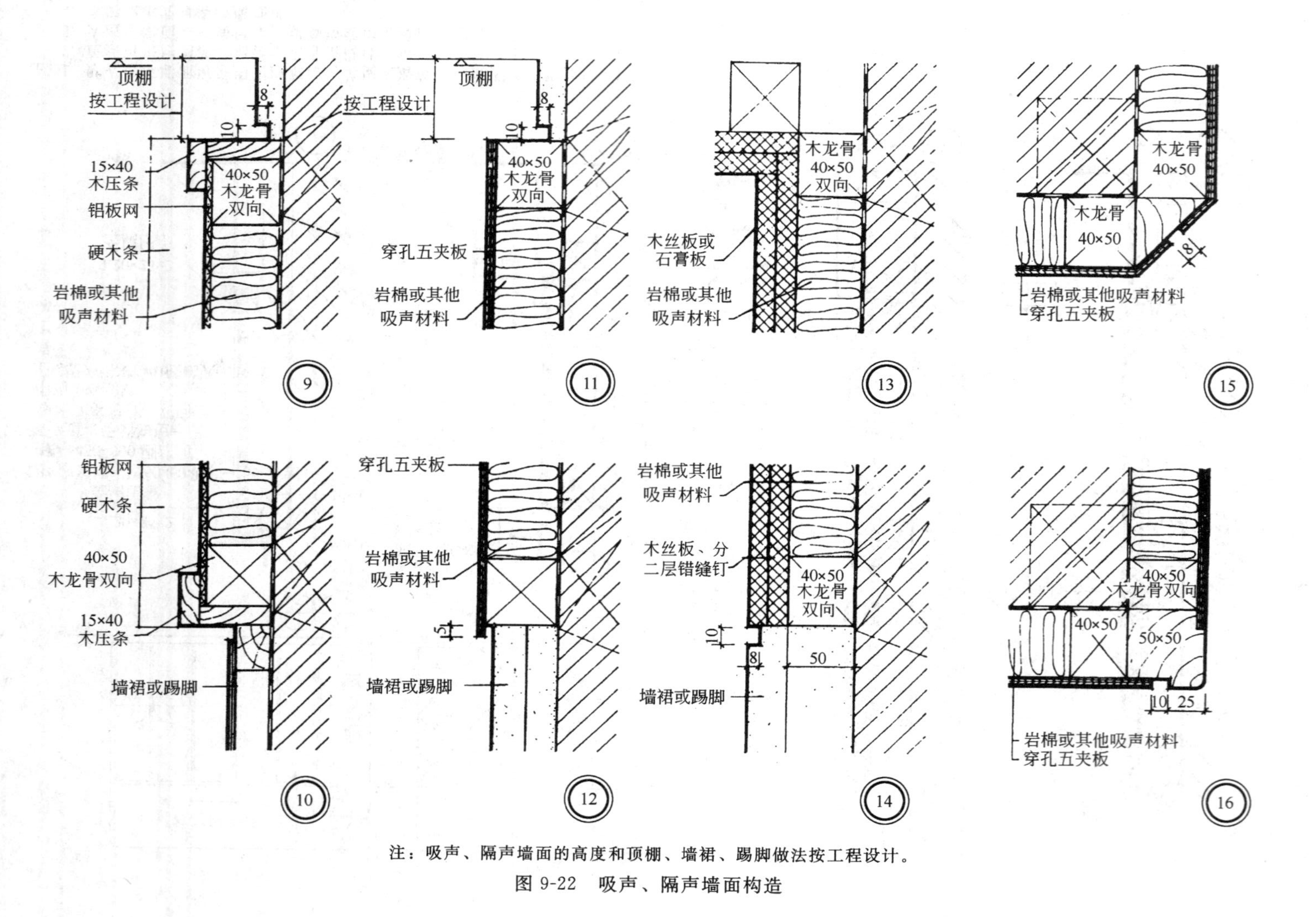

注：吸声、隔声墙面的高度和顶棚、墙裙、踢脚做法按工程设计。

图 9-22　吸声、隔声墙面构造

第四节　隔墙与隔断

隔墙与隔断是用来分隔建筑物室内大空间的。它不承受任何荷载，它的设置与运用，是设计师对建筑空间进一步的分割与完善的过程，是建筑设计的深入和变化(图 9-23)。

(*a*)

(*c*)

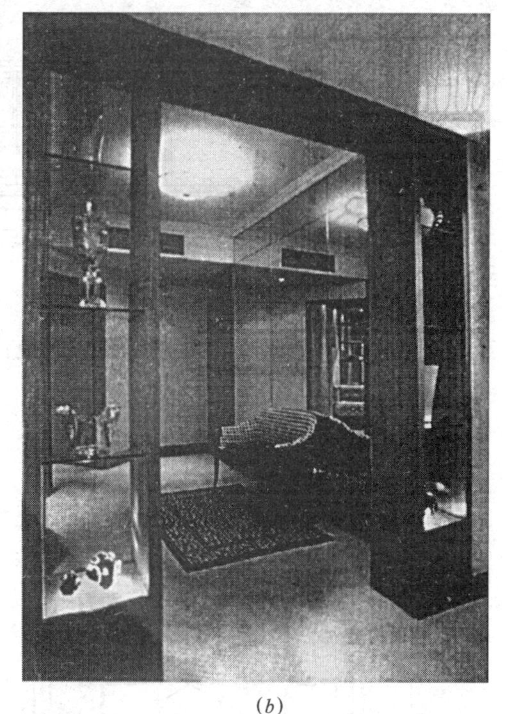

(*b*)

图 9-23　隔墙与隔断实例

(*a*)室内功能空间的划分；(*b*)木质装饰隔断组成的开敞式空间；(*c*)餐厅空间的分隔

隔墙与隔断的区别在于隔墙的高度要做到楼板下皮，而隔断的高度只需遮挡人的视线，不需顶到板下。

隔墙与隔断的种类较多，按使用材料可分为木质隔断、钢隔断、塑料隔断、玻璃隔断、石膏隔断、铝合金隔断等。按使用方式可分为拼装式、推拉式、折叠式和卷帘式等。按外部形式可分为空透式、移动式、屏风式、帷幕式和家具式。按固定方式可分为固定式和活动式隔断。

隔断构造见图 9-24、图 9-25、图 9-26、图 9-27、图 9-28。

按构造形式隔断可分为砌块式、立筋式和板材式。

现分述如下：

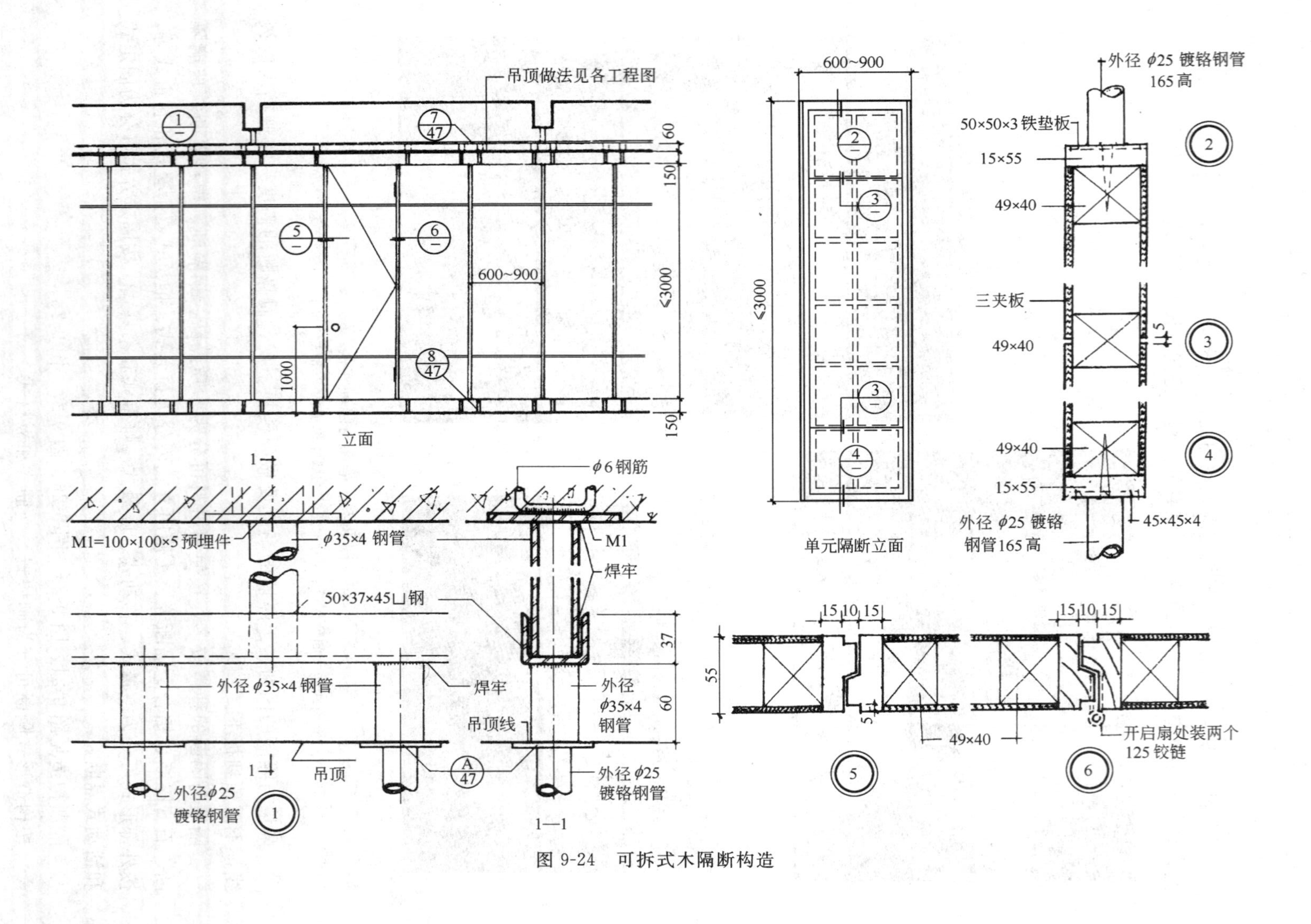

图 9-24　可拆式木隔断构造

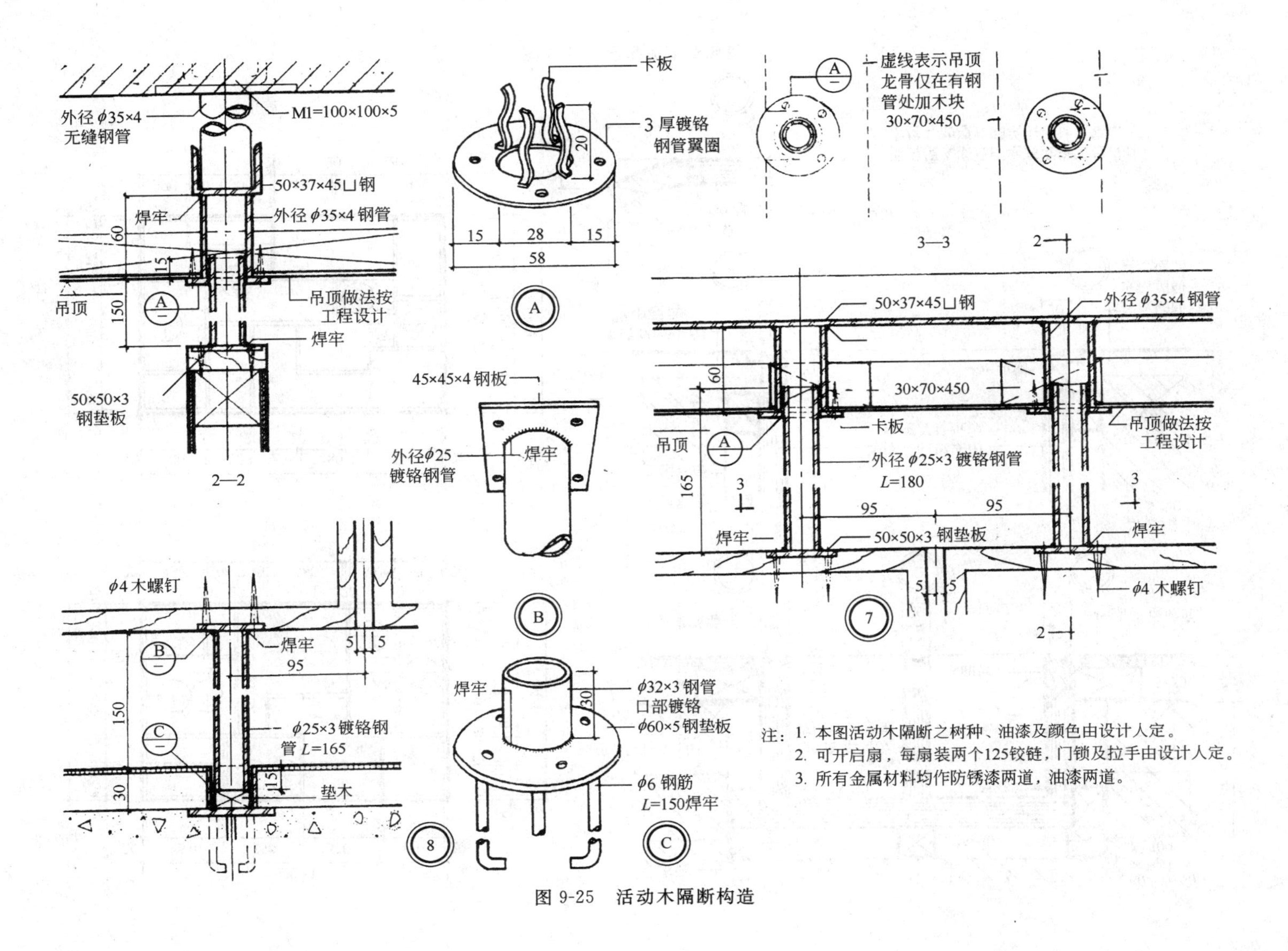

注：1. 本图活动木隔断之树种、油漆及颜色由设计人定。
2. 可开启扇，每扇装两个125铰链，门锁及拉手由设计人定。
3. 所有金属材料均作防锈漆两道，油漆两道。

图 9-25　活动木隔断构造

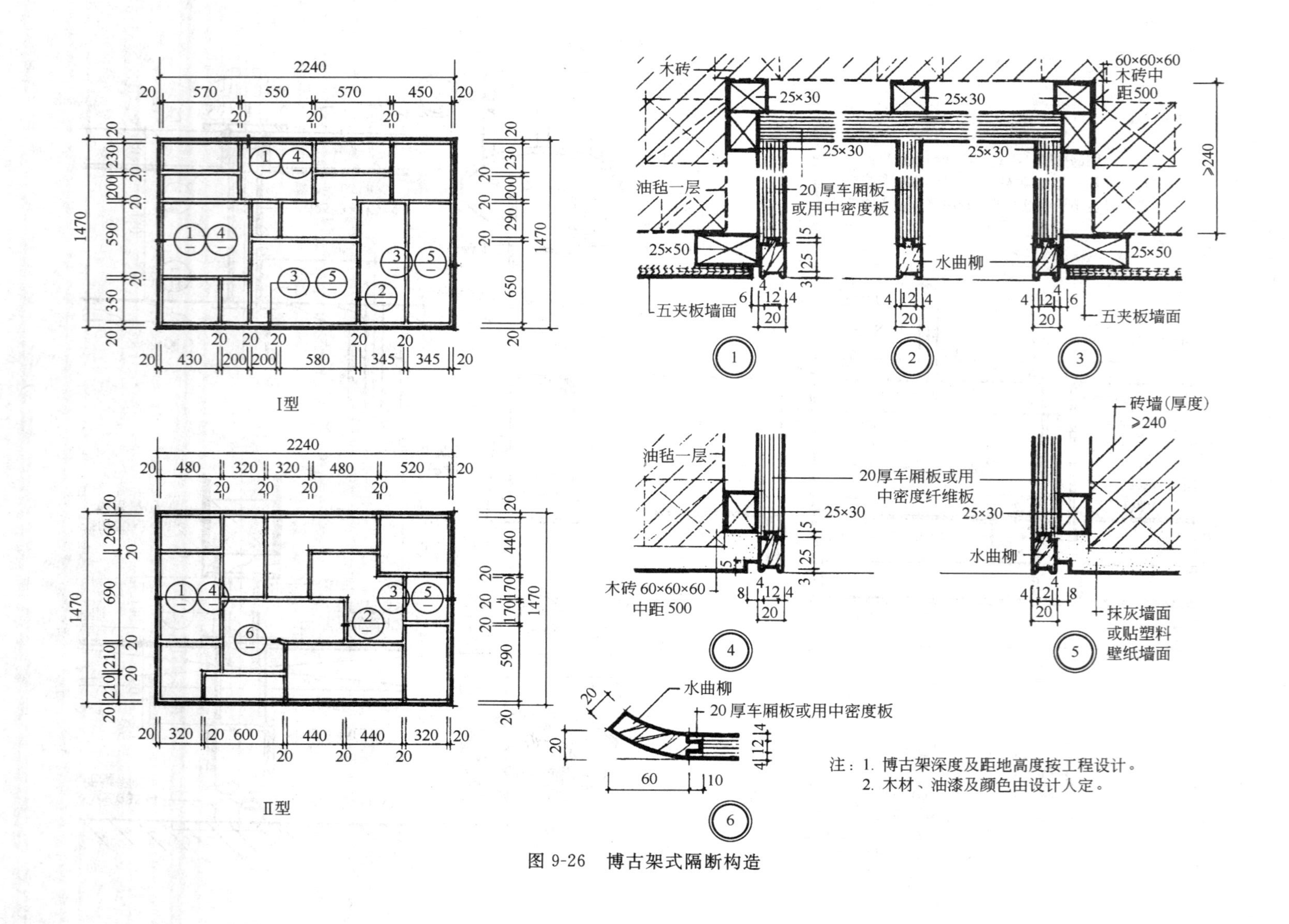

注：1. 博古架深度及距地高度按工程设计。
2. 木材、油漆及颜色由设计人定。

图 9-26 博古架式隔断构造

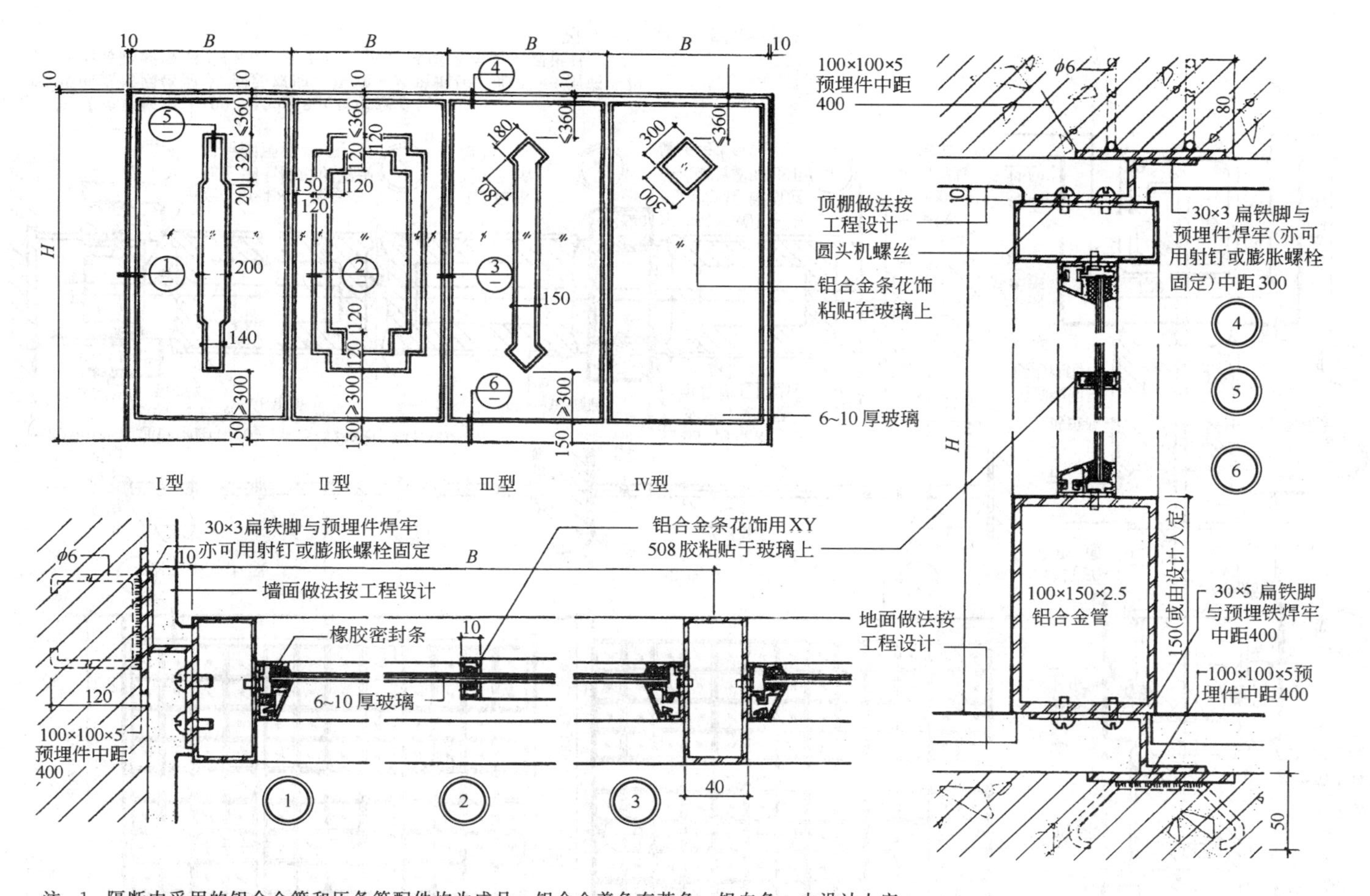

注：1. 隔断中采用的铝合金管和压条等配件均为成品，铝合金着色有茶色、银白色，由设计人定。

2. 立面中所注高 H、宽 B 和花饰的具体尺寸可按工程设计需要，参照立面所示比例，进行调整。

3. 立面中所示四种花饰，可按工程需要，选用其中任何一种，也可由设计人自行设计花饰，采用本图构造详图。

图 9-27　铝合金花式玻璃隔断构造

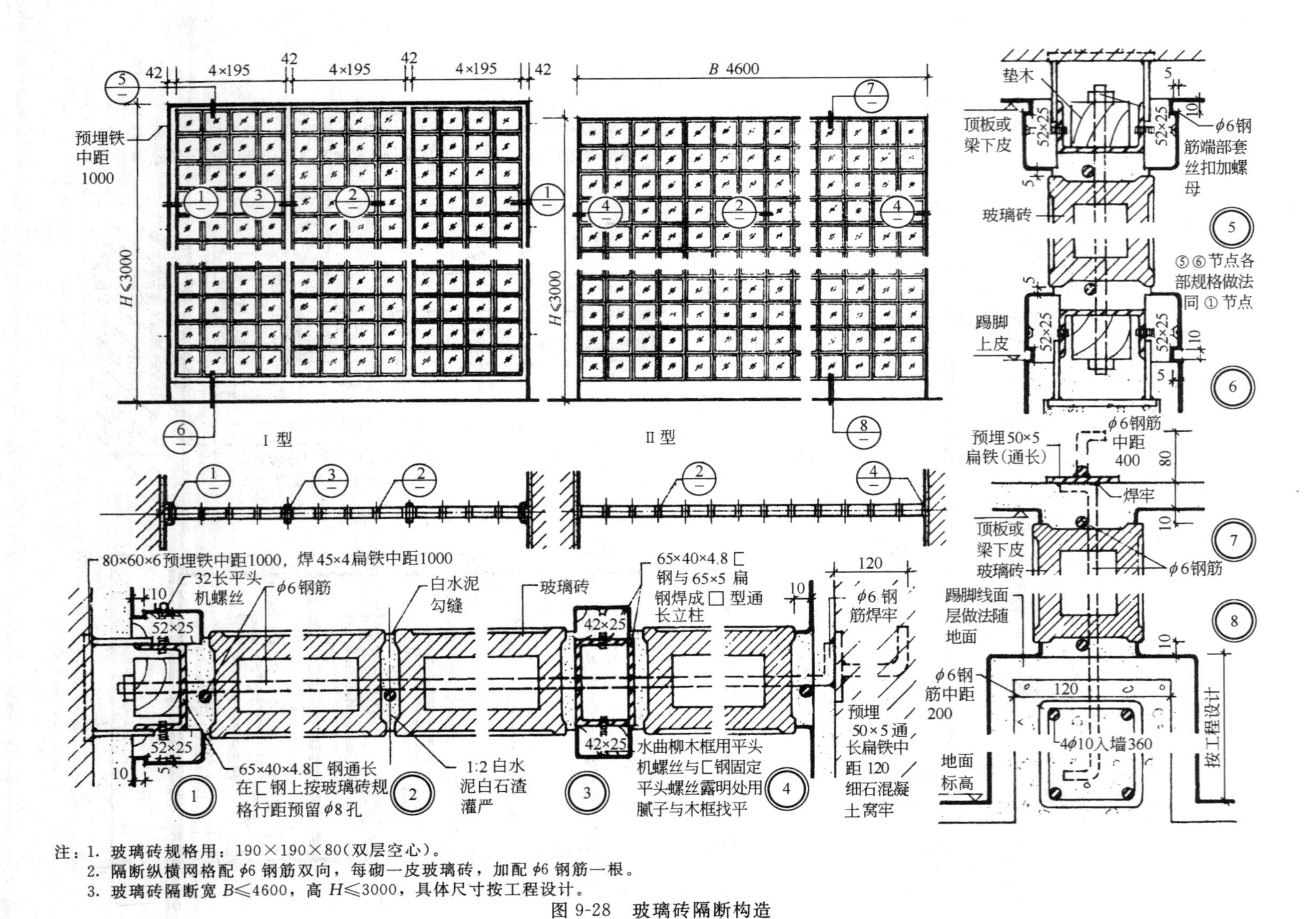

注：1. 玻璃砖规格用：190×190×80(双层空心)。

2. 隔断纵横网格配 ϕ6 钢筋双向，每砌一皮玻璃砖，加配 ϕ6 钢筋一根。

3. 玻璃砖隔断宽 $B \leqslant 4600$，高 $H \leqslant 3000$，具体尺寸按工程设计。

图 9-28 玻璃砖隔断构造

一、砌块式隔墙

砌块式隔墙是指用各种砖、砌块砌筑的隔墙(图 9-29、图 9-30)。

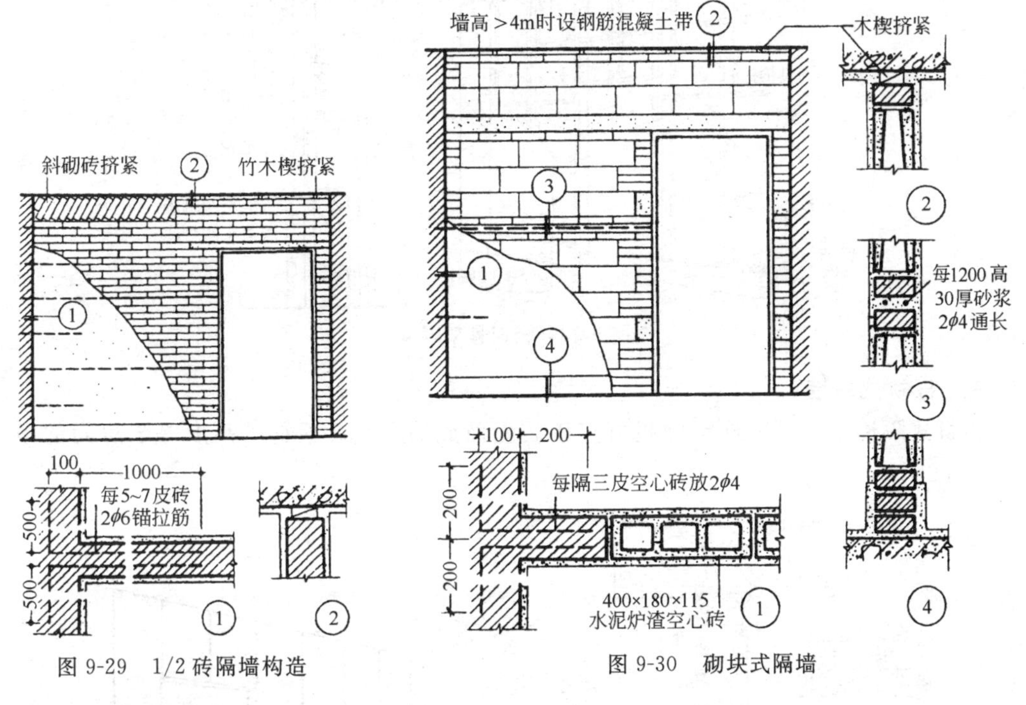

图 9-29　1/2 砖隔墙构造

图 9-30　砌块式隔墙

二、立筋式隔墙

立筋式隔墙指用木或金属做隔墙的龙骨即骨架，再在龙骨两侧做装饰面板而形成的隔墙(图 9-31、图 9-32)。

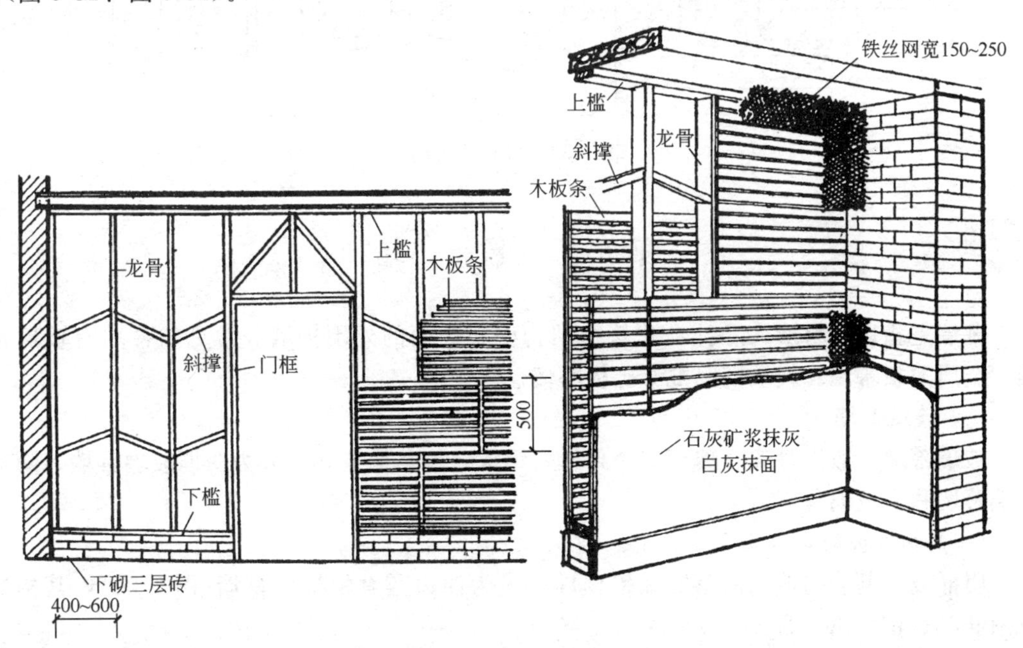

图 9-31　灰板条隔墙

(a)灰板条隔墙构造；(b)板条隔断与墙连接处理

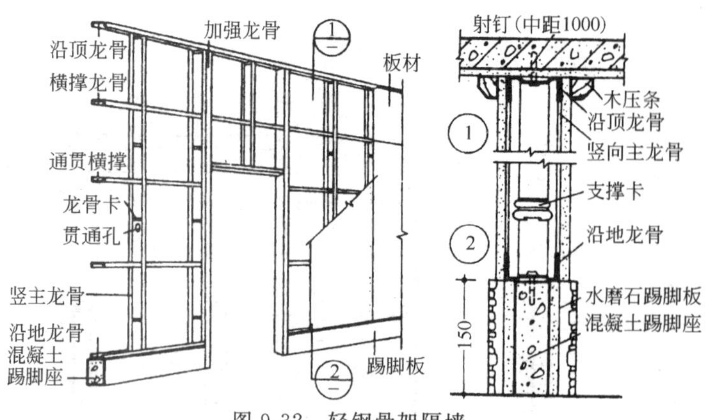

图 9-32 轻钢骨架隔墙

三、板材式隔墙

板材式隔墙是用各种预制的板材直接装配而成的隔墙。板材的高度等于房间的净高（图 9-33）。

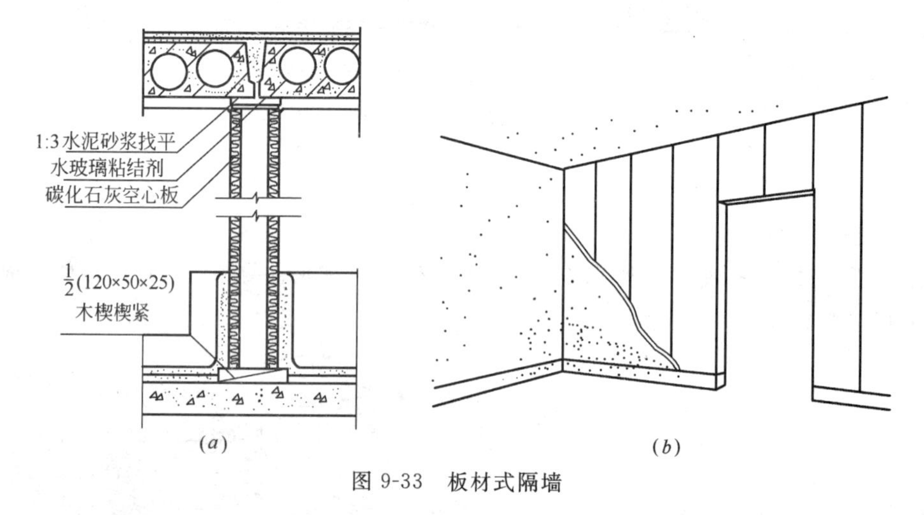

图 9-33 板材式隔墙

第五节 幕 墙

幕墙是指以板材形式悬挂在建筑物结构框架表面的外围护墙。常见的幕墙有玻璃幕墙、金属薄板幕墙和轻质钢筋混凝土板幕墙。

一、玻璃幕墙

玻璃幕墙一般由骨架、玻璃和密封材料组成。按其构造方式分为明框玻璃幕墙、隐框玻璃幕墙和全玻璃幕墙。

（一）明框玻璃幕墙

明框玻璃幕墙的玻璃板镶嵌在铝框内、成为四边露有铝框的幕墙(图 9-34)，其构造见图 9-35、图 9-36、图 9-37。

（二）隐框玻璃幕墙

隐框玻璃幕墙是指玻璃直接与骨架联结，外面不露骨架的幕墙(图 9-38)，其构造见图

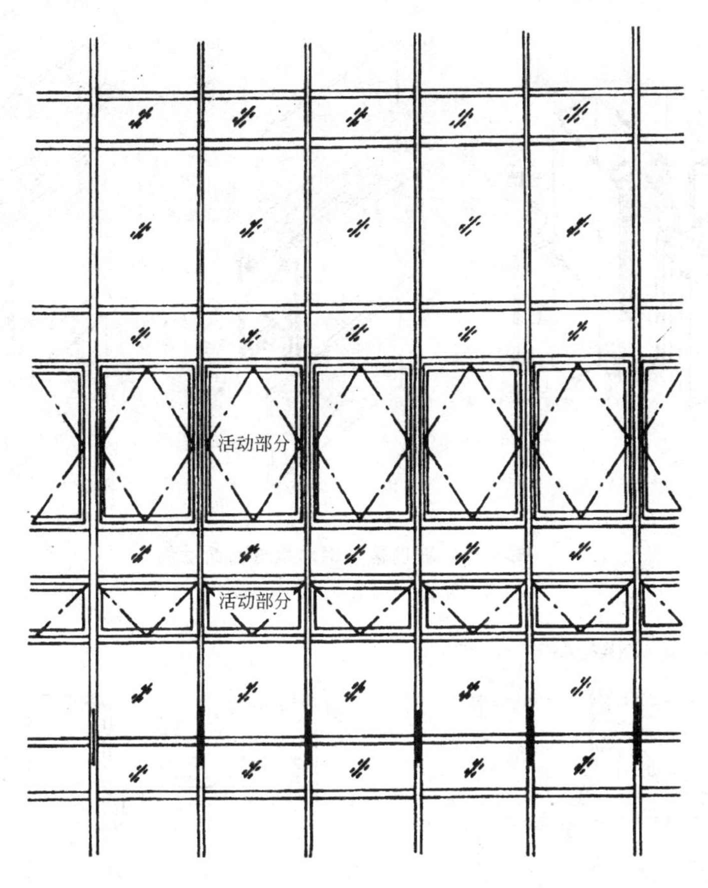

图 9-34　明框玻璃幕墙

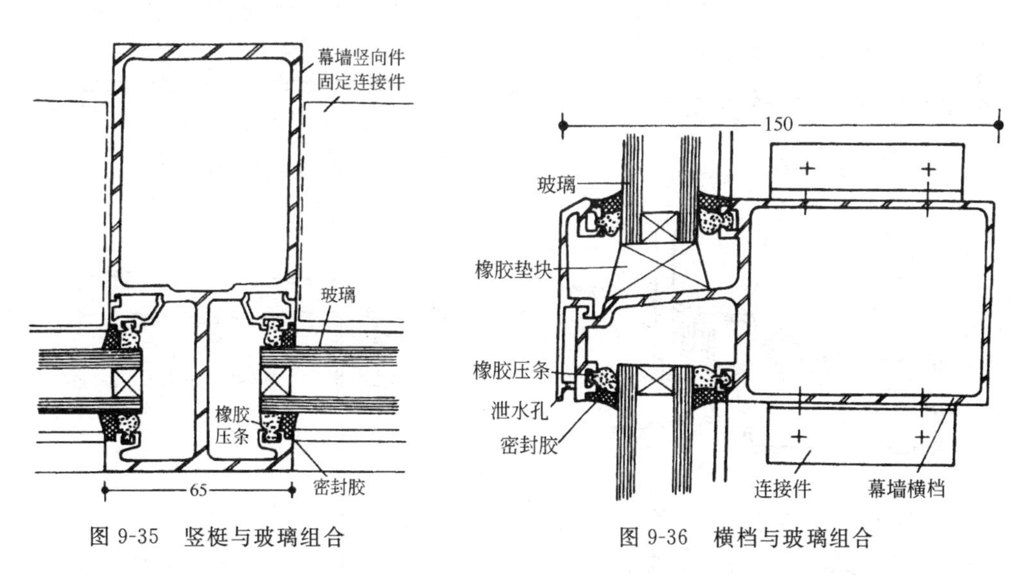

图 9-35　竖梃与玻璃组合

图 9-36　横档与玻璃组合

9-39、图 9-40。

（三）全玻璃幕墙

全玻璃幕墙是指用条形玻璃作为加强肋板而无骨架的幕墙，其构造见图 9-41、图9-42。

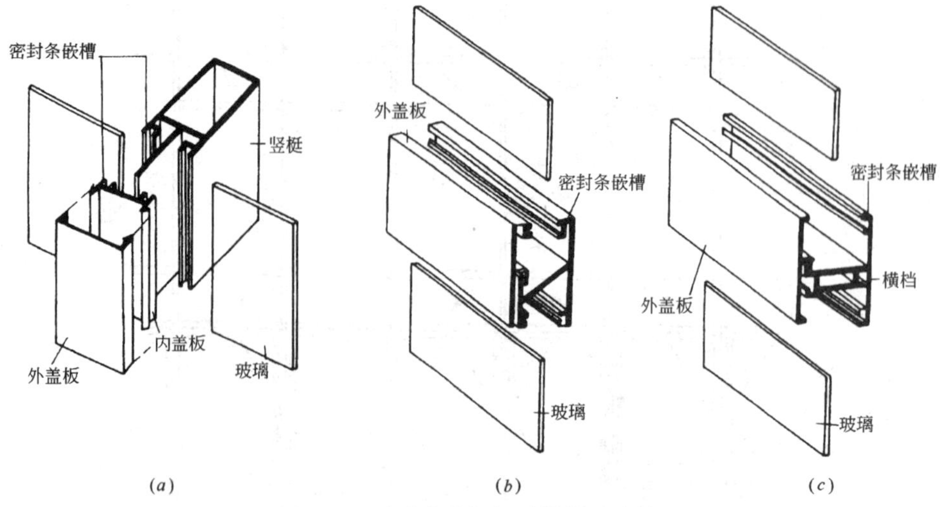

图 9-37 玻璃幕墙铝框型材断面示例

(a)竖梃；(b)横档一；(c)横档二

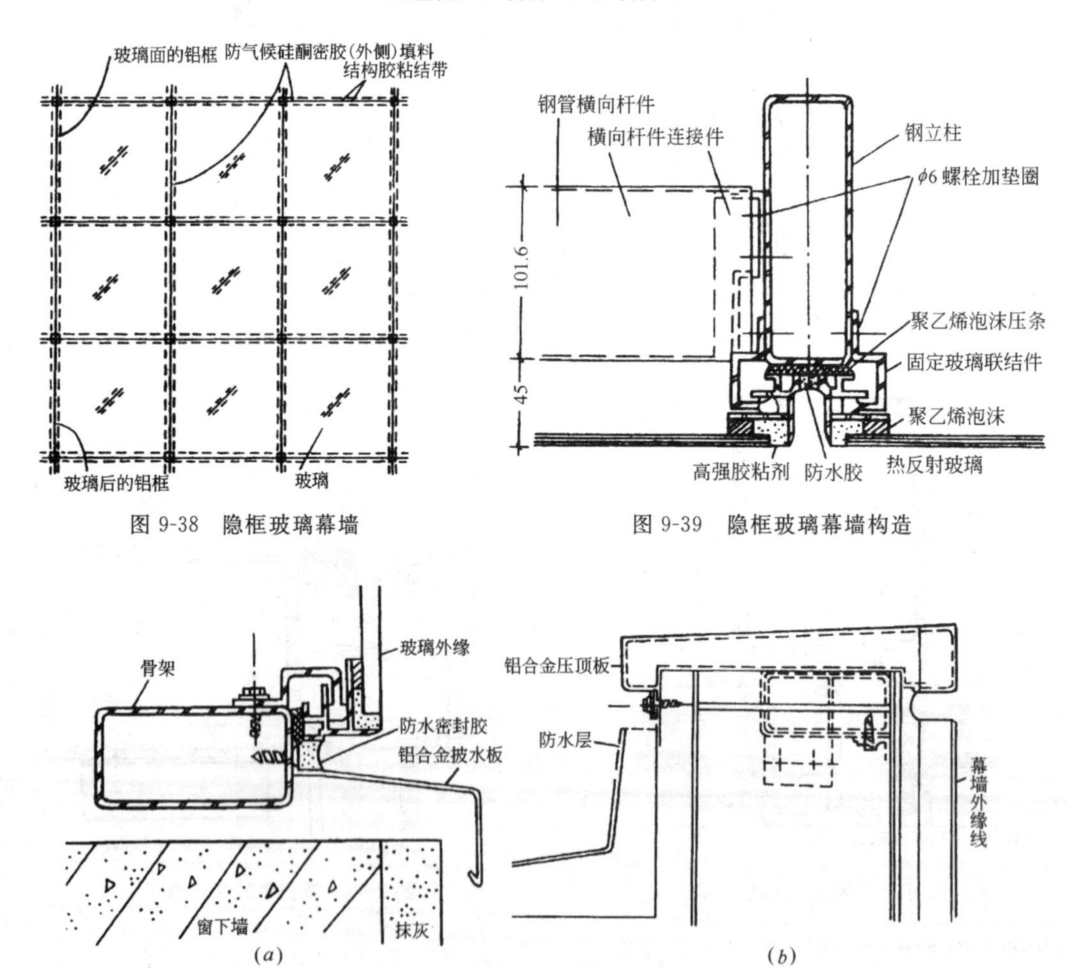

图 9-38 隐框玻璃幕墙

图 9-39 隐框玻璃幕墙构造

图 9-40 隐框幕墙底部、顶部构造

(a)隐框幕墙底部构造；(b)隐框幕墙顶部构造

面玻璃和肋玻璃都由上部结构悬挂	面玻璃由上部结构悬挂	不采用悬挂设备，肋玻璃和面玻璃均在底部支承
肋为玻璃	金属立柱	肋为玻璃

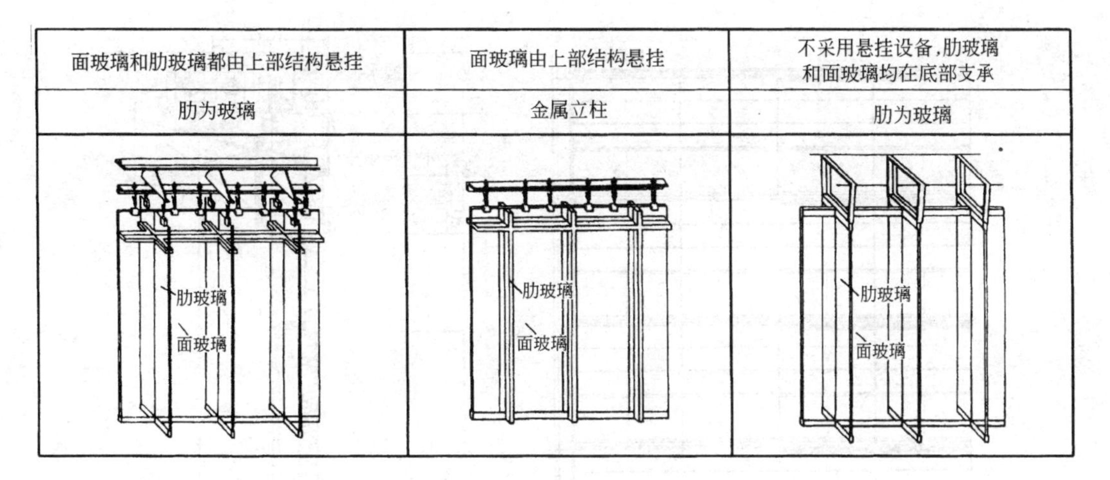

图 9-41　全玻璃幕墙支承形式

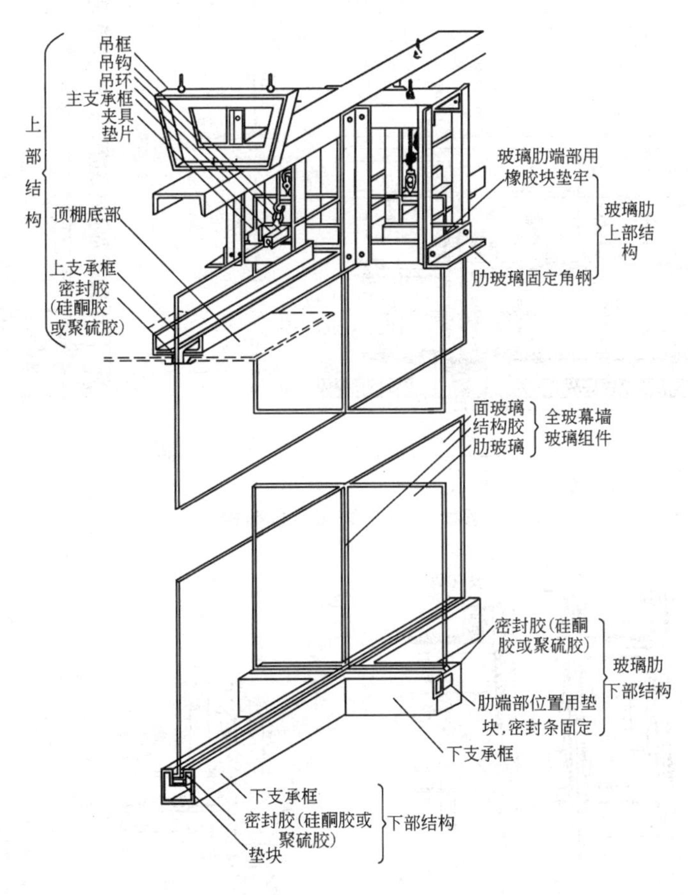

图 9-42　全玻璃幕墙示意图

二、金属薄板幕墙

金属薄板幕墙是指将金属薄板附着在钢筋混凝土墙体上或固定在幕墙骨架上的幕墙，其构造见图 9-43。

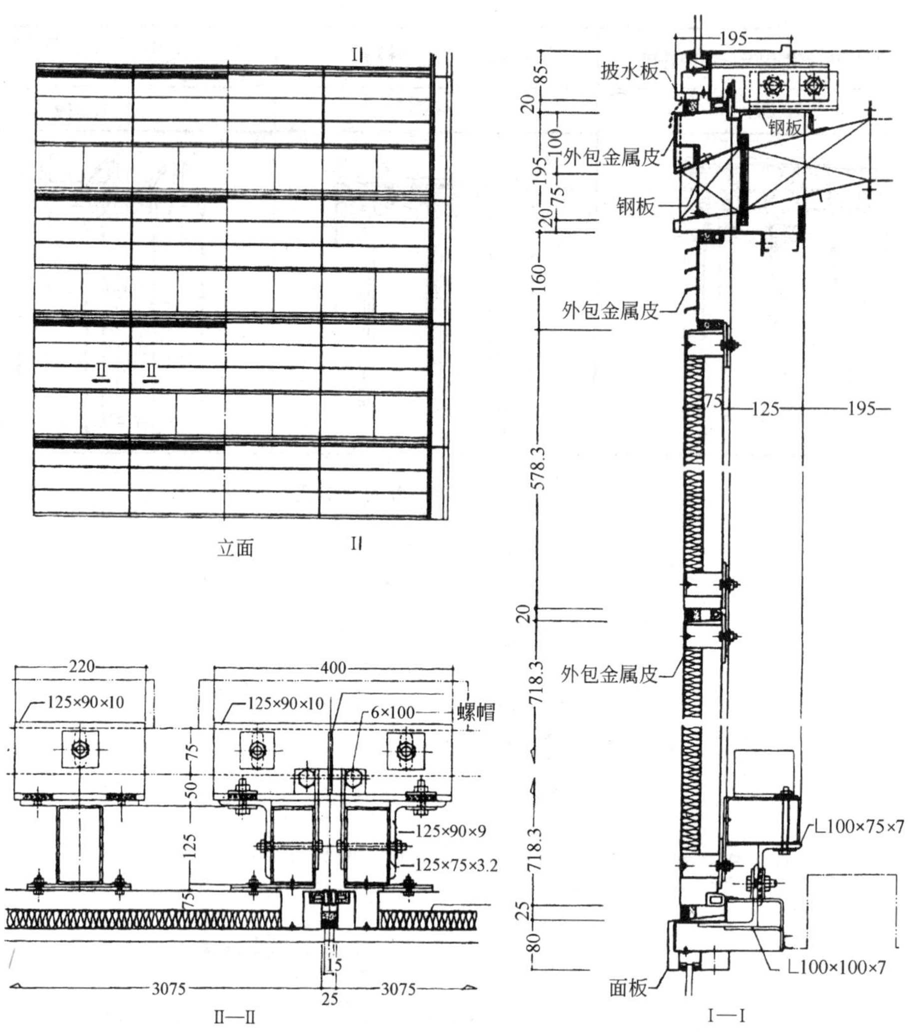

图 9-43　金属薄板幕墙构造

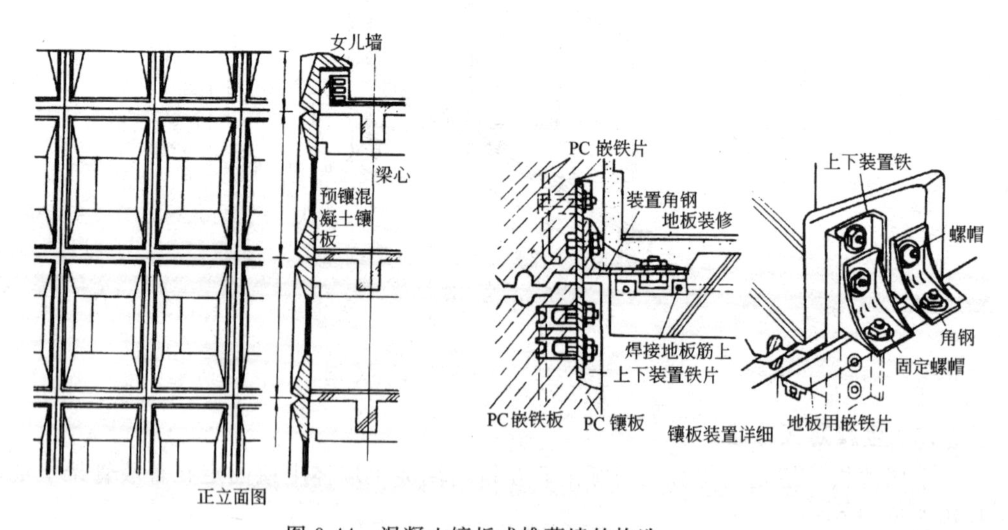

图 9-44　混凝土镶板式帷幕墙的构造

三、轻质钢筋混凝土板幕墙

轻质钢筋混凝土板幕墙是指将轻质钢筋混凝土板用螺栓固定在结构预埋件上或固定在幕墙骨架上的幕墙(图 9-44)。

第六节　柱面装饰构造举例

柱子的装饰构造见图 9-45。

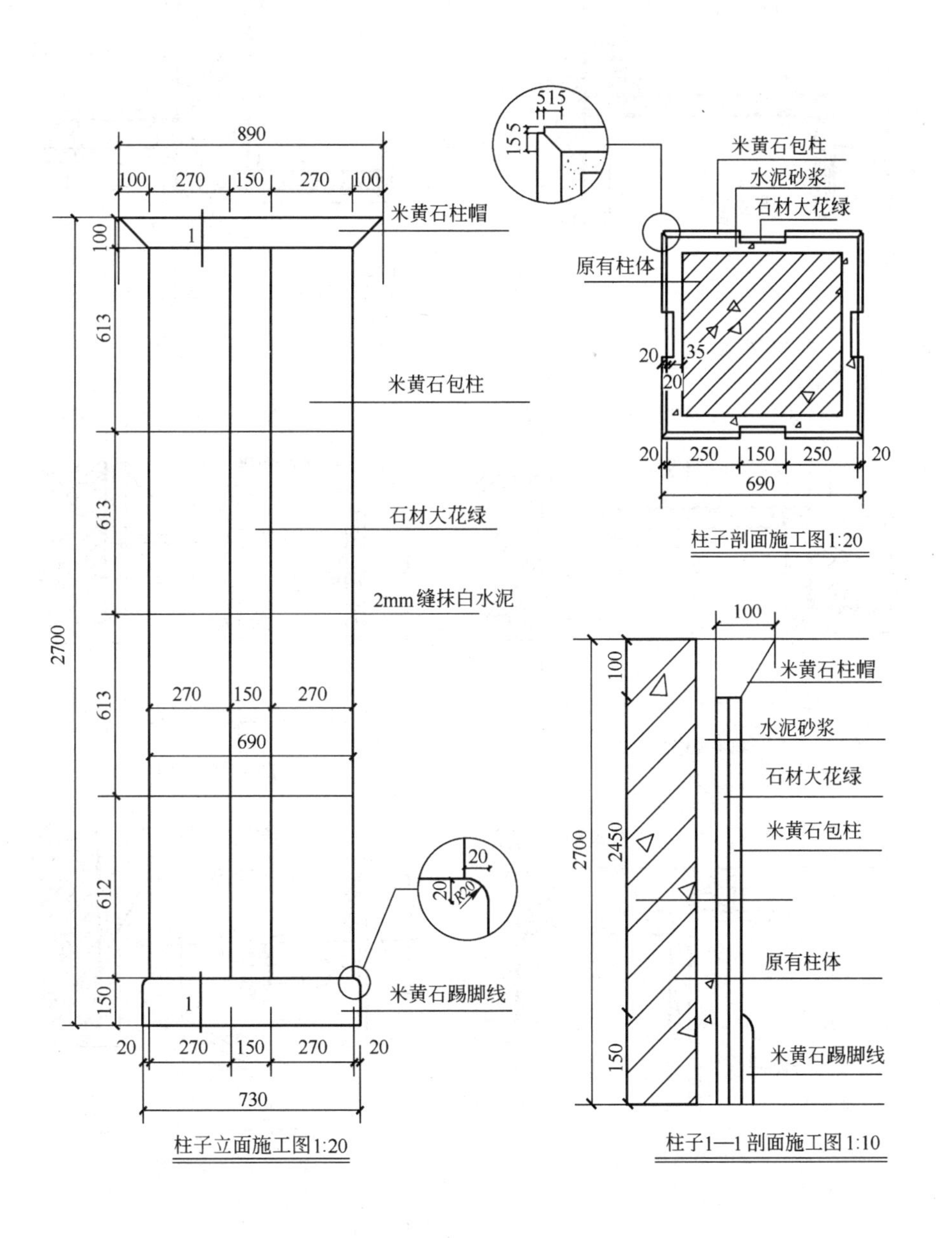

图 9-45　柱面装饰构造

第七节　墙体特殊节点的装饰构造

一、窗帘盒

窗帘盒设置在窗的上口，主要用来吊挂窗帘，并对内部的导轨起遮挡的作用(图9-46)。

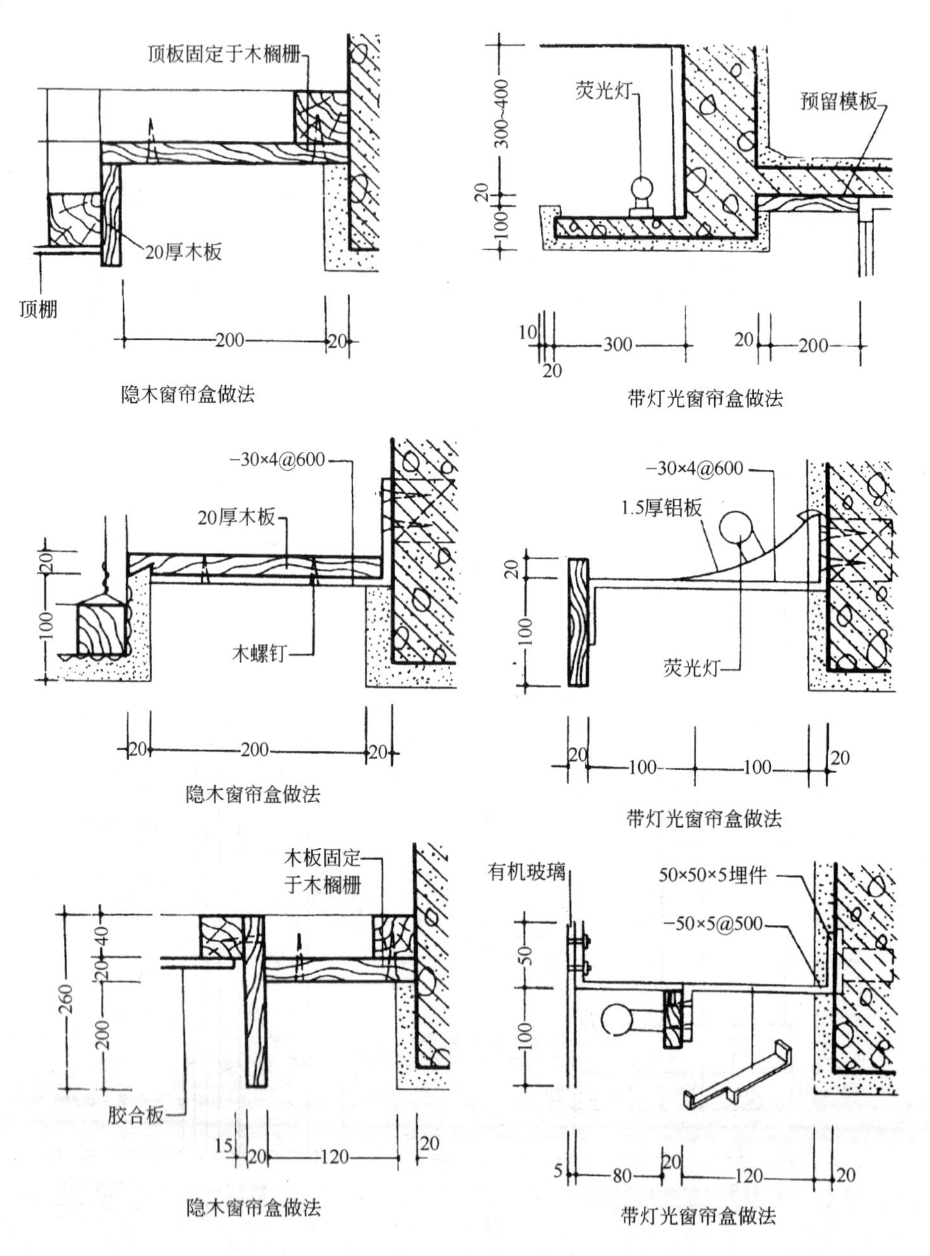

图 9-46　窗帘盒做法

二、挂镜线、挂镜点

在室内墙面为便于吊挂各种装饰画，故需在墙上安装挂镜线、挂镜点(图 9-47)。

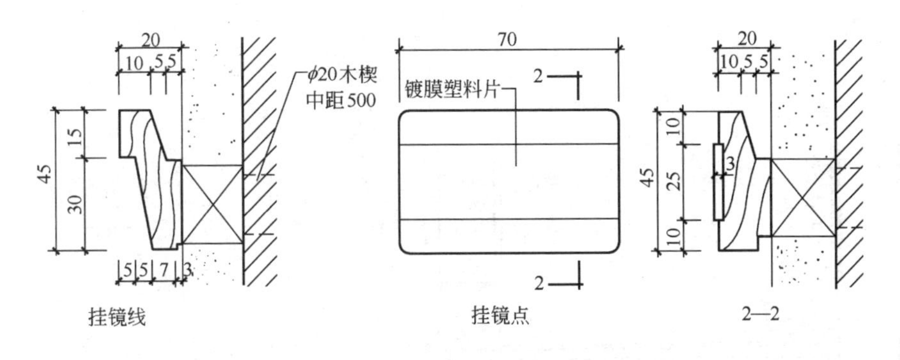

图 9-47　挂镜线、挂镜点的构造

三、暖气罩

为了室内散热均匀及满足室内装饰效果的要求，常在暖气散热器外罩以暖气罩（图 9-48、图 9-49）。

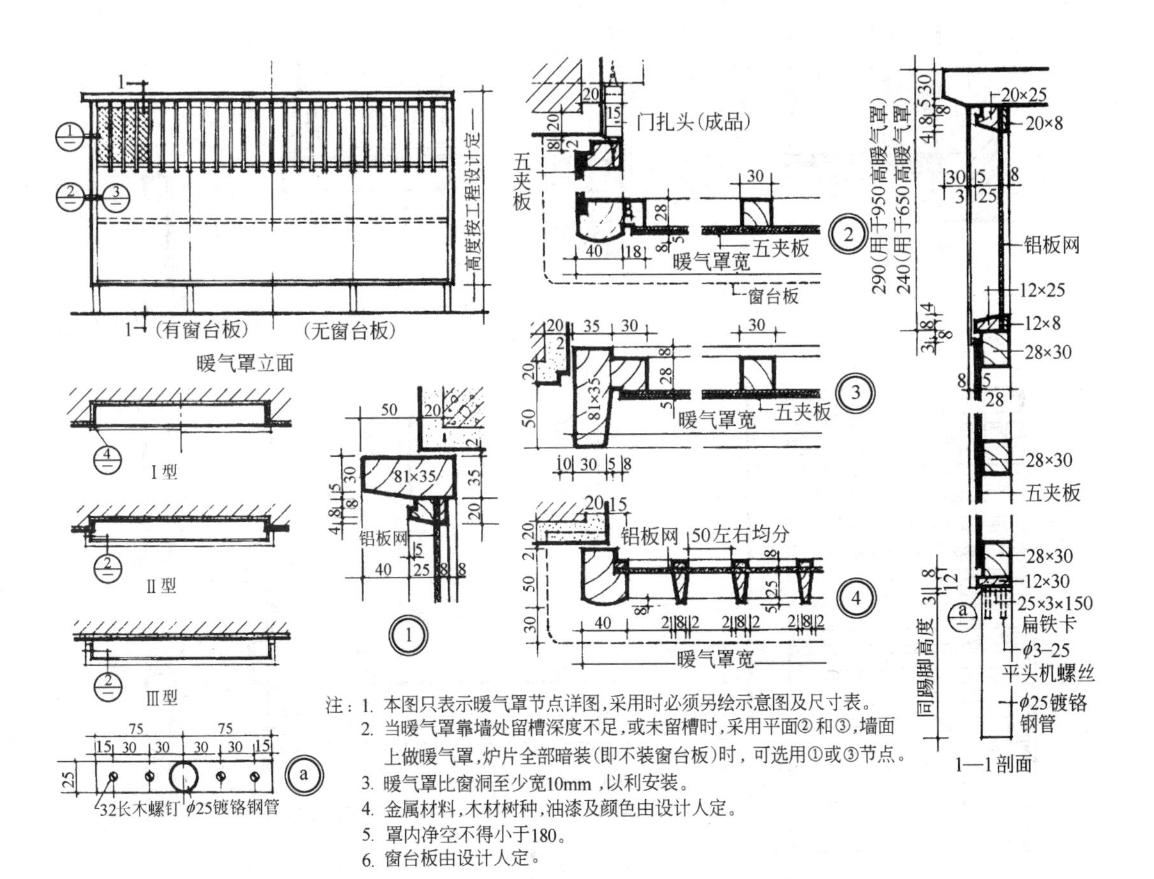

图 9-48　木制暖气罩构造

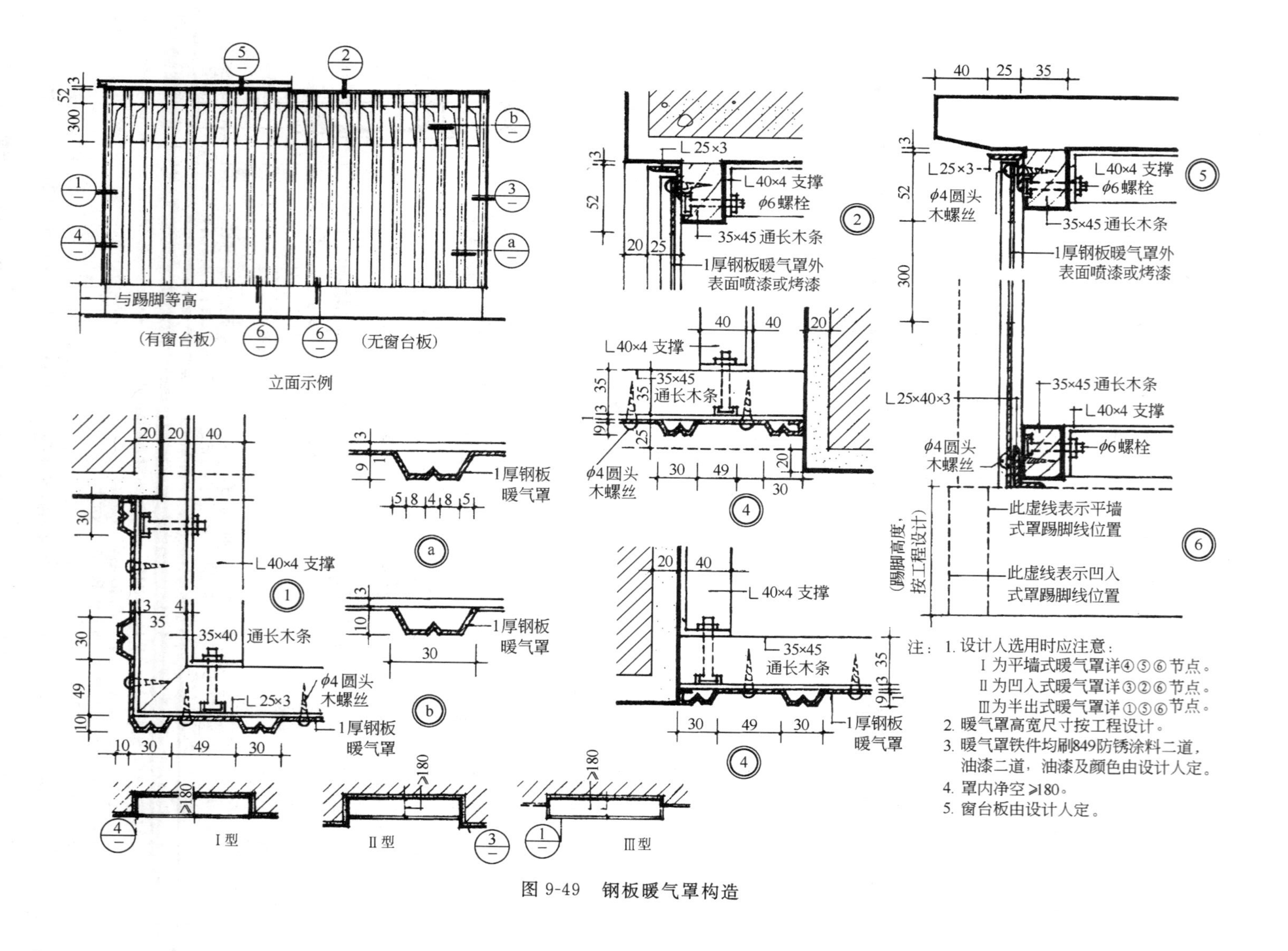

注：1. 设计人选用时应注意：

Ⅰ为平墙式暖气罩详④⑤⑥节点。

Ⅱ为凹入式暖气罩详③②⑥节点。

Ⅲ为半出式暖气罩详①⑤⑥节点。

2. 暖气罩高宽尺寸按工程设计。
3. 暖气罩铁件均刷849防锈涂料二道，油漆二道，油漆及颜色由设计人定。
4. 罩内净空≥180。
5. 窗台板由设计人定。

图 9-49　钢板暖气罩构造

思考题：

1. 墙是如何分类的？墙有哪些作用？
2. 过梁与圈梁的区别是什么？
3. 构造柱与柱的区别是什么？
4. 变形缝的类型及其作用是什么？
5. 墙面装修常用的装饰材料有哪些？
6. 墙面装修的分类有哪些？举例说明其装修构造。
7. 隔墙与隔断的区别是什么？有哪些类型？
8. 幕墙有哪些类型？其构造做法是什么？

第十章　室内楼地面装修

第一节　概　　述

楼地面是指楼层地面(简称楼面)和底层地面(简称地面)。由于楼面和地面有许多相同之处，故通称为楼地面。

人们对室内地面的装饰，不仅可以满足房间的使用要求，如防潮、防水、耐腐蚀、保温、有弹性等，还可以营造良好室内氛围。

一、楼地面的构造组成

楼地面一般由基层、垫层和面层组成。当地面不能满足特殊要求时，还需增加相应的构造层次。如结合层、找平找坡层、防水层、保温层等(图 10-1)。

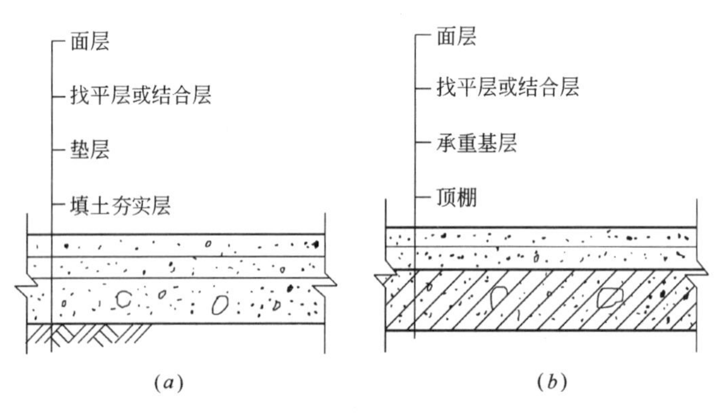

图 10-1　楼地面的基本构造组成

(a)底层地面的组成；(b)楼层地面的组成

二、楼地面的分类

楼地面的名称是根据面层材料而命名的。故按面层材料不同，楼地面分为水泥砂浆地面、水磨石地面、地砖地面、大理石地面、木地板地面、地毯地面等。

楼地面按构造与施工方式不同，又可分为整体地面(水泥砂浆地面)、块料地面(木地面、陶瓷锦砖地面)、卷材地面(地毯)和涂料地面。

三、楼地面的装饰材料

1. 木地板。包括复合木地板、硬木地板、拼木地板、活动地板和竹制地板，它们都有各自的规格尺寸，是高级地面装饰材料。其优点是能隔声、吸声、有弹性、保温、阻燃、清新、舒适、高雅、美观。

2. 天然石材。有丹东绿、木纹黄、黑条纹、雪花白、紫英红、水花石、紫罗纹、彩云玉、水晶白等，它们都具有品名和各种规格尺寸，是高级地面装饰材料。

3. 人造石材。有彩色水磨石、合成大理石、树脂型大理石、复合型大理石、烧结人造大理石等，它们都具有光泽、花纹及各种颜色，其重量轻、强度高、耐腐蚀、耐污染、施工方便，是理想的地面装饰材料。

4. 陶瓷地砖。有方形、六角形、八角形、叶片型等规格尺寸。它色泽明净、图案美观、质地坚硬、强度高、耐污染、耐酸、耐水、阻燃、抗冻、易清洁、自重轻，是厨房、卫生间、浴室、实验室、精密仪器室的地面装饰材料。

5. 地毯类地面。地毯有纯毛地毯和化纤地毯两大类。纯毛地毯色彩艳丽、图案优美、质地厚实、脚感舒适、富有弹性、经磨耐用，而且历史悠久，给人的感受是悦目美观、高贵华丽。

化纤地毯已能加工成抗静电、耐污染、耐燃、耐磨、耐倒伏并具有耐污和藏污性。外观鲜艳淡雅、柔软强韧、图案绚丽多彩、富有民族特色，能给人以宁静、柔和、舒适、豪华、浮雕立体之感。

6. 地面涂料。地面涂料装饰效果富丽、清新、明快、典雅、色泽艳丽、图案丰富、质感细腻、平整光滑。它质量轻、附着力强、色彩鲜明、施工方便、省工省料、且耐污染、耐老化、保色、耐水，是很好的美化环境的装饰材料。

7. 塑料地板。有硬质、半硬质和软质三种，半硬质和软质塑料地板使用较广。塑料地板色彩图案不受限制，能满足各种用途需要，可模仿天然材料，逼真形象。由于其耐磨性好，寿命长久，隔热、隔声、隔潮、脚感舒适、装饰效果良好，故可为室内地面装修增加豪华、艺术享受。

第二节　各类楼地面构造

一、水泥砂浆地面

水泥砂浆地面是用水泥砂浆抹压而成。其构造简单、造价低，但装饰效果差(图 10-2)。

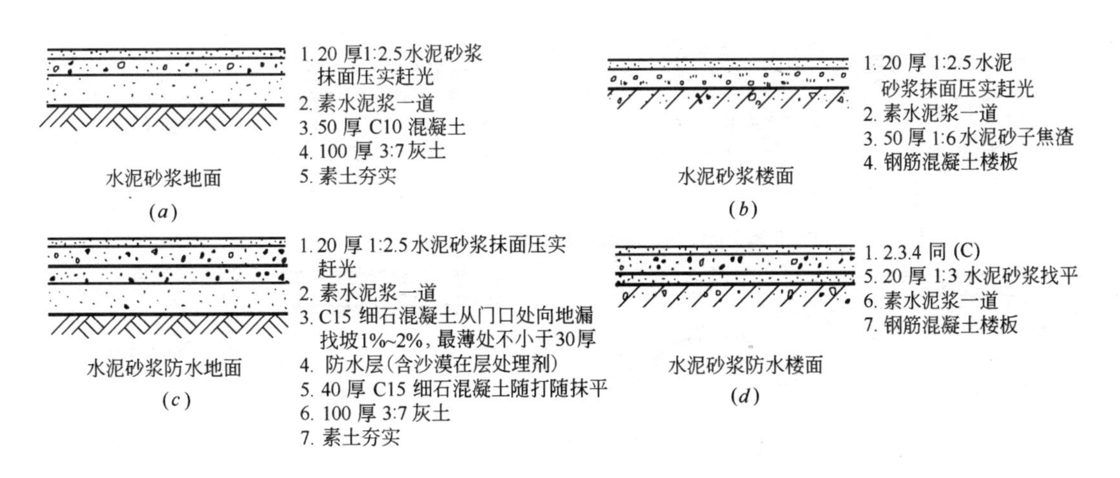

图 10-2　水泥砂浆楼地面构造

二、水磨石地面

水磨石地面是用水泥作胶结材料、大理石等中等硬度的石材作骨料而形成的水泥石屑浆浇抹硬结后，经打磨而成。为防止由于温度变化引起面层开裂和便于施工与维修，常用玻璃条、铜条、铝条等分格条将面层进行分格，同时还起到了地面装饰的作用(图10-3)。

三、地砖地面

地砖地面是用大小不同的块材地砖铺贴而成(图 10-4)。

四、石材地面

石材地面是用大理石、花岗石铺贴而成(图 10-5)。

五、木地面

木地面按构造方式不同分为空铺式与实铺式。

(一) 空铺式木地面

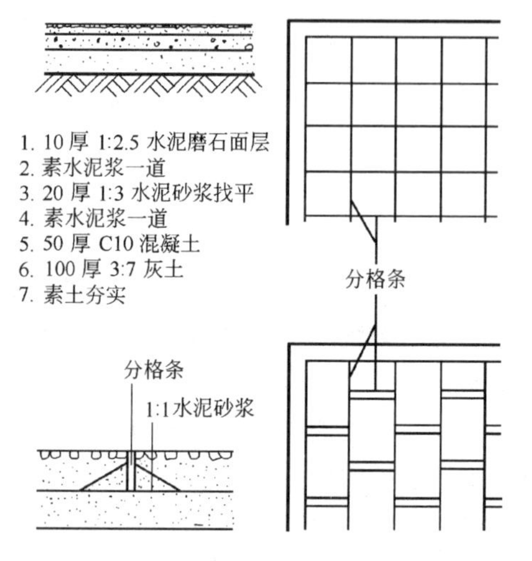

图 10-3　水磨石地面构造

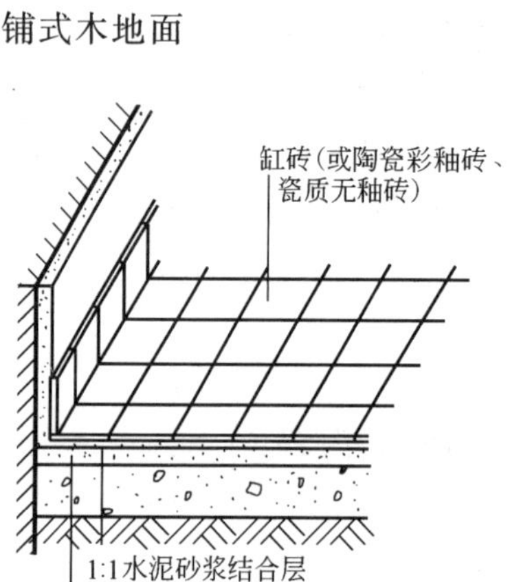

(*a*)

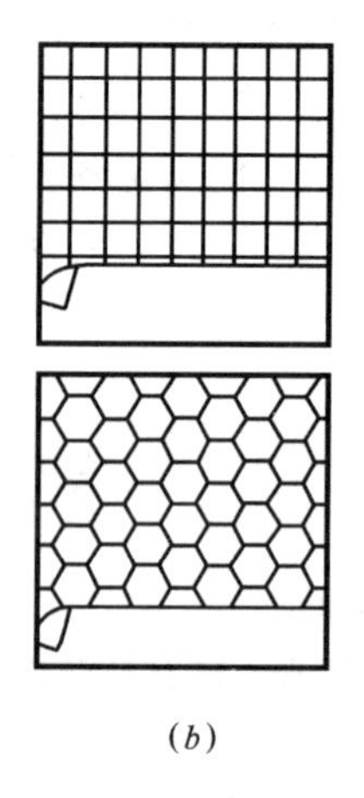

(*b*)

① 铺地砖地面

1. 8~10厚铺地砖面层干水泥擦缝
2. 撒素水泥面(洒适量清水)
3. 20 厚 1:4 干硬性水泥砂浆找平
4. 素水泥浆一道
5. 50 厚 C10 混凝土
6. 100厚3:7灰土
7. 素土夯实

② 铺地砖楼面

1. 2.3.4 同①
5. 50 厚 1:6 水泥焦渣
6. 钢筋混凝土楼板

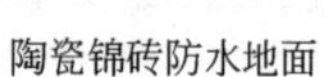

③ 陶瓷锦砖防水地面

1. 5厚陶瓷锦砖铺实拍平干水泥擦缝
2. 撒素水泥面(洒适量清水)
3. 20厚 1:4干硬性水泥砂浆找平
4. 素水泥浆一道
5. C15 细石混凝土从门口处向地漏找坡1%~2%,最薄处不小于30厚
6. 涂膜防水层，四周翻起 250 高，外粘粗沙
7. 40 厚 C15 细石混凝土随打随抹平
8. 100 厚 3:7 灰土
9. 素土夯实

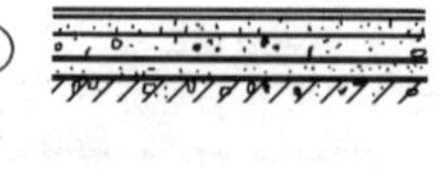

④ 陶瓷锦砖防水楼面

1. 2.3.4.5.6 同③
7. 20厚 1:3 水泥砂浆找平
8. 素水泥浆一道
9. 钢筋混凝土楼板

图 10-4　地砖地面构造

(*a*)陶瓷地砖地面；(*b*)陶瓷锦砖地面

空铺式木地面是将支承木地板的搁栅架空搁置，使地板下有足够的空间便于通风，防

止木地板受潮变形(图 10-6)。

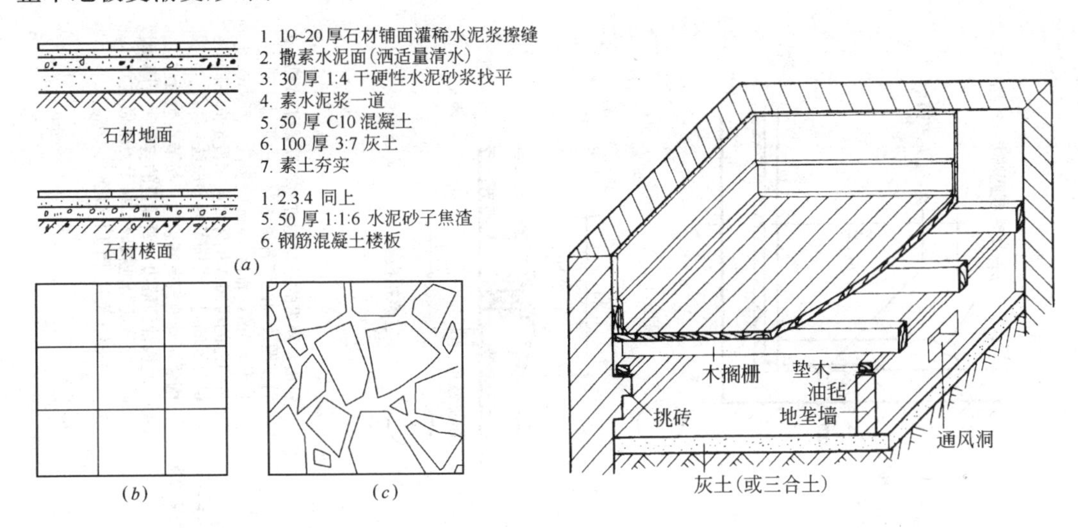

图 10-5　石材地面构造

(a)构造做法；(b)方整石板地面；(c)碎拼大理石板地面

图 10-6　空铺式木地面

(二) 实铺式木地面

实铺式木地面又分为铺钉式和粘贴式两种做法。铺钉式木地面是将木搁栅搁置在楼板结构层上，搁栅上再铺钉木地板。粘贴式木地面将木地板用粘结材料直接粘贴在找平层上的地面(图 10-7、图 10-8)。

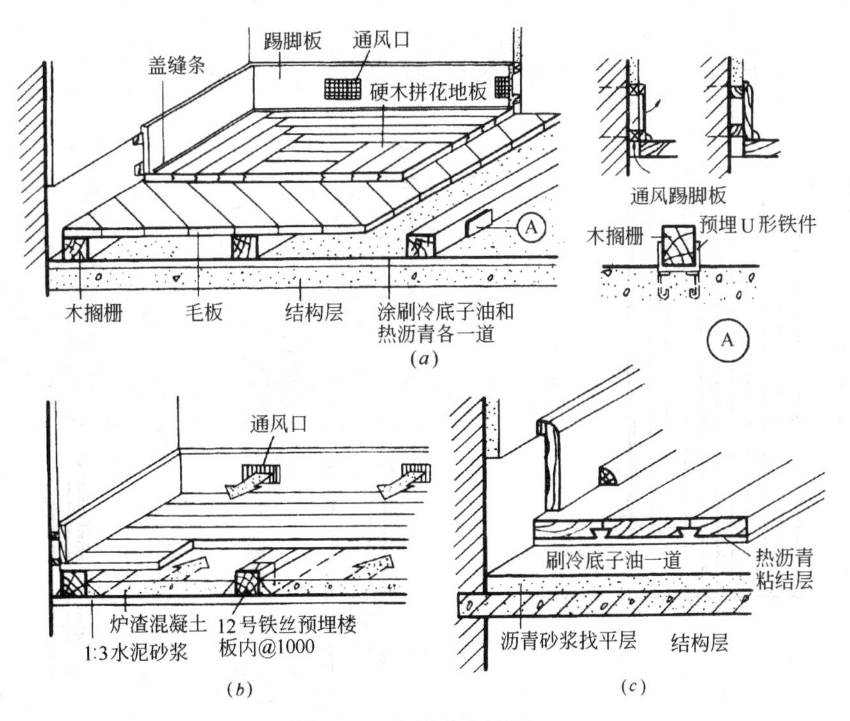

图 10-7　实铺式木地面

(a)铺钉式木地面(双层)；(b)铺钉式木地面(单层)；(c)粘贴式木地面

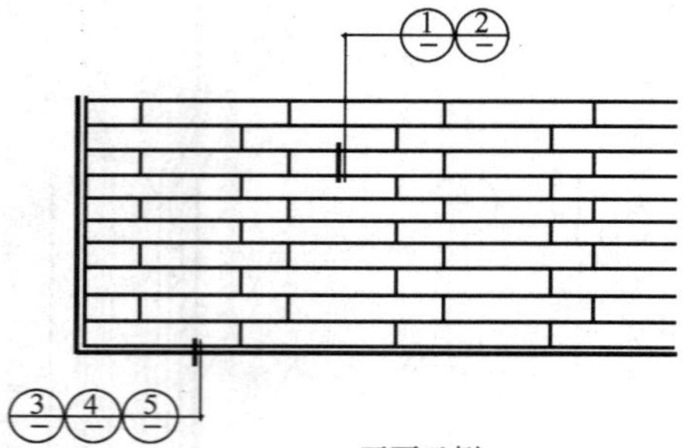

平面示例

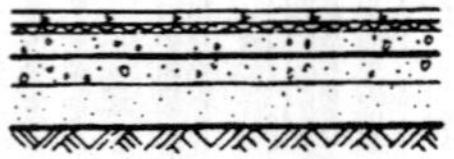

① 地面

1. 8厚企口强化复合木地板（地板尾部企口榫头满涂胶液）
2. 3~5厚泡沫塑料垫层
3. 40厚C15细石混凝土，撒1:1水泥砂子，随捣随抹光
4. 防潮层
5. 50厚C10混凝土
6. 100厚3:7灰土
7. 素土夯实

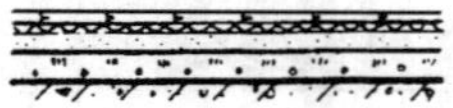

② 楼面

1. 8厚企口强化复合木地板（地板尾部企口榫头满涂胶液）
2. 3~5厚泡沫塑料垫层
3. 20厚1:2.5水泥砂浆
4. 50厚1:1:6水泥、砂子、焦渣
5. 钢筋混凝土楼板

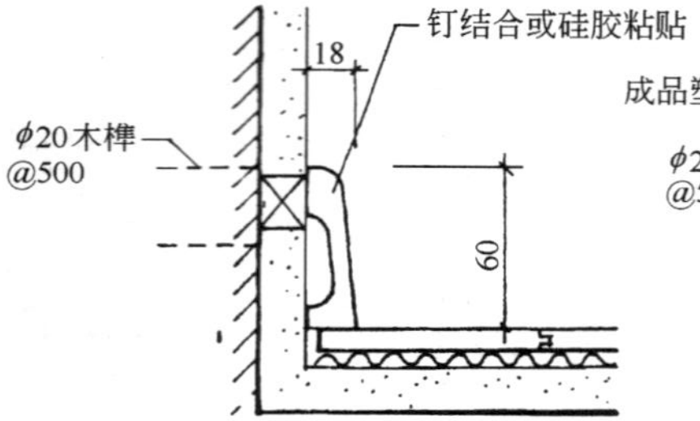

③ 踢脚

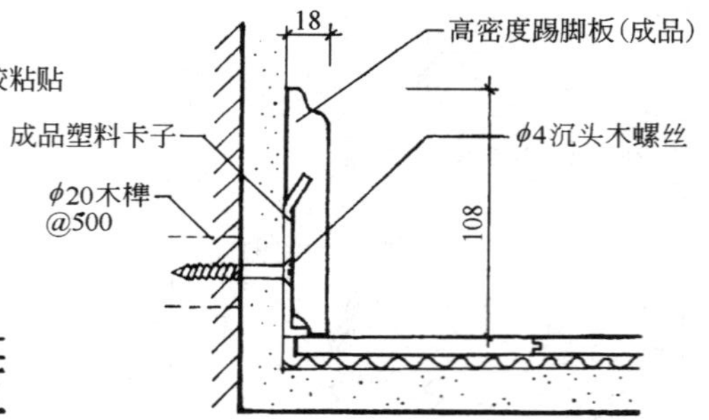

④ 踢脚

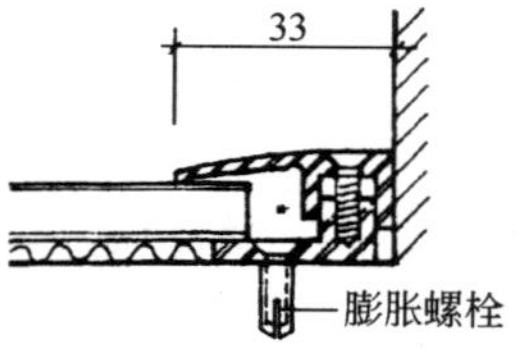

⑤ 贴靠扣板

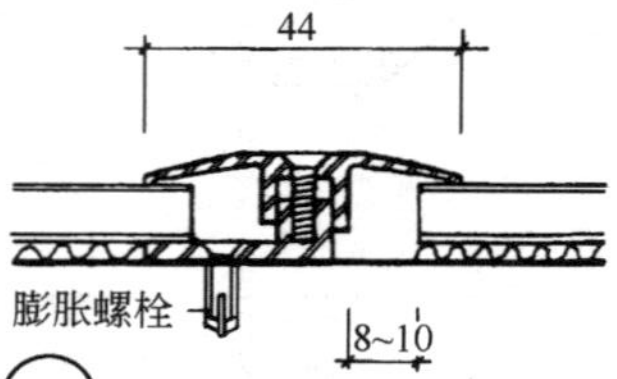

⑥ 过渡扣板

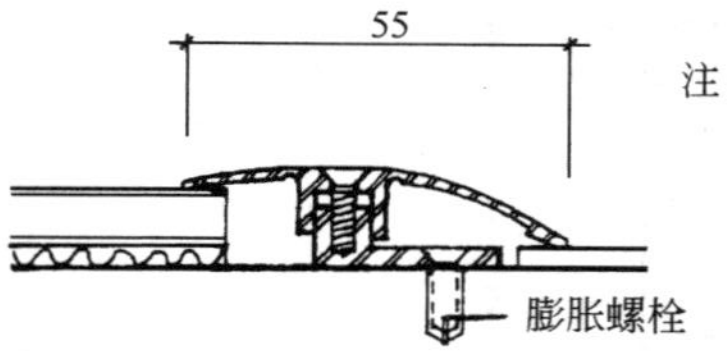

⑦ 高低扣板

注：1. 条板及踢脚的基材由高密度防潮板成型，表面纹理及颜色仿各类木材，由设计人选定。
2. 长度≥10m，宽度≥8m的房间，两相邻没有门槛的房间或相邻地板铺设走向不同、材料不同时，需按节点⑥做法。
3. 相邻两种地板有高差时，按节点⑦做法。
4. 当地板铺到墙边，要铺设的空间大于踢脚板而又无法切割地板时，按节点⑤做法。
5. ⑥、⑦图也适用于门下口部。

图 10-8　复合木地板

六、地毯楼地面

地毯是一种高级地面的装饰做法。其柔软、温暖、舒适、豪华，但价格较贵(图 10-9、图 10-10)。

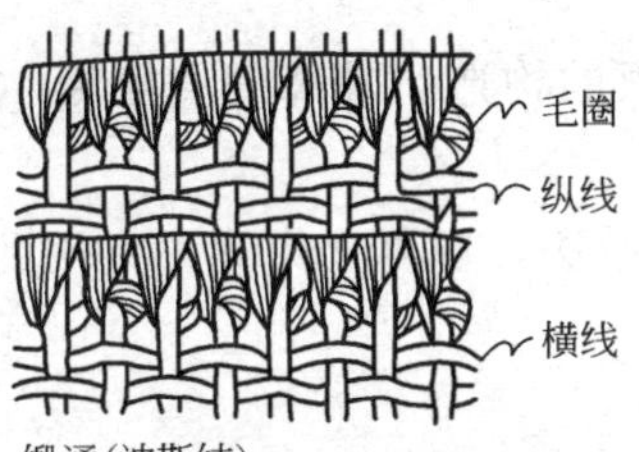

缎通(波斯结)

以经线与纬线编织成基布，再用手工在其上编织毛圈。以中国的缎通为代表，波斯结缎通，土耳毛毯等是有名的

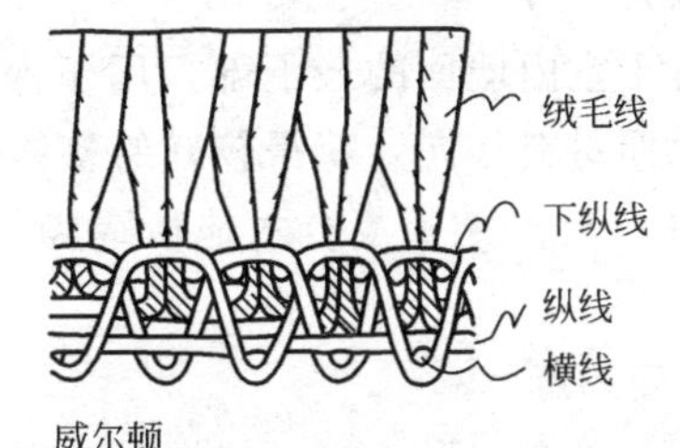

威尔顿

采用机械编织，以经线与纬线编织成基布的同时，织入绒毛线而成。可以使用 2~6种色彩线

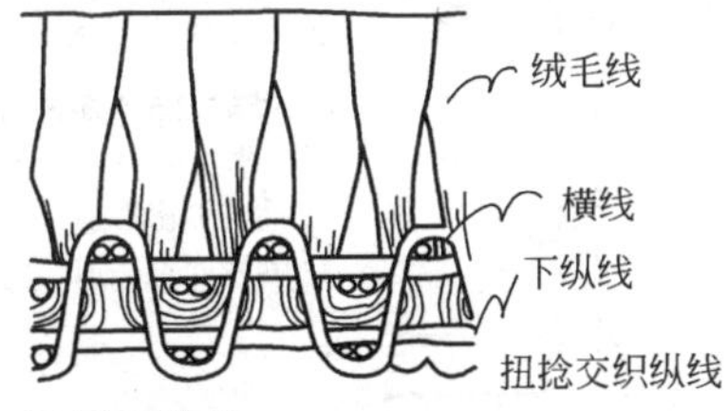

阿克斯明斯特

通过提花织机编织而成。编织色彩可达30种颜色，其特点是具有绘画图案

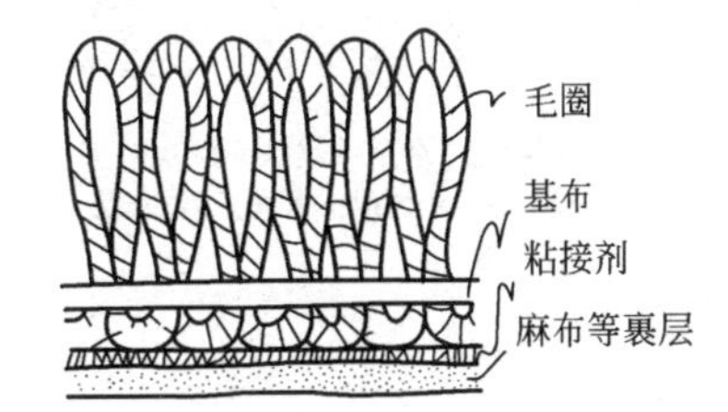

簇绒

在基布上针入绒毛线而成的一种制造方法。可以大量、快速且便宜地生产地毯

图 10-9　地毯断面形状

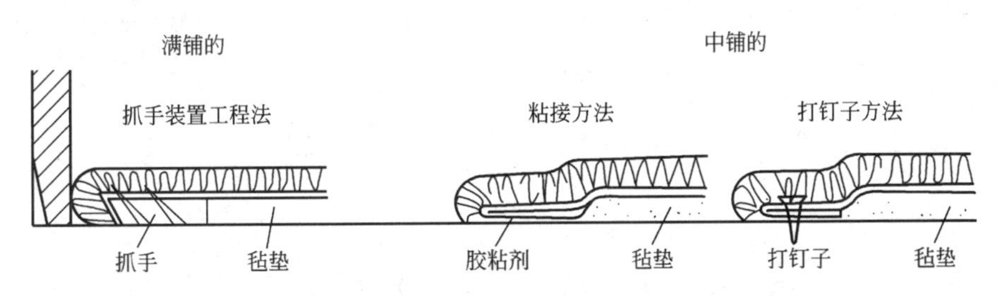

图 10-10　地毯的铺贴收口构造

地毯的铺设可分为满铺和局部铺设两种，其铺设形式见图 10-11。

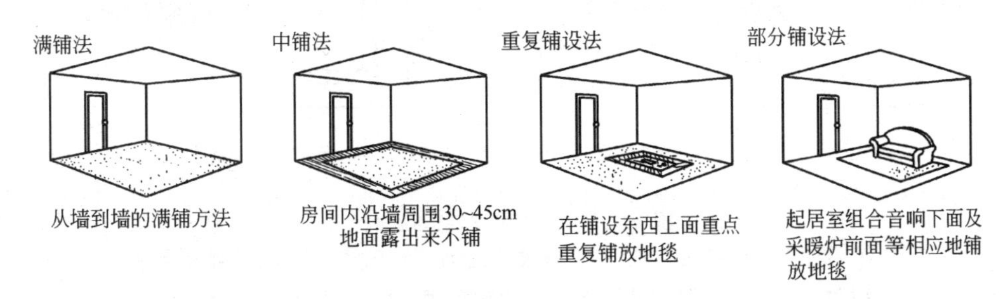

图 10-11　地毯的铺设形式

第三节　地面特殊部位的装饰构造

一、踢脚板

踢脚板位于室内墙面的最下部，用于保护墙根的构造。其高度一般为 100～200mm，材料往往与地面材料相同，获得较好的整体效果。

图 10-8 中，已介绍了复合木地板踢脚的构造做法，现再介绍几种常用的踢脚构造做法(图 10-12)。

二、地面变形缝

当室内地面遇有变形缝时，应加以处理(图 10-13)。

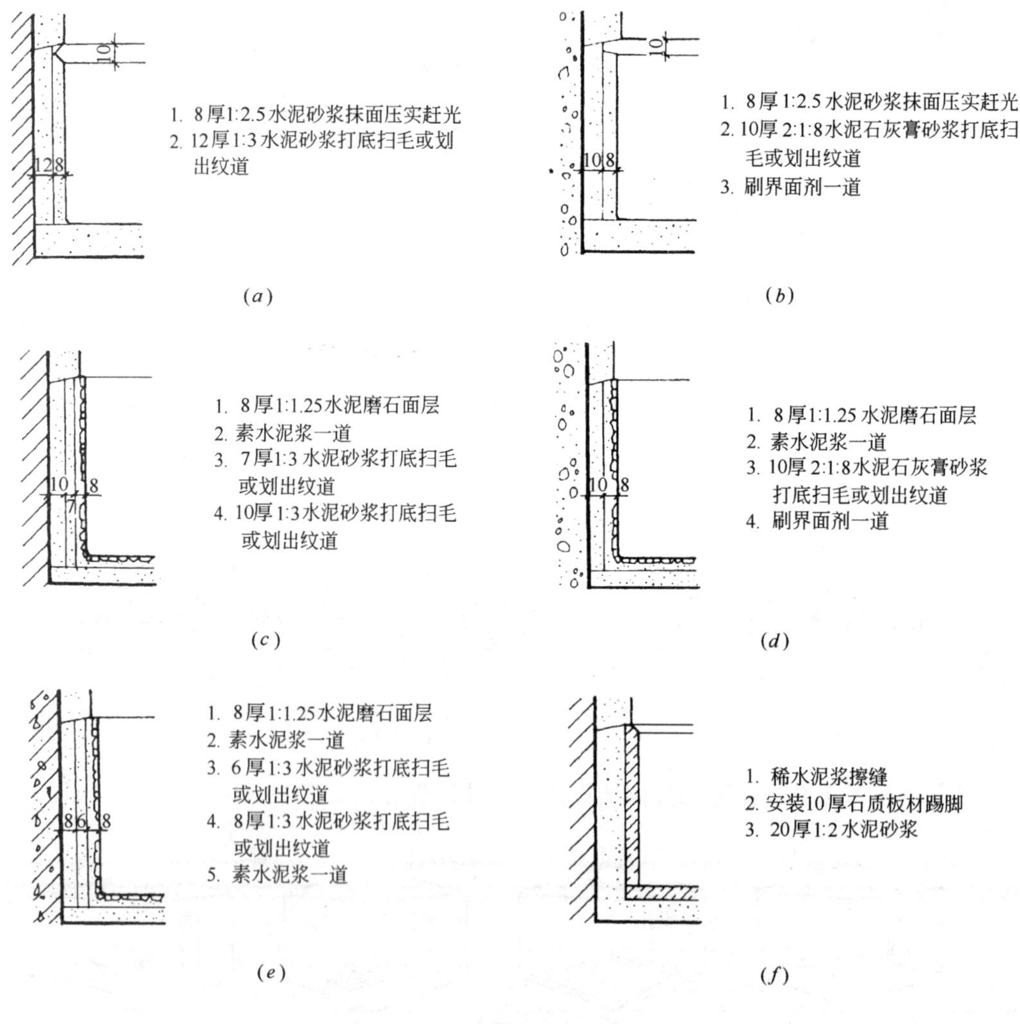

图 10-12　各种踢脚构造做法(一)

(a)水泥砂浆踢脚(砖墙)；(b)水泥砂浆踢脚(加气混凝土墙)；(c)水磨石踢脚(砖墙)；(d)水磨石踢脚(加气混凝土墙)；(e)水磨石踢脚(钢筋混凝土墙)；(f)石材踢脚(砖墙)

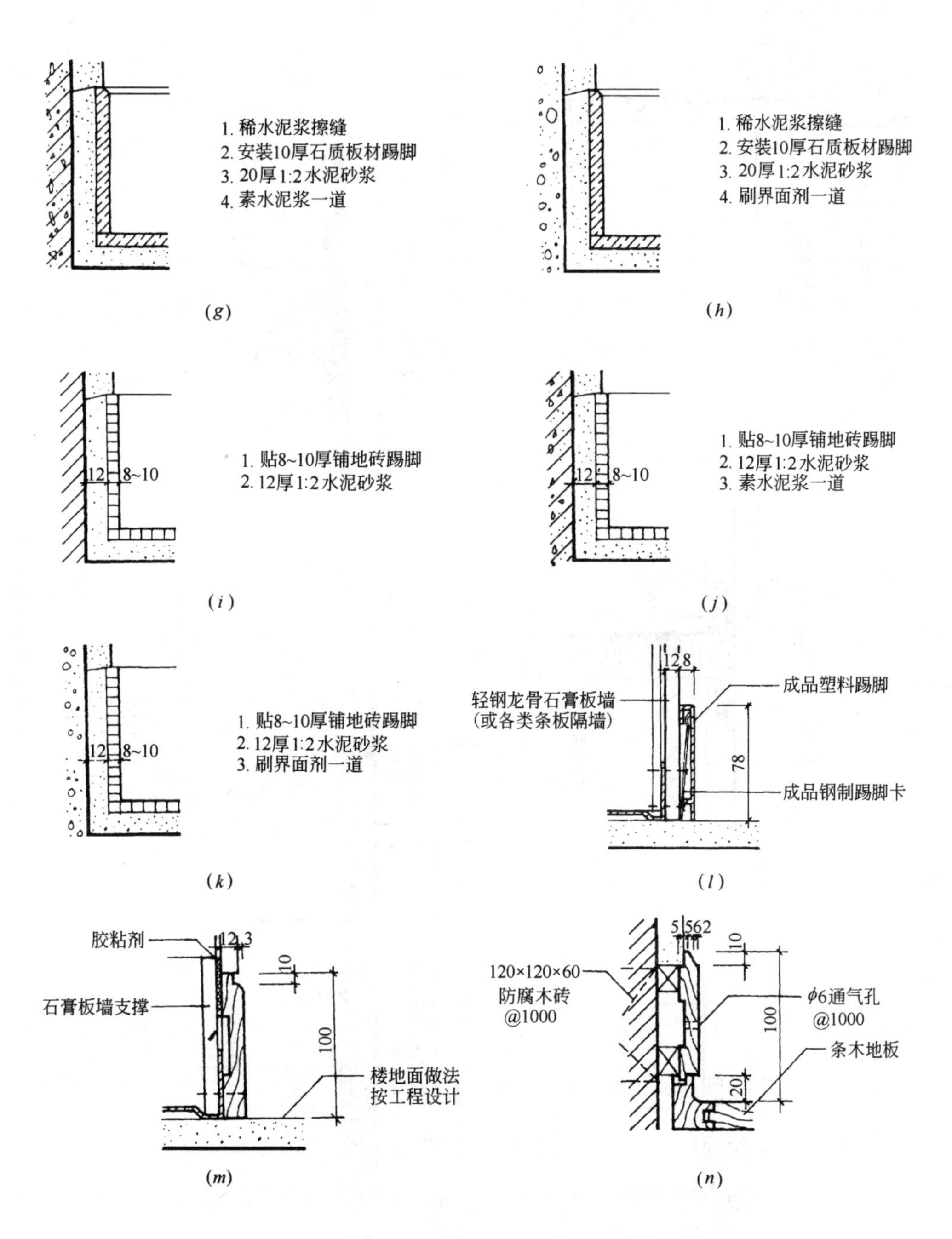

图 10-12　各种踢脚构造做法(二)

(g)石材踢脚(钢筋混凝土墙)；(h)石材踢脚(加气混凝土墙)；(i)铺地砖踢脚(砖墙)；(j)铺地砖踢脚(钢筋混凝土墙)；(k)铺地砖踢脚(加气混凝土墙)；(l)塑料踢脚(石膏板墙)；(m)木踢脚(石膏板墙)；(n)木踢脚(砖墙)

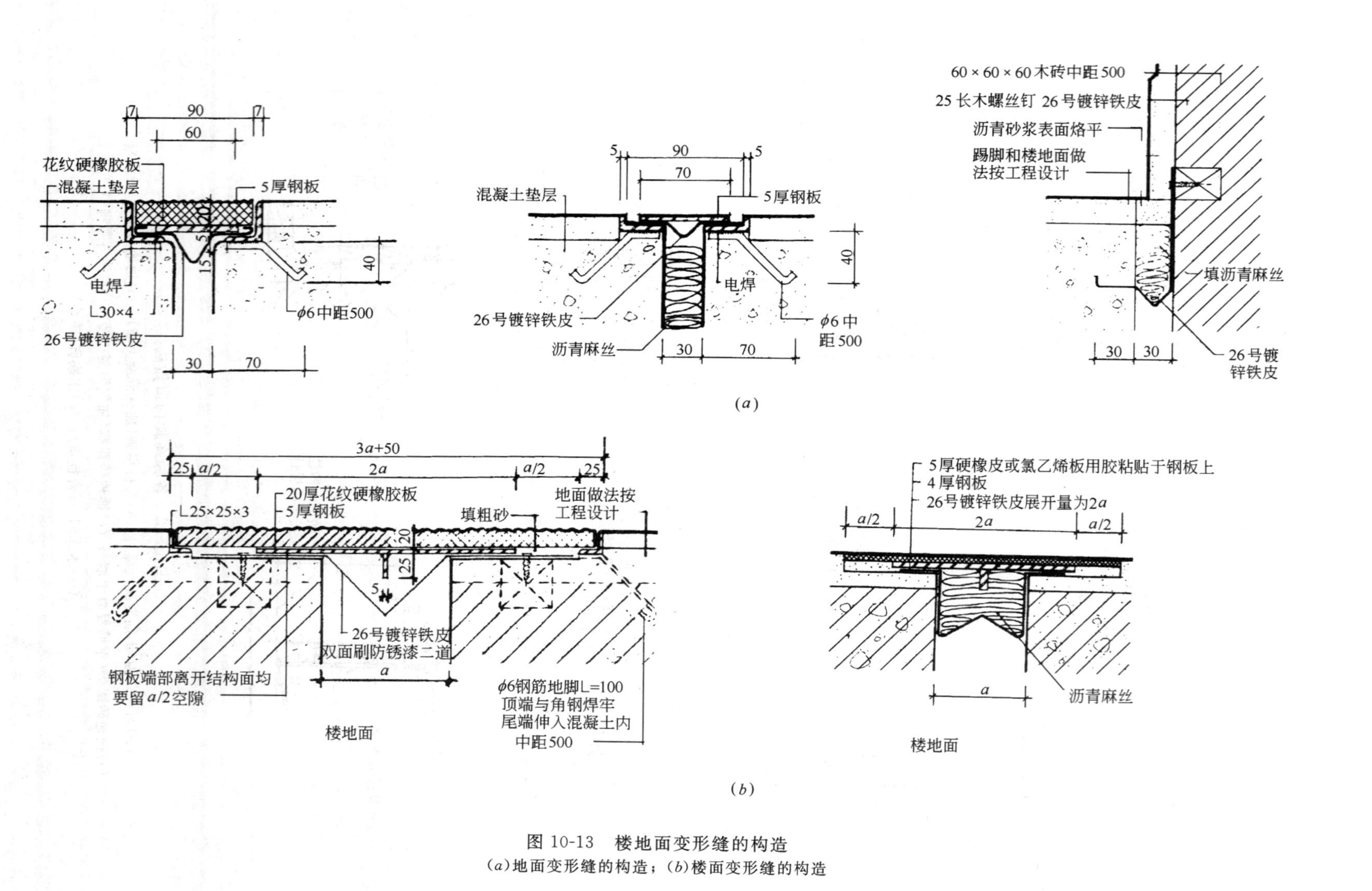

图 10-13　楼地面变形缝的构造

(*a*)地面变形缝的构造；(*b*)楼面变形缝的构造

思考题：

1. 勒脚和踢脚的位置在哪？其作用是什么？
2. 楼地面的基本构造有哪几层？
3. 楼地面的装饰常用的材料有哪些？
4. 举例说明常用的地面构造做法。

第十一章　庭院地面装修

庭院是建筑主体向外部的延伸，也是周围环境向建筑主体内部的渗透。二者风格要相互呼应，使庭院成为人们观赏景色的地方。

本节主要介绍室外地坪、水池、花池挡墙、桌、凳、椅、石灯、汀步等的构造。

第一节　室　外　地　坪

室外地坪的做法很多，有水泥砖铺地、卵石地、花岗石地等(图 11-1)。

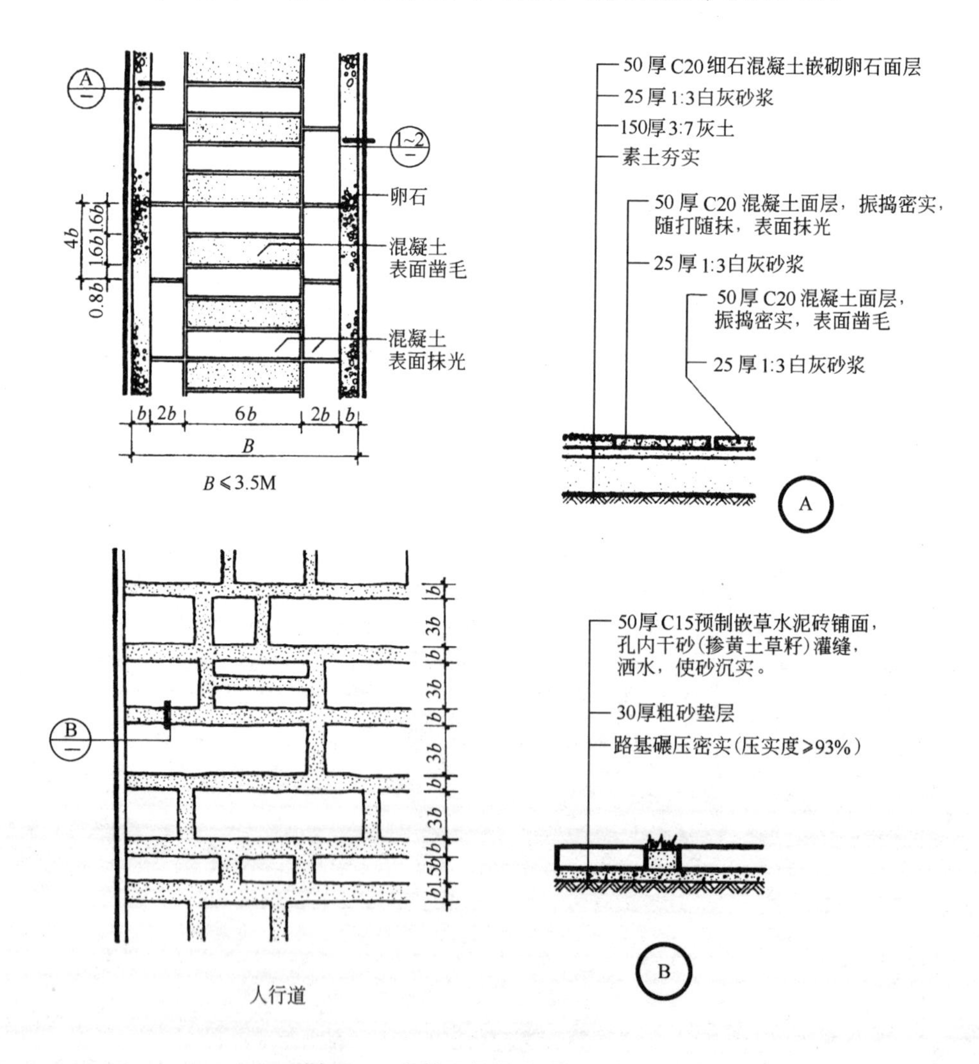

图 11-1　室外地坪及道牙构造(一)

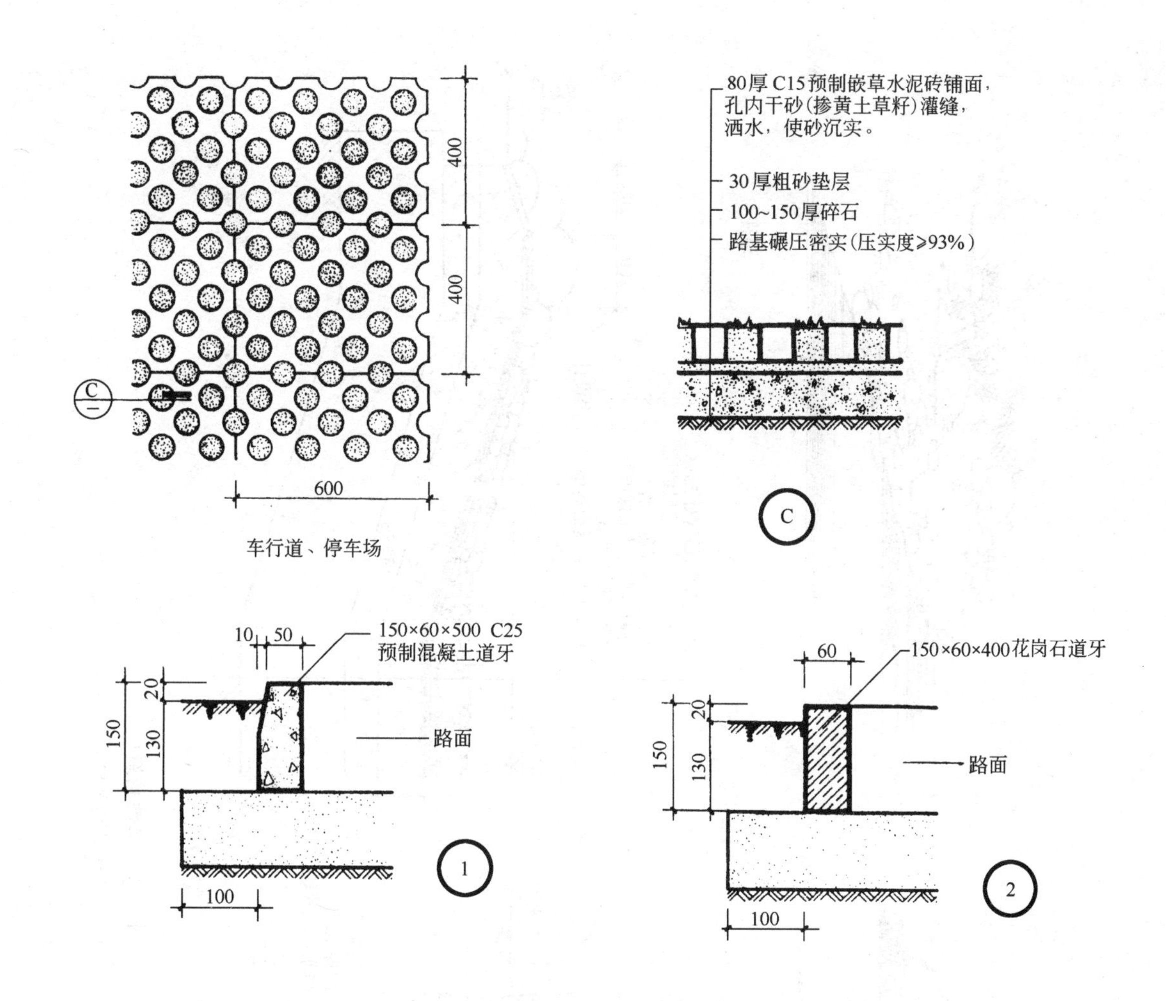

图 11-1 室外地坪及道牙构造(二)

第二节 庭院其他设施

一、水池

水池在庭院绿化中起着极强的装饰作用。水池主要由池、池底、进溢水口和排水坑组成(图 11-2)。

二、花池挡墙

花池是室外绿化组景手段不可缺少的，它起着很强的装饰作用，添加了室外的园林气息(图 11-3)。

三、桌、凳、椅

桌、凳、椅是庭院供人们休息之处，一般安放在铺装好的地面上或自然地坪上(图 11-4、图 11-5、图 11-6)。

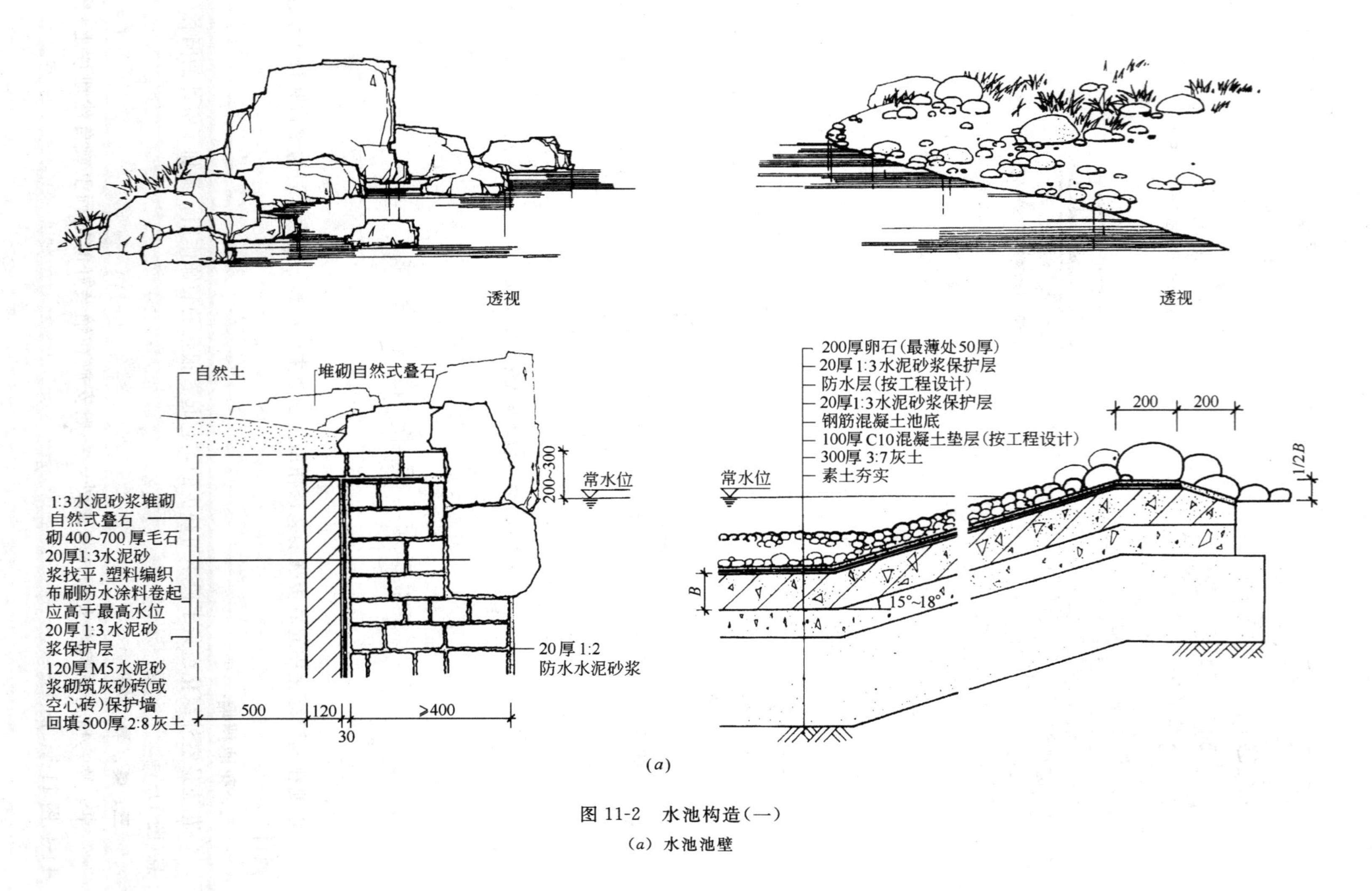

(a)

图 11-2 水池构造(一)

(a) 水池池壁

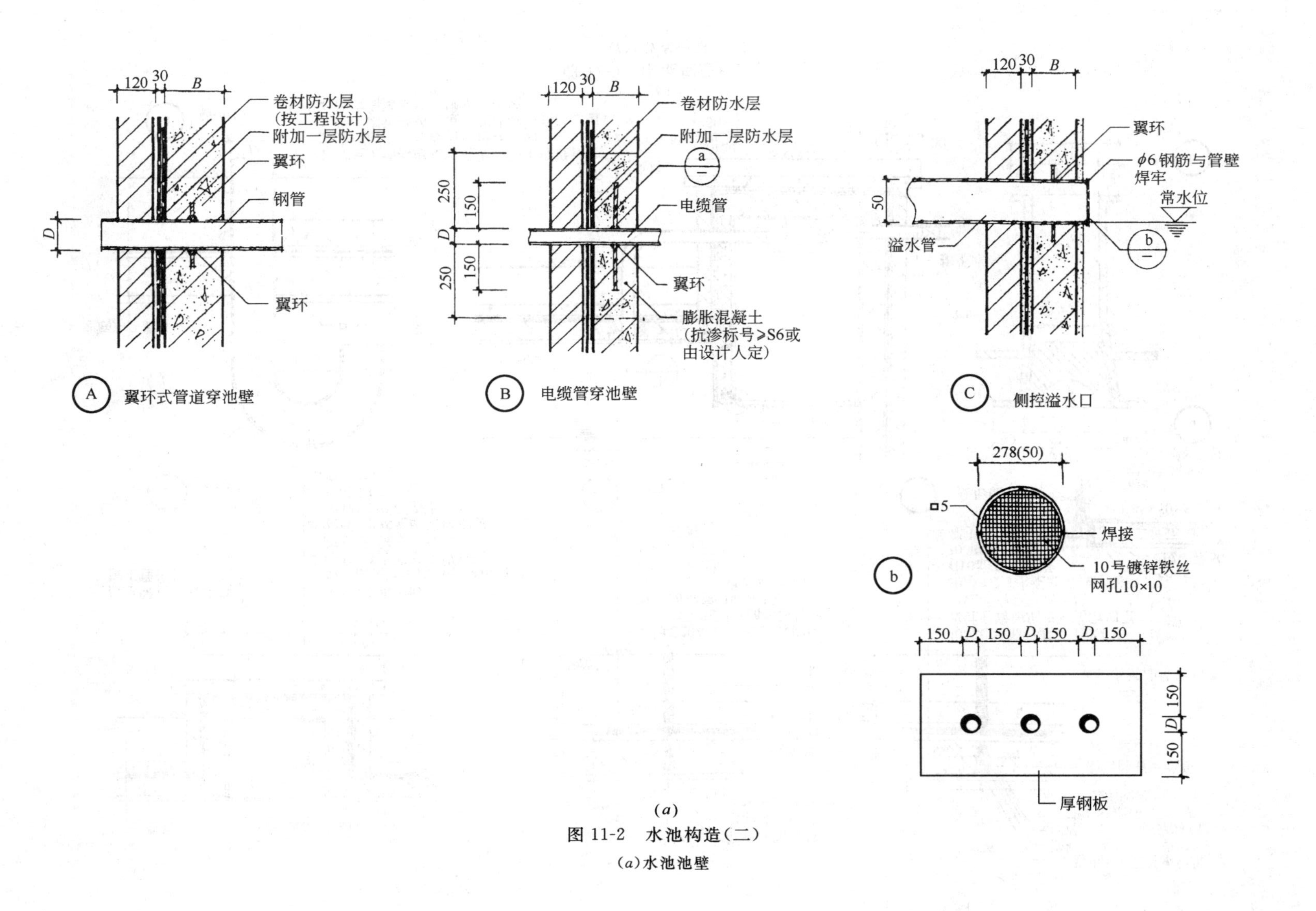

(*a*)

图 11-2 水池构造(二)

(*a*)水池池壁

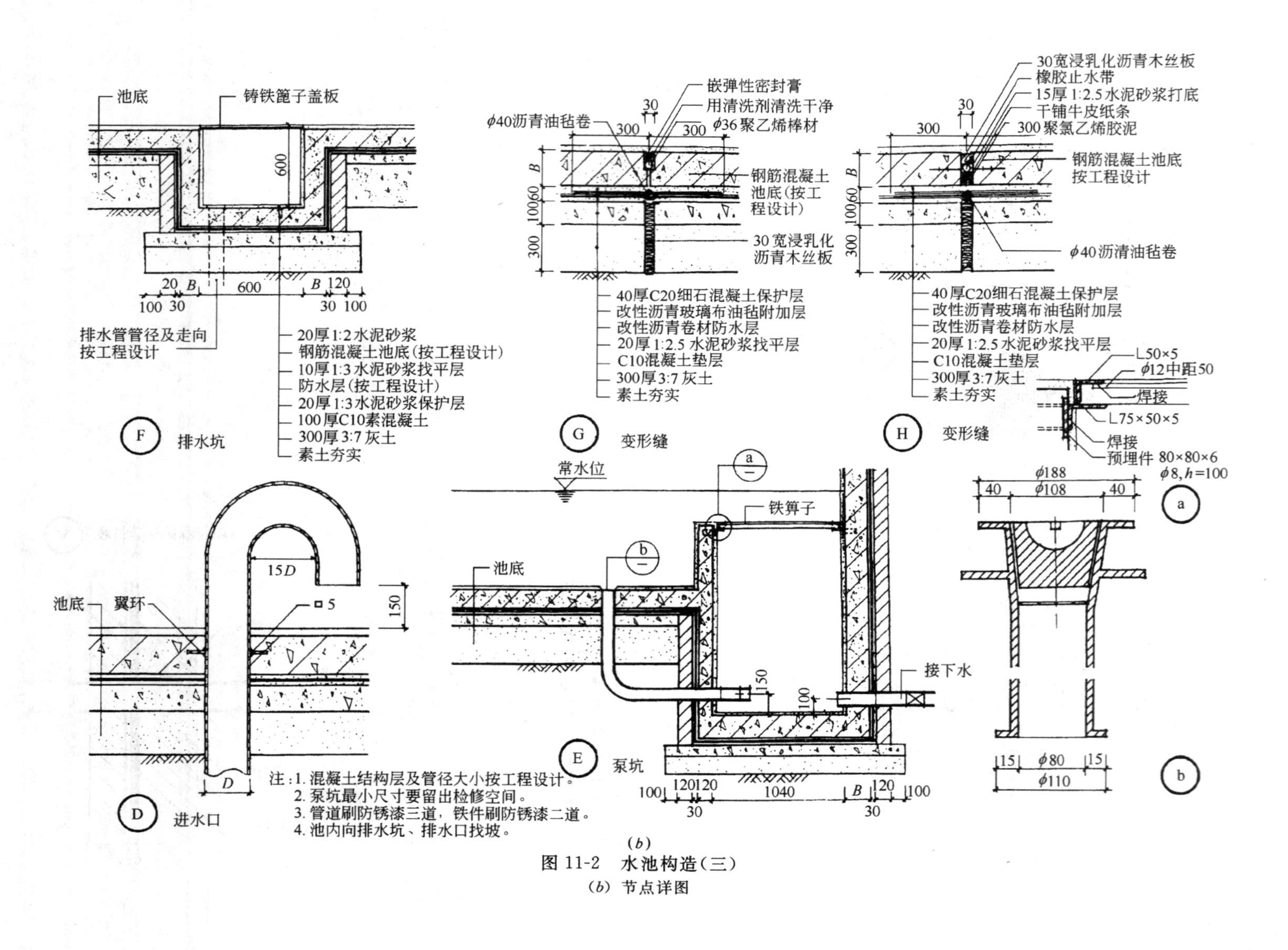

注：1. 混凝土结构层及管径大小按工程设计。
2. 泵坑最小尺寸要留出检修空间。
3. 管道刷防锈漆三道，铁件刷防锈漆二道。
4. 池内向排水坑、排水口找坡。

(b)

图 11-2　水池构造(三)

(b) 节点详图

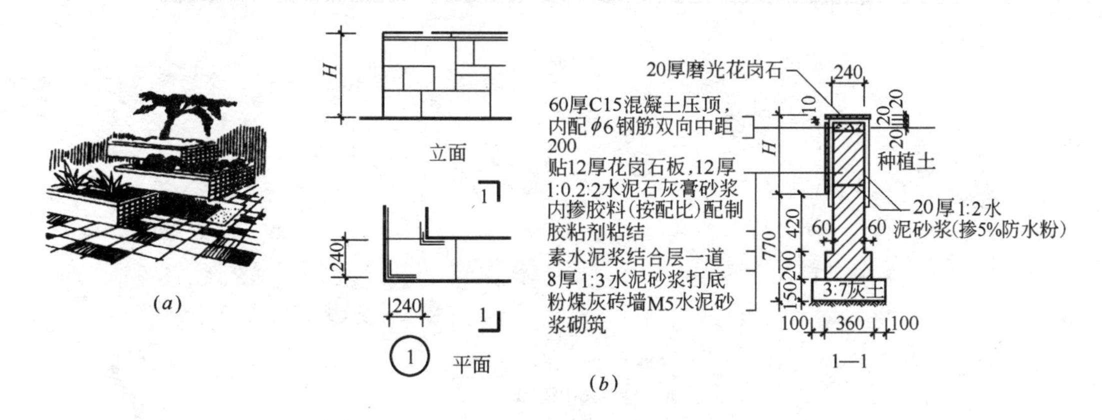

图 11-3　花池挡墙构造

(a)花池透视图；(b)花池挡墙构造

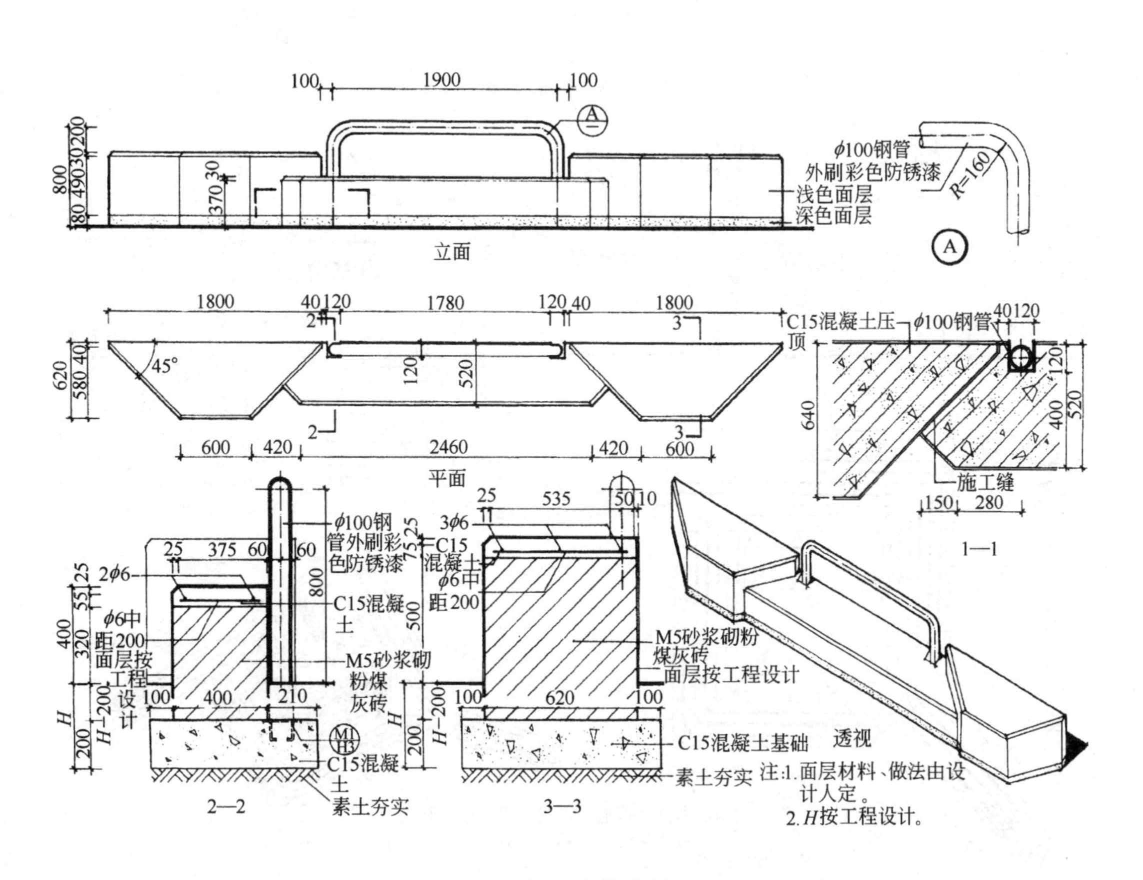

图 11-4　庭院坐椅

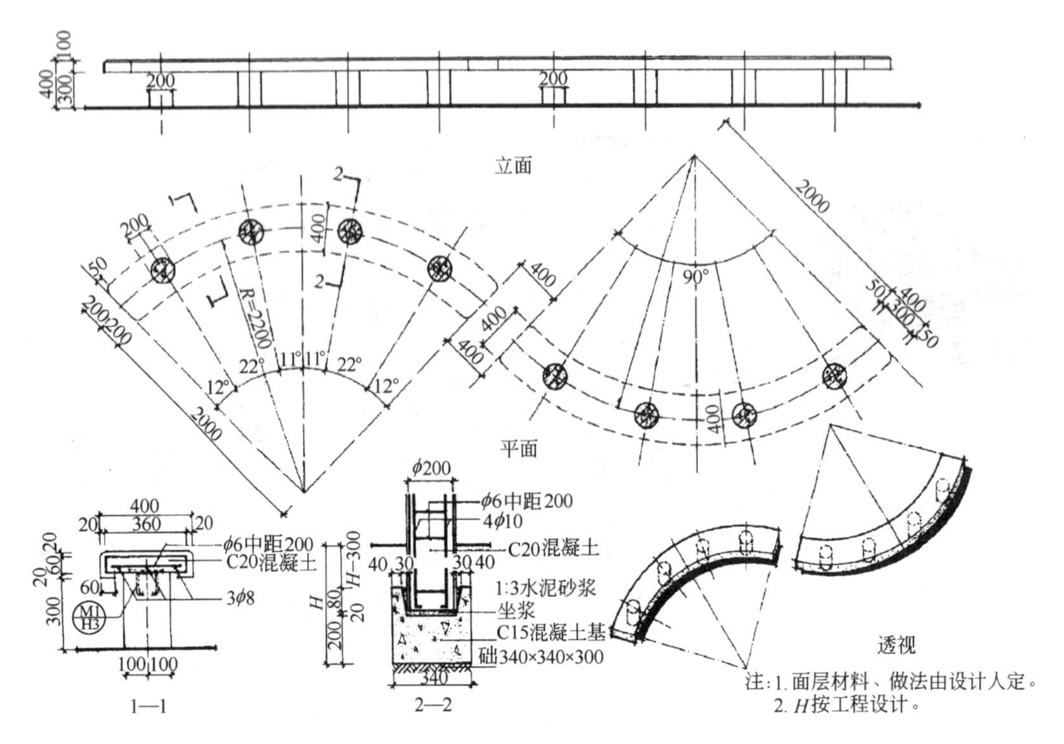

图 11-5 弧形条凳

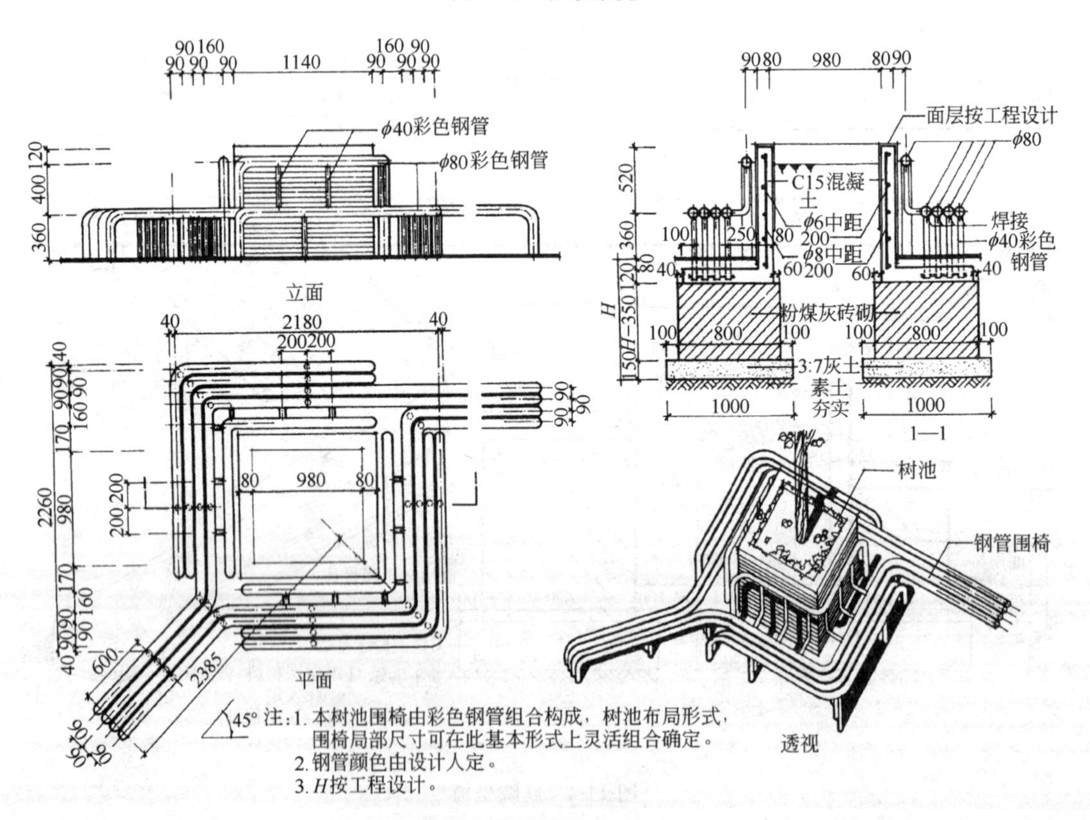

图 11-6 树池围椅

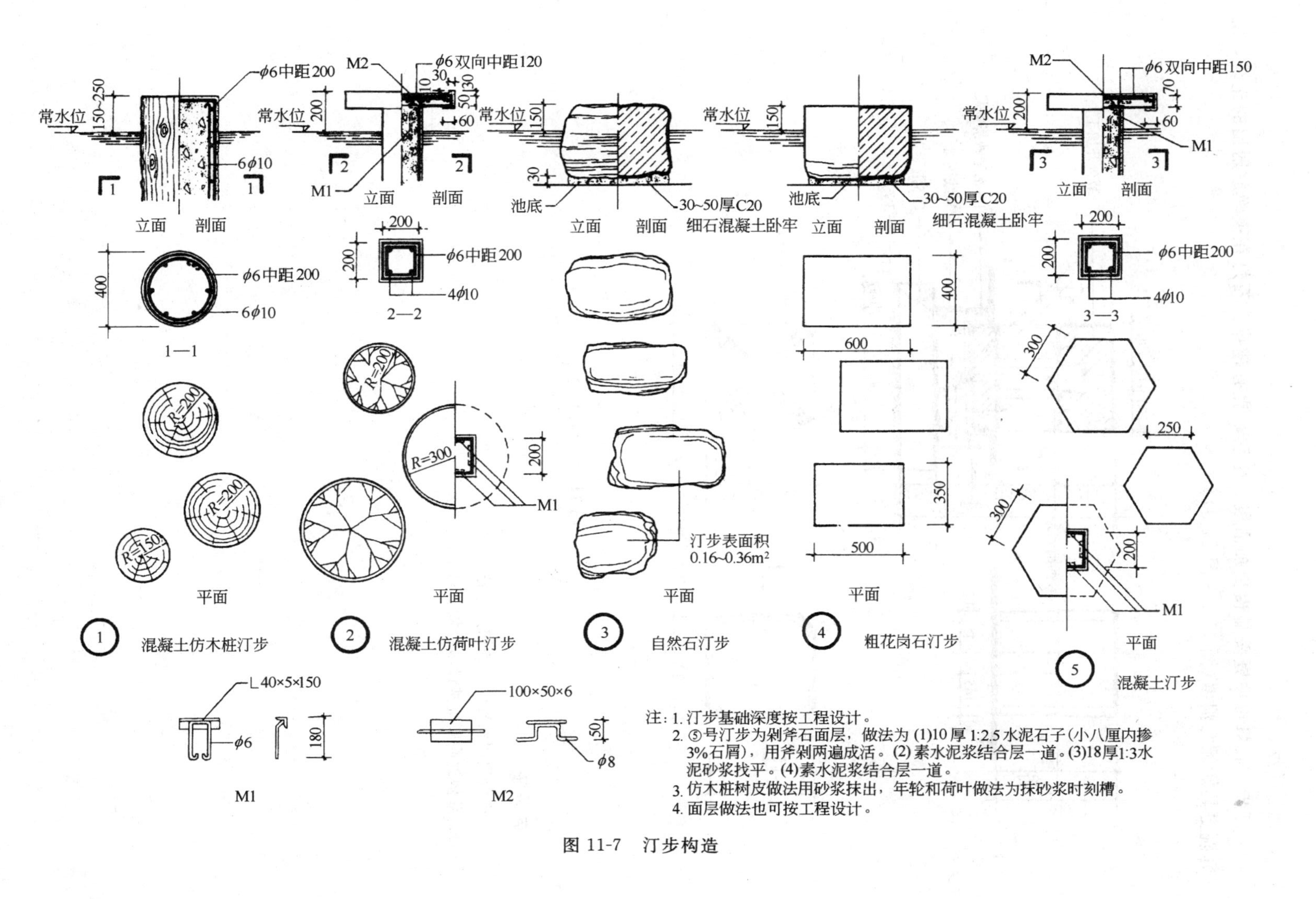

注：1. 汀步基础深度按工程设计。
2. ⑤号汀步为剁斧石面层，做法为 (1)10 厚 1:2.5 水泥石子（小八厘内掺 3%石屑），用斧剁两遍成活。(2) 素水泥浆结合层一道。(3)18厚1:3水泥砂浆找平。(4)素水泥浆结合层一道。
3. 仿木桩树皮做法用砂浆抹出，年轮和荷叶做法为抹砂浆时刻槽。
4. 面层做法也可按工程设计。

图 11-7　汀步构造

四、汀步、石灯

汀步、石灯可使庭院显得更加活泼、生动，更有趣味。石灯在夜晚放射出的光线，使庭院更具妩媚与浪漫(图 11-7、图 11-8)。

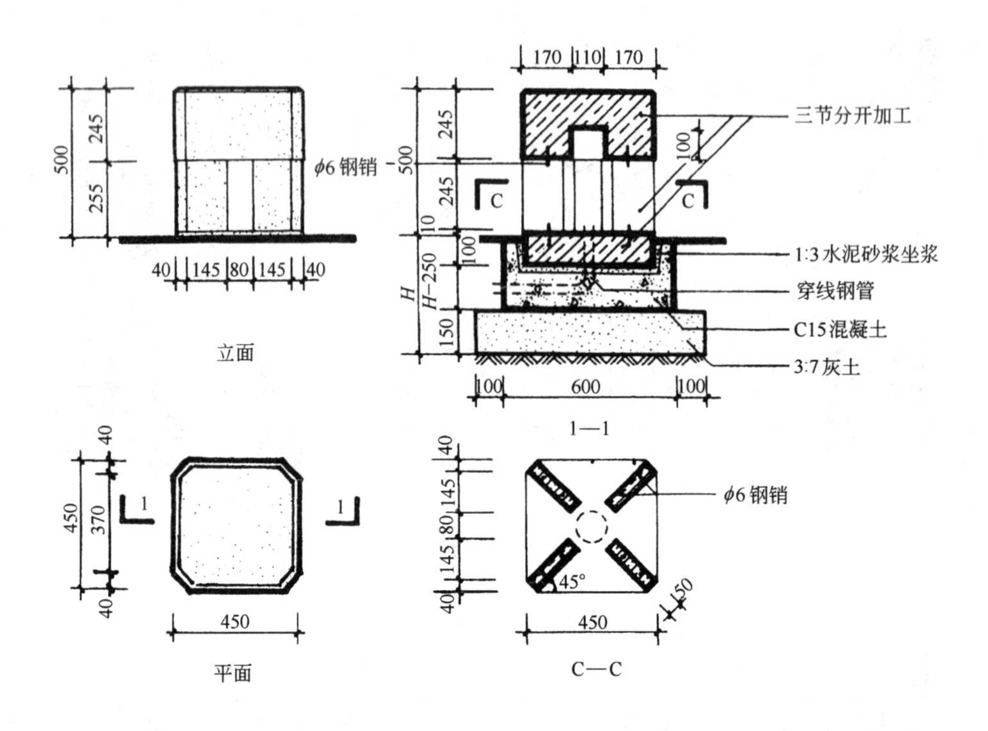

图 11-8　石灯构造

思考题：

1. 举例说明室外地坪的构造做法。
2. 举例说明庭院某设施的构造做法。

第十二章　顶　棚　装　修

第一节　概　　述

顶棚是位于建筑物楼板、屋面板之下的装饰层，又称为天花板或天棚。

一、顶棚的分类

顶棚按其构造方式有直接式顶棚和悬吊式顶棚两种做法。

1. 直接式顶棚

直接式顶棚是直接在楼板之下做抹灰、粉刷、粘贴装饰面材的装修(图 12-1)。

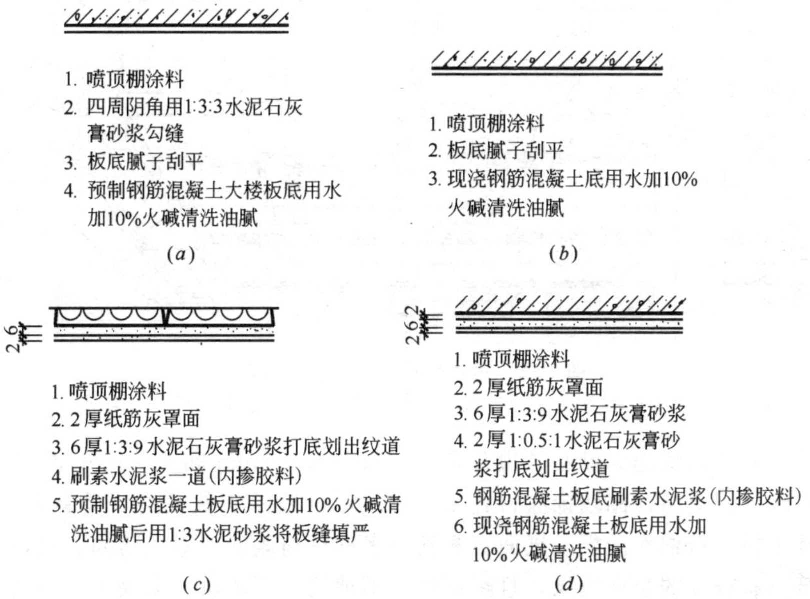

1. 喷顶棚涂料
2. 四周阴角用1:3:3水泥石灰膏砂浆勾缝
3. 板底腻子刮平
4. 预制钢筋混凝土大楼板底用水加10%火碱清洗油腻

(*a*)

1. 喷顶棚涂料
2. 板底腻子刮平
3. 现浇钢筋混凝土底用水加10%火碱清洗油腻

(*b*)

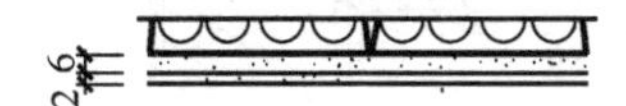

1. 喷顶棚涂料
2. 2厚纸筋灰罩面
3. 6厚1:3:9水泥石灰膏砂浆打底划出纹道
4. 刷素水泥浆一道(内掺胶料)
5. 预制钢筋混凝土板底用水加10%火碱清洗油腻后用1:3水泥砂浆将板缝填严

(*c*)

2
6
2

1. 喷顶棚涂料
2. 2厚纸筋灰罩面
3. 6厚1:3:9水泥石灰膏砂浆
4. 2厚1:0.5:1水泥石灰膏砂浆打底划出纹道
5. 钢筋混凝土板底刷素水泥浆(内掺胶料)
6. 现浇钢筋混凝土板底用水加10%火碱清洗油腻

(*d*)

图 12-1　直接式顶棚

(*a*)板底喷涂(预制板)；(*b*)板底喷涂(现浇板)；(*c*)板底抹灰(预制板)；(*d*)板底抹灰(现浇板)

2. 悬吊式顶棚

悬吊式顶棚是将装饰面层悬吊在屋面下或楼板底的装修。其应具有足够的净空高度，以便安装灯具、通风设施及敷设各种管线等。悬吊式顶棚简称吊顶。其一般由吊杆(吊筋)、龙骨和吊顶面层组成(图 12-2、图 12-3)。

二、顶棚装饰材料

1. 轻钢龙骨铝合金吊顶棚。吊顶骨架可以采用轻钢、铝合金、塑料等材料。吊顶新颖美观，广泛采用，吊顶饰面轻质、吸声、花饰美丽，可进行更换。

2. 毛面顶棚涂料。毛面顶棚装饰涂料有高、中、低档之分。一种是膨胀珍珠岩顶棚

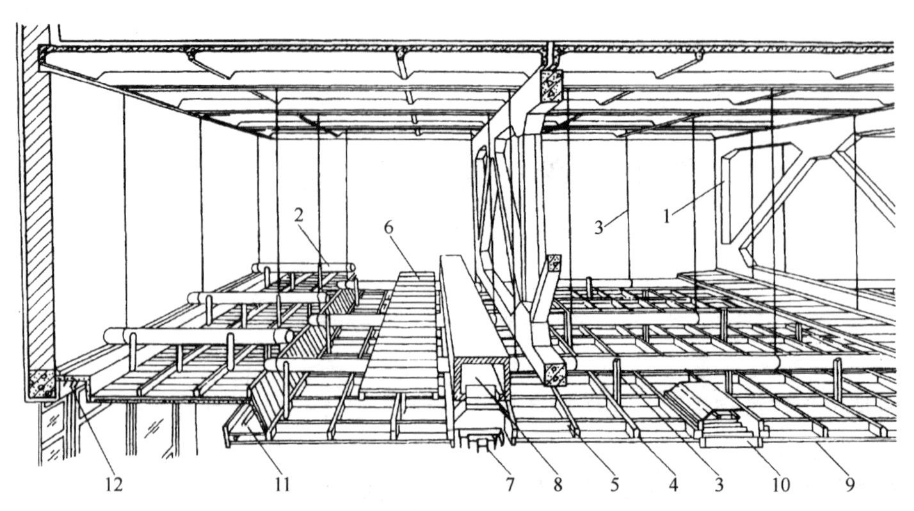

图 12-2 吊顶悬挂于屋架下构造示意

1—屋架；2—主龙骨；3—吊筋；4—次龙骨；5—间距龙骨；6—检修走道；
7—出风口；8—风道；9—吊顶面层；10—灯具；11—灯槽；12—窗帘盒

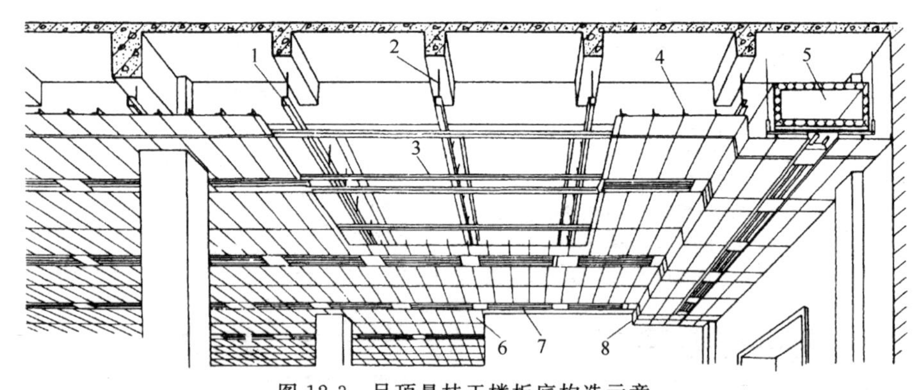

图 12-3 吊顶悬挂于楼板底构造示意

1—主龙骨；2—吊筋；3—次龙骨；4—间距龙骨；5—风道；6—吊顶面层；7—灯具；8—出风口

涂料；一种是聚苯乙烯泡沫颗粒顶棚涂料，厚度为 1～3mm 和 1～5mm 两种；再一种是云母片顶棚涂料。毛面顶棚装饰涂料施工工艺简单、喷涂工效较高，具有颗粒毛面质感，适用于混凝土板、石棉水泥板、纸面石膏板等多种材料表面。对大房间、楼道、住宅顶棚及公共建筑具有较好的装饰效果，且耐刷洗、不掉粉、不渗水、遇碱也不脱落。

3. 珍珠岩装饰吸声板。作为较好的顶棚装饰材料，安装简便。能直接粘贴、木筋固定，轻钢龙骨固定。具有吸声、隔热、质轻、保温、防火、防潮、防腐蚀、不变形、不发霉等优点。

4. 矿棉装饰吸声板。作为良好的顶棚装饰材料，具有吸声、防火、保温、隔热、防震、质轻等优良性能。它花色品种很多、饰面上有浮雕、印花、钻孔、枫叶、滚花、满天星等美丽装饰。

5. 聚苯乙烯泡沫塑料装饰吸声板。具有色白、质轻、保温、隔热、隔声等特点，是顶棚高级艺术装饰材料。

6. 钙塑泡沫装饰吸声板。具有难燃、质轻、耐水、隔热、吸声、施工方便等优点。表面有平面和穿孔图案、凹凸图案，是良好的顶棚装饰材料。

7. 纸面石膏装饰吸声板。施工方便、质轻、隔热、隔声、防火、变形小、抗震、质地洁白、美观大方、能调节室内湿度、可钉、可锯、可刨、可粘贴。装饰顶棚能给人以清新悦目之感。

8. 竹绒复合装饰面板。将竹绒板表面冷喷彩色涂料，表面光亮、色泽艳丽、有凹凸花纹、立体感强、阻燃，是理想顶棚装饰材料。

9. 各种硬质 PVC 波形板。硬质 PVC 板有三种形式，波形板、异型板、格子板、用它们装饰顶棚，具有独特效果，若利用透明 PVC 横波板作顶棚、上面放灯光、可使整个平顶发光，若采用不同角度照射，还可呈现阴影图案，并富有立体感受。

10. 无机防火天花板(代号 SJB_2)。以膨胀蛭石为骨料，膨胀蛭石呈片状结构，层间充满空气，质轻、导热系数小、熔点高、火焰穿不透、无裂缝、无翘曲、不燃、不腐蚀、不虫蛀、无毒，是高效能防火顶棚。

11. 麻屑板顶棚装饰材料。用亚麻废料经过加工热压成型，具有质轻、吸声、保温、隔热、抗水、可钉、锯、钻、刨、凿。能任意着色，深浅随意，板面有自然花纹，十分美丽，是新型顶棚吸声装饰材料。

12. 镁铝曲面天花装饰板。采用优质酚醛纤维板和镁铝合金箔板，底层纸作原料，经砂光粘接、电热烘干、刻沟、涂沟制成。具有耐磨、防水、耐热、耐压等优点。可钉、刨、剪、弯、卷、转角、圆形、柱状、凹凸面或平贴。表面光亮高雅、有银、金绿、橙黄、古铜、金红等颜色，是新型顶棚装饰材料。

此外还有轻钢龙骨配套 TK 板、蔗渣吸声板、彩色不锈钢顶棚装饰板，它们都是较好的顶棚装饰板。

第二节　悬吊式顶棚的装修构造

一、铝合金龙骨悬吊式顶棚

铝合金龙骨悬吊式顶棚是现在常用的一种吊顶形式。它具有自重轻、刚度大、防火性好、便于施工等优点(图 12-4)。

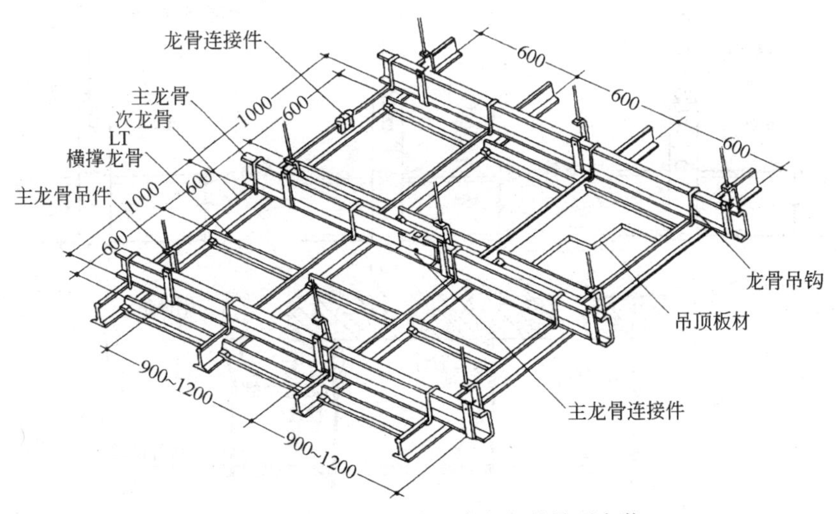

图 12-4　LT 型装配式铝合金龙骨吊顶安装

图中主龙骨是承重龙骨，其间距一般为 1000mm 左右。安装时，第一根主龙骨离墙边距离≤200mm。次龙骨通过龙骨吊钩固定于主龙骨之下。次龙骨的主要作用是固定装饰面板，故次龙骨的间距要由饰面板的规格来决定。为了便于面板的四周均可固定，故次龙骨之间要设置横撑龙骨。

吊杆(吊筋)是楼板、屋顶结构层与龙骨之间的连接件。吊杆在布置时应均匀分布。不上人吊顶的吊杆间距为 1000～1200mm，上人吊顶的吊杆间距为 800～1000mm。主龙骨端部距离第一个吊点≤300mm，否则应增设吊点，以防主龙骨变形。吊杆与结构层的固定方式可通过结构层内的预埋件、射钉枪固定射钉或膨胀螺栓与吊杆焊接或螺钉连接(图 12-5、图 12-6)。

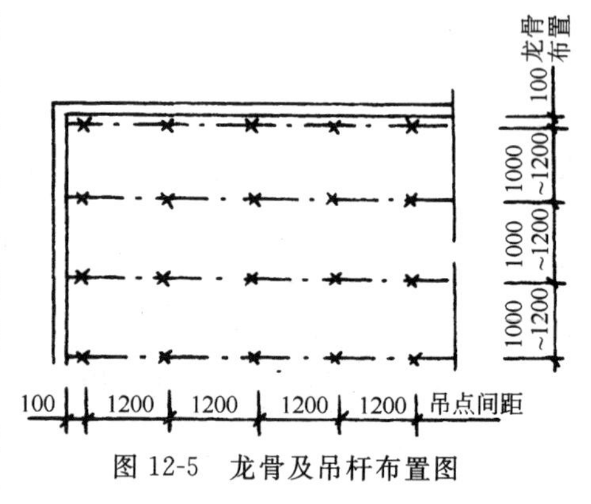

图 12-5 龙骨及吊杆布置图

吊顶用的面板一般有三种。一种是植物类板材，如胶合板、纤维板等。一种是矿物及有机合成类板材，如纸面石膏板、纸面防火石膏板、穿孔石膏吸声板、矿棉板等。再一种是金属类板材，如铝合金板材、铝板、薄钢板等(图 12-7)。

二、高低错台吊顶

为了丰富室内的造型、满足音响、照明设备的安装要求和对较大空间的限定，以达到某种特殊效果，顶棚常做成高低错台的吊顶。在顶棚错台处要保证其连接牢固，使之饰面不被破坏(图 12-8、图 12-9)。

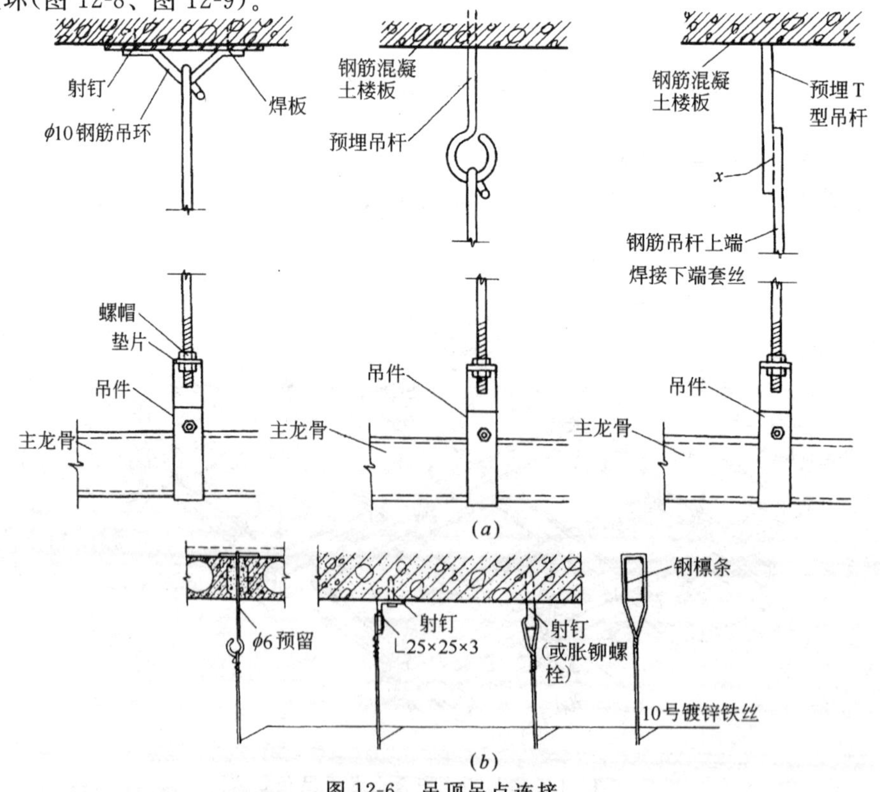

图 12-6 吊顶吊点连接
(a)上人吊顶吊点连接；(b)不上人吊顶吊点连接

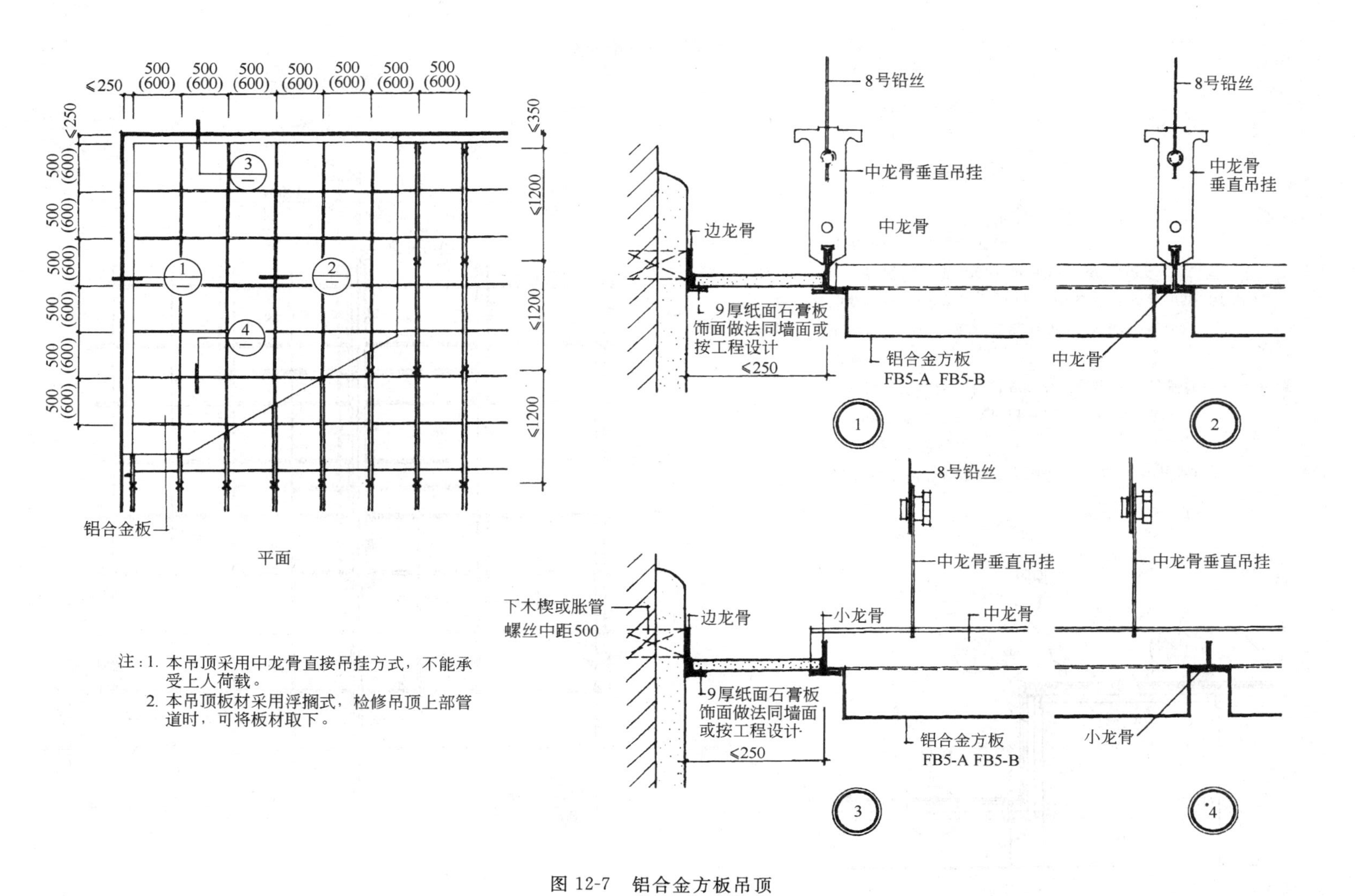

注：1. 本吊顶采用中龙骨直接吊挂方式，不能承受上人荷载。
2. 本吊顶板材采用浮搁式，检修吊顶上部管道时，可将板材取下。

图 12-7 铝合金方板吊顶

600 (500) 600 (500) 600 (500) 600 (500) 32 600 (500) 600 (500) 600 (500) 600 (500)

高处吊顶

低处吊顶

吊顶板

竖向附加大龙骨

通长角钢

1200 (1000) 155 70 1200 (1000) 1200 (1000)

平面

注：括号内尺寸适用于 500×500 板材。

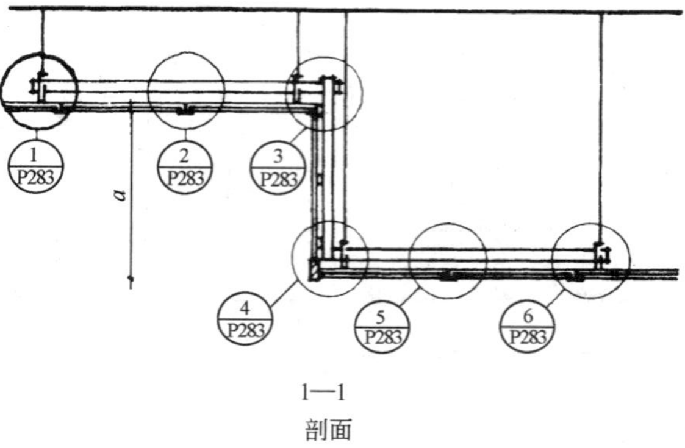

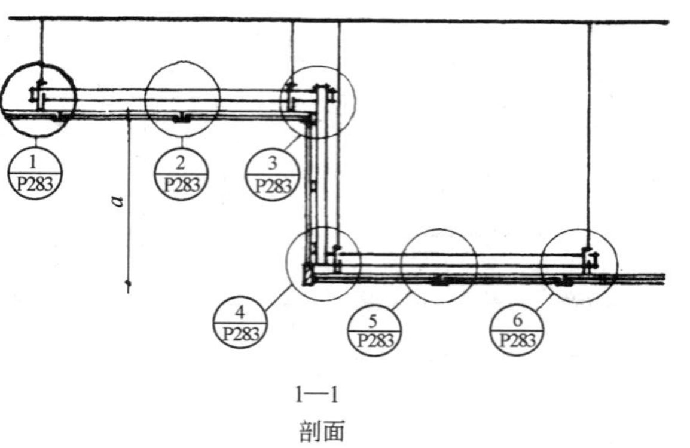

1—1
剖面

注：1. 高低错落 T 型龙骨吊顶不宜采用直接吊挂中龙骨做法，需采用大、中、小龙骨逐层吊挂。

2. 本图为大龙骨平行高低错落方向时的构造示例。

3. 高差 a 按工程设计，超过 900 时，按纸面石膏板规格增加 U 型中、小龙骨。

4. 吊顶板可采用矿棉板，规格为 596×596×12(15)
装饰石膏板规格为 496×496×10(12)，596×596×10(12)，
纸面石膏板切割成 496×496×12，596×596×12，
石棉水泥板切割成 496×496×6。

图 12-8　高低错台吊顶平面图、剖面图

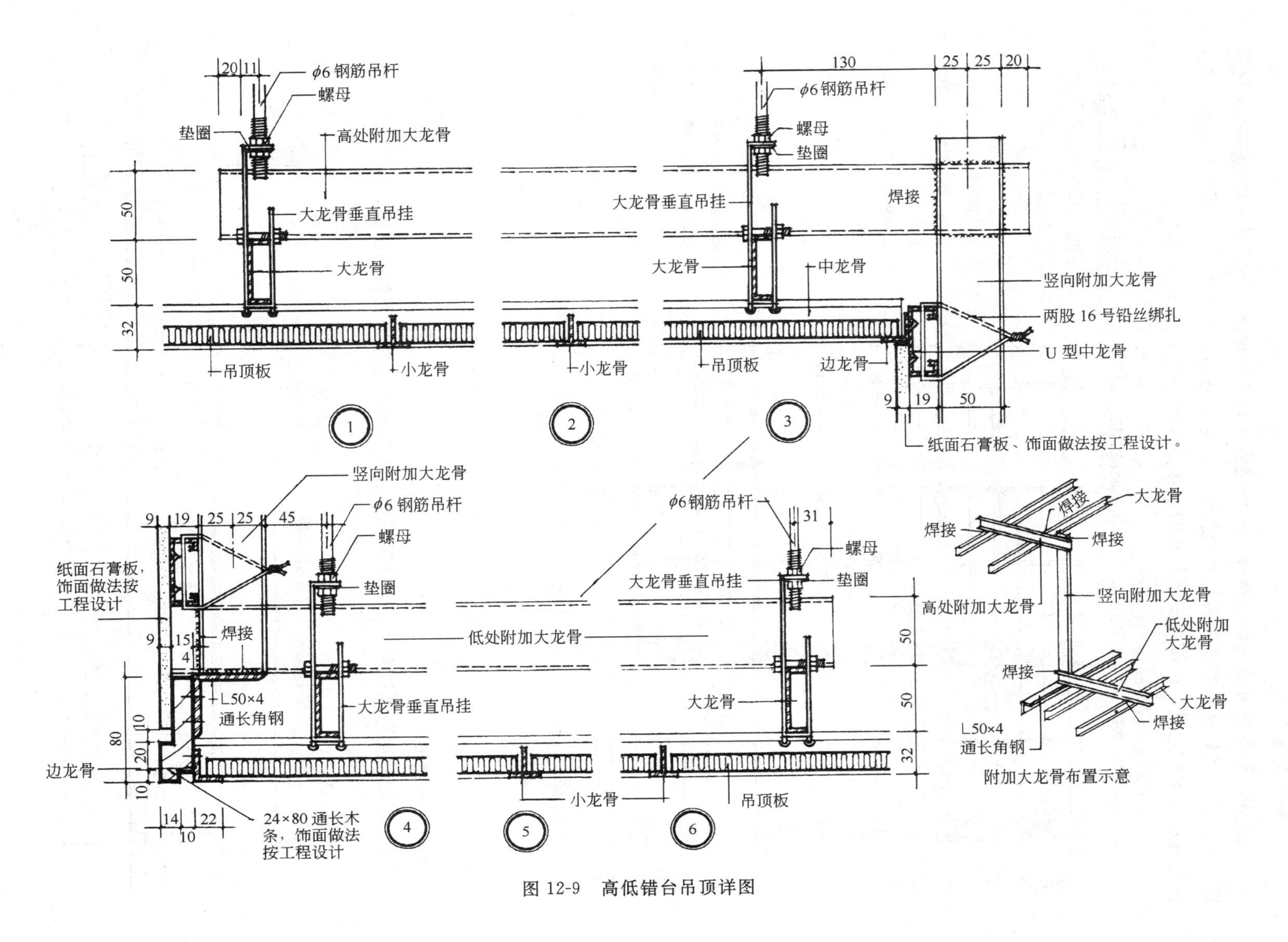

图 12-9　高低错台吊顶详图

三、光带吊顶

顶棚安装灯具的方法一般有两种，一种是直接悬挂于顶棚之下；另一种是需嵌入到顶棚内部。嵌入式灯具，在需安装灯具的位置，用龙骨按灯具的外形尺寸围合成孔洞边框，使之放在次龙骨之间，以作为安装灯具的连接点(图 12-10、图 12-11)。

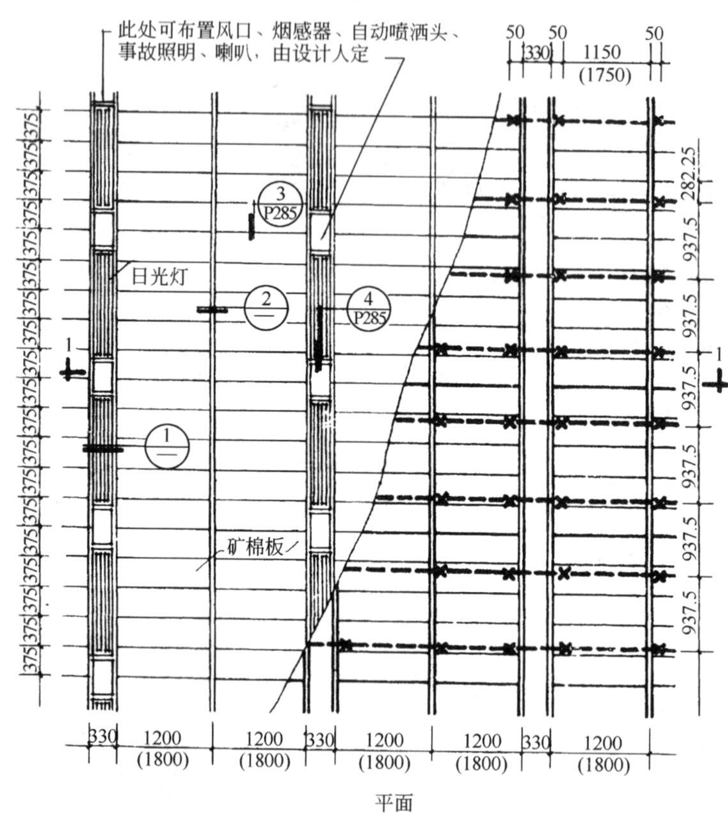

1—1 剖面

注：1. 本吊顶采用 T 型龙骨类型 2、3，采用明暗龙骨结合方式。

2. 吊顶板采用矿棉板，规格为 1196×375×15 或 1796×375×15，沿板的长边两面开暗槽。

3. 光带宽 330 或按工程设计，可由日光灯组成，或布置风口，烟感器、自动喷洒头、事故照明、喇叭等。日光灯可露明，也可用压花有机玻璃遮光板，由设计人定。

平面

图 12-10　光带吊顶平面图、剖面图

四、发光顶棚

发光顶棚是用有机灯光片、彩绘玻璃等透光材料作为装饰面板的顶棚，其光线均匀柔

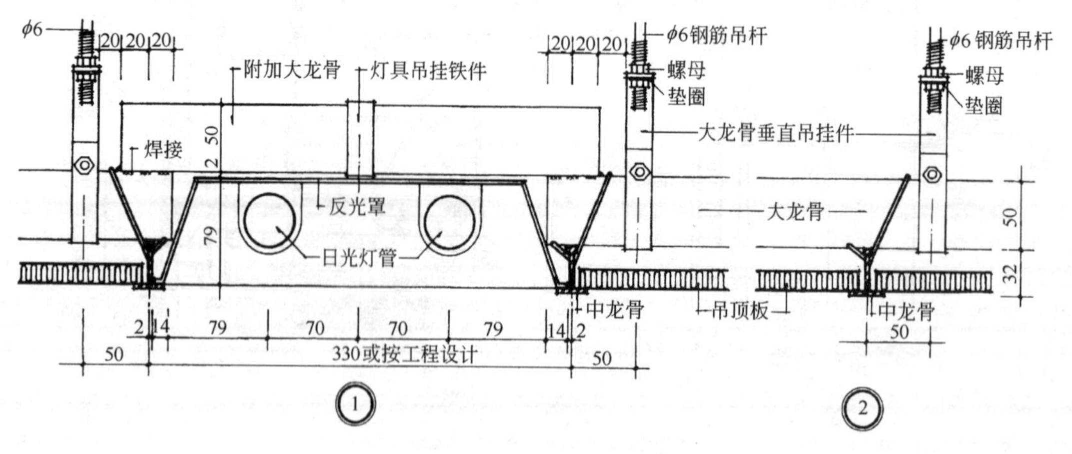

图 12-11　光带吊顶详图(一)

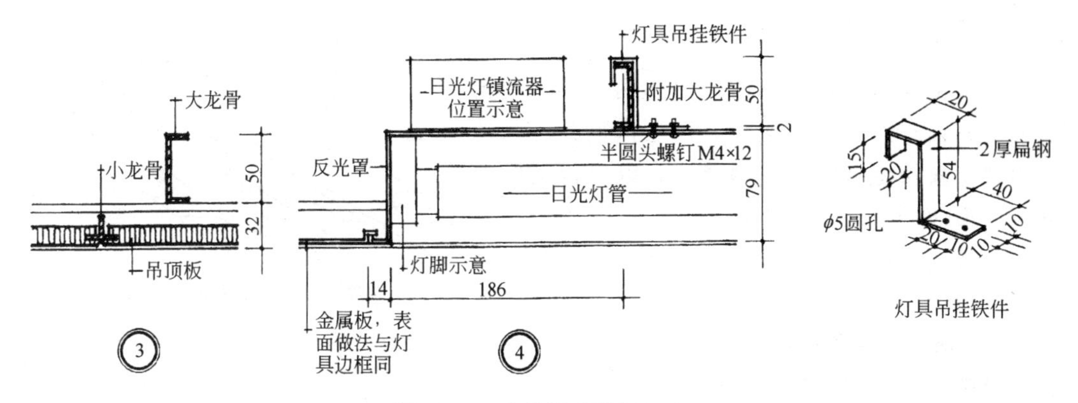

图 12-11　光带吊顶详图(二)

和，减少了室内空间的压抑感。

其构造做法是用吊杆固定龙骨，龙骨在有透光板处需设置上下两层，以便于固定灯座及透光板(图 12-12)。透光板可采用搁置、承托或螺钉固定的方式与龙骨连接(图 12-13)。

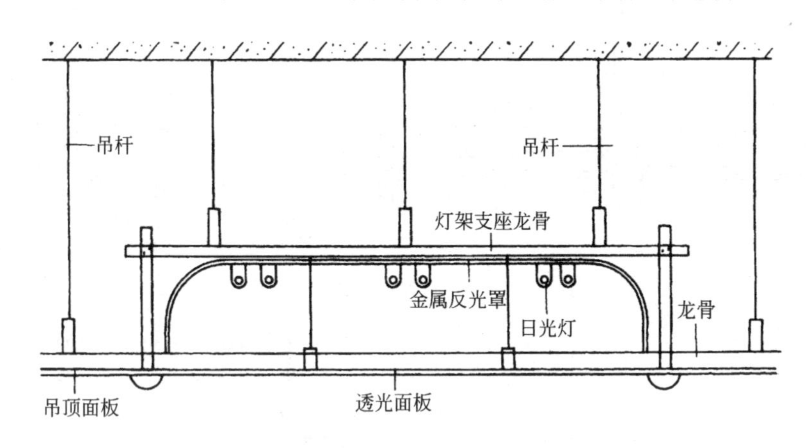

图 12-12　发光顶棚的构造示意

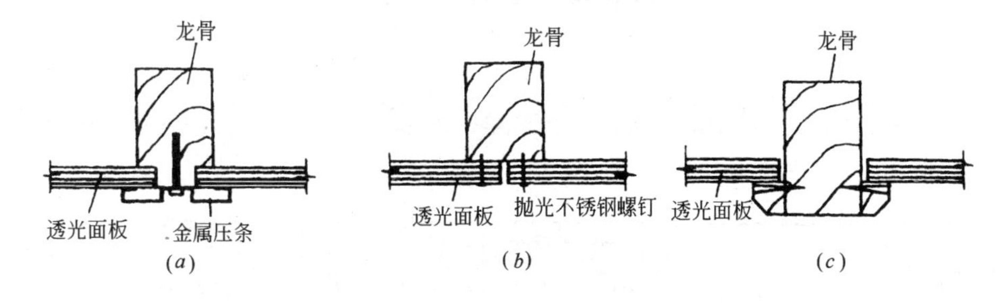

图 12-13　透光面板与龙骨的连接

五、开敞式吊顶

开敞式吊顶是指吊顶的饰面不封闭，可透过吊顶看到吊顶内的建筑结构和各种设备。

这种吊定具有既遮又透的感觉，减少了吊顶的压抑感。

开敞式吊顶直接用吊筋固定装饰构件，故无需龙骨与面板。由于不封闭，吊顶内的管道和楼板底常全部涂黑或涂以其他色彩，以取得良好的视觉效果(图 12-14、图12-15)。

开敞式顶棚灯具的布置，有内藏式、嵌入式、悬吊式和吸顶式(图 12-16)。

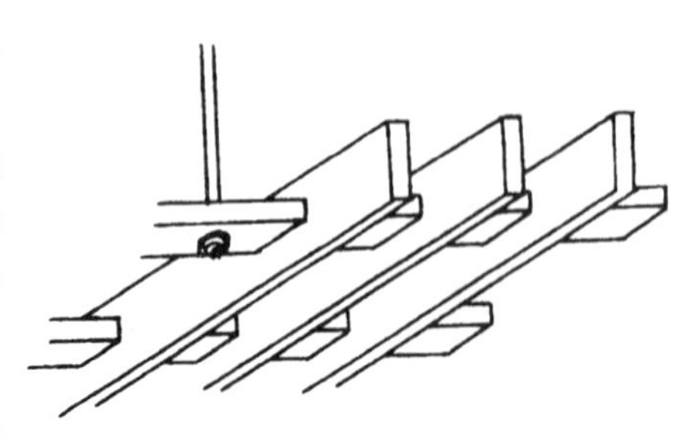

图 12-14　单条板式吊顶

六、居室、雨篷吊顶构造举例

见图 12-17、图 12-18、图 12-19。

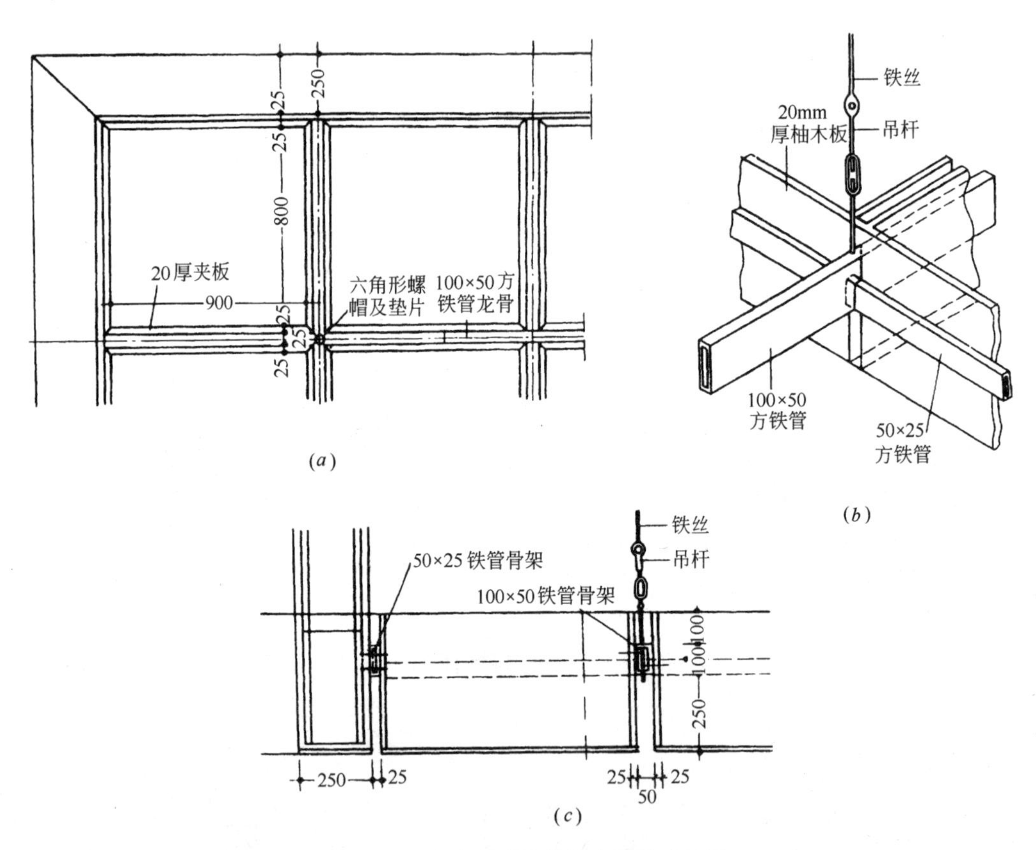

图 12-15　方盒子式单体组合开敞式吊顶

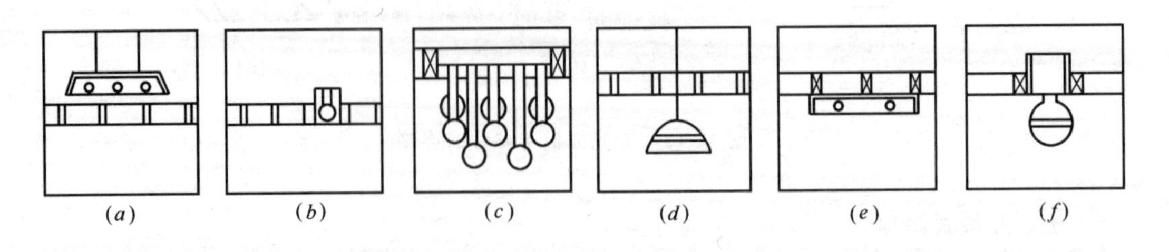

图 12-16　开敞式顶棚灯具布置

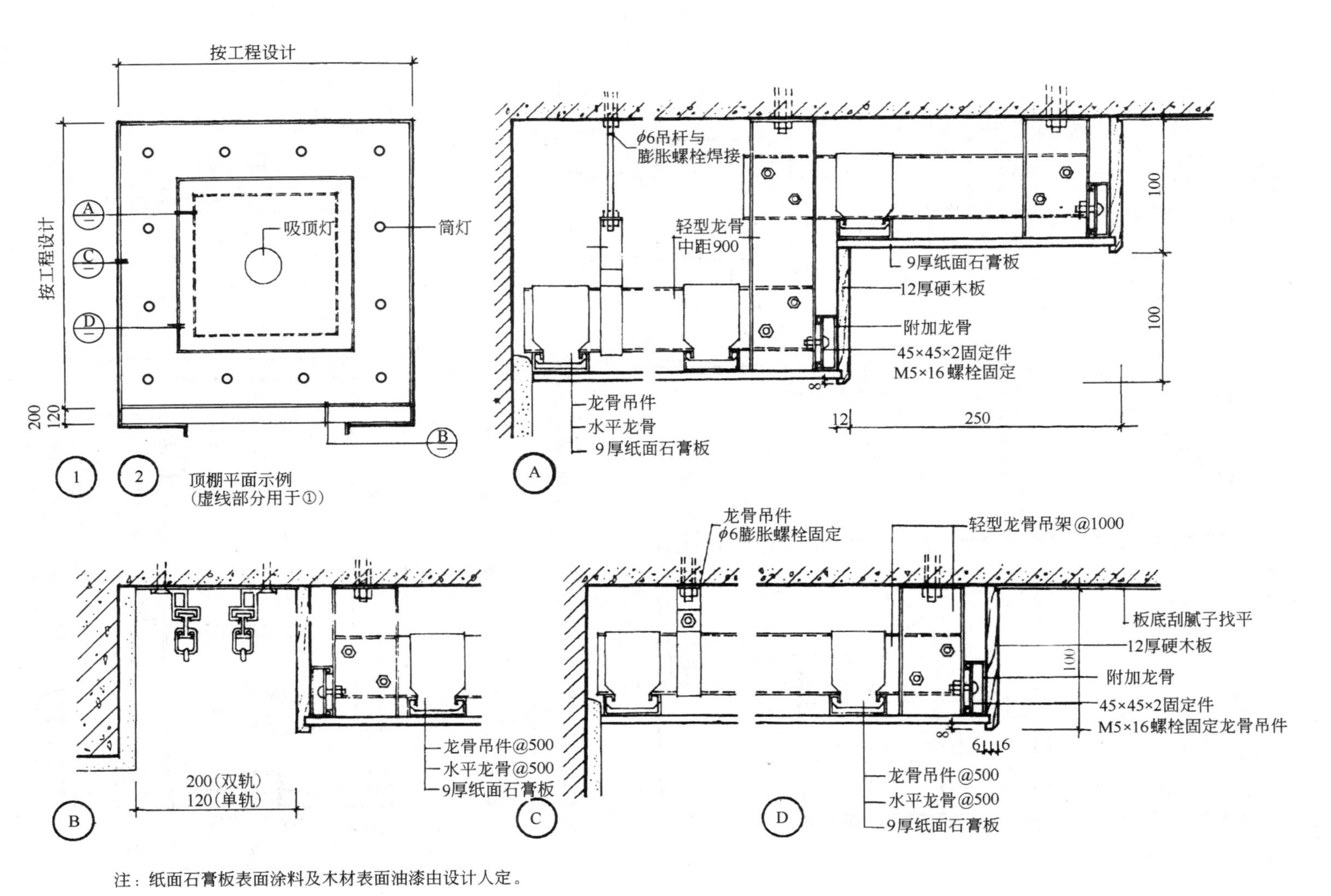

注：纸面石膏板表面涂料及木材表面油漆由设计人定。

图 12-17　某居室吊顶构造(一)

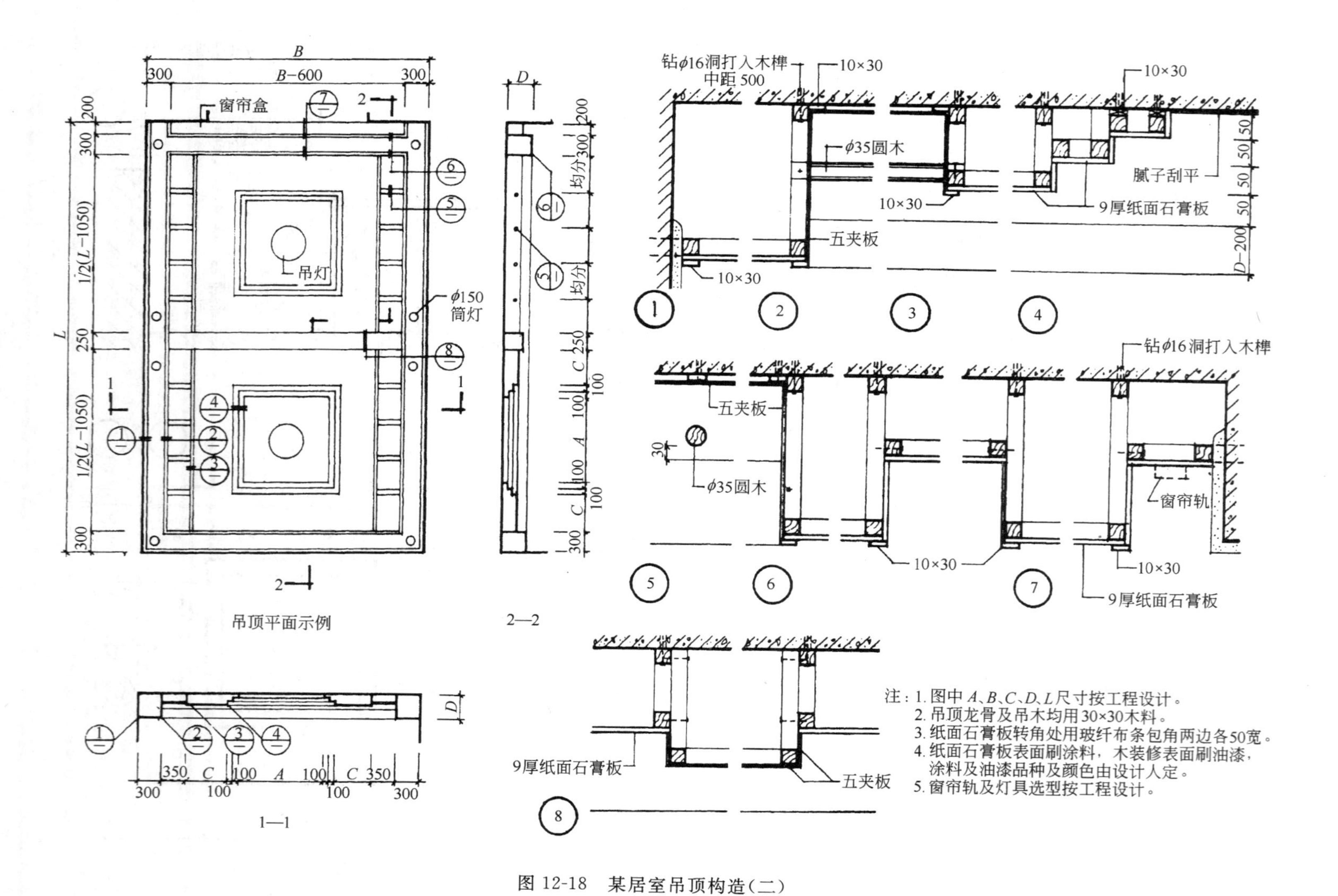

注：1. 图中 A、B、C、D、L 尺寸按工程设计。
2. 吊顶龙骨及吊木均用30×30木料。
3. 纸面石膏板转角处用玻纤布条包角两边各50宽。
4. 纸面石膏板表面刷涂料，木装修表面刷油漆，涂料及油漆品种及颜色由设计人定。
5. 窗帘轨及灯具选型按工程设计。

图 12-18　某居室吊顶构造（二）

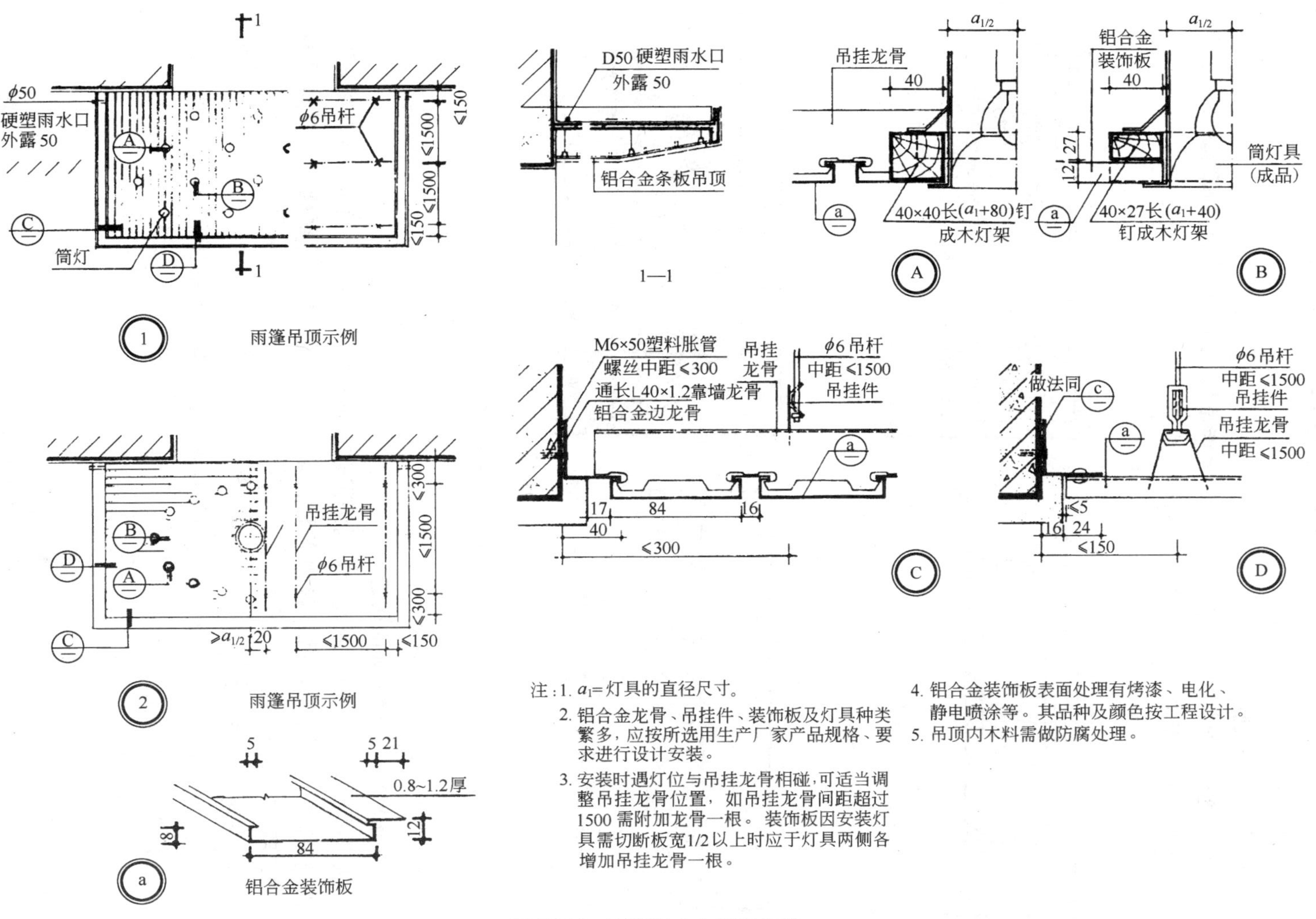

注：1. a_1=灯具的直径尺寸。

2. 铝合金龙骨、吊挂件、装饰板及灯具种类繁多，应按所选用生产厂家产品规格、要求进行设计安装。

3. 安装时遇灯位与吊挂龙骨相碰，可适当调整吊挂龙骨位置，如吊挂龙骨间距超过1500需附加龙骨一根。装饰板因安装灯具需切断板宽1/2以上时应于灯具两侧各增加吊挂龙骨一根。

4. 铝合金装饰板表面处理有烤漆、电化、静电喷涂等。其品种及颜色按工程设计。

5. 吊顶内木料需做防腐处理。

图 12-19　雨篷铝合金吊顶构造

第三节　顶棚特殊部位的装饰构造

一、顶棚装饰线脚

顶棚装饰线脚是指顶棚与墙体交接处的装饰做法。通常在墙体内预埋铁件、木砖等，用射钉将线脚与之固定。顶棚装饰线脚的形式见图 12-20。

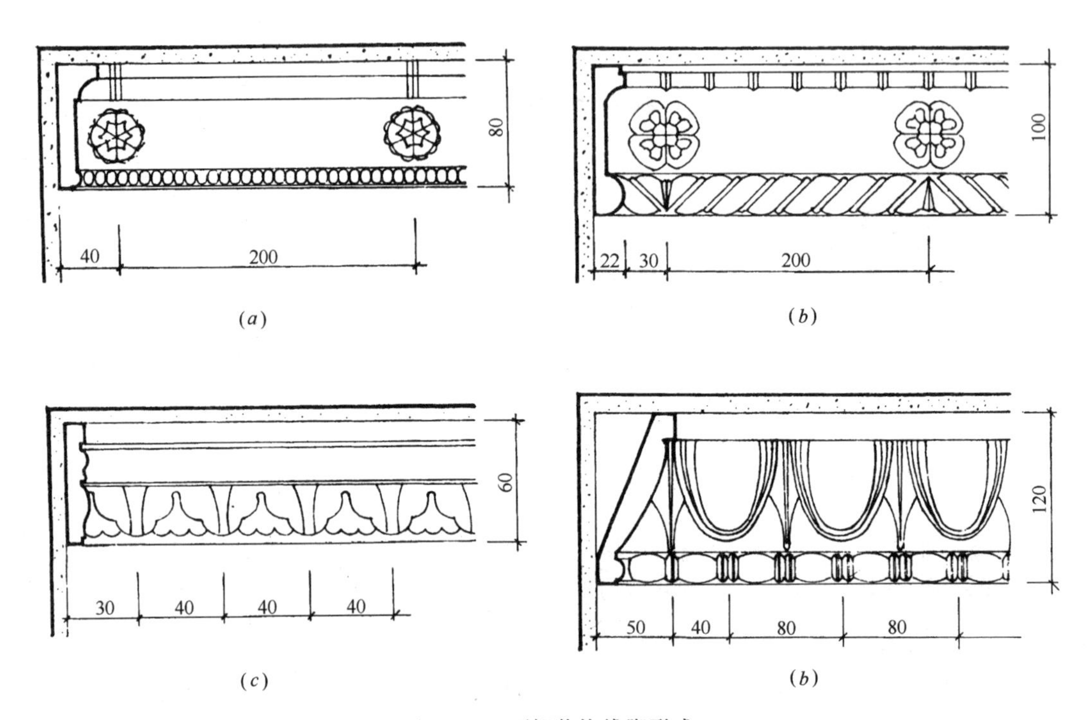

图 12-20　顶棚装饰线脚形式

顶棚装饰线脚构造举例(图 12-21)。

二、通风口、检修口处的构造

为了满足室内空气卫生的要求，对通风较差的房间需设置通风设施，故需在吊顶棚上设置通风口。为了便于对吊顶棚内各种设施的检修，还需在吊顶棚上设置检修口(图 12-22、图 12-23、图 12-24)。

三、顶棚反光灯槽构造

顶棚装饰中常利用反光灯槽的造型和灯光来达到某种装饰效果，营造个性的环境气氛。反光灯槽的形式见图 12-25。

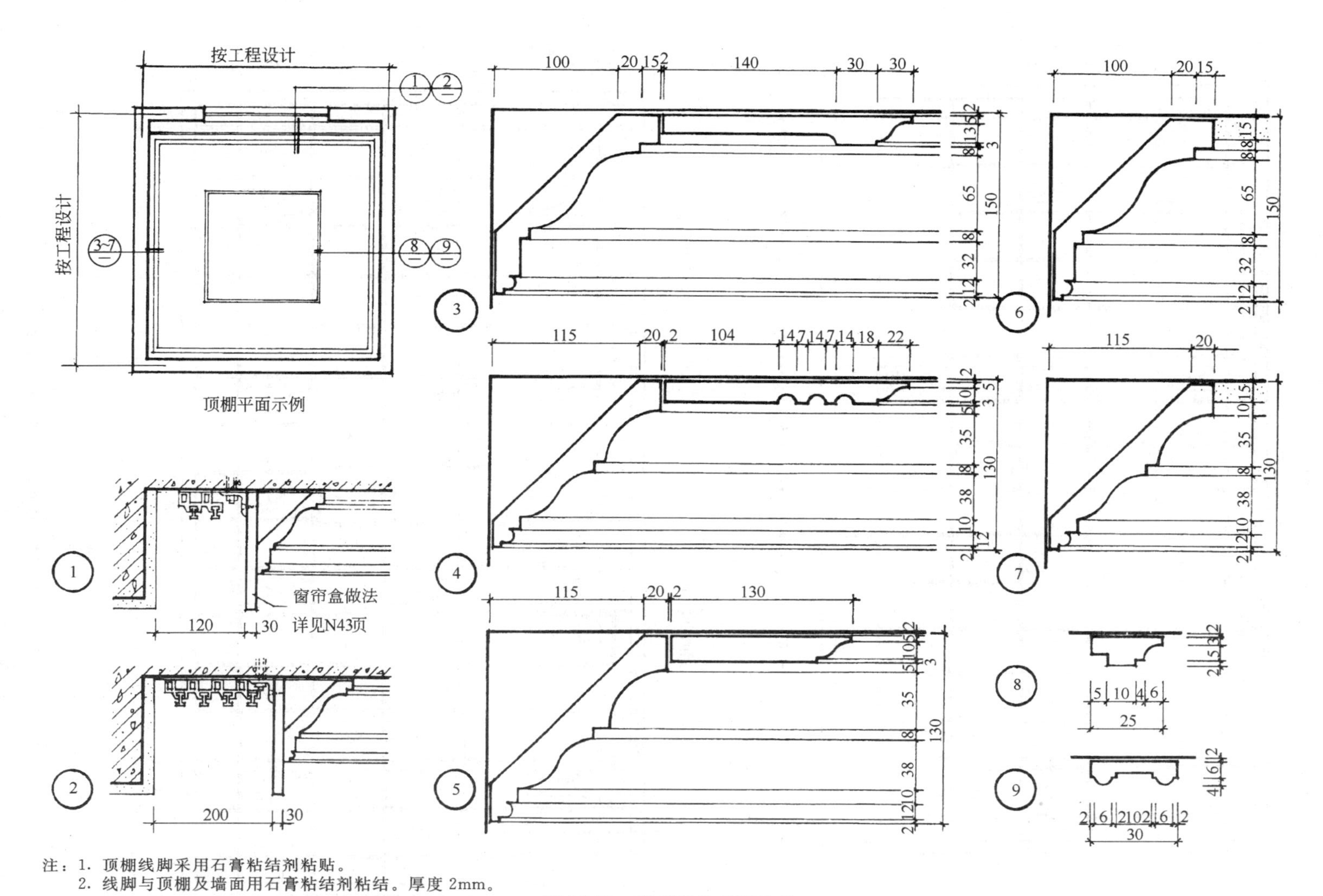

注：1. 顶棚线脚采用石膏粘结剂粘贴。
2. 线脚与顶棚及墙面用石膏粘结剂粘结。厚度 2mm。

图 12-21　顶棚装饰线脚构造

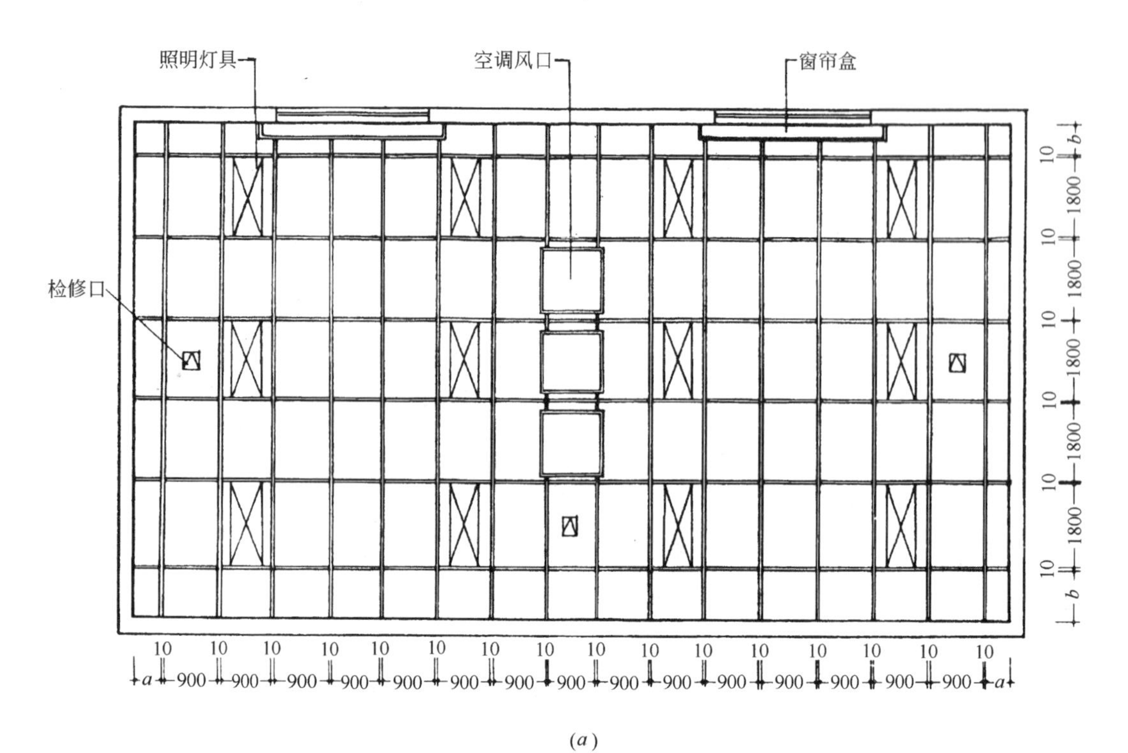

(a)

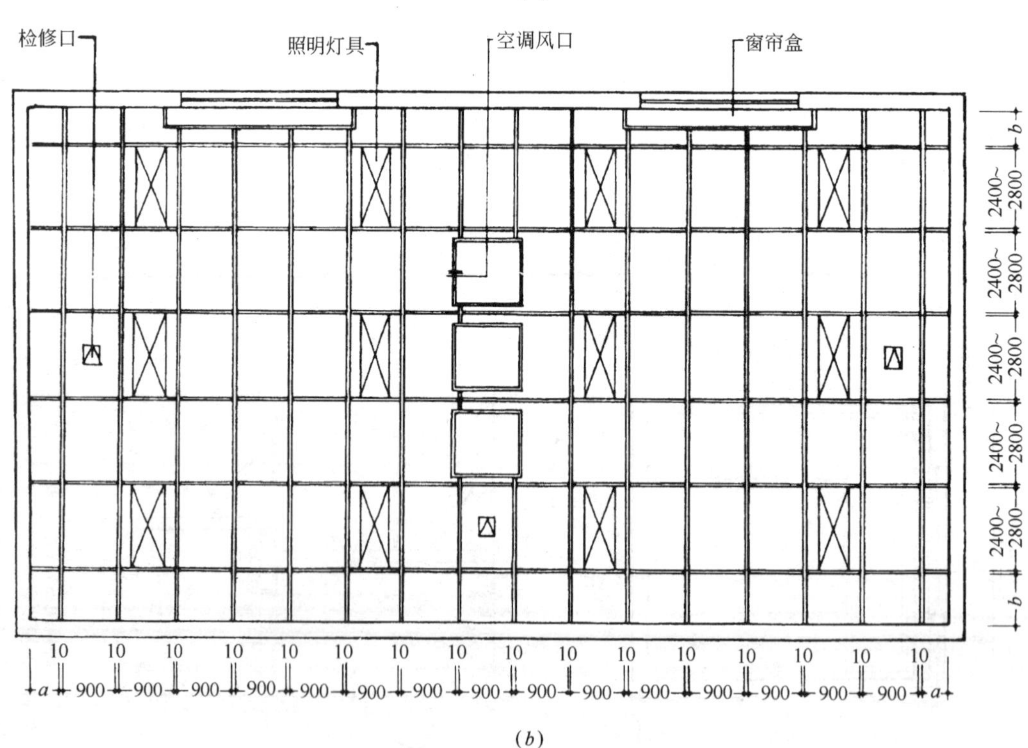

(b)

图 12-22　通风口、检修口的布置

(a)通风口、检修口布置(一)；(b)通风口、检修口布置(二)

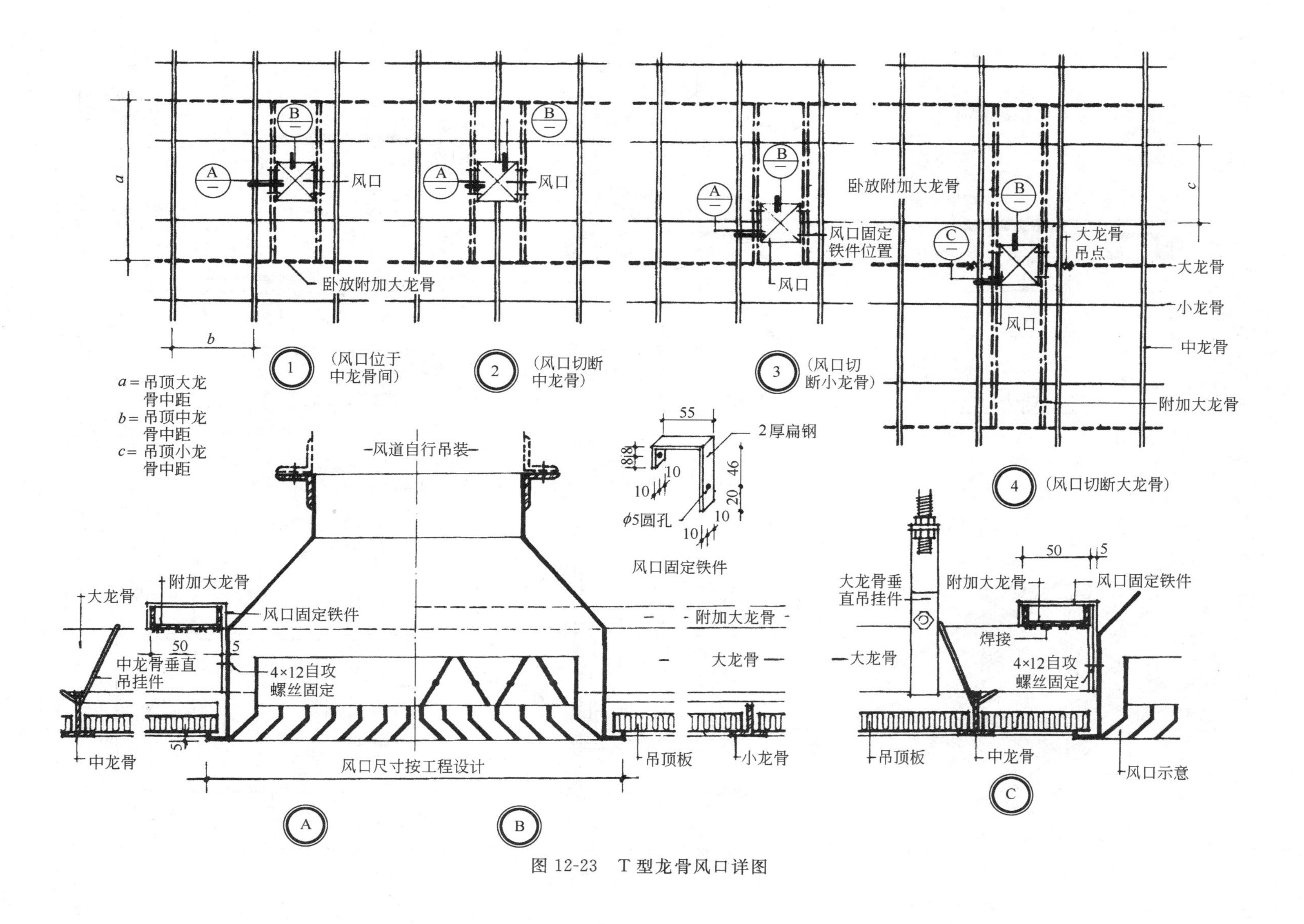

图 12-23　T 型龙骨风口详图

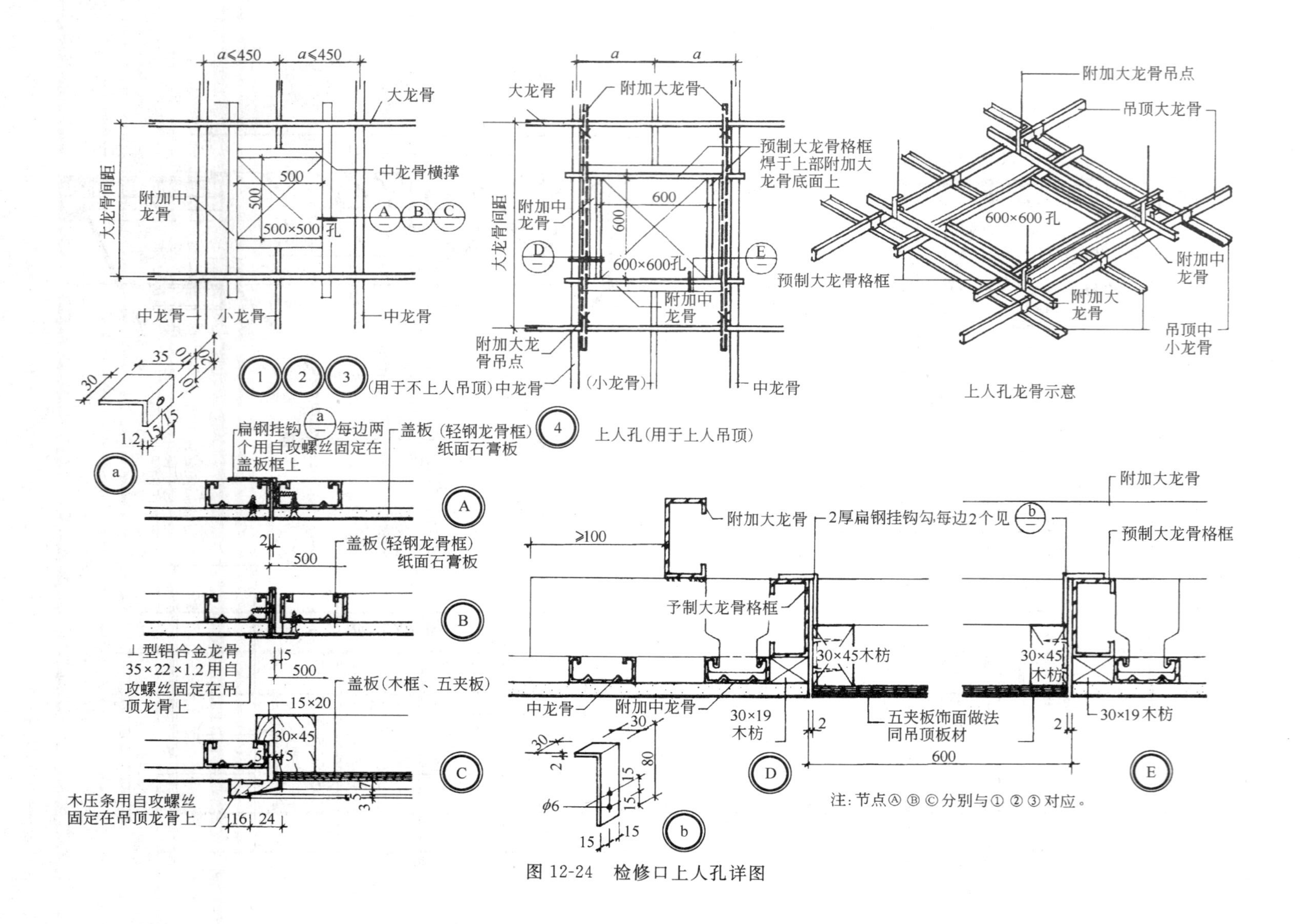

图 12-24 检修口上人孔详图

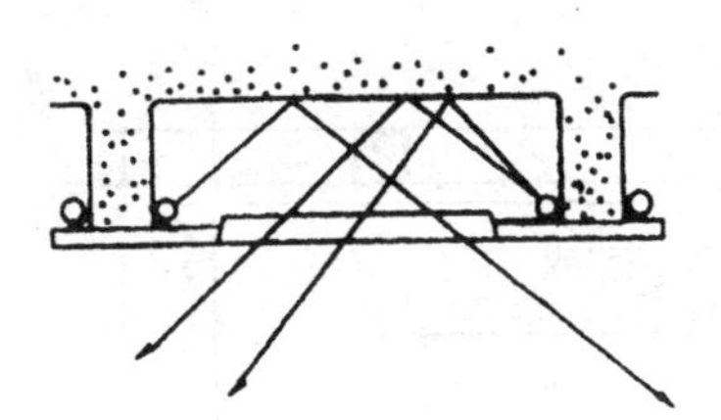

反射式光龛
利用梁间顶棚的反射，可
使室内光线均匀柔和

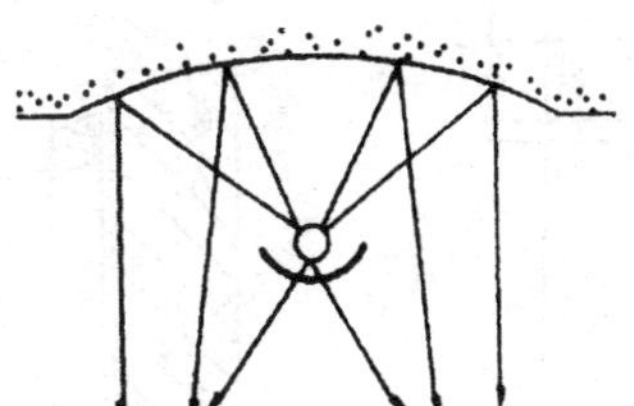

半间接式带状光源利用弧形
顶棚的反射，能在一定范围
内取得局部照明效果

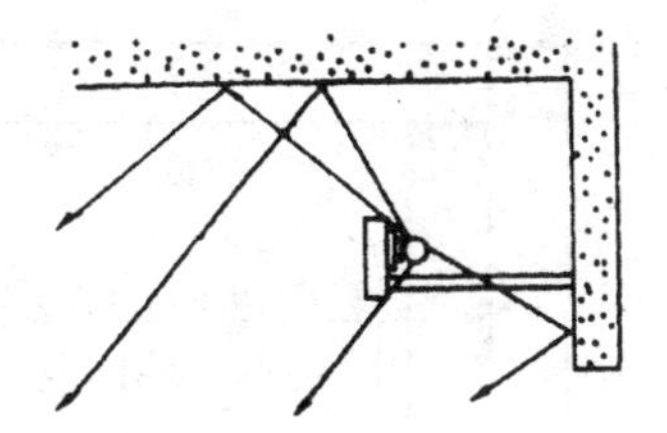

半间接式反光灯槽，用半透明
或扩散材料做灯槽，可减少其
与顶棚间的距离

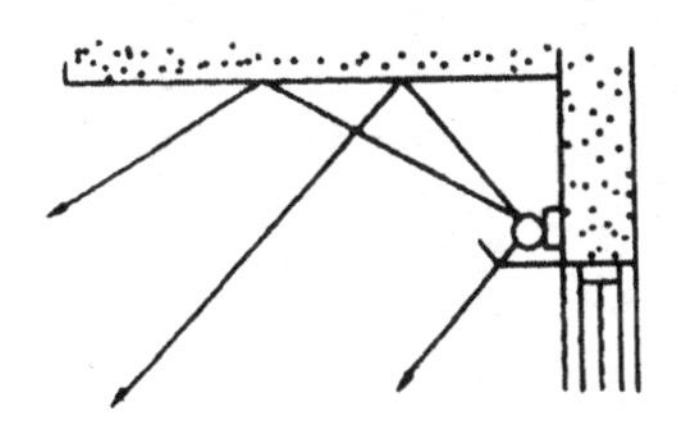

半间接式反光灯槽，用半透明
或扩散材料做灯槽，可减少其
与顶棚的间距

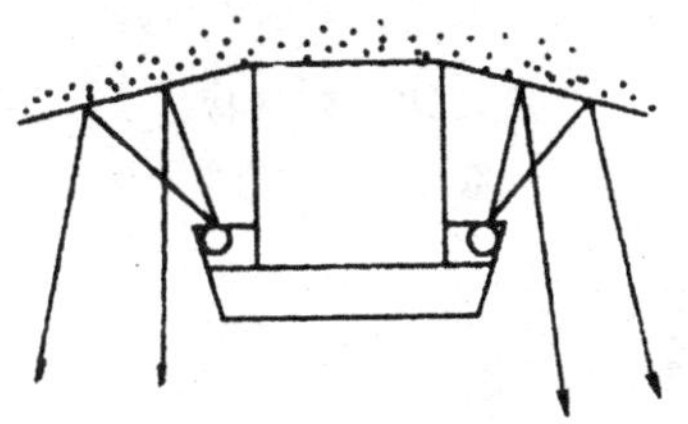

综合照明装置，各类灯具互相组合
集中装设，较为经济适用

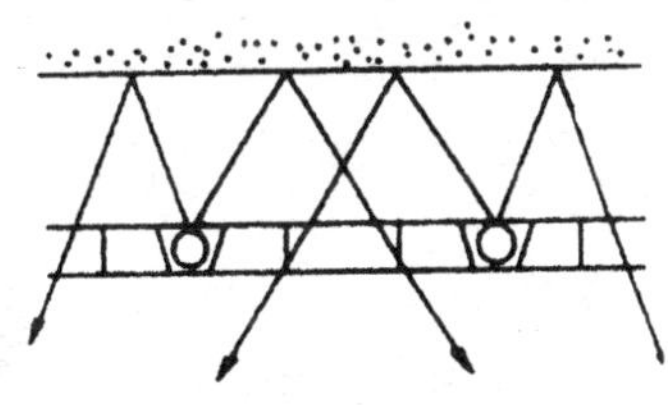

组合反光灯槽将反光槽组成图案，
可增加室内的高度感

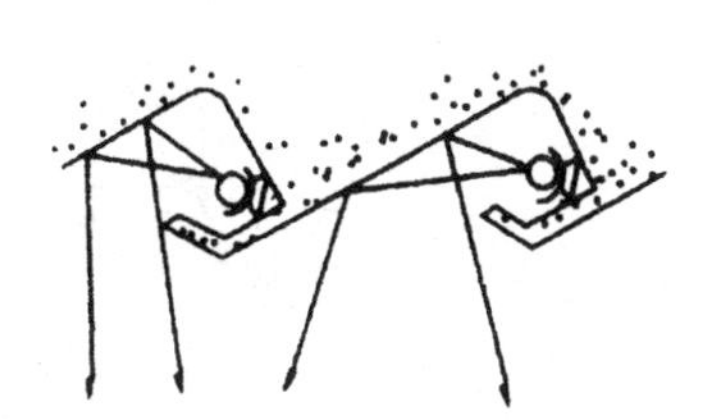

平行反光灯槽，灯槽开口方向与
观众视线的方向相同时，可避免
眩光

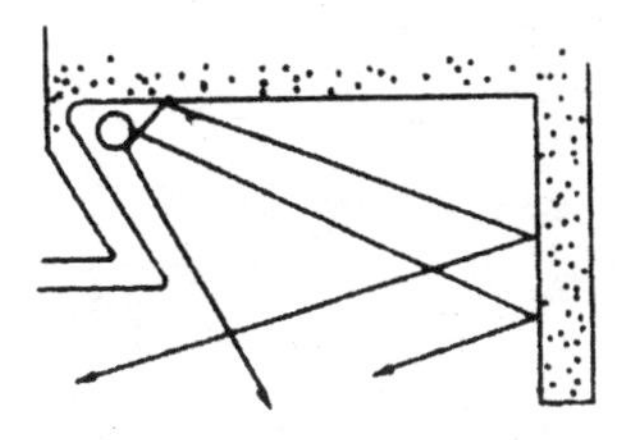

侧向反光灯槽应用墙面的反射
作成侧向面光源，发光效率一
般较高

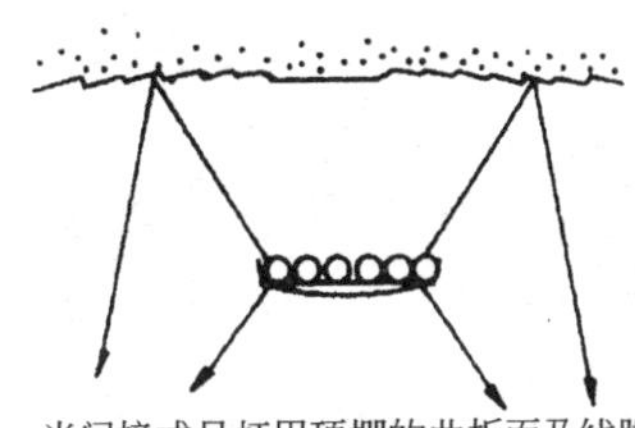

半间接式吊灯用顶棚的曲折面及线脚
分配反射光束，且有装饰效果

图 12-25　反光灯槽的形式

反光灯槽的设计应考虑反光灯槽到顶棚的距离和视线保护角(见图 12-26)。灯槽构造见图 12-27。

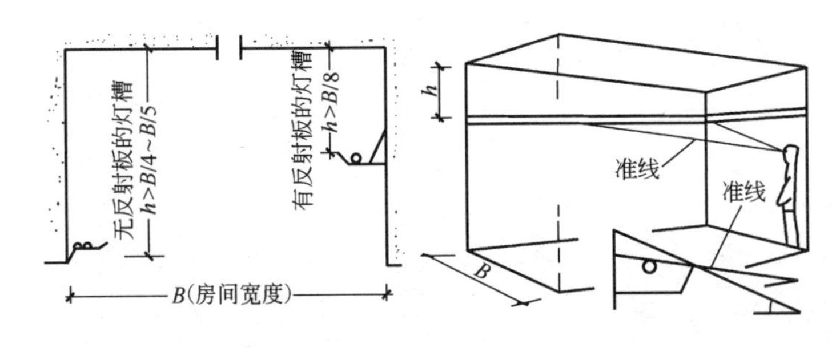

图 12-26　反光灯槽到顶棚的距离和视线保护角示意

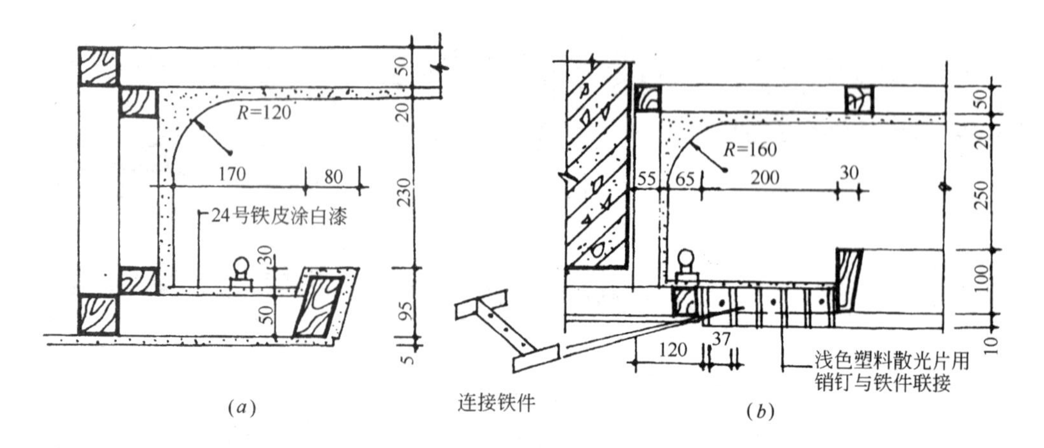

图 12-27 灯槽构造

(a)无散光片；(b)有散光片

思考题：

1. 顶棚有哪几种做法？举例说明其构造做法。
2. 顶棚装饰常用的材料有哪些？

第十三章 楼梯电梯装修

建筑物上下层间的交通、疏散设施，有楼梯、电梯、自动扶梯、坡道与台阶等。本章重点介绍常用的楼梯、电梯的构造。

第一节 概 述

一、楼梯的组成

楼梯一般由楼梯段、楼梯平台、栏杆扶手等组成(图 13-1)。

1. 楼梯段

楼梯段是用于连接上下两个平台之间的倾斜承重构件。它是由若干个踏步组成的。每个楼梯段的踏步数为了保证安全应不少于 3 步，为了防止疲劳应不超过 18 步。

2. 楼梯平台

楼梯平台包括楼层平台和中间平台两部分。连接楼板层与梯段端部的水平构件，称为楼层平台，平台面标高与该层楼面标高相同。位于两层楼(地)面之间连接梯段的水平构件，称为中间平台，其主要作用是减少疲劳，也起转换梯段方向的作用。

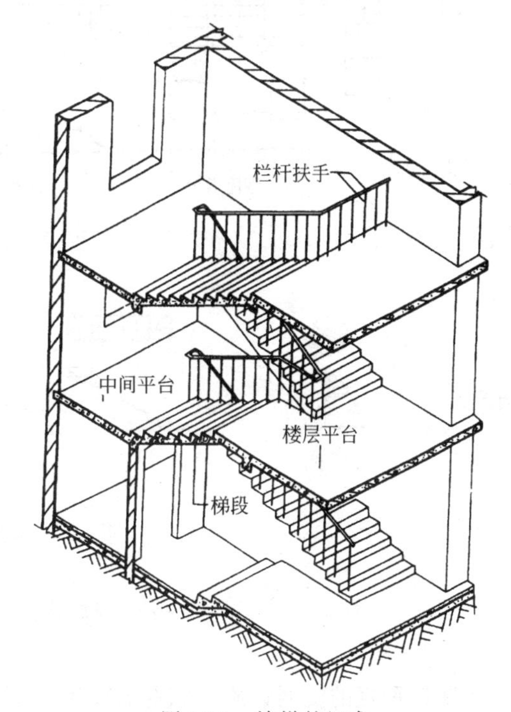

图 13-1 楼梯的组成

3. 栏杆扶手

栏杆是布置在楼梯梯段和平台边缘处有一定刚度和安全度的围护构件。扶手附设于栏杆顶部，供作依扶用。扶手也可附设于墙上，称为靠墙扶手。

二、楼梯的分类

1. 按位置划分

楼梯有室内楼梯和室外楼梯。其中室内楼梯又分主要楼梯和辅助楼梯；室外楼梯又分安全楼梯和防火楼梯。

2. 按材料划分

楼梯有木楼梯、钢楼梯和钢筋混凝土楼梯。

3. 按形式划分

楼梯有单跑式(直跑式)、双跑式、多跑式、剪刀式、交叉式、圆形、弧形楼梯等(图13-2)。

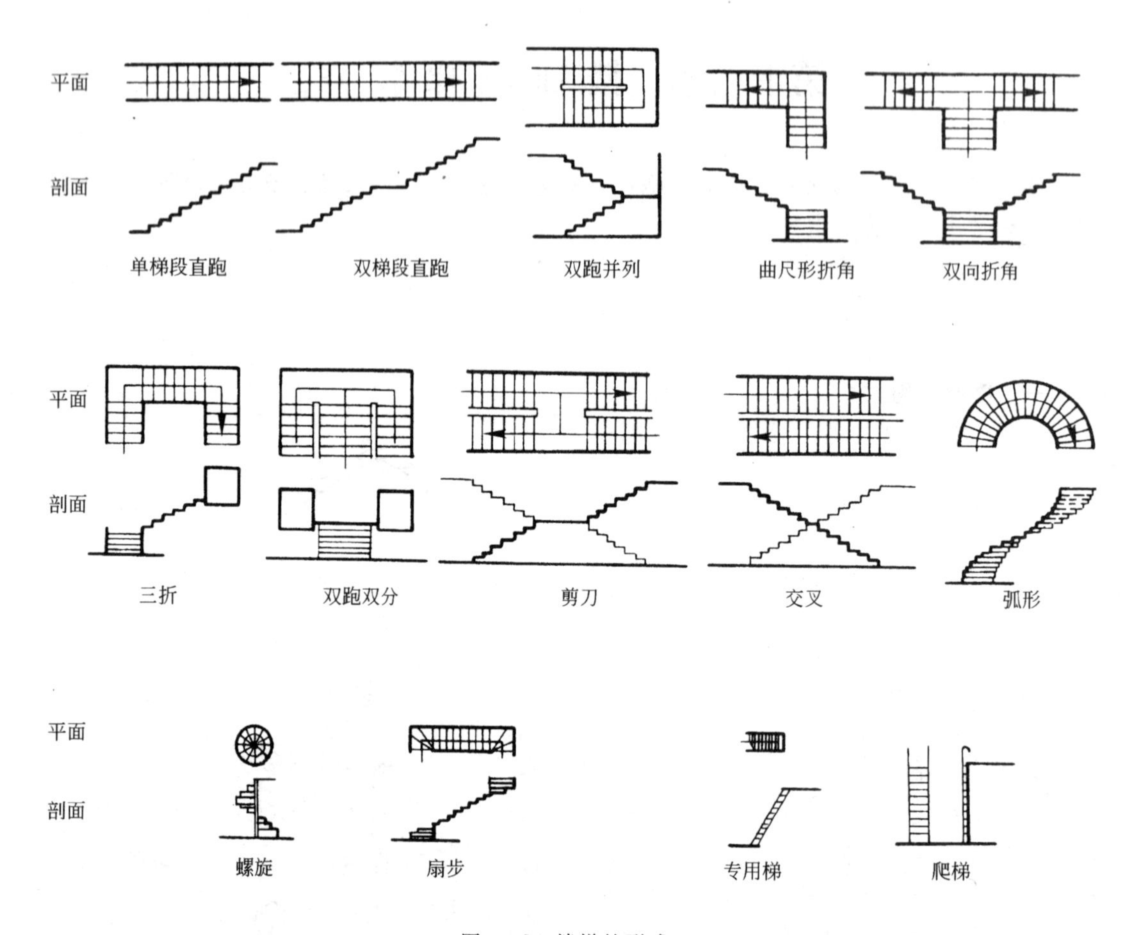

图 13-2　楼梯的形式

第二节　楼梯的设计及其尺度

楼梯是垂直的交通设施，它起着联系上下楼层空间和人流紧急疏散的作用。同时，楼梯又是建筑的重要装饰内容。所以设计师在楼梯的形式、位置、数量及楼梯尺度的设计时，要符合建筑设计规范的要求，同时，还要考虑到建筑功能、建筑空间与环境艺术的要求。

一、楼梯的位置

楼梯应布置在人流集中的交通枢纽地带，其位置要明显，如门厅或靠近门厅处。平面设计时，楼梯的布置数量和布置间距必须符合有关防火规范和疏散要求，以保证楼梯具有足够的通行能力和疏散能力。

二、楼梯的防火

室内疏散楼梯一般为封闭的楼梯间。四周为防火墙体，疏散门为一级防火门，并向疏散方向开启。楼梯间要求靠外设置，以便能直接采光和自然通风。采光面积不小于1/12

楼梯间净面积。楼梯的饰面材料应为防火或阻燃材料，木结构应刷防火涂料。木楼梯内不宜设储藏间。

三、楼梯的尺寸

1. 楼梯段的宽度

楼梯段的宽度是由人流量和安全疏散的要求确定的，由于人体的体宽一般为550mm，所以楼梯段的宽度考虑单股人流通过时应≥850mm；双股人流通过时应≥1100mm；三股人流通过时应≥1500mm。

2. 楼梯平台的宽度

为了保证楼梯的通行能力，楼梯平台的宽度应不小于楼梯段的宽度(图 13-3)。

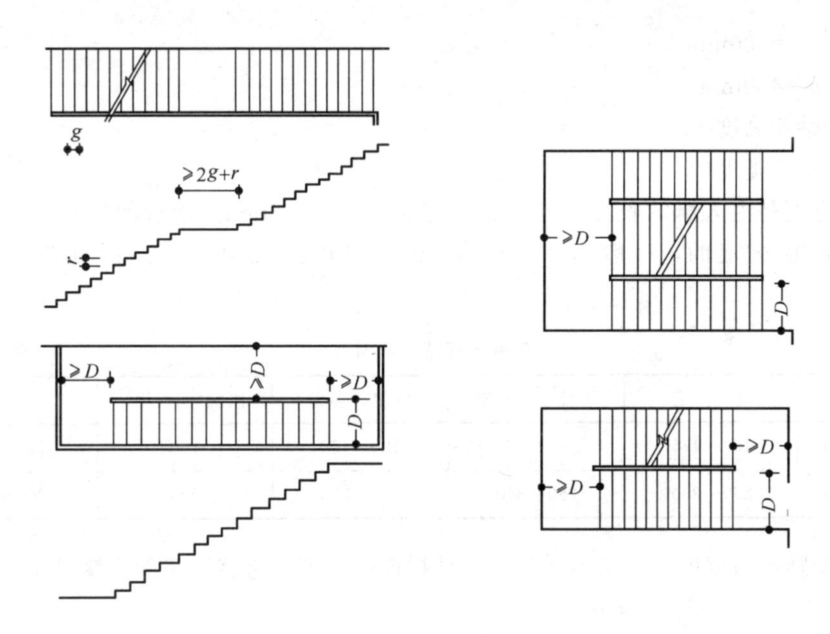

图 13-3 楼梯平台的宽度

3. 扶手的尺寸

为了保证人的安全，栏杆间的净距应≤110mm。扶手的高度应≥900mm。当考虑儿童使用时，可在500mm～600mm高度处加设一道扶手。

4. 楼梯的净空高度

楼梯的净空高度包括楼梯段的净高和平台过道处的净高。楼梯段净高是指从踏步前缘至其上方突出物下缘的距离。其应≥2200mm。平台过道处的净高应≥2000mm(图13-4)。

5. 楼梯坡度与踏步尺寸

楼梯坡度不宜过大或过小。坡度过大，行走易疲劳；坡度过小，楼梯面积会增加，不经济。

所以，楼梯的坡度一般为23°～45°，30°左右为最适宜。坡度<23°时，常做成坡道，坡度>45°时，常称为爬梯。

楼梯的坡度是由楼梯的踏步高、宽尺寸决定的。楼梯踏步高度越大、宽度越小，则楼梯坡度也就越大。根据人行走的步距，一般按以下公式计算踏步的尺寸。

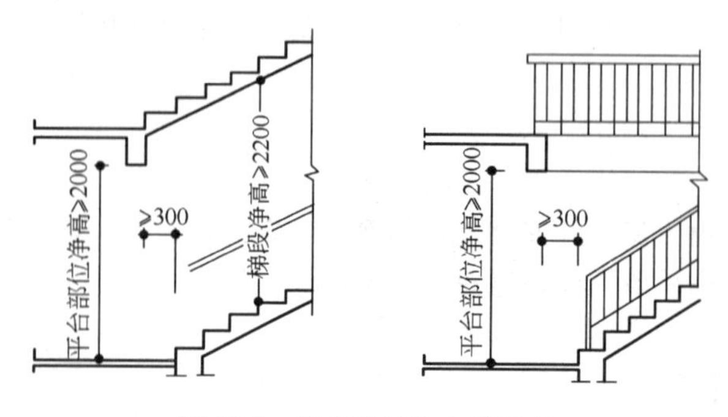

图 13-4 楼梯段及平台的净高

即：$2h+b=600\text{mm}$

或 $h+b=450\text{mm}$

式中 h——踏步高度

b——踏步宽度

踏步的宽度是由人脚的长度决定的，一般为 250～320mm。踏步的高度是由人上下楼梯的行走习惯决定的，一般为 175～140mm。民用建筑中常用的适宜踏步尺寸见表13-1。

常用适宜踏步尺寸 **表 13-1**

名 称	住 宅	学校、办公楼	剧院、会场	医院(病人用)	幼儿园
踏步高 h(mm)	150～175	140～160	120～150	150	120～150
踏步宽 b(mm)	250～300	280～340	300～350	300	260～300

为了增加踏步的宽度，而又不增加整个楼梯段的长度，常将踏步的前缘挑出，挑出的长度一般为 20～40mm(图 13-5)。

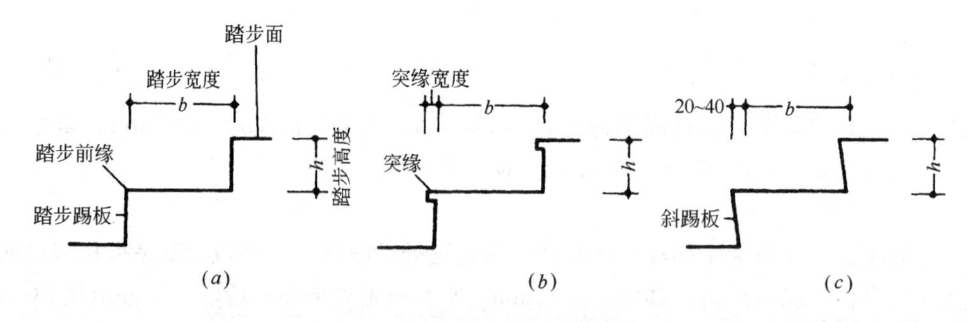

图 13-5 踏步形式和尺寸

第三节 楼梯的细部构造举例

前面第四章第五节中已对楼梯图的阅读方法进行了详细的介绍，在此举一个楼梯详图的实例，供学员阅读(图 13-6)。

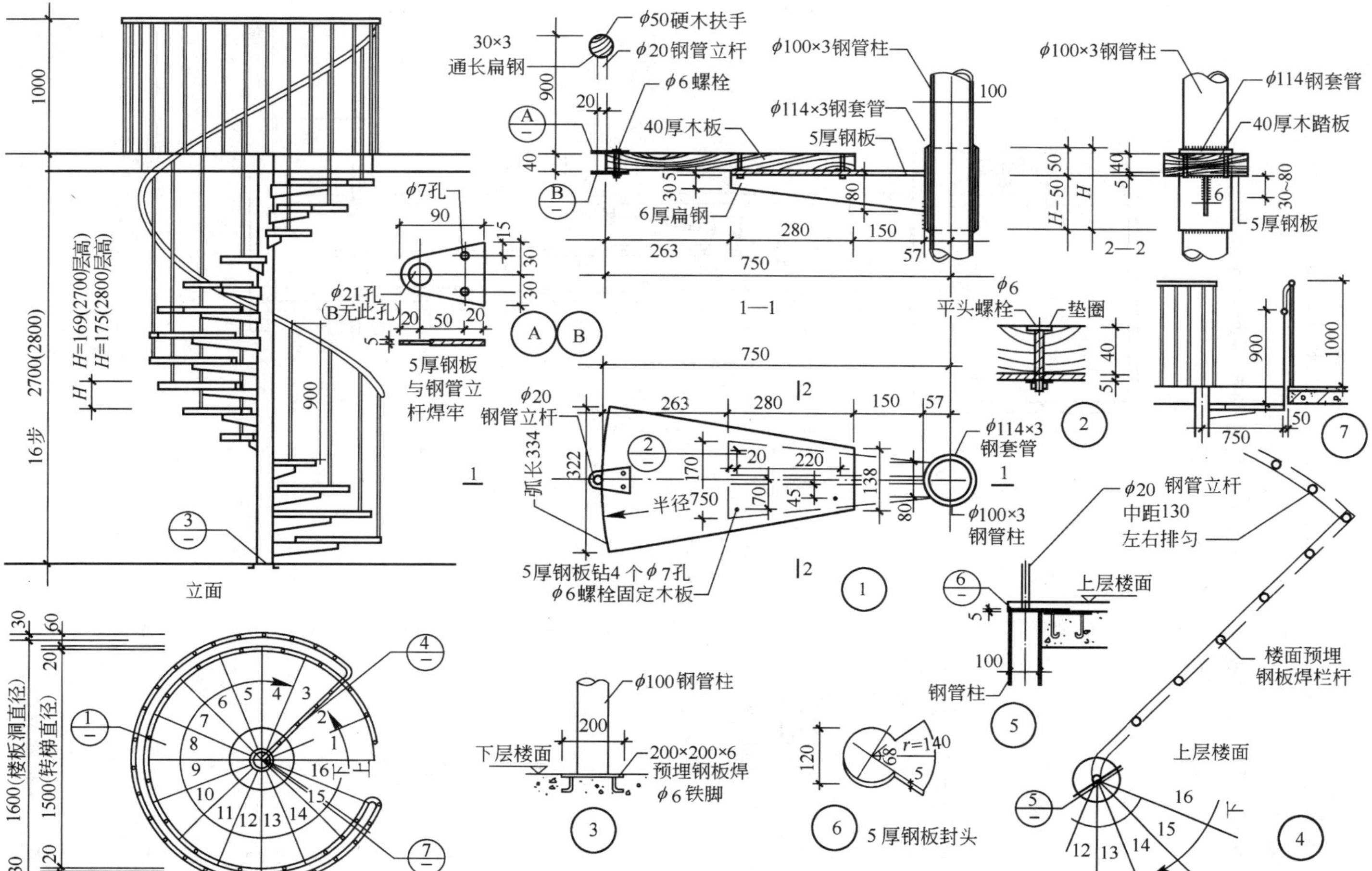

注：本转梯不适合搬运大家具，
设计人需另行采取措施。

图 13-6 户内螺旋楼梯

第四节　电梯及电梯门厅装修

电梯作为快速、省时、省力的垂直交通工具，已被越来越多的建筑所使用。

一、电梯

电梯是由机房和井道组成的。在井道内有轿厢和与轿厢相连的平衡锤。在井道上方通常是机房。机房内安置电动机，以升降轿厢(图 13-7)。

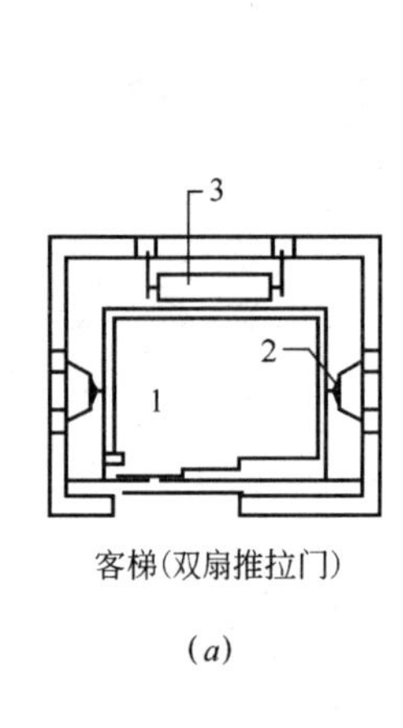

(*a*)

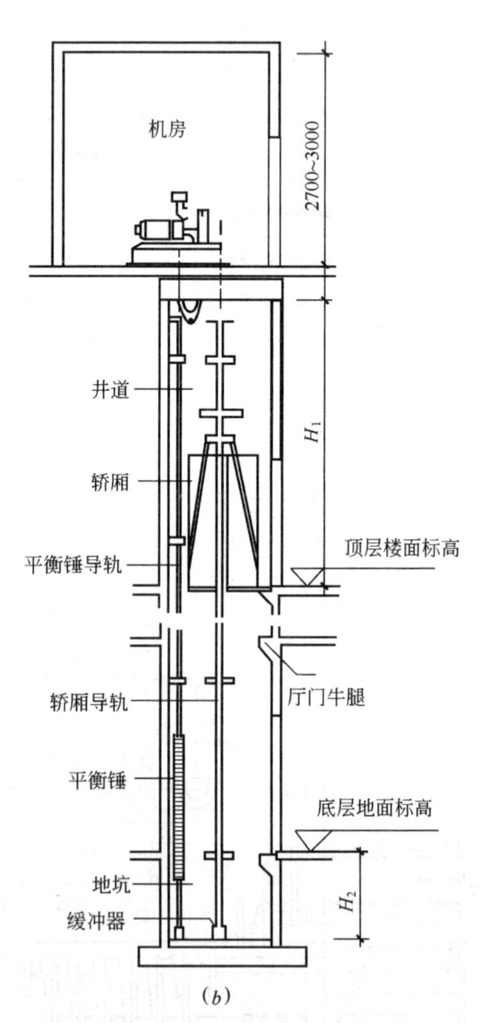

(*b*)

图 13-7　电梯的组成

(*a*)平面；(*b*)剖面

1—电梯箱；2—导轨及支撑架；3—平衡锤

二、电梯门厅装修举例

这是某建筑内的三层电梯间的墙面装修、顶棚装修、灯具布置等施工图，见图 13-8、图 13-9、图 13-10、图 13-11。

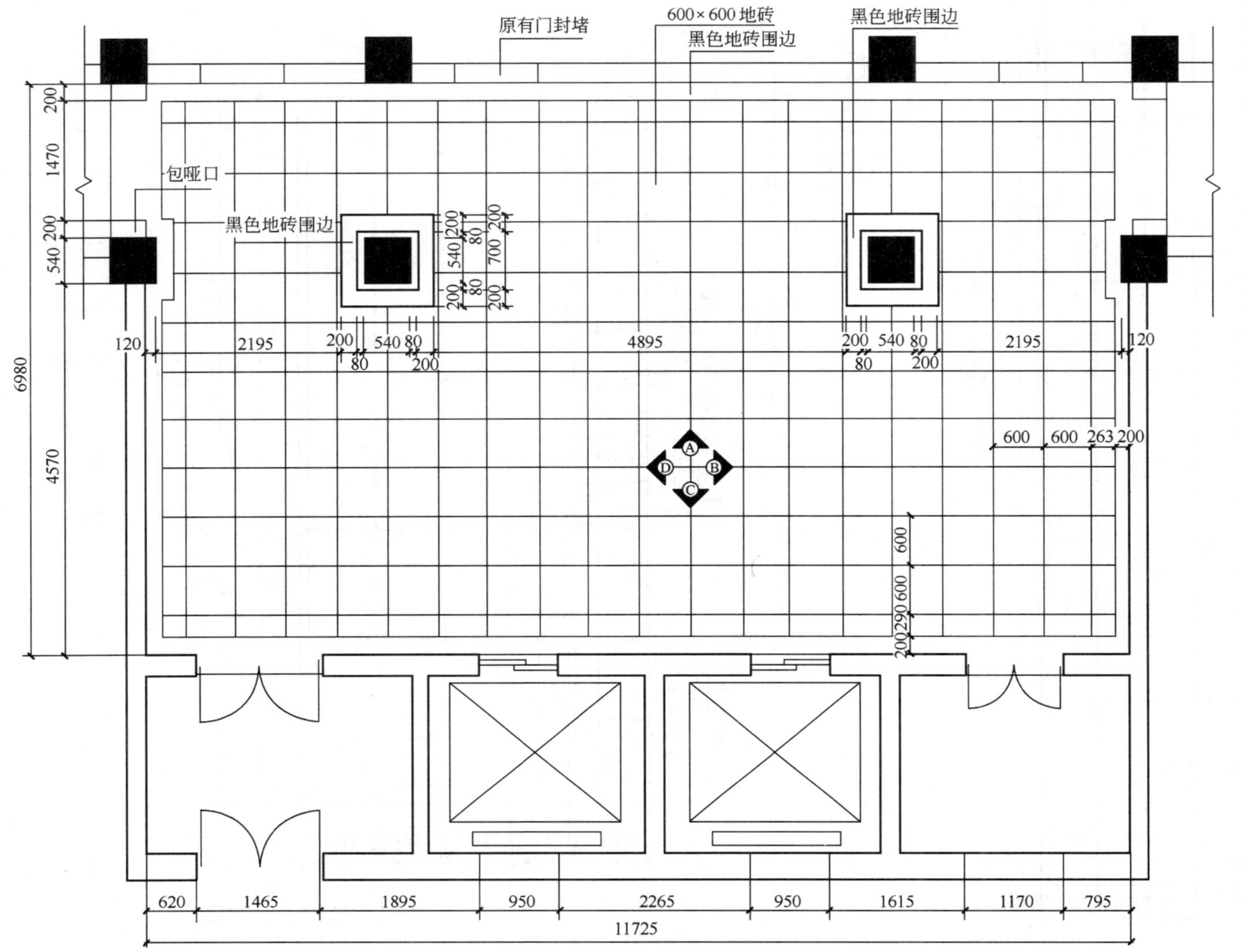

图 13-8　三层电梯间平面图

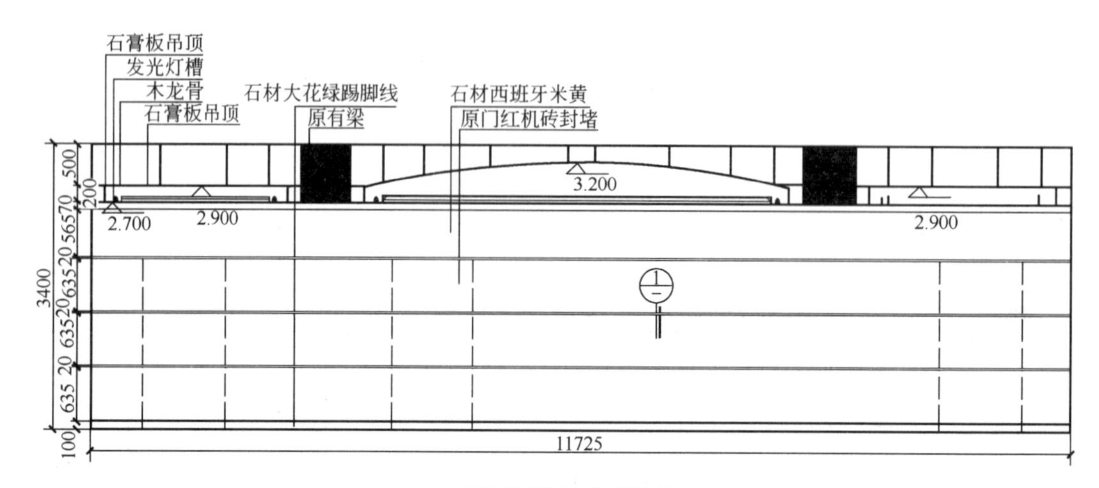

三层电梯间A立面施工图

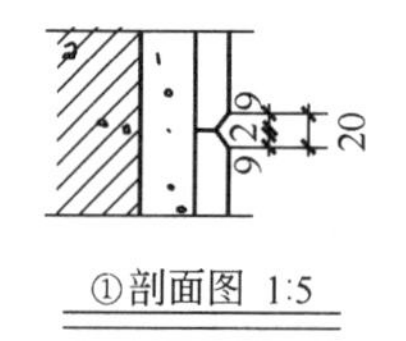

①剖面图 1:5

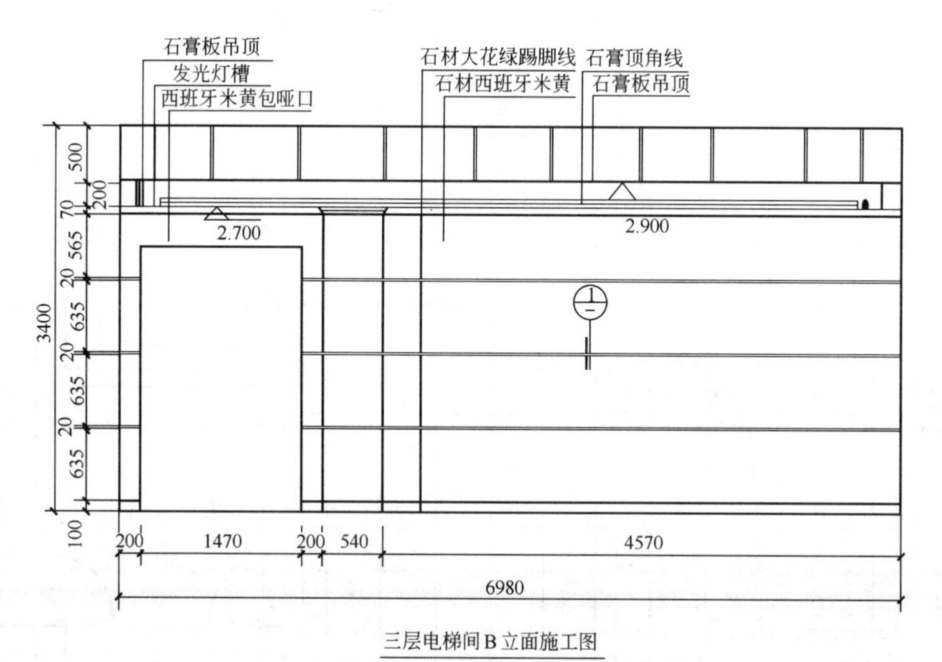

三层电梯间B立面施工图

(*a*)

图 13-9(一)

(*a*)三层电梯间立面图与详图

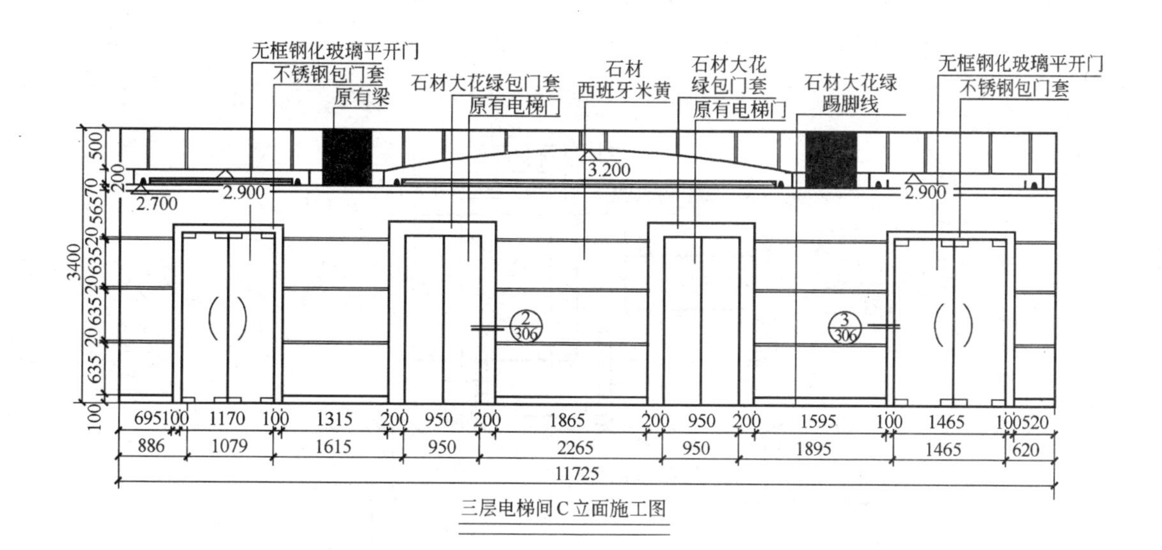

三层电梯间C立面施工图

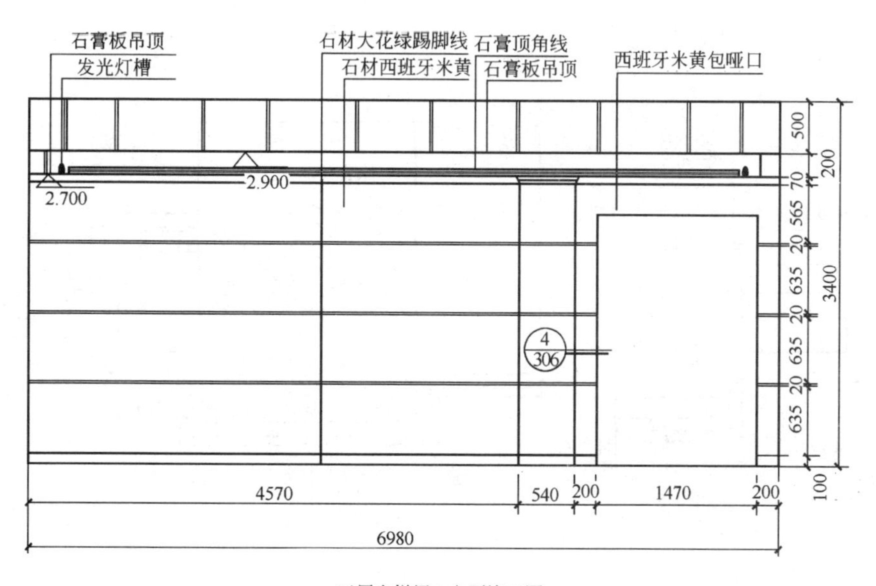

三层电梯间D立面施工图

(*b*)

图 13-9(二)

(*b*)三层电梯间立面图与详图

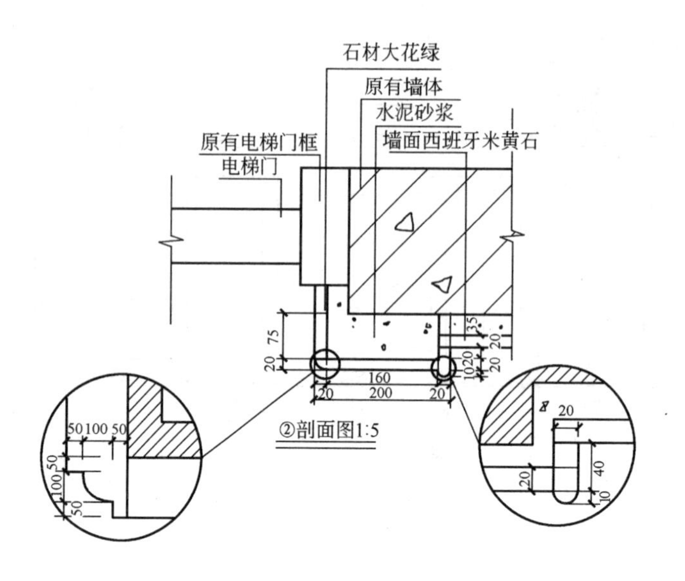

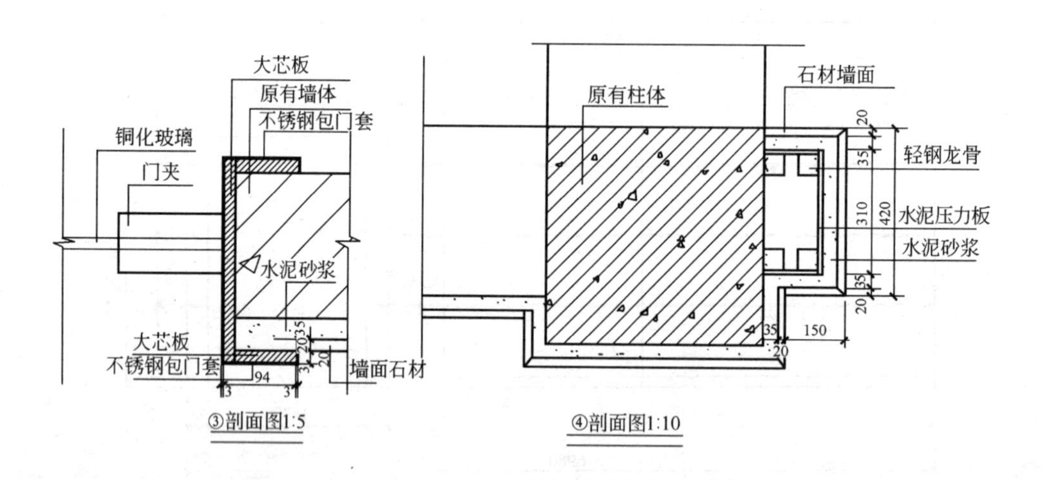

(*b*)

图 13-9(三)
(*b*)三层电梯间立面图与详图

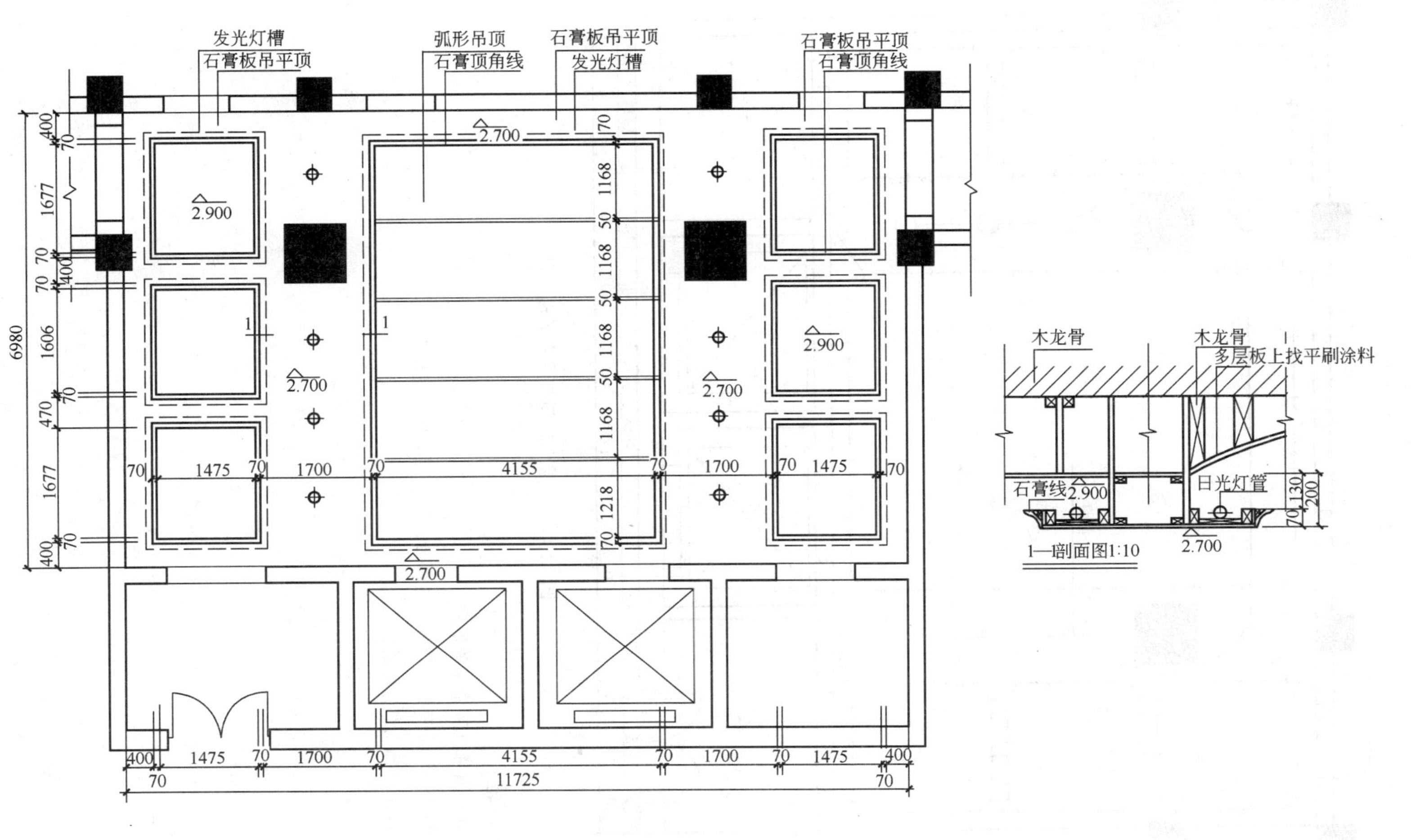

图 13-10　三层电梯间吊顶施工图

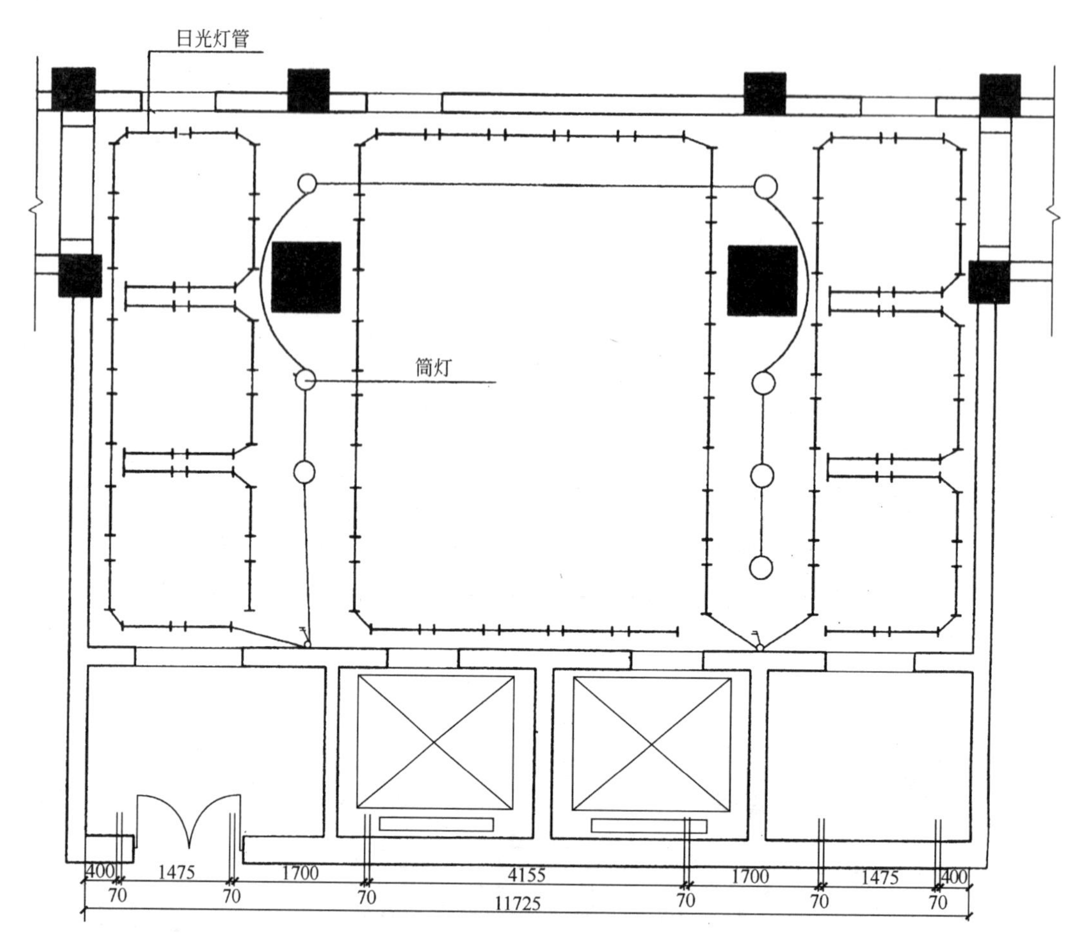

图 13-11　三层电梯间灯具布置施工图

思考题：

1. 楼梯有哪几种常见的形式？
2. 楼梯的组成有哪几部分？各部分的尺寸是如何确定的？
3. 电梯由哪几部分组成？

第十四章　屋　　顶

第一节　概　　述

一、屋顶的作用

屋顶是建筑物最上面的覆盖构件，其作用有：

1．承重作用

屋顶要承担其上的风荷载、雪荷载、屋顶自重。上人的屋顶还要考虑到人的荷载等。故屋顶要满足结构安全的要求。

2．围护作用

屋顶要防风、雨、雪、日晒等自然因素对房屋内的影响，故要满足保温、隔热、防水的要求。

3．装饰作用

屋顶的形式除了与当地的气候条件、地域民俗有关外，还要使建筑造型美观，具有特色。

二、屋顶的类型

屋顶按坡度大小及形式分为平屋顶、坡屋顶和曲面屋顶等。

1．平屋顶

平屋顶的屋面坡度较小，通常小于5％。其构造简单、便于利用。常做成露台、屋顶花园、屋顶游泳池等。

2．坡屋顶

坡屋顶的屋面坡度较大，通常大于10％。其构造较复杂，但排水速度快。

坡屋顶按其坡面数可分为单坡顶、双坡顶和四坡顶。古建筑中的庑殿顶和歇山顶就属于四坡顶。

3．曲面屋顶

曲面屋顶是由各种薄壳结构、悬索结构、网架结构等作为屋顶承重结构的屋顶。如扁壳屋顶、悬索屋顶、双曲面屋顶等。这类结构受力合理，但施工复杂，造价也高，适用于大跨度的公共建筑。

屋顶的形式见图14-1。

三、屋顶的坡度

屋顶要想更好地防水，就一定要做好排水。而屋顶的排水就需要屋顶有坡度。一般采用防水性能好、接缝少的屋面，坡度可以小些。反之，采用防水性能较差、接缝多的屋面，坡度常大些。此外，坡度的大小还与建筑的结构形式、造型要求、施工技术等因素有关。

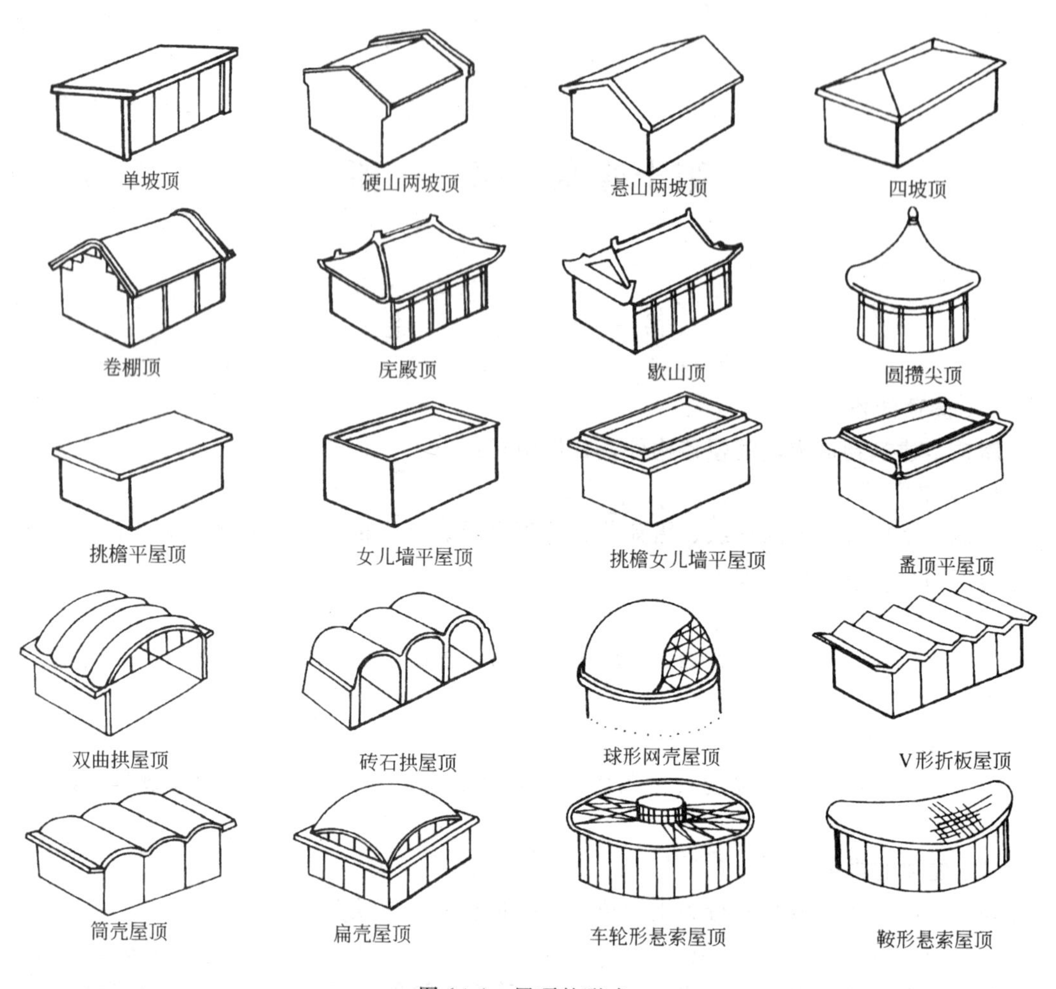

图 14-1　屋顶的形式

坡度的表达方式在第三章的第二节进行过介绍。

四、坡度的形成

1. 材料找坡

材料找坡也叫垫置找坡，它是在水平的屋面板上，利用垫置厚度不一的轻质材料形成一定的坡度。常用的找坡材料有炉渣、焦渣等。材料找坡坡度不宜过大，故常用于平屋顶的找坡（图 14-2）。

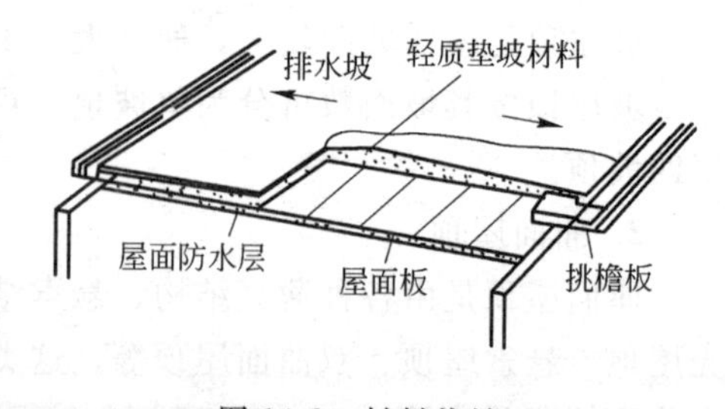

图 14-2　材料找坡

2. 结构找坡

结构找坡也叫搁置找坡，它是将屋面板搁置在有一定坡度的梁、墙或屋架上面形成的坡度。结构找坡坡度可较大，故常用于平屋顶或坡屋顶的找坡。由于顶棚是斜面，使室内空间高度不一，故常需设吊顶(图 14-3)。

五、屋顶的排水方式

屋顶的排水方式分为无组织排水和有组织排水两大类。

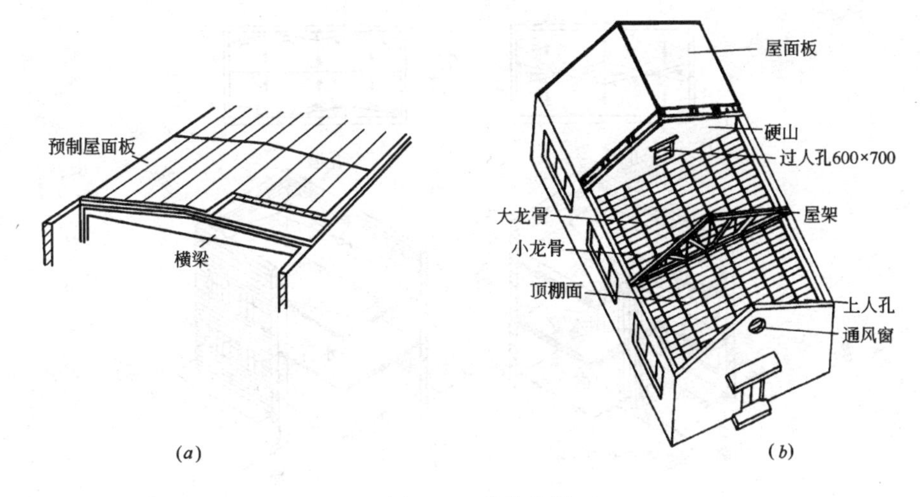

图 14-3　结构找坡

1. 无组织排水

无组织排水是指屋面上的雨水沿排水坡度流到檐口后自由流落到室外地面的排水方式。也叫自由落水。为防雨水顺外墙面流下污染墙体，常需将屋檐挑出，其挑出的长度受檐高和年降雨量的影响。故常用于年降水量小且较矮建筑的排水方式(图 14-4)。

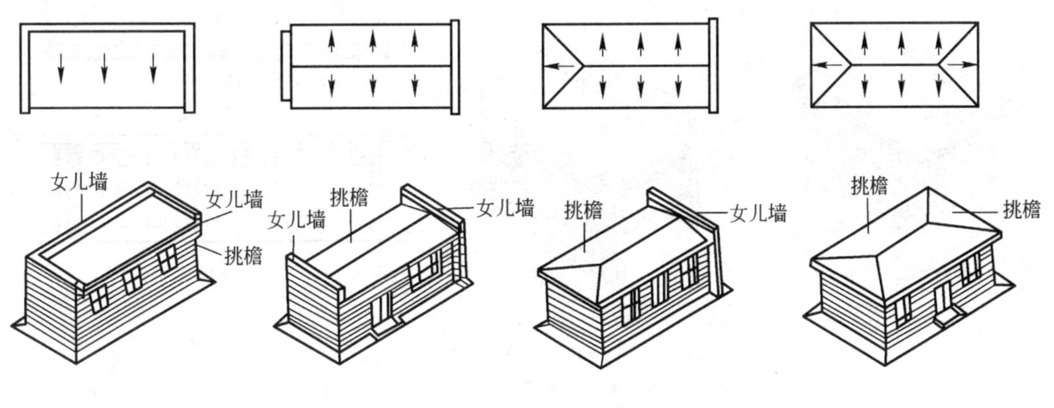

图 14-4　无组织排水

2. 有组织排水

有组织排水是将屋面上的雨水沿排水坡汇集到檐沟或天沟内，并沿沟内的坡度再流到雨水口处，最后经雨水管流入到室外地面或流入到地下的市政雨水管道内。

有组织排水又分为有组织的外排水和内排水两种。其二者的主要区别是外排水的雨水管设在室外。而内排水的雨水管设在室内。

雨水管的位置和间距要使排水量均匀，利于雨水管的安装且不影响室内空间的使用和室外建筑的美观(图 14-5)。

六、屋面装饰材料

屋顶直接受自然侵袭的部位称为屋面，屋面装饰材料即指这个表层所采用的材料。屋面又可分为上人屋面和不上人屋面两种。上人屋面装饰要复杂、豪华一些，不上人屋面装

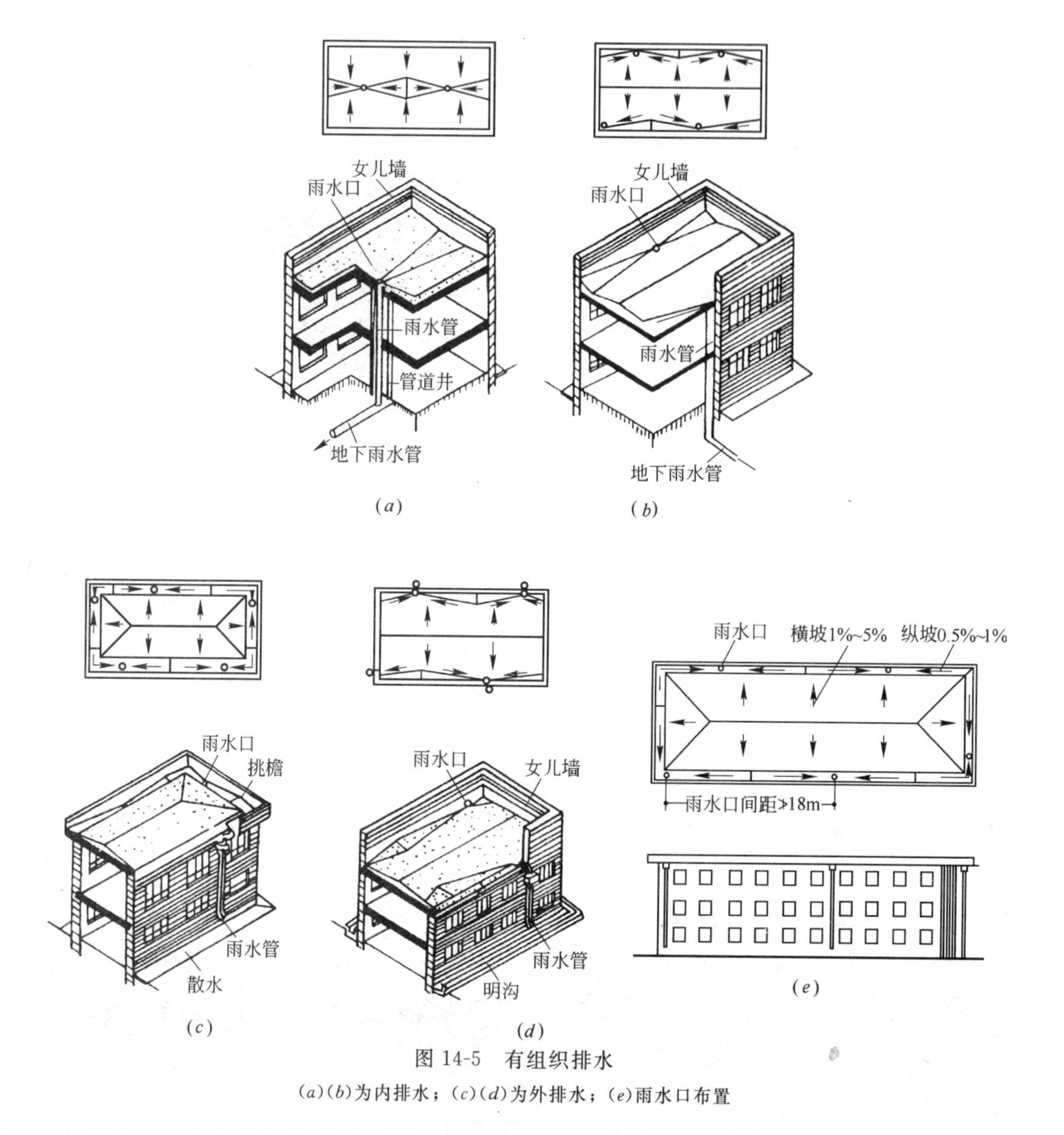

图 14-5　有组织排水

(a)(b)为内排水；(c)(d)为外排水；(e)雨水口布置

饰可在工艺过程中简化一些。平屋顶表面一般可装饰架空板、水泥花砖、装饰缸砖，复杂的屋顶花园装饰功能更要繁多。坡屋顶表面多装饰红陶瓦、水泥瓦、小青瓦、琉璃瓦、镀锌瓦垄板、彩色压形板、波形板、弧形扣板，也可喷刷涂料。

曲面屋顶表面多用防火隔燃涂料或喷刷防火阻燃涂料。

第二节　平　屋　顶

一、平屋顶的构造组成

平屋顶主要是由承重层(结构层)、保温(隔热)层和防水层组成。但根据不同使用性质的房间和所使用不同的建筑材料，其构造中还有隔汽层、找平层、找坡层和保护层(面层)等(图 14-6)。

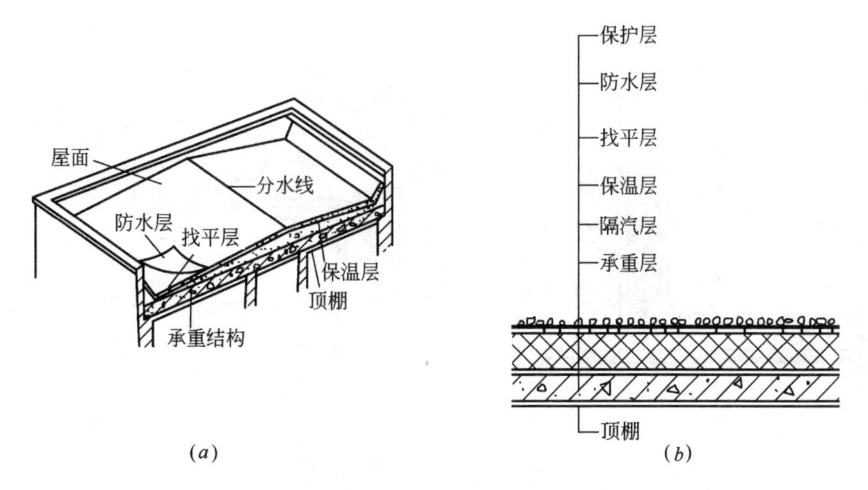

图 14-6　平屋顶的构造

1. 防水层

平屋顶是用防水材料保证屋顶的防水。常用的材料有：一是柔性防水材料。如油毡，但其下须做找平层。二是刚性防水材料。如防水砂浆、细石混凝土，但其受温度变化易热膨冷缩而出现裂缝，故须设分仓缝，缝内填防水的弹性材料。三是各种新型的防水涂料。

2. 找平层

找平层常用于其上一层对下面的平整度有要求时，如卷材防水层就要求铺放在平整的基层上，故其下常设找平层，以防卷材的破损。又如块状面层之下也常设找平层，以保证面层铺设的平整。找平层常用的材料是 15～20mm 厚的 1∶3 水泥砂浆。

3. 保温层或隔热层

保温层或隔热层的设置目的，是防止冬、夏季顶层房间过冷或过热。一般常将保温、隔热层设在承重结构层与防水层之间。常采用的保温材料有无机粒状材料和块状制品，如膨胀珍珠岩、水泥蛭石、加气混凝土块、聚苯乙烯泡沫塑料等。为了防止保温材料未干透残存水汽无法散发，常在保温层中间设透气管，见图 14-8(*a*)、(*b*)。

4. 隔汽层

由于施工造成湿气存留在了卷材防水层内或因室内水蒸气透过结构层渗入卷材防水层下，它会在太阳辐射热的作用下气化膨胀，使其上的防水卷材出现起鼓现象而破裂，产生渗漏。故需材料干燥后施工或增设隔汽层。隔汽层常设在保温层下，以防保温材料受潮，影响保温效果。其做法是涂沥青或铺一层卷材(图 14-7)。

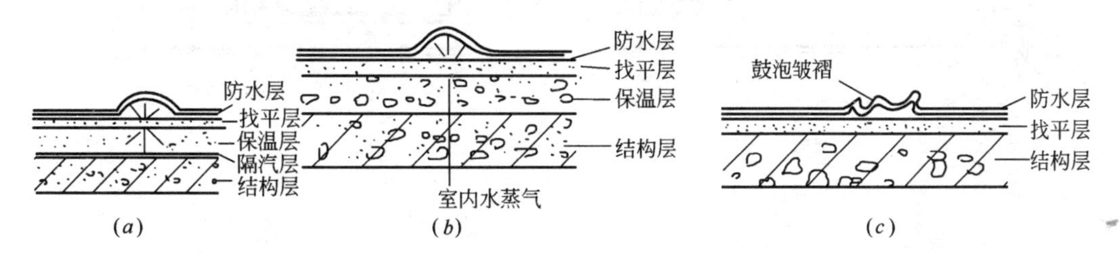

图 14-7　卷材防水层鼓泡的形成与破裂

(*a*)隔汽层以上材料含水蒸发形成鼓泡；(*b*)室内水蒸气渗入形成鼓泡；(*c*)鼓泡的皱褶和破裂

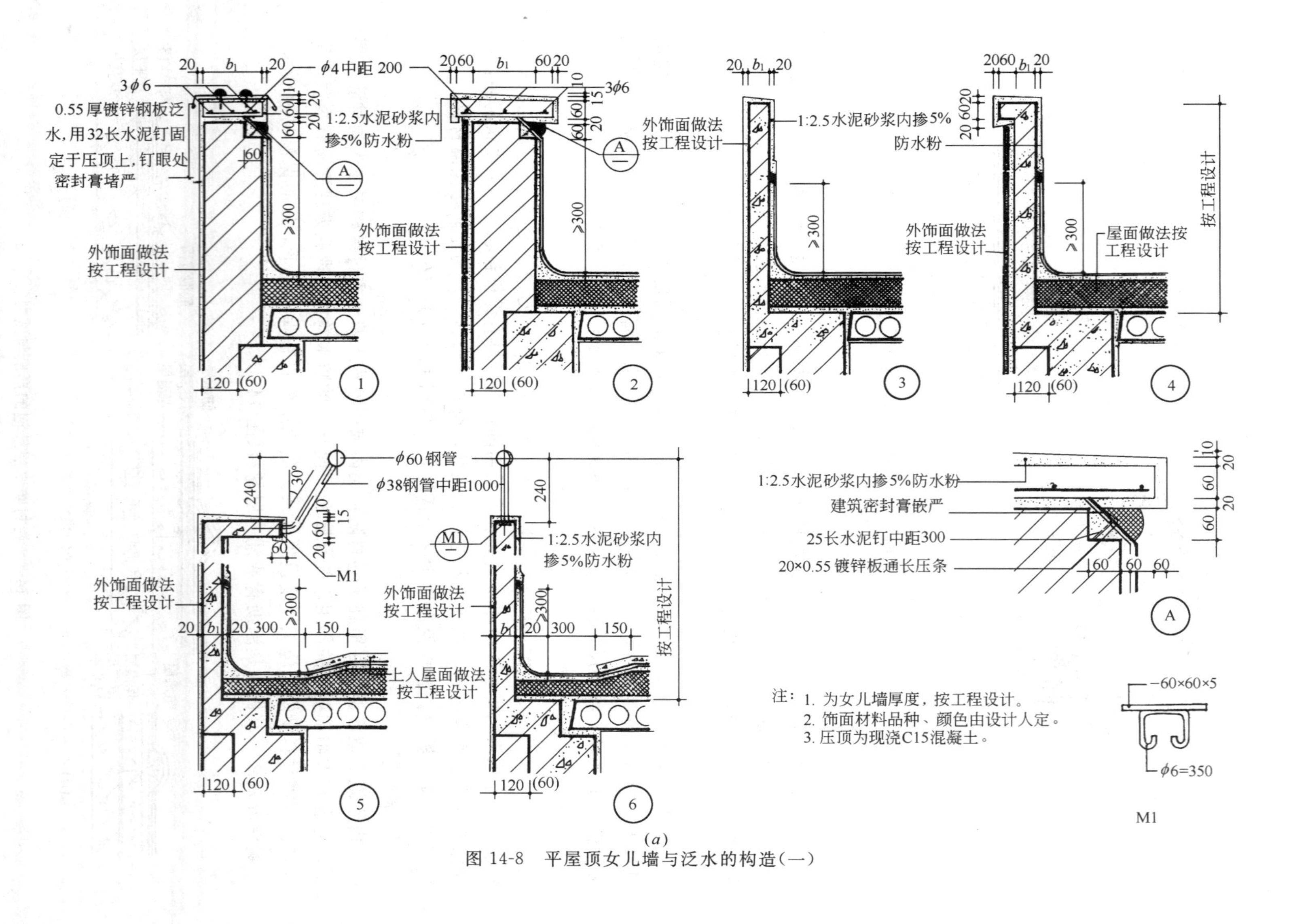

(a)

图 14-8　平屋顶女儿墙与泛水的构造(一)

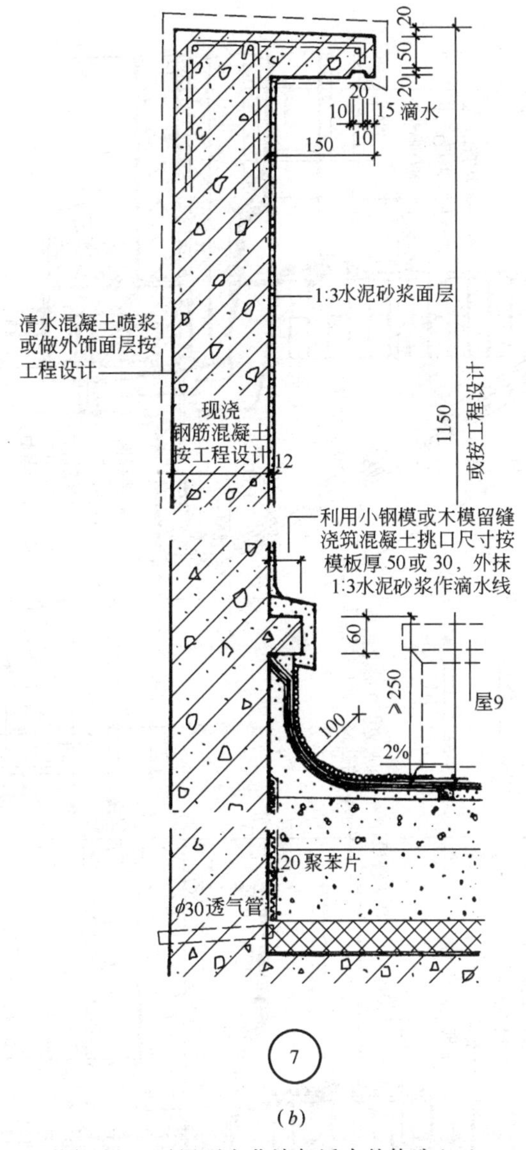

(*b*)

图 14-8　平屋顶女儿墙与泛水的构造(二)

5. 保护层

卷材防水层会因日晒雨淋而老化，缩短它的使用寿命故在其上常需设保护层。保护层的做法分上人和下不人屋顶两种。

不上人屋顶的保护层常在最上面撒绿豆砂保护层或刷银色着色剂涂料等。

上人屋顶的保护层常在防水层上铺贴块状面砖，或在防水层上浇筑 30～60mm 厚的细石混凝土面层等。

二、平屋顶的细部构造

1. 女儿墙及泛水

女儿墙高不小于 500mm。上人的屋顶女儿墙高不小于 1.05m。为了加强女儿墙的整体性，其顶部常设压顶。

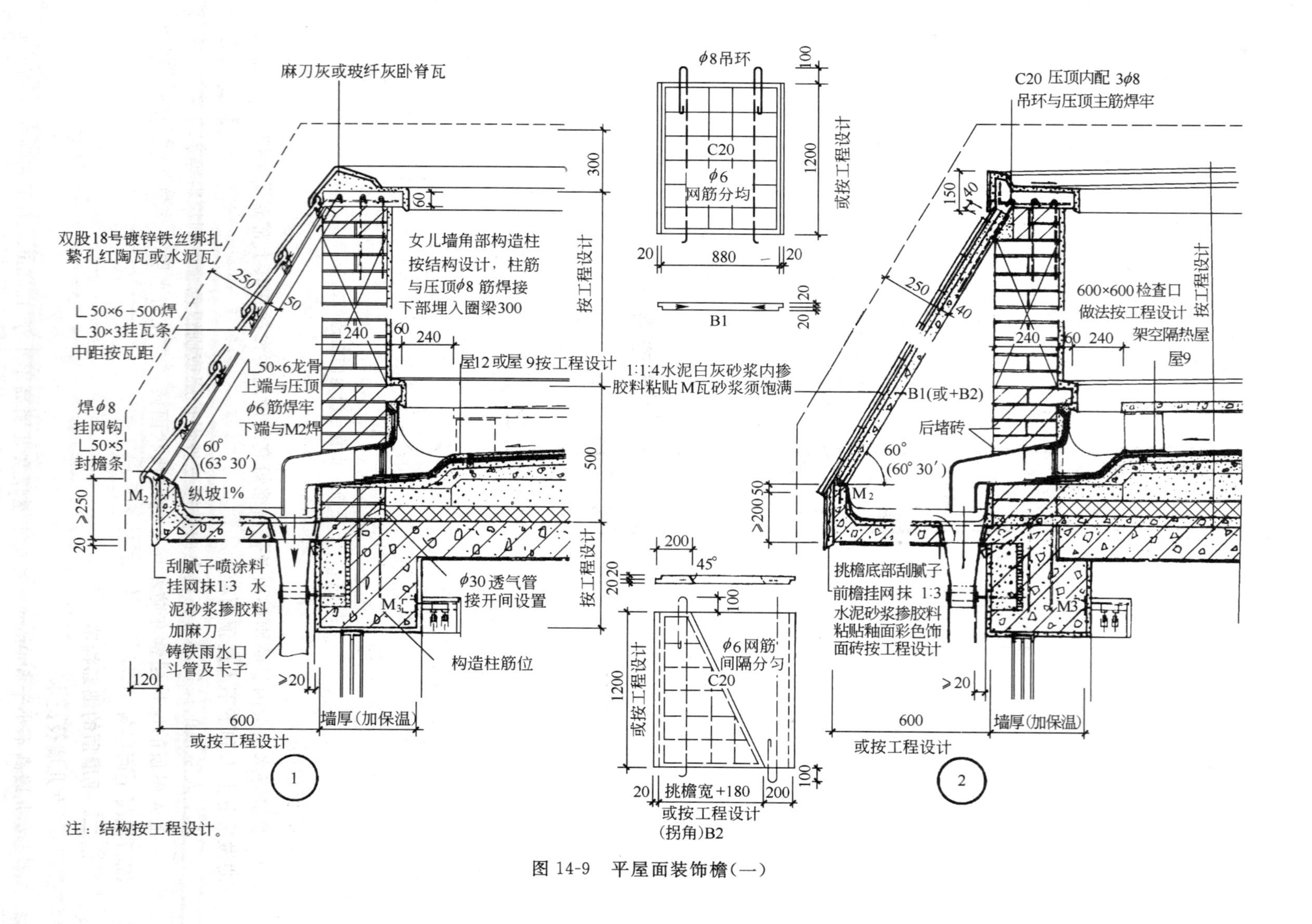

图 14-9 平屋面装饰檐(一)

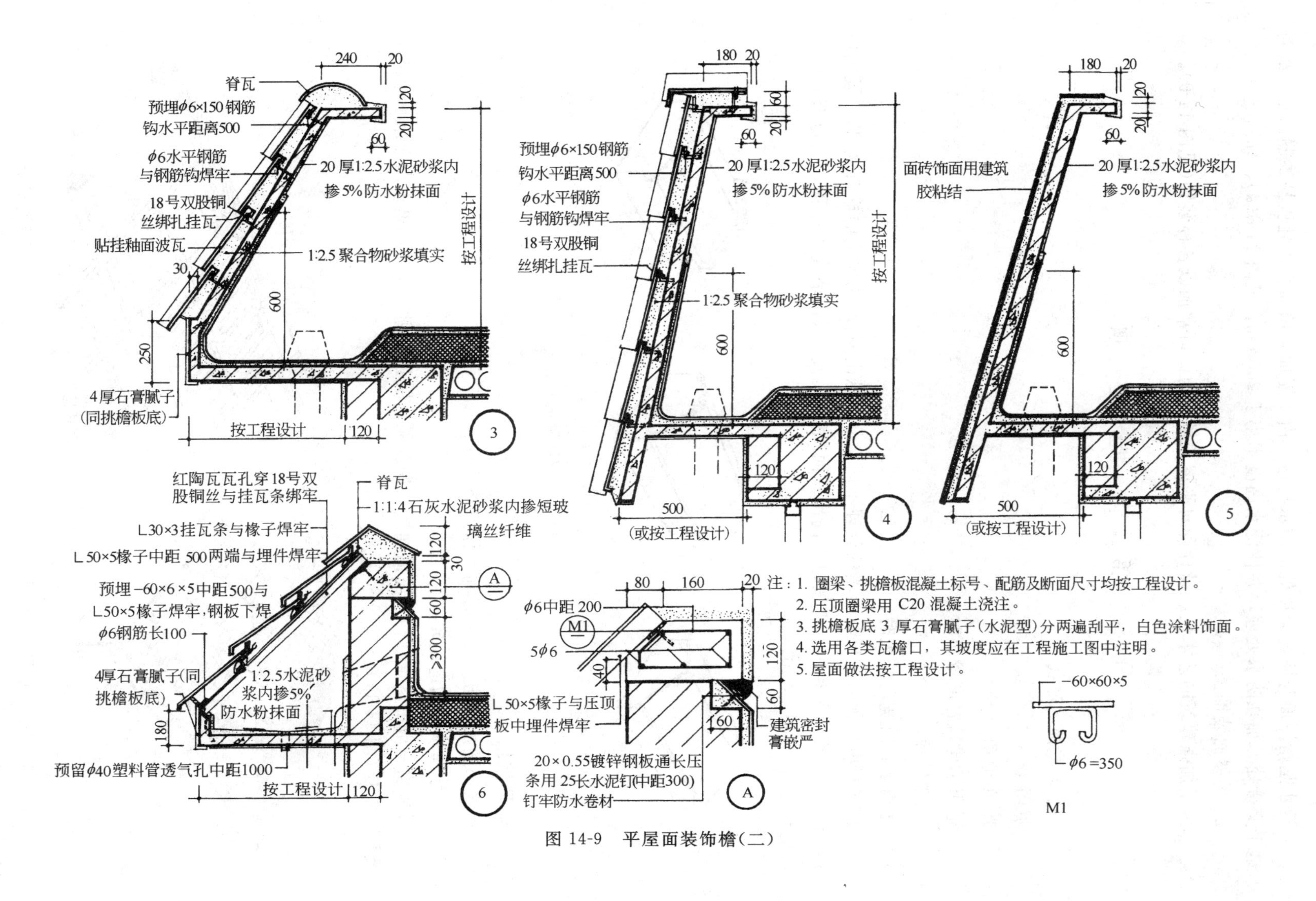

注：1. 圈梁、挑檐板混凝土标号、配筋及断面尺寸均按工程设计。
2. 压顶圈梁用C20混凝土浇注。
3. 挑檐板底3厚石膏腻子(水泥型)分两遍刮平，白色涂料饰面。
4. 选用各类瓦檐口，其坡度应在工程施工图中注明。
5. 屋面做法按工程设计。

图 14-9　平屋面装饰檐(二)

泛水是指屋面与墙面交接处的防水构造。由于屋面与墙面交接处极易渗漏雨水，故对这个交接处要加强防水处理，并使泛水高度不小于250mm，见图14-8(*a*)、(*b*)。

2. 平屋面装饰檐

为了加强建筑的艺术性，设计师对平屋顶挑出的檐口常加以各种装饰(见图14-9)。

第三节 坡 屋 顶

一、坡屋顶的形式

见图14-1。

1. 单坡顶

适用于建筑宽度较小时。

2. 双坡顶

适用于建筑宽度较大时。

根据双坡屋顶的檐口及山墙的处理不同又分为悬山屋顶(山墙上的檐口挑出)、硬山屋顶(山墙上的檐口不挑出，山墙也不高出屋面)和出山屋顶(山墙高出屋顶，它也兼起防火墙的作用)，见图14-10。

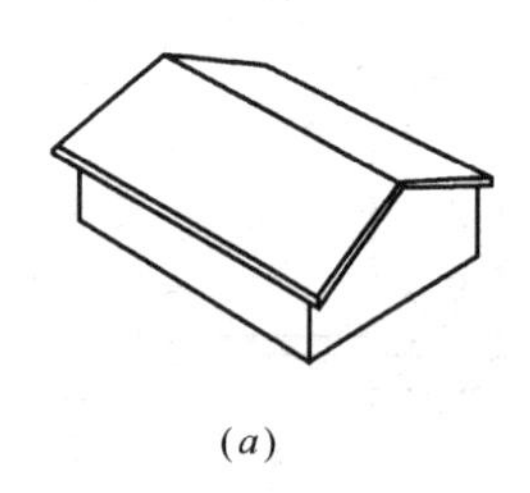

(*a*)

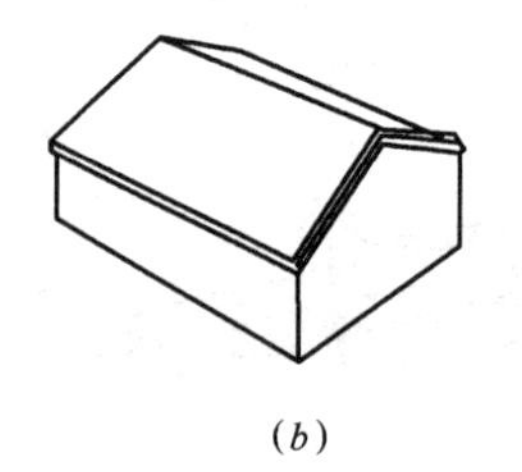

(*b*)

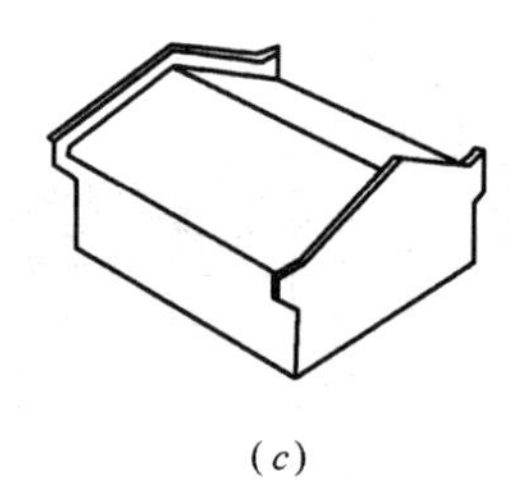

(*c*)

图14-10 双坡屋顶的形式

3. 四坡顶

一般四面檐口均挑出，有利于保护外墙身。

二、坡屋顶的构造组成

坡屋顶一般由承重结构、屋面面层、保温隔热层和顶棚组成。这里重点介绍承重结构及屋面面层(图14-11)。

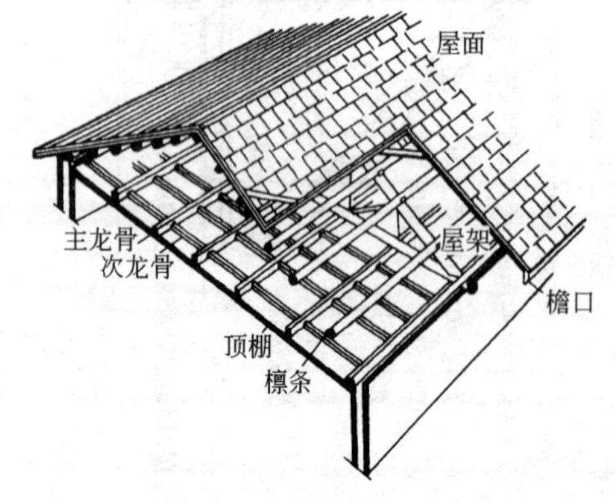

图14-11 坡屋顶的组成

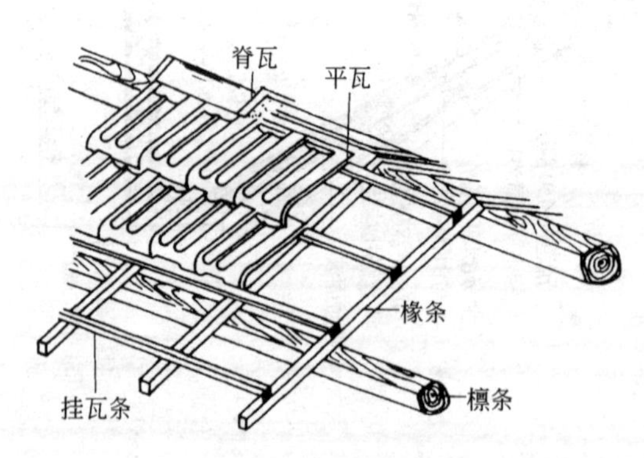

图14-12 檩条与椽条

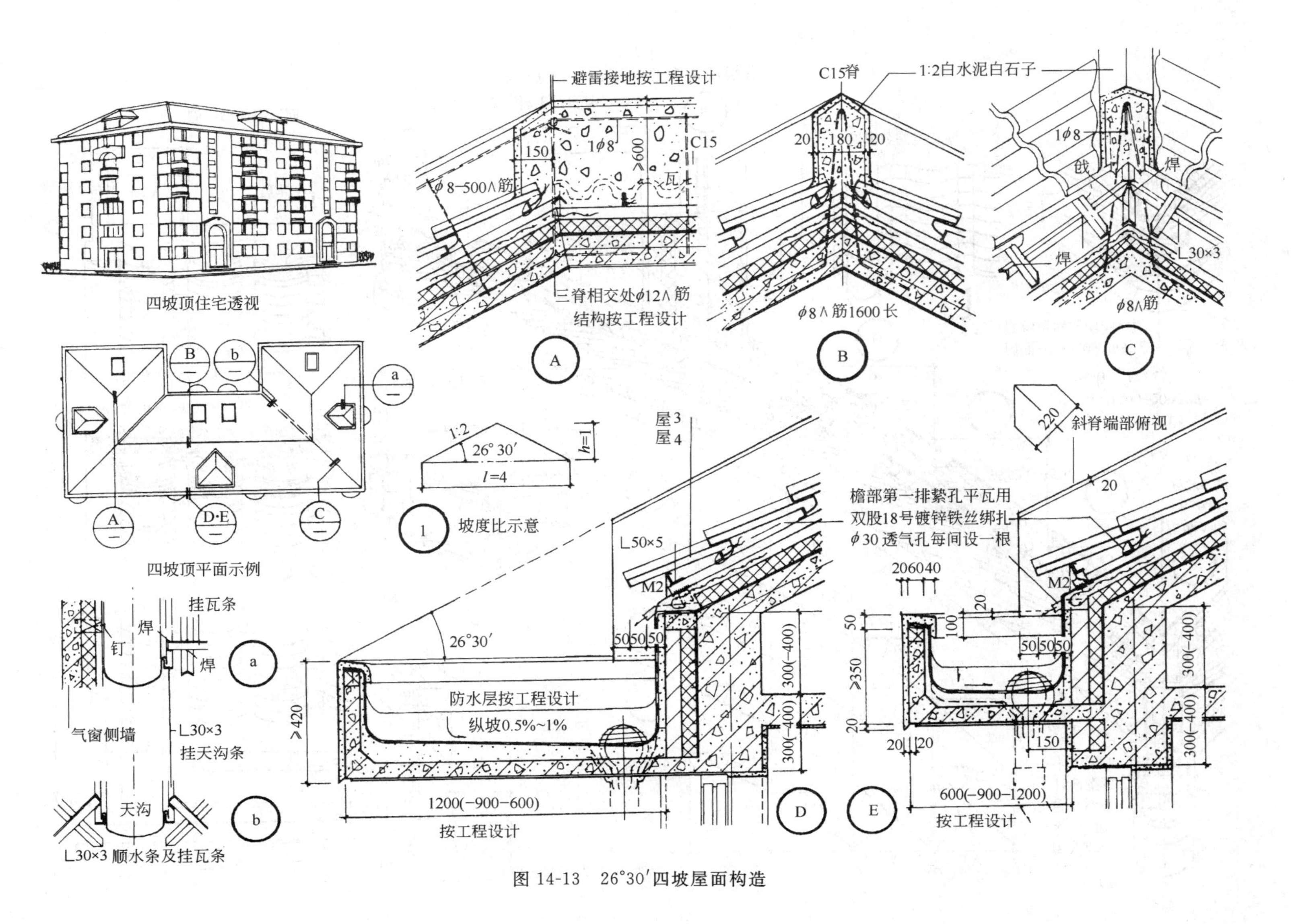

图 14-13　26°30′四坡屋面构造

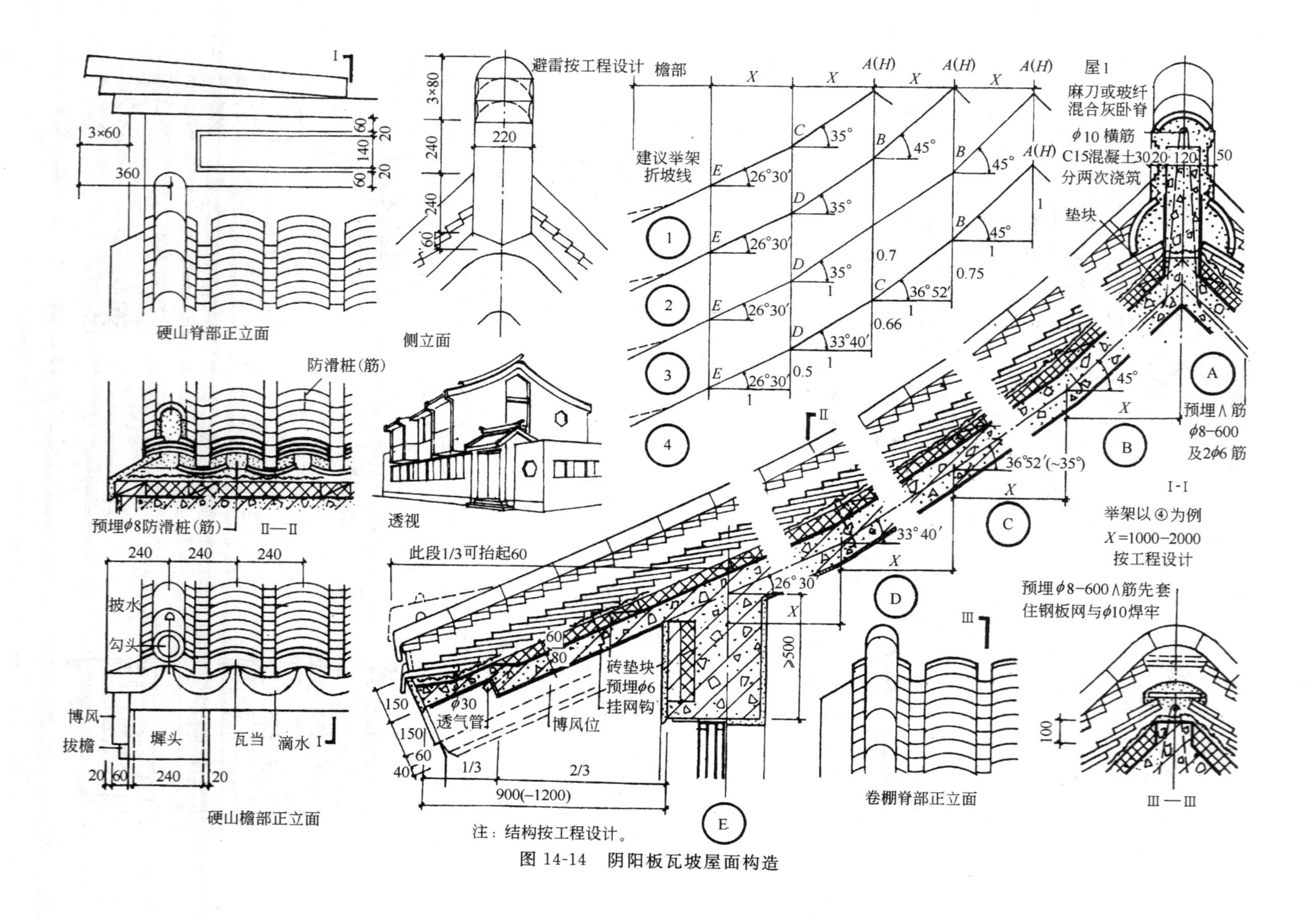

注：结构按工程设计。

图 14-14　阴阳板瓦坡屋面构造

1. 承重结构

承重结构包括屋架或屋面大梁、檩条和椽条。

一般屋架或屋面大梁上放檩条，檩条上放屋面板。但当檩条间距过大时，其上再放椽条，椽条上放屋面板(图 14-12)。檩条的材料有木、钢和钢筋混凝土等，而椽条一般为木制。

2. 屋面面层

它是屋顶最上面的覆盖层，一般包括挂瓦条、瓦或屋面板等。

三、坡屋顶的构造举例

见图 14-13、图 14-14。

第四节 玻璃顶

玻璃顶是指建筑的屋顶部分或全部用玻璃、塑料、玻璃钢等透光材料来制作的屋顶。这种屋顶常被应用于建筑主入口的雨篷、人行天桥、室外自动扶梯和中庭等处的设计。

一、作用

1. 围护与采光的作用

玻璃顶可以起到避风遮雨的围护作用，同时还可将室外的自然光线引入到室内，满足室内采光的要求。

2. 节约能源的作用

玻璃顶在提供自然采光的同时，减少了照明开支，又能通过温室效应降低采暖费用。

3. 美化环境的作用

设计师对建筑中的共享空间顶部的设计常采用玻璃顶。它除了具有上述的作用外，还具有美化环境的作用。它使人们尤如置身于室外的开敞空间，回归到了大自然中。同时丰富各异的玻璃顶造型，又增强了建筑的艺术感。

二、要求

1. 防水与排水

玻璃顶的防水主要是解决接缝处的防水。在玻璃与玻璃、玻璃与支承体系的接缝处用密封效果好的胶来填充。如硅酮密封胶、氯磺化聚乙稀或丙稀酸密封膏等，同时，对接缝宽度的设计要考虑到温度变化对接缝的影响，防止温度变形使密封胶撕裂，引起渗漏。

要想防水就要解决排水，排水就需要玻璃顶有坡度。坡度大，排水快，但结构复杂且施工不方便，故坡度在 18°～45°为宜。排水除了要有坡度外，还要考虑到它的排水方式。排水方式分无组织排水和有组织排水两种。

无组织排水是指玻璃顶的玻璃伸出支承体系形成挑檐，使雨水自由落下的排水方式。

有组织排水是指玻璃顶上的雨水排到檐沟或天沟内，再通过其内的雨水管排到地面或地沟中。有组织排水需要设雨水管，而雨水管可设在室外，也可设在室内，这又分为有组织的外排水和有组织的内排水。另外，为了防止漏入内侧的少量雨水对室内的影响，还需在室内金属型材上加设排水槽。

2. 安全

玻璃顶常用于人集中活动的场所，它的碎落极易伤人。所以玻璃顶的安全问题是最重要的。要求玻璃顶的骨架、连接件、饰面板要有足够的承载力。无论玻璃采用单层或多层结构，都需在最内侧加设一层安全玻璃，所确保安全。同时还要求结构构造设计时考虑地震对玻璃顶的影响，以防饰面板错动而脱落。

3. 防结露

由于玻璃顶的保温隔热性较差，所以当室内外温差较大时，玻璃顶的内侧极易出现结露现象，使产生的冷凝水滴入室内。解决这个问题有以下几种办法：一是考虑采用双层玻璃或中空玻璃，改善保温隔热性能。二是在玻璃顶的周围加装暖气管或吹送热风。三是将玻璃顶下面的墙体留通风孔，让外面的冷空气渗入室内，减少玻璃顶的内外温差，避免产生凝结水。但室内能源会受到损失。四是加大玻璃顶的排水坡度，并利用水槽将凝结水排走(图 14-15)。

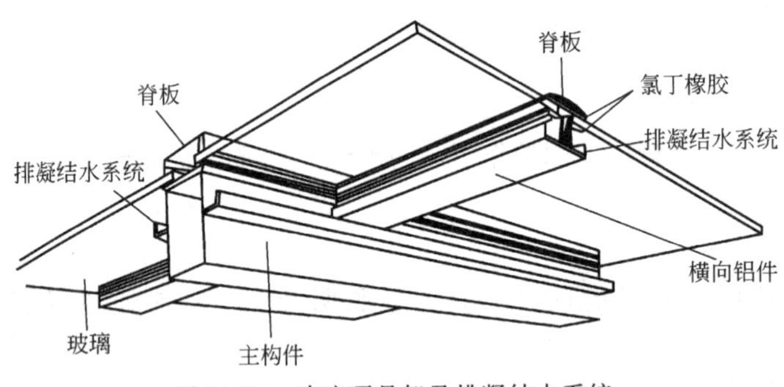

图 14-15　玻璃顶骨架及排凝结水系统

4. 防眩光

眩光是因太阳光直射入室内而形成的，它对人的工作和生活常产生不利的影响。人们为了避免眩光常采用以下几种方法：一是使用使光线产生漫反射的玻璃。如磨砂玻璃、压花玻璃等。二是在玻璃顶下吊折光片顶棚。折光片可用塑料片、有机玻璃片和铝片等制作。

5. 防雷

由于玻璃顶的骨架及附件多为金属制成，故防雷很重要。但玻璃顶上无法安装防雷装置，因而需将玻璃顶设在建筑物防雷装置的 45°线之内。

另外，玻璃顶常用于有中庭设计的顶部，如果玻璃顶的承重构件是金属时，中庭内应设自动灭火设备或喷涂防火材料，使其耐火极限达到 1 小时。

三、玻璃顶的分类

1. 按开户方式分

玻璃顶有固定式和开启式。

2. 按材料分

玻璃顶有普通玻璃、夹层玻璃、丙烯酸脂有机玻璃、聚碳酸酯有机玻璃、钢化玻璃等。

3. 按其支承体系用料分

玻璃顶有型钢玻璃采光顶、铝合金玻璃采光顶和玻璃框架采光顶。

4. 按形式分

玻璃顶有单体和复合群体玻璃顶(图 14-16)。

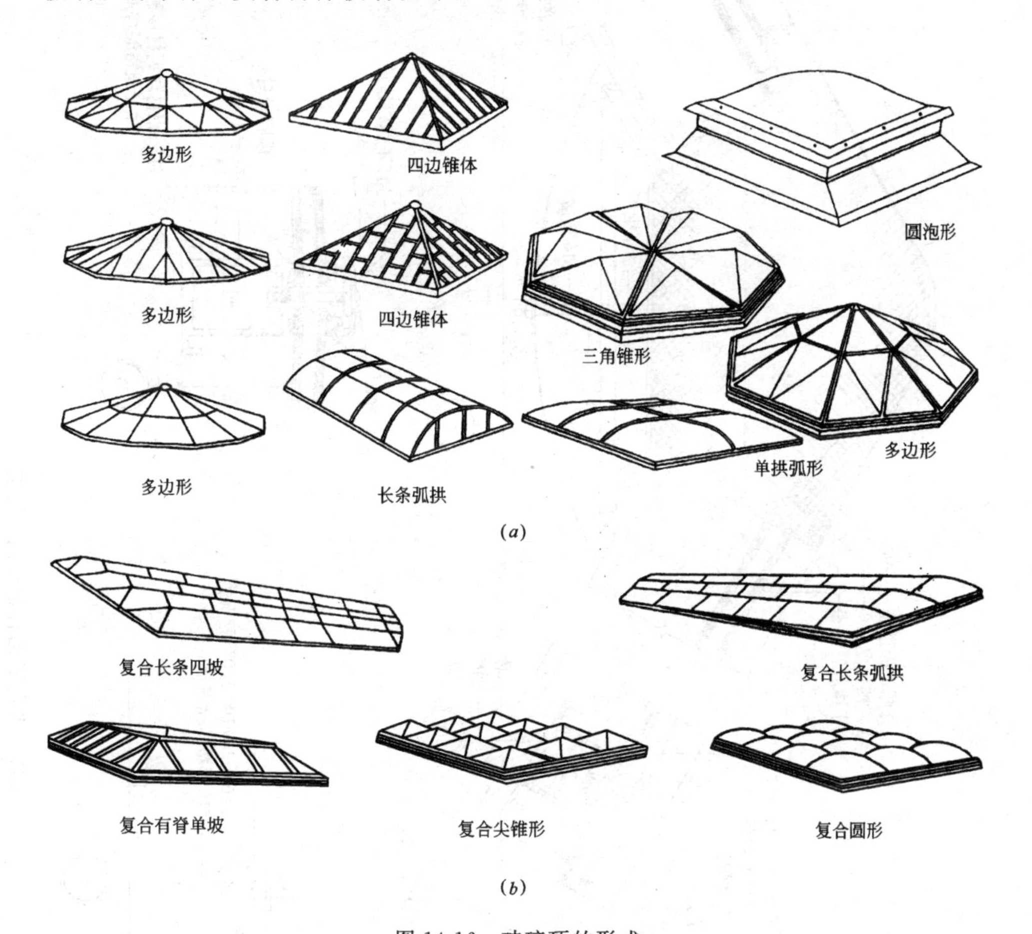

图 14-16 玻璃顶的形式

(a)单体玻璃顶;(b)复合群体玻璃顶

四、玻璃顶的构造

这里举几个常见的玻璃顶的构造做法。

1. 多边形铝合金玻璃顶构造

多边形铝合金玻璃顶为单体玻璃顶(图 14-17)。

2. 锥形铝合金玻璃顶构造

锥形铝合金玻璃顶为复合群体玻璃顶(图 14-18)。

3. 玻璃雨篷

空心玻璃砖弧形雨篷的构造见图 14-19。

4. 玻璃棚罩

有些建筑设有较大的平台,在平台上方加工工业设玻璃棚罩是很常见的(图 14-20)。

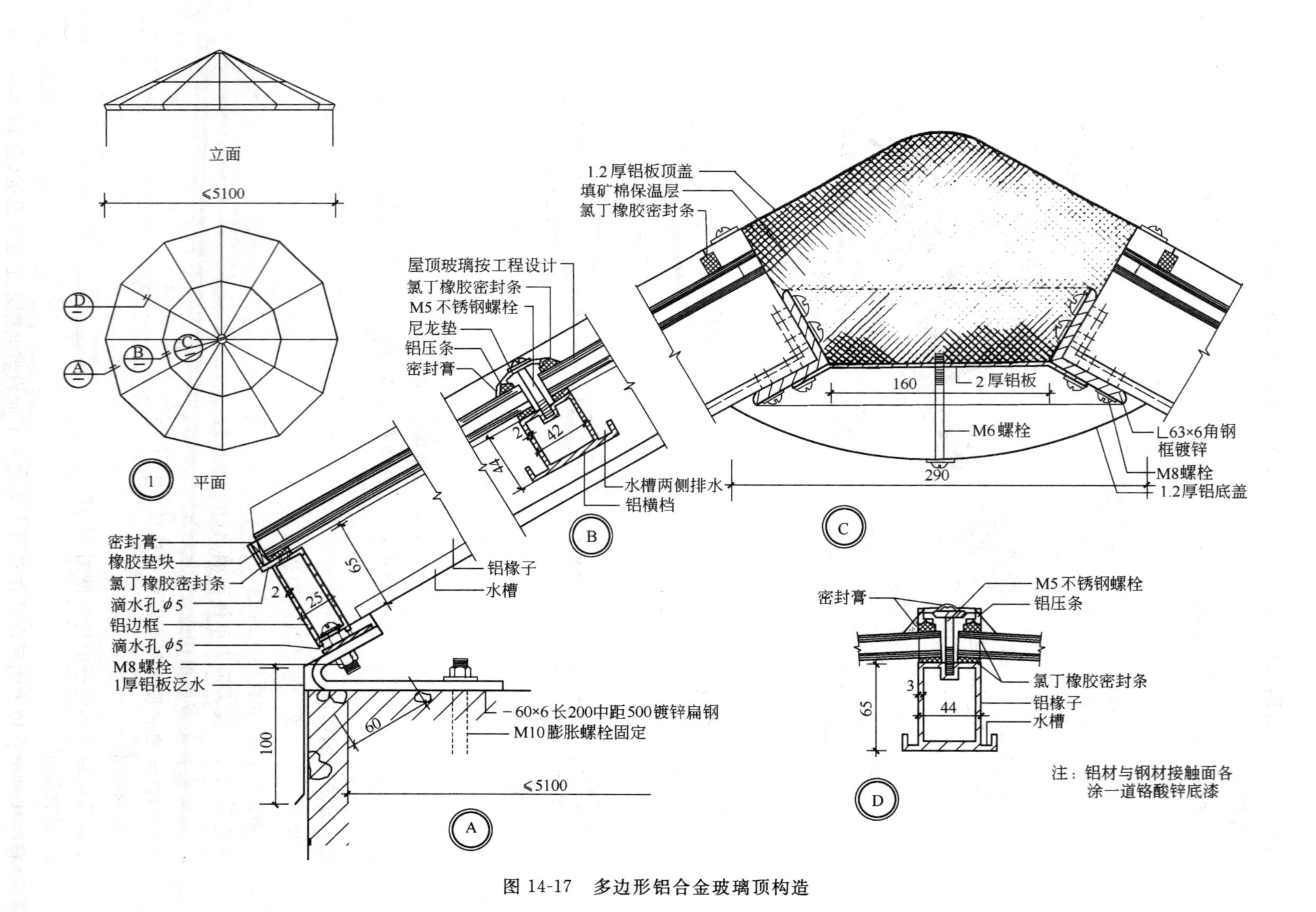

图 14-17 多边形铝合金玻璃顶构造

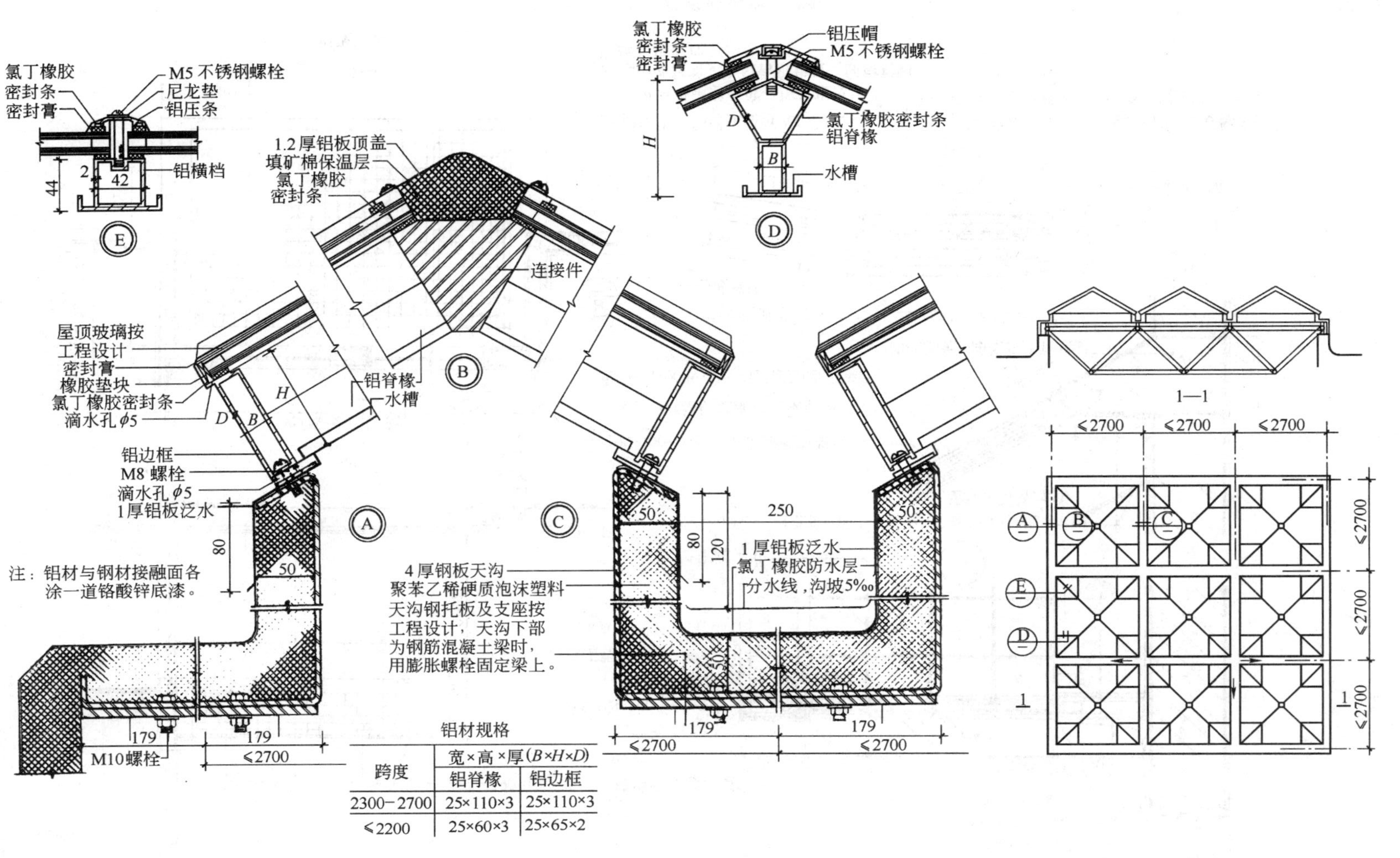

铝材规格

跨度	宽×高×厚(B×H×D)	
	铝脊椽	铝边框
2300−2700	25×110×3	25×110×3
≤2200	25×60×3	25×65×2

图 14-18　锥形铝合金玻璃顶构造

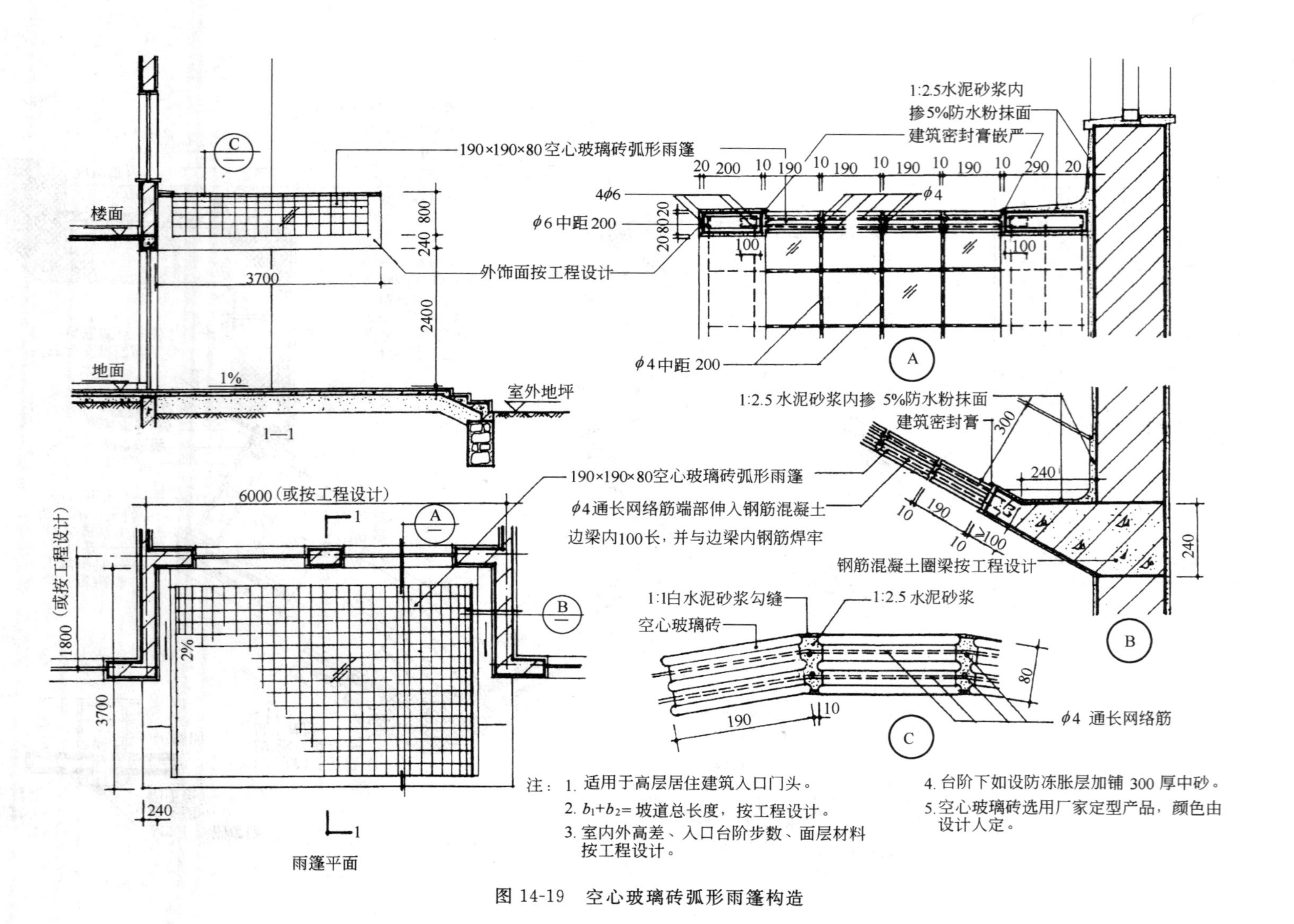

注：1. 适用于高层居住建筑入口门头。
2. b_1+b_2= 坡道总长度，按工程设计。
3. 室内外高差、入口台阶步数、面层材料按工程设计。
4. 台阶下如设防冻胀层加铺 300 厚中砂。
5. 空心玻璃砖选用厂家定型产品，颜色由设计人定。

图 14-19　空心玻璃砖弧形雨篷构造

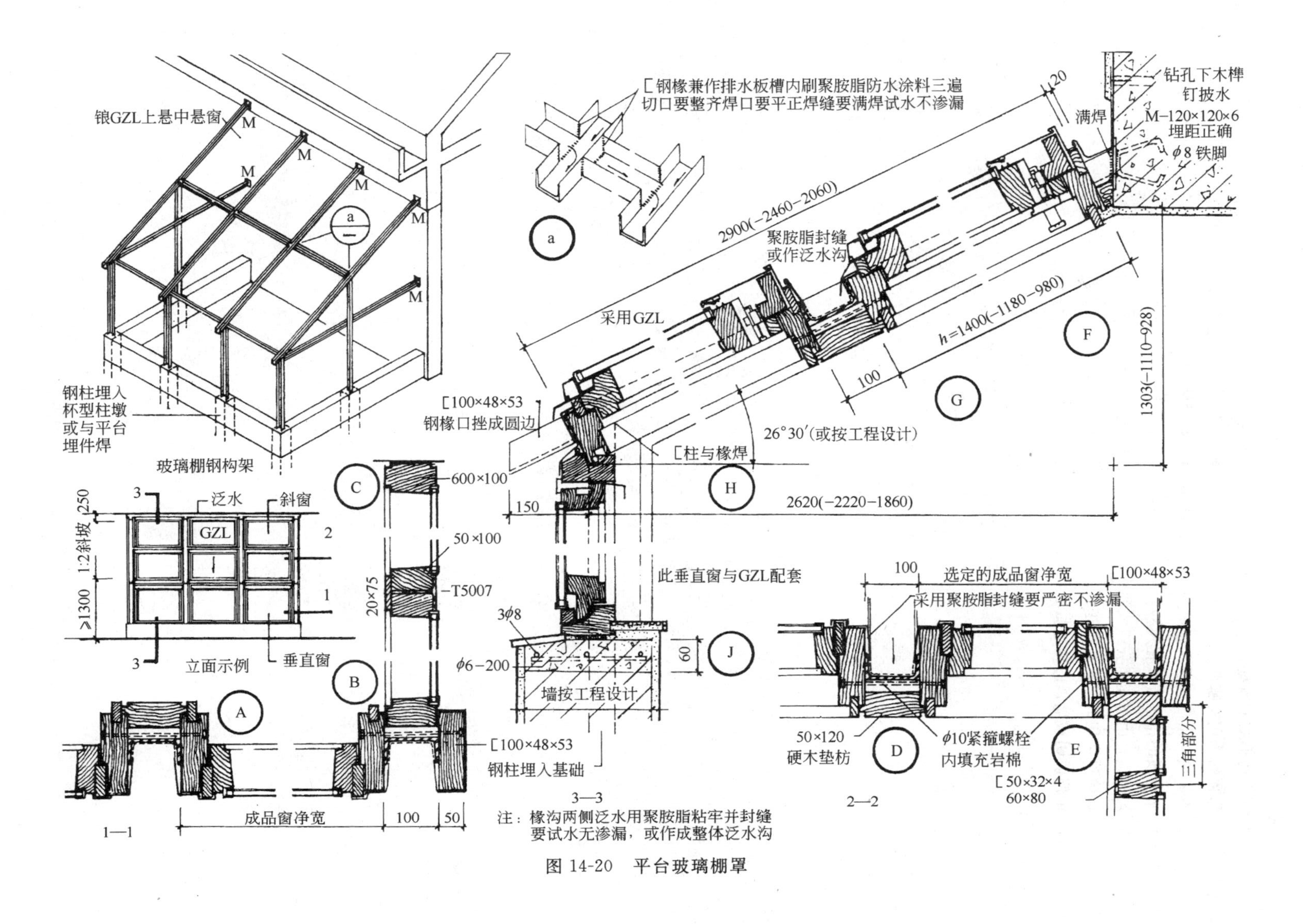

注：椽沟两侧泛水用聚胺脂粘牢并封缝要试水无渗漏，或作成整体泛水沟

图 14-20　平台玻璃棚罩

思考题：

1. 屋顶的形式有哪些？
2. 屋顶的作用有哪些？
3. 平屋顶是由哪些层次组成的？说明各层的材料和做法。
4. 平屋顶的排水方式有几种？
5. 坡屋顶是由哪几部分组成的？
6. 玻璃顶常用的形式有哪些？
7. 举例说明玻璃顶的构造做法。

第十五章 门 窗

门窗是建筑的围护构件，在建筑立面设计中，起着很重要的装饰作用。

第一节 概 述

一、门窗的作用与要求

门窗的主要作用是解决建筑的采光与通风。门同时还起交通和疏散的作用。由于门窗是建筑的围护构件，故要求门窗要满足防风雨、保温隔热、隔声等要求。

二、门窗的分类

1. 按开启方式划分

门窗有平开式、推拉式、固定式、转式、折叠式等(图 15-1、图 15-2)。

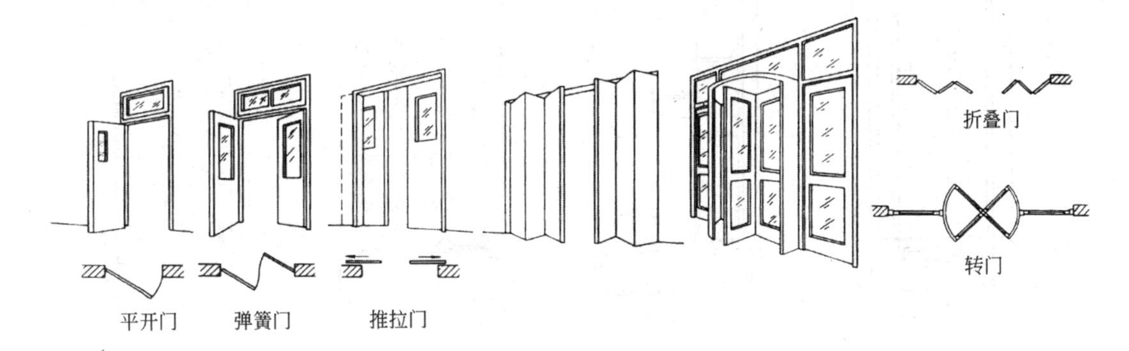

图 15-1 门的类型

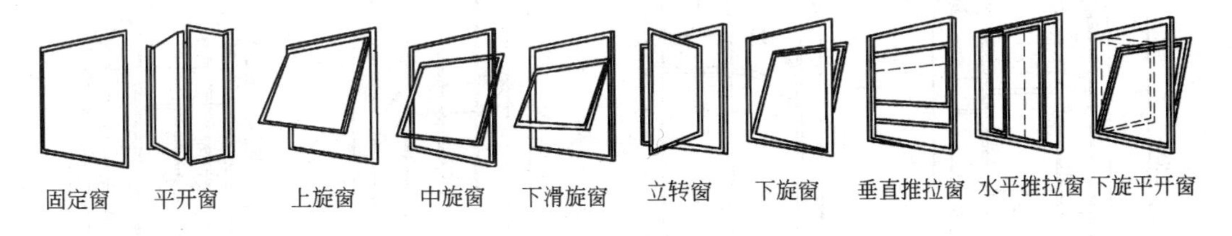

图 15-2 窗的类型

2. 按材料划分

门窗有木、钢、铝合金、塑料、塑钢等。

三、门窗的式样

门窗的样式在建筑立面设计中起着很强的装饰作用。设计师要根据房屋的使用性质、整体的环境来选择门窗的样式，见图 15-3、图 15-4。

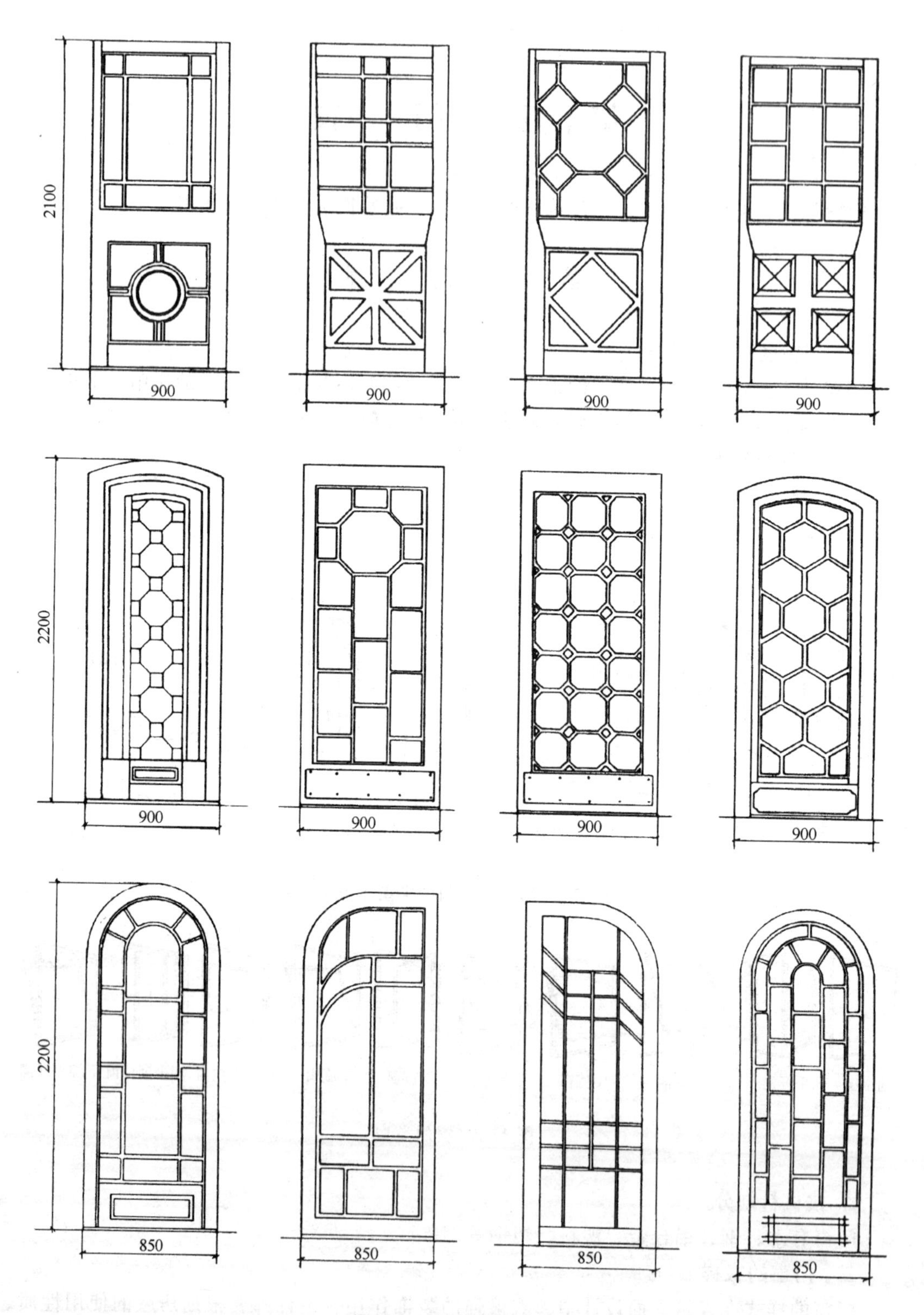

图 15-3 门的式样(1)

2100
800
850
850
1200
900
800
2100
900
900
900
1150
950
900
2100
800
850
850
800

图 15-3　门的式样(2)

图 15-3 门的式样(3)

图 15-4　窗的式样

四、门窗的安装

门窗框的安装方式有立口和塞口两种。施工时先将门窗框立好，后砌墙，称为立口。

而在砌墙时先留出洞口，以后再安装门窗框，称为塞口。为加强门窗框与墙的连接，需预先在墙内埋设木砖或铁脚，其上下间距不应大于600mm。

门窗框与墙之间的缝隙应填塞密实，以防风、雨等对室内的侵袭，并满足保温、隔声等的要求。

第二节 门 的 构 造

一、门的尺寸

一般单扇门宽900～1000mm；双扇门宽1500～1800mm。门高为2100～2300mm。当门高≥2400mm时，门上应设门亮子。

二、门的构造组成

门主要是由门框、门扇和五金零件组成。门框是由上槛、中槛、边框组成。门扇是由上冒头、中冒头、下冒头和边梃、门芯板等组成(图15-5)。门的五金零件主要有门把手、门锁、铰链、闭门器和门挡(门吸)等。其中闭门器可自动关闭打开门。门挡(门吸)是用于防止门扇和把手与墙壁的碰撞，并吸住门于墙壁处(图15-6)。

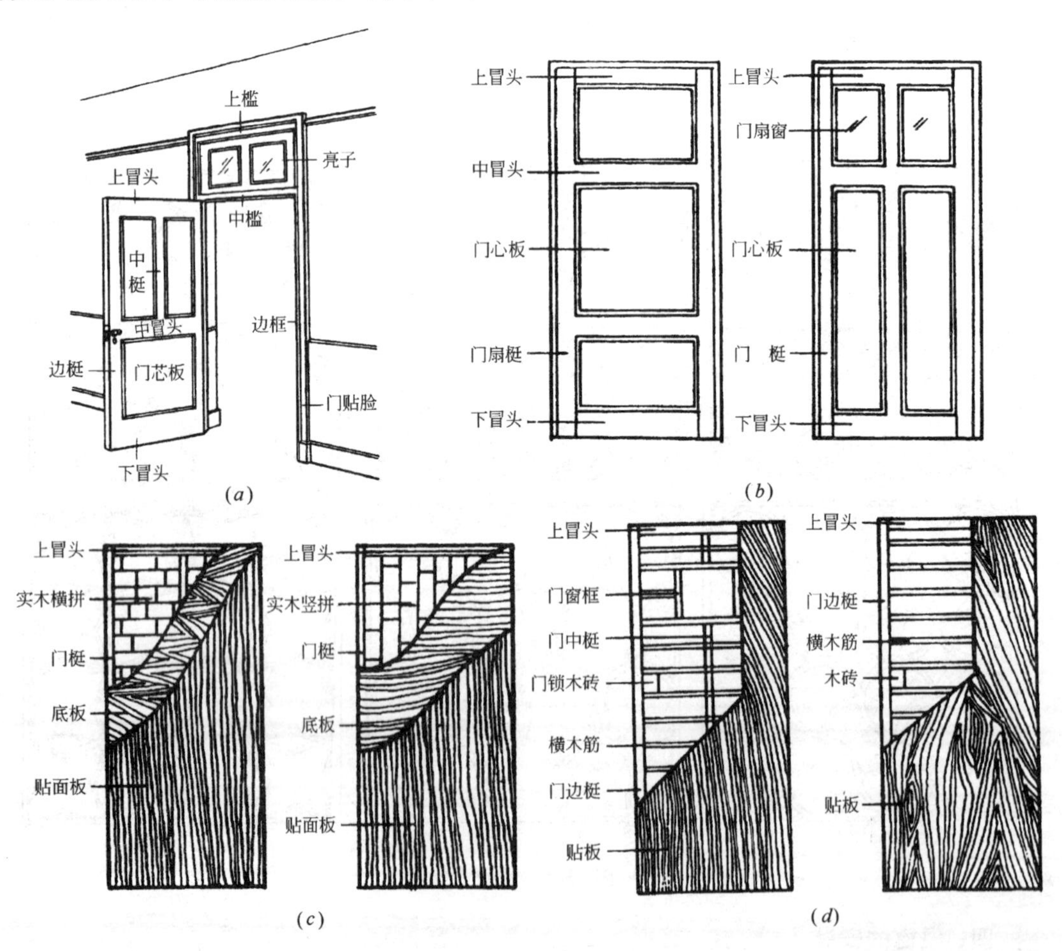

图15-5 木门的构造组成

(*a*)木门的组成；(*b*)镶板门构造；(*c*)实心门构造；(*d*)贴板门构造

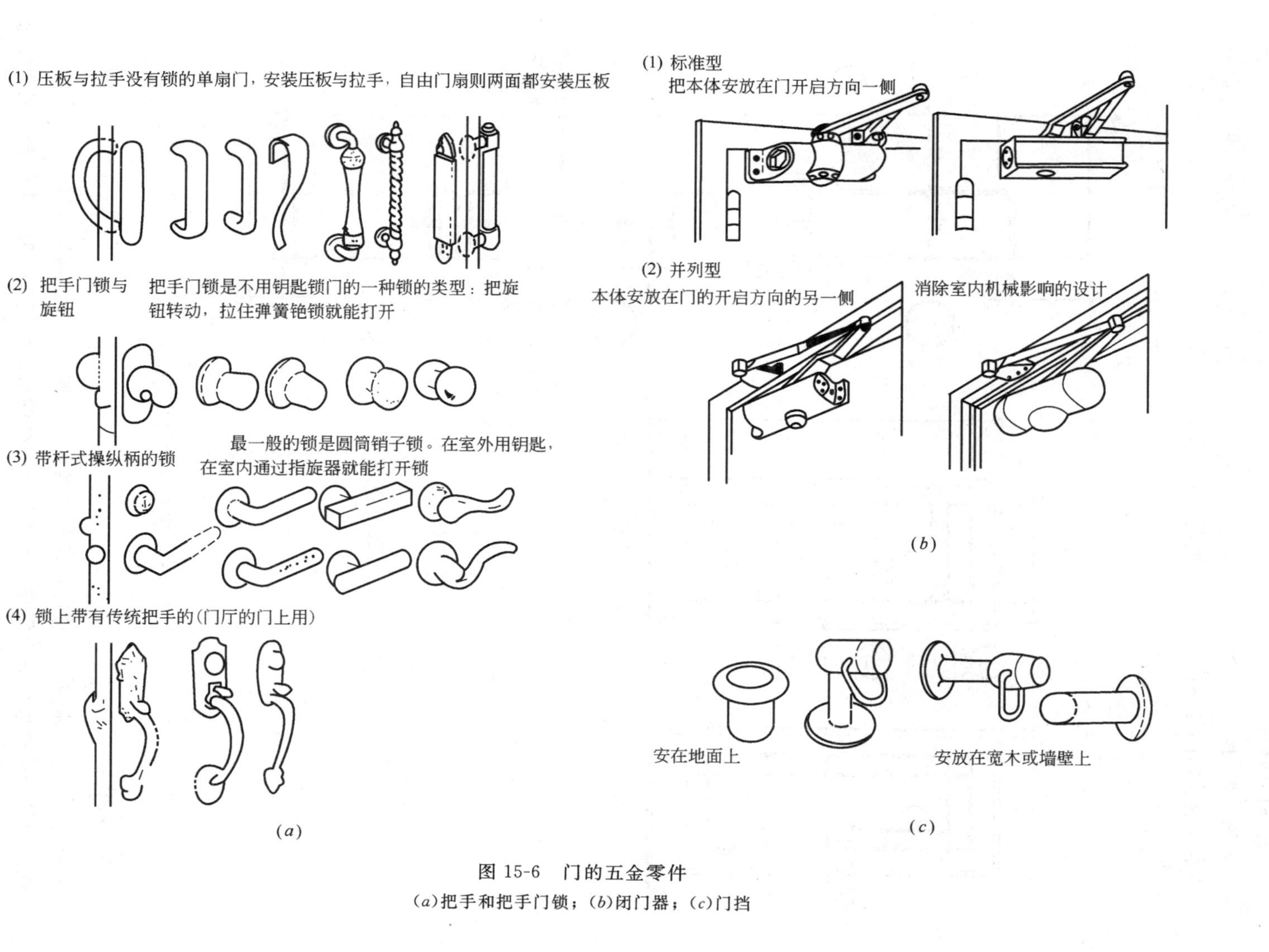

图 15-6 门的五金零件

(a)把手和把手门锁；(b)闭门器；(c)门挡

三、各种门的构造

1. 普通装饰门

实木玻璃装饰门是室内常用的装饰门(图 15-7)。

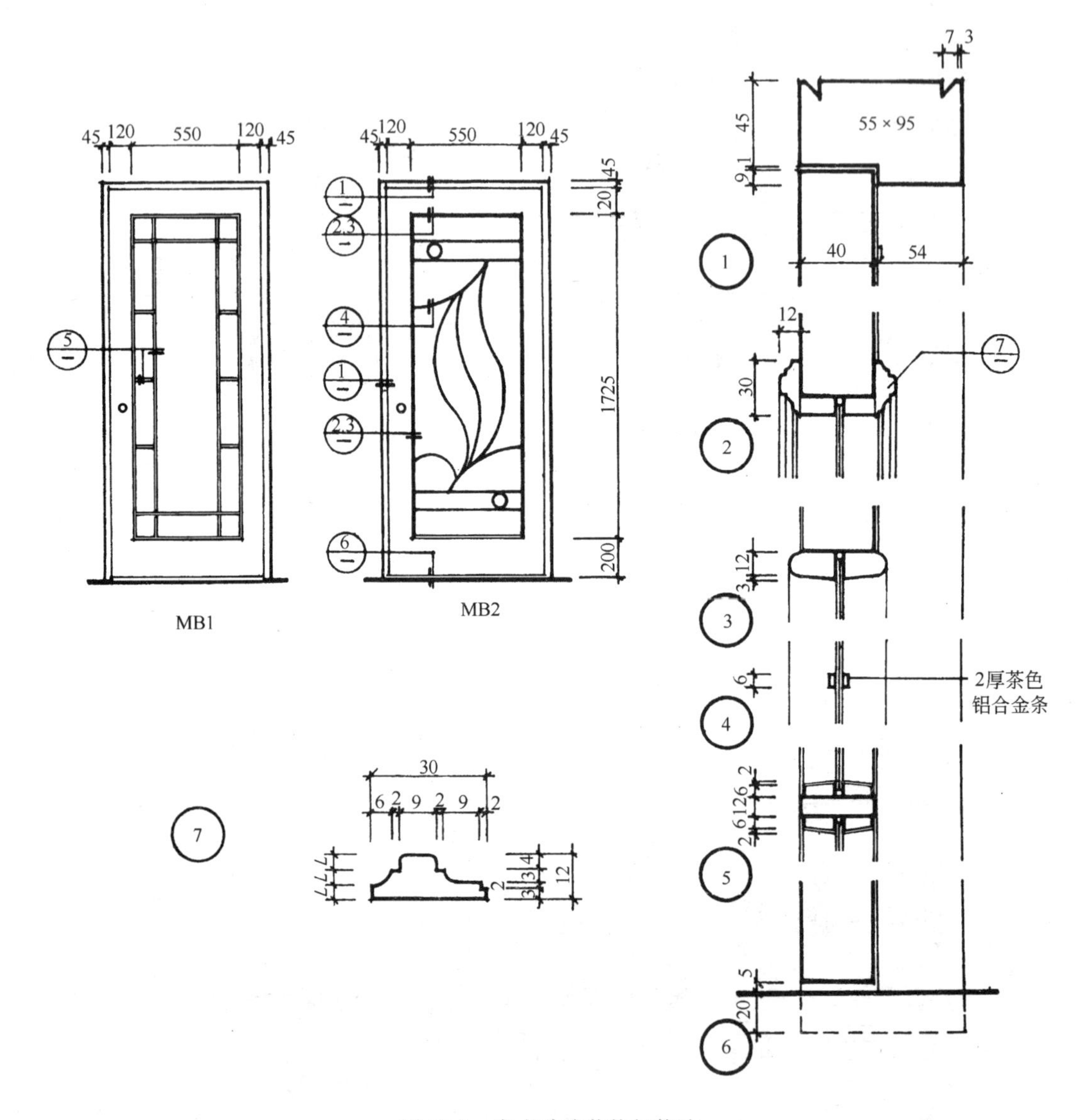

图 15-7　实木玻璃装饰门构造

2. 隔声门

隔声门常用于要求室内允许噪声级较低的房间，如录音室、播音室等。

隔声门的隔声效果取决于门扇的隔声量和门缝的密闭程度。一般隔声门扇多采用复合结构，但不宜层次过多，主要是利用空腔和吸声材料提高隔声的性能。采用空腔隔声时，空腔以 80～160mm 为宜，门扇的面板最好为整块板，以防因板缝多而影响隔声效果。见图 15-8。门缝在处理时要求严密和连续(图 15-9)。还要注意五金安装处的薄弱环节，应装置特制的五金零件，以确保隔声的要求。

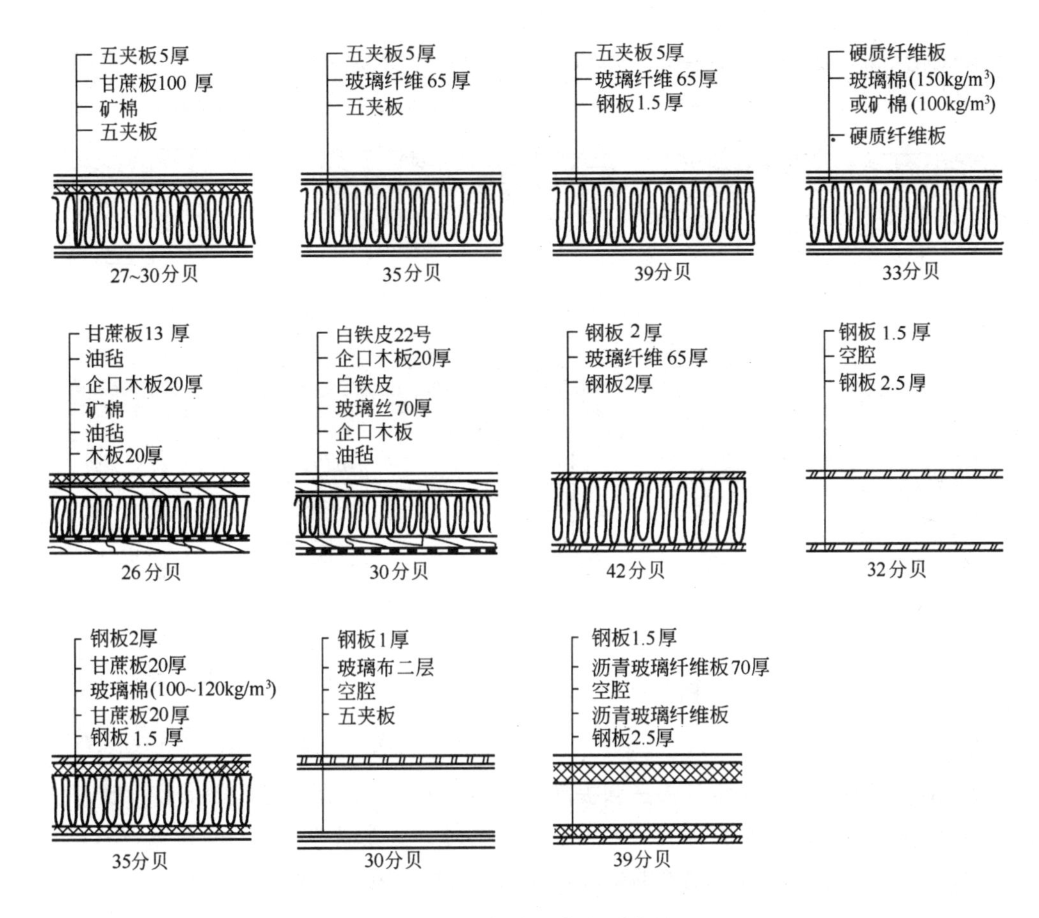

图 15-8　复合门扇的隔声量

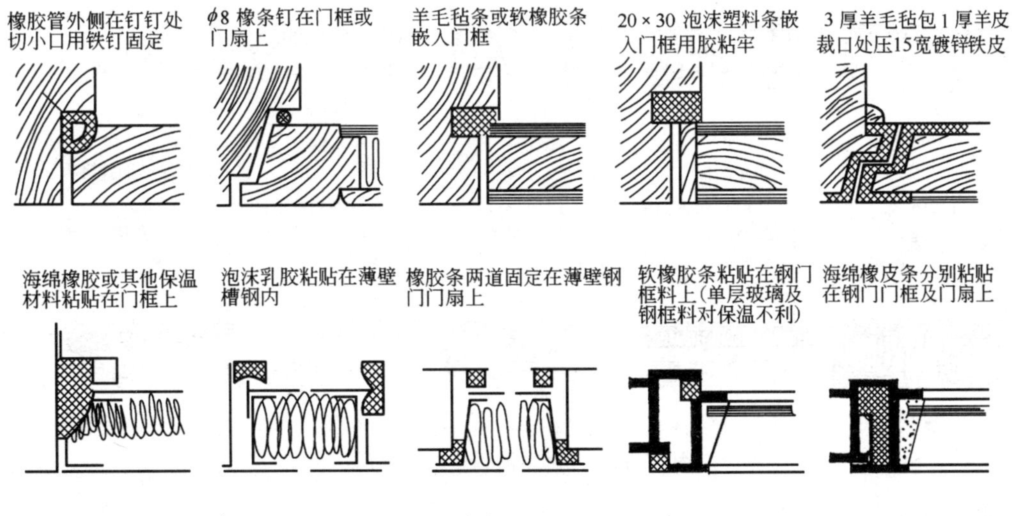

(*a*)

图 15-9　门缝的隔声处理(一)

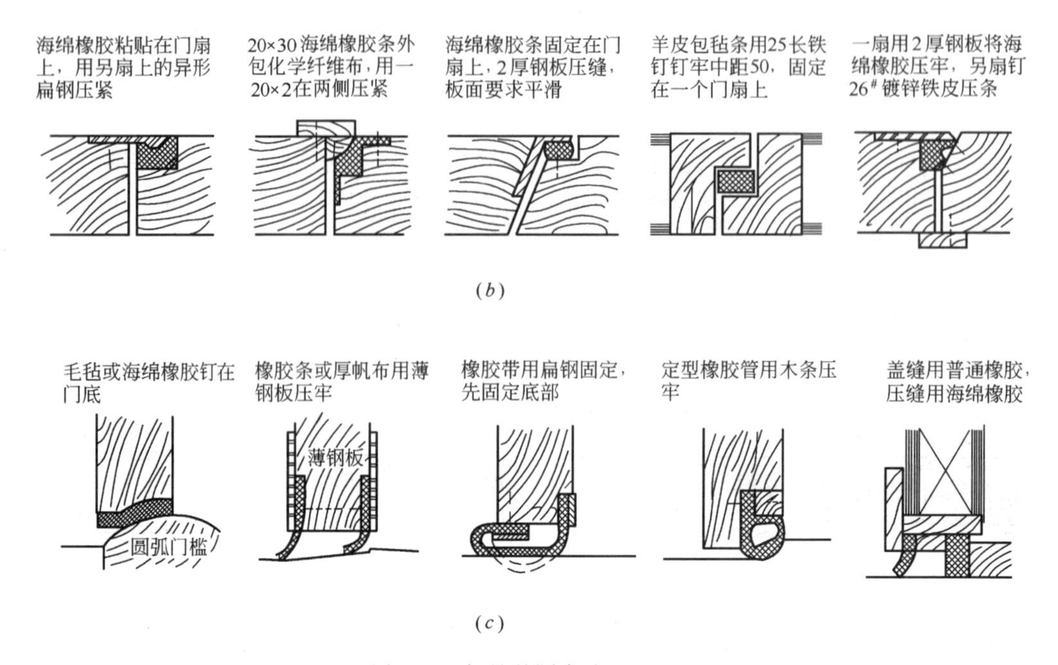

图 15-9　门缝的隔声处理(二)

3. 保温门

保温门应着重解决好避免空气渗透和提高门扇的热阻，以达到保温的效果。一般保温门扇多采用质轻多孔的材料和空腔构造。采用空腔保温时，空腔以 20～30mm 为宜(图15-10)。保温门同隔声门一样都必须做好门缝的处理，其构造做法也基本相同(图15-11)。

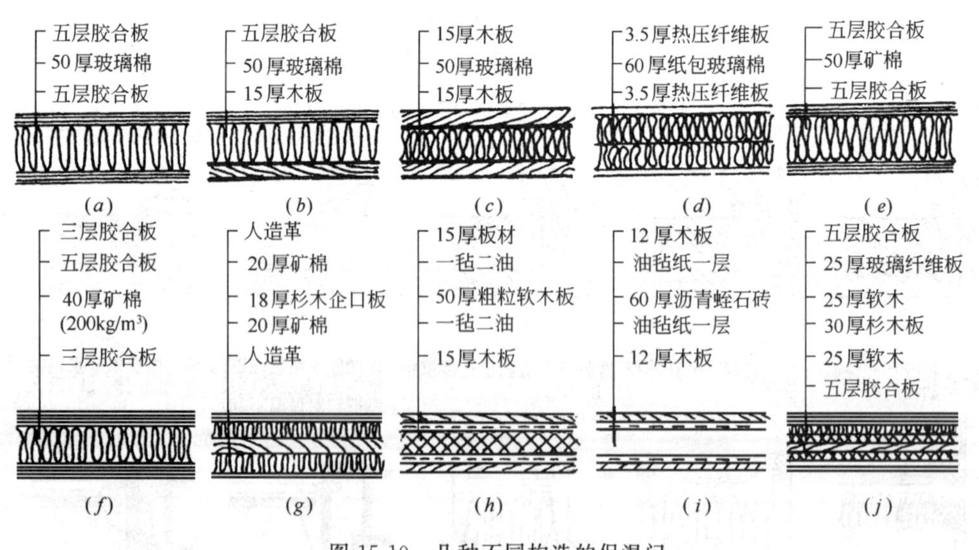

图 15-10　几种不同构造的保温门

4. 防火门

为了减少火灾在建筑物内的蔓延，常按防火区域设置防火墙，其耐火极限不小于 4 小时。在防火墙上一般不设门窗，如必须设门窗时，应设置防火门窗。

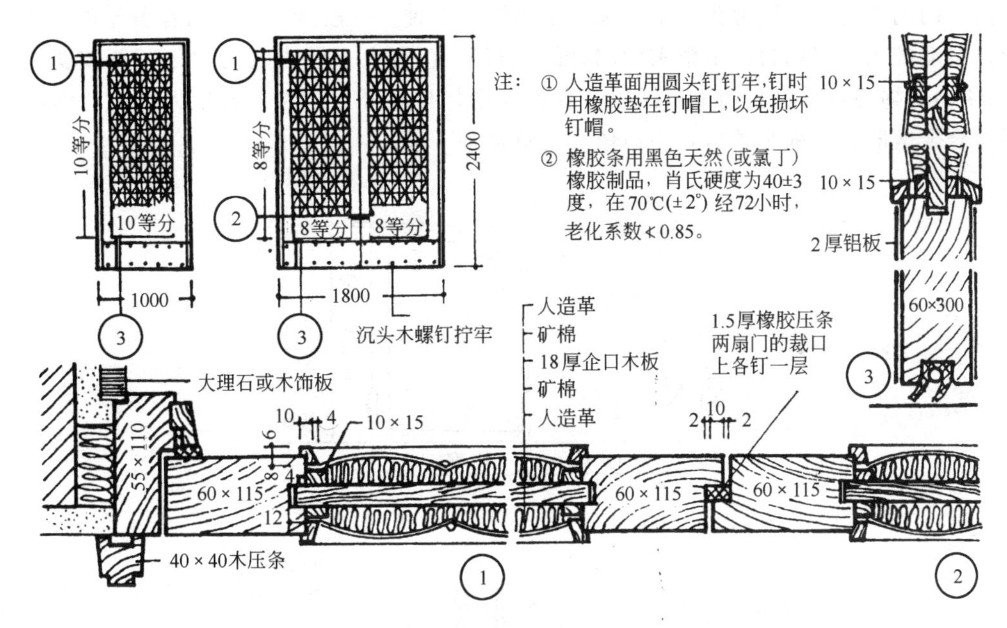

图 15-11　人造革面保温门构造

防火门是一种可动的防火分隔物，按耐火极限可划分为甲、乙、丙三级。甲级防火门的耐火极限为 1.2 小时，主要用于防火单元之间防火墙上的门。乙级防火门的耐火极限为 0.9 小时，主要用于疏散楼梯与消防电梯的进出口处。丙级防火门的耐火极限为 0.6 小时，常用于管道井壁上的检修门。总之，建筑等级越高，生产或贮存物品危险越大，则越须用耐火极限较高的防火门(图 15-12)。

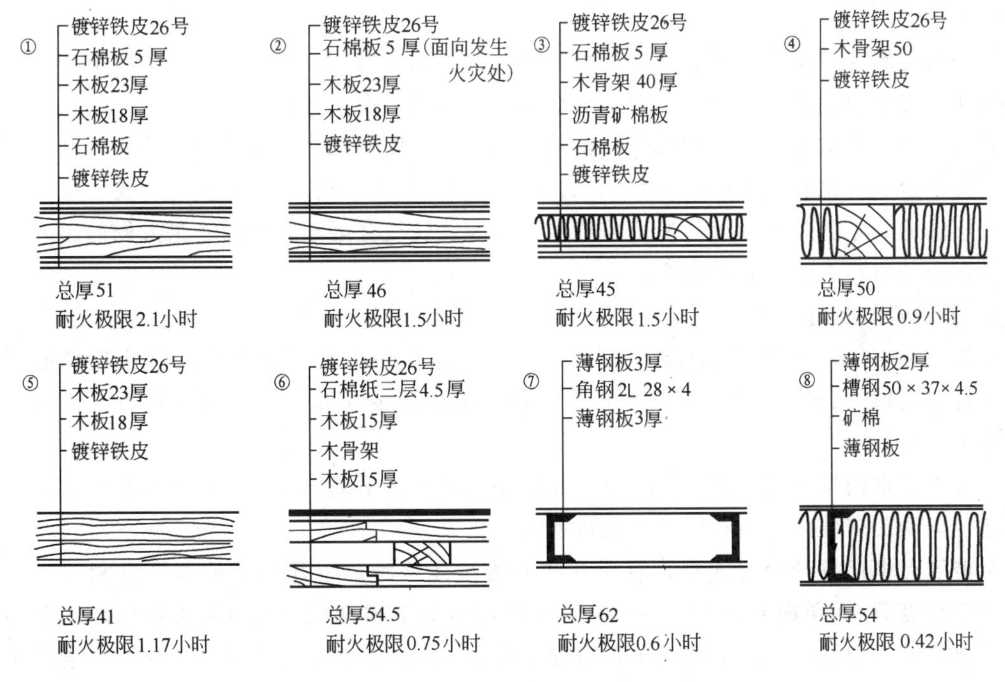

图 15-12　防火门的构造及耐火极限

防火门的关闭方式可分为一般开关和自动关闭两种。一般开关防火门有平开式、推拉式等。自动防火门采用自重下滑关闭门(图 15-13)。门洞上方导轨做成 5%～8%坡度，平时用 $\phi4$ 钢丝绳通过滑轮利用平衡锤的荷载使门扇保持在开启位置。发生火灾时，钢丝绳上易熔合金熔断，平衡锤落地，门扇依靠自重自动下滑。

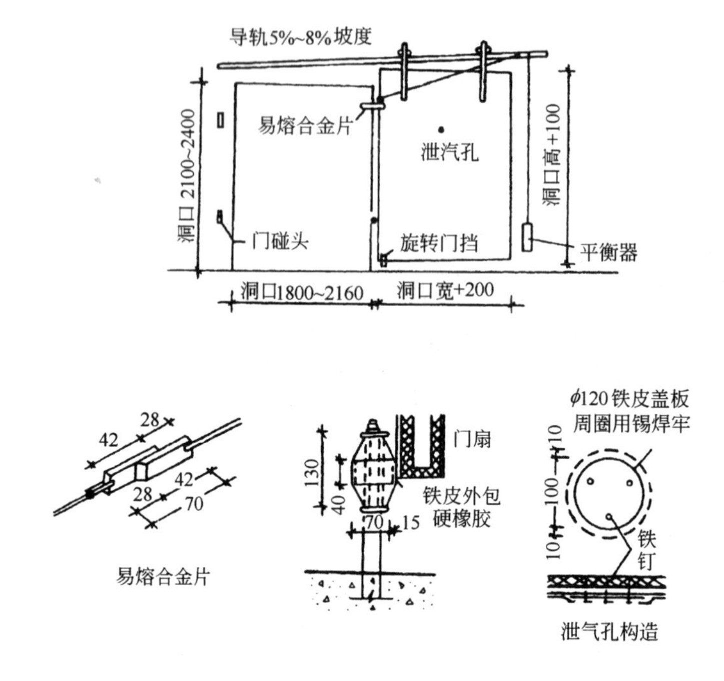

图 15-13　自重下滑防火门

5. 转门

转门对建筑起着很强的装饰作用。但转门的通行速度较慢，所以不适用于人流较大的公共场所，更不可用作疏散门。一般要求在转门的两侧另设疏散门。

转门一般分普通转门和自动转门。普通转门为手动旋转结构，常逆时针旋转。其常用的材料为铝合金、钢和钢木(图 15-14)。自动转门属高级豪华用门，它采用声波、微波或红外传感装置和电脑控制系统，使传动机构为弧线旋转往复运动，从而满足人们的出入要求。其常用的材料为铝合金和钢等。

6. 全玻璃无框门

全玻璃无框门，又称厚玻璃装饰门，常用 10mm 厚以上的平板玻璃、钢化玻璃加工成无扇框的玻璃门(图 5-15)。它具有光亮明快、不遮挡视线和美观通透的特点，常用于建筑的主入口。

全玻璃无框门按开启功能分为手动门和自动门两种。手动门采用门顶枢轴和地铰链人工开启；电动门安装门马达和感应装置自动开启。

全玻璃无框门按开启方式分，有平开式和推拉式两种，平开门分单扇开启和双扇开启，开启角度分 90°单向开和 180°自由开；推拉门分为单扇推拉门和双扇推拉门，均采用悬吊支承系统，由马达、光电感应装置自动开启。门扇的最大高度为 2500mm，门扇最大宽度为 1200mm。

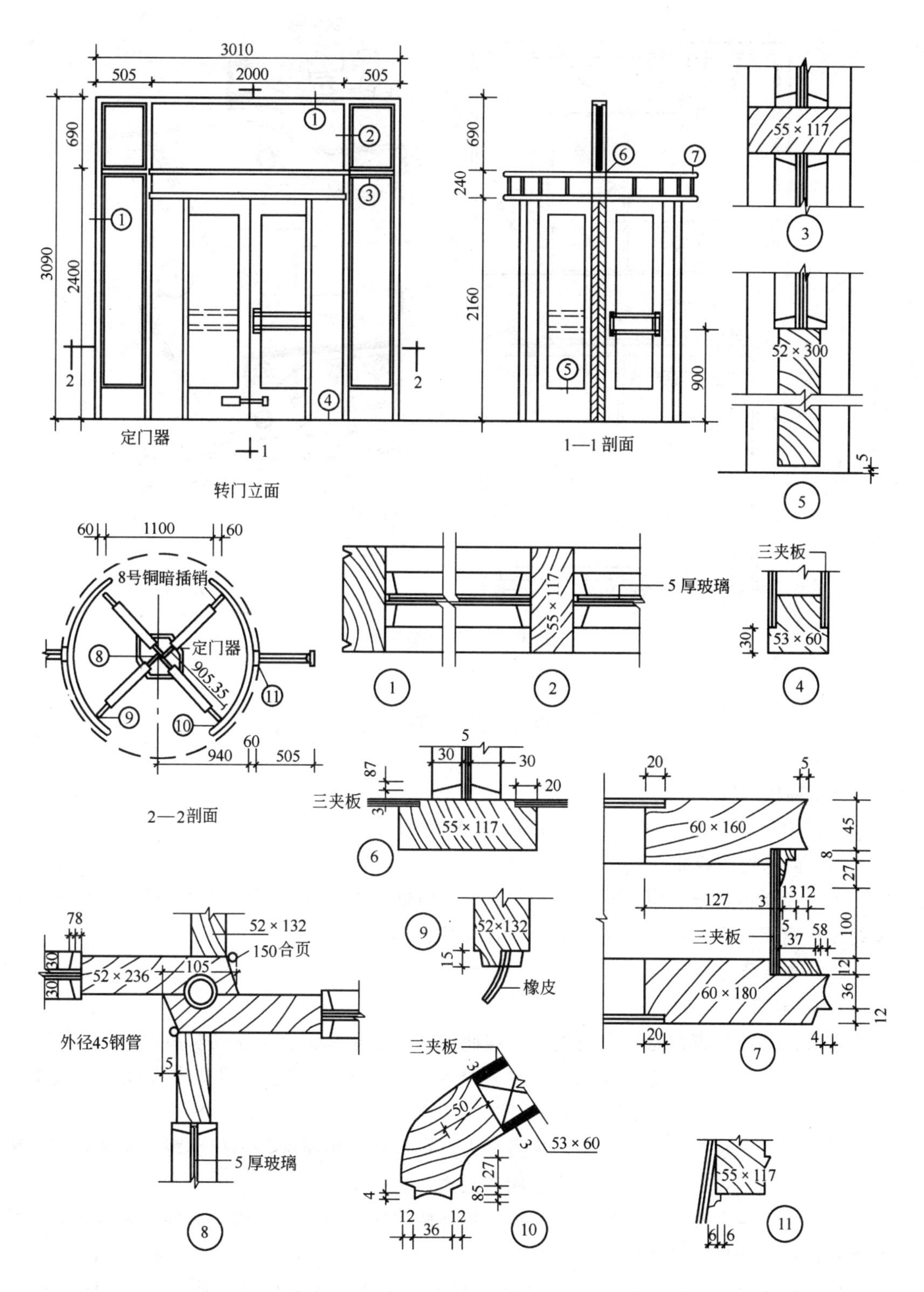

图 15-14　普通转门的构造

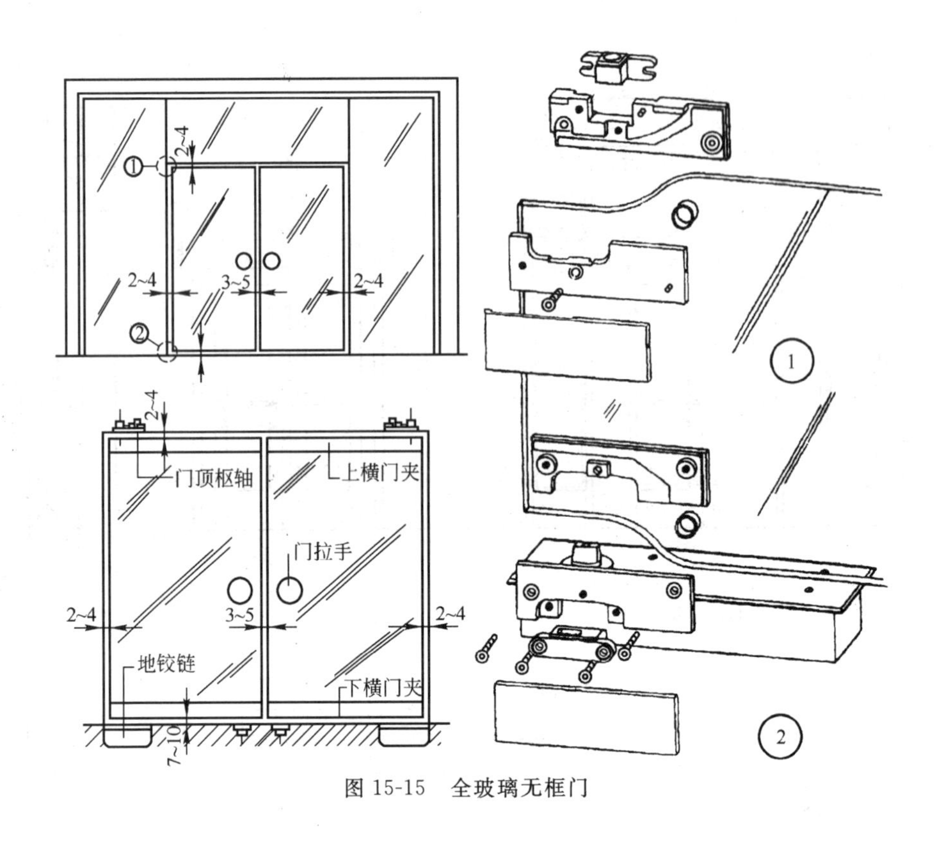

图 15-15　全玻璃无框门

第三节　窗　的　构　造

一、窗的尺寸

一般窗扇宽为 400～600mm，窗扇高为800～1500mm。

二、窗的构造组成

窗主要是由窗框、窗扇和五金零件组成。窗框是由上框、下框、中横框、中竖框、边框组成。窗扇是由上冒头、中冒头、下冒头和边梃组成(图 15-16)。

三、各种窗的构造

1. 普通窗

前面已介绍过窗按材料分的类型，在此仅介绍木窗和铝合金窗的构造。

木窗是一种传统的做法，其加工制作方便，给人以亲切感，但防火性能差，耗费木材，可根据具体情况采用(图 15-17)。

铝合金窗是现在常用的一种，其强度大、重量轻、耐腐蚀，不仅美观、耐久，而且密封性也很好。铝合金窗的开启方式常用推拉式，也可平开。

为了便于铝合金窗的安装，常先在窗框外侧用螺钉固定好钢质锚固件，安装时，将其与四周墙中的预埋铁件焊牢或锚固住。

安装玻璃时，将玻璃嵌固在铝合金窗料中凹槽内，内外两侧的间隙应不少于 2mm，否则密封较为困难。但也不宜大于 5mm，否则胶条起不到挤紧，固定的作用。玻璃端部不能直接落到金属面上，需用 3mm 厚的氯丁橡胶块将其垫起。玻璃与窗扇料的固定方式有：用塔形胶条封缝、挤紧；用塔形橡胶条挤紧，再在胶条上注密封胶；用 10mm 左右长的橡胶块将玻璃挤住，再注入密封胶。

铝合金窗的构造见图 15-18。

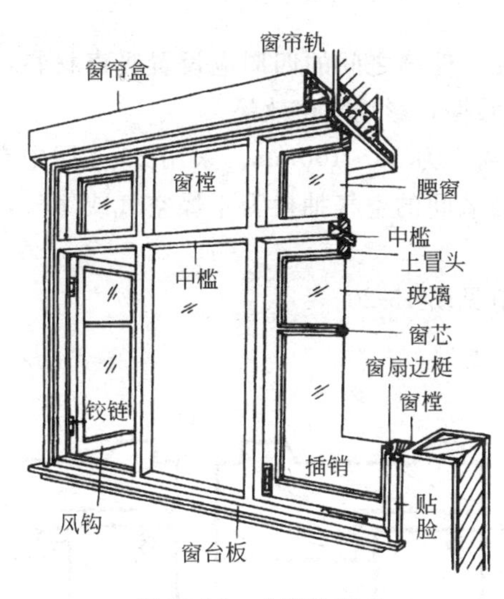

图 15-16　木窗的组成

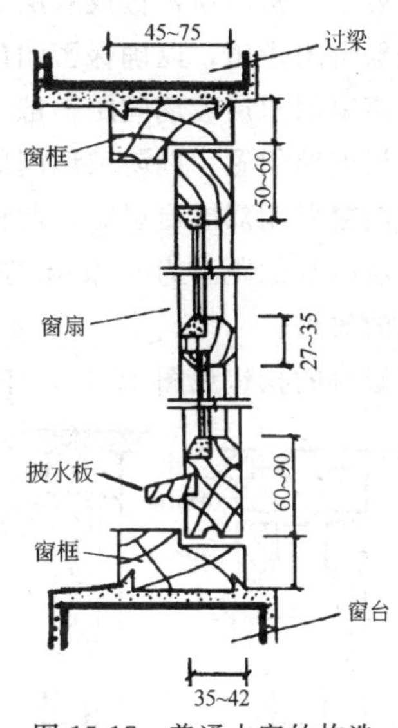

图 15-17　普通木窗的构造

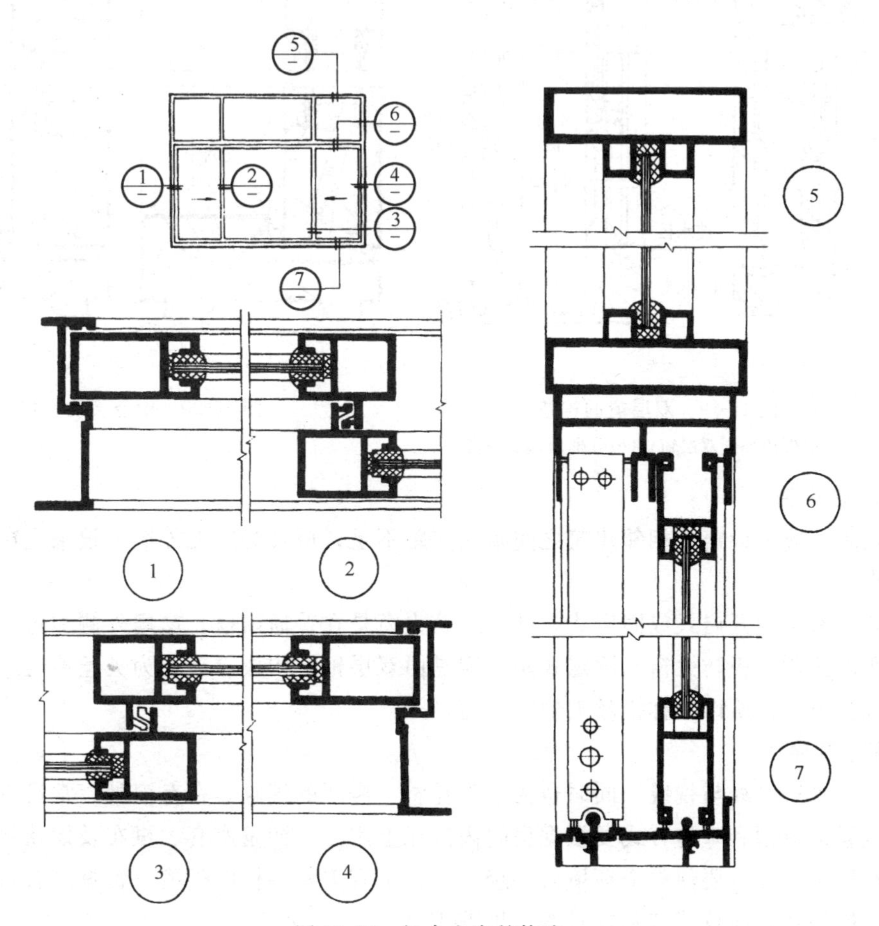

图 15-18　铝合金窗的构造

2. 密闭窗

由于单层玻璃窗的保温、隔热、隔声、防尘的性能均较差，故常采用密闭窗来满足这些使用要求。密闭窗常做成双层窗或双层、多层中空玻璃。在构造上尽量减少窗缝，并对缝隙采取密闭措施，以确保密闭的效果。

隔声窗的双层玻璃间距一般为 80～100mm，玻璃之间的四周应设置吸声材料，或将其中一层玻璃斜置，以防玻璃间的空气层发生共振，影响隔声效果。

保温窗采用双层窗扇时，两窗扇之间的距离应为 50～100mm。采用 2～4 层中空玻璃时，每层净空的距离为 6.3mm 左右，并须将玻璃间的空气抽换为干燥空气或氮气，以确保保温的效果。

双层窗的构造见图 15-19。中空玻璃窗构造见图 15-20。

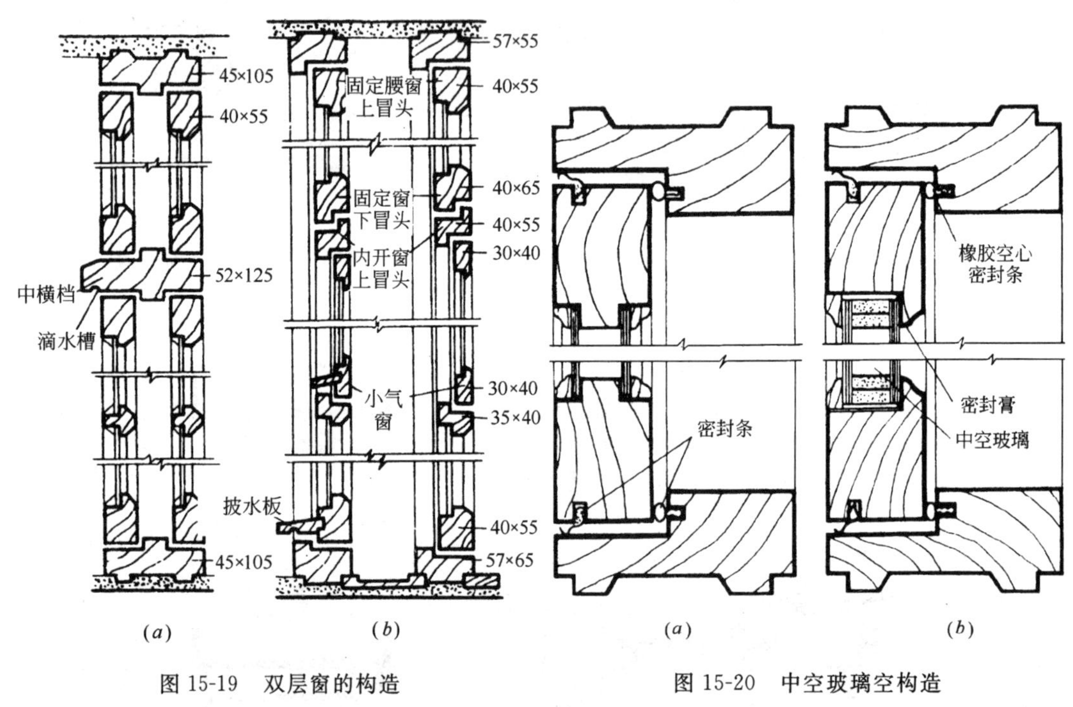

图 15-19　双层窗的构造

(*a*)单框内外开双层窗；(*b*)分框内开双层窗

图 15-20　中空玻璃空构造

3. 防火窗

在防火墙上设窗或相邻建筑之间防火间距不足，可又必须在外墙上设采光窗时，要采用防火窗。

防火窗可为开启式或固定式。开启式防火窗是在普通窗框、窗扇外侧加包薄钢板制成的，所以又称铁板防火窗。固定式防火窗是由双层钢窗构成，玻璃为夹丝玻璃，耐火极限可达 1.2 小时。所以又称铅丝玻璃防火窗。

四、窗帘

为了遮挡光线与视线，同时也为了烘托整个房间的气氛，在有窗处，常设有窗帘。窗帘的色彩、造型和垂挂方式要根据房间内的床上用品、沙发座套、桌布及地毯等织物的色彩、造型来选择，要使整个环境协调统一。窗帘有多种多样的类型，常见的有百叶式、卷筒式、折叠式、波纹式和垂挂式等，见图 15-21。

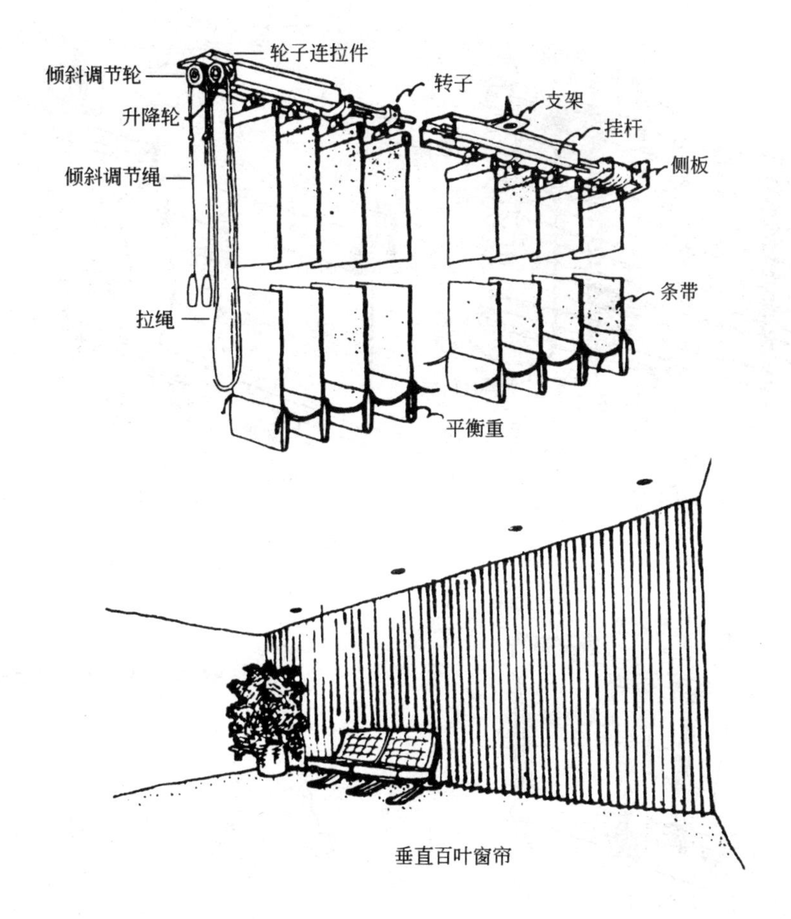

垂直百叶窗帘

透明型

在透明的本色布印花，使外观有一种轻快的模样

不透明型(素色)

遮蔽性高，色调简单

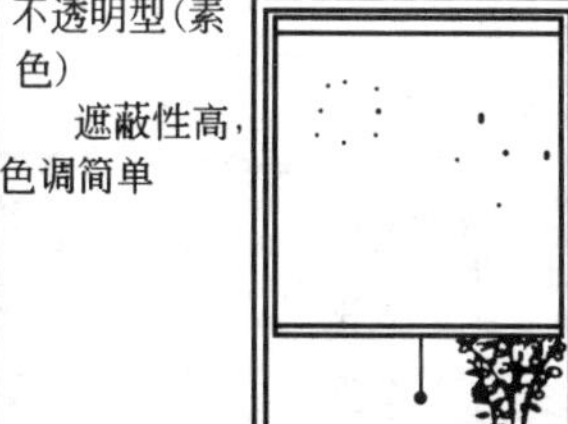

不透明(生丝)型

使外面的视线看不到里面，这种类型一般用生丝作

暗幕型

使用玻璃纤维为基料，遮光性、隐蔽性好的类型

节能型

在暗幕型的基料外面，旋加银色涂层隔热性优良

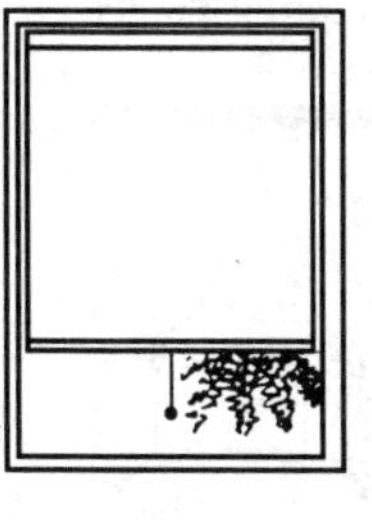

乳白色型的

在印花模样的不透明的本色布上，施以部分透明的加工

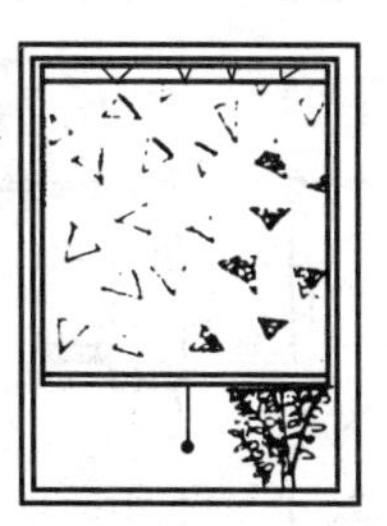

花边型

因为使用花边基料，和透明型的一样，外观感觉很好，除白色外；还有彩色的，如绿色、蓝色、红色等

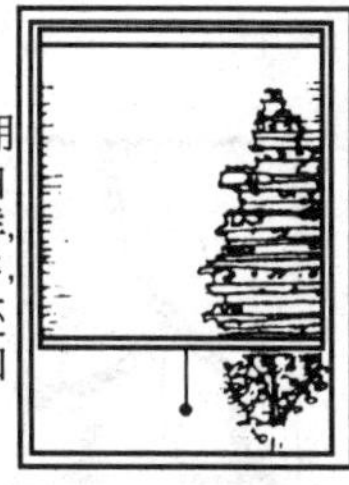

卷筒式窗帘的不同形式

图 15-21　窗帘的类型(1)

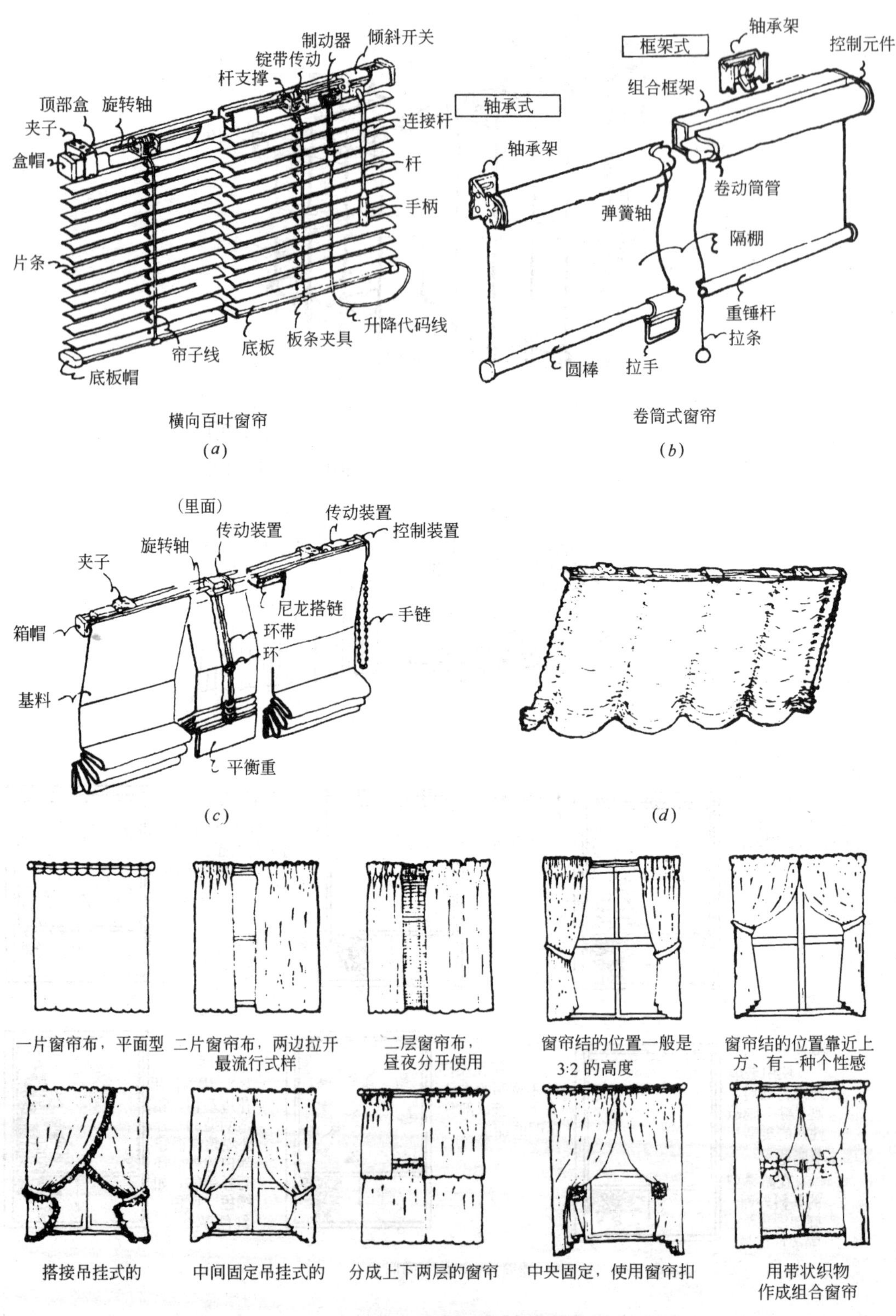

图 15-21　窗帘的类型(2)

(*a*)百叶窗帘的构造；(*b*)卷筒式窗帘的构造；(*c*)折叠式窗帘；(*d*)波纹型窗帘

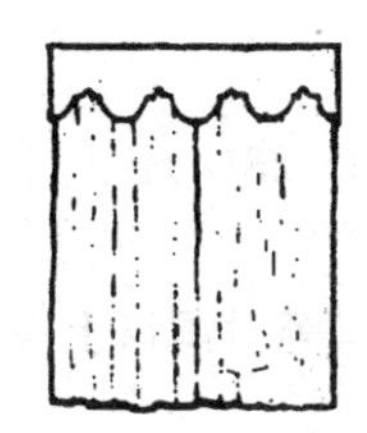

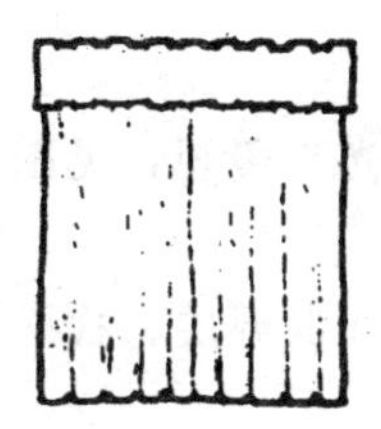

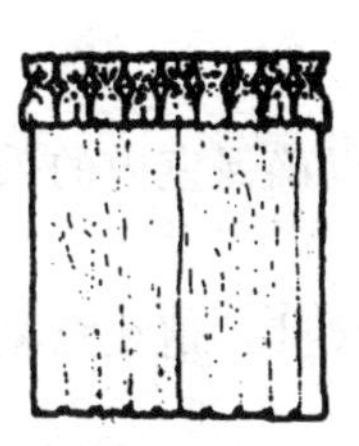

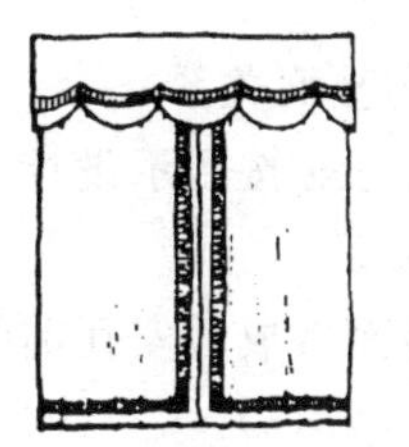

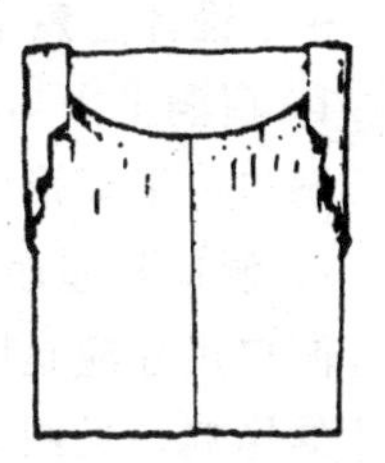

(*e*)

图 15-21　窗帘的类型(3)

(*e*)垂挂型窗帘的几种形式

第四节　遮　阳　设　施

建筑遮阳是为避免阳光直射室内，以减少太阳的辐射，降低室内温度，并防止眩光的产生。建筑遮阳的方法有绿化遮阳、活动遮阳及采用遮阳设施等。绿化遮阳是采用种植树木、攀缘植物达到遮阳的目的，同时还可美化环境。活动遮阳是在室外设置可折叠的布篷或是在室内放置活动百叶窗帘。遮阳设施则是房屋为遮阳而增设的构配件，也可将其称为遮阳板。

遮阳板一般分为水平式、垂直式、综合式和挡板式四种(图 15-22)。

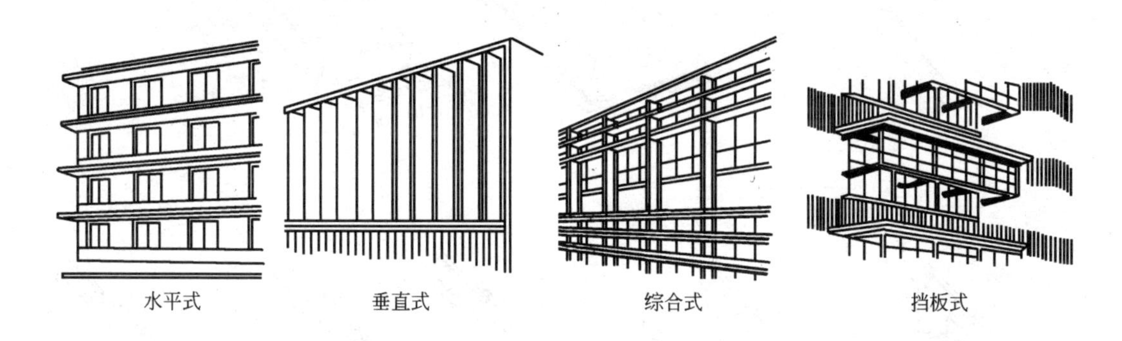

图 15-22　遮阳板的类型

水平式遮阳板利于遮挡太阳高度角较大的阳光。垂直式遮阳板利于遮挡从西侧斜射而高度角较小的阳光。综合式遮阳板利于遮挡太阳高度角较小，从窗侧面斜射下来的阳光。挡板式遮阳板利于遮挡太阳高度角较低，正射窗口的阳光。

第五节　斜　屋　顶　窗

现在多层建筑的顶层常做成坡屋顶，在这个斜屋顶上常开设窗户，本节对它设计的注意事项及窗口排水、防水做法进行介绍。

一、设计注意事项

1. 窗洞上下口与楼面关系

洞口上下口形状务必按图示设计，以确保室内的采光与美观，见图 15-23(*a*)。

2. 洞口与屋面关系

洞口尺寸应是屋面做成后安瓦前的尺寸，请注意屋面保温层、找平层等对洞口上下口尺寸的影响，见图 15-23(*b*)。

3. 洞口模板形状

洞口模板形状示意见图 15-23(*c*)。

4. 梁对室内的影响

窗上部因结构要求设梁时，应注意梁对室内的影响，见图 15-23(*d*)。图中(1)屋面梁如果过低，会影响热气流循环，也有碍人的活动。

5. 预防结露的措施

为预防结露，请注意不同情况下窗台板、暖气片的位置，以保证热气流的循环，见图 15-23(*e*)。

6. 窗下口与窗台板的距离

为将窗翻转 180°擦洗，翻转时的窗下口距窗台板应有一定距离。此距离与 a 与窗型及屋面坡度有关，见表 15-1、图 15-23(*f*)。

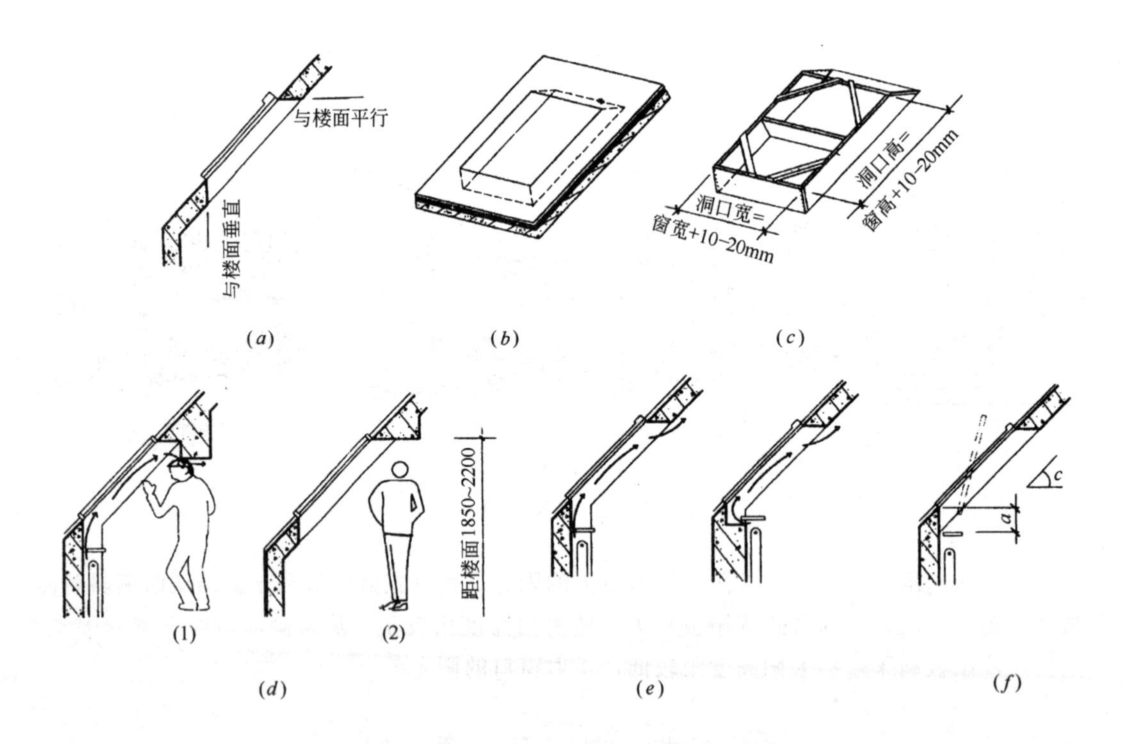

图 15-23　斜屋顶窗的设计要求

(*a*)窗洞上下口与楼面关系；(*b*)洞口与屋面关系；(*c*)洞口模板形状示意；(*d*)窗上部因结构要求设梁时，注意梁对室内的影响；(*e*)预防结露的措施；(*f*)窗下口与窗台板的距离

窗台距离下框装修槽上口的最小距离 a 值 **表 15-1**

C \ 窗号	304	306，606	308，608
20°	160	220	300
30°	100	150	210
40°	60	90	130
50°	20	40	70
60°	0	10	30

为保证窗的良好的防水效果，应充分重视以下几点：

1）设计中采用质量良好的防水瓦，不但对于窗与屋面的结合部位的防水是重要的，而且对于屋面本身的防水也是十分重要的。

2）除非使用钢板瓦，否则在瓦的下面另设一道或两道其他材料的防水层也是十分重要的。

3）请注意图中瓦与斜屋顶窗排水板的距离，如果此距离得不到保证，窗的排水板将不能充分发挥作用。

4）窗的安装可先于屋面瓦进行，也可后于屋面瓦进行。当窗的安装先于屋面瓦进行时，请注意窗的成品保护。当窗的安装后于屋面瓦进行时，窗周围上下左右各 500mm 范围内应暂不铺瓦，待窗安装完成后，再行补铺。

5）建议在斜屋顶窗安装后六个月内，对木框进行防护处理(如刷漆)。以后每隔三年维护一次，注意不要在密封条和机械部件上涂刷防护剂。

6）窗安装前，洞口周围应平整、干燥、洁净。

7）严格按规范要求进行屋面防水设防。

二、窗的排水板系统及附加的防水卷材

1. 波形瓦与平瓦所选用的排水板是不同的

见图 15-24(*a*)、(*b*)。

2. 窗的排水原理

雨水从瓦的表面流至窗顶部及侧面排水板，然后排至窗下面的排水板上，窗的排水板下面还有另外一道附加的防水卷材，做为窗的第二道防水设防，见图 15-24(*c*)。

3. 窗防水卷材与屋面防水层的粘结

窗防水卷材与屋面防水层焊接粘合在一起，以确保防水效果，以下为进行的步骤：

1）装窗框，清扫洞口周围屋面。

2）固定随窗防水卷材。

3）热融焊接窗防水卷材于屋面防水层上。

4）以下依次进行两侧和顶部的卷材。

值得注意的是：当屋面防水层为不耐火烤、不耐高温材料时，应考虑采用合适的胶粘剂将屋面防水卷材与窗防水卷材粘结在一起。除非采用钢板瓦，否则，在其他瓦下面不设至少一道其他材料的防水层对于防水是不利的。

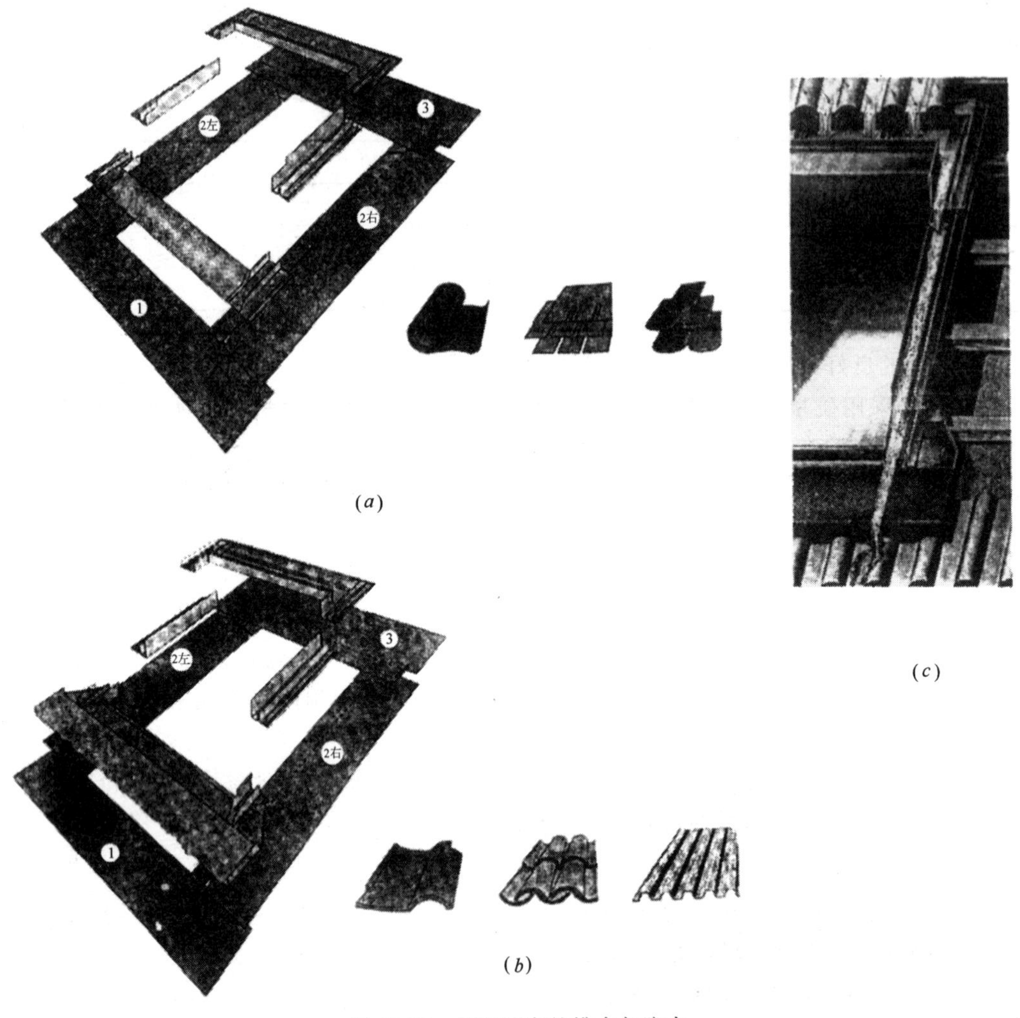

图 15-24 斜屋顶窗的排水与防水

(a)采用平型瓦时，选用与之相配的 EDS 型排水板；

(b)采用非平型屋面瓦时，选用与之相配的 EDH 型排水板；

(c)窗的第二道防水设防

思考题：

1. 门、窗常用的开启方式有哪几种？
2. 门、窗的构造组成有哪几部分？
3. 举例说明门窗的构造做法。
4. 遮阳板的类型有几种？

参 考 文 献

1 娄隆厚主编. 建筑装饰识图. 北京：中国电力出版社，2002
2 韩建新主编. 建筑装饰构造. 北京：中国建筑工业出版社，1998
3 林晓东主编. 建筑装饰构造. 天津：天津科学技术出版社，1998
4 高职高专建筑装饰技术专业系列教材编审委员会组织编. 建筑装饰构造. 北京：中国建筑工业出版社，2000
5 童霞主编. 建筑装饰构造. 北京：中国建筑工业出版社，2000
6 王崇杰主编. 岳勇，崔艳秋副主编. 房屋建筑学. 北京：中国建筑工业出版社，2001
7 吴曙球主编. 民用建筑构造与设计. 天津：天津科学技术出版社，1997
8 霍加禄编. 建筑概论. 北京：中国建筑工业出版社，1999
9 倪福兴编. 建筑识图与房屋构造. 北京：中国建筑工业出版社，2000
10 郝大鹏编著. 室内设计方法. 重庆：西南师范大学出版社，2000
11 董赤等主编. 室内设计实例精选. 安徽：安徽科学技术出版社，2000
12 陈保胜，陈忠华主编. 建筑装饰构造资料集. 北京：中国建筑工业出版社，1995
13 薛健，周长积编著. 装修构造与作法. 天津：天津大学出版社，1998